普通高等教育“十一五”国家级规划教材
2008年度普通高等教育国家精品教材

计算机应用数学

第3版

主　编　王培麟　王英侠
副主编　穆彦松　范小勤　郭连红
参　编　唐　玲　徐振昌　高小明

机械工业出版社

本书基于普通高等教育“十一五”国家级规划教材修订而成.

本书是为了满足高等职业院校培养应用型技术人才的需要，结合计算机类各专业对高等数学教学内容的需求编写而成的，内容涵盖了微积分、线性代数、概率统计及离散数学等，包括函数、极限与连续，导数与微分，积分与微分方程，行列式与克莱姆法则，矩阵及其应用，向量与线性方程组解的结构，概率的基本概念，随机变量及其分布，集合及其运算，关系与函数，数理逻辑，图论等. 各章中都融入了课程思政元素和与教材内容相关的著名数学家以及典型的数学史简介，书后附有初等数学常用公式和部分习题参考答案.

本书可作为高等职业院校工科各专业通用教材，也可作为计算机专业以及工程技术人员学习高等数学的参考资料.

为方便教学，本书配备电子课件等教学资源. 凡选用本书作为教材的教师均可登录机械工业出版社教育服务网 www. cmpedu. com 注册后免费下载. 如有问题请致信 cmpgaozhi@sina. com，或致电 010-88379375 联系营销人员.

图书在版编目（CIP）数据

计算机应用数学/王培麟，王英侠主编. —3版. —北京：机械工业出版社，2023. 12

普通高等教育“十一五”国家级规划教材　2008年度普通高等教育国家精品教材

ISBN 978-7-111-74624-9

Ⅰ. ①计…　Ⅱ. ①王…　②王…　Ⅲ. ①电子计算机-应用数学-高等职业教育-教材　Ⅳ. ①TP301. 6

中国国家版本馆CIP数据核字（2024）第035025号

机械工业出版社（北京市百万庄大街22号　邮政编码100037）

策划编辑：赵志鹏　　责任编辑：赵志鹏　徐梦然

责任校对：樊钟英　梁　静　　封面设计：马精明

责任印制：张　博

北京建宏印刷有限公司印刷

2024年7月第3版第1次印刷

184mm×260mm・20.25印张・528千字

标准书号：ISBN 978-7-111-74624-9

定价：60.00 元

电话服务	网络服务
客服电话：010-88361066	机　工　官　网：www.cmpbook.com
010-88379833	机　工　官　博：weibo.com/cmp1952
010-68326294	金　　书　　网：www.golden-book.com
封底无防伪标均为盗版	机工教育服务网：www.cmpedu.com

前 言

本书是普通高等教育"十一五"国家级规划教材、2008年度普通高等教育国家精品教材修订版．根据第2版的使用情况，在保留原有特色的基础上，本次修订主要作了如下完善：

1）以拓展学习的形式，简要介绍了与书中内容有关的中外著名数学家及部分相关的典型数学史.

2）对一些难点及典型的例题制作了微课视频，学习者可以扫二维码观看学习.

3）对部分章节复习题进行了增补，并对一些题目给出了详细解答，作为配套资源供教师使用.

4）对文字部分做了一些修改完善，对原书中的一些错误进行了修订.

本书对应的基本教学课时数保持在140学时左右，不同的专业可根据自身的教学需要进行取舍.

参加本书第3版修订的有：广州番禺职业技术学院王培麟（编写第2至第3章）；黑龙江职业学院（黑龙江省经济管理干部学院）王英侠（编写第1章、第4至第6章）；黑龙江职业学院(黑龙江省经济管理干部学院）穆彦松（编写第7至第8章）；广州番禺职业技术学院范小勤（编写第9至第12章）；全书的框架结构安排、统稿、定稿由王培麟承担．全书的微课视频是由广州番禺职业技术学院的郭连红录制．参与编写的还有唐玲、徐振昌、高小明.

本书的编写过程中，参考了一些资料（包括文本和图片等），在此对资料原创的相关组织和个人深表谢意.

由于编者水平所限，书中存在错误在所难免，敬请广大读者批评指正. 感谢广大读者对本书的支持，希望第3版能够继续得到读者的认可.

编　者

二维码索引

（续）

序号	名称	图形	页码	序号	名称	图形	页码
17	齐次线性方程组基础解系及应用		149	23	偏序关系与哈斯图		208
18	古典概率定义		161	24	命题公式赋值及真值表的构造		221
19	全概率公式		168	25	析取范式与合取范式		230
20	连续型随机变量及其密度函数		179	26	结点度数与握手定理		254
21	正态分布及相关计算		181	27	路径与回路的定义		257
22	二元关系的概念与表示		201				

目录

第 1 章　函数、极限与连续

1.1　函数

1.1.1　区间、绝对值与邻域

1. 开区间

将集合$\{x|a<x<b, a,b\in \mathbf{R}\}$称为一个开区间，用$(a,b)$表示．在数轴上表示以$a,b$为端点但不包括端点$a$与端点$b$的线段．其中$\mathbf{R}$表示全体实数．

2. 闭区间

将集合$\{x|a\leqslant x\leqslant b \quad a,b\in \mathbf{R}\}$称为一个闭区间，用$[a,b]$表示．在数轴上表示以$a,b$为端点且包括端点$a$与端点$b$的线段．

3. 半开闭区间

$[a,b)$表示集合$\{x|a\leqslant x<b \quad a,b\in \mathbf{R}\}$，在数轴上表示以$a,b$为端点、包括左端点$a$而不包括右端点$b$的线段．类似地，$(a,b]$表示集合$\{x|a<x\leqslant b \quad a,b\in \mathbf{R}\}$，在数轴上表示以$a,b$为端点、不包括左端点$a$而包括右端点$b$的线段．

显而易见，上述区间的长度都是有限的，且均为$b-a$.

4. 无穷区间

如果区间的长度是无穷大，则这样的区间称为无穷区间．无穷区间的种类有以下 5 种：

1) $(a,+\infty)=\{x|x>a\}$，表示大于a的全体实数x的集合；

2) $[a,+\infty)=\{x|x\geqslant a\}$，表示大于或等于$a$的全体实数$x$的集合；

3) $(-\infty,a)=\{x|x<a\}$，表示小于a的全体实数x的集合；

4) $(-\infty,a]=\{x|x\leqslant a\}$，表示小于或等于$a$的全体实数$x$的集合；

5) $(-\infty,+\infty)=\{x|-\infty<x<+\infty\}$，表示全体实数．

其中“$+\infty$”读作“正无穷大”，“$-\infty$”读作“负无穷大”，它们均是数学符号，不能作为数看待．

5. 绝对值

实数的绝对值是数学里经常用到的概念．下面介绍实数绝对值的定义以及一些性质．

定义 1-1　实数x的绝对值表示一个非负实数，即

$$|x|=\begin{cases}x, & x\geqslant 0\\ -x, & x<0\end{cases}$$

例如，$|2.78|=2.78$，$|-8.98|=8.98$，$|0|=0$. $|x|$ 的几何意义是数轴上的点x到原点的距离.

实数的绝对值有如下的性质：

1) 对于任意的$x\in\mathbf{R}$，有$|x|\geqslant 0$，当且仅当$x=0$时，才有$|x|=0$；

2) 对于任意的$x\in\mathbf{R}$，有$|-x|=|x|$；

3）对于任意的 $x\in\mathbf{R}$，有 $|x|=\sqrt{x^2}$；

4）对于任意的 $x\in\mathbf{R}$，$-|x|\leqslant x\leqslant|x|$；

5）设 $a\geqslant0$，则 $|x|\leqslant a$ 的充要条件是 $-a\leqslant x\leqslant a$；

6）设 $a\geqslant0$，则 $|x|\geqslant a$ 的充要条件是 $x\leqslant-a$ 或者 $x\geqslant a$.

关于实数四则运算的绝对值，有以下的结论：

对于任意的 x，$y\in\mathbf{R}$，总有

1）$|x+y|\leqslant|x|+|y|$　（三角不等式）；

2）$|x-y|\geqslant\big||x|-|y|\big|\geqslant|x|-|y|$；

3）$|xy|=|x|\cdot|y|$；

4）$\left|\dfrac{x}{y}\right|=\dfrac{|x|}{|y|}(y\neq0)$.

6. 邻域

定义 1-2　称集合 $\{x\,|\,|x-x_0|<\delta\}$（其中 δ 为大于零的实数）为以 x_0 为中心，δ 为半径的邻域，简称为 x_0 的 δ 邻域，记为 $U(x_0,\delta)$. 该邻域实质上是以 x_0 为中点、长度为 2δ 的开区间. 集合 $\{x\,|\,0<|x-x_0|<\delta\}$ 称为 x_0 的 δ 去心邻域，它实质上是在 x_0 的 δ 邻域中将中点 x_0 去掉后的集合，它是两个开区间的并集，即 $(x_0-\delta,x_0)\cup(x_0,x_0+\delta)$.

1.1.2 一元函数

1. 一元函数的概念

函数是现代数学最重要的概念之一，也是微积分学的主要研究对象. 下面给出一元函数的定义.

定义 1-3　设 D 是一非空实数集合，如果存在某种对应法则 f，使对任何实数 $x\in D$，都有唯一的实数 y 与之对应，则称 f 确定了一个一元函数 $f:D\to f(D)$，通常记为 $y=f(x)$，称 x 为自变量，y 为因变量，D 为定义域，$f(D)$ 为值域.

【例 1-1】　某工厂每日最多生产 A 产品为 1000 件，固定成本为 150 元，单位变动成本为 8 元，则每日的产量 x 与每日总成本 y 建立的对应关系可以构成如下的函数：

$$y=f(x)=8x+150\qquad x\in D$$

其中　$D=\{0,1,2,\cdots,1000\}$.

【例 1-2】　某水文站统计了某河流在 40 年内的平均月流量 V（见表 1-1）.

表 1-1

月份 t/月	1	2	3	4	5	6	7	8	9	10	11	12
平均月流量 V/亿 m^3	0.39	0.30	0.75	0.44	0.35	0.72	4.3	4.4	1.8	1.0	0.72	0.50

由表 1-1 可以看出，在平均月流量 V 与月份 t 之间建立了明确的对应关系，月份 t 每取一个值，由表就可得到平均月流量 V 的唯一的一个对应值，因而也确定了一个函数，其定义域 $D=\{t\,|\,1\leqslant t\leqslant12,t\in\mathbf{N}\}$，其中 $\mathbf{N}$ 表示自然数.

【例 1-3】　某气象站用自动温度记录仪记录一昼夜气温变化（见图 1-1），由图可见，对于一昼夜内每一时刻 t，都有唯一确定的温度 T 与之对应，因而这条曲线在区间 $[0,24]$ 上便确定了一个函数.

从以上三个例子可以看出，函数有三种表示法：公式法、列表法和图形法．其中公式法用得最多，图形法则比较直观，这两种表示法常常同时使用．

在实际问题中还经常出现如下的分段函数：

$$f(x)=\begin{cases}x+1, & -2\leqslant x<0\\ 2^x-1, & 0\leqslant x<2\end{cases}$$

应当注意这是一个函数，只是在定义域不同范围内有不同的表达式．显然，上述函数在 $x=0$ 的左右有不同的表达式，我们称 $x=0$ 为函数的分界点．该函数的图像如图 1-2 所示.

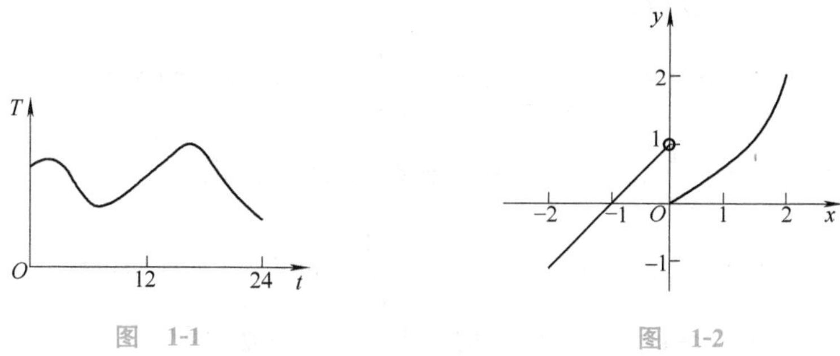

图 1-1　　　图 1-2

综上所述，一个函数有两个要素：定义域与对应法则．不管自变量和因变量用什么字母表示，具有相同的定义域和对应法则的两个函数被认为是相同的．例如，$y=f(x)$也可以写成$u=f(t)$.

寻找函数关系是高等数学所要研究的课题之一，下面给出一个建立函数关系的例子，在以后的学习中还将进一步介绍建立函数关系的方法.

【例 1-4】 有一块边长为 a 的正方形铁皮，将它的四角剪去大小相等的小正方形，制成一只无盖的盒子，求盒子的体积与剪去小正方形边长之间的函数关系.

解　设剪去的小正方形的边长为 x，盒子的体积为 V，由图 1-3 所示，容易得到

$$V=x(a-2x)^2,\qquad x\in\left(0,\frac{a}{2}\right)$$

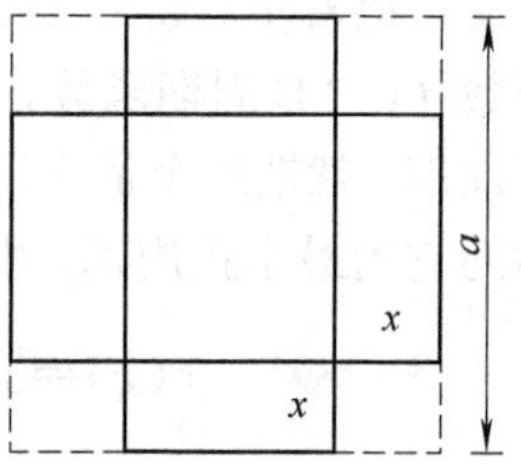

图 1-3

2. 函数的几何特性

(1) 有界性　设函数 $f(x)$的定义域为 D，如果存在一个正数 M，使得对任意的 $x\in D$ 都有$|f(x)|\leqslant M$，则称 $f(x)$在 D 上有界；反之，如果这样的 M 不存在，也就是无论 M 取得多么大，总存在某个 $x_0\in D$，使得$|f(x_0)|>M$，则称函数 $f(x)$在 D 上无界.

【例 1-5】 $y=\sin x$，对于任意 $x\in(-\infty,+\infty)$，总有$-1\leqslant\sin x\leqslant 1$，因而该函数是有界函数.

(2) 单调性　设函数 $f(x)$的定义域为 D，如果对于任意的两点 $x_1,x_2\in D$，当 $x_1<x_2$ 时，总有 $f(x_1)<f(x_2)$，则称函数 $f(x)$在 D 内是单调递增的；反之，如果当 $x_1<x_2$ 时，总有 $f(x_1)>f(x_2)$，则称函数 $f(x)$在 D 内是单调递减的．单调递增函数和单调递减函数统称为单调函数．有的函数在其定义域上没有单调性，但在某个区间内是单调的，例如函数 $y=x^2$ 在$(-\infty,+\infty)$上不具有单调性，但是在$(-\infty,0)$上是单调递减的，在$(0,+\infty)$上是单调递增的，这种区间称为函数的单调区间．此外，如果对于任意的两点 $x_1,x_2\in D$，当 $x_1<x_2$ 时，总有 $f(x_1)\leqslant f(x_2)$，则称函数 $f(x)$在 D 内是单调不减的；反之，如果当 $x_1<x_2$ 时，总有 $f(x_1)\geqslant f(x_2)$，则称函数 $f(x)$在 D 内是单调不增的.

在几何上，单调增加的函数，其图形是随着 x 的增大而上升的曲线；单调减少的函数，其

图形是随着 x 的增大而下降的曲线.

(3) 奇偶性 设函数 $f(x)$的定义域 D 关于原点对称，如果对任意的 $x\in D$，都有：

1) $f(-x)=-f(x)$，则称该函数为奇函数.

2) $f(-x)=f(x)$，则称该函数为偶函数.

在几何上，对于奇函数，由于 x 和 $-x$ 处的函数值相差一个符号，故其图形关于原点对称. 对于偶函数，由于 x 和 $-x$ 处的函数值相等，故其图形关于 y 轴对称.

【例 1-6】 $y=x^2$，$y=\dfrac{1}{\sqrt[3]{x^2}}(x\neq0)$，$y=\cos x$ 都是偶函数，因为

$$(-x)^2=x^2,\ \frac{1}{\sqrt[3]{(-x)^2}}=\frac{1}{\sqrt[3]{x^2}},\ \cos(-x)=\cos x$$

【例 1-7】 $y=x^3$，$y=\dfrac{1}{\sqrt[3]{x}}(x\neq0)$，$y=\sin x$ 都是奇函数，因为

$$(-x)^3=-x^3,\ \frac{1}{\sqrt[3]{(-x)}}=-\frac{1}{\sqrt[3]{x}},\ \sin(-x)=-\sin x$$

【例 1-8】 $y=\sin x+\cos x$，$y=x+x^2$ 均是非奇非偶函数，因为

$\sin(-x)+\cos(-x)=-\sin x+\cos x$，它既不等于 $y=\sin x+\cos x$，也不等于 $-y=-(\sin x+\cos x)$.

同理，$(-x)+(-x)^2=-x+x^2$，它既不等于 $y=x+x^2$，也不等于 $-y=-(x+x^2)$.

(4) 周期性 设函数 $f(x)$的定义域为 D，如果存在 $T\neq0$，对任意的 $x\in D$，有 $x+T\in D$，且总有 $f(x+T)=f(x)$，则称 $f(x)$为周期函数，T 为 $f(x)$的一个周期. 从周期函数的定义可以看出，如果 T 是 $f(x)$的周期，则 nT(n 为任意非零整数)都是 $f(x)$的周期，因此若函数 $f(x)$是周期函数，那么它一定有无穷多个周期. 习惯上，如果一个周期函数存在最小的正周期，就把这个最小正周期叫作该函数的周期. 例如，通常所说的 $y=\sin x$ 的周期为 2π 就是指的它的最小正周期，事实上任意的 $2k\pi$(k 为非零整数)均是它的周期.

【例 1-9】 $f(x)=\sin\omega x$ 是以$\dfrac{2\pi}{\omega}$为周期的函数，这是因为：

$$f\left(x+\frac{2\pi}{\omega}\right)=\sin\omega\left(x+\frac{2\pi}{\omega}\right)=\sin(\omega x+2\pi)=\sin\omega x=f(x)$$

【例 1-10】 设函数为(狄利克雷函数)

$$D(x)=\begin{cases}1, & x\text{ 为有理数}\\ 0, & x\text{ 为无理数}\end{cases}$$

则对于任意的有理数 γ 都是该函数的周期. 这是因为，如果 x 是有理数，则 $x+\gamma$ 也是有理数，所以 $D(x+\gamma)=D(x)=1$；如果 x 是无理数，则 $x+\gamma$ 也是无理数，所以 $D(x+\gamma)=D(x)=0$. 然而，在正有理数集合中，没有最小的正有理数，所以$D(x)$没有最小正周期. 上述例子说明，不是任意的周期函数都有最小正周期.

1.1.3 复合函数与反函数

1. 复合函数

设有两个函数

$$f:\ y=f(u),\ u\in D_f$$
$$g:\ u=g(x),\ x\in D_g$$

如果函数 g 的值域 $g(D_g)$ 包含在函数 f 的定义域 D_f 内，亦即 $g(D_g)\subset D_f$，于是可将 $u=g(x)$ 代入 $y=f(u)$ 中，可得到新的函数

$$y=f(g(x)),\quad x\in D_g$$

则称此函数为 f 和 g 复合而成的复合函数，u 称为中间变量.

对于复合函数的概念，通俗的理解就是函数套函数．函数 f 和 g 能否构成复合函数的关键是第二个函数的值域是否包含在第一个函数的定义域中.

【例 1-11】 $y=f(u)=\sqrt{u}$,$u=1+x^2$，由于 $u=1+x^2$ 的值域为 $[1,+\infty)$，包含于 $y=\sqrt{u}$ 的定义域 $[0,+\infty)$ 内，所以可以将 $u=1+x^2$ 代入 $y=\sqrt{u}$ 中，构成复合函数 $y=f(g(x))=\sqrt{1+x^2}$,$x\in(-\infty,+\infty)$.

【例 1-12】 $y=f(u)=\sqrt{u}$,$u=-2+\sin x$，由于 $u=-2+\sin x$ 的值域为 $[-3,-1]$，不包含于 $y=\sqrt{u}$ 的定义域 $[0,+\infty)$ 内，所以以上两个函数不能构成复合函数.

两个以上的函数，只要满足相应的条件也可以构成复合函数．例如 $y=\ln\sqrt{2+x^2}$,就是由 $y=\ln u$,$u=\sqrt{v}$,$v=2+x^2$ 三个函数复合而成的.

2. 反函数

设 $y=f(x)$ 为给定的一个函数，如果对于其值域 $f(D)$ 中的任意一值 y，都可以通过关系式 $y=f(x)$ 在其定义域 D 中确定唯一的一个 x 与 y 对应，则得到一个定义在 $f(D)$ 上的以 y 为自变量，x 为因变量的新函数，称此函数为 $y=f(x)$ 的反函数，记为 $x=f^{-1}(y)$. 由于习惯上以 x 作为自变量，y 作为因变量，所以 $y=f(x)$ 的反函数又记为 $y=f^{-1}(x)$，此时其定义域为 $D_{f^{-1}}=f(D)$,值域为 $f^{-1}(D)=D_f$.

要注意的是 $y=f(x)$ 和 $x=f^{-1}(y)$ 表示变量 x 和 y 之间的同一关系，因而它们的图形显然是同一条曲线，而 $y=f^{-1}(x)$ 是将 $x=f^{-1}(y)$ 中的 x、y 交换得到的，因此 $y=f(x)$ 和 $y=f^{-1}(x)$ 的图形关系相当于把 x 轴和 y 轴互换，从而 $y=f(x)$ 和 $y=f^{-1}(x)$ 的图形关于直线 $y=x$ 对称.

【例 1-13】 求 $y=f(x)=3x+1$ 的反函数.

解 容易看出，$y=3x+1$ 的定义域是 $(-\infty,+\infty)$，值域也是 $(-\infty,+\infty)$. 由 $y=3x+1$ 求出 $x=\frac{1}{3}(y-1)$，将 x 与 y 互换，就得到 $y=3x+1$ 的反函数为 $y=\frac{1}{3}(x-1)$，$x\in(-\infty,+\infty)$.

1.1.4 基本初等函数

基本初等函数是指下列 5 类函数，这些函数在中学已经学过.

1. 幂函数 $y=x^\alpha$（α 为任何实数）

当 α 为不同的实数时，幂函数的定义域及性质也随之不同，因而情况比较复杂．但不论 α 为何值，$y=x^\alpha$ 在 $(0,+\infty)$ 内总是有定义的，而且图形都通过点 $(1,1)$.

当 α 为正实数或是零时，例如 $y=x$,$y=\sqrt{x}$,$y=x^2$,$y=1$ 等，它们的图形如图 1-4 所示.

当 α 为负实数时，例如 $y=\frac{1}{x}$ 等，定义域为 $(-\infty,0)\cup(0,+\infty)$.

此外，当 α 为偶数时，$y=x^\alpha$ 为偶函数；当 α 为奇数时，$y=x^\alpha$ 为奇函数．在 $(0,+\infty)$ 上，当 $\alpha>0$ 时，$y=x^\alpha$ 是单调递增的；当 $\alpha<0$ 时，$y=x^\alpha$ 是单调递减的.

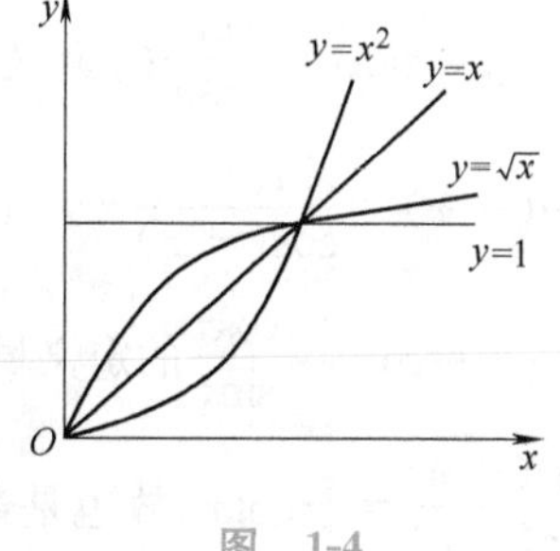

图 1-4

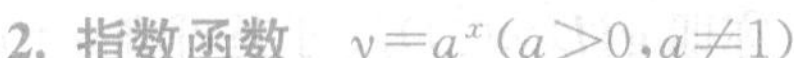

2. 指数函数　$y=a^x(a>0,a\neq 1)$

定义域为$(-\infty,+\infty)$，值域为$(0,+\infty)$，无论 a 取何值，函数的图形均经过点$(0,1)$. 当$a>1$ 时，$y=a^x$ 为单调递增函数；当 $0<a<1$ 时，$y=a^x$ 为单调递减函数，如图 1-5 所示.

3. 对数函数　$y=\log_a x(a>0,a\neq 1)$

对数函数是指数函数的反函数，定义域为$(0,+\infty)$，只要 a 取任何不为 1 的正常数，函数均经过点$(1,0)$. 当 $a>1$ 时，$y=\log_a x$ 为单调递增函数；当 $0<a<1$ 时，$y=\log_a x$ 为单调递减函数，如图 1-6 所示.

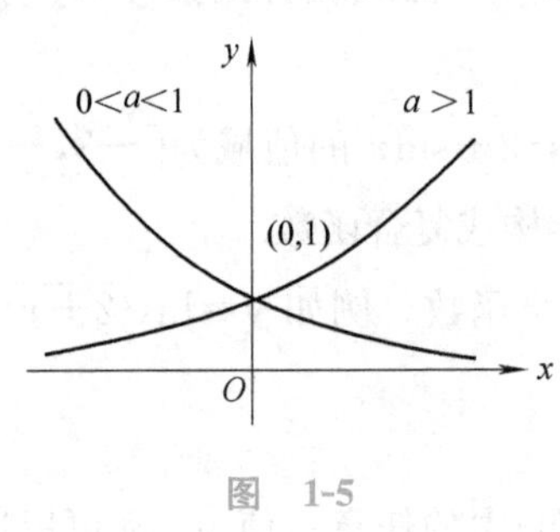

图　1-5

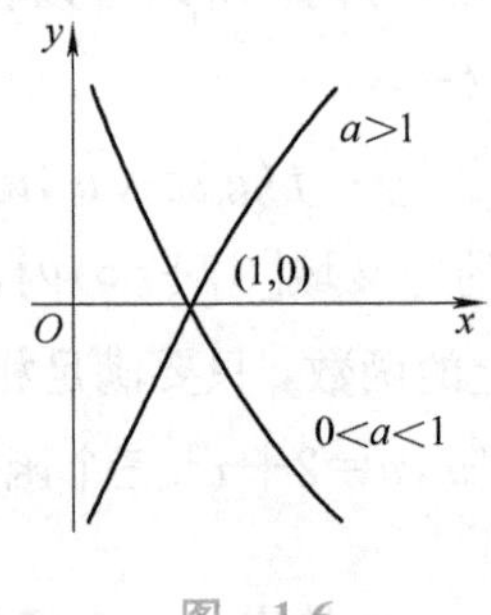

图　1-6

4. 三角函数

$y=\sin x$，$y=\cos x$，$y=\tan x$，$y=\cot x$，$y=\sec x$，$y=\csc x$.

$y=\sin x$ 与 $y=\cos x$ 的定义域均为$(-\infty,+\infty)$，且都是以 2π 为周期的周期函数，$y=\sin x$ 是奇函数，而 $y=\cos x$ 是偶函数，它们的图形介于直线 $y=\pm 1$ 之间，故它们都是有界函数，$y=\sin x$ 的图形和 $y=\cos x$ 的图形如图 1-7 所示.

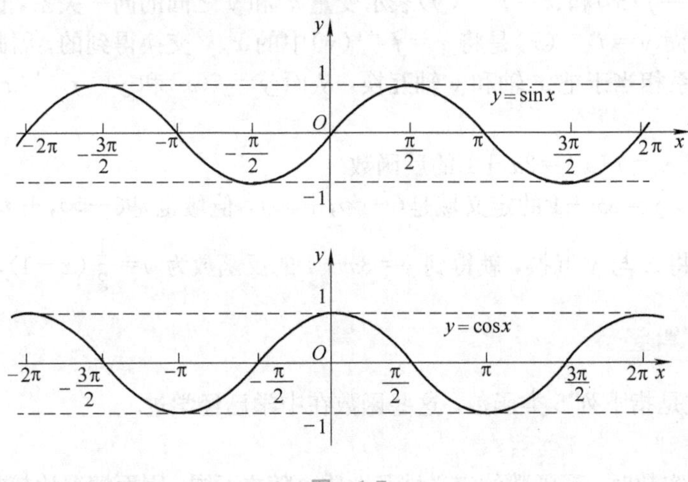

图　1-7

$y=\tan x=\dfrac{\sin x}{\cos x}$的定义域为$\{x\,|\,x\neq k\pi+\dfrac{\pi}{2},k\in\mathbf{Z}\}$，是以 π 为周期的周期函数．由于 $\tan(-x)=\dfrac{\sin(-x)}{\cos(-x)}=-\tan x$，故它是奇函数，其图形如图1-8 所示.

$y=\cot x=\dfrac{\cos x}{\sin x}$的定义域为$\{x\,|\,x\neq k\pi,k\in\mathbf{Z}\}$，是以 π 为周期的周期函数.由于 $\cot(-x)=\dfrac{\cos(-x)}{\sin(-x)}=-\cot x$，故也是奇函数，如图 1-9 所示.

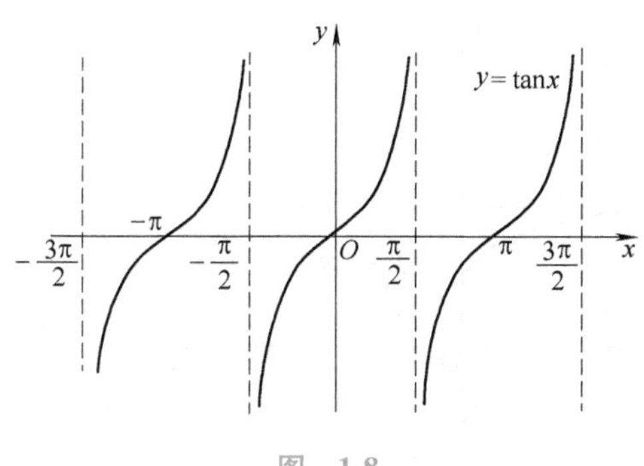

图 1-8

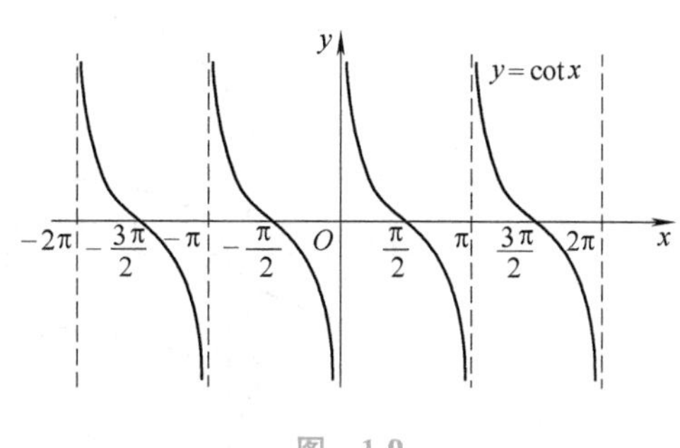

图 1-9

$y=\sec x=\dfrac{1}{\cos x}$的定义域为$\{x\mid x\neq k\pi+\dfrac{\pi}{2},k\in\mathbf{Z}\}$，是以 2π 为周期的周期函数，是偶函数.

$y=\csc x=\dfrac{1}{\sin x}$的定义域为$\{x\mid x\neq k\pi,k\in\mathbf{Z}\}$，是以 2π 为周期的周期函数，是奇函数.

5. 反三角函数

$y=\arcsin x$，$y=\arccos x$，$y=\arctan x$，$y=\operatorname{arccot} x$.

由于三角函数是周期函数，对于值域内的每个 y 值，都有无穷多个 x 值与之对应，因此，必须将其限制在单调区间上才能建立反三角函数．在相应的单调区间上所建立的反三角函数，称为反三角函数的主值.

$y=\arcsin x$ 是正弦函数 $y=\sin x$ 在区间$\left[-\dfrac{\pi}{2},\dfrac{\pi}{2}\right]$上的反函数，称为反正弦函数，其定义域是$[-1,1]$，值域是$\left[-\dfrac{\pi}{2},\dfrac{\pi}{2}\right]$，并在定义域上单调递增，如图 1-10 所示.

$y=\arccos x$ 是余弦函数 $y=\cos x$ 在区间$[0,\pi]$上的反函数，称为反余弦函数，其定义域是$[-1,1]$，值域是$[0,\pi]$，并在定义域上单调递减，如图 1-11 所示．

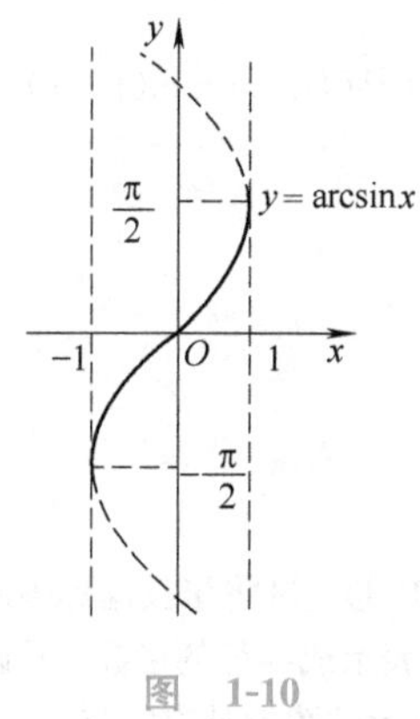

图 1-10

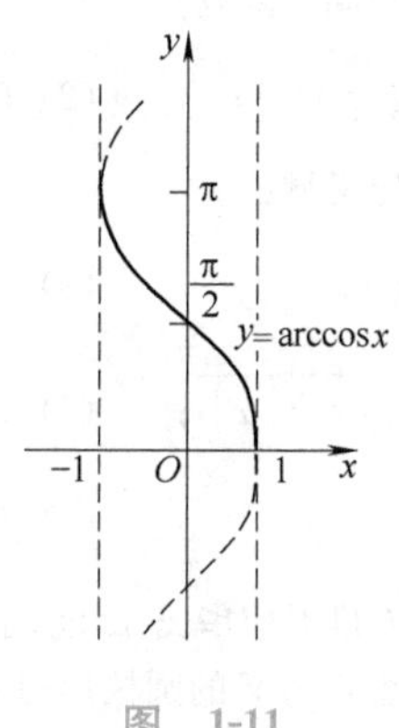

图 1-11

$y=\arctan x$ 是正切函数 $y=\tan x$ 在区间$\left(-\dfrac{\pi}{2},\dfrac{\pi}{2}\right)$内的反函数，称为反正切函数，其定义域是$(-\infty,+\infty)$，值域是$\left(-\dfrac{\pi}{2},\dfrac{\pi}{2}\right)$，并在定义域上单调递增.

$y=\operatorname{arccot} x$ 是余切函数 $y=\cot x$ 在区间$(0,\pi)$内的反函数，称为反余切函数，其定义域是$(-\infty,+\infty)$，值域是$(0,\pi)$，并在定义域上单调递减．

$y=\arctan x$ 与 $y=\operatorname{arccot} x$ 的图形如图 1-12 所示.

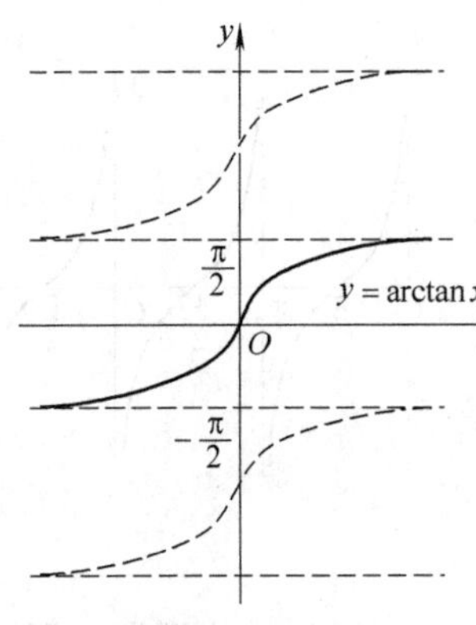

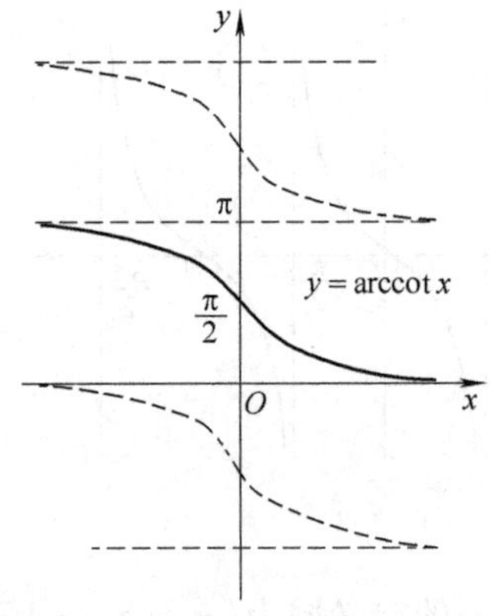

图　1-12

最后给出初等函数的概念：由基本初等函数和常数函数经过有限次的四则运算和复合步骤所构成，并能用一个数学表达式表示的函数称为初等函数．例如，下列函数都是初等函数.

$$y=\sqrt{1+\sin^2 x}\,,\ y=x\mathrm{e}^{2x}-\ln x\,,\ y=x^2\arctan\frac{x-1}{x+1}$$

需要注意的是，分段函数一般不是初等函数.

习　题　1-1

1. 求下列函数的值：

(1) 设 $f(x)=\arccos(\lg x)$，求 $f(10^{-1})$，$f(1)$，$f(10)$.

(2) 设 $f(x)=2^{x-2}$，求 $f(2)$，$f(-2)$，$f(0)$，$f\left(\frac{5}{2}\right)$.

(3) 设 $f(x)=x^3+1$，求 $f(x^2)$，$[f(x)]^2$.

(4) 设 $f(x)=2^{|x|-1}$，求 $f(0)$，$f(1)$，$f(-1)$.

2. 下列函数是否为同一函数？

(1) $f(x)=\frac{x}{x}$，$g(x)=1$；　　(2) $f(x)=\ln\frac{1+x}{1-x}$，$g(x)=\ln(1+x)-\ln(1-x)$.

3. 求下列函数的定义域：

(1) $y=\arcsin\frac{x-1}{2}$；　　(2) $y=\frac{1}{\sqrt{x+2}}+\sqrt{x(x-1)}$；

(3) $y=\arctan x+\sqrt{2-|x|}$；　　(4) $y=\ln\sin x$；

(5) $y=\ln(\ln x)$；　　(6) $f(x)=\begin{cases}-1, & 0<x\leqslant 1\\ 1, & x>1\end{cases}$.

4. 温度计上摄氏0度对应华氏32度，摄氏100度对应华氏212度，试将摄氏温标表示为华氏温标的函数.

5. 用铁皮做一个容积为V的圆柱形罐头桶，试将它的表面积表示成半径的函数，并确定其定义域.

6. 已知 $f(x)$是偶函数，其定义域为$-3\leqslant x\leqslant 3$，将图1-13所示的图形补充完整.

7. 已知函数的图形如图1-14所示，试写出函数的表达式.

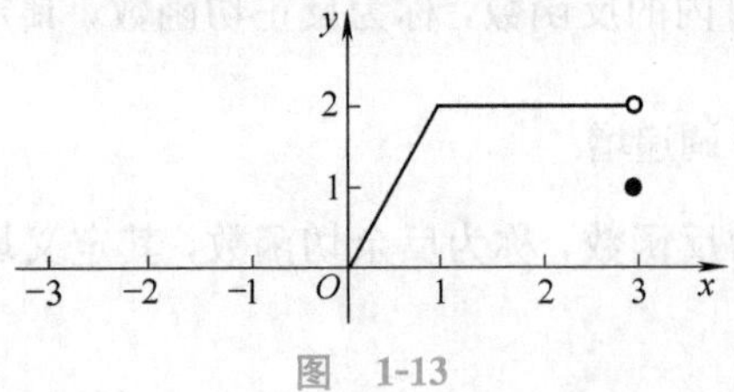

图　1-13

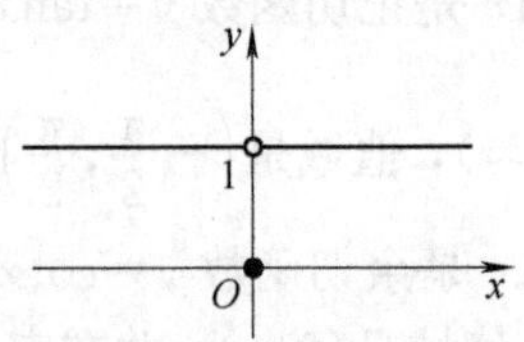

图　1-14

8. 判断下列函数的奇偶性：

(1) $y=\frac{a^x-a^{-x}}{2}$；　(2) $y=\sin x-\cos x+1$；　(3) $y=\mathrm{e}^{-x^2}$；　(4) $y=\frac{x}{a^x-1}$.

9. 求下列函数的反函数：

(1) $y=\mathrm{e}^x-1$；　(2) $y=\sqrt{x^3+1}$.

10. 下列函数是由哪些简单函数复合而成的？

(1) $y=a\sqrt[3]{1+x}$；　(2) $y=(\ln x+1)^5$；　(3) $y=\sqrt{\ln\sqrt{x}}$；　(4) $y=\ln\sin\frac{x}{2}$.

1.2 极限

极限是高等数学中重要的概念，我国古代数学文化体现了极限思想的发展过程．早在我国古代战国时期已有极限的雏形，《庄子·天下》中记录了我国伟大的哲学家、思想家庄子提出的极限思想："一尺之棰，日取其半，万世不竭"，就是说一根木棍，每天截取其一半，永远也截取不完．庄子的无限分割思想也为后人解决问题提供了灵感．刘徽是我国魏晋时期伟大的数学家，中国古典数学理论的奠基人之一．他在为《九章算术》作注时，提出"割之弥细，所失弥少，割之又割，以至于不可割，则与圆合体而无所失矣"．即通过圆内接正多边形不断地"割"圆，使得圆内接正多边形的面积越来越逼近圆的面积．刘徽的"割圆术"是人类历史上首次将极限和无穷小分割引入数学证明与应用，是人类文明史上不朽的篇章.

1.2.1 数列的极限

数列极限的定义

我们先从前人计算圆周率 π 的方法上说起．为了求出圆周率，首先要求出圆的面积 A，然后利用公式 $\pi=\frac{A}{R^2}$ (R 是圆的半径)求出圆周率．公元五世纪，我国的祖冲之利用"割圆术"计算出圆周率的值介于 3.1415926 和 3.1415927 之间．所谓"割圆术"，就是在圆周上截取等分点，然后顺次连接各分点组成正多边形，用正多边形的面积来近似圆的面积，进而求出圆周率的值．显然，分点越多，得到的正多边形的面积就越接近圆的面积，计算的圆周率就越准确．

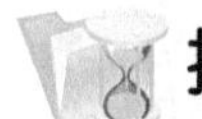

拓展学习

祖冲之自幼喜欢数学，他从父亲的手上拿到一本《周髀算经》，这是一本我国西汉或更早时期著名的数学书．书中讲到圆的周长为直径的 3 倍，即所谓的"周三径一"．为了验证这个结论，他就用绳子量一些圆形的物体，结果发现圆形物体的周长比直径的 3 倍要多一点．他因此确定圆周长并不完全是直径的 3 倍．在这之前，我国一般用 3 作为圆周率数值，因此计算圆的周长和面积时就会产生很大误差．祖冲之在刘徽"割圆术"的基础上，经过反复演算，推算出 $3.1415926<\pi<3.1415927$. 他成为世界上第一个把圆周率的准确数值计算到小数点后第 7 位数字的人，直到 1000 多年后，这个纪录才被打破．圆周率的计算，是我国古人极限思想的体现，很多数学史家把 π 叫作"祖率".

古希腊的伟大学者阿基米德想要求出由抛物线 $y=x^2$、x 轴和直线 $x=1$ 所围成的平面图形的面积 A(见图 1-15)．他想到可以用许多内接窄条矩形的面积之和作为 A 的近似值，具体做法是将底边$[0,1]$分成 n 等份，分点依次为

$$0,\ \frac{1}{n},\ \frac{2}{n},\ \cdots,\ \frac{n-1}{n},\ \frac{n}{n}$$

再在每一小段上作内接矩形，第 i 个矩形的底宽为$\frac{1}{n}$，高为$\left(\frac{i-1}{n}\right)^2$，$(i=1,2,\cdots,n)$，则这 n 个小矩形面积之和为

$$S=\frac{1}{n}\left[0^2+\left(\frac{1}{n}\right)^2+\left(\frac{2}{n}\right)^2+\cdots+\left(\frac{n-1}{n}\right)^2\right]$$
$$=\frac{(n-1)n(2n-1)}{6n^3}=\frac{1}{3}\left(1-\frac{1}{n}\right)\left(1-\frac{1}{2n}\right)$$

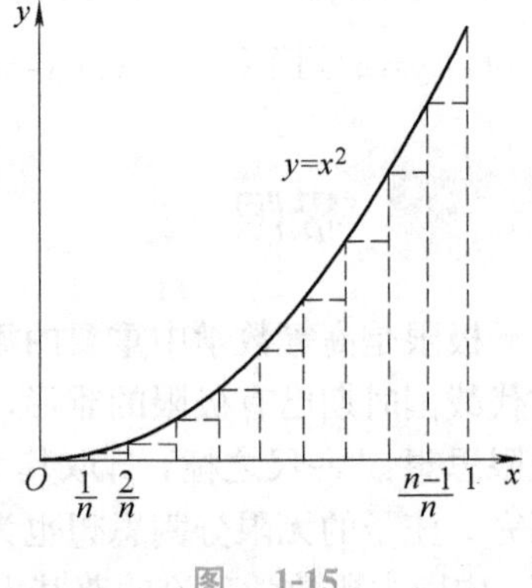

图 1-15

当 n 无限增大时（即分点越来越密时），这些小矩形的面积之和 S 就越来越接近要求的平面图形的面积 A，可以看出这个值是$\frac{1}{3}$，于是阿基米德得出结论：该平面图形的面积为$\frac{1}{3}$.

以上两个例子说明，早在几千年前，东西方的学者们就意识到许多问题可以通过无穷变化的过程来解决，并已经有了朴素的极限思想萌芽．当然，最终形成明确的极限概念，是 17 世纪以后的事情了.

下面讨论极限的概念．为了给出极限的定义，首先要引入数列，并讨论数列的极限.

定义 1-4　无穷多个按自然数顺序排列的数

$$x_1,\ x_2,\cdots,\ x_n,\ \cdots$$

称为数列，记为$\{x_n\}$．其中每一个数称为数列的项，第 n 项 x_n 称为数列的一般项或通项．例如：

1) $2,\frac{3}{2},\frac{4}{3},\cdots,\frac{n+1}{n},\cdots$;

2) $-\frac{1}{2},\frac{1}{4},-\frac{1}{8},\frac{1}{16},-\frac{1}{32},\cdots,\left(-\frac{1}{2}\right)^n,\cdots$;

3) $2,\frac{1}{2},\frac{4}{3},\cdots,\frac{n+(-1)^{n-1}}{n},\cdots$;

4) $1,-1,1,-1,\cdots,(-1)^{n+1},\cdots$;

5) $1,3,5,\cdots,2n-1,\cdots$.

上述都是数列，它们的通项依次为

$$\frac{n+1}{n},\left(-\frac{1}{2}\right)^n,\frac{n+(-1)^{n-1}}{n},(-1)^{n+1},2n-1.$$

在几何上，通常用数轴上的点列 $x_1,x_2,\cdots,x_n,\cdots$来表示数列$\{x_n\}$，如图 1-16 所示.

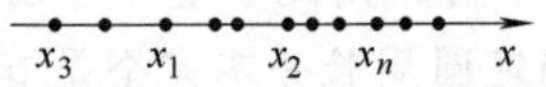

x_3　x_1　x_2　x_n　x

图 1-16

下面介绍数列$\{x_n\}$的两个性质：

1) 如果有 $x_1\leqslant x_2\leqslant\cdots\leqslant x_n\leqslant x_{n+1}\leqslant\cdots$，则称该数列是单调递增数列；反之，如果有 $x_1\geqslant x_2\geqslant\cdots\geqslant x_n\geqslant x_{n+1}\geqslant\cdots$，则称该数列是单调递减数列.

2) 如果存在正数 M，使对任意 n，均有$|x_n|\leqslant M$ 成立，则称该数列为有界数列.

具有性质 1)、2)的数列称为单调有界数列.

对于数列，我们可以考虑当自变量 n 无限增大时它的变化趋势．考察数列

$$2,\frac{3}{2},\frac{4}{3},\cdots,1+\frac{1}{n},\cdots$$

表 1-2 给出当 n 逐渐变大时数列值的变化情况.

表 1-2

n 值	10	100	1000	10000	100000	1000000	…
数列值	1.1	1.01	1.001	1.0001	1.00001	1.000001	…

容易看出，当 n 无限增大时，$x_n=1+\frac{1}{n}$越来越接近于 1，换言之，x_n 与 1 的差的绝对值可任意地小．如果在数轴上取任意一个以 1 为中心的区间(无论该区间多么小)，则一定存在一确定的项 N，从这一项以后的所有项 $x_n(n>N)$在数轴上都位于该区间中.

例如，取该区间为(0.99,1.01)，则存在 $N=100$，当 $n>100$ 后，从第 101 项起的以后所有项都满足$\left|\left(1+\frac{1}{n}\right)-1\right|<0.01$，也就是该数列第 101 项起的以后所有项都位于区间(0.99,1.01)中．如果将区间取得更小些(0.999,1.001)，则仍然存在 $N=1000$，从第 1001 项起的以后所有项都满足$\left|\left(1+\frac{1}{n}\right)-1\right|<0.001$，也就是该数列第 1001 项起,之后的所有项都位于区间(0.999,1.001)中．把上述现象用数学的语言叙述出来就得到了数列极限的定义.

定义 1-5 对任意给定的正数 ε(无论它多么小)，如果总存在着正整数 N，使得当 $n>N$ 时，总有$|x_n-A|<\varepsilon$ 成立，则称数 A 为数列$\{x_n\}$的极限．记为 $\lim\limits_{n\to\infty}x_n=A$ 或$x_n\to A(n\to\infty)$. 如果数列的极限存在，就称该数列是收敛的，否则称之为发散.

在上述定义中，正数 ε 可以任意给定是很重要的，只有这样不等式$|x_n-A|<\varepsilon$ 才能表达 x_n 与 A 可以无限接近．另外,定义中的正整数 N 显然与正数 ε 有关，它将随着 ε 的给定而确定．一般地，当 ε 给得越小，相应的 N 就越大，而 $n>N$ 描述了 n 增大的程度.

下面给出数列极限的几何意义：

将常数 A 及数列的项 $x_1,x_2,\cdots,x_n,\cdots$,在数轴上用对应点表示，如果数列$\{x_n\}$以 A 为极限，就表示对于任意给定的正数 ε，总存在着正整数 N，使从数列的第 $N+1$ 项开始，以后所有的项，即 $x_{N+1},x_{N+2},\cdots$都落在点 A 的 ε 邻域内，如图 1-17 所示.

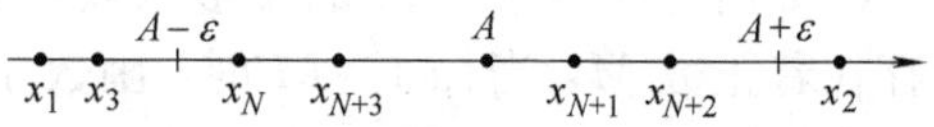

$A-\varepsilon$ A $A+\varepsilon$
x_1 x_3 x_N x_{N+3} x_{N+1} x_{N+2} x_2

图 1-17

数列极限的定义并未提供如何求极限的方法，但利用它可以证明一个数是否为给定数列的极限.

【例 1-14】 证明数列 $x_n=\frac{n+(-1)^{n-1}}{n}$的极限是 1.

证 对于任意给定的正数 ε，因为

$$|x_n-1|=\left|\frac{n+(-1)^{n-1}}{n}-1\right|=\frac{1}{n}$$

要使$|x_n-1|=\frac{1}{n}<\varepsilon$，只要 $n>\frac{1}{\varepsilon}$即可，故取正整数 $N=\left[\frac{1}{\varepsilon}\right]$(这里$[x]$表示对 x 取整数部分)，则当 $n>N$ 时，必有$|x_n-1|<\varepsilon$ 成立，所以

$$\lim_{n\to\infty}\frac{n+(-1)^{n-1}}{n}=1.$$

【例 1-15】 证明当$|q|<1$ 时，$\lim\limits_{n\to\infty}q^n=0$.

证 对任意给定的 $\varepsilon>0$（不妨假定 $\varepsilon<1$），要使 $|q^n-0|<\varepsilon$，即 $|q|^n<\varepsilon$，只要 $n\lg|q|<\lg\varepsilon$ 即可. 注意到当 $|q|<1$ 时，$\lg|q|<0$，所以可得 $n>\dfrac{\lg\varepsilon}{\lg|q|}>0$，从而，只要取 $N=\left[\dfrac{\lg\varepsilon}{\lg|q|}\right]$，则当 $n>N$ 时，必有 $|q^n-0|<\varepsilon$，即当 $|q|<1$ 时，$\lim\limits_{n\to\infty}q^n=0$.

【例 1-16】 设当 $n\to\infty$ 时，数列 $\{x_n\}$ 的极限存在，证明数列 $\{x_n\}$ 为有界数列.

证 设 $\lim\limits_{n\to\infty}x_n=A$，则由数列极限的定义，对给定的 $\varepsilon=1>0$，一定存在整数 $N>0$，当 $n>N$ 时，有 $|x_n-A|<\varepsilon=1$，又因为

$$|x_n|=|x_n-A+A|\leqslant|x_n-A|+|A|,$$

所以当 $n>N$ 时，必有

$$|x_n|\leqslant|x_n-A|+|A|<1+|A|$$

成立，取 $M=\max\{|x_1|,|x_2|,\cdots,|x_N|,1+|A|\}$，那么对任意的 n，数列 $\{x_n\}$ 都满足不等式 $|x_n|\leqslant M$，即有极限的数列 $\{x_n\}$ 是有界的.

1.2.2 函数的极限

1. $x\to\infty$ 时函数的极限

函数极限的定义

设函数 $f(x)$ 当 x 的绝对值很大时有定义，如果当 x 的绝对值无限增大时，函数 $f(x)$ 的值无限接近一个确定的常数 A，我们就说 A 是当 $x\to\infty$ 时函数 $f(x)$ 的极限. 仿照数列极限定义，用数学语言来描述“无限增大”和“无限接近”，就有如下的定义.

定义 1-6 对任意给定的正数 ε（无论它多么小），如果总存在着正数 M，使当 $|x|>M$ 时，总有 $|f(x)-A|<\varepsilon$，则称 A 为 x 趋向于无穷大时函数的极限，记为 $\lim\limits_{x\to\infty}f(x)=A$.

这个定义与数列极限的定义相仿，但有两点不同，正整数 N 换成了正数 M，$n>N$ 换成了 $|x|>M$. 这是因为在函数的极限过程中 x 可以取绝对值很大的任何实数，而不像数列极限过程中 n 的取值仅仅局限于正整数. $x\to\infty$ 既包括了 $x\to+\infty$，又包括了 $x\to-\infty$，即 x 的绝对值无限增大.

上述极限定义的几何意义为：由两条直线 $y=A+\varepsilon$ 与 $y=A-\varepsilon$ 所构成的宽为 2ε 的带形区域，无论它多么狭窄，总存在着正数 M，当 $|x|>M$ 时，函数 $f(x)$ 的图形都落在这个带形区域内，如图 1-18 所示.

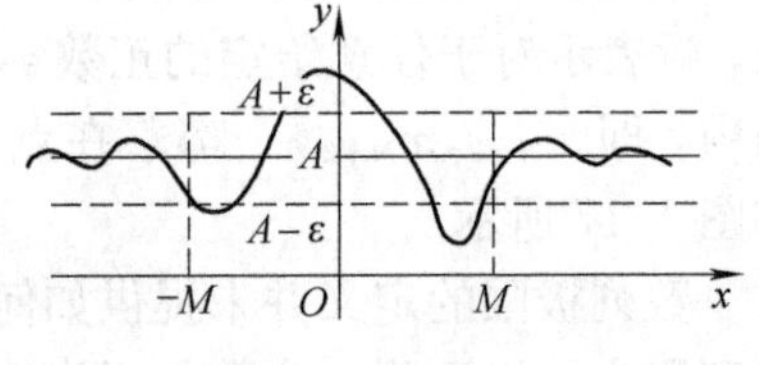

图 1-18

【例 1-17】 用函数极限定义证明 $\lim\limits_{x\to\infty}\dfrac{\sin x}{x}=0$.

证 对任意给定的正数 ε，要使 $\left|\dfrac{\sin x}{x}-0\right|=\left|\dfrac{\sin x}{x}\right|=\dfrac{|\sin x|}{|x|}<\varepsilon$，由于 $|\sin x|\leqslant1$，因而只要 $\dfrac{|\sin x|}{|x|}\leqslant\dfrac{1}{|x|}<\varepsilon$，即 $|x|>\dfrac{1}{\varepsilon}$. 取 $M=\dfrac{1}{\varepsilon}$，则当 $|x|>M$ 时，总有 $\left|\dfrac{\sin x}{x}-0\right|<\varepsilon$ 成立，所以 $\lim\limits_{x\to\infty}\dfrac{\sin x}{x}=0$.

如果限定 $x\to-\infty$ 或者 $x\to+\infty$，则得到所谓的单侧极限，以下为其定义.

定义 1-7 对任意给定的正数 ε（无论它多么小），如果总存在着正数 M，使当 $x<-M$ 时，总有 $|f(x)-A|<\varepsilon$，则称 A 为 x 趋向于负无穷大时函数的极限，记为 $\lim\limits_{x\to-\infty}f(x)=A$.

定义 1-8 对任意给定的正数 ε（无论它多么小），如果总存在着正数 M，使当 $x>M$ 时，总

有$|f(x)-A|<\varepsilon$，则称A为x趋向于正无穷大时函数的极限，记为$\lim\limits_{x\to+\infty}f(x)=A$.

关于上述单侧极限的几何意义，请读者自己考虑.

2. $x\to x_0$时函数的极限

先来看一个例子：函数$f(x)=\dfrac{x^2-1}{x-1}$在$x_0=1$处没有定义，但是在点$x_0=1$的某个去心邻域内有定义. 因为$\dfrac{x^2-1}{x-1}=\dfrac{(x-1)(x+1)}{x-1}=x+1$，当$x$无限趋向于1(但$x\neq1$)时，容易看出$f(x)$将无限接近于2.

一般地，可给出如下关于自变量趋向于定点时函数极限的定义.

定义 1-9 设函数$f(x)$在点x_0的某去心邻域内有定义，对任意给定的正数ε(无论它多么小)，如果总存在着正数δ，使当$0<|x-x_0|<\delta$时，总有$|f(x)-A|<\varepsilon$，则称A为x趋向于x_0时函数的极限. 记为$\lim\limits_{x\to x_0}f(x)=A$.

当$x\to x_0$时，函数的极限是否存在，关键在于对任意给定的$\varepsilon>0$，是否能找到对应的正数δ(显然这个δ可随着ε的变化而变化)，使得对满足不等式$0<|x-x_0|<\delta$的所有x均有$|f(x)-A|<\varepsilon$成立.

【例 1-18】 用函数极限定义证明$\lim\limits_{x\to1}\dfrac{x^2-1}{x-1}=2$.

证 对任意给定的$\varepsilon>0$，由于

$\left|\dfrac{x^2-1}{x-1}-2\right|=\left|\dfrac{(x-1)(x+1)}{x-1}-2\right|=|x-1|<\varepsilon$，从而只要取$\delta=\varepsilon$，则当$0<|x-1|<\delta$时，一定有$\left|\dfrac{x^2-1}{x-1}-2\right|<\varepsilon$成立，所以$\lim\limits_{x\to1}\dfrac{x^2-1}{x-1}=2$.

可以注意到，函数$f(x)=\dfrac{x^2-1}{x-1}$在$x=1$处是没有定义的，但这并不妨碍$x\to1$时函数极限的存在性，这就是为什么函数极限要定义在去心邻域的原因.

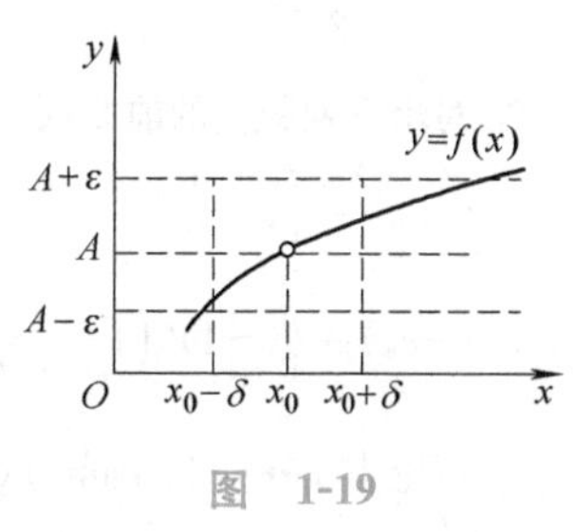

图 1-19

上述极限定义的几何意义为：由两条直线$y=A+\varepsilon$与$y=A-\varepsilon$所构成的宽为2ε的带形区域，无论它多么狭窄(即无论ε多么小)，总存在着正数δ，当$0<|x-x_0|<\delta$时，函数$f(x)$的图形都落在这个带形区域内，如图 1-19 所示.

同样可以考虑单侧极限的问题. 如果限定x只从x_0的左侧逐渐增大而趋向于x_0，此时函数$f(x)$的值无限地接近一个常数A，则称A为函数$f(x)$当$x\to x_0$时的左极限. 记为$\lim\limits_{x\to x_0^-}f(x)=A$.

如果限定x只从x_0的右侧逐渐减小而趋向于x_0，此时函数$f(x)$的值无限地接近一个常数A，则称A为函数$f(x)$当$x\to x_0$时的右极限. 记为$\lim\limits_{x\to x_0^+}f(x)=A$.

以上两个单侧极限的严格数学定义留给读者自己写出，它们相应的几何意义也请读者自己考虑.

关于极限与单侧极限有如下的重要结论：

定理 1-1 函数$f(x)$当$x\to x_0$时极限存在的充要条件是函数$f(x)$在$x\to x_0$时的左、右极限都存在并且相等.

【例 1-19】 设函数

$$f(x)=\begin{cases}x+1, & x<0\\ 0, & x=0\\ x-1, & x>0\end{cases}$$

求当 $x\to0$ 时 $f(x)$ 的单侧极限,并讨论当 $x\to0$ 时, $f(x)$ 是否存在极限.

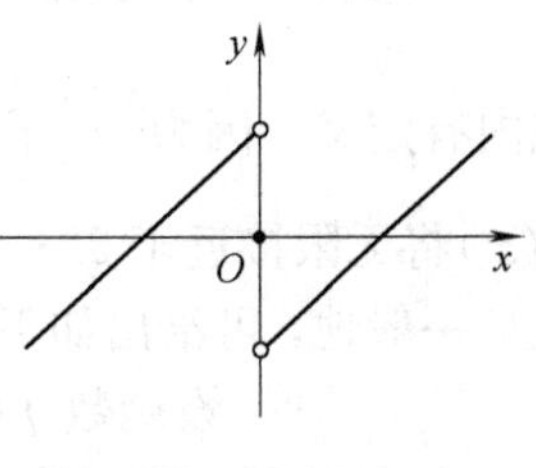

图 1-20

解　作函数的图形(见图 1-20), 由图容易看出

$$\lim_{x\to0^-}f(x)=\lim_{x\to0^-}(x+1)=1$$

$$\lim_{x\to0^+}f(x)=\lim_{x\to0^+}(x-1)=-1$$

故当 $x\to0$ 时, $f(x)$ 的左极限为 1, 右极限为 -1. 虽然左极限与右极限都存在,但它们不相等,所以当 $x\to0$ 时, $f(x)$ 的极限不存在.

以上定理是针对函数 $f(x)$ 当 $x\to x_0$ 时的极限给出的,但是对于当 $x\to\infty$ 时函数 $f(x)$ 的极限,也有类似的结论:函数 $f(x)$ 当 $x\to\infty$ 时极限存在的充要条件是函数 $f(x)$ 在 $x\to\infty$ 时的左、右极限($x\to-\infty$, $x\to+\infty$ 时的极限)都存在并且相等.

【例 1-20】 讨论极限 $\lim\limits_{x\to\infty}\arctan x$ 的存在性.

解　由 $y=\arctan x$ 的图形(见图 1-12)可以看出: $\lim\limits_{x\to-\infty}\arctan x=-\dfrac{\pi}{2}$, $\lim\limits_{x\to+\infty}\arctan x=\dfrac{\pi}{2}$, 因此极限 $\lim\limits_{x\to\infty}\arctan x$ 不存在.

习　题　1-2

1. 写出下列数列的一般项，并指出哪些数列收敛？哪些数列发散？如果收敛，说出其极限.

(1) 2, 4, 6, 8, …;　　(2) $\dfrac{1}{2},\dfrac{1}{4},\dfrac{1}{8},\dfrac{1}{16},\cdots$;

(3) $1,-\dfrac{1}{2},\dfrac{1}{3},-\dfrac{1}{4},\dfrac{1}{5},\cdots$;　　(4) $0.9, 0.99, 0.999,\cdots,0.\underbrace{999\cdots9}_{n个},\cdots$.

2. 写出下列数列的前 5 项：

(1) $\{x_n\}=\left\{1-\dfrac{1}{2^n}\right\}$;　　(2) $\{x_n\}=\left\{\dfrac{1}{n}\sin\dfrac{\pi}{n}\right\}$;

(3) $\{x_n\}=\left\{(-1)^n\left(1+\dfrac{1}{n}\right)\right\}$;　　(4) $\{x_n\}=\left\{\dfrac{2^n+(-1)^n}{2^n}\right\}$.

3. 讨论当 $x\to0$ 时，函数 $f(x)=\dfrac{|x|}{x}$ 极限的存在性.

4. 讨论当 $x\to0$ 时，函数 $f(x)=e^{\frac{1}{x}}$ 极限的存在性.

5. 讨论极限 $\lim\limits_{x\to0}f(x)$ 的存在性，其中

$$f(x)=\begin{cases}x+3, & -2\leqslant x<0\\ \sin x, & 0\leqslant x<4\end{cases}$$

6. 证明: $\lim\limits_{x\to\infty}\dfrac{\sin x}{x}=0$.

1.3　极限的性质与运算法则

本节将讨论极限的性质与运算法则．由于可以将数列看作特殊的函数，所以下面的讨论主要是针对函数极限进行的，但相应的性质对数列也成立．而且下面仅就 $x\to x_0$ 时函数的极限

进行讨论，所有结果也适用于其他极限的场合.

1.3.1 极限的性质

性质1(唯一性) 如果 $\lim\limits_{x\to x_0}f(x)=A$，$\lim\limits_{x\to x_0}f(x)=B$，则 $A=B$.

性质2(有界性) 如果极限 $\lim\limits_{x\to x_0}f(x)=A$ 存在，则必存在点 x_0 的某去心邻域，在此邻域内函数 $f(x)$ 有界. 其几何意义如图1-21所示.

性质3(局部保号性) 如果 $\lim\limits_{x\to x_0}f(x)=A$，并且 $A>0$(或 $A<0$)，则必存在 x_0 的某去心邻域，在该邻域内有 $f(x)>0$(或 $f(x)<0$).其几何意义如图1-22所示.

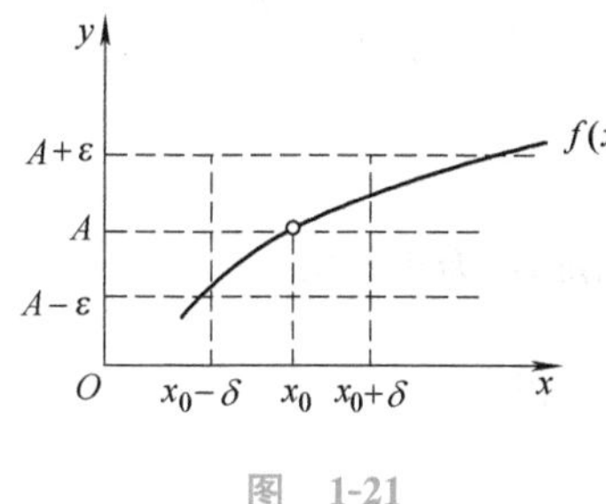

图 1-21

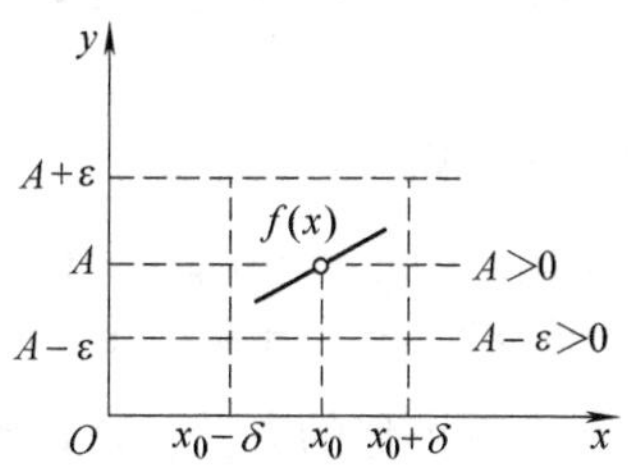

图 1-22

性质4(不等式性) 如果 $f(x)\geqslant 0$(或 $f(x)\leqslant 0$)，而且 $\lim\limits_{x\to x_0}f(x)=A$，那么 $A\geqslant 0$(或 $A\leqslant 0$). 其几何意义如图1-23所示.

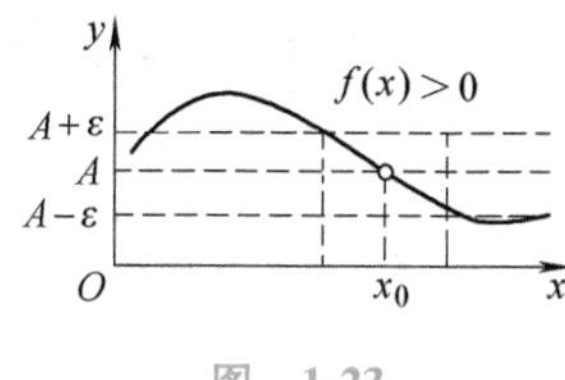

图 1-23

1.3.2 极限的运算法则

设函数 $f(x)$ 和 $g(x)$ 当 $x\to x_0$ 时的极限分别为 A 和 B，即 $\lim\limits_{x\to x_0}f(x)=A$，$\lim\limits_{x\to x_0}g(x)=B$，则有如下的运算法则.

1) $\lim\limits_{x\to x_0}[f(x)\pm g(x)]=\lim\limits_{x\to x_0}f(x)\pm\lim\limits_{x\to x_0}g(x)=A\pm B$；

2) $\lim\limits_{x\to x_0}[f(x)\cdot g(x)]=\lim\limits_{x\to x_0}f(x)\cdot\lim\limits_{x\to x_0}g(x)=A\cdot B$；

3) $\lim\limits_{x\to x_0}Cf(x)=C\cdot\lim\limits_{x\to x_0}f(x)=C\cdot A$ (C 为常数)；

4) $\lim\limits_{x\to x_0}\dfrac{f(x)}{g(x)}=\dfrac{\lim\limits_{x\to x_0}f(x)}{\lim\limits_{x\to x_0}g(x)}=\dfrac{A}{B}(B\neq 0)$.

其中法则1)、2)还可以推广到有限个具有极限的函数和与积的情况.

【例1-21】 求极限 $\lim\limits_{x\to 1}(x^2+x-2)$.

解 由极限运算法则，得

$$\lim_{x\to 1}(x^2+x-2)=\lim_{x\to 1}x^2+\lim_{x\to 1}x-\lim_{x\to 1}2=(\lim_{x\to 1}x)^2+1-2=1+1-2=0.$$

【例1-22】 求极限 $\lim\limits_{x\to 1}\dfrac{x^2+2x-3}{x^2+x-2}$.

解 由上例知道，当 $x\to 1$ 时，分母的极限为零，故不能直接用极限的运算法则，但是 $\dfrac{x^2+2x-3}{x^2+x-2}=\dfrac{(x-1)(x+3)}{(x-1)(x+2)}=\dfrac{x+3}{x+2}$(注意到，当 $x\to 1$ 时，$x\neq 1$)，所以

$$\lim_{x\to1}\frac{x^2+2x-3}{x^2+x-2}=\lim_{x\to1}\frac{x+3}{x+2}=\frac{\lim\limits_{x\to1}(x+3)}{\lim\limits_{x\to1}(x+2)}=\frac{4}{3}.$$

【例 1-23】 求极限 $\lim\limits_{x\to\infty}\dfrac{3x^2-2x-1}{2x^2-x-2}$.

解 当 $x\to\infty$时，分子、分母的极限都不存在(均趋向无穷大)，不能直接使用极限运算法则，此时分式的分子和分母分别除以 x^2，然后可求得极限，即

$$\lim_{x\to\infty}\frac{3x^2-2x-1}{2x^2-x-2}=\lim_{x\to\infty}\frac{3-\dfrac{2}{x}-\dfrac{1}{x^2}}{2-\dfrac{1}{x}-\dfrac{2}{x^2}}=\frac{\lim\limits_{x\to\infty}\left(3-\dfrac{2}{x}-\dfrac{1}{x^2}\right)}{\lim\limits_{x\to\infty}\left(2-\dfrac{1}{x}-\dfrac{2}{x^2}\right)}=\frac{3}{2}.$$

【例 1-24】 求极限

$\lim\limits_{x\to\infty}\dfrac{a_0x^n+a_1x^{n-1}+\cdots+a_{n-1}x+a_n}{b_0x^m+b_1x^{m-1}+\cdots+b_{m-1}x+b_m}$(其中 $a_0\neq0,b_0\neq0,m,n$ 为正整数).

解 采用和上例类似的方法，分式的分子分母同除以 x^m，得

$$\lim_{x\to\infty}\frac{a_0x^n+a_1x^{n-1}+\cdots+a_{n-1}x+a_n}{b_0x^m+b_1x^{m-1}+\cdots+b_{m-1}x+b_m}=\lim_{x\to\infty}x^{n-m}\frac{a_0+a_1\dfrac{1}{x}+\cdots+a_n\dfrac{1}{x^n}}{b_0+b_1\dfrac{1}{x}+\cdots+b_m\dfrac{1}{x^m}}$$

$$=\begin{cases}\dfrac{a_0}{b_0}, & \text{当 } m=n \text{ 时}\\ 0, & \text{当 } m>n \text{ 时}\\ \infty, & \text{当 } m<n \text{ 时}\end{cases}$$

【例 1-25】 求极限$\lim\limits_{x\to1}\left(\dfrac{1}{1-x}-\dfrac{3}{1-x^3}\right)$.

解 当 $x\to1$ 时，$\dfrac{1}{1-x}$和$\dfrac{3}{1-x^3}$的极限均不存在，因此不能直接使用极限的运算法则，但是注意到，当 $x\to1$ 时 $x\neq1$，所以有

$$\lim_{x\to1}\left(\frac{1}{1-x}-\frac{3}{1-x^3}\right)=\lim_{x\to1}\frac{1+x+x^2-3}{1-x^3}=\lim_{x\to1}\frac{(x+2)(x-1)}{(1-x)(1+x+x^2)}$$

$$=-\lim_{x\to1}\frac{x+2}{x^2+x+1}=-\frac{3}{3}=-1$$

【例 1-26】 求极限 $\lim\limits_{n\to\infty}\left(\dfrac{1}{n^2}+\dfrac{2}{n^2}+\cdots+\dfrac{n}{n^2}\right)$.

解 $\lim\limits_{n\to\infty}\left(\dfrac{1}{n^2}+\dfrac{2}{n^2}+\cdots+\dfrac{n}{n^2}\right)=\lim\limits_{n\to\infty}\dfrac{1+2+\cdots+n}{n^2}=\lim\limits_{n\to\infty}\dfrac{\dfrac{1}{2}n(n+1)}{n^2}$

$$=\frac{1}{2}\lim_{n\to\infty}\frac{1+\dfrac{1}{n}}{1}=\frac{1}{2}$$

【例 1-27】 求极限 $\lim\limits_{n\to\infty}\dfrac{2^n-1}{4^n+1}$.

解 $\lim\limits_{n\to\infty}\dfrac{2^n-1}{4^n+1}=\lim\limits_{n\to\infty}\dfrac{\left(\dfrac{2}{4}\right)^n-\left(\dfrac{1}{4^n}\right)}{1+\dfrac{1}{4^n}}=\dfrac{0}{1}=0.$

【例 1-28】 设 $f(x)=\sqrt{x}$，求 $\lim\limits_{h\to 0}\dfrac{f(x+h)-f(x)}{h}$.

解 所求极限中，h 是极限变量，所以在极限过程中，将 x 看作常量.

$$\lim_{h\to 0}\frac{f(x+h)-f(x)}{h}=\lim_{h\to 0}\frac{\sqrt{x+h}-\sqrt{x}}{h}=\lim_{h\to 0}\frac{(\sqrt{x+h}-\sqrt{x})(\sqrt{x+h}+\sqrt{x})}{h(\sqrt{x+h}+\sqrt{x})}$$

$$=\lim_{h\to 0}\frac{h}{h(\sqrt{x+h}+\sqrt{x})}=\frac{1}{2\sqrt{x}}$$

【例 1-29】 设 $f(x)=\dfrac{x^2+1}{x-1}+ax+b$，若已知 $\lim\limits_{x\to\infty}f(x)=2$，试求 a,b 的值.

解 由于 $\lim\limits_{x\to\infty}f(x)=\lim\limits_{x\to\infty}\dfrac{(a+1)x^2+(b-a)x+(1-b)}{x-1}$

$$=\lim_{x\to\infty}\frac{(a+1)x+(b-a)+\dfrac{1-b}{x}}{1-\dfrac{1}{x}}$$

$$=\lim_{x\to\infty}(a+1)x+(b-a)=2.$$

所以一定有$\begin{cases}a+1=0\\ b-a=2\end{cases}$,解得 $a=-1,b=1$.

【例 1-30】 求极限 $\lim\limits_{x\to 0}\dfrac{\sin^2 x}{1-\cos x}$.

解 $\lim\limits_{x\to 0}\dfrac{\sin^2 x}{1-\cos x}=\lim\limits_{x\to 0}\dfrac{4\sin^2\dfrac{x}{2}\cos^2\dfrac{x}{2}}{2\sin^2\dfrac{x}{2}}=2\lim\limits_{x\to 0}\cos^2\dfrac{x}{2}=2$

习 题 1-3

1. 求下列极限：

(1) $\lim\limits_{x\to 1}\dfrac{x^2-2x+1}{x-1}$； (2) $\lim\limits_{x\to 1}\dfrac{\sqrt{5x-4}-\sqrt{x}}{x-1}$； (3) $\lim\limits_{n\to\infty}\dfrac{(n-1)^2}{n^2-1}$；

(4) $\lim\limits_{x\to\infty}\dfrac{x^3+3x^2+1}{(x+1)^3}$； (5) $\lim\limits_{x\to\sqrt{3}}\dfrac{x^2-3}{x+1}$； (6) $\lim\limits_{x\to 0}\dfrac{x^2}{1-\sqrt{1+x^2}}$；

(7) $\lim\limits_{x\to\infty}\dfrac{\cos x^2+\sin 2x}{x-1}$； (8) $\lim\limits_{x\to 1}\dfrac{\sqrt{3-x}-\sqrt{1+x}}{x^2-1}$.

2. 若$\lim\limits_{x\to 1}\dfrac{x^2+ax+b}{1-x}=5$，求 a、b 的值.

1.4 极限存在的两个准则

极限的运算法则是在极限存在的前提下，通过计算并求得结果．但一个数列或者函数的极限是否存在，除了直接用定义去判别外，在有的场合使用一些判别方法则更加方便．下面不加证明地给出两个极限的存在准则，并利用它们给出两个重要极限.

1.4.1 判断极限存在的两个准则

准则 1（夹逼准则）　设函数 $f(x)$、$\varphi(x)$、$\psi(x)$在点 x_0 的某去心邻域内满足：

$$\varphi(x)\leqslant f(x)\leqslant \psi(x)$$

且有极限 $\lim\limits_{x\to x_0}\varphi(x)=A$，$\lim\limits_{x\to x_0}\psi(x)=A$，则有 $\lim\limits_{x\to x_0}f(x)=A$．

准则 2　单调有界数列必有极限.

【例 1-31】　计算　$\lim\limits_{n\to\infty}\dfrac{\sqrt[3]{n^2}\sin n}{n+1}$．

解　这是求一个数列的极限，为了求这一极限，先将数列的分子分母同除以 n，得

$\dfrac{\sqrt[3]{n^2}\sin n}{n+1}=\dfrac{\dfrac{\sin n}{\sqrt[3]{n}}}{1+\dfrac{1}{n}}$，而 $0\leqslant\left|\dfrac{\sin n}{\sqrt[3]{n}}\right|\leqslant\dfrac{1}{\sqrt[3]{n}}$，注意到 $\lim\limits_{n\to\infty}\dfrac{1}{\sqrt[3]{n}}=0$，

则由准则 1 得 $\lim\limits_{n\to\infty}\dfrac{\sin n}{\sqrt[3]{n}}=0$，所以$\lim\limits_{n\to\infty}\dfrac{\sqrt[3]{n^2}\sin n}{n+1}=\lim\limits_{n\to\infty}\dfrac{\dfrac{\sin n}{\sqrt[3]{n}}}{1+\dfrac{1}{n}}=\dfrac{0}{1}=0$.

【例 1-32】　证明下列数列存在极限，并求出极限．

$$x_1=\sqrt{2},\ x_2=\sqrt{2+\sqrt{2}},\cdots,x_n=\sqrt{2+x_{n-1}},\cdots$$

证　对于任意的 n，显然 $x_n>0$，且 $x_n=\sqrt{2+x_{n-1}}$，所以不等式 $x_{n-1}<x_n$对任意的 n 都成立，即数列是单调递增的．下面用归纳法来证明数列是有界的：$x_1=\sqrt{2}<2$，$x_2=\sqrt{x_1+2}<\sqrt{2+2}=2$，假定对于 $n-1$ 结论成立，即 $x_{n-1}<2$，则 $x_n=\sqrt{2+x_{n-1}}<\sqrt{2+2}=2$，所以对任意的 n 结论是成立的，即对任意的 n，总有 $0<x_n<2$，即数列$\{x_n\}$是有界的．根据准则 2 可知，当 $n\to\infty$时，数列极限存在．设该极限值为 A，在等式 $x_n=\sqrt{2+x_{n-1}}$ 两端令 $n\to\infty$，则有 $A=\sqrt{2+A}$，解该方程得 $A=2$，从而得到该数列的极限为 2.

1.4.2 两个重要极限

1. $\lim\limits_{x\to 0}\dfrac{\sin x}{x}=1$

由 $\lim\limits_{x\to 0}\sin x=0$，$\lim\limits_{x\to 0}x=0$ 可知，这是一个无法直接利用极限运算法则计算的极限．下面用

夹逼准则来证明这个极限.

做一个单位圆(见图 1-24)，圆心角$\angle AOB=x$(弧度)，且设$0<x<\frac{\pi}{2}$，容易看出，$\triangle AOB$的面积<扇形AOB的面积<$\triangle BOC$的面积

也就是 $$\frac{1}{2}\sin x<\frac{1}{2}x<\frac{1}{2}\tan x \quad x\in\left(0,\frac{\pi}{2}\right)$$

故有 $$\sin x<x<\tan x$$

对上述不等式各项除以$\sin x$后取倒数，即得

$$\cos x<\frac{\sin x}{x}<1$$

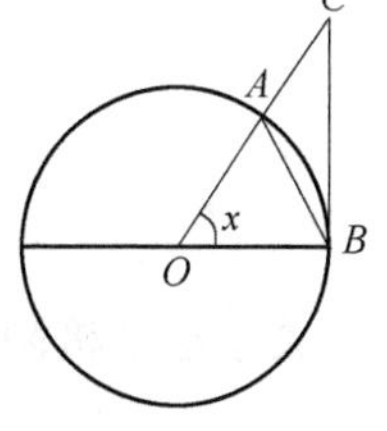

图 1-24

由于$\cos x$、$\frac{\sin x}{x}$都是偶函数，所以上述不等式对$x\in\left(-\frac{\pi}{2},0\right)$也是成立的.

而$\lim\limits_{x\to 0}\cos x=1$,$\lim\limits_{x\to 0}1=1$，从而由夹逼准则得:$\lim\limits_{x\to 0}\frac{\sin x}{x}=1$.

这个极限可以形象地表示成如下的形式

$$\lim_{\square\to 0}\frac{\sin\square}{\square}=1 \quad (\text{其中}\ \square\ \text{表示同一变量}).$$

【例 1-33】 求极限$\lim\limits_{x\to 0}\frac{\tan x}{x}$.

解 $$\lim_{x\to 0}\frac{\tan x}{x}=\lim_{x\to 0}\frac{\frac{\sin x}{\cos x}}{x}=\lim_{x\to 0}\frac{\sin x}{x}\cdot\frac{1}{\cos x}=\lim_{x\to 0}\frac{\sin x}{x}\cdot\lim_{x\to 0}\frac{1}{\cos x}=1.$$

【例 1-34】 求极限$\lim\limits_{x\to\infty}x\sin\frac{1}{x}$.

解 由于$x\sin\frac{1}{x}=\frac{\sin\frac{1}{x}}{\frac{1}{x}}$，当$x\to\infty$时，$\frac{1}{x}\to 0$，所以

$$\lim_{x\to\infty}x\sin\frac{1}{x}=\lim_{x\to\infty}\frac{\sin\frac{1}{x}}{\frac{1}{x}}=1.$$

另解:令$\frac{1}{x}=t$，则当$x\to\infty$时，$\frac{1}{x}\to 0$，即$t\to 0$，所以

$$\lim_{x\to\infty}x\sin\frac{1}{x}=\lim_{t\to 0}\frac{\sin t}{t}=1.$$

【例 1-35】 求极限$\lim\limits_{x\to 0}\frac{\arcsin x}{x}$.

解 令$\arcsin x=t$,则$x=\sin t$,当$x\to 0$时，有$t\to 0$，于是

$$\lim_{x\to 0}\frac{\arcsin x}{x}=\lim_{t\to 0}\frac{t}{\sin t}=1.$$

【例 1-36】 求极限 $\lim\limits_{x\to 0}\dfrac{1-\cos x}{x^2}$.

解 $$\lim_{x\to 0}\frac{1-\cos x}{x^2}=\lim_{x\to 0}\frac{2\sin^2\frac{x}{2}}{x^2}=\frac{1}{2}\lim_{x\to 0}\frac{\left(\sin\frac{x}{2}\right)^2}{\left(\frac{x}{2}\right)^2}=\frac{1}{2}\left(\lim_{x\to 0}\frac{\sin\frac{x}{2}}{\frac{x}{2}}\right)^2=\frac{1}{2}.$$

2. $\lim\limits_{n\to\infty}\left(1+\dfrac{1}{n}\right)^n=\mathrm{e}$

第二重要极限

关于这个极限，我们先用列表的方式来观察其变化的趋势，见表 1-3.

表　1-3

n	1	2	3	4	5	10	100	1000	10000	…
$\left(1+\frac{1}{n}\right)^n$	2	2.250	2.370	2.441	2.488	2.594	2.705	2.717	2.718	…

由表 1-3 可以看出，当 n 的值越来越大的时候，数列 $\left(1+\dfrac{1}{n}\right)^n$ 的值逐渐接近 2.718. 可以证明，数列 $\left\{\left(1+\dfrac{1}{n}\right)^n\right\}$ 是单调递增且有界的，根据极限存在准则 2 可知，当 $n\to\infty$时，数列 $\left(1+\dfrac{1}{n}\right)^n$ 的极限存在且其值是一个无理数，我们用字母 e 来表示这个极限，即 $\lim\limits_{n\to\infty}\left(1+\dfrac{1}{n}\right)^n=\mathrm{e}$（$\mathrm{e}=2.718281828\cdots$）.

可以证明，当 $x\to\infty$时，函数 $\left(1+\dfrac{1}{x}\right)^x$ 的极限也存在，而且 $\lim\limits_{x\to\infty}\left(1+\dfrac{1}{x}\right)^x=\mathrm{e}$.

如果令 $\dfrac{1}{x}=t$，则当 $x\to\infty$时，$t\to 0$，于是有 $\lim\limits_{t\to 0}(1+t)^{\frac{1}{t}}=\mathrm{e}$.

以上这类极限都有一个共同的特点，那就是各函数的底数在 x 的某一变化过程中都趋向 1，而指数部分都趋向∞，我们把这类极限称为“1^∞”未定型，这类极限往往含有 e. 这类极限也可以形象地用如下的式子来表述：

$$\lim_{\square\to\infty}\left(1+\frac{1}{\square}\right)^{\square}=\mathrm{e}\quad（其中\ \square\ 代表同一变量）$$

或者 $$\lim_{\square\to 0}(1+\square)^{\frac{1}{\square}}=\mathrm{e}\quad（其中\ \square\ 代表同一变量）.$$

【例 1-37】 求极限 $\lim\limits_{x\to\infty}\left(1+\dfrac{2}{x}\right)^{3x}$.

解 注意到这是“1^∞”未定型，可以将它变形，使之成为我们熟悉的重要极限的形式，然后求解.

$$\lim_{x\to\infty}\left(1+\frac{2}{x}\right)^{3x}=\lim_{x\to\infty}\left[\left(1+\frac{2}{x}\right)^{\frac{x}{2}}\right]^6=\left[\lim_{x\to\infty}\left(1+\frac{2}{x}\right)^{\frac{x}{2}}\right]^6=\mathrm{e}^6.$$

【例 1-38】 求极限 $\lim\limits_{x\to\infty}\left(\dfrac{x}{1+x}\right)^x$.

解 $$\lim_{x\to\infty}\left(\frac{x}{1+x}\right)^x=\lim_{x\to\infty}\left[\frac{1}{\left(1+\frac{1}{x}\right)}\right]^x=\lim_{x\to\infty}\frac{1}{\left(1+\frac{1}{x}\right)^x}=\frac{1}{\lim\limits_{x\to\infty}\left(1+\frac{1}{x}\right)^x}=\frac{1}{\mathrm{e}}.$$

【例 1-39】 求极限 $\lim\limits_{x\to\frac{\pi}{2}}(1+\cos x)^{3\sec x}$.

解 当 $x\to\frac{\pi}{2}$ 时，$\cos x\to0$，这是一个“1^{∞}”未定型，可以利用重要极限来求解.

$$\lim_{x\to\frac{\pi}{2}}(1+\cos x)^{3\sec x}=\lim_{x\to\frac{\pi}{2}}\left[(1+\cos x)^{\frac{1}{\cos x}}\right]^{3}=\mathrm{e}^{3}.$$

习 题 1-4

1. 求下列极限：

(1) $\lim\limits_{x\to0}\dfrac{4x}{\sin2x}$； (2) $\lim\limits_{x\to0}\dfrac{1-\cos4x}{x\sin x}$； (3) $\lim\limits_{x\to+\infty}2^{x}\sin\dfrac{1}{2^{x}}$； (4) $\lim\limits_{x\to0}\dfrac{\sin x}{\arcsin2x}$.

2. 求下列极限：

(1) $\lim\limits_{n\to\infty}\left(1+\dfrac{1}{n+2}\right)^{n+5}$； (2) $\lim\limits_{x\to0}(1-x)^{\frac{2}{x}}$； (3) $\lim\limits_{x\to\infty}\left(\dfrac{1+x}{x}\right)^{\frac{x}{3}}$； (4) $\lim\limits_{x\to\infty}\left(\dfrac{2x+3}{2x+1}\right)^{x+1}$.

1.5 无穷小量和无穷大量

1.5.1 无穷小量

1. 无穷小量的概念

定义 1-10 若 $\lim\limits_{x\to x_0}f(x)=0$，则称函数 $f(x)$ 在 $x\to x_0$ 的过程中为无穷小量.

上述定义中，$x\to x_0$，可以换成 $x\to x_0^+$，$x\to x_0^-$，$x\to\infty$，$x\to-\infty$，$x\to+\infty$ 等. 函数也可以换成数列. 简而言之，所谓无穷小量，就是在自变量的某一变化过程中极限为零的量.

应当注意，无穷小量是一个变量，除了常数 0 可以作为一个特殊的无穷小量外，任何其他常数，即使其绝对值非常小，也不能把它看作无穷小量. 同时提到无穷小量，一定要指明自变量的变化过程. 为了简单起见，下面的讨论中，“自变量的某一变化过程”均假定是 $x\to x_0$，对于其他的情形，这些结论都是成立的.

【例 1-40】 因为当 $x\to0$ 时，$\sin x\to0$，所以 $\sin x$ 是无穷小量(当 $x\to0$).

【例 1-41】 由于当 $x\to-\infty$ 时，$\mathrm{e}^{x}\to0$，所以 e^{x} 是无穷小量(当 $x\to-\infty$).

2. 无穷小量的性质

根据极限的性质以及极限的运算法则，可以得到下列无穷小量的性质.

性质 1 有限个无穷小量的和是无穷小量.

性质 2 有界函数与无穷小量的乘积是无穷小量.

推论 常量与无穷小量的乘积是无穷小量.

性质 3 有限个无穷小量的乘积是无穷小量.

【例 1-42】 证明 $\lim\limits_{x\to\infty}\dfrac{\sin x}{x}=0$.

证 因为 $\lim\limits_{x\to\infty}\dfrac{1}{x}=0$，所以当 $x\to\infty$ 时，$\dfrac{1}{x}$ 是无穷小量. 而 $|\sin x|\leqslant1$(对任意 $x\in\mathbf{R}$)，即 $\sin x$ 是有界变量，根据无穷小量的性质 2 可知，当 $x\to\infty$ 时，$\dfrac{1}{x}\sin x$ 是无穷小量，所以有

$\lim\limits_{x\to\infty}\dfrac{\sin x}{x}=0$.

3. 无穷小量的比较

两个无穷小量的和、积都是无穷小量，那么，两个无穷小量的商是否也是无穷小量呢？先来看下面的例子．当 $x\to0$ 时，x、x^2、x^3、$2x$ 都是无穷小量，可是 $\lim\limits_{x\to0}\dfrac{2x}{x}=2$、$\lim\limits_{x\to0}\dfrac{x^2}{x}=0$、$\lim\limits_{x\to0}\dfrac{x^2}{x^3}=\infty$，即当 $x\to0$ 时$\dfrac{x^2}{x}$是无穷小量，而$\dfrac{2x}{x}$、$\dfrac{x^2}{x^3}$均不是无穷小量．这些情况表明，同为无穷小量，由于它们趋向于0的速度有快有慢，因此它们的商也会不同．为了比较不同的无穷小量趋向于0的速度，引入无穷小量阶的概念．

定义 1-11 设 $\alpha=\alpha(x)$，$\beta=\beta(x)$ 在 $x\to x_0$ 时为无穷小量，且 $\alpha\neq0$，

1）如果 $\lim\limits_{x\to x_0}\dfrac{\beta}{\alpha}=0$，则称 β 是比 α 高阶的无穷小量，记作 $\beta=o(\alpha)$．

2）如果$\lim\limits_{x\to x_0}\dfrac{\beta}{\alpha}=C$（$C$ 为不等于零的常数），则称 β 与 α 是同阶的无穷小量．特别地，如果 $C=1$，则称 β 与 α 是等价的无穷小量，记作 $\beta\sim\alpha$．

【例 1-43】 证明当 $x\to1$ 时，$(x-1)^2$ 是比 x^2-1 高阶的无穷小量．

证 因为 $\lim\limits_{x\to1}(x-1)^2=0$，$\lim\limits_{x\to1}(x^2-1)=0$，所以当 $x\to1$ 时，$(x-1)^2$ 与 x^2-1 都是无穷小量．又因为

$$\lim_{x\to1}\frac{(x-1)^2}{x^2-1}=\lim_{x\to1}\frac{(x-1)^2}{(x+1)(x-1)}=\lim_{x\to1}\frac{x-1}{x+1}=0$$

所以当 $x\to1$ 时，$(x-1)^2$ 是比 x^2-1 高阶的无穷小量．

【例 1-44】 证明当 $x\to0$ 时，$1-\cos x$ 与$\dfrac{1}{2}x^2$是等价无穷小量．

证 当 $x\to0$ 时，$1-\cos x$ 与$\dfrac{1}{2}x^2$ 显然都是无穷小量，而

$$\lim_{x\to0}\frac{1-\cos x}{\frac{1}{2}x^2}=\lim_{x\to0}\frac{2\sin^2\frac{x}{2}}{\frac{1}{2}x^2}=\lim_{x\to0}\frac{\sin^2\frac{x}{2}}{\frac{1}{4}x^2}=\left(\lim_{x\to0}\frac{\sin\frac{x}{2}}{\frac{x}{2}}\right)^2=1$$

所以当 $x\to0$ 时，$1-\cos x$ 与$\dfrac{1}{2}x^2$ 是等价无穷小量．

关于等价无穷小量在求极限中的应用，有如下的定理．

定理 1-2 设 α、α_1、β、β_1 当 $x\to x_0$ 时都是无穷小量，且 $\alpha\sim\alpha_1$，$\beta\sim\beta_1$，$\lim\limits_{x\to x_0}\dfrac{\beta_1}{\alpha_1}$ 存在，则有

$$\lim_{x\to x_0}\frac{\beta}{\alpha}=\lim_{x\to x_0}\frac{\beta_1}{\alpha_1}$$

证 $\lim\limits_{x\to x_0}\dfrac{\beta}{\alpha}=\lim\limits_{x\to x_0}\left(\dfrac{\alpha_1}{\alpha}\times\dfrac{\beta_1}{\alpha_1}\times\dfrac{\beta}{\beta_1}\right)=\lim\limits_{x\to x_0}\dfrac{\alpha_1}{\alpha}\lim\limits_{x\to x_0}\dfrac{\beta_1}{\alpha_1}\lim\limits_{x\to x_0}\dfrac{\beta}{\beta_1}=\lim\limits_{x\to x_0}\dfrac{\beta_1}{\alpha_1}$

根据此定理，在求两个无穷小量之比的极限时，若此极限不好求，可用分子、分母各自的等价无穷小量来代替，如果选取得当，可使求解过程化简．但是必须注意，等价无穷小量的代换只适用于分子和分母中的因式，不能用于加减法中的项，否则将会得到错误的结论．

【例 1-45】 求 $\lim\limits_{x\to 0}\dfrac{1-\cos x}{x\sin x}$.

解 由于 $x\to 0$ 时，$1-\cos x\sim\dfrac{x^2}{2}$，$\sin x\sim x$，所以

$$\lim_{x\to 0}\frac{1-\cos x}{x\sin x}=\lim_{x\to 0}\frac{\frac{x^2}{2}}{x^2}=\frac{1}{2}.$$

【例 1-46】 求 $\lim\limits_{x\to 0}\dfrac{\cos 2x-\cos 3x}{\sin x^2}$.

解 $$\lim_{x\to 0}\frac{\cos 2x-\cos 3x}{\sin x^2}=\lim_{x\to 0}\frac{2\sin\frac{5x}{2}\sin\frac{x}{2}}{x^2}=\lim_{x\to 0}\frac{2\times\frac{5x}{2}\times\frac{x}{2}}{x^2}=\frac{5}{2}.$$

1.5.2 无穷大量

无穷大量是与无穷小量相对的概念.

定义 1-12 当 $x\to x_0$ 时，如果函数 $f(x)$ 的绝对值可以大于任意预先给定的正数 M，则称函数 $f(x)$ 为当 $x\to x_0$ 时的无穷大量，记为 $\lim\limits_{x\to x_0}f(x)=\infty$.

无穷大量是指绝对值可以任意变大的量，决不能与任何常数(即使它的绝对值非常大)混为一谈.

当 $x\to x_0$ 时，如果函数 $f(x)$ 的值本身无限变小(其绝对值则无限变大)，此时称 $f(x)$ 为该变化过程中的负无穷大量，记为 $\lim\limits_{x\to x_0}f(x)=-\infty$；如果当 $x\to x_0$ 时，函数 $f(x)$ 的值本身无限变大，则称 $f(x)$ 为该变化过程中的正无穷大量，记为 $\lim\limits_{x\to x_0}f(x)=+\infty$.

无论是正的无穷大量，还是负的无穷大量，它们均不表示函数的极限存在，只是表示在该自变量的变化过程中，函数值的绝对值有无限变大的趋势.

无穷小量与无穷大量之间，有如下的关系：在自变量的同一变化过程中，如果 $f(x)$ 为非零的无穷小量，则 $\dfrac{1}{f(x)}$ 为无穷大量；反之，如果 $f(x)$ 为无穷大量，则 $\dfrac{1}{f(x)}$ 为无穷小量.

【例 1-47】 求极限 $\lim\limits_{x\to\infty}(x^2-10x-100)$.

解 考虑函数 $x^2-10x-100$ 的倒数，因为

$$\lim_{x\to\infty}\frac{1}{x^2-10x-100}=\lim_{x\to\infty}\frac{\frac{1}{x^2}}{1-\frac{10}{x}-\frac{100}{x^2}}=\frac{0}{1}=0.$$

即当 $x\to\infty$ 时，函数 $x^2-10x-100$ 的倒数是无穷小量，从而得到

$$\lim_{x\to\infty}(x^2-10x-100)=\infty.$$

习 题 1-5

1. 当 $x\to 0$ 时，试判断下列各无穷小量对于 x 的阶的情况.

(1) x^3+200x； (2) $\sqrt[3]{x^2}-\sqrt{x}$，$(x\to 0^+)$；

(3) $x+\sin x$； (4) $1-\cos x$.

2. 试比较下列各对无穷小量.

(1) $2x^2$ 与 x,$(x\to 0)$;　　(2) $\sqrt{3x}$ 与 $5x$,$(x\to 0^+)$;

(3) $(1-x)^2$ 与$(1-x)$,$(x\to 1)$;　　(4) $\sqrt{1+x}-\sqrt{1-x}$ 与 x,$(x\to 0)$.

1.6 函数的连续性

1.6.1 函数连续的概念

1. 函数在一点处的连续性

自然界中不少现象都是连续变化的．例如，一天的气温是连续变化的，即当时间间隔很小时，气温的变化也是很小的．又如，河水的流动、植物的生长等，都是连续变化的．从数量关系上讲，这些都是反映函数的连续现象．粗略地讲，函数的连续性是指当自变量改变很小时，函数的改变也很小．下面首先给出增量的概念.

定义 1-13　如果自变量从初值 x_0 变到终值 x，对应的函数值由 $f(x_0)$变化到$f(x)$，则称 $x-x_0$ 为自变量的增量，记为Δx，即 $\Delta x=x-x_0$;相应地，称 $f(x)-f(x_0)$为函数的增量，记为 Δy，即 $\Delta y=f(x)-f(x_0)$.

由于 $x=\Delta x+x_0$，所以函数的增量又可以表示为

$$\Delta y=f(x_0+\Delta x)-f(x_0)$$

注意，增量不一定是正的，当初值大于终值时，增量就是负的.

下面给出函数在一点处连续的概念.

定义 1-14　如果函数 $f(x)$在点 x_0 的某邻域内有定义，且有

$$\lim_{\Delta x\to 0}[f(x_0+\Delta x)-f(x_0)]=0$$

即

$$\lim_{\Delta x\to 0}\Delta y=0$$

则称函数 $f(x)$在点 x_0 处连续.

显然，函数 $f(x)$在点 x_0 处连续，还可以等价地表达为

$$\lim_{x\to x_0}f(x)=f(x_0)$$

【例 1-48】　证明函数

$$f(x)=\begin{cases}\dfrac{\sin x}{x}, & x\neq 0\\ 1, & x=0\end{cases}$$ 在点 $x=0$ 处是连续的.

证　因为 $\lim\limits_{x\to 0}f(x)=\lim\limits_{x\to 0}\dfrac{\sin x}{x}=1$，而 $f(0)=1$，即

$\lim\limits_{x\to 0}f(x)=1=f(0)$，所以该函数在点 $x=0$ 处是连续的.

2. 函数在区间上的连续性

有时，需要考虑函数在某个区间内的连续性.

定义 1-15　如果函数 $f(x)$在区间(a,b)内的每个点上都连续，则称函数 $f(x)$在区间(a,b)内是连续的.

有时只考虑单侧连续，如果 $\lim\limits_{x\to x_0^-}f(x)=f(x_0)$，则称函数 $f(x)$在点 x_0 处左连续;如果 $\lim\limits_{x\to x_0^+}f(x)=f(x_0)$，则称函数 $f(x)$在点 x_0 处右连续.

显然，函数 $f(x)$在点 x_0 处连续的充要条件是它在点 x_0 处既是左连续又是右连续.

函数 $f(x)$在闭区间$[a,b]$上连续是指 $f(x)$在区间(a,b)内连续，且在左端点 a 处右连续，在右端点 b 处左连续.

【例 1-49】 证明函数 $f(x)=\sin x$ 在其定义域$(-\infty,+\infty)$内是连续的.

证 任取一点 $x_0\in(-\infty,+\infty)$，因为

$$\Delta y=\sin(x_0+\Delta x)-\sin x_0=2\cos\left(x_0+\frac{\Delta x}{2}\right)\sin\frac{\Delta x}{2},$$

而当 $\Delta x\to 0$ 时，$\sin\frac{\Delta x}{2}$是无穷小量，$\left|2\cos\left(x_0+\frac{\Delta x}{2}\right)\right|\leqslant 2$ 是有界变量，所以 $\lim\limits_{\Delta x\to 0}\Delta y=\lim\limits_{\Delta x\to 0}2\cos\left(x_0+\frac{\Delta x}{2}\right)\sin\frac{\Delta x}{2}=0$，即函数 $f(x)=\sin x$ 在点 x_0 处是连续的．再由点 x_0 的任意性可得，函数 $f(x)=\sin x$ 在其定义域$(-\infty,+\infty)$内是连续的.

同理可证，函数 $f(x)=\cos x$ 在其定义域$(-\infty,+\infty)$内是连续的.

【例 1-50】 证明函数 $f(x)=\mathrm{e}^x$ 在其定义域$(-\infty,+\infty)$内是连续的.

证 任取一点 $x_0\in(-\infty,+\infty)$，因为

$$\Delta y=\mathrm{e}^{x_0+\Delta x}-\mathrm{e}^{x_0}=\mathrm{e}^{x_0}(\mathrm{e}^{\Delta x}-1)$$

可以证明 $\lim\limits_{\Delta x\to 0}(\mathrm{e}^{\Delta x}-1)=0$，所以有

$$\lim_{\Delta x\to 0}\Delta y=\lim_{\Delta x\to 0}\mathrm{e}^{x_0}(\mathrm{e}^{\Delta x}-1)=0$$

故函数 $f(x)=\mathrm{e}^x$ 在其定义域$(-\infty,+\infty)$内是连续的.

同理可以证明，指数函数 $f(x)=a^x(a>0,a\neq 1)$在其定义域$(-\infty,+\infty)$内是连续的.

1.6.2 函数的间断点

从函数连续的定义可以看出，函数 $f(x)$在点 x_0 处连续，必须同时满足下列三个条件：

1) 函数 $f(x)$在点 x_0 处有定义.

2) $\lim\limits_{x\to x_0}f(x)$ 存在.

3) $\lim\limits_{x\to x_0}f(x)=f(x_0)$，即当 $x\to x_0$ 时的极限值与函数在点 x_0 处的函数值相等.

如果函数不能同时满足上述的三个条件，就说函数在点 x_0 处是间断的，点 x_0 称为间断点.

【例 1-51】 讨论符号函数

$$f(x)=\operatorname{sgn} x=\begin{cases}1, & x>0\\ 0, & x=0\\ -1, & x<0\end{cases}$$

在点 $x=0$ 处的连续性.

解 因为

$$\lim_{x\to 0^-}f(x)=\lim_{x\to 0^-}(-1)=-1,$$
$$\lim_{x\to 0^+}f(x)=\lim_{x\to 0^+}1=1,$$

所以 $\lim\limits_{x\to 0}f(x)$ 不存在，故该函数在 $x=0$ 处是间断的(见图 1-25). 从图上可以看出，$x=0$ 是间断点，函数的图形在 $x=0$ 处是断开的.

【例 1-52】 讨论函数

$$f(x)=\begin{cases}x^2, & x<0\\ 0, & x=0\\ x, & x>0\end{cases}$$

在点 $x=0$ 处的连续性.

解　因为 $\lim\limits_{x\to0^-}f(x)=\lim\limits_{x\to0^-}x^2=0$，$\lim\limits_{x\to0^+}f(x)=\lim\limits_{x\to0^+}x=0$，所以 $\lim\limits_{x\to0}f(x)=0=f(0)$，故该函数在 $x=0$ 处是连续的(见图 1-26). 从图上可以看出，$x=0$ 是连续点，函数的图形在 $x=0$ 处是连接起来的.

图 1-25　　图 1-26

1.6.3　连续函数的运算

函数的连续性是通过极限来定义的，因而由极限的运算法则容易得到下列连续函数的运算法则.

1. 连续函数的四则运算

设 $f(x)$、$g(x)$ 均在点 x_0 处连续，则

1) $f(x)\pm g(x)$ 在点 x_0 处连续.

2) $f(x)\cdot g(x)$ 在点 x_0 处连续.

3) 若 $g(x_0)\neq0$，则 $\dfrac{f(x)}{g(x)}$ 在点 x_0 处连续.

2. 复合函数的连续性

定理 1-3　设函数 $u=g(x)$ 在点 x_0 处连续，$y=f(u)$ 在点 $u_0=g(x_0)$ 处连续，则复合函数 $y=f(g(x))$ 在点 x_0 处连续.

因为 $u=g(x)$ 在点 x_0 处连续，所以 $\lim\limits_{x\to x_0}g(x)=g(x_0)$，即 $\lim\limits_{x\to x_0}u=u_0$. 又因为 $y=f(u)$ 在点 $u_0=g(x_0)$ 处连续，所以

$$\lim_{x\to x_0}f(g(x))=\lim_{u\to u_0}f(u)=f(u_0)=f(g(x_0))$$

上式可以等价地改写为

$$\lim_{x\to x_0}f(g(x))=f(u_0)=f(\lim_{x\to x_0}g(x))$$

也就是说，求复合函数极限时，如果 $u=g(x)$ 在点 x_0 处连续，$y=f(u)$ 在点 $u_0=g(x_0)$ 处连续，则极限符号可以与函数符号互换.

【例 1-53】　求极限 $\lim\limits_{x\to0}\ln\arccos x$.

解　设 $y=\ln u$，$u=\arccos x$ 构成复合函数，而 $\lim\limits_{x\to0}u=\lim\limits_{x\to0}\arccos x=1$，即当 $x\to0$ 时，函数 $u=\arccos x$ 的极限存在，又 $y=\ln u$ 在 $u=1$ 处连续，故极限符号可以与函数符号互换，从而有

$$\lim_{x\to0}\ln\arccos x=\ln(\lim_{x\to0}\arccos x)=\ln1=0$$

3. 反函数的连续性

定理 1-4　设函数 $y=f(x)$ 在某区间上连续且单调递增(或单调递减)，则它的反函数 $x=f^{-1}(y)$ 也在对应区间上连续，且单调递增(或单调递减).

例如，$y=\arcsin x$ 在 $[-1,1]$ 上连续并单调递增，这是因为其原函数 $y=\sin x$ 在

$\left[-\frac{\pi}{2},\frac{\pi}{2}\right]$上是连续的并单调递增．同理可知，$y=\arccos x$、$y=\arctan x$、$y=\operatorname{arccot} x$ 在它们各自的定义域上是连续的.

4. 初等函数的连续性

利用函数连续的定义与运算、复合函数连续的性质以及反函数连续的性质，可以得到如下定理.

定理 1-5　初等函数在其定义区间内都是连续的.

上述定理表明，如果点 x_0 是初等函数 $f(x)$ 定义区间内的点，则当 $x\to x_0$ 时，$f(x)$ 的极限就是 $f(x_0)$.

【例 1-54】　求 $\lim\limits_{x\to\frac{1}{2}}\ln\arcsin x$.

解　因为 $x=\frac{1}{2}$ 是初等函数 $y=\ln\arcsin x$ 定义区间上的点，所以

$$\lim_{x\to\frac{1}{2}}\ln\arcsin x=\ln\arcsin\frac{1}{2}=\ln\frac{\pi}{6}$$

1.6.4　闭区间上连续函数的性质

下面不加证明地给出闭区间上连续函数的性质．这些性质都有非常明显的几何意义，在以后的讨论中会经常用到．特别要注意，以下所有的性质都要求函数在闭区间上是连续的 .

性质1（最大最小值定理）　设函数 $f(x)$ 在闭区间$[a,b]$上连续，则它在$[a,b]$上一定可以取到最大值和最小值，即至少存在一点 $\xi_1\in[a,b]$，使得任意的 $x\in[a,b]$ 都有 $f(x)\leqslant f(\xi_1)$ 成立；同时至少存在一点 $\xi_2\in[a,b]$，使得任意的 $x\in[a,b]$ 都有 $f(x)\geqslant f(\xi_2)$ 成立．性质1的几何解释如图 1-27 所示.

推论　设函数 $f(x)$ 在闭区间$[a,b]$上连续，则它在$[a,b]$上一定是有界的.

由以上性质1可知，如果函数 $f(x)$ 在闭区间$[a,b]$上连续，则它在$[a,b]$上一定可以取到最大值和最小值，如果设 $f(x)$ 在$[a,b]$上的最大值与最小值分别为 M 和 m，那么令 $N=\max\{|M|,|m|\}$，则函数 $f(x)$ 在区间$[a,b]$上一定满足$|f(x)|\leqslant N$，即函数 $f(x)$ 在闭区间$[a,b]$上有界．该推论的几何解释如图 1-28 所示.

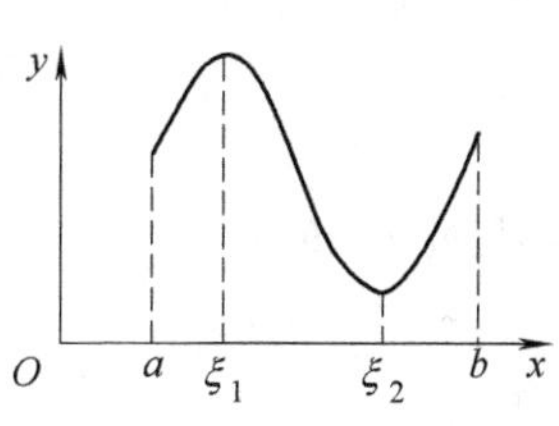

图　1-27

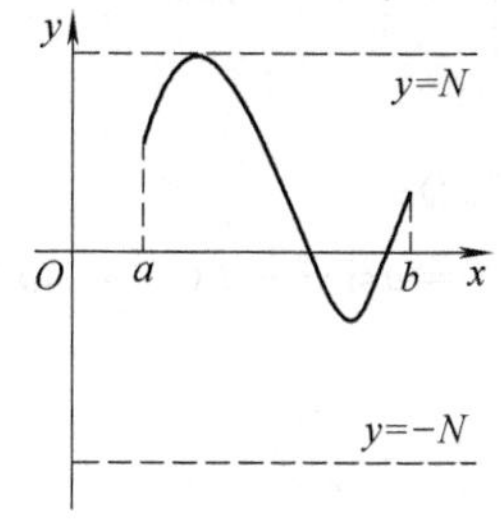

图　1-28

性质2（介值定理）　设函数 $f(x)$ 在闭区间$[a,b]$上连续，则它在$[a,b]$上一定可以取到最大值和最小值之间的任何一个中间值，即如果设最大值与最小值分别为 M 和 m，且 $m\leqslant\mu\leqslant M$，则至少存在一点 $\xi\in[a,b]$，使得 $f(\xi)=\mu$．性质2的几何解释如图 1-29 所示.

推论（零点存在定理）　设函数 $f(x)$ 在闭区间$[a,b]$上连续，且 $f(a)f(b)<0$，则在区间(a,b)内至少存在一点 ξ，使得 $f(\xi)=0$.

由于 $f(a)f(b)<0$，所以 $f(x)$ 的最大值 $M>0$，而最小值 $m<0$，即 $m<0<M$，所以在区间 (a,b) 内至少存在一点 ξ，使得 $f(\xi)=0$. 该推论的几何解释如图 1-30 所示.

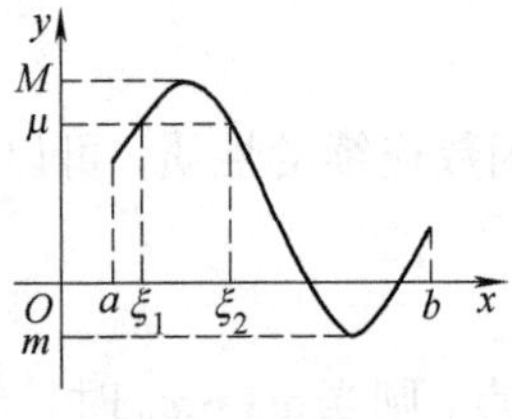

图　1-29

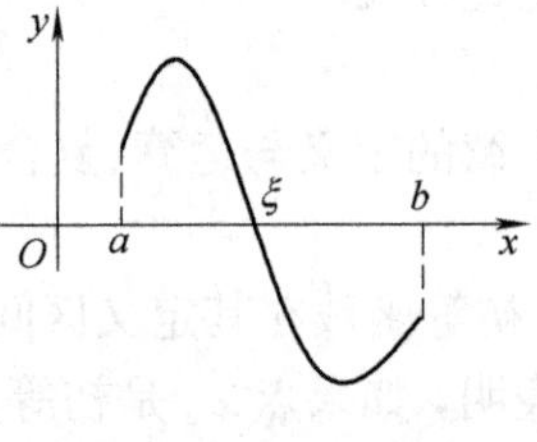

图　1-30

【例 1-55】　证明方程 $x^3-3x^2-10=0$ 在区间 $(3,4)$ 内至少有一个根.

证　函数 $f(x)=x^3-3x^2-10$ 是一个初等函数，它在区间 $[3,4]$ 上有定义，所以它在区间 $[3,4]$ 上是连续的. 又因为 $f(4)=6>0$，$f(3)=-10<0$，得 $f(3)f(4)<0$，根据零点存在定理，在开区间 $(3,4)$ 内至少存在一点 ξ，使得 $f(\xi)=0$，亦即方程 $x^3-3x^2-10=0$ 在区间 $(3,4)$ 内至少有一个根 ξ.

习　题　1-6

1. 求出下列函数的连续区间.

(1) $y=\dfrac{x^2-1}{x^2-3x+2}$；　　(2) $y=\dfrac{1}{\sqrt{x^2-1}}$；

(3) $y=\sqrt{x-4}+\sqrt{6-x}$；　　(4) $y=\lg(2-x)$.

2. 设

$$f(x)=\begin{cases}\dfrac{\cos x}{x+2}, & x\geqslant 0\\ \dfrac{\sqrt{a}-\sqrt{a-x}}{x}, & x<0\end{cases},(a>0)$$

(1) 当 a 为何值时，$x=0$ 是 $f(x)$ 的连续点?

(2) 当 a 为何值时，$x=0$ 是 $f(x)$ 的间断点?

(3) 当 $a=2$ 时，求函数 $f(x)$ 的连续区间.

3. 利用函数的连续性求下列极限.

(1) $\lim\limits_{x\to\infty}e^{\frac{1}{x}}$；　　(2) $\lim\limits_{x\to 0}\ln\dfrac{\sin x}{x}$；

(3) $\lim\limits_{x\to 1}\ln(\arcsin x)$；　　(4) $\lim\limits_{x\to 0}(1+\sin x)^{\cos x}$.

4. 证明:方程 $x=a\sin x+b(a>0,b>0)$ 至少有一个正根，且它不超过 $a+b$.

复习题1

1. 求下列函数的值.

(1) $f(x)=4^{x-2}x$，求 $f(2)$、$f(-2)$、$f(t^2)$、$f\left(\dfrac{1}{t}\right)$；

(2) $f(x)=\dfrac{|x-2|}{x+1}$，求 $f(0)$、$f(2)$、$f(t^2)$；

(3) $f(x)=\begin{cases}|\sin x|, & |x|<1\\ 0, & |x|\geqslant 1\end{cases}$，求 $f(1)$、$f\left(\dfrac{\pi}{4}\right)$、$f\left(-\dfrac{\pi}{4}\right)$.

2. 下列各对函数是否相同，为什么？

(1) $f(x)=\dfrac{x^2-1}{x+1},g(x)=x-1$；　　(2) $f(x)=\sqrt{x^2}$，$g(x)=|x|$；

(3) $f(x)=\ln x^2$，$g(x)=2\ln x$；　　(4) $f(x)=\cos x,g(x)=\sqrt{1-\sin^2 x}$.

3. 求下列函数的定义域.

(1) $y=\sqrt{4-x^2}+\ln(x-1)$；　　(2) $y=\arcsin\sqrt{x-2}$；

(3) $f(x)=e^{-\sqrt{x}}$；　　(4) $y=\sqrt{x+4}+\dfrac{1}{1-x^2}$；

(5) $y=\begin{cases}e^x, & -1\leqslant x<0\\ \cos 2x, & 0\leqslant x<4\end{cases}$；

(6) 如果 $f(u)$ 的定义域为$[0,1]$，求 $f(\sin x)$ 的定义域.

4. 确定函数 $f(x)=\begin{cases}\sqrt{1-x^2}, & |x|\leqslant 1\\ x^2-1, & 1<|x|<2\end{cases}$ 的定义域，并作出函数图形.

5. 有一个上下都有底的圆柱形容器，容积为定值 V.试写出其表面积 S 与底面半径 r 之间的函数关系.

6. 判断下列函数的单调性.

(1) $y=3^{x-1}$；　　(2) $y=\log_a x,a>1$.

7. 判断下列函数的奇偶性.

(1) $f(x)=1+x\sin x$；　　(2) $f(x)=x\sqrt{1-x^2}$；

(3) $f(x)=\ln(x+\sqrt{1+x^2})$；　　(4) $f(x)=\dfrac{a^x+1}{a^x-1}$.

8. 求下列函数的反函数.

(1) $y=x^3+1$；　　(2) $y=\ln(x+1)$；

(3) $y=2\sin 3x$；　　(4) $y=2^{3x+4}$.

9. 求下列函数的周期.

(1) $y=\sin\left(3x+\dfrac{\pi}{3}\right)$；　　(2) $y=|\sin x|$；

(3) $y=\sin x+\cos 2x+\sin\left(3x+\dfrac{\pi}{4}\right)$；　　(4) $y=\tan\left(3x+\dfrac{\pi}{6}\right)$.

10. 下列函数是由哪些简单函数复合而成的？

(1) $y=(2x+1)^{10}$；　　(2) $y=\sqrt{4-x^2}$；

(3) $y=\sin x^2$；　　(4) $y=\ln^2\cos x$；

(5) $y=\arctan\sqrt{x+1}$；　　(6) $y=e^{\sin 2x}$.

11. 证明：函数 $y=\dfrac{x^2}{1+x^2}$ 是有界函数.

12. 设 $f(x)$、$g(x)$ 均为不恒为 0 的奇函数，证明 $f(x)g(x)$ 为偶函数.

13. 设 $f(x)$ 为不恒为 0 的奇函数，$g(x)$ 为不恒为 0 的偶函数，证明 $f(x)g(x)$ 为奇函数.

14. 图 1-31 为定义在$(-\infty,+\infty)$ 上的函数 $f(x)$ 的图像，试写出它的表达式.

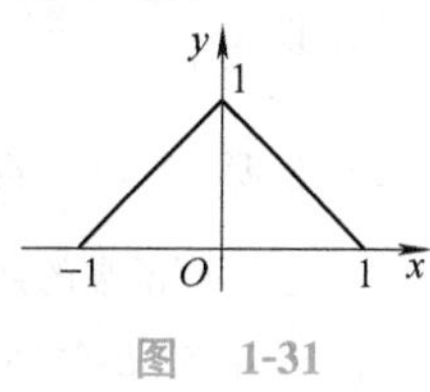

图 1-31

15. 设函数 $f(x)$ 的定义域为$[0,1]$，试求：

(1) $f(x^2)$ 定义域；

(2) $y=f\left(x+\dfrac{1}{4}\right)+f\left(x-\dfrac{1}{4}\right)$ 的定义域.

16. 求下列极限：

(1) $\lim\limits_{x\to 1}\dfrac{x^2+5x+2}{3x+1}$；　　(2) $\lim\limits_{x\to -1}\dfrac{2x^2-3x-5}{x^2-x-2}$；

(3) $\lim\limits_{n\to\infty}\left(\dfrac{1}{1\times 2}+\dfrac{1}{2\times 3}+\cdots+\dfrac{1}{n(n+1)}\right)$；　　(4) $\lim\limits_{n\to\infty}\dfrac{n^2+n+1}{(n-1)^2}$；

(5) $\lim\limits_{x\to\infty}\left(2-\dfrac{1}{x}+\dfrac{1}{x^2}\right)$；　　(6) $\lim\limits_{x\to\infty}\dfrac{x^2+2x+1}{x^2-1}$；

(7) $\lim\limits_{x\to\infty}\left(1+\dfrac{1}{x}\right)\left(2-\dfrac{1}{x^2}\right)$；　　(8) $\lim\limits_{x\to+\infty}\dfrac{\sqrt{x+\sqrt{x+\sqrt{x}}}}{\sqrt{x+1}}$；

(9) $\lim\limits_{x\to+\infty}(\sqrt{x+1}-\sqrt{x-1})$；　　(10) $\lim\limits_{x\to0}\dfrac{e^{2x}-1}{e^x-1}$.

17. 设当 $x\to\infty$ 时，函数 $f(x)$ 的极限存在，证明一定存在一个正数 M，使得当 $|x|>M$ 时，$f(x)$ 是有界的.

18. 若已知 $\lim\limits_{x\to\infty}\left(\dfrac{x^2-2}{x+2}-ax-b\right)=0$，试求 a,b 的值.

19. 求下列极限.

(1) $\lim\limits_{x\to0}\dfrac{\sin mx}{\sin nx}$($m,n$ 为实数，$n\neq0$)；　　(2) $\lim\limits_{x\to0}\dfrac{\arctan x}{x}$；

(3) $\lim\limits_{x\to0^+}\dfrac{x}{\sqrt{1-\cos x}}$；　　(4) $\lim\limits_{x\to0}\dfrac{\tan x-\sin x}{x^3}$；

(5) $\lim\limits_{x\to0}\dfrac{1-\cos 2x}{x\sin x}$；　　(6) $\lim\limits_{x\to0}x\cot 2x$；

(7) $\lim\limits_{n\to\infty}\left(1+\dfrac{1}{1+n}\right)^n$；　　(8) $\lim\limits_{x\to\infty}\left(\dfrac{x-1}{x+1}\right)^x$；

(9) $\lim\limits_{x\to\infty}\left(1-\dfrac{1}{x^2}\right)^x$；　　(10) $\lim\limits_{x\to0}(1+\tan x)^{\cot x}$.

20. 求如下数列的极限(其中 $a>0$).

$$x_1=\sqrt{a},\ x_2=\sqrt{a+\sqrt{a}},\ x_3=\sqrt{a+\sqrt{a+\sqrt{a}}},\cdots.$$

21. 求极限 $\lim\limits_{n\to\infty}\left[\dfrac{1}{n^2}+\dfrac{1}{(n+1)^2}+\dfrac{1}{(n+2)^2}+\cdots+\dfrac{1}{(n+n)^2}\right]$.

22. 下列各题中给出的无穷小量是同阶无穷小量、等价无穷小量还是高阶无穷小量?

(1) 当 $x\to0$ 时，$\sqrt{x+1}-1$ 与 x；

(2) 当 $x\to\infty$ 时，$\sqrt{x^2+2}-\sqrt{x^2+1}$ 与 $\dfrac{1}{x^2}$；

(3) 当 $x\to0$ 时，$x+\tan x$ 与 x.

23. 利用等价无穷小量的代换计算下列极限：

(1) $\lim\limits_{x\to0}\dfrac{\sin 5x}{\tan 3x}$；　　(2) $\lim\limits_{x\to0}\dfrac{1-\cos 3x}{\tan^2 x}$；

(3) $\lim\limits_{x\to0}\dfrac{\sqrt{1+x\sin x}-1}{(\arcsin x)^2}$.

24. 设 $\lim\limits_{x\to-1}\dfrac{x^3-ax^2-x+4}{x+1}$ 的极限值为 l，试求 a 与 l 的值.

25. 证明：当 $x\to0$ 时，$\sqrt{1+x}-1$ 与 $\dfrac{1}{2}x$ 是等价无穷小量.

26. 求下列函数的连续区间，并求出相应的极限：

(1) $f(x)=\lg(4-x)$，求 $\lim\limits_{x\to-6}f(x)$；

(2) $f(x)=\sqrt{8-x}+\sqrt{x-4}$，求 $\lim\limits_{x\to6}f(x)$.

27. 求下列函数的间断点.

(1) $f(x)=\dfrac{x}{(1+x)^2}$；　　(2) $f(x)=\arctan\dfrac{1}{x}$；

(3) $f(x)=e^{\frac{1}{x^2-1}}$.

28. 定义 $f(0)$的值，使 $f(x)=\dfrac{\sqrt{1+x}-\sqrt{1-x}}{x}$在 $x=0$ 处连续.

29. 下列函数中，a 取什么值时函数在 $x=0$ 点是连续的？

$$f(x)=\begin{cases}2(x+a), & -2<x\leqslant 0\\ \dfrac{\sin x}{x}, & 0<x\leqslant 2\end{cases}$$

30. 求下列极限.

(1) $\lim\limits_{x\to 0}\sin\left(x^2+3x+\dfrac{\pi}{6}\right)$；　　(2) $\lim\limits_{x\to\frac{\pi}{2}}\ln\sin x$；

(3) $\lim\limits_{x\to 0}\cos\left(x^2+3x+\dfrac{\pi}{6}\right)$；　　(4) $\lim\limits_{x\to 0}e^{\frac{\arcsin x}{x}}$；

(5) $\lim\limits_{x\to 0}\dfrac{\ln(a+x)-\ln a}{x}(a>0)$；　　(6) $\lim\limits_{x\to a}\dfrac{\sin x-\sin a}{x-a}$.

31. 证明：若函数 $f(x)$ 在$[a,+\infty)$ 上连续，且 $\lim\limits_{x\to+\infty}f(x)$ 存在，则函数 $f(x)$ 在$[a,+\infty)$ 上有界.

32. 设函数 $f(x)$ 在$[a,b]$ 上连续，且 $f(a)<a, f(b)>b$，试证在开区间(a,b) 内至少存在一点 ξ，使 $f(\xi)=\xi$.

第2章 导数与微分

2.1 导数的概念

2.1.1 引例

导数的定义

先给出曲线上一点处切线的概念.

定义 2-1 设 M_0 是曲线 l 上的定点，M 是动点，当 M 沿曲线 l 无限趋近于 M_0 时，如果割线 M_0M 的极限位置 M_0T 存在，则称它为曲线 l 在点 M_0 处的切线(见图 2-1).

【例 2-1】 求曲线切线的斜率.设曲线方程为 $y=f(x)$，求曲线上点 $M_0(x_0, f(x_0))$处切线的斜率 k.

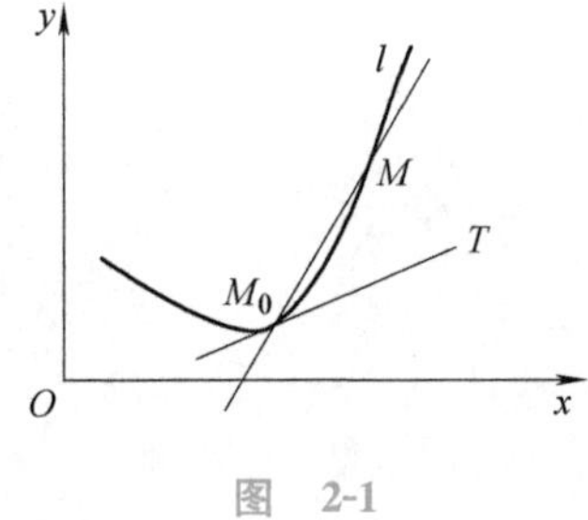

图 2-1

解 在曲线上任意另取一点 $M(x_0+\Delta x, f(x_0+\Delta x))$，则割线 M_0M 的斜率为

$$k_{M_0M}=\frac{f(x_0+\Delta x)-f(x_0)}{\Delta x}$$

当 M 点沿曲线无限趋向于 M_0，也就是 $\Delta x\to 0$ 时，割线 M_0M 的极限位置就是切线 M_0T，相应地，割线斜率的极限就是切线的斜率，即

$$k=\lim_{\Delta x\to 0}\frac{f(x_0+\Delta x)-f(x_0)}{\Delta x}=\lim_{\Delta x\to 0}\frac{\Delta y}{\Delta x}$$

【例 2-2】 求变速直线运动的瞬时速度.设物体沿着直线做变速运动，其规律为 $s=s(t)$.其中 s 表示位移，t 表示时间.求物体在运动过程中 t_0 时刻的瞬时速度$v(t_0)$.

解 先求平均速度：取一段很短的时间间隔 Δt，则物体从 t_0 时刻到 $t_0+\Delta t$ 时刻所走的路程为 $\Delta s=s(t_0+\Delta t)-s(t_0)$，从而在$[t_0, t_0+\Delta t]$时间段内的平均速度为 $\bar{v}=\frac{s(t_0+\Delta t)-s(t_0)}{\Delta t}=\frac{\Delta s}{\Delta t}$.平均速度只能表示$[t_0, t_0+\Delta t]$时间段内速度的平均快慢程度，而不能表示 t_0 时刻的瞬时速度.但如果时间间隔很小，平均速度就近似于瞬时速度，而且时间间隔越小，则平均速度就越接近 t_0 时刻的瞬时速度.为了得到瞬时速度，很自然地想到如下的极限过程：令 $\Delta t\to 0$，平均速度的极限就是瞬时速度，即

$$v(t_0)=\lim_{\Delta t\to 0}\frac{s(t_0+\Delta t)-s(t_0)}{\Delta t}=\lim_{\Delta t\to 0}\frac{\Delta s}{\Delta t}$$

2.1.2 导数的定义

从上面两个例子可以看出，尽管它们具有不同的几何或物理意义，但是抛开具体的几何或物理意义而仅从数学角度看，它们的本质是相同的，即它们都是函数的增量与自变量增量的比

值，当自变量增量趋于零时的极限.数学上将其抽象为函数的导数.

定义 2-2 设函数 $y=f(x)$ 在点 x_0 的某邻域内有定义，给自变量一个增量 Δx，使 $x_0+\Delta x$ 仍属于该邻域，相应的函数增量为 $\Delta y=f(x_0+\Delta x)-f(x_0)$，若极限 $\lim\limits_{\Delta x\to 0}\dfrac{\Delta y}{\Delta x}=\lim\limits_{\Delta x\to 0}\dfrac{f(x_0+\Delta x)-f(x_0)}{\Delta x}$ 存在，则称该极限值为函数 $y=f(x)$ 在点 x_0 处的导数，记为 $f'(x_0)$，或 $y'\big|_{x=x_0}$，或 $\dfrac{\mathrm{d}y}{\mathrm{d}x}\Big|_{x=x_0}$.

由于 $x=x_0+\Delta x$，所以点 x_0 处的导数还可以等价地表示为

$$f'(x_0)=\lim_{x\to x_0}\frac{f(x)-f(x_0)}{x-x_0}$$

【例 2-3】 求函数 $f(x)=x^2$ 在点 $x=1$ 处和任意一点 $x=x_0$ 处的导数.

解 求 $x=1$ 处的导数.

$$\Delta y=f(1+\Delta x)-f(1)=(1+\Delta x)^2-1^2=1+2\Delta x+(\Delta x)^2-1=2\Delta x+(\Delta x)^2$$

所以 $f'(1)=\lim\limits_{\Delta x\to 0}\dfrac{\Delta y}{\Delta x}=\lim\limits_{\Delta x\to 0}\dfrac{2\Delta x+(\Delta x)^2}{\Delta x}=2.$

求 $x=x_0$ 处的导数.

$$\begin{aligned}\Delta y&=f(x_0+\Delta x)-f(x_0)=(x_0+\Delta x)^2-x_0^2\\&=x_0^2+2x_0\Delta x+(\Delta x)^2-x_0^2=2x_0\Delta x+(\Delta x)^2\end{aligned}$$

所以

$$f'(x_0)=\lim_{\Delta x\to 0}\frac{\Delta y}{\Delta x}=\lim_{\Delta x\to 0}\frac{2x_0\Delta x+(\Delta x)^2}{\Delta x}=2x_0$$

由上式可知，给定一个 x_0，就对应函数 $f(x)=x^2$ 的一个导数值 $2x_0$，当 x_0 变化时，函数 $f(x)=x^2$ 的导数也随之变化.因此，$2x$ 表达了自变量 x 与函数 $f(x)=x^2$ 的导数之间的一种函数关系，这种关系称为函数 $f(x)=x^2$ 的导函数.

一般地，如果函数 $f(x)$ 在区间 (a,b) 内每一个点处的导数都存在，则称 $f(x)$ 在区间 (a,b) 内可导.此时对每一个 $x\in(a,b)$，都有导数 $f'(x)$ 与之对应，故 $f'(x)$ 是 x 的函数，这个函数称为函数 $f(x)$ 的导函数.今后在不会发生混淆的情况下，导函数也简称为导数.而 $f(x)$ 在某一点 x_0 处的导数 $f'(x_0)$ 实际就是导函数在点 x_0 处的函数值.

【例 2-4】 求函数 $f(x)=C$（C 为常数）的导数.

解 $f'(x)=\lim\limits_{\Delta x\to 0}\dfrac{f(x+\Delta x)-f(x)}{\Delta x}=\lim\limits_{\Delta x\to 0}\dfrac{C-C}{\Delta x}=0$

可见常数的导数为零.

【例 2-5】 求函数 $f(x)=x^n$（n 为正整数）的导数.

解

$$\begin{aligned}f'(x)&=\lim_{\Delta x\to 0}\frac{f(x+\Delta x)-f(x)}{\Delta x}=\lim_{\Delta x\to 0}\frac{(x+\Delta x)^n-x^n}{\Delta x}\\&=\lim_{\Delta x\to 0}\frac{x^n+nx^{n-1}\Delta x+\dfrac{n(n-1)}{2!}x^{n-2}(\Delta x)^2+\cdots+(\Delta x)^n-x^n}{\Delta x}\\&=\lim_{\Delta x\to 0}\frac{nx^{n-1}\Delta x+\dfrac{n(n-1)}{2!}x^{n-2}(\Delta x)^2+\cdots+(\Delta x)^n}{\Delta x}\\&=\lim_{\Delta x\to 0}\left[nx^{n-1}+\frac{n(n-1)}{2!}x^{n-2}\Delta x+\cdots+(\Delta x)^{n-1}\right]=nx^{n-1}\end{aligned}$$

即 $$(x^n)'=nx^{n-1}.$$

还可以更一般地证明$(x^\alpha)'=\alpha x^{\alpha-1}$（$\alpha$ 为任意实数）.

【例 2-6】 设 $f(x)=a^x(a>0,\ a\neq 1)$，求 $f'(x)$.

解 $$f'(x)=\lim_{\Delta x\to 0}\frac{f(x+\Delta x)-f(x)}{\Delta x}=\lim_{\Delta x\to 0}\frac{a^{(x+\Delta x)}-a^x}{\Delta x}=a^x\lim_{\Delta x\to 0}\frac{a^{\Delta x}-1}{\Delta x}$$

令 $a^{\Delta x}-1=t$，则当 $\Delta x\to 0$ 时，$t\to 0$，且 $\Delta x=\dfrac{\ln(1+t)}{\ln a}$，所以

$$(a^x)'=a^x\lim_{t\to 0}\frac{t\ln a}{\ln(1+t)}=a^x\ln a\lim_{t\to 0}\frac{1}{\frac{\ln(1+t)}{t}}$$

$$=a^x\ln a\lim_{t\to 0}\frac{1}{\ln(1+t)^{\frac{1}{t}}}=a^x\ln a\ \frac{1}{\ln e}=a^x\ln a.$$

特别地，当 $a=e$，则有$(e^x)'=e^x$.

【例 2-7】 设 $f(x)=\log_a x(a>0,\ a\neq 1)$，求 $f'(x)$.

解 $$f'(x)=\lim_{\Delta x\to 0}\frac{f(x+\Delta x)-f(x)}{\Delta x}=\lim_{\Delta x\to 0}\frac{\log_a(x+\Delta x)-\log_a x}{\Delta x}$$

$$=\lim_{\Delta x\to 0}\frac{1}{\Delta x}\log_a\left(1+\frac{\Delta x}{x}\right)=\lim_{\Delta x\to 0}\frac{1}{x}\log_a\left(1+\frac{\Delta x}{x}\right)^{\frac{x}{\Delta x}}$$

$$=\frac{1}{x}\log_a e=\frac{1}{x\ln a}$$

所以 $$(\log_a x)'=\frac{1}{x\ln a}$$

特别地，当 $a=e$，则有$(\ln x)'=\dfrac{1}{x}$.

【例 2-8】 设 $f(x)=\sin x$，求 $f'(x)$、$f'(0)$、$f'\left(\dfrac{\pi}{4}\right)$.

解 $$f'(x)=\lim_{\Delta x\to 0}\frac{f(x+\Delta x)-f(x)}{\Delta x}=\lim_{\Delta x\to 0}\frac{\sin(x+\Delta x)-\sin x}{\Delta x}$$

$$=\lim_{\Delta x\to 0}\frac{2\sin\frac{\Delta x}{2}\cos\left(x+\frac{\Delta x}{2}\right)}{\Delta x}=\lim_{\Delta x\to 0}\frac{\sin\frac{\Delta x}{2}}{\frac{\Delta x}{2}}\lim_{\Delta x\to 0}\cos\left(x+\frac{\Delta x}{2}\right)$$

$$=\cos x$$

所以 $(\sin x)'=\cos x$.

从而 $f'(0)=\cos 0=1$，$f'\left(\dfrac{\pi}{4}\right)=\cos\dfrac{\pi}{4}=\dfrac{\sqrt{2}}{2}$.

2.1.3 左导数与右导数

函数的导数是函数增量与自变量增量比值的极限.因为极限有左极限与右极限，所以导数也有左导数与右导数.

定义 2-3 设函数 $f(x)$在点 x_0 及其某左半邻域内有定义，且极限 $\lim\limits_{\Delta x\to 0^-}\dfrac{f(x_0+\Delta x)-f(x_0)}{\Delta x}$ 存在，则称该极限值为函数 $y=f(x)$在点 x_0 处的左导数，记为 $f'_-(x_0)$.

类似地可以定义 $f(x)$在点 x_0 处的右导数.

$$f'_+(x_0)=\lim_{\Delta x\to 0^+}\frac{f(x_0+\Delta x)-f(x_0)}{\Delta x}$$

根据极限存在的充要条件，显然有下面的结论.

定理 2-1　函数 $y=f(x)$在点 x_0 处可导的充要条件是 $y=f(x)$在点 x_0 处的左、右导数存在且相等.

【例 2-9】 设 $f(x)=\begin{cases}1-\cos x, & x<0\\ x^2, & 0\leqslant x<1\\ x^3, & 1\leqslant x\end{cases}$，讨论 $f(x)$在点 $x=0$ 和点 $x=1$ 处的可导性.

解　由于函数是分段函数，所以要用左、右导数来判断.

1）先讨论 $x=0$ 处的可导性.

$$f'_-(0)=\lim_{x\to 0^-}\frac{f(x)-f(0)}{x-0}=\lim_{x\to 0^-}\frac{1-\cos x}{x}=\lim_{x\to 0^-}\frac{2\sin^2\frac{x}{2}}{x}$$

$$=\lim_{x\to 0^-}\sin\frac{x}{2}\lim_{x\to 0^-}\frac{\sin\frac{x}{2}}{\frac{x}{2}}=0$$

$$f'_+(0)=\lim_{x\to 0^+}\frac{f(x)-f(0)}{x-0}=\lim_{x\to 0^+}\frac{x^2}{x}=\lim_{x\to 0^+}x=0$$

由于 $f'_-(0)=f'_+(0)=0$，所以 $f'(0)=0$.

2）再讨论 $x=1$ 处的可导性.

$$f'_-(1)=\lim_{x\to 1^-}\frac{f(x)-f(1)}{x-1}=\lim_{x\to 1^-}\frac{x^2-1}{x-1}=\lim_{x\to 1^-}(x+1)=2$$

$$f'_+(1)=\lim_{x\to 1^+}\frac{f(x)-f(1)}{x-1}=\lim_{x\to 1^+}\frac{x^3-1}{x-1}=\lim_{x\to 1^+}(x^2+x+1)=3$$

由于 $f'_-(1)\neq f'_+(1)$，所以 $f'(1)$不存在.

2.1.4　可导与连续的关系

设 $y=f(x)$在点 x_0 处可导，即 $\lim\limits_{\Delta x\to 0}\frac{\Delta y}{\Delta x}=f'(x_0)$，所以

$$\lim_{\Delta x\to 0}\Delta y=\lim_{\Delta x\to 0}\frac{\Delta y}{\Delta x}\times\Delta x=f'(x_0)\lim_{\Delta x\to 0}\Delta x=f'(x_0)\times 0=0.$$

这表明 $y=f(x)$在点 x_0 处连续.简而言之，可导一定连续.

【例 2-10】 讨论函数 $f(x)=|x|$，在点 $x=0$ 处的可导性.

解　$$f'_-(0)=\lim_{x\to 0^-}\frac{|x|-|0|}{x-0}=\lim_{x\to 0^-}\frac{-x}{x}=-1,$$

$$f'_+(0)=\lim_{x\to 0^+}\frac{|x|-|0|}{x-0}=\lim_{x\to 0^+}\frac{x}{x}=1,$$

由于

$$f'_-(0)\neq f'_+(0)$$

所以，函数 $f(x)=|x|$在点 $x=0$ 处的导数不存在，但是函数 $f(x)=|x|$在点 $x=0$ 处是

连续的.

由上例可见，连续的函数未必是可导的.所以连续是可导的必要条件，可导是连续的充分条件.

2.1.5 导数的几何意义

由本节例2-1可知，导数$f'(x_0)$的几何意义是曲线$y=f(x)$上点$M_0(x_0, f(x_0))$处的切线斜率.

设函数$y=f(x)$在点x_0处可导，则曲线$y=f(x)$在点$M_0(x_0, f(x_0))$处的切线方程为

$$y-f(x_0)=f'(x_0)(x-x_0)$$

定义2-4 在曲线上切点$M_0(x_0, f(x_0))$处垂直于切线的直线称为曲线$y=f(x)$在点M_0处的法线.

当$f'(x_0)\neq 0$时，曲线在点$M_0(x_0, f(x_0))$处的法线方程为

$$y-f(x_0)=-\frac{1}{f'(x_0)}(x-x_0)$$

当$f'(x_0)=0$时，曲线在点$M_0(x_0, f(x_0))$处的法线方程为

$$x=x_0\text{（即法线平行于 } y \text{ 轴）}$$

【例2-11】 求曲线$y=x^3$在点$M_0(1, 1)$处的切线方程和法线方程.

解 $y'=3x^2$，切线的斜率为$k_{切}=3\times 1^2=3$，所以所求切线的方程为

$$y-1=3(x-1)\text{，即 } 3x-y-2=0$$

法线的斜率为$k_{法}=-\dfrac{1}{k_{切}}=-\dfrac{1}{3}$，所以所求法线的方程为

$$y-1=-\frac{1}{3}(x-1)\text{，即 } x+3y-4=0.$$

习 题 2-1

1. 设$f(x)=\sqrt{x}$，求$f'(1)$、$f'(4)$.
2. 讨论下列函数在指定点处是否可导？

(1) $f(x)=\begin{cases}x^2\sin\dfrac{1}{x}, & x\neq 0\\ 0, & x=0\end{cases}$，在点$x=0$处；

(2) $f(x)=|x-2|$，在点$x=2$处.

3. 曲线$y=x^3$上哪一点处的切线平行于直线$y-12x-1=0$?
4. 求曲线$y=\cos x$在点$\left(\dfrac{\pi}{4}, \dfrac{\sqrt{2}}{2}\right)$处的切线方程和法线方程.
5. 设$f(x)=\begin{cases}\sin x, & x<0\\ ax+b, & x\geqslant 0\end{cases}$，讨论$a$，$b$取何值时，$f(x)$在点$x=0$处可导.
6. 设$f(x)$在点x_0处可导，求极限：

$$\lim_{\Delta x\to 0}\frac{f(x_0+\Delta x)-f(x_0-\Delta x)}{\Delta x}$$

7. 证明：双曲线$y=\dfrac{1}{x}$上任意点处的切线与两个坐标轴所围成的三角形面积恒等于2.

2.2 导数的运算

如果用定义求导数，只能解决一些简单函数的求导问题，而对于大量比较复杂的函数，用导数的定义来求导将是十分困难的，甚至是不可能的.下面将介绍导数的四则运算以及复合运算法则，借助这些公式和法则，可以方便地对初等函数进行求导运算.

2.2.1 基本初等函数的求导公式

为了运算方便，下面先给出基本初等函数的求导数公式.这些公式有的在前面的例题中已经得到了，有的将随着导数运算法则的引入而得以证明.

$C'=0$（C 为常数）　　$(x^{\alpha})'=\alpha x^{\alpha-1}$（$\alpha$ 为常数）

$(a^x)'=a^x\ln a\ (a>0,\ a\neq 1)$　　$(\mathrm{e}^x)'=\mathrm{e}^x$

$(\log_a x)'=\dfrac{1}{x\ln a}\ (a>0,\ a\neq 1)$　　$(\ln x)'=\dfrac{1}{x}$

$(\sin x)'=\cos x$　　$(\cos x)'=-\sin x$

$(\tan x)'=\sec^2 x$　　$(\cot x)'=-\csc^2 x$

$(\sec x)'=\sec x\tan x$　　$(\csc x)'=-\csc x\cot x$

$(\arcsin x)'=\dfrac{1}{\sqrt{1-x^2}}$　　$(\arccos x)'=-\dfrac{1}{\sqrt{1-x^2}}$

2.2.2 导数的四则运算法则

定理 2-2　若函数 $u(x)$、$v(x)$在点 x 处可导，则 $u(x)\pm v(x)$，$u(x)v(x)$以及$\dfrac{u(x)}{v(x)}$（$v(x)\neq 0$）在点 x 处也可导，且有

1) $(u\pm v)'=u'\pm v'$

2) $(uv)'=u'v+uv'$

3) $\left(\dfrac{u}{v}\right)'=\dfrac{u'v-uv'}{v^2}$

以上结论可以推广到有限个函数的和与积的情形，例如，u_1、u_2、u_3 在点 x 处可导，则

$$(u_1\pm u_2\pm u_3)'=u_1'\pm u_2'\pm u_3'$$
$$(u_1u_2u_3)'=u_1'u_2u_3+u_1u_2'u_3+u_1u_2u_3'$$

显然有如下的推论：

推论 1　若 C 是常数，则$(Cu)'=Cu'$.

推论 2　$\left(\dfrac{1}{v}\right)'=-\dfrac{v'}{v^2}$.

【例 2-12】 设 $y=\sin x-\cos x+3^x-\log_3 x+\mathrm{e}^2$，求 y'.

解　$y'=(\sin x-\cos x+3^x-\log_3 x+\mathrm{e}^2)'$
$=(\sin x)'-(\cos x)'+(3^x)'-(\log_3 x)'+(\mathrm{e}^2)'$
$=\cos x+\sin x+3^x\ln 3-\dfrac{1}{x\ln 3}$

【例 2-13】 设 $y=x^3\cos x$，求 y'.

解　$y'=(x^3)'\cos x+x^3(\cos x)'=3x^2\cos x-x^3\sin x$
$=x^2(3\cos x-x\sin x)$

【例 2-14】 设 $y=\tan x$，求 y'.

解 $y'=\left(\dfrac{\sin x}{\cos x}\right)'=\dfrac{(\sin x)'\cos x-\sin x(\cos x)'}{\cos^2 x}$

$=\dfrac{\cos^2 x+\sin^2 x}{\cos^2 x}=\dfrac{1}{\cos^2 x}=\sec^2 x$

【例 2-15】 设 $y=\sec x$，求 y'.

解 $y'=\left(\dfrac{1}{\cos x}\right)'=-\dfrac{(\cos x)'}{\cos^2 x}=\dfrac{\sin x}{\cos^2 x}$

$=\dfrac{\sin x}{\cos x}\times\dfrac{1}{\cos x}=\tan x\sec x.$

复合函数
求导法则

2.2.3 复合函数的求导法则

定理 2-3 设 $y=f(u)$，$u=\varphi(x)$，且 $\varphi(x)$ 在点 x 处可导，$f(u)$ 在对应点 u 处可导，则复合函数 $f(\varphi(x))$ 在点 x 处可导，且

$$[f(\varphi(x))]'=f'(u)\varphi'(x)$$

简记为

$$y'_x=y'_u u'_x$$

上述求导法则可以推广到多个函数复合的情形．如果 $y=f(u)$，$u=\varphi(v)$，$v=\Phi(x)$，则 $y'_x=y'_u u'_v v'_x$.

上述公式称为复合函数的链式求导公式．运用以上公式时，关键要分析清楚复合过程，特别要看清楚中间变量.

【例 2-16】 设 $y=\sin(2x+1)$，求 y'.

解 这个函数由 $y=\sin u$，$u=2x+1$ 复合而成，应用复合函数的求导公式，得

$$y'_x=y'_u u'_x=(\sin u)'_u(2x+1)'_x=(\cos u)\times 2=2\cos(2x+1)$$

【例 2-17】 设 $y=\mathrm{e}^{\tan^2 x}$，求 y'.

解 这个函数由 $y=\mathrm{e}^u$，$u=v^2$，$v=\tan x$ 复合而成，所以有：

$$y'_x=y'_u u'_v v'_x=(\mathrm{e}^u)'_u(v^2)'_v(\tan x)'$$
$$=\mathrm{e}^{\tan^2 x}(2\tan x)\sec^2 x=2\mathrm{e}^{\tan^2 x}\tan x\sec^2 x$$

【例 2-18】 设 $y=\dfrac{x^2}{\sqrt{1-x^2}}$，求 y'.

解 这个函数既有除法运算又有复合运算，需要将导数的四则运算公式与复合运算公式结合使用.

$$y'=\left(\frac{x^2}{\sqrt{1-x^2}}\right)'=\frac{\sqrt{1-x^2}\,(x^2)'-x^2(\sqrt{1-x^2})'}{(\sqrt{1-x^2})^2}$$

$$=\frac{2x\sqrt{1-x^2}-x^2\dfrac{-2x}{2\sqrt{1-x^2}}}{1-x^2}=\frac{x(2-x^2)}{(1-x^2)^{\frac{3}{2}}}$$

隐函数
求导法则

下面来补充证明 $(x^\alpha)'=\alpha x^{\alpha-1}$.

$$(x^\alpha)'=(\mathrm{e}^{\alpha\ln x})'=(\mathrm{e}^{\alpha\ln x})(\alpha\ln x)'=\frac{\alpha}{x}\mathrm{e}^{\alpha\ln x}=\frac{\alpha}{x}x^\alpha=\alpha x^{\alpha-1}$$

2.2.4 隐函数的求导法则

前面所讲到的函数都是表示成 $y=f(x)$ 这种形式的，但一个关于 x、y 的方程 $F(x,y)=0$

往往也可以确定 y 是 x 的函数，只要对于每一个 x，由方程 $F(x, y)=0$ 能够找到确定的 y 值与之对应即可．这样的函数关系隐藏在方程 $F(x, y)=0$ 中，称为隐函数，而前面所提到 $y=f(x)$形式的函数就称为显函数.

例如，$y=\dfrac{x^2}{\sqrt{1-x^2}}$是显函数，而通过方程 $e^x-e^y-xy^3=0$ 确定了 x、y 的函数关系，这种函数就是隐函数.

如何来求隐函数的导数呢？可能会想到先将隐函数显式化，然后再来求导．但将隐函数显式化有时是非常困难的，甚至是不可能的．可以采用这样的办法，将方程 $F(x, y)=0$ 中的 y 看作是中间变量，并在方程两端求导，利用复合函数求导规则，得到含有 y'的方程，解出 y'即可.

【例 2-19】 设 $y=f(x)$由方程 $e^x-e^y-xy^3=0$ 确定，求 y'.

解 在所给方程两端同时求对 x 的导数，即得

$$(e^x)'-(e^y)'-(xy^3)'=e^x-e^y y'-(y^3+3xy^2y')=0$$

所以

$$y'=\frac{e^x-y^3}{e^y+3xy^2}$$

请注意，隐函数的导数式中往往含有自变量 x，又含有因变量 y，这一点与显函数不同.

【例 2-20】 求圆 $x^2-6x+y^2=3$ 在点$(1, 2\sqrt{2})$处的切线方程和法线方程.

解 在圆方程的两端同时求对 x 的导数

$$(x^2-6x+y^2)'=(3)'$$

即 $2x-6+2yy'=0$，切线的斜率为 $k_{切}=y'\Big|_{\substack{x=1\\y=2\sqrt{2}}}=\dfrac{3-x}{y}\Big|_{\substack{x=1\\y=2\sqrt{2}}}=\dfrac{1}{\sqrt{2}}$，所求切线的方程为

$y-2\sqrt{2}=\dfrac{1}{\sqrt{2}}(x-1)$，化简后得到 $x-\sqrt{2}y+3=0$.

法线的斜率为 $k_{法}=-\dfrac{1}{k_{切}}=-\sqrt{2}$，所求法线的方程为

$y-2\sqrt{2}=-\sqrt{2}(x-1)$，化简后得到$\sqrt{2}x+y-3\sqrt{2}=0$.

【例 2-21】 证明$(\arcsin x)'=\dfrac{1}{\sqrt{1-x^2}}$.

证 直接无法得到 $y=\arcsin x$ 的导数，先将其隐式化，设 $y=\arcsin x$，则 $x=\sin y$，两边对 x 求导，注意到 y 是 x 的函数，得 $1=(\cos y)y'$，所以 $y'=\dfrac{1}{\cos y}$，因为 $\cos y=\pm\sqrt{1-\sin^2 y}$，而 $y\in\left[-\dfrac{\pi}{2}, \dfrac{\pi}{2}\right]$，故 $\cos y$ 非负，即

$$\cos y=\sqrt{1-\sin^2 y}=\sqrt{1-x^2}$$

从而 $y'=\dfrac{1}{\cos y}=\dfrac{1}{\sqrt{1-x^2}}$，即$(\arcsin x)'=\dfrac{1}{\sqrt{1-x^2}}$.

类似的可以得到 $(\arccos x)'=-\dfrac{1}{\sqrt{1-x^2}}$

$$(\arctan x)'=\frac{1}{1+x^2}$$

$$(\operatorname{arccot} x)'=-\frac{1}{1+x^2}$$

2.2.5　对数求导法则

在某些场合，利用所谓的对数求导法求导数比用通常的方法要简便些．这种方法是先在$y=f(x)$的两端取对数，将$y=f(x)$隐式化，然后利用隐函数求导法求出y的导数．下面通过例子来说明这种方法．

【例2-22】　求$y=x^{\sin x}(x>0)$的导数．

解　这函数既不是幂函数也不是指数函数，通常称为幂指函数．为了求这个函数的导数，在$y=x^{\sin x}$的两端取对数，得

$$\ln y=\sin x\ln x$$

再在上式两端求对x的导数，得

$$\frac{1}{y}\cdot y'=\cos x\ln x+\sin x\ \frac{1}{x}$$

所以　$y'=y\left(\cos x\ln x+\dfrac{\sin x}{x}\right)=x^{\sin x}\left(\cos x\ln x+\dfrac{\sin x}{x}\right)$

如上形式的幂指函数一般都可以采用上述的对数求导法来求导数．

【例2-23】　求$y=\sqrt{\dfrac{(x-1)(x-2)}{(x-3)(x-4)}}$的导数．

解　对$y=\sqrt{\dfrac{(x-1)(x-2)}{(x-3)(x-4)}}$的两端取对数，得

$$\ln y=\frac{1}{2}[\ln(x-1)+\ln(x-2)-\ln(x-3)-\ln(x-4)],$$

上式两端求对x的导数，得

$$\frac{1}{y}\times y'=\frac{1}{2}\left[\frac{1}{x-1}+\frac{1}{x-2}-\frac{1}{x-3}-\frac{1}{x-4}\right]$$

所以

$$\begin{aligned}y'&=\frac{y}{2}\left[\frac{1}{x-1}+\frac{1}{x-2}-\frac{1}{x-3}-\frac{1}{x-4}\right]\\&=\frac{1}{2}\sqrt{\frac{(x-1)(x-2)}{(x-3)(x-4)}}\left[\frac{1}{x-1}+\frac{1}{x-2}-\frac{1}{x-3}-\frac{1}{x-4}\right]\end{aligned}$$

2.2.6　高阶导数

我们知道，变速直线运动的速度$v(t)$是位置函数$s(t)$对时间t的导数，即

$$v=\frac{\mathrm{d}s}{\mathrm{d}t}\quad 或\quad v=s'$$

而加速度a又是速度v对时间t的变化率，即速度v对时间t的导数：

$$a=\frac{\mathrm{d}v}{\mathrm{d}t}=\frac{\mathrm{d}}{\mathrm{d}t}\left(\frac{\mathrm{d}s}{\mathrm{d}t}\right)\quad 或\quad a=(s')'$$

这种导函数的导数$\dfrac{\mathrm{d}}{\mathrm{d}t}\left(\dfrac{\mathrm{d}s}{\mathrm{d}t}\right)$或$(s')'$叫作二阶导数，记作$\dfrac{\mathrm{d}^2s}{\mathrm{d}t^2}$或$S''(t)$．所以，直线运动的加速度就是位置函数$s$对时间$t$的二阶导数．

一般地，函数$y=f(x)$的导数$y'=f'(x)$仍然是x的函数，我们把函数$y'=f'(x)$的导数叫作函数$y=f(x)$的二阶导数，记作y''或$\dfrac{\mathrm{d}^2y}{\mathrm{d}x^2}$，即

$$y''=(y')' \quad 或 \quad \frac{d^2y}{dx^2}=\frac{d}{dx}\left(\frac{dy}{dx}\right)$$

相应地，把 $y=f(x)$ 的导数 y' 叫作函数 $y=f(x)$ 的一阶导数.

类似地，二阶导数的导数叫作三阶导数，三阶导数的导数叫作四阶导数，……，一般地，$(n-1)$ 阶导数的导数叫作 n 阶导数，分别记作

$$y''',\ y^{(4)},\ \cdots,\ y^{(n-1)},\ y^{(n)}$$

或

$$\frac{d^3y}{dx^3},\ \frac{d^4y}{dy^4},\ \cdots,\ \frac{d^{n-1}y}{dx^{n-1}},\ \frac{d^ny}{dx^n}$$

函数 $y=f(x)$ 具有 n 阶导数，也常说成函数 $f(x)$ n 阶可导，如果函数 $f(x)$ 在点 x 处具有 n 阶导数，那么 $f(x)$ 在点 x 的某一邻域内必定具有一切低于 n 阶的导数. 二阶及二阶以上的导数统称高阶导数.

由此可见，求高阶导数就是多次接连地求导数. 所以，仍可应用前面学过的求导方法来计算高阶导数.

1. 显函数的高阶导数

【例 2-24】 设 $y=\arctan x$，求 $y''(0)$，$y'''(0)$.

解 $y'=\dfrac{1}{1+x^2}$，$y''=-\dfrac{2x}{(1+x^2)^2}$，$y'''=\dfrac{2(3x^2-1)}{(1+x^2)^3}$，

所以

$$y''(0)=-\frac{2x}{(1+x^2)^2}\bigg|_{x=0}=0,\ y'''(0)=\frac{2(3x^2-1)}{(1+x^2)^3}\bigg|_{x=0}=-2.$$

【例 2-25】 设 $y=x^n$（n 为正整数），求 $y^{(n)}$.

解 $y'=nx^{n-1}$，$y''=n(n-1)x^{n-2}$，$y'''=n(n-1)(n-2)x^{n-3}$，…，

$y^{(n-1)}=n(n-1)(n-2)\cdots 2x$，$y^{(n)}=n(n-1)(n-2)\cdots 2\times 1=n!$.

【例 2-26】 设 $y=a^x(a>0,\ a\neq 1)$，求 $y^{(n)}$.

解 $y'=a^x\ln a$，$y''=(a^x\ln a)'=a^x\ln^2 a$，…，$y^{(n)}=a^x\ln^n a$.

特别地，$(e^x)^{(n)}=e^x$.

【例 2-27】 设 $y=\ln x$，求 $y^{(n)}$.

解 $y'=\dfrac{1}{x}$，$y''=-\dfrac{1}{x^2}$，$y'''=(-1)^2\dfrac{1\times 2}{x^3}$，$y^{(4)}=(-1)^3\dfrac{1\times 2\times 3}{x^4}$，

$\cdots$ ，$y^{(n)}=(-1)^{n-1}\dfrac{(n-1)!}{x^n}$.

【例 2-28】 设 $y=\sin x$，求 $y^{(n)}$.

解

$$y'=\cos x=\sin\left(x+\frac{\pi}{2}\right),$$

$$y''=\cos\left(x+\frac{\pi}{2}\right)=\sin\left(x+\frac{\pi}{2}+\frac{\pi}{2}\right)=\sin\left(x+2\times\frac{\pi}{2}\right)$$

$$y'''=\cos\left(x+2\times\frac{\pi}{2}\right)=\sin\left(x+2\times\frac{\pi}{2}+\frac{\pi}{2}\right)=\sin\left(x+3\times\frac{\pi}{2}\right)$$

$$\vdots$$

$$y^{(n)}=\sin\left(x+n\frac{\pi}{2}\right)$$

【例 2-29】 验证函数 $y=e^x\sin x$ 满足关系式 $y''-2y'+2y=0$.

解 $y'=e^x(\sin x+\cos x)$

$$y''=\mathrm{e}^x(\sin x+\cos x)+\mathrm{e}^x(\cos x-\sin x)=2\mathrm{e}^x\cos x$$

所以　$y''-2y'+2y=2\mathrm{e}^x\cos x-2\mathrm{e}^x(\sin x+\cos x)+2\mathrm{e}^x\sin x=0$

2. 隐函数的二阶导数

【例 2-30】 设方程$\frac{x^2}{a^2}+\frac{y^2}{b^2}=1$($a$，$b$ 为常数)确定了 y 是 x 的函数，求 y''.

解　在方程两端求对 x 导数，注意到 y 是 x 的函数，有

$$\frac{2x}{a^2}+\frac{2yy'}{b^2}=0,\ y'=-\frac{b^2x}{a^2y}$$

所以　$y''=-\frac{b^2}{a^2}\times\frac{x'y-xy'}{y^2}=-\frac{b^2}{a^2}\times\frac{y+\frac{b^2}{a^2}\times\frac{x^2}{y}}{y^2}$

$$=-\frac{b^2}{a^4}\times\frac{b^2x^2+a^2y^2}{y^3}=-\frac{b^4}{a^2y^3}$$

【例 2-31】 设方程 $x=y+\arctan y$ 确定了 y 是 x 的函数，求 y''.

解　在方程两端对 x 求导数，注意到 y 是 x 的函数，有

$$1=y'+\frac{y'}{1+y^2},\ y'=\frac{1+y^2}{2+y^2}$$

所以　$y''=\frac{2yy'(2+y^2)-(1+y^2)2yy'}{(2+y^2)^2}=\frac{2y\times\frac{1+y^2}{2+y^2}}{(2+y^2)^2}=\frac{2y(1+y^2)}{(2+y^2)^3}$

习　题　2-2

1. 求下列函数的导数.

(1) $y=\frac{1}{x^2}+\cos x+5$；　(2) $y=x^2(\ln x+\sqrt{x})$；　(3) $y=x^2\tan x+\cos x+5\sin 3$；

(4) $y=x^2\sec x$；　(5) $y=\frac{1}{x+\sin x}$；　(6) $y=\frac{2x}{1-x^2}$；

(7) $y=\mathrm{e}^x(\sin x-\cos x)$；　(8) $y=\frac{\tan x}{\ln x+1}$；　(9) $y=\frac{1+\cos x}{\sin x}$；

(10) $y=\frac{1-\ln x}{1+\ln x}$；　(11) $y=x\ln x-x$；　(12) $y=a^x\mathrm{e}^x-\frac{\log_a x}{\ln x}$；

(13) $y=2x\mathrm{e}^x\cos x$；　(14) $y=\frac{(1+x^2)\arctan x}{1+x}$；　(15) $y=\frac{2\csc x}{1+x^2}$；

(16) $y=x^2\ln x\sin x$；　(17) $y=\frac{5x^2-3x+4}{x^2-1}$；　(18) $y=\frac{2\ln x+x^3}{3\ln x+x^2}$.

2. 求下列函数在给定点处的导数.

(1) $y=\sin x-\cos x$，求 $y'\big|_{x=\frac{\pi}{6}}$和 $y'\big|_{x=\frac{\pi}{4}}$；　(2) $y=x\ln x+\mathrm{e}^x$，求$\frac{\mathrm{d}y}{\mathrm{d}x}\Big|_{x=1}$；

(3) $f(x)=\frac{3}{5-x}+\frac{x^3}{5}$，求 $f'(0)$和 $f'(2)$；　(4) $f(x)=\frac{\arcsin x}{2x^2+3}$，求 $f'(0)$.

3. 设 $f(x)=\begin{cases}x^2, & x\leqslant 1\\ ax+b, & x>1\end{cases}$，当 a，b 为何值时，函数 $f(x)$在 $x=1$ 处可导？

4. 讨论函数 $f(x)=\begin{cases}x^2\sin\frac{1}{x}, & x\neq 0\\ 0, & x=0\end{cases}$，在点 $x=0$ 处的连续性与可导性.

5. 求下列函数的导数：

(1) $y=(3x^4-1)^7$；
(2) $y=e^{\frac{1}{x}}+x\sqrt{x}$；

(3) $y=\sqrt{\ln^2x+1}$；
(4) $y=x^2\sin\dfrac{1}{x}$；

(5) $y=\sqrt{x+\sqrt{x+\sqrt{x}}}$；
(6) $y=\sqrt{x\sqrt{x\sqrt{x}}}$；

(7) $y=\ln\ln\ln x$；
(8) $y=2^{\sin x}+\cos\sqrt{x}$；

(9) $y=\ln(x+\sqrt{1+x^2})$；
(10) $y=\dfrac{\cot 3x}{1-x^2}$；

(11) $y=\cos^2(\sin 3x)$；
(12) $y=\arctan(\ln x)$；

(13) $y=\dfrac{x\sin 2x}{1+\tan x}$；
(14) $y=e^{\arcsin x^2}$；

(15) $y=\arctan\sqrt{\dfrac{1-x}{1+x}}$；
(16) $y=\sqrt{x}\arctan\sqrt{x}$；

(17) $y=\sqrt{x^2-a^2}-a\arccos\dfrac{a}{x}$；
(18) $y=\dfrac{x\ln x}{1+x}-\ln(1+x)$；

(19) $y=3x^2\arcsin x+(x^2+2)\sqrt{1-x^2}$.

6. 设 $f(u)$可导，求下列函数的导数.

(1) $y=\ln f(e^x)$；
(2) $y=f(e^x\sin x)$.

7. 如果 $f(x)$在点 x_0 处的导数为 1，求

(1) $\lim\limits_{h\to 0}\dfrac{f(x_0-2h)-f(x_0)}{h}$；
(2) $\lim\limits_{h\to 0}\dfrac{f(x_0+h)-f(x_0-h)}{h}$.

8. 求曲线 $y=\ln x$ 在点(1，0)处的切线方程.

9. 求曲线 $y=e^{-x}\sqrt[3]{x+1}$ 在点(0，1)处的切线方程和法线方程.

10. 下列方程确定了 y 是 x 的函数，求 y'.

(1) $x^3-y^3-x-y+xy=2$；
(2) $\cos xy=x+y$；

(3) $xe^y-ye^x=x$；
(4) $\dfrac{x}{y}=\ln xy$；

(5) $y\sin x-\cos(x-y)=0$；
(6) $y=1-xe^{xy}$；

(7) $xy=e^{x+y}$；
(8) $\dfrac{x^2}{a^2}+\dfrac{y^2}{b^2}=1$.

11. 求下列函数的导数.

(1) $y=x^{\sqrt{x}}$；
(2) $y=(\cos x)^{\tan x}$；
(3) $y=\left(1+\dfrac{1}{x}\right)^x$.

12. 求曲线 $y^3=1+xe^y$ 在与 y 轴交点处的切线方程和法线方程.

13. 求下列各题中指定的各阶导数.

(1) $y=(2x-1)^5$，求 $y^{(5)}$ 与 $y^{(6)}$；

(2) $f(x)=\ln\dfrac{1+x}{1-x}$，求 $f''(0)$；

(3) 已知 $f''(x)=e^{2x}\cos\dfrac{x}{2}$，求 $f^{(4)}(\pi)$；

(4) $y=(1+x^2)\arctan x$，求 y'''.

14. 求下列函数的 n 阶导数.

(1) $y=xe^x$；
(2) $y=\dfrac{1}{1-x}$，求 $f^{(n)}(0)$；

(3) $y=\cos^2x$；
(4) $y=x\ln x$；

(5) $y=a_0x^n+a_1x^{n-1}+\cdots+a_{n-1}x+a_n(a_0\neq 0)$.

15. 求下列方程确定的隐函数 y 的二阶导数.

(1) $y=1+xe^y$；　　　　(2) $\frac{x^2}{a^2}+\frac{y^2}{b^2}=1$.

16. 设函数 $f(x)$在$(-\infty, +\infty)$内可导，证明：

(1) 若 $f(x)$为奇函数，则 $f'(x)$为偶函数；

(2) 若 $f(x)$为偶函数，则 $f'(x)$为奇函数.

17. 验证函数 $y=\cos e^x+\sin e^x$ 满足关系式 $y''-y'+ye^{2x}=0$.

18. 证明曲线 $x^2-y^2=a$ 与 $xy=b$(a, b 为常数)在交点处切线相互垂直.

2.3 微分及其运算

2.3.1 微分的定义

【例 2-32】 如图 2-2 所示，当正方形的边长从 x_0 变到 $x_0+\Delta x$ 时，求相应的面积的改变量.

解　设面积的改变量为 ΔS，则

$$\Delta S=(x_0+\Delta x)^2-x_0^2=2x_0\Delta x+(\Delta x)^2$$

可见，ΔS 分成了两个部分，一部分是 Δx 的线性函数 $2x_0\Delta x$；另一部分是当 $\Delta x\to 0$ 时 Δx 的高阶无穷小量.

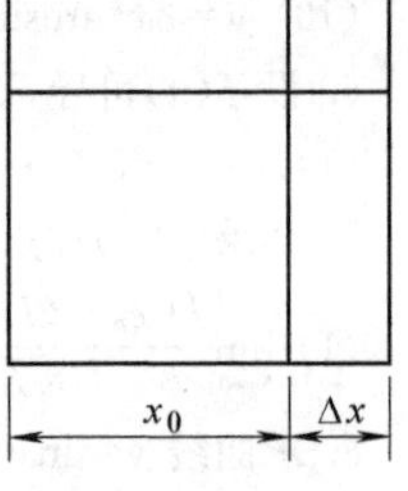

图 2-2

对于一般的函数 $y=f(x)$，若给自变量以增量 Δx 时，函数的增量 Δy 是否有类似的性质呢？下面给出微分的定义.

定义 2-5　设函数 $y=f(x)$在点 x_0 的某邻域内有定义，给自变量以增量 Δx，并使 $x_0+\Delta x$ 仍属于该邻域. 若相应函数的增量 Δy 可以表示成如下形式：

$$\Delta y=f(x_0+\Delta x)-f(x_0)=A\Delta x+o(\Delta x)$$

其中，A 是与 Δx 无关的量，$o(\Delta x)$是比 Δx 高阶的无穷小量，则称函数 $y=f(x)$在点 x_0 处可微，称 $A\Delta x$ 为函数 $y=f(x)$在点 x_0 处的微分，记为

$$\mathrm{d}y\Big|_{x=x_0} \text{或} \mathrm{d}f\Big|_{x=x_0}，\text{即} \mathrm{d}y\Big|_{x=x_0}=A\Delta x .$$

函数 $y=f(x)$在点 x_0 处的微分为 $A\Delta x$，那么 A 究竟是一个什么量呢？下面来确定 A.

由于 $\Delta y=A\Delta x+o(\Delta x)$，所以$\frac{\Delta y}{\Delta x}=A+\frac{o(\Delta x)}{\Delta x}$，两边取极限，令 $\Delta x\to 0$，得$\lim\limits_{\Delta\to 0}\frac{\Delta y}{\Delta x}=A$，即 $f'(x_0)=A$.这说明函数 $y=f(x)$如果在点 x_0 处可微，则它在点 x_0 处一定可导，而且它的导数恰好就是与 Δx 无关的量 A. 反之，如果函数 $y=f(x)$在点 x_0 处可导，且其导数为 A，则它在点 x_0 处一定可微，而且它的微分为 $A\Delta x$. 从而得到如下的结论：

定理 2-4　函数 $y=f(x)$在点 x_0 处可微的充要条件为 $y=f(x)$在点 x_0 处可导.

如果函数 $y=f(x)$在区间(a, b)内可导，显而易见函数 $y=f(x)$在区间(a, b)内的每个点上必可微，此时称函数 $y=f(x)$为区间(a, b)内的可微函数，它的微分为

$$\mathrm{d}y=f'(x)\Delta x$$

通常把自变量的增量 Δx 称为自变量的微分，记为 $\mathrm{d}x$，即 $\mathrm{d}x=\Delta x$，于是函数 $y=f(x)$的微分又可以表示为

$$\mathrm{d}y=f'(x)\mathrm{d}x$$

两边除以 $\mathrm{d}x$，得

$$\frac{\mathrm{d}y}{\mathrm{d}x}=f'(x)$$

这就是说，函数的微分与自变量微分之商等于该函数的导数．因此，导数也称为“微商”．

【例 2-33】 已知 $y=\ln(x^2-1)$，求 $\mathrm{d}y$、$\mathrm{d}y\big|_{x=2}$．

解 $\mathrm{d}y=[\ln(x^2-1)]'\mathrm{d}x=\dfrac{2x}{x^2-1}\mathrm{d}x$

$$\mathrm{d}y\Big|_{x=2}=\frac{2x}{x^2-1}\Big|_{x=2}\mathrm{d}x=\frac{4}{3}\mathrm{d}x$$

2.3.2 微分的几何意义

在曲线 $y=f(x)$ 上取相邻的两点 $M_0(x, y)$ 和 $M(x+\Delta x, y+\Delta y)$，过点 M_0 作曲线的切线 M_0T，设直线 M_0T 的倾角为 α（见图 2-3），则 M_0T 的斜率为 $k=\tan\alpha=f'(x)$．从图 2-3 可知，$\overline{M_0N}=\Delta x$，$\overline{NM}=\Delta y$，$\overline{NT}=\overline{M_0N}\cdot\tan\alpha=f'(x)\Delta x=\mathrm{d}y$．因此，当 Δy 是对应于点 x 的增量时，$\mathrm{d}y$ 即为过点 $M_0(x, y)$ 的切线的纵坐标增量．图中线段 $\overline{TM}$ 是 Δy 与 $\mathrm{d}y$ 之差．当 $|\Delta x|$ 越小时，$\overline{TM}$ 就越小，它是比 Δx 高阶的无穷小量．

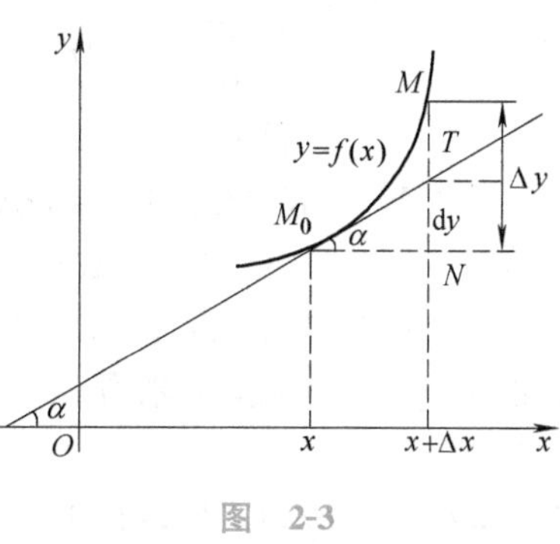

图 2-3

2.3.3 微分的运算

设 $y=f(x)$ 在点 x 处可微，则

$$\mathrm{d}y=f'(x)\mathrm{d}x$$

若求微分，只要求出导数 $f'(x)$，然后再乘以 $\mathrm{d}x$ 即可．所以前面学过的求导基本公式和求导法则完全适用于微分的计算．下面给出基本微分公式与微分法则．

1) $\mathrm{d}(x^\alpha)=\alpha x^{\alpha-1}\mathrm{d}x$（$\alpha$ 为任意实数）；

2) $\mathrm{d}(a^x)=a^x\ln a\,\mathrm{d}x\ (a>0, a\neq1)$；

3) $\mathrm{d}(\log_a x)=\dfrac{1}{x\ln a}\mathrm{d}x\ (a>0, a\neq1)$；

4) $\mathrm{d}(\sin x)=\cos x\,\mathrm{d}x$；

5) $\mathrm{d}(\cos x)=-\sin x\,\mathrm{d}x$；

6) $\mathrm{d}(\tan x)=\sec^2 x\,\mathrm{d}x$；

7) $\mathrm{d}(\cot x)=-\csc^2 x\,\mathrm{d}x$；

8) $\mathrm{d}(\sec x)=\sec x\tan x\,\mathrm{d}x$；

9) $\mathrm{d}(\arcsin x)=\dfrac{1}{\sqrt{1-x^2}}\mathrm{d}x\ (-1<x<1)$；

10) $\mathrm{d}(\arccos x)=-\dfrac{1}{\sqrt{1-x^2}}\mathrm{d}x\ (-1<x<1)$；

11) $\mathrm{d}(\arctan x)=\dfrac{1}{1+x^2}\mathrm{d}x$；

12) $\mathrm{d}(\mathrm{arccot}\,x)=-\dfrac{1}{1+x^2}\mathrm{d}x$；

13) $dC=0$(C 为常数);

14) $d(u\pm v)=du\pm dv$;

15) $d(uv)=udv+vdu$;

16) $d\left(\frac{u}{v}\right)=\frac{vdu-udv}{v^2}(v\neq0)$.

【例 2-34】 设 $y=\frac{x^2}{\ln x}$，求 dy.

解 $$dy=d\left(\frac{x^2}{\ln x}\right)=\frac{d(x^2)\ln x-x^2d(\ln x)}{\ln^2 x}=\frac{2x\ln x dx-x^2\times\frac{1}{x}dx}{\ln^2 x}$$
$$=\frac{x(2\ln x-1)}{\ln^2 x}dx$$

【例 2-35】 设 $y=e^{-x}\cos 3x$，求 dy.

解 $$dy=d(e^{-x}\cos 3x)=\cos 3x d(e^{-x})+e^{-x}d(\cos 3x)$$
$$=-e^{-x}\cos 3x dx-3e^{-x}\sin 3x dx=-e^{-x}(\cos 3x+3\sin 3x)dx$$

对于复合函数，设 $y=f(u)$，$u=\varphi(x)$复合为 $y=f(\varphi(x))$. 如果 $u=\varphi(x)$可微，且相应点处 $y=f(u)$可微，显然有

$$dy=[f(\varphi(x))]'dx=f'(u)\varphi'(x)dx$$

由于 $du=\varphi'(x)dx$，所以得到

$$dy=f'(u)du \tag{2-1}$$
$$dy=f'(x)dx \tag{2-2}$$

将式(2-2)与式(2-1)比较后，不难得到这样一个事实：当 u 是 x 的函数时，微分的形式仍与式(2-2)相同．这一性质称为微分形式的不变性．具体地讲，不论 u 是自变量还是可微分函数，函数 $y=f(u)$的微分形式不变.

*2.3.4 微分在近似计算中的应用

在实际问题中，可以利用微分进行近似计算.

设函数 $f(x)$在点 x_0 处可导，且导数 $f'(x_0)\neq0$，则当$|\Delta x|$很小时，有近似公式 $\Delta y\approx dy$，即

$$f(x_0+\Delta x)-f(x_0)\approx f'(x_0)\Delta x$$

或

$$f(x_0+\Delta x)\approx f(x_0)+f'(x_0)\Delta x$$

如果令 $x=x_0+\Delta x$，则近似公式还可以表达成

$$f(x)\approx f(x_0)+f'(x_0)(x-x_0)$$

【例 2-36】 计算 $\sin 29°$的近似值.

解 $$\sin 29°=\sin(30°-1°)\approx\sin 30°+(\cos 30°)(-1°)$$
$$=\frac{1}{2}-\frac{\sqrt{3}}{2}\times\frac{\pi}{180}\approx0.4848$$

【例 2-37】 计算$\sqrt[3]{66}$的近似值.

解 $$\sqrt[3]{66}=\sqrt[3]{(64+2)}=\sqrt[3]{64\left(1+\frac{1}{32}\right)}=4\cdot\left(1+\frac{1}{32}\right)^{\frac{1}{3}}$$
$$\approx4\left(1+\frac{1}{3}\times\frac{1}{32}\right)\approx4.041$$

习 题 2-3

1. 求下列函数的微分.

(1) $y=\arctan\dfrac{1+x}{1-x}$;　(2) $y=\ln\cos\dfrac{x}{2}$;　(3) $y=\mathrm{e}^{\sqrt{x+1}}\sin x$;

(4) $y=\tan^2(1+2x^2)$;　(5) $y=[\ln(1-x)]^2$;　(6) $y=\sqrt{\cos 3x}+\ln\tan\dfrac{\mathrm{e}^x}{3}$.

*2. 利用微分进行近似计算.

(1) $y=\arctan 1.03$;　(2) $y=\ln 1.02$.

2.4 导数的应用

2.4.1 微分中值定理

微分中值定理在微积分理论中占有重要的地位，它提供了导数应用的基本理论依据．微分中值定理包括罗尔(Rolle)定理和拉格朗日(Lagrange)中值定理.

1. 罗尔定理

定理 2-5 设函数 $f(x)$满足：

1) 在闭区间$[a, b]$上连续；

2) 在开区间(a, b)内可导；

3) 在区间的端点上函数值相等，即 $f(a)=f(b)$，则在区间(a, b)内至少存在一点 ξ，使得 $f'(\xi)=0$.

罗尔定理的几何意义如图 2-4 所示．它表明这样一个几何事实：如果在$[a, b]$上连续的曲线 $y=f(x)$在两个端点处的纵坐标相等，且在(a, b)内处处有不垂直于 x 轴的切线，则在(a, b)内 $y=f(x)$必有平行于 x 轴的切线.

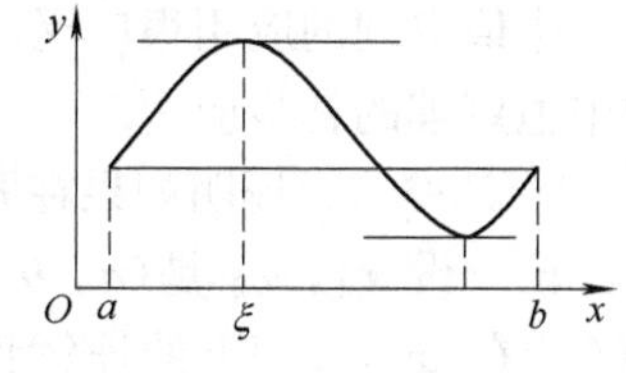

图 2-4

【例 2-38】 验证函数 $f(x)=x\sqrt{3-x}$ 在区间$[0, 3]$上满足罗尔定理，并求出定理中的 ξ.

解 $f(x)=x\sqrt{3-x}$ 是初等函数，它在区间$[0, 3]$上有定义，所以它在区间$[0, 3]$上连续．而 $f'(x)=\sqrt{3-x}-\dfrac{x}{2\sqrt{3-x}}$，显然在区间$(0, 3)$内有定义，所以 $f(x)=x\sqrt{3-x}$ 在开区间$(0, 3)$内可导，又 $f(0)=0$，$f(3)=0$，故函数 $f(x)=x\sqrt{3-x}$ 在区间$[0, 3]$上满足罗尔定理的三个条件．令

$$f'(x)=\sqrt{3-x}-\frac{x}{2\sqrt{3-x}}=0$$

解得　$x=2$，此即为满足定理条件的 ξ.

2. 拉格朗日中值定理

定理 2-6 设函数 $f(x)$满足：

1) 在闭区间$[a, b]$上连续；

2) 在开区间(a, b)内可导，

则至少存在一点 $\xi\in(a, b)$，使得 $f'(\xi)=\dfrac{f(b)-f(a)}{b-a}$.

下面来说明定理的几何意义，注意到结论中的

$$\frac{f(b)-f(a)}{b-a}$$

正是弦 AB 的斜率(见图 2-5)，于是

$$f'(\xi)=\frac{f(b)-f(a)}{b-a}$$

成立，就是说在(a, b)内至少存在一点 ξ，使曲线上点 $C(\xi, f(\xi))$ 处的切线与弦 AB 平行.

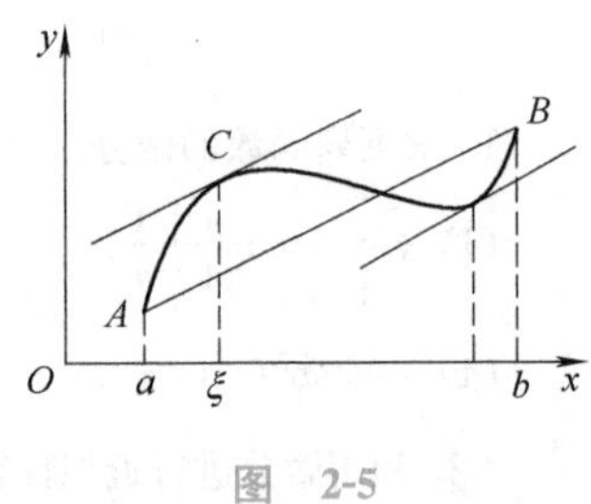

图 2-5

这个定理前两个条件与罗尔定理一样，仅少了函数值在区间的两个端点处相等的条件．如果再增加函数在区间两个端点处的值相等的条件，则定理结论正是罗尔定理的结论．可见，罗尔定理是拉格朗日中值定理的特例.

【例 2-39】 验证函数 $f(x)=\arctan x$ 在区间$[0, 1]$上满足拉格朗日中值定理，并求出满足条件的 ξ.

解　$f(x)=\arctan x$ 是初等函数，它在$[0, 1]$上有定义，所以它在$[0, 1]$上连续．而 $f'(x)=\dfrac{1}{1+x^2}$，显然在$(0, 1)$内有定义，所以 $f(x)=\arctan x$ 在$(0, 1)$内可导，即 $f(x)=\arctan x$ 在区间$[0, 1]$上满足拉格朗日中值定理的条件．由

$$f'(x)=\frac{1}{1+x^2}=\frac{\arctan 1-\arctan 0}{1-0}$$

解得 $x=\pm\sqrt{\dfrac{4}{\pi}-1}$(负值舍去)，从而 $x=\sqrt{\dfrac{4}{\pi}-1}\in(0, 1)$即为所求的 ξ.

3. 中值定理的初步应用

中值定理的应用很广泛，在本章和以后的章节中都会进一步看到．现在通过一些例子来说明中值定理的初步应用.

【例 2-40】 证明如果在开区间(a, b)内，恒有 $f'(x)=0$，则 $f(x)$在(a, b)内恒为常数.

证　设 x_1，x_2 是(a, b)内任意两点，设 $x_1<x_2$，在$[x_1, x_2]$上应用拉格朗日中值定理($f(x)$在$[x_1, x_2]$上的连续性以及在(x_1, x_2)内的可导性是显然的)，即必有 $\xi\in(x_1, x_2)$，使得

$$f(x_2)-f(x_1)=f'(\xi)(x_2-x_1)$$

由 $f'(\xi)=0$ 可得，$f(x_2)=f(x_1)$．由于这个等式对(a, b)内的任意 x_1，x_2 都成立，所以 $f(x)$在(a, b)内恒为常数.

【例 2-41】 证明恒等式 $\arcsin x+\arccos x=\dfrac{\pi}{2}$，$x\in[-1, 1]$.

证　设 $f(x)=\arcsin x+\arccos x$，$x\in[-1, 1]$，则 $f'(x)=\dfrac{1}{\sqrt{1-x^2}}-\dfrac{1}{\sqrt{1-x^2}}=0$，$x\in(-1, 1)$，由上例可知 $f(x)$在$[-1, 1]$上恒为常数．设 $f(x)=\arcsin x+\arccos x=C$，该式对任意的 $x\in[-1, 1]$都成立．令 $x=1$，得 $\arcsin 1+\arccos 1=C$，所以 $C=\dfrac{\pi}{2}$，即

$$\arcsin x+\arccos x=\frac{\pi}{2}$$

【例 2-42】 证明当 $x\neq 0$ 时，$e^x>1+x$.

证　设 $f(t)=e^t$，则 $f(t)$在$(-\infty, +\infty)$上的任何有限区间内都满足拉格朗日中值定理

条件．任取 $x\neq 0$，在$[0, x]$或$[x, 0]$上应用拉格朗日中值定理，则在 0 与 x 之间至少存在一点 ξ，使得

$$\frac{e^x-e^0}{x-0}=e^\xi$$

即

$$e^x=xe^\xi+1$$

所以，当 $x>0$ 时，$\xi>0$，则 $e^\xi>1$，$xe^\xi>x$，因而有

$$e^x=xe^\xi+1>x+1$$

当 $x<0$ 时，$\xi<0$，则 $e^\xi<1$，$xe^\xi>x$，因而也有

$$e^x=xe^\xi+1>x+1$$

这就证明了当 $x\neq 0$ 时，$e^x>1+x$.

2.4.2 未定型的极限

如果函数$\dfrac{f(x)}{g(x)}$当 $x\to x_0$(或 $x\to\infty$)时，其分子、分母都趋向于零或都趋向于无穷大，此时极限 $\lim\limits_{\substack{x\to x_0\\(x\to\infty)}}\dfrac{f(x)}{g(x)}$可能存在，也可能不存在．通常称这种极限为未定型，分别记为$\dfrac{0}{0}$或$\dfrac{\infty}{\infty}$型．下面介绍一种计算未定型极限的有效方法——洛必达法则.

1. 洛必达法则

定理 2-7 设函数 $f(x)$、$g(x)$在点 x_0 的某邻域内可导，且满足

1) $\lim\limits_{x\to x_0}f(x)=0$，$\lim\limits_{x\to x_0}g(x)=0$；

2) $g'(x)\neq 0$；

3) $\lim\limits_{x\to x_0}\dfrac{f'(x)}{g'(x)}=A$(或$\infty$)，

则

$$\lim_{x\to x_0}\frac{f(x)}{g(x)}=\lim_{x\to x_0}\frac{f'(x)}{g'(x)}=A(\text{或}\infty)$$

对于该法则，有以下几点说明：

1) 函数 $f(x)$、$g(x)$在点 x_0 处不要求可导，甚至可以是不连续的.

2) 对于$\lim\limits_{x\to\infty}f(x)=0$、$\lim\limits_{x\to\infty}f(x)=0$ 的情形，在满足相应条件的情况下，结论依然成立.

3) 对于 $\lim\limits_{\substack{x\to x_0\\(x\to\infty)}}f(x)=\infty$、$\lim\limits_{\substack{x\to x_0\\(x\to\infty)}}g(x)=\infty$的情形，在满足相应条件的情况下，结论依然成立.

简而言之，只要是$\dfrac{0}{0}$型或$\dfrac{\infty}{\infty}$型，不管自变量趋向 x_0 还是趋向∞，在满足相应条件的情况下，结论都是成立的.

拓展学习

大家都知道，洛必达法则是计算两个无穷小之比或两个无穷大之比极限的一个法则．很多人可能认为它的发现者是洛必达，然而事实并非如此！其实洛必达法则的发现者是大名鼎鼎的伯努利家族中的约翰·伯努利．为什么约翰·伯努利发现的法则却以洛必达命名呢？在 1692 年旅居巴黎的时候，约翰给一位年轻的法国贵族授课，这位年轻的法国贵族就是洛必达．他对

数学非常痴迷，于是双方达成了一个君子协定：约翰同意把自己在数学方面的发现交给洛必达，洛必达可以按照自己的愿望使用．洛必达在自己的著作《无穷小分析》的序言中感谢了莱布尼茨和伯努利兄弟(雅克和约翰)，尤其感谢约翰·伯努利．

【例 2-43】 求$\lim\limits_{x\to 0}\dfrac{\ln(x+1)}{\sin 2x}$.

解 设 $f(x)=\ln(x+1)$、$g(x)=\sin 2x$，在 $x=0$ 的附近，$f(x)$、$g(x)$均可导，且$\lim\limits_{x\to 0}\ln(x+1)=0$、$\lim\limits_{x\to 0}\sin 2x=0$，所以

$$\lim_{x\to 0}\frac{\ln(x+1)}{\sin 2x}=\lim_{x\to 0}\frac{[\ln(x+1)]'}{(\sin 2x)'}=\lim_{x\to 0}\frac{\frac{1}{1+x}}{2\cos 2x}=\frac{1}{2}$$

在应用洛必达法则时，主要检查是否为$\dfrac{0}{0}$型或$\dfrac{\infty}{\infty}$型，其他的步骤可以省略.

【例 2-44】 求$\lim\limits_{x\to 0}\dfrac{x-\sin x}{x^3}$.

解 这是$\dfrac{0}{0}$型的未定型，所以

$$\lim_{x\to 0}\frac{x-\sin x}{x^3}=\lim_{x\to 0}\frac{1-\cos x}{3x^2}$$

这仍是$\dfrac{0}{0}$型的未定型，可继续使用洛必达法则.

$$\lim_{x\to 0}\frac{x-\sin x}{x^3}=\lim_{x\to 0}\frac{1-\cos x}{3x^2}=\lim_{x\to 0}\frac{\sin x}{6x}=\frac{1}{6}$$

【例 2-45】 求$\lim\limits_{x\to+\infty}\dfrac{\ln x}{x}$.

解 这是$\dfrac{\infty}{\infty}$型的未定型，所以

$$\lim_{x\to+\infty}\frac{\ln x}{x}=\lim_{x\to+\infty}\frac{\frac{1}{x}}{1}=0$$

【例 2-46】 求$\lim\limits_{x\to+\infty}\dfrac{x^n}{e^x}$($n$ 为正整数).

解 这是$\dfrac{\infty}{\infty}$型的未定型，所以

$$\lim_{x\to+\infty}\frac{x^n}{e^x}=\lim_{x\to+\infty}\frac{nx^{n-1}}{e^x}=\lim_{x\to+\infty}\frac{n(n-1)x^{n-2}}{e^x}=\cdots=\lim_{x\to+\infty}\frac{n!}{e^x}=0$$

【例 2-47】 求$\lim\limits_{x\to+\infty}\dfrac{\sqrt{1+x^2}}{x}$.

解 这是$\dfrac{\infty}{\infty}$型的未定型，所以

$$\lim_{x\to+\infty}\frac{\sqrt{1+x^2}}{x}=\lim_{x\to+\infty}\frac{\frac{x}{\sqrt{1+x^2}}}{1}=\lim_{x\to+\infty}\frac{x}{\sqrt{1+x^2}}=\lim_{x\to+\infty}\frac{1}{\frac{x}{\sqrt{1+x^2}}}=\lim_{x\to+\infty}\frac{\sqrt{1+x^2}}{x}$$

经过两次运用洛必达法则，又回到了原来的形式，这说明洛必达法则失效．其实此极限容易求得

$$\lim_{x\to+\infty}\frac{\sqrt{1+x^2}}{x}=\lim_{x\to+\infty}\sqrt{\frac{1}{x^2}+1}=1$$

此例说明，洛必达法则对计算未定型的极限不是万能的.

【例 2-48】 求$\lim\limits_{x\to0}\dfrac{\tan x-\sin x}{\sin^3 x}$.

解 $$\lim_{x\to0}\frac{\tan x-\sin x}{\sin^3 x}=\lim_{x\to0}\frac{\frac{\sin x}{\cos x}-\sin x}{x^3}=\lim_{x\to0}\frac{\sin x(1-\cos x)}{x^3\cos x}$$
$$=\lim_{x\to0}\frac{1-\cos x}{x^2}=\lim_{x\to0}\frac{\sin x}{2x}=\frac{1}{2}$$

2. 其他类型的未定型

$0\cdot\infty$、$\infty-\infty$、0^0、1^∞、∞^0 等未定型，总可以通过适当变换将它们化为$\frac{0}{0}$型或$\frac{\infty}{\infty}$型，然后应用洛必达法则.

【例 2-49】 求 $\lim\limits_{x\to0^+}x^k\ln x\,(k>0)$.

解 $$\lim_{x\to0^+}x^k\ln x=\lim_{x\to0^+}\frac{\ln x}{\frac{1}{x^k}}=\lim_{x\to0^+}\frac{\frac{1}{x}}{-\frac{k}{x^{k+1}}}=-\lim_{x\to0^+}\frac{x^k}{k}=0$$

【例 2-50】 求 $\lim\limits_{x\to+\infty}\left(1+\dfrac{1}{x}\right)^{\ln x}$.

解 令 $y=\left(1+\dfrac{1}{x}\right)^{\ln x}$，两边取对数得 $\ln y=\ln x\ln\left(1+\dfrac{1}{x}\right)$，再取极限得

$$\lim_{x\to+\infty}\ln y=\lim_{x\to+\infty}\frac{\ln\left(1+\frac{1}{x}\right)}{\frac{1}{\ln x}}=\lim_{x\to+\infty}\frac{\frac{1}{1+\frac{1}{x}}\left(-\frac{1}{x^2}\right)}{-\frac{1}{x\ln^2 x}}=\lim_{x\to+\infty}\frac{\ln^2 x}{x+1}$$
$$=\lim_{x\to+\infty}\frac{2(\ln x)\frac{1}{x}}{1}=2\lim_{x\to+\infty}\frac{\ln x}{x}=2\lim_{x\to+\infty}\frac{\frac{1}{x}}{1}=0$$

所以 $$\lim_{x\to+\infty}\left(1+\frac{1}{x}\right)^{\ln x}=e^{\lim\limits_{x\to+\infty}\ln x\ln\left(1+\frac{1}{x}\right)}=e^0=1$$

【例 2-51】 求 $\lim\limits_{x\to0^+}x^{\sin x}$.

解 $y=x^{\sin x}$，两边取对数得 $\ln y=\sin x\ln x$，再取极限得

$$\lim_{x\to0^+}\ln y=\lim_{x\to0^+}\sin x\ln x=\lim_{x\to0^+}\frac{\ln x}{\frac{1}{\sin x}}=\lim_{x\to0^+}\frac{\frac{1}{x}}{-\frac{\cos x}{\sin^2 x}}=-\lim_{x\to0^+}\frac{\sin^2 x}{x\cos x}=0$$

所以 $$\lim_{x\to0^+}x^{\sin x}=e^{\lim\limits_{x\to0^+}\sin x\ln x}=e^0=1$$

【例 2-52】 求$\lim\limits_{x\to1}\left(\dfrac{x}{x-1}-\dfrac{1}{\ln x}\right)$.

解 $$\lim_{x\to1}\left(\frac{x}{x-1}-\frac{1}{\ln x}\right)=\lim_{x\to1}\frac{x\ln x-x+1}{(x-1)\ln x}=\lim_{x\to1}\frac{1+\ln x-1}{\frac{x-1}{x}+\ln x}$$
$$=\lim_{x\to1}\frac{\ln x}{1-\frac{1}{x}+\ln x}=\lim_{x\to1}\frac{\frac{1}{x}}{\frac{1}{x^2}+\frac{1}{x}}=\frac{1}{2}$$

2.4.3 函数的单调性

函数的单调性是函数的一个重要特性．如果函数 $f(x)$在某区间上单调增加，则它的图形是随 x 的增大而上升的曲线．如果所给曲线上每点处都存在非垂直的切线，则曲线上各点处的切线斜率为非负，即 $f'(x)\geqslant0$(见图 2-6a)．反之，如果函数 $f(x)$在某区间上单调减少，则它的图形是随 x 的增大而下降的曲线．如果所给曲线上每点处都存在非垂直的切线，则曲线上各点处的切线斜率为非正，即 $f'(x)\leqslant0$(见图 2-6b)．

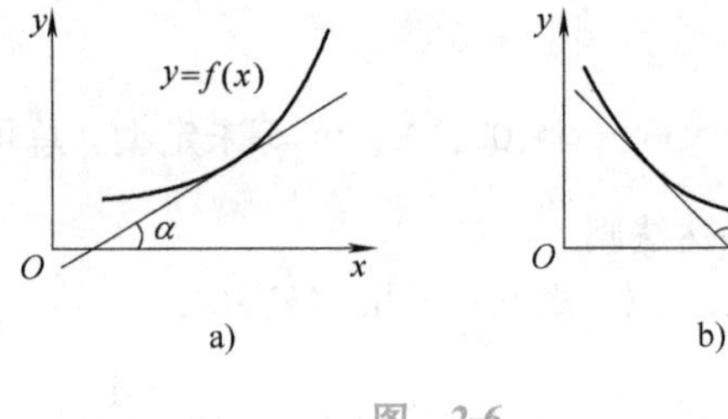

图 2-6

能否用导数的符号来判断函数的单调性呢？由拉格朗日中值定理，可以得出判定函数单调性的一个判别法．

定理 2-8 设函数 $f(x)$在$[a,b]$上连续，在(a,b)内可导，则有：

1) 如果在(a,b)内 $f'(x)>0$，那么函数 $f(x)$在$[a,b]$上严格单调增加；

2) 如果在(a,b)内 $f'(x)<0$，那么函数 $f(x)$在$[a,b]$上严格单调减少．

证 在$[a,b]$上任取两点 x_1、x_2，不妨设 $x_1<x_2$，则在区间$[x_1,x_2]$上，函数$f(x)$满足拉格朗日中值定理条件，因而至少存在一点 $\xi\in(x_1,x_2)$，使得

$$f(x_1)-f(x_2)=f'(\xi)(x_1-x_2)$$

由于在(a,b)内有 $x_1<x_2$，因此 $x_1-x_2<0$. 如果在(a,b)内 $f'(x)>0$，则 $f(x_1)-f(x_2)=f'(\xi)(x_1-x_2)<0$，即 $f(x_1)<f(x_2)$，这表明函数 $f(x)$在$[a,b]$上严格单调增加．

同理，若在(a,b)内 $f'(x)<0$，可以推出函数 $f(x)$在$[a,b]$上严格单调减少．

还可以证明，若将上述结论中的闭区间换为开区间、半开区间或者无穷区间，仍然有相仿的结论．

观察图 2-7，可以看出导数为零的点以及导数不存在的连续点可能是函数单调递增和单调递减区间的分界点．因而可以得到求函数单调区间的步骤．

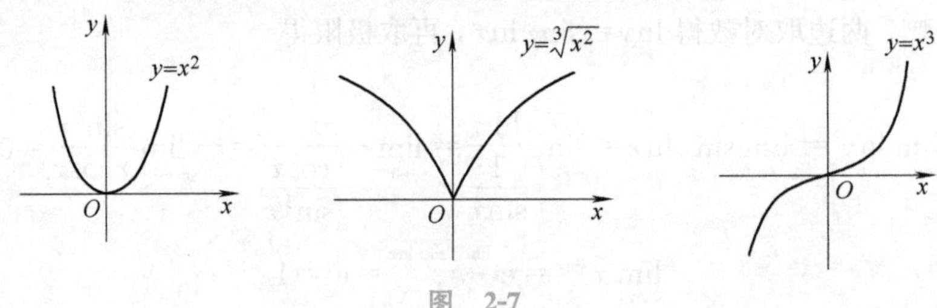

图 2-7

1) 确定函数 $y=f(x)$ 的定义域，求出使导数 $f'(x)=0$ 的点(称为驻点)以及导数 $f'(x)$ 不存在的连续点.

2) 用求出的点将函数的定义域分成若干个子区间，在各子区间上讨论 y' 的符号，进而确定函数在各子区间上的单调性.

【例 2-53】 讨论函数 $y=2x^3+3x^2-12x$ 的单调性.

解 所给函数的定义域为 $(-\infty, +\infty)$，

$$y'=6(x^2+x-2)=6(x-1)(x+2)$$

令 $y'=0$ 解得驻点 $x_1=-2$、$x_2=1$. 它们将定义域 $(-\infty, +\infty)$ 分成了三个子区间. 为研究函数的单调性，可将函数导数的符号以及函数的单调性列于表 2-1 中进行讨论.

表 2-1

x	$(-\infty, -2)$	$(-2, 1)$	$(1, +\infty)$
y'	+	−	+
y	↗	↘	↗

即在 $(-\infty, -2)$ 和 $(1, +\infty)$ 内函数严格单调递增，在 $(-2, 1)$ 内函数严格单调递减.

【例 2-54】 讨论函数 $y=\frac{3}{8}x^{\frac{8}{3}}-\frac{3}{2}x^{\frac{2}{3}}$ 的单调性.

解 所给函数的定义域为 $(-\infty, +\infty)$，

$$y'=x^{\frac{5}{3}}-x^{-\frac{1}{3}}=x^{-\frac{1}{3}}(x^2-1)=\frac{(x+1)(x-1)}{\sqrt[3]{x}}$$

可求得驻点 $x_1=-1$，$x_2=1$，还有一个函数导数不存在的点 $x=0$，它们将函数的定义域 $(-\infty, +\infty)$ 分成了四个子区间，列表 2-2 进行讨论.

表 2-2

x	$(-\infty, -1)$	$(-1, 0)$	$(0, 1)$	$(1, +\infty)$
y'	−	+	−	+
y	↘	↗	↘	↗

由表 2-2 可知所给函数严格单调递增区间为 $(-1, 0)$ 和 $(1, +\infty)$，严格单调递减区间为 $(-\infty, -1)$ 和 $(0, 1)$.

还可以用函数的单调性来证明一些不等式.

【例 2-55】 证明当 $x>0$ 时，$1+\frac{x}{2}>\sqrt{1+x}$.

证 令 $f(x)=1+\frac{x}{2}-\sqrt{1+x}$，则

$$f'(x)=\frac{1}{2}-\frac{1}{2\sqrt{1+x}}=\frac{1}{2}\left(1-\frac{1}{\sqrt{1+x}}\right)$$

由于当 $x>0$ 时，$f'(x)>0$，所以 $f(x)$ 在 $[0, +\infty)$ 上是严格单调递增的，从而 $f(x)>f(0)$，又由于 $f(0)=0$，所以 $1+\frac{x}{2}-\sqrt{1+x}>0$，即

$$1+\frac{x}{2}>\sqrt{1+x}$$

2.4.4 函数的极值与最值

1. 函数的极值

在讨论函数的增减性时，曾遇到这样的情形：函数先是递增(或递减)的，到达某点后又变为递减(或递增)的，于是在函数增减性发生变化的地方，就出现了这样的函数值，它与附近的函数值比较起来是最大(或最小)的，通常把它们称为函数的极大(或极小)值.

定义 2-6 设函数 $f(x)$ 在点 x_0 的某邻域内有定义，且对于该邻域内的任意点 x 都有：

1) $f(x)\leqslant f(x_0)$，则称 $f(x_0)$ 为函数的一个极大值，x_0 称为极大值点.

2) $f(x)\geqslant f(x_0)$，则称 $f(x_0)$ 为函数的一个极小值，x_0 称为极小值点.

极大值、极小值统称为极值；极大值点、极小值点统称为极值点.

由定义可知，函数在某点达到极大值或极小值是指在局部范围内(该点的某邻域内)的函数值为最大或最小，而不一定在函数的整个定义域上函数值为最大或最小，有时还会出现函数的某个极小值比某个极大值还要大的情形．在几何上，极大值对应于函数曲线的峰顶，极小值对应于函数曲线的谷底，如图 2-8 所示.

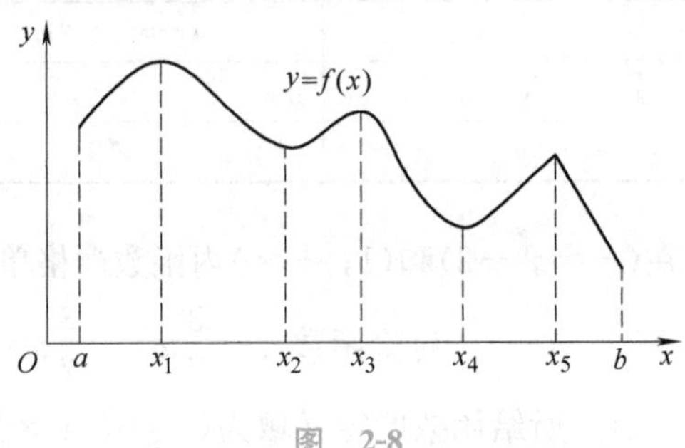

图 2-8

从前面的讨论以及图 2-8 中可以看出，极值点恰好为函数单调增减区间的分界点．在讨论函数的单调性时，已经指出这种点可能是函数的驻点或导数不存在的连续点，但函数的驻点或导数不存在的连续点不一定是极值点(例如，$x=0$ 是函数 $y=x^3$ 的驻点，但它不是极值点．又如 $x=0$ 是函数 $y=\sqrt[3]{x}$ 导数不存在的点，但它不是极值点)．因此，要求函数的极值点，应先求出其驻点和导数不存在的点，然后用下面的定理来判断它是否为极值点.

定理 2-9 判断极值的第一充分条件：设函数 $f(x)$ 在点 x_0 处连续，且在点 x_0 的某去心邻域内可导，如果在该邻域内有：

1) 当 $x<x_0$ 时，$f'(x)>0$，当 $x>x_0$ 时，$f'(x)<0$，则 x_0 为 $f(x)$ 的极大值点.

2) 当 $x<x_0$ 时，$f'(x)<0$，当 $x>x_0$ 时，$f'(x)>0$，则 x_0 为 $f(x)$ 的极小值点.

3) 如果 $f'(x)$ 在点 x_0 的两侧符号保持不变，则 x_0 不是 $f(x)$ 的极值点.

【例 2-56】 求 $y=3x^4-8x^3-6x^2+24x$ 的极值.

解 所给函数的定义域为 $(-\infty,+\infty)$，先求导数

$$y'=12x^3-24x^2-12x+24=12(x+1)(x-1)(x-2)$$

求得驻点为 $x=-1$、1、2. 类似于函数单调区间的分析，列表 2-3 进行讨论.

表 2-3

x	$(-\infty,-1)$	-1	$(-1,1)$	1	$(1,2)$	2	$(2,+\infty)$
y'	$-$	0	$+$	0	$-$	0	$+$
y	↘	极小值 -19	↗	极大值 13	↘	极小值 8	↗

所以函数的极大值、极小值分别为 $y_{极大值}=y\big|_{x=1}=13$，$y_{极小值}=y\big|_{x=-1}=-19$，$y_{极小值}=y\big|_{x=2}=8$.

【例 2-57】 求 $y=\sqrt[3]{(2x-x^2)^2}$ 的极值.

解 函数的定义域为$(-\infty,+\infty)$，求导数

$$y'=\frac{2}{3}\times\frac{2-2x}{\sqrt[3]{2x-x^2}}=\frac{4(1-x)}{3\times\sqrt[3]{x(2-x)}}$$

解得驻点为 $x=1$，y'不存在的点为 $x=0$，$x=2$，列表 2-4 讨论.

表 2-4

x	$(-\infty,0)$	0	$(0,1)$	1	$(1,2)$	2	$(2,+\infty)$
y'	$-$	不存在	$+$	0	$-$	不存在	$+$
y	↘	极小值 0	↗	极大值 1	↘	极小值 0	↗

所以函数的极大值、极小值分别为 $y_{极大值}=y\big|_{x=1}=1$，$y_{极小值}=y\big|_{x=2}=y\big|_{x=0}=0$.

上述判别法是根据导数 $f'(x)$在点 x_0 附近的符号来判断的，如果函数 $f(x)$不仅在点 x_0 处有一阶导数，而且在点 x_0 处有二阶导数，则可以用下述的极值存在的第二充分条件来判断极值.

定理 2-10 判断极值的第二充分条件：设函数 $f(x)$在点 x_0 处存在二阶导数，且 $f'(x_0)=0$，$f''(x_0)\neq0$，则

1）当 $f''(x_0)<0$ 时，x_0 为 $f(x)$的极大值点；

2）当 $f''(x_0)>0$ 时，x_0 为 $f(x)$的极小值点.

【例 2-58】 求 $y=\frac{1}{4}x^4-\frac{1}{3}x^3-x^2$ 的极值.

解 函数的定义域为$(-\infty,+\infty)$，求导数

$$y'=x^3-x^2-2x=x(x-2)(x+1)$$

可得驻点为 $x=-1$，$x=0$，$x=2$.

由

$$y''=3x^2-2x-2$$

可得

$$y''\big|_{x=-1}=(3x^2-2x-2)\big|_{x=-1}=3>0,$$
$$y''\big|_{x=0}=(3x^2-2x-2)\big|_{x=0}=-2<0$$
$$y''\big|_{x=2}=(3x^2-2x-2)\big|_{x=2}=6>0$$

所以，$x=-1$、$x=2$ 为极小值点，相应的极小值为 $y\big|_{x=-1}=-\frac{5}{12}$、$y\big|_{x=2}=-\frac{8}{3}$；$x=0$ 为极大值点，相应的极大值为 $y\big|_{x=0}=0$.

如果在点 x_0 处有 $f''(x_0)=0$，则无法用判断极值的第二充分条件来判断函数的极值，此时只能用判断极值的第一充分条件来加以判断.

2. 函数的最大值与最小值

在生产实践和科学技术中，经常会遇到如何能使“用料最省”“利润最大”“成本最低”“路程最短”等问题．用数学的方法进行描述，这些问题都可归结为求函数的最大值和最小值.

为讨论方便，假定函数 $f(x)$在$[a,b]$上连续．由闭区间上连续函数的性质可知，函数在$[a,b]$上的最大值和最小值一定存在．如果这最大值或最小值在(a,b)内某一点取得，那么这

最大值或最小值也一定是函数的极大值或极小值；但是最大值或最小值也可能在区间的端点处取得(函数单调的时候). 因此求函数在闭区间$[a, b]$上的最大值或最小值时，只要求出函数在(a, b)内所有驻点、导数不存在点以及区间端点处的函数值，然后将它们加以比较，其中最大者就是函数的最大值，最小者就是函数的最小值. 函数的最大值、最小值统称为函数的最值.

【例 2-59】 求函数 $f(x)=x^3-3x^2-9x+5$ 在$[-4, 4]$上的最值.

解 由于函数 $f(x)=x^3-3x^2-9x+5$ 在$[-4, 4]$上连续，所以在该区间上存在着最大值和最小值. 求最值的具体步骤如下：

1) 求出函数 $f(x)$的所有驻点和导数不存在的点.

$$f'(x)=3x^2-6x-9=3(x-3)(x+1)，得驻点\ x_1=-1,\ x_2=3$$

2) 计算函数 $f(x)$在驻点、区间端点处的函数值.

$$f(-4)=-71,\ f(-1)=10,\ f(3)=-22,\ f(4)=-15$$

3) 比较上述各值，求出函数的最值. 经比较，函数 $f(x)$在区间$[-4, 4]$上的最大值为 $f(-1)=10$，最小值为 $f(-4)=-71$.

在实际中，要解决"用料最省""成本最低""利润最大"等问题，首先是列出所要求最值的函数关系式 $y=f(x)$，并确定其定义域，然后按照上面的方法求出函数的最值. 如果由实际问题的性质，可以断定可导函数在其定义区间的内部一定存在最值(最大值或最小值)，而这时，函数在这区间内又只有唯一驻点，那么这个驻点处的函数值就一定是最值(最大值或最小值). 利用这一结论处理这类问题，可以省去判断的步骤.

【例 2-60】 要建造一个长方体无盖蓄水池，其容积为 1000m^3，底面为正方形. 设底面的单位造价是四壁单位造价的 2 倍，问底边和高各为多少时可使所用费用最省？

解 设底边长为 x，高为 h，四壁的单位造价为 a，则总造价函数为

$$y=2ax^2+a\times 4xh=2a(x^2+2xh)$$

因为 $x^2h=1000$，所以 $h=\dfrac{1000}{x^2}$，即总造价函数为

$$y=2a\left(x^2+2x\times\frac{1000}{x^2}\right)=2a\left(x^2+\frac{2000}{x}\right)\quad(x>0)$$

由

$$y'=2a\left(2x-\frac{2000}{x^2}\right)=4a\left(x-\frac{1000}{x^2}\right)$$

得唯一的驻点 $x=10$，此时 $h=10$. 而该问题显然有最低的造价，所以当底边和高都为 10m 时，所用费用最省.

【例 2-61】 铁路上 AB 段的距离为 100km，工厂 C 距 A 处为 20km，AC 垂直于 AB(见图 2-9). 为了运输需要，要在 AB 线上选定一点 D，向工厂修筑一条公路. 已知铁路每公里货运的运费与公路每公里货运运费之比为 3∶5，为了使货物从供应站 B 运到工厂 C 的运费最省，问 D 点应选择在何处？

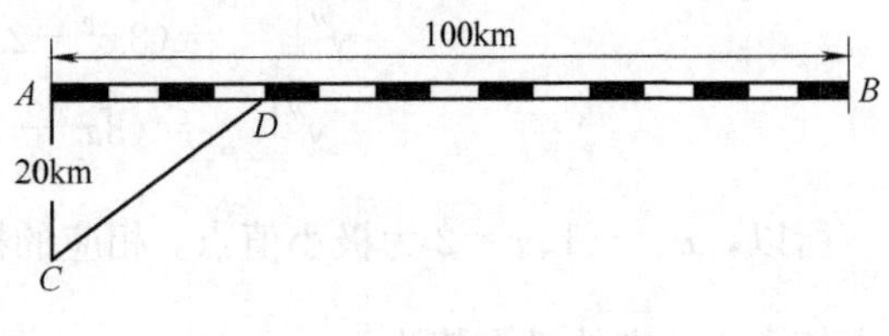

图 2-9

解 设 $AD=x(x>0)$，则 $DB=100-x$，再设铁路每公里的运费为 $3a$，则公路每公里的运费为 $5a$，从而可得从供应站 B 到工厂 C 的总运费为

$$f(x)=3aDB+5aDC=[3(100-x)+5\sqrt{x^2+400}],$$

求导数并令导数为零，得

$f'(x)=-3+\frac{5x}{\sqrt{x^2+400}}=0$，求出驻点为 $x=15$.

由于该问题一定存在有最小值（即最小费用），而又求出了唯一的驻点，因此最小值一定在该驻点处取到，即把 D 点选择在距离 A 点 15km 处，可以使货物从供应站 B 运到工厂 C 的运费最省.

2.4.5 函数图形的凸性与拐点

研究函数的单调性和极值对描绘函数的图形是很重要的，但是它们还不能全面反映图形的特征，例如同是区间$[a, b]$上的单调增加函数，它们图形弯曲的方向却有可能不同．如图 2-10 所示，AB 弧与 DC 弧同是单调增加的，但图形却显著不同．前者是上凸的曲线弧，而后者是下凸的曲线弧．下面就来研究曲线的凸性及其判别法.

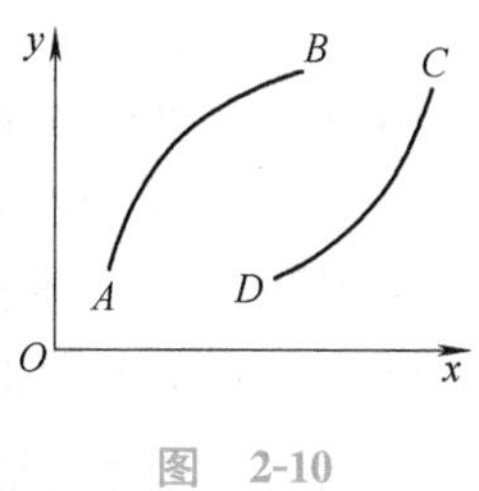

图 2-10

1. 曲线的凸性

定义 2-7 若在区间(a, b)内曲线 $y=f(x)$各点处的切线都位于曲线的下方，则称此曲线在(a, b)内是下凸的（见图 2-11a）；若在区间(a, b)内曲线 $y=f(x)$各点处的切线都位于曲线的上方，则称此曲线在(a, b)内是上凸的（见图 2-11b）.

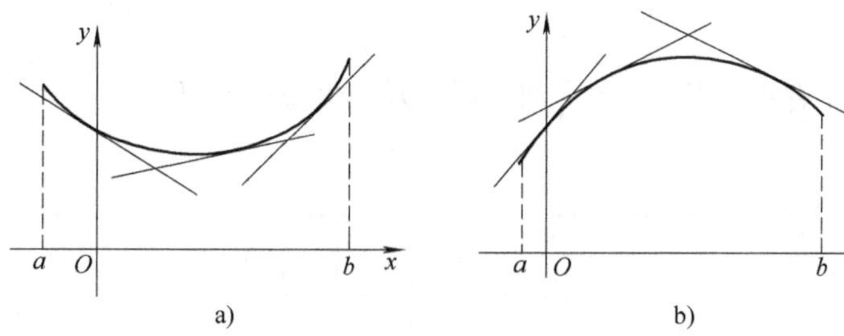

图 2-11

由图 2-11 可以看出，如果曲线 $y=f(x)$各点处的切线都位于曲线的下方，则切线的斜率是随着 x 的增大而增大的；反之，如果曲线 $y=f(x)$各点处的切线都位于曲线的上方，则切线的斜率是随着 x 的增大而减小的．从而可以得到如下的判别法.

定理 2-11 设函数 $y=f(x)$在区间(a, b)内具有二阶导数，并且

1) 如果在区间(a, b)内 $f''(x)>0$，则曲线 $y=f(x)$在(a, b)内是下凸的；

2) 如果在区间(a, b)内 $f''(x)<0$，则曲线 $y=f(x)$在(a, b)内是上凸的.

【例 2-62】 判断曲线弧 $y=x\arctan x$ 凸性.

解 所给曲线在$(-\infty, +\infty)$上为连续曲线弧，且二阶导数存在，由于

$$y'=\arctan x+\frac{x}{1+x^2}$$

$$y''=\frac{1}{1+x^2}+\frac{(1+x^2)-x\times 2x}{(1+x^2)^2}=\frac{2}{(1+x^2)^2}>0,$$

所以曲线弧 $y=x\arctan x$ 在$(-\infty, +\infty)$上是下凸的.

【例 2-63】 判断曲线弧 $y=x^3$ 凸性.

解 所给曲线在$(-\infty, +\infty)$上为连续曲线弧，由于

$$y'=3x^2,\ y''=6x$$

所以，当 $x>0$ 时，$y''=6x>0$，曲线弧 $y=x^3$ 为下凸的；

当 $x<0$ 时，$y''=6x<0$，曲线弧 $y=x^3$ 为上凸的.

2. 曲线的拐点

定义 2-8　连续曲线上，下凸弧与上凸弧的分界点称为该曲线的拐点.

由于拐点是曲线 $y=f(x)$ 凸向的分界点，所以拐点左右两侧函数的二阶导数必然异号，而在曲线拐点的横坐标 x_0 处一定有 $f''(x_0)=0$ 或 $f''(x_0)$ 不存在. 从而可得求拐点的步骤为：

1) 若 $y=f(x)$ 在其定义域内具有二阶导数(在个别点上可以不存在)，求出 $f''(x)$；

2) 求出函数定义域内使 $f''(x)=0$ 的点或 $f''(x)$ 不存在的点；

3) 列表，用上述各点从小到大依次将函数的定义域分成子区间，考察在每个子区间上 $f''(x)$ 的符号. 将上述各点、子区间与 $f''(x)$ 的符号等列在一张表上，若 $f''(x)$ 在点 x_i 两侧异号，则 $(x_i, f(x_i))$ 是曲线 $y=f(x)$ 的拐点，否则不是.

【例 2-64】　讨论曲线 $y=(x-1)\sqrt[3]{x^2}$ 的凸性与拐点.

解　所给函数在 $(-\infty, +\infty)$ 上是连续函数，

$$y'=(x^{\frac{5}{3}}-x^{\frac{2}{3}})'=\frac{5}{3}x^{\frac{2}{3}}-\frac{2}{3}x^{-\frac{1}{3}}$$

$$y''=\left(\frac{5}{3}x^{\frac{2}{3}}-\frac{2}{3}x^{-\frac{1}{3}}\right)'=\frac{10}{9}x^{-\frac{1}{3}}+\frac{2}{9}x^{-\frac{4}{3}}=\frac{10}{9}x^{-\frac{4}{3}}\left(x+\frac{1}{5}\right)$$

当 $x=0$ 时，y'' 不存在；当 $x=-\dfrac{1}{5}$ 时，$y''=0$，列表 2-5 分析.

表 2-5

x	$\left(-\infty, -\frac{1}{5}\right)$	$-\frac{1}{5}$	$\left(-\frac{1}{5}, 0\right)$	0	$(0, +\infty)$
y''	−	0	+	不存在	+
y	上凸	拐点 $\left(-\frac{1}{5}, -\frac{6}{5\sqrt[3]{25}}\right)$	下凸	非拐点	下凸

因此，该曲线在区间 $\left(-\infty, -\dfrac{1}{5}\right)$ 是上凸的，在区间 $\left(-\dfrac{1}{5}, +\infty\right)$ 是下凸的，曲线上的点 $\left(-\dfrac{1}{5}, -\dfrac{6}{5\sqrt[3]{25}}\right)$ 为拐点.

*2.4.6　函数作图

若能作出函数的图形，那么就可以在图形中直观地看出函数的形态. 因此，作图对于研究函数有很大的帮助. 前面对函数的单调性、函数的极值、曲线凹凸性的讨论可以帮助比较正确地了解函数的形态. 为了描绘出函数的图形，还要介绍渐近线的概念与求法.

1. 渐近线

定义 2-9　若动点 M 沿曲线 Γ：$y=f(x)$ 趋于无穷远时，点 M 与某定直线 L 之间的距离无限趋于零，则称直线 L 为曲线 Γ 的一条渐近线.

在平面直角坐标系中，渐近线根据其位置可分为水平渐近线、垂直渐近线和斜渐近线三种. 在此只讨论水平渐近线与铅直渐近线.

1) 若渐近线 L 与 x 轴平行，则称直线 L 为曲线 $y=f(x)$ 的水平渐近线(见图2-12).

由渐近线定义，再结合图 2-12 容易看出，当且仅当下列三种情形之一成立时，直线 $y=c$ 为曲线 $y=f(x)$的水平渐近线.

$$\lim_{x\to\infty}f(x)=c,\quad \lim_{x\to+\infty}f(x)=c,\quad \lim_{x\to-\infty}f(x)=c$$

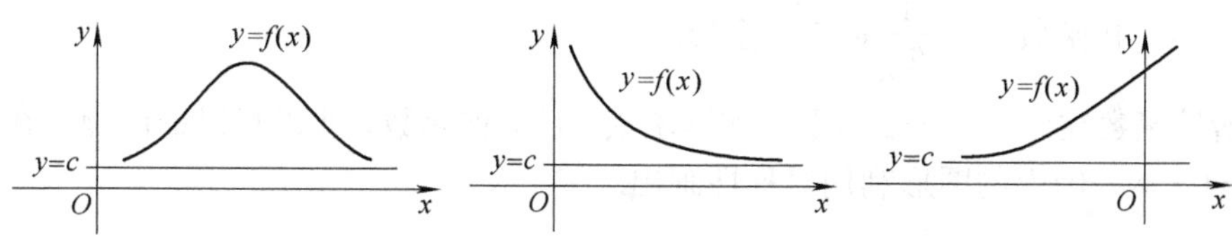

图 2-12

2) 若渐近线 L 与 x 轴垂直，则称直线 L 为曲线 $y=f(x)$的垂直渐近线(见图 2-13).

由渐近线定义，再结合图 2-13 容易看出，当且仅当下列三种情形之一成立时，直线 $x=x_0$ 为曲线 $y=f(x)$的垂直渐近线.

$$\lim_{x\to x_0}f(x)=\infty,\quad \lim_{x\to x_0^+}f(x)=\infty,\quad \lim_{x\to x_0^-}f(x)=\infty$$

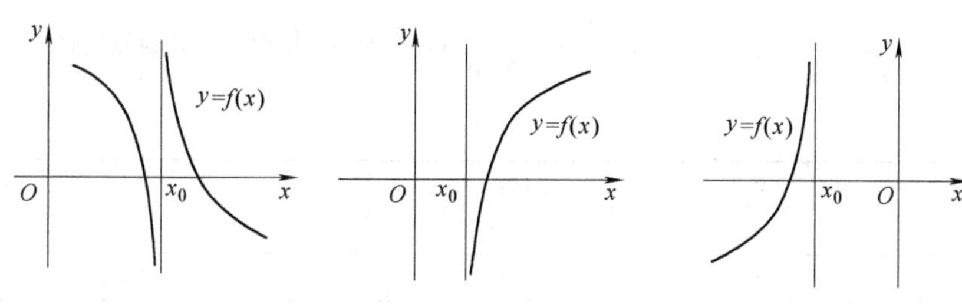

图 2-13

【例 2-65】 求曲线 $y=\dfrac{x}{x^2-3x+2}$的水平渐近线和垂直渐近线.

解 因为$\lim\limits_{x\to\infty}\dfrac{x}{x^2-3x+2}=0$，所以 $y=0$ 是曲线 $y=\dfrac{x}{x^2-3x+2}$的水平渐近线.

又因为$\lim\limits_{x\to1}\dfrac{x}{x^2-3x+2}=\lim\limits_{x\to1}\dfrac{x}{(x-1)(x-2)}=\infty$

$$\lim_{x\to2}\frac{x}{x^2-3x+2}=\lim_{x\to2}\frac{x}{(x-1)(x-2)}=\infty$$

所以 $x=1$ 和 $x=2$ 是曲线 $y=\dfrac{x}{x^2-3x+2}$的垂直渐近线.

2. 函数图形的作法

作函数图形的一般步骤为：

1) 确定函数 $y=f(x)$的定义域.

2) 判定函数 $y=f(x)$的奇偶性及周期性. 如果函数 $y=f(x)$为奇函数或偶函数，只需研究当 $x>0$ 时函数的性态，作出其图形，另一半曲线的图形可由对称性得出；如果函数 $y=f(x)$为周期函数，则只需研究其在一个周期内的性态，作出其图形，其余部分利用周期性得出.

3) 求出函数 $y=f(x)$的一阶导数、二阶导数，据此求出属于定义域内的驻点、导数不存在的连续点，以及使二阶导数等于零或二阶导数不存在的连续点.

4）用上述所求得的点将定义域分成若干子区间，列表讨论函数的单调性、极值点、极值、凸性、拐点等.

5）确定曲线的渐近线.

6）根据以上讨论的函数的性态，再适当补充一些曲线上的点描绘出函数的图形.

【例 2-66】 作函数 $y=\frac{1}{\sqrt{2\pi}}e^{-\frac{x^2}{2}}$ 的图形.

解　所给函数在$(-\infty, +\infty)$上是连续函数，且为偶函数，所以只讨论该函数在$[0, +\infty)$上的图形，$(-\infty, 0)$上的图形利用对称性画出.

由 $y'=-\frac{1}{\sqrt{2\pi}}xe^{-\frac{x^2}{2}}$，得驻点为 $x=0$

由 $y''=-\frac{1}{\sqrt{2\pi}}(e^{-\frac{x^2}{2}}-x^2e^{-\frac{x^2}{2}})=\frac{1}{\sqrt{2\pi}}e^{-\frac{x^2}{2}}(x^2-1)$，得二阶导数为零的点 $x=1$.

以 $x=1$ 为分点，将$[0, +\infty)$分为两个子区间，列表 2-6 讨论.

由于 $\lim\limits_{x\to+\infty}\frac{1}{\sqrt{2\pi}}e^{-\frac{x^2}{2}}=0$，所以 $y=0$ 是水平渐近线，无垂直渐近线.利用上述分析以及曲线上点 $\left(0, \frac{1}{\sqrt{2\pi}}\right)$，$\left(1, \frac{1}{\sqrt{2\pi e}}\right)$，补充曲线上的点$\left(2, \frac{1}{\sqrt{2\pi}e^2}\right)$，再利用对称性作出函数的图形(见图 2-14).

表　2-6

x	0	(0, 1)	1	$(1, +\infty)$
y'	0	−		−
y''	−	−	0	+
y	极大值 $\frac{1}{\sqrt{2\pi}}$	↘ 上凸	拐点 $\left(1, \frac{1}{\sqrt{2\pi e}}\right)$	↘ 下凸

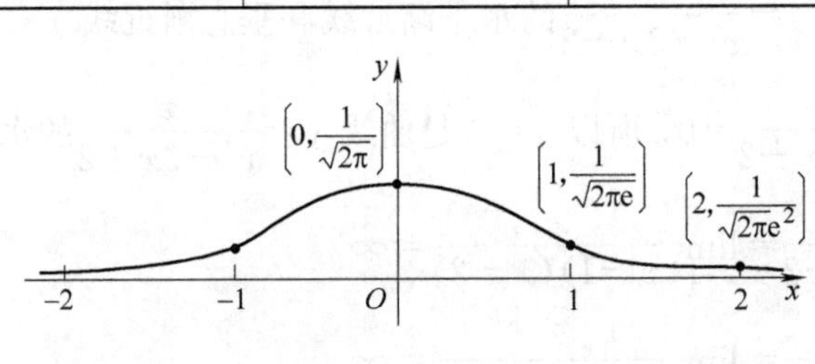

图　2-14

*2.4.7　曲率

前面讲了函数作图的方法，基本上能够作出函数的图形. 但还有一个问题没有解决，那就是曲线的弯曲程度. 在工程技术中，有时要考虑曲线的弯曲程度，例如，梁受力弯曲时，断裂往往发生在弯曲最厉害的地方；设计道路时，要考虑弯曲程度，弯曲太厉害，容易造成行车隐患. 下面所讨论的曲率就是表示曲线弯曲程度的一个量.

如图 2-15 所示，在弧$\overset{\frown}{AB}$的两端作切线，规定切线的正向与函数自变量变大的方向一致. A、B 处两切线正向之间的夹角 ω 称为弧段$\overset{\frown}{AB}$上的切线转角. 转角大是否表示曲线的弯曲程度就大呢？不一定！还要看是在多长的弧段上的转角，对于同样大小的弧段，转角越大，曲线的弯曲程度就越大. 所以应考虑用单位弧段上切线的转角来衡量曲线的弯曲程度.

定义 2-10　设在曲线 L 上一段长为 l 的弧段$\overset{\frown}{AB}$，此弧段的切线转角为 ω，则$\dfrac{\omega}{l}$叫作弧段$\overset{\frown}{AB}$的平均曲率，记为$\overline{K}$，即

$$\overline{K}=\frac{\omega}{l}$$

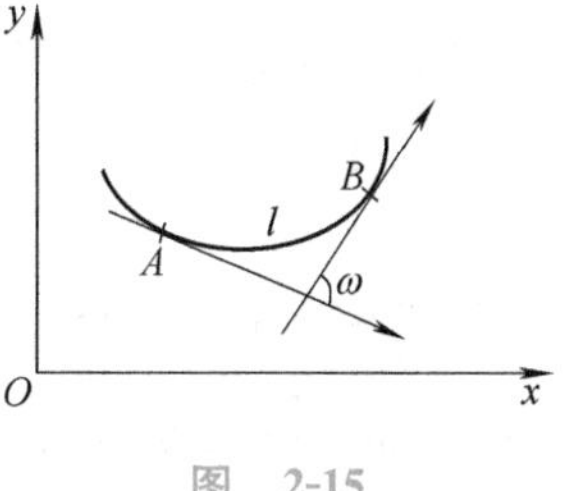

图　2-15

对于一般曲线，还要引入"一点处"曲率的概念.

定义 2-11　当点 B(见图 2-15)沿曲线趋向定点 A 时，如果平均曲率$\overline{K}$的极限存在，则称此极限值为曲线在点 A 处的曲率，记为 K，即

$$K=\lim_{B\to A}\frac{\omega}{l}$$

如果曲线以 $y=f(x)$给出，可以证明曲率的计算公式为

$$K=\frac{|y''|}{[1+(y')^2]^{\frac{3}{2}}}$$

【例 2-67】　求半径为 R 的圆上任意一点处的曲率.

解　由图 2-16 可得

$$l=\overset{\frown}{AB}=R\omega$$

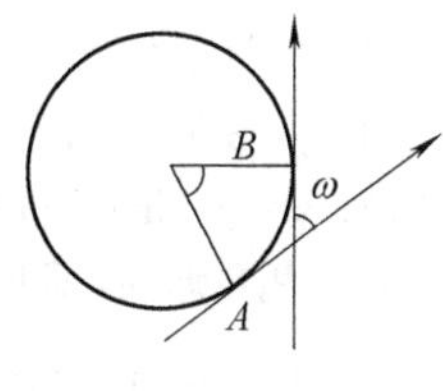

图　2-16

所以平均曲率为$\overline{K}=\dfrac{\omega}{l}=\dfrac{1}{R}$，因为$\overline{K}$与点的位置无关，从而任意点 A 处的曲率为

$$K_A=\lim_{B\to A}\overline{K}=\lim_{B\to A}\frac{1}{R}=\frac{1}{R}$$

即圆周上任意一点的曲率都是相等的，且为$\dfrac{1}{R}$. R 越小，曲率越大，这与人们对圆的认识是一致的.

【例 2-68】　求曲线 $y=x^3$ 在点$(-1,-1)$处的曲率.

解　因为 $y'=3x^2$，$y''=6x$，所以曲线 $y=x^3$ 在点$(-1,-1)$处的曲率为

$$K=\left.\frac{|y''|}{[1+(y')^2]^{\frac{3}{2}}}\right|_{x=-1}=\frac{|-6|}{[1+3^2]^{\frac{3}{2}}}=\frac{3}{5\sqrt{10}}$$

最后简要介绍一下曲率半径、曲率圆和曲率中心的概念.

过曲线 L 上一点 M 作切线的法线(见图 2-17)，在法线指向曲线凹的一侧取一点 C，使 $MC=\dfrac{1}{K}$(K 为曲线上点 M 处的曲率). 以点 C 为圆心，以$\dfrac{1}{K}$为半径作圆，则称该圆为曲线 L 在点 M 处的曲率圆，其半径$\dfrac{1}{K}$称为曲线 L 在点 M 处的曲率半径，点 C 称为曲线 L 在点 M 处的曲率中心.

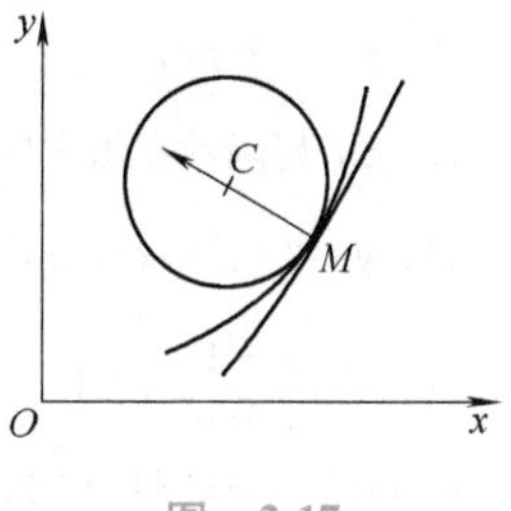

图　2-17

习　题　2-4

1. 下列函数在给定的区间上是否满足罗尔定理条件？如果满足，求出定理中相应的 ξ 值.

(1) $f(x)=\ln\sin x$，$x\in\left[\dfrac{\pi}{6},\dfrac{5\pi}{6}\right]$；　　(2) $f(x)=\dfrac{3}{x^2+1}$，$x\in[-1,1]$.

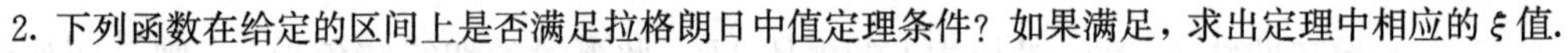

2. 下列函数在给定的区间上是否满足拉格朗日中值定理条件？如果满足，求出定理中相应的 ξ 值.

(1) $f(x)=\sqrt{x}$，$x\in[1,4]$；　　(2) $f(x)=\ln x$，$x\in[1,2]$.

3. 求下列极限.

(1) $\lim\limits_{x\to a}\dfrac{x^m-a^m}{x^n-a^n}$（$a\neq0$，$m$，$n$ 为常数）；　　(2) $\lim\limits_{x\to0}\dfrac{e^x-e^{-x}}{\sin x}$；

(3) $\lim\limits_{x\to0}\dfrac{1-\cos x^2}{x^2\sin x^2}$；　　(4) $\lim\limits_{x\to0}\dfrac{\tan x-x}{x-\sin x}$；

(5) $\lim\limits_{x\to1}\left(\dfrac{x}{x-1}-\dfrac{1}{\ln x}\right)$；　　(6) $\lim\limits_{x\to0}\left(\dfrac{1}{x}-\dfrac{1}{e^x-1}\right)$；

(7) $\lim\limits_{x\to+\infty}\dfrac{x^n}{e^{\lambda x}}$（$\lambda>0$，$n$ 为正整数）；　　(8) $\lim\limits_{x\to+\infty}\dfrac{(\ln x)^2}{x}$；

(9) $\lim\limits_{x\to0}\dfrac{e^{x^3}-1-x^3}{\sin^6 2x}$；　　(10) $\lim\limits_{x\to0^+}\dfrac{\ln x}{\ln\sin x}$；

(11) $\lim\limits_{t\to+\infty}\left(\cos\dfrac{x}{t}\right)^t$；　　(12) $\lim\limits_{x\to0}(1+\sin x)^{\frac{1}{x}}$；

(13) $\lim\limits_{x\to0^+}\left(\ln\dfrac{1}{x}\right)^x$；　　(14) $\lim\limits_{x\to0}\dfrac{x(e^x-1)}{1-\cos x}$.

4. 求下列函数的增减区间.

(1) $y=2+x-x^2$；　　(2) $y=\dfrac{2x}{1+x^2}$；

(3) $y=x+\sin x$；　　(4) $y=x^2-\ln x^2$；

(5) $y=x-\ln(1+x)$；　　(6) $y=e^x-x-1$.

5. 利用单调性，证明下列不等式.

(1) 当 $x>0$ 时，$\ln(1+x)>\dfrac{x}{1+x}$；　　(2) 当 $x>0$ 时，$\ln(1+x)>\dfrac{\arctan x}{1+x}$；

(3) 当 $x>0$ 时，$\cos x>1-\dfrac{x^2}{2}$；　　(4) 当 $x>0$ 时，$\sin x>x-\dfrac{x^3}{6}$.

6. 求下列函数极值.

(1) $y=2x^3-6x^2-18x+7$；　　(2) $y=(x-5)^2\sqrt[3]{(x+1)^2}$；

(3) $y=x^2\ln x$；　　(4) $y=x^2e^{-x^2}$；

(5) $y=2-(x-1)^{\frac{2}{3}}$；　　(6) $y=2e^x+e^{-x}$；

(7) $y=x+\dfrac{1}{x}$；　　(8) $y=x+\sqrt{1-x}$.

7. 求下列函数在给定区间上的最大值与最小值.

(1) $y=2+x-x^2$，$x\in[0,5]$；　　(2) $y=\sin2x-x$，$x\in\left[-\dfrac{\pi}{2},\dfrac{\pi}{2}\right]$；

(3) $y=\dfrac{x-1}{x+1}$，$x\in[0,4]$；　　(4) $y=\dfrac{2}{3}x-\sqrt[3]{x^2}$，$x\in[-1,2]$.

8. 要做一个容积为 $16\pi\text{m}^3$ 的圆柱形密闭容器，问怎样设计其尺寸可使用料最省？

9. 一窗户的形状是一半圆加一矩形（见图 2-18），若要使窗户所围的面积为 5m^2，问 AB 和 BC 的长各为多少时，能使做窗户所用材料最少？

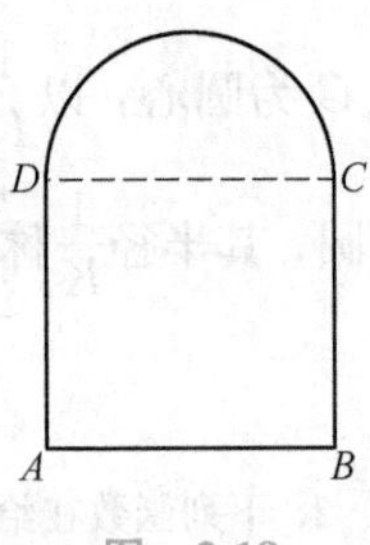

图　2-18

10. 求内接于椭圆 $\dfrac{x^2}{a^2}+\dfrac{y^2}{b^2}=1$ 的面积最大的矩形的长和宽各为多少？

11. 一鱼雷快艇停泊在距海岸 9km 处（假定海岸为直线），派人送信给距鱼雷快艇为 $3\sqrt{34}$ km 处设在岸上的司令部，若送信人步行速率为 5km/h，划船速率为 4km/h，问他在何处上岸，可使到达司令部的时间最短？

12. 讨论下列函数的凸性与拐点.

(1) $y=3x-x^3$; (2) $y=x^2\ln x$; (3) $y=\ln(1+x^2)$; (4) $y=xe^{-x}$.

*13. 求下列曲线的渐近线.

(1) $y=e^{-x}$; (2) $y=e^{\frac{1}{x}}+1$; (3) $y=\dfrac{1}{x^2-6x+5}$; (4) $y=\dfrac{e^x}{1+x}$.

*14. 作出下列函数的图形.

(1) $y=\dfrac{1}{3}x^3-x+\dfrac{2}{3}$; (2) $y=x-\arctan x$; (3) $y=\dfrac{x}{1+x^2}$; (4) $y=\dfrac{e^{-x}}{1+x}$.

*15. 求曲线 $y=\cos x$ 在点(0, 1)处的曲率.

*16. 计算双曲线 $xy=1$ 在点(1, 1)处的曲率和曲率半径.

复习题2

1. 设 $f(x)=\begin{cases}x, & x<0\\ \ln(1+x), & x\geqslant 0\end{cases}$，试求 $f'(0)$.

2. 设 $f(x)=\begin{cases}x\cos\dfrac{1}{x}, & 0<x<2\\ x^3, & x\leqslant 0\end{cases}$，试讨论 $f(x)$在 $x=0$ 及 $x=1$ 的连续性与可导性.

3. 在抛物线 $y=x^2$ 上取两点(1, 1)和(3, 9)，过这两点作割线，问抛物线上哪点的切线平行于所作的割线?

4. 试求曲线 $x^2+4y^2=9$ 在点$(1, \sqrt{2})$处的切线方程与法线方程.

5. 求下列函数的导数.

(1) $y=x\left(x^2+\dfrac{1}{x}+\dfrac{1}{x^2}\right)$; (2) $y=\sqrt{x}+\sqrt[3]{x}+\sqrt[4]{x}$;

(3) $y=\ln x^3+e^{3x}$; (4) $y=\arcsin\sqrt{x}+\arctan\dfrac{1}{x}$;

(5) $y=\ln\cos\dfrac{1}{x}$; (6) $y=\sqrt{e^x\sqrt{e^x}}$;

(7) $y=\sqrt{e^x+\sqrt{e^x}}$; (8) $y=\sqrt[3]{\dfrac{x+2}{x^2+1}}$;

(9) $y=\log_5\left(\dfrac{x}{1-x}\right)$; (10) $y=\cos^2(\ln x)$;

(11) $y=\ln\left(\arccos\dfrac{1}{\sqrt{x}}\right)$; (12) $y=\ln(e^x+\sqrt{1+e^{2x}})$.

6. 下列方程确定了 y 是 x 的函数，试求 y'.

(1) $x^3=y^4+\sin y+1$; (2) $\left(x+\dfrac{1}{x}\right)\left(y+\dfrac{1}{y}\right)=-\dfrac{25}{4}$;

(3) $\sin(\cos y)=x^{\frac{1}{7}}$; (4) $x^2=\dfrac{y^2}{y^2-1}$;

(5) $\ln\sqrt{x^2+y^2}=\arctan\dfrac{y}{x}$; (6) $y=xe^y+1$.

(7) $x^y=y^x$; (8) $xy-\sin(\pi y^2)=0$.

7. 求下列各题中指定的导数.

(1) $y=(x^3+1)^2$，求 y''; (2) $y=x^2\sin 2x$，求 y''';

(3) 设 $y=\ln\dfrac{a+bx}{a-bx}$，求 $y^{(n)}$; (4) 设 $y=\dfrac{x^2}{1-x}$，求 $y^{(n)}$.

8. 求下列函数的微分.

(1) $y=(x^2+4x)\sqrt{x^2-\sqrt{x}}$; (2) $y=\ln^2 x+x$;

(3) $y=\arcsin(2x^2-1)$；　　(4) $y=\mathrm{e}^{-x}\sin(2-x)$；

(5) 设 $xy=a^2$，求 $\mathrm{d}y$；　　(6) 设 $y^3+x^3-3xy=0$，求 $\mathrm{d}y$.

*9. 利用微分进行近似计算.

(1) $\sin30.5°$；　　(2) $\mathrm{e}^{1.01}$.

10. 验证在区间[0，3]上，函数 $y=x\sqrt{3-x}$ 满足罗尔定理条件，并求出满足条件的 ξ.

11. 验证在区间[0，1]上，函数 $y=\arctan x$ 满足拉格朗日中值定理条件，并求出满足条件的 ξ.

12. 求下列极限.

(1) $\lim\limits_{x\to0}\dfrac{\ln(1+2x^2)}{x\sin x}$；　　(2) $\lim\limits_{x\to\infty}x(\mathrm{e}^{\frac{1}{x}}-1)$；

(3) $\lim\limits_{x\to0}\dfrac{x(\mathrm{e}^x+1)-2(\mathrm{e}^x-1)}{x\sin^2x}$；　　(4) $\lim\limits_{x\to0}\dfrac{\ln(1+3x)-\sin x}{x}$；

(5) $\lim\limits_{x\to1}\dfrac{x^2-\cos(x-1)}{\ln x}$；　　(6) $\lim\limits_{x\to\infty}\dfrac{x^2+\cos^2x-1}{(2x+\sin x)^2}$；

(7) $\lim\limits_{x\to0}\dfrac{\sin\dfrac{x}{3}}{\sqrt{1+x}-1}$；　　(8) $\lim\limits_{x\to\infty}\left(\dfrac{x}{1+x}\right)^{-2x+1}$.

13. 验证极限 $\lim\limits_{x\to+\infty}\dfrac{\mathrm{e}^x-\mathrm{e}^{-x}}{\mathrm{e}^x+\mathrm{e}^{-x}}$存在，但不能用洛必达法则计算.

14. 设函数 $f(x)$在 $x=a$ 点的邻域内有一阶连续导数，求$\lim\limits_{x\to a}\dfrac{x^2f(a)-a^2f(x)}{x-a}$.

15. 讨论下列函数的单调性，并指出单调区间.

(1) $f(x)=2x^3-3x^2$；　　(2) $f(x)=x+\cos x$；

(3) $f(x)=\sqrt{2x-x^2}$；　　(4) $f(x)=2+x-x^2$.

16. 求下列函数的极值.

(1) $f(x)=(x+1)^{10}\mathrm{e}^{-x}$；　　(2) $f(x)=x^{\frac{1}{3}}(1-x)^{\frac{2}{3}}$；

(3) $f(x)=x-\ln(x+1)$；　　(4) $f(x)=\cos x+\sin x$，$\left(-\dfrac{\pi}{2}\leqslant x\leqslant\dfrac{\pi}{2}\right)$.

17. 求 a 的值，使函数 $f(x)=a\sin x+\dfrac{1}{3}\sin3x$ 在 $x=\dfrac{\pi}{3}$处取得极值，并求极值.

18. 求曲线 $y=\mathrm{e}^{-x}$的切线，使它与两个正坐标轴所围的三角形面积最大.

19. 某农场要围建一个面积为 512m² 的矩形晒谷场，一边可以利用原来的石条沿，其他三边需要砌新的石条沿. 问晒谷场的长及宽各为多少时用料最省？

20. 求下列函数在给定闭区间上的最值.

(1) $f(x)=\sqrt{5-4x}$，$x\in[-1,1]$；　　(2) $f(x)=3^{-x}$，$x\in[0,3]$；

(3) $f(x)=x^2\sqrt{a^2-x^2}$，$x\in[0,a]$；　　(4) $f(x)=\dfrac{x-1}{x+1}$，$x\in[0,4]$.

21. 求下列曲线的凸区间及拐点.

(1) $y=x+x^{\frac{5}{3}}$；　　(2) $y=\sqrt{1+x^2}$；

(3) $y=x^3-5x^2+3x-5$.

22. 求下列曲线的渐近线.

(1) $y=\dfrac{(x-1)^3}{(x+1)^3}$；　　(2) $y=\dfrac{(1+x)^3}{x^4}$.

23. 描绘函数 $y=\dfrac{4}{1+x^2}$的图形.

24. 求下列曲线在指定点处的曲率和曲率半径.

(1) $y=\tan x$ 在点$\left(\dfrac{\pi}{4},1\right)$处；　　(2) $y^2=4x$ 在点(1，2)处.

第3章 积分与微分方程

3.1 不定积分

3.1.1 不定积分的概念

不定积分的定义

在微分学中，我们讨论了求一个已知函数的导数(或微分)的问题．在自然科学和工程技术中，常常需要研究其逆问题，即已知函数的导数(或微分)，如何求得该函数．例如，已知物体运动的速度 $v=v(t)$，如何求得物体运动方程 $s=s(t)$. 又如已知曲线上各点的切线斜率，如何求得曲线的方程．类似的问题还可以提出很多．为了便于研究这类问题，下面引入原函数与不定积分的概念.

1. 原函数与不定积分

定义 3-1 设 $f(x)$为定义在某区间上的函数，若存在函数 $F(x)$，使得在该区间上每一点处，都有 $F'(x)=f(x)$，则称 $F(x)$为函数 $f(x)$在该区间上的一个原函数.

那么，怎样的函数存在原函数？原函数如果存在有多少？如何表示一个函数的所有原函数呢？

可以证明，若函数 $f(x)$在某区间上连续，则在该区间上 $f(x)$的原函数一定存在．另外，若 $F(x)$为 $f(x)$的一个原函数，由于$[F(x)+C]'=f(x)$(C 为任意常数)，所以 $F(x)+C$ 也是$f(x)$的原函数．由此可知如果 $f(x)$有原函数，则它就有无穷多个原函数，而且它的不同原函数之间只相差一个常数.

如果 $F(x)$为 $f(x)$的一个原函数，则 $f(x)$的所有原函数可以表示为

$$F(x)+C \quad (C \text{ 为任意常数})$$

由此，可以给出不定积分的定义.

定义 3-2 函数 $f(x)$的所有原函数，称为 $f(x)$的不定积分，记为

$$\int f(x)\mathrm{d}x$$

其中，$\int$ 是积分号，x 称为积分变量，$f(x)$称为被积函数，$f(x)\mathrm{d}x$ 称为被积表达式.

若 $F(x)$为 $f(x)$的一个原函数，则由不定积分的定义有

$$\int f(x)\mathrm{d}x=F(x)+C$$

即一个函数的不定积分等于它的一个原函数加上一个任意常数 C. 通常 C 称为积分常数．求已知函数原函数的方法称为不定积分法，简称积分法．显然，它是微分运算的逆运算.

若 $\int f(x)\mathrm{d}x$ 存在，则称 $f(x)$为可积函数.

【例 3-1】 求$\int x^{\alpha}\mathrm{d}x(\alpha\neq -1,\ x>0)$.

解 因为$\left(\frac{1}{\alpha+1}x^{\alpha+1}\right)'=x^{\alpha}$，即$\frac{1}{\alpha+1}x^{\alpha+1}$是$x^{\alpha}$的一个原函数，所以

$$\int x^{\alpha}\mathrm{d}x=\frac{1}{\alpha+1}x^{\alpha+1}+C$$

【例 3-2】 求$\int\frac{1}{x}\mathrm{d}x$.

解 当$x>0$时，$(\ln x)'=\frac{1}{x}$；当$x<0$，即$-x>0$时，有

$$[\ln(-x)]'=\frac{1}{-x}(-1)=\frac{1}{x}$$

故$\ln x$为$\frac{1}{x}$在$(0,+\infty)$上的一个原函数，$\ln(-x)$为$\frac{1}{x}$在$(-\infty,0)$上的一个原函数，那么当$x\neq 0$时，$\ln|x|$为$\frac{1}{x}$的一个原函数，从而

$$\int\frac{1}{x}\mathrm{d}x=\ln|x|+C$$

【例 3-3】 求$\int a^{x}\mathrm{d}x(a>0,\ a\neq 1)$.

解 因为$(a^{x})'=a^{x}\ln a$，$\left(\frac{a^{x}}{\ln a}\right)'=a^{x}$，即$\frac{a^{x}}{\ln a}$是$a^{x}$的一个原函数，所以

$$\int a^{x}\mathrm{d}x=\frac{a^{x}}{\ln a}+C$$

2. 不定积分的性质

性质 1 微分运算与积分运算互为逆运算，所以有：

1) $\left[\int f(x)\mathrm{d}x\right]'=f(x)$ 或 $\mathrm{d}\left[\int f(x)\mathrm{d}x\right]=f(x)\mathrm{d}x$；

2) $\int F'(x)\mathrm{d}x=F(x)+C$ 或$\int\mathrm{d}F(x)=F(x)+C$.

性质 2 两个函数的和(或差)的不定积分等于各函数不定积分的和(或差)，即

$$\int[f(x)\pm g(x)]\mathrm{d}x=\int f(x)\mathrm{d}x\pm\int g(x)\mathrm{d}x$$

性质 2 可以推广到有限多个函数的情形，即

$$\int[f_1(x)\pm f_2(x)\pm\cdots\pm f_n(x)]\mathrm{d}x=\int f_1(x)\mathrm{d}x\pm\int f_2(x)\mathrm{d}x\pm\cdots\pm\int f_n(x)\mathrm{d}x$$

性质 3 被积函数中的常数可以移到积分号的前面，即

$$\int kf(x)\mathrm{d}x=k\int f(x)\mathrm{d}x\ (k\text{ 为常数})$$

【例 3-4】 求$\int\left(3^{x}-\frac{4}{x}\right)\mathrm{d}x$.

解 $\int\left(3^{x}-\frac{4}{x}\right)\mathrm{d}x=\int 3^{x}\mathrm{d}x-4\int\frac{1}{x}\mathrm{d}x=\frac{3^{x}}{\ln 3}-4\ln|x|+C$

此题中，被积函数拆成了两项，分别求不定积分，会得到两个积分常数，通常将这两个积分

常数合并为一个，也就是在求出各个部分的不定积分并构成代数和之后，只加一个积分常数 C 即可，以后在求不定积分时都这样处理.

3. 基本积分公式

不定积分的性质1指出，积分运算与微分运算互为逆运算，因此，由基本求导公式(或基本微分公式)就可以得到相应的基本积分公式．常用的基本积分公式有：

1) $\int k\mathrm{d}x = kx + C$

2) $\int x^{\alpha}\mathrm{d}x = \frac{1}{\alpha+1}x^{\alpha+1} + C(\alpha \neq -1)$

3) $\int \frac{1}{x}\mathrm{d}x = \ln|x| + C$

4) $\int a^{x}\mathrm{d}x = \frac{a^{x}}{\ln a} + C$

5) $\int \sin x\mathrm{d}x = -\cos x + C$

6) $\int \cos x\mathrm{d}x = \sin x + C$

7) $\int \sec^{2}x\mathrm{d}x = \tan x + C$

8) $\int \csc^{2}x\mathrm{d}x = -\cot x + C$

9) $\int \sec x\tan x\mathrm{d}x = \sec x + C$

10) $\int \csc x\cot x\mathrm{d}x = -\csc x + C$

11) $\int \frac{1}{\sqrt{1-x^{2}}}\mathrm{d}x = \arcsin x + C$

12) $\int \frac{1}{1+x^{2}}\mathrm{d}x = \arctan x + C$

【例3-5】 求 $\int (x^{4} + 3^{x} + 2\sin x - 3\cos x)\mathrm{d}x$.

解

$$\begin{aligned}
&\int (x^{4} + 3^{x} + 2\sin x - 3\cos x)\mathrm{d}x \\
&= \int x^{4}\mathrm{d}x + \int 3^{x}\mathrm{d}x + 2\int \sin x\mathrm{d}x - 3\int \cos x\mathrm{d}x \\
&= \frac{1}{5}x^{5} + \frac{3^{x}}{\ln 3} - 2\cos x - 3\sin x + C
\end{aligned}$$

【例3-6】 求 $\int \frac{x^{4}}{1+x^{2}}\mathrm{d}x$.

解

$$\begin{aligned}
\int \frac{x^{4}}{1+x^{2}}\mathrm{d}x &= \int \frac{x^{4}-1+1}{1+x^{2}}\mathrm{d}x = \int \frac{x^{4}-1}{1+x^{2}}\mathrm{d}x + \int \frac{1}{1+x^{2}}\mathrm{d}x \\
&= \int \frac{(x^{2}-1)(x^{2}+1)}{1+x^{2}}\mathrm{d}x + \int \frac{1}{1+x^{2}}\mathrm{d}x \\
&= \int (x^{2}-1)\mathrm{d}x + \int \frac{1}{1+x^{2}}\mathrm{d}x = \frac{1}{3}x^{3} - x + \arctan x + C
\end{aligned}$$

【例 3-7】 求$\int \sin^2 \frac{x}{2}\mathrm{d}x$.

解 $\int \sin^2 \frac{x}{2}\mathrm{d}x = \int \frac{1-\cos x}{2}\mathrm{d}x = \frac{1}{2}\int (1-\cos x)\mathrm{d}x$

$$= \frac{1}{2}\left(\int \mathrm{d}x - \int \cos x\,\mathrm{d}x\right) = \frac{1}{2}x - \frac{1}{2}\sin x + C$$

【例 3-8】 求$\int \tan^2 x\,\mathrm{d}x$.

解 $\int \tan^2 x\,\mathrm{d}x = \int (\sec^2 x - 1)\mathrm{d}x = \int \sec^2 x\,\mathrm{d}x - \int \mathrm{d}x = \tan x - x + C$

4. 不定积分的几何意义

函数$y=f(x)$在某区间上的一个原函数$y=F(x)$在几何上表示一条曲线，称为积分曲线. 这条曲线上点x处的切线的斜率等于$f(x)$.

由于函数$f(x)$的不定积分是$f(x)$的所有原函数$y=F(x)+C$（C为任意常数），对于每一个确定的C值，都有一条确定的积分曲线，当C不同时，就得到不同的积分曲线，所有的积分曲线组成积分曲线族. 由于积分曲线族中每一条积分曲线在点x处的切线的斜率都等于$f(x)$，因此它们在点x处的切线互相平行，即所有的积分曲线都可以由曲线$y=F(x)$沿纵坐标方向上下平行移动而得到，如图 3-1 所示.

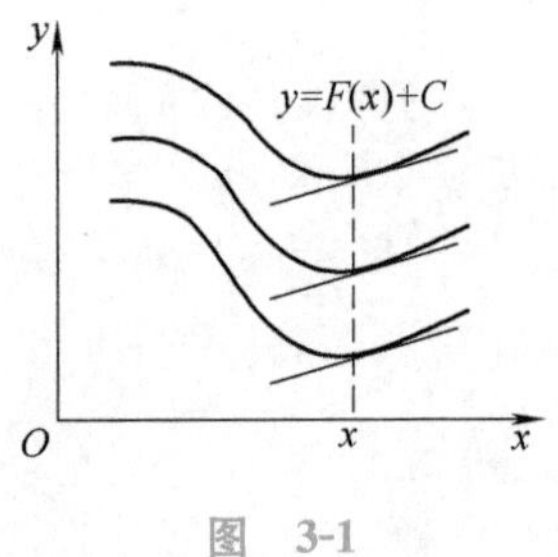

图 3-1

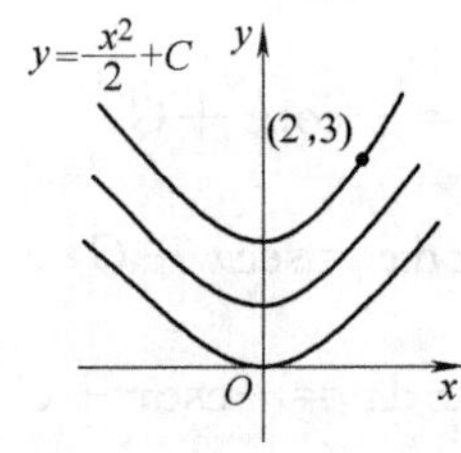

图 3-2

【例 3-9】 设曲线通过点(2, 3)，且其上任意一点处的切线斜率等于该点的横坐标，求此曲线方程.

解 设所求曲线为$y=f(x)$，由题设可知，曲线在点(x, y)处的切线的斜率为x，即$y'=x$

所以 $y=\int x\,\mathrm{d}x = \frac{1}{2}x^2 + C$

它是一族抛物线，如图 3-2 所示. 而所求的曲线过点(2, 3)，将$x=2$，$y=3$代入上述的曲线方程，得

$$C=1$$

故所求的曲线方程为

$$y=\frac{1}{2}x^2+1$$

3.1.2 不定积分的积分方法

1. 第一类换元法

先分析一个例子，求$\int \cos 2x\,\mathrm{d}x$. 显然被积分函数$\cos 2x$是复合函数，在基本积分公式中只有$\int \cos x\,\mathrm{d}x = \sin x + C$，将被积分式改写为

$$\int \cos 2x \, dx = \frac{1}{2}\int \cos 2x \, d(2x)$$

令 $u=2x$，则上式变为

$$\int \cos 2x \, dx = \frac{1}{2}\int \cos 2x \, d(2x) = \frac{1}{2}\int \cos u \, du = \frac{1}{2}\sin u + C = \frac{1}{2}\sin 2x + C$$

直接验证可知，上述结果是正确的.

上述解法的特点是引入了新变量 $u=2x$，从而使积分化为一个关于 u 的可直接利用基本积分公式计算的积分．现在的问题是，在公式

$$\int \cos x \, dx = \sin x + C$$

中，将 x 换成了 $u=2x$，对应得到公式

$$\int \cos u \, du = \sin u + C$$

是否还成立？结果是成立的．因此有如下的结论：

定理 3-1 如果$\int f(x)dx = F(x)+C$，则$\int f(u)du = F(u)+C$，其中 $u=\varphi(x)$ 是关于 x 的一个可微分函数.

证 因为$\int f(x)dx = F(x)+C$，所以 $dF(x)=f(x)dx$. 根据微分形式的不变性，有 $dF(u)=f(u)du$，其中 $u=\varphi(x)$ 是关于 x 的一个可微分函数，由此得

$$\int f(u)du = F(u) + C$$

这个定理表明，在基本积分公式中，自变量 x 换成任意一个可微分函数 $u=\varphi(x)$ 后，公式仍然成立.

这种先改变积分的形式，再进行变量代换的积分方法，称为第一类换元法，也称凑微分法.

凑微分法计算不定积分的一般步骤为：

1) 先凑微分，即$\int f(\varphi(x))\varphi'(x)dx \xlongequal{\text{凑微分}} \int f(\varphi(x))d\varphi(x)$；

2) 做变量代换 $u=\varphi(x)$ 后积分，即$\int f(\varphi(x))d\varphi(x) \xlongequal{\text{令 } u=\varphi(x)} \int f(u)du = F(u)+C$；

3) 最后回代，即$\int f(u)du = F(u)+C \xlongequal{\text{回代}} F(\varphi(x))+C$.

【例 3-10】 求$\int (5x+6)^4 dx$.

解
$$\int (5x+6)^4 dx = \frac{1}{5}\int (5x+6)^4 d(5x+6) \xlongequal{\text{令 } u=5x+6} \frac{1}{5}\int u^4 du$$
$$= \frac{1}{5}\times\frac{1}{5}u^5 + C \xlongequal{\text{回代}} \frac{1}{25}(5x+6)^5 + C$$

能够熟练运用此方法后，可略去中间的换元步骤，直接用微分法“凑”成基本积分的形式，即可求得不定积分.

【例 3-11】 求$\int x e^{-x^2} dx$.

解
$$\int x e^{-x^2} dx = \frac{1}{2}\int e^{-x^2} dx^2 = -\frac{1}{2}\int e^{-x^2} d(-x^2) = -\frac{1}{2}e^{-x^2} + C$$

【例 3-12】 求$\int x\sqrt{x^2-9}\,dx$.

解 $$\int x\sqrt{x^2-9}\,dx=\frac{1}{2}\int(x^2-9)^{\frac{1}{2}}d(x^2-9)=\frac{1}{2}\times\frac{2}{3}(x^2-9)^{\frac{3}{2}}+C$$
$$=\frac{1}{3}(x^2-9)^{\frac{3}{2}}+C$$

【例 3-13】 求$\int \tan x\,dx$.

解 $$\int\tan x\,dx=\int\frac{\sin x}{\cos x}dx=-\int\frac{d(\cos x)}{\cos x}=-\ln|\cos x|+C$$

【例 3-14】 求$\int\frac{dx}{x(2+3\ln x)}$.

解 $$\int\frac{dx}{x(2+3\ln x)}=\int\frac{1}{2+3\ln x}\times\frac{1}{x}dx=\frac{1}{3}\int\frac{1}{2+3\ln x}d(2+3\ln x)$$
$$=\frac{1}{3}\ln|2+3\ln x|+C$$

【例 3-15】 求$\int\sin^4x\cos x\,dx$.

解 $$\int\sin^4x\cos x\,dx=\int\sin^4x\,d(\sin x)=\frac{1}{5}\sin^5x+C$$

【例 3-16】 求$\int\cos^2x\,dx$.

解 $$\int\cos^2x\,dx=\int\frac{1+\cos 2x}{2}dx=\frac{1}{2}\left(\int dx+\int\cos 2x\,dx\right)$$
$$=\frac{1}{2}\left[x+\frac{1}{2}\int\cos 2x\,d(2x)\right]=\frac{1}{2}x+\frac{1}{4}\sin 2x+C$$

【例 3-17】 求$\int\sec x\,dx$.

解 $$\int\sec x\,dx=\int\frac{1}{\cos x}dx=\int\frac{\cos x}{\cos^2x}dx=\int\frac{d(\sin x)}{1-\sin^2x}$$
$$\xlongequal{令 t=\sin x}\int\frac{1}{1-t^2}dt=\frac{1}{2}\int\left(\frac{1}{1+t}+\frac{1}{1-t}\right)dt$$
$$=\frac{1}{2}\ln\left|\frac{1+t}{1-t}\right|+C\xlongequal{回代}\frac{1}{2}\ln\left|\frac{1+\sin x}{1-\sin x}\right|+C$$
$$=\frac{1}{2}\ln\left|\frac{1+\sin x}{\cos x}\right|^2+C=\ln|\tan x+\sec x|+C$$

2. 第二类换元法

第一类换元法是先凑微分，后换元积分．但是有些被积函数必须先换元后积分．先看一个例子：

【例 3-18】 求$\int\frac{1}{1+\sqrt{x}}dx$.

解 被积函数含有根号，先利用换元去掉根号．令$\sqrt{x}=t$，则$x=t^2$，$dx=2t\,dt$，于是
$$\int\frac{1}{1+\sqrt{x}}dx=\int\frac{1}{1+t}2t\,dt=2\int\frac{(t+1)-1}{1+t}dt=2\int\left(1-\frac{1}{1+t}\right)dt$$

$$=2(t-\ln|t+1|)+C=2[\sqrt{x}-\ln(\sqrt{x}+1)]+C$$

这种先进行变量代换后积分的方法，称为第二类换元法．运用第二类换元法的关键是选择合适的变换函数 $x=\varphi(t)$. 对于 $x=\varphi(t)$，要求单调可微且 $\varphi'(t)\neq 0$，其中 $t=\varphi^{-1}(x)$ 是 $x=\varphi(t)$ 的反函数.

第二类换元法计算不定积分的一般步骤为：

1) 先换元，令 $x=\varphi(t)$，即 $\int f(x)\mathrm{d}x \xlongequal{\text{换元}, x=\varphi(t)} \int f(\varphi(t))\varphi'(t)\mathrm{d}t$；

2) 再积分，即 $\int f(\varphi(t))\varphi'(t)\mathrm{d}t \xlongequal{\text{积分}} F(t)+C$；

3) 最后回代，即 $F(t)+C \xlongequal{\text{回代}, t=\varphi^{-1}(x)} F(\varphi^{-1}(x))+C$.

【例 3-19】 求 $\int \frac{1}{\sqrt{x}+\sqrt[3]{x}}\mathrm{d}x$.

解 令 $x=t^6$，则 $\sqrt{x}=t^3$，$\sqrt[3]{x}=t^2$，$\mathrm{d}x=6t^5\mathrm{d}t$，于是

$$\begin{aligned}\int \frac{1}{\sqrt{x}+\sqrt[3]{x}}\mathrm{d}x &=\int \frac{1}{t^3+t^2}6t^5\mathrm{d}t=6\int \frac{t^3}{t+1}\mathrm{d}t=6\int \frac{t^3-1+1}{t+1}\mathrm{d}t\\ &=6\int\left(t^2-t+1-\frac{1}{1+t}\right)\mathrm{d}t\\ &=2t^3-3t^2+6t-6\ln|t+1|+C\\ &=2\sqrt{x}-3\sqrt[3]{x}+6\sqrt[6]{x}-6\ln(\sqrt[6]{x}+1)+C\end{aligned}$$

【例 3-20】 求 $\int \sqrt{a^2-x^2}\,\mathrm{d}x\,(a>0)$.

解 为了去掉根号，令 $x=a\sin t\left(-\frac{\pi}{2}\leqslant t\leqslant\frac{\pi}{2}\right)$，则 $\mathrm{d}x=a\cos t\,\mathrm{d}t$，于是

$$\begin{aligned}\int \sqrt{a^2-x^2}\,\mathrm{d}x &=\int \sqrt{a^2-(a\sin t)^2}\,a\cos t\,\mathrm{d}t=a^2\int \sqrt{\cos^2 t}\cos t\,\mathrm{d}t\\ &=a^2\int \cos^2 t\,\mathrm{d}t=\frac{a^2}{2}\int(1+\cos 2t)\mathrm{d}t=\frac{a^2}{2}\left(t+\frac{1}{2}\sin 2t\right)+C\\ &=\frac{a^2}{2}t+\frac{a^2}{2}\sin t\cos t+C\end{aligned}$$

为了把上述函数回代为 x 的函数，可根据 $\sin t=\frac{x}{a}$ 作一个辅助直角三角形(见图 3-3)，得 $\cos t=\frac{\sqrt{a^2-x^2}}{a}$，于是

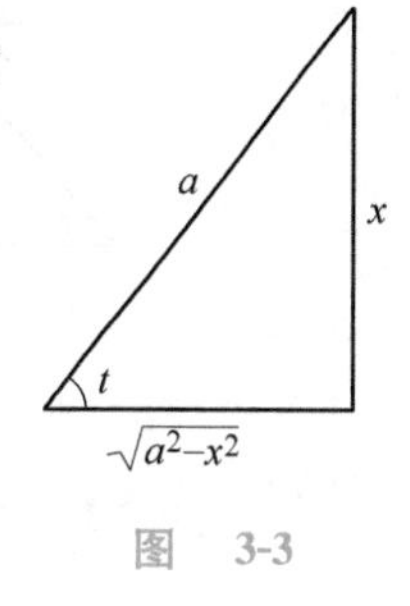

$$\begin{aligned}\int \sqrt{a^2-x^2}\,\mathrm{d}x &=\frac{a^2}{2}t+\frac{a^2}{2}\sin t\cos t+C\\ &=\frac{a^2}{2}\arcsin\frac{x}{a}+\frac{x}{2}\sqrt{a^2-x^2}+C\end{aligned}$$

图 3-3

【例 3-21】 求 $\int \frac{1}{\sqrt{a^2+x^2}}\mathrm{d}x\,(a>0)$.

解 与上例类似，为了去掉被积函数中根号，令 $x=a\tan t\left(-\frac{\pi}{2}<x<\frac{\pi}{2}\right)$，则 $\mathrm{d}x=a\sec^2 t\,\mathrm{d}t$，于是

$$\int \frac{1}{\sqrt{a^2+x^2}}dx=\int \frac{a\sec^2 t\,dt}{\sqrt{a^2+a^2\tan^2 t}}=\int \frac{\sec^2 t}{\sec t}dt=\int \sec t\,dt$$
$$=\ln|\tan t+\sec t|+C_1$$

可根据 $\tan t=\frac{x}{a}$ 作一个辅助直角三角形(见图 3-4)，得 $\sec t=\frac{\sqrt{a^2+x^2}}{a}$，于是

$$\begin{aligned}\int \frac{1}{\sqrt{a^2+x^2}}dx&=\ln|\tan t+\sec t|+C_1\\&=\ln\left|\frac{x}{a}+\frac{\sqrt{a^2+x^2}}{a}\right|+C_1\\&=\ln(x+\sqrt{a^2+x^2})+C_1-\ln a\\&=\ln(x+\sqrt{a^2+x^2})+C\end{aligned}$$

其中 $C=C_1-\ln a$.

【例 3-22】 求 $\int \frac{1}{\sqrt{x^2-a^2}}dx\ (a>0)$.

解　令 $x=a\sec t\left(0<t<\frac{\pi}{2}\right)$，则 $dx=a\sec t\tan t\,dt$，于是

$$\int \frac{1}{\sqrt{x^2-a^2}}dx=\int \frac{a\sec t\tan t}{a\tan t}dt=\int \sec t\,dt=\ln|\sec t+\tan t|+C_1$$

作辅助直角三角形(见图 3-5)，得 $\tan t=\frac{\sqrt{x^2-a^2}}{a}$，$\sec t=\frac{x}{a}$ 于是

$$\begin{aligned}\int \frac{1}{\sqrt{x^2-a^2}}dx&=\ln|\sec t+\tan t|+C_1\\&=\ln\left|\frac{x}{a}+\frac{\sqrt{x^2-a^2}}{a}\right|+C_1\\&=\ln|x+\sqrt{x^2-a^2}|+C_1-\ln a=\ln|x+\sqrt{x^2-a^2}|+C\end{aligned}$$

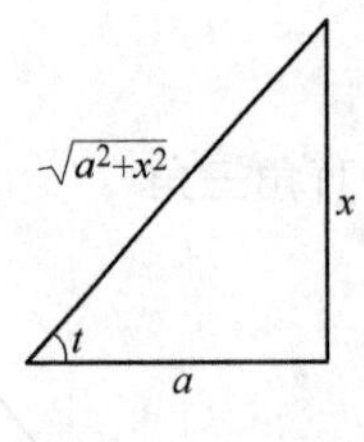

图　3-4

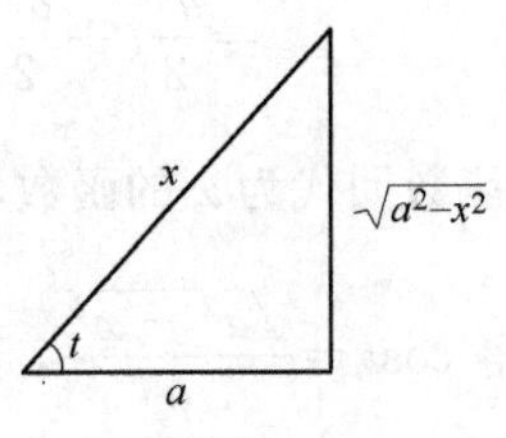

图　3-5

【例 3-23】 求 $\int \frac{1+x}{\sqrt{1-x^2}}dx$.

解法 1　$\int \frac{1+x}{\sqrt{1-x^2}}dx=\int \frac{1}{\sqrt{1-x^2}}dx+\int \frac{x}{\sqrt{1-x^2}}dx$

$$=\arcsin x-\int \frac{d(1-x^2)}{2\sqrt{1-x^2}}=\arcsin x-\sqrt{1-x^2}+C$$

解法 2　令 $x=\sin t$，则 $dx=\cos t\,dt$，所以

$$\int \frac{1+x}{\sqrt{1-x^2}}\mathrm{d}x = \int \frac{1+\sin t}{\cos t}\cos t\,\mathrm{d}t$$
$$= \int (1+\sin t)\mathrm{d}t$$
$$= t - \cos t + C$$

作辅助直角三角形(见图 3-6)，得

$$\int \frac{1+x}{\sqrt{1-x^2}}\mathrm{d}x = t - \cos t + C = \arcsin x - \sqrt{1-x^2} + C$$

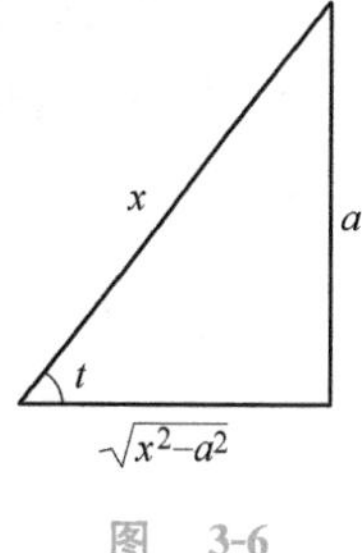

图 3-6

此例说明，求不定积分的方法往往不是唯一的，所以在求不定积分时要拓展思路，不要拘泥于一种方法或某个公式.

3. 分部积分法

当被积函数是两种不同类型函数的乘积时，如$\int x^2\sin x\,\mathrm{d}x$、$\int x^2 \mathrm{e}^x\,\mathrm{d}x$、$\int \mathrm{e}^x\cos x\,\mathrm{d}x$ 等，往往需要用下面所讲的分部积分法来解决.

分部积分法是与乘积的微分公式相对应的．公式的推导如下：

设函数 $u=u(x)$、$v=v(x)$ 具有连续的导数，根据乘积的微分公式，得

$$\mathrm{d}(uv) = u\,\mathrm{d}v + v\,\mathrm{d}u$$

移项有

$$u\,\mathrm{d}v = \mathrm{d}(uv) - v\,\mathrm{d}u$$

两边求不定积分即得分部积分公式：

$$\int u\,\mathrm{d}v = uv - \int v\,\mathrm{d}u$$

上述求不定积分的方法称为分部积分法．当积分$\int v\,\mathrm{d}u$ 比较容易求时，分部积分法可以将求$\int u\,\mathrm{d}v$ 的积分转化为求$\int v\,\mathrm{d}u$ 的积分，从而起到化难为易的作用.

【例 3-24】 求$\int \ln x\,\mathrm{d}x$.

解 直接利用分部积分公式，得

$$\int \ln x\,\mathrm{d}x = x\ln x - \int x\,\mathrm{d}(\ln x) = x\ln x - \int x \times \frac{1}{x}\mathrm{d}x = x\ln x - x + C$$

有时需要在积分中先凑一个微分，再利用分部积分公式进行积分.

【例 3-25】 求$\int x\cos x\,\mathrm{d}x$.

解 $\int x\cos x\,\mathrm{d}x = \int x\,\mathrm{d}(\sin x) = x\sin x - \int \sin x\,\mathrm{d}x = x\sin x + \cos x + C$

利用分部积分法的目的在于化难为易，解题的关键是恰当地选择 u 和 $\mathrm{d}v$，此题中如果令

$$u = \cos x\,,\ \mathrm{d}v = x\,\mathrm{d}x$$

则

$$\mathrm{d}u = -\sin x\,\mathrm{d}x\,,\ v = \frac{1}{2}x^2$$

利用分部积分公式，得

$$\int x\cos x\,\mathrm{d}x = \frac{1}{2}x^2\cos x + \frac{1}{2}\int x^2\sin x\,\mathrm{d}x$$

显而易见，不定积分$\int x^2\sin x\,\mathrm{d}x$比所要求的不定积分$\int x\cos x\,\mathrm{d}x$更加复杂．因此这样选择$u$和$\mathrm{d}v$是错误的．

一般地，选择u和$\mathrm{d}v$的原则是：

1）v要用凑微分法容易求出；

2）$\int v\mathrm{d}u$要比$\int u\mathrm{d}v$容易计算．

【例3-26】 求$\int x^2\mathrm{e}^x\mathrm{d}x$．

解 $$\int x^2\mathrm{e}^x\mathrm{d}x=\int x^2\mathrm{d}(\mathrm{e}^x)=x^2\mathrm{e}^x-\int\mathrm{e}^x\mathrm{d}(x^2)=x^2\mathrm{e}^x-2\int x\mathrm{e}^x\mathrm{d}x$$

$$=x^2\mathrm{e}^x-2\int x\mathrm{d}(\mathrm{e}^x)=x^2\mathrm{e}^x-2x\mathrm{e}^x+2\int\mathrm{e}^x\mathrm{d}x$$

$$=x^2\mathrm{e}^x-2x\mathrm{e}^x+2\mathrm{e}^x+C=\mathrm{e}^x(x^2-2x+2)+C$$

此例表明，有时要多次使用分部积分法才能求出结果．下面一例又是一种情况，经两次分部积分后出现了“循环”，这时所求积分可经过解方程而求得．

【例3-27】 求$\int\mathrm{e}^x\sin x\,\mathrm{d}x$．

解 $$\int\mathrm{e}^x\sin x\,\mathrm{d}x=\int\sin x\,\mathrm{d}(\mathrm{e}^x)=\mathrm{e}^x\sin x-\int\mathrm{e}^x\cos x\,\mathrm{d}x$$

$$=\mathrm{e}^x\sin x-\int\cos x\,\mathrm{d}(\mathrm{e}^x)=\mathrm{e}^x\sin x-\mathrm{e}^x\cos x-\int\mathrm{e}^x\sin x\,\mathrm{d}x$$

将等式右端的$\int\mathrm{e}^x\sin x\,\mathrm{d}x$移至左端，合并后再在等式两端除以2，得到所求积分为

$$\int\mathrm{e}^x\sin x\,\mathrm{d}x=\frac{\mathrm{e}^x}{2}(\sin x-\cos x)+C$$

在求不定积分时，有时需要同时使用换元法和分部积分法．

【例3-28】 求$\int\mathrm{e}^{\sqrt{x}}\mathrm{d}x$．

解 先换元，令$\sqrt{x}=t$，则$x=t^2$，$\mathrm{d}x=2t\mathrm{d}t$，所以

$$\int\mathrm{e}^{\sqrt{x}}\mathrm{d}x=2\int t\mathrm{e}^t\mathrm{d}t=2\int t\mathrm{d}(\mathrm{e}^t)=2\left(t\mathrm{e}^t-\int\mathrm{e}^t\mathrm{d}t\right)$$

$$=2(t\mathrm{e}^t-\mathrm{e}^t)+C=2\mathrm{e}^{\sqrt{x}}(\sqrt{x}-1)+C$$

【例3-29】 求$\int\frac{x\arctan x}{\sqrt{1+x^2}}\mathrm{d}x$．

解法1 $$\int\frac{x\arctan x}{\sqrt{1+x^2}}\mathrm{d}x=\int\frac{\arctan x}{2\sqrt{1+x^2}}\mathrm{d}(1+x^2)=\int\arctan x\,\mathrm{d}(\sqrt{1+x^2})$$

$$=\sqrt{1+x^2}\arctan x-\int\sqrt{1+x^2}\times\frac{1}{1+x^2}\mathrm{d}x$$

$$=\sqrt{1+x^2}\arctan x-\int\frac{1}{\sqrt{1+x^2}}\mathrm{d}x$$

在$\int \frac{1}{\sqrt{1+x^2}}\mathrm{d}x$ 中，令 $x=\tan t$，则 $\mathrm{d}x=\sec^2 t\mathrm{d}t$，于是

$$\int \frac{1}{\sqrt{1+x^2}}\mathrm{d}x=\frac{1}{\sec t}\times\sec^2 t\mathrm{d}t=\int\sec t\mathrm{d}t=\ln|\tan t+\sec t|+C_1$$

$$=\ln|x+\sqrt{1+x^2}|+C_1$$

所以 $$\int\frac{x\arctan x}{\sqrt{1+x^2}}\mathrm{d}x=\sqrt{1+x^2}\arctan x-\ln|x+\sqrt{1+x^2}|+C$$

此题也可以先作换元，再分部积分.

解法 2 令 $x=\tan t$，则 $\mathrm{d}x=\sec^2 t\mathrm{d}t$，于是

$$\int\frac{x\arctan x}{\sqrt{1+x^2}}\mathrm{d}x=\int\frac{t\tan t}{\sec t}\times\sec^2 t\mathrm{d}t=\int t\tan t\sec t\mathrm{d}t$$

$$=\int t\mathrm{d}(\sec t)=t\sec t-\int\sec t\mathrm{d}t=t\sec t-\ln|\tan t+\sec t|+C$$

$$=\sqrt{1+x^2}\arctan x-\ln|x+\sqrt{1+x^2}|+C$$

习　题　3-1

1. 写出下列函数的一个原函数.

(1) $\csc^2 x$；　(2) $\frac{2}{\sqrt{1-x^2}}$；　(3) e^{-2x}.

2. 计算下列不定积分.

(1) $\int(2x^3-\sin x+5\sqrt{x})\mathrm{d}x$；　(2) $\int\frac{\sqrt{x}-x+x^2\mathrm{e}^x}{x^2}\mathrm{d}x$；

(3) $\int\frac{x^2}{1-x^2}\mathrm{d}x$；　(4) $\int\frac{1}{\sin^2 x\cos^2 x}\mathrm{d}x$；

(5) $\int 3^x\mathrm{e}^x\mathrm{d}x$；　(6) $\int(\sqrt{x}+1)(x-\sqrt{x}+1)\mathrm{d}x$.

3. 计算下列不定积分.

(1) $\int\frac{(x^2-1)(x+2)}{\sqrt{x}}\mathrm{d}x$；　(2) $\int\frac{x-4}{\sqrt{x}+2}\mathrm{d}x$；

(3) $\int\frac{(2^x+3^x)^2}{2^x}\mathrm{d}x$；　(4) $\int\frac{1+2x^2}{x^2(1+x^2)}\mathrm{d}x$；

(5) $\int\frac{x^4}{1+x^2}\mathrm{d}x$；　(6) $\int\sin^2\frac{x}{2}\mathrm{d}x$；

(7) $\int\cot^2 x\mathrm{d}x$；　(8) $\int\frac{1+\cos^2 x}{1+\cos 2x}\mathrm{d}x$.

4. 已知一条曲线在任意一点处的切线斜率为 2，且该曲线过点(1, 0)，求此曲线方程.

5. 一曲线通过点(e^2, 3)，且在任意一点处的切线的斜率等于该点横坐标的倒数，求该曲线的方程.

6. 计算下列不定积分.

(1) $\int\frac{x}{3-2x}\mathrm{d}x$；　(2) $\int\frac{\ln x}{x}\mathrm{d}x$；

(3) $\int\frac{1}{x\ln x}\mathrm{d}x$；　(4) $\int\frac{\sin(\ln x)}{x}\mathrm{d}x$；

(5) $\int e^{a-bx}\,dx$；　(6) $\int a^{\sin x}\cos x\,dx$；

(7) $\int \frac{e^{\frac{1}{x}}}{x^2}\,dx$；　(8) $\int \sin^3 x\,dx$；

(9) $\int \cos^2 x\,dx$；　(10) $\int \frac{1}{4+9x^2}\,dx$；

(11) $\int \frac{\arctan x}{1+x^2}\,dx$；　(12) $\int \frac{6x}{2+3x}\,dx$；

(13) $\int \frac{x}{(x^2-3)^{10}}\,dx$；　(14) $\int \frac{x}{\sqrt{1-x^2}}\,dx$；

(15) $\int \frac{1}{\sqrt{16-9x^2}}\,dx$；　(16) $\int \frac{x+1}{\sqrt{x^2-1}}\,dx$；

(17) $\int \frac{1}{1+\sqrt[3]{x}}\,dx$；　(18) $\int \frac{\sqrt{x+1}}{1+\sqrt{x+1}}\,dx$；

(19) $\int \frac{x^2}{\sqrt{a^2-x^2}}\,dx\,(a>0)$；　(20) $\int \frac{1}{(x^2-a^2)^{\frac{3}{2}}}\,dx\,(a>0)$；

(21) $\int \frac{\sqrt{x^2+a^2}}{x^2}\,dx$；　(22) $\int \frac{x^3}{\sqrt{1+x^2}}\,dx$；

(23) $\int \frac{1}{x\sqrt{1-x^2}}\,dx$；　(24) $\int \frac{1}{\sqrt{1-x-x^2}}\,dx$；

(25) $\int x\sin x\,dx$；　(26) $\int x e^{-x}\,dx$；

(27) $\int x^2 e^{3x}\,dx$；　(28) $\int x^2\cos 3x\,dx$；

(29) $\int \ln(1+x^2)\,dx$；　(30) $\int \arcsin x\,dx$；

(31) $\int \ln^2 x\,dx$；　(32) $\int e^{-x}\sin 2x\,dx$；

(33) $\int x\cos^2 x\,dx$；　(34) $\int \frac{\ln x}{\sqrt{1+x}}\,dx$；

(35) $\int \frac{1}{\sqrt{x}}\arcsin\sqrt{x}\,dx$.

3.2 定积分

3.2.1 定积分的概念

定积分的定义

1. 引例

【例 3-30】 曲边梯形的面积：设函数 $y=f(x)$ 在区间 $[a,b]$ 上非负且连续，由曲线 $y=f(x)$，直线 $x=a$，$x=b$ 以及 x 轴所围成的图形称为曲边梯形（见图 3-7）. 其中曲线 $y=f(x)$ 称为曲边，线段 $\overline{ab}$ 称为底边.

在讨论极限的时候，我们曾讲了古希腊学者阿基米德想求出由抛物线 $y=x^2$、x 轴和直线 $x=1$ 所围成的平面图形的面积 A，他用许多内接窄条矩形的面积之和作为 A 的近似值，然后用取极限的方法求得所要求的平面图形的面积．现要求曲边梯形的面积，可以采用同样的方法：

将区间$[a, b]$分割成许多小区间，由于$f(x)$是连续函数，当自变量x的变化不大时，$f(x)$的变化也不大，这样每个小区间上对应的小曲边梯形可以近似看成小矩形，所有这些小矩形的面积之和就是整个曲边梯形面积的近似值．显然，分割得越细，近似的程度就越好．当将区间$[a, b]$无限地细分并使每个小曲边梯形的底边长度都趋向于零时，小矩形面积之和的极限，就是所求的曲边梯形面积.

其实这种“以直代曲”的思路，和前面讲过的我国古代数学家刘徽的“割圆术”是一脉相承的，都是极限思想的具体体现．

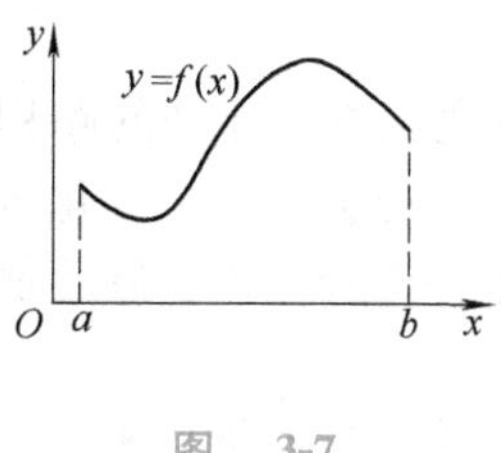

图 3-7

图 3-8

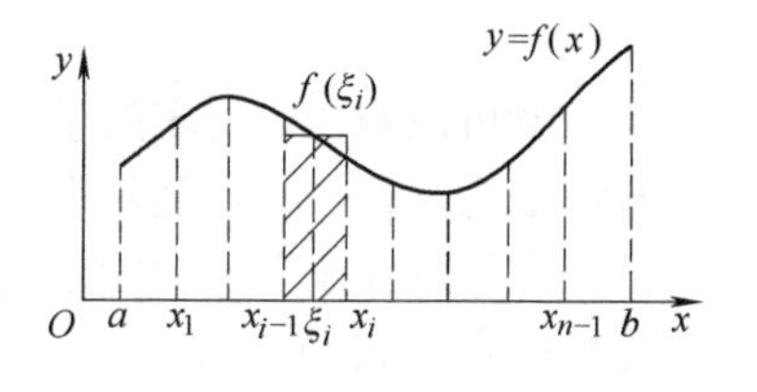

根据上述分析，求曲边梯形面积的具体作法是：

1）分割，任意取分点$a=x_0<x_1<\cdots<x_{n-1}<x_n=b$，将底边区间$[a, b]$分为$n$个小区间$[x_0, x_1]$，$[x_1, x_2]$，…，$[x_{i-1}, x_i]$，…，$[x_{n-1}, x_n]$，记每个小区间的长度为$\Delta x_i=x_i-x_{i-1}(i=1, 2, \cdots, n)$. 过每个分点$x_i(i=1, 2, \cdots, n)$作平行于$y$轴的直线，将曲边梯形分成$n$个小曲边梯形（见图 3-8).

2）求面积近似值，在每个小区间$[x_{i-1}, x_i]$上任取一点ξ_i，以Δx_i为底边，以$f(\xi_i)$为高作小矩形，其面积为$f(\xi_i)\Delta x_i$，以此作为相应的小曲边梯形面积ΔA_i的近似值，即

$$\Delta A_i \approx f(\xi_i)\Delta x_i (i=1, 2, \cdots, n)$$

3）求和，将n个小矩形的面积求和，就得到曲边梯形面积A的近似值

$$A=\sum_{i=1}^{n}\Delta A_i \approx \sum_{i=1}^{n} f(\xi_i)\Delta x_i$$

4）取极限，为了保证所有的Δx_i都无限缩小，记所有小区间长度的最大值为λ，即$\lambda=\max\limits_{1\leqslant i\leqslant n}(\Delta x_i)$. 令$\lambda\to 0$，则和式$\sum\limits_{i=1}^{n} f(\xi_i)\Delta x_i$的极限就是曲边梯形面积$A$的精确值，即

$$A=\lim_{\lambda\to 0}\sum_{i=1}^{n} f(\xi_i)\Delta x_i$$

【例 3-31】 变速直线运动的路程：设某物体作变速直线运动，已知速度$v=v(t)$是时间t的非负连续函数，求在时间间隔$[T_1, T_2]$内物体所走过的路程.

解 在整个时间间隔$[T_1, T_2]$上，物体的速度是变化的，但由于速度$v=v(t)$是时间t的非负连续函数，所以当时间的改变很小时，物体速度的变化也很小．因而解决这个问题的思路和步骤与求曲边梯形面积相类似.

1）分割，任意取分点$T_1=t_0<t_1<\cdots<t_{n-1}<t_n=T_2$，将区间$[T_1, T_2]$分为$n$个小区间$[t_0, t_1]$，$[t_1, t_2]$，…，$[t_{i-1}, t_i]$，…，$[t_{n-1}, t_n]$，记每个小区间的长度为$\Delta t_i=t_i-t_{i-1}(i=1, 2, \cdots, n)$，相应的路程$s$被分为$n$个小的路程$\Delta s_i$.

2）取近似，在每个小区间$[t_{i-1}, t_i]$上，将物体的直线运动视为匀速的，任取$\xi_i\in[t_{i-1}, t_i]$，将$v(\xi_i)$作为小区间$[t_{i-1}, t_i]$上物体运动速度的近似值，所以在时间间隔$[t_{i-1}, t_i]$中物体所走的路程可以近似表示为

$$\Delta s_i \approx v(\xi_i)\Delta t_i (i=1, 2, \cdots, n)$$

3）求和，将 n 个小区间上物体所走的路程相加，就得到总路程 s 的近似值

$$s=\sum_{i=1}^{n}\Delta s_i \approx \sum_{i=1}^{n} v(\xi_i)\Delta t_i$$

4）取极限，记 $\lambda=\max\limits_{1\leqslant i\leqslant n}(\Delta t_i)$，令 $\lambda \to 0$，则和式 $\sum\limits_{i=1}^{n} v(\xi_i)\Delta t_i$ 的极限就是物体在时间间隔 $[T_1, T_2]$ 内所走过的路程，即

$$s=\lim_{\lambda\to 0}\sum_{i=1}^{n} v(\xi_i)\Delta t_i$$

从以上两个实例可以看出，所求的量，即曲边梯形的面积及变速直线运动的路程的实际意义显然不同，前者是几何量，后者是物理量，但是它们都取决于某变量的一个变化区间以及定义在该区间上的函数，并且在求所求的量时使用的方法与步骤是完全相同的，最后都归结为计算具有相同结构的一个和式的极限.

抛开这些问题的具体意义，抓住它们在数量关系上共同的本质与特性加以概括，就可以抽象出下述的定积分定义.

2. 定积分的定义

定义 3-3　设函数 $f(x)$ 在区间 $[a, b]$ 上有界，任取分点

$$a=x_0<x_1<\cdots<x_{n-1}<x_n=b$$

将区间 $[a, b]$ 分为 n 个小区间 $[x_0, x_1]$，$[x_1, x_2]$，…，$[x_{i-1}, x_i]$，…，$[x_{n-1}, x_n]$，记每个小区间的长度为 $\Delta x_i=x_i-x_{i-1} (i=1, 2, \cdots, n)$，在每个小区间 $[x_{i-1}, x_i]$ 上任取一点 ξ_i，作乘积 $f(\xi_i)\Delta x_i$，再求和 $\sum\limits_{i=1}^{n} f(\xi_i)\Delta x_i$. 设 $\lambda=\max\limits_{1\leqslant i\leqslant n}(\Delta x_i)$，如果极限 $\lim\limits_{\lambda\to 0}\sum\limits_{i=1}^{n} f(\xi_i)\Delta x_i$ 存在（注意这个极限值与对 $[a, b]$ 的分割方法以及点 ξ_i 的取法无关），则称此极限值为函数 $f(x)$ 在闭区间 $[a, b]$ 上的定积分. 记作

$$\int_a^b f(x)\mathrm{d}x，即 \int_a^b f(x)\mathrm{d}x=\lim_{\lambda\to 0}\sum_{i=1}^{n} f(\xi_i)\Delta x_i$$

其中 $f(x)$ 称为被积函数，$f(x)\mathrm{d}x$ 称为被积表达式，x 称为积分变量，$[a, b]$ 称为积分区间，a 与 b 分别称为积分下限与积分上限.

关于定积分的概念，还应注意以下几点：

1）定积分是特定和式的极限，它表示一个数，只取决于被积函数与积分的区间，而与积分变量采用什么字母无关. 例如，$\int_0^{\pi}\sin x\,\mathrm{d}x=\int_0^{\pi}\sin t\,\mathrm{d}t$，一般的有 $\int_a^b f(x)\mathrm{d}x=\int_a^b f(t)\mathrm{d}t$.

2）在定积分 $\int_a^b f(x)\mathrm{d}x$ 的定义中，总是假设 $a<b$. 为了今后使用方便，对于 $a=b$，$a>b$ 的情况，作如下规定：

当 $a=b$ 时，$\int_a^b f(x)\mathrm{d}x=0$；

当 $a>b$ 时，$\int_a^b (x)\mathrm{d}x=-\int_b^a f(x)\mathrm{d}x$.

3）可以证明，如果函数 $f(x)$ 在闭区间 $[a, b]$ 上连续或 $f(x)$ 在闭区间 $[a, b]$ 上有界且只有有限个间断点，则 $f(x)$ 在闭区间 $[a, b]$ 上的定积分存在.

3. 定积分的几何意义

在前面的例 3-30 中已经知道，当 $f(x)>0$ 时，定积分 $\int_a^b f(x)\mathrm{d}x$ 在几何上表示曲线 $y=$

$f(x)$ 在区间$[a,b]$上所围成的曲边梯形的面积；当 $f(x)<0$ 时，定积分$\int_a^b f(x)\mathrm{d}x$ 在几何上表示曲线 $y=f(x)$ 在区间$[a,b]$上所围成的曲边梯形面积的负值；当 $f(x)$ 在$[a,b]$上既取得正值又取得负值时，曲线 $y=f(x)$ 的图形某些部分在 x 轴的上方，某些部分在 x 轴的下方(见图 3-9)．如果对面积赋以正负：在 x 轴上方部分的面积为正，而在 x 轴下方部分的面积为负，则定积分$\int_a^b f(x)\mathrm{d}x$ 的几何意义为曲线 $y=f(x)$ 在整个$[a,b]$区间上所围成的曲边梯形各部分面积的代数和.

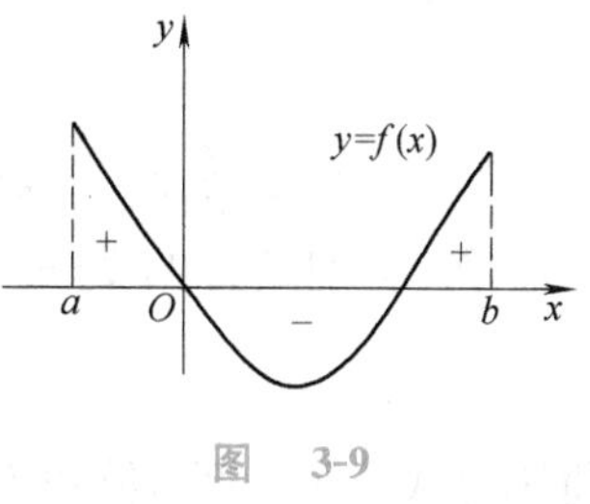

图 3-9

3.2.2 定积分的性质

由定积分的定义以及极限的运算法则，可以推出定积分具有以下性质．在如下的论述中，假设函数都是可积的.

性质 1(积分函数的可加性) 两个函数的和(或差)的定积分等于它们定积分的和(或差)，即

$$\int_a^b [f(x)\pm g(x)]\mathrm{d}x=\int_a^b f(x)\mathrm{d}x\pm\int_a^b g(x)\mathrm{d}x$$

性质 2(积分函数的齐次性) 被积函数的常数因子可以提到积分号的外边，即

$$\int_a^b kf(x)\mathrm{d}x=k\int_a^b f(x)\mathrm{d}x$$

性质 3 如果在区间$[a,b]$上 $f(x)\equiv 1$，则$\int_a^b 1\mathrm{d}x=b-a$.

性质 4(积分区间的可加性) 如果积分区间$[a,b]$被点 c 分成两个子区间$[a,c]$和$[c,b]$，则

$$\int_a^b f(x)\mathrm{d}x=\int_a^c f(x)\mathrm{d}x+\int_c^b f(x)\mathrm{d}x$$

注意，对于 a、b、c 三点的任何其他相对位置，上述性质仍然成立，例如，当 $a<b<c$，有

$$\int_a^c f(x)\mathrm{d}x=\int_a^b f(x)\mathrm{d}x+\int_b^c f(x)\mathrm{d}x=\int_a^b f(x)\mathrm{d}x-\int_c^b f(x)\mathrm{d}x$$

所以

$$\int_a^b f(x)\mathrm{d}x=\int_a^c f(x)\mathrm{d}x+\int_c^b f(x)\mathrm{d}x$$

性质 5(积分的比较性质) 如果在区间$[a,b]$上 $f(x)\leqslant g(x)$，则有

$$\int_a^b f(x)\mathrm{d}x\leqslant\int_a^b g(x)\mathrm{d}x$$

性质 6(积分的估值性质) 设 M 与 m 分别是函数 $f(x)$ 在闭区间$[a,b]$上的最大值和最小值，则

$$m(b-a)\leqslant\int_a^b f(x)\mathrm{d}x\leqslant M(b-a)$$

证 由于 M 与 m 分别是函数 $f(x)$ 在闭区间$[a,b]$上的最大值和最小值，所以对任意的 $x\in[a,b]$有

$$m\leqslant f(x)\leqslant M$$

由性质 5 得

$$\int_a^b m\mathrm{d}x\leqslant\int_a^b f(x)\mathrm{d}x\leqslant\int_a^b M\mathrm{d}x$$

即

$$m(b-a)\leqslant\int_a^b f(x)\mathrm{d}x\leqslant M(b-a)$$

性质7(积分中值定理) 如果函数 $f(x)$ 在闭区间$[a, b]$上连续，则在区间$[a, b]$上至少存在一点 ξ，使得

$$\int_a^b f(x)\mathrm{d}x = f(\xi)(b-a)$$

证 因为函数 $f(x)$ 在闭区间$[a, b]$上连续，所以 $f(x)$ 在区间$[a, b]$上存在有最大值与最小值，分别设为 M 与 m，则由性质6得

$$m(b-a) \leqslant \int_a^b f(x)\mathrm{d}x \leqslant M(b-a)$$

将不等式的每一部分除以 $b-a$，得

$$m \leqslant \frac{\int_a^b f(x)\mathrm{d}x}{b-a} \leqslant M$$

设

$$\mu = \frac{\int_a^b f(x)\mathrm{d}x}{b-a}$$

则

$$m \leqslant \mu \leqslant M$$

由于函数 $f(x)$ 在闭区间$[a, b]$上连续，由闭区间上连续函数的性质可知，在区间$[a, b]$上至少存在一点 ξ，使得 $f(\xi)=\mu$，即

$$f(\xi) = \frac{\int_a^b f(x)\mathrm{d}x}{b-a}$$

所以

$$\int_a^b f(x)\mathrm{d}x = f(\xi)(b-a)$$

积分中值定理的几何意义是：如果函数 $f(x)$ 在闭区间$[a, b]$上连续，则一定存在$\xi \in [a, b]$，使得以$(b-a)$为底，$f(\xi)$为高的矩形的面积与曲线 $y=f(x)$ 在区间$[a, b]$上围成的曲边梯形的面积相等(见图3-10).

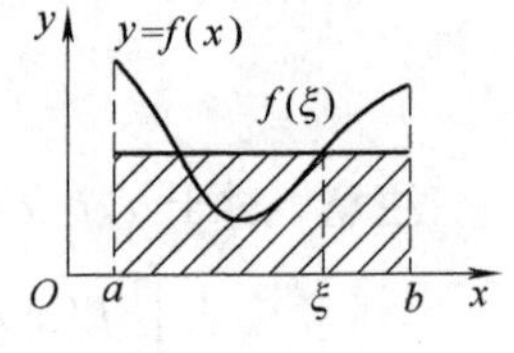

图 3-10

【例3-32】 估计定积分 $\int_{\frac{\pi}{2}}^{\frac{3\pi}{2}}(1+\sin^2 x)\mathrm{d}x$ 的值.

解 被积函数在区间 $\left[\frac{\pi}{2}, \frac{3\pi}{2}\right]$ 上恒有 $1 \leqslant 1+\sin^2 x \leqslant 2$，由定积分的性质6得

$$1\times\left(\frac{3\pi}{2}-\frac{\pi}{2}\right) \leqslant \int_{\frac{\pi}{2}}^{\frac{3\pi}{2}}(1+\sin^2 x)\mathrm{d}x \leqslant 2\times\left(\frac{3\pi}{2}-\frac{\pi}{2}\right)$$

即

$$\pi \leqslant \int_{\frac{\pi}{2}}^{\frac{3\pi}{2}}(1+\sin^2 x)\mathrm{d}x \leqslant 2\pi$$

微积分基本公式

3.2.3 微积分的基本公式

1. 变上限的定积分

设函数 $f(x)$ 在$[a, b]$上连续，对于任意的 $x \in [a, b]$，则积分 $\int_a^x f(t)\mathrm{d}t$ 存在，并且积分值随着上限 x 的变化而变化(见图3-11)，即 $\int_a^x f(t)\mathrm{d}t$ 为区间$[a, b]$上变量 x 的函数，称为函数 $f(x)$ 的变上限的函数(亦称变上限积分). 关于变上限的函数，有如下的定理.

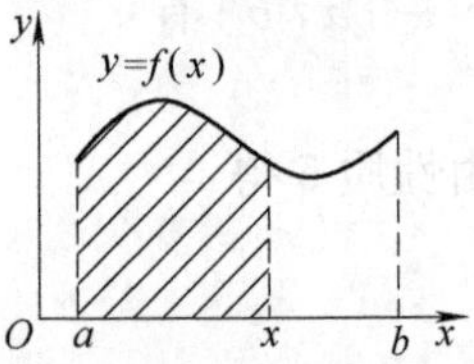

图 3-11

定理 3-2 如果函数 $f(x)$ 在$[a, b]$上连续，则变上限的函数 $G(x)=\int_a^x f(t)\mathrm{d}t$ 在区间$[a, b]$上可导并且它的导数等于被积函数，即

$$G'(x)=\frac{\mathrm{d}}{\mathrm{d}x}\int_a^x f(t)\mathrm{d}t=f(x)$$

证 给自变量 x 以增量 Δx，使得 $x+\Delta x\in[a, b]$，则

$$\begin{aligned}\Delta G&=G(x+\Delta x)-G(x)=\int_a^{x+\Delta x}f(t)\mathrm{d}t-\int_a^x f(t)\mathrm{d}t\\&=\int_a^{x+\Delta x}f(t)\mathrm{d}t+\int_x^a f(t)\mathrm{d}t=\int_x^{x+\Delta x}f(t)\mathrm{d}t\end{aligned}$$

由定积分的性质 7 可知，在 x 与 $x+\Delta x$ 之间至少存在一点 ξ，使得

$$\Delta G=\int_x^{x+\Delta x}f(t)\mathrm{d}t=f(\xi)(x+\Delta x-x)=f(\xi)\Delta x$$

又因为函数 $f(x)$ 在$[a, b]$上连续，所以当 $\Delta x\to 0$ 时(此时显然有 $\xi\to x$)，有 $f(\xi)\to f(x)$，从而有

$$G'(x)=\lim_{\Delta x\to 0}\frac{\Delta G}{\Delta x}=\lim_{\Delta x\to 0}\frac{f(\xi)\Delta x}{\Delta x}=\lim_{\xi\to x}f(\xi)=f(x)$$

【例 3-33】 已知 $F(x)=\int_a^x \mathrm{e}^{t^2}\mathrm{d}t$，求 $F'(x)$.

解 $F'(x)=\left[\int_a^x \mathrm{e}^{t^2}\mathrm{d}t\right]'=\mathrm{e}^{x^2}$.

【例 3-34】 已知 $F(x)=\int_a^{\sqrt{x}}\cos t^2\mathrm{d}t$，求 $F'(x)$.

解 这是由 $F(u)=\int_a^u\cos t^2\mathrm{d}t$ 和 $u=\sqrt{x}$ 复合而成的函数，所以

$$F'(x)=\cos u^2\times(\sqrt{x})'=\cos x\times\frac{1}{2\sqrt{x}}=\frac{\cos x}{2\sqrt{x}}$$

【例 3-35】 已知 $F(x)=\int_x^{x^2}\sqrt{1+t^3}\mathrm{d}t$，求 $F'(x)$.

解 这是一个积分的下限、上限都为变量的函数，先将其分为两个积分之和，即

$$\begin{aligned}F(x)&=\int_x^{x^2}\sqrt{1+t^3}\mathrm{d}t=\int_x^a\sqrt{1+t^3}\mathrm{d}t+\int_a^{x^2}\sqrt{1+t^3}\mathrm{d}t\\&=-\int_a^x\sqrt{1+t^3}\mathrm{d}t+\int_a^{x^2}\sqrt{1+t^3}\mathrm{d}t\end{aligned}$$

所以

$$\begin{aligned}F'(x)&=\left(-\int_a^x\sqrt{1+t^3}\mathrm{d}t+\int_a^{x^2}\sqrt{1+t^3}\mathrm{d}t\right)'\\&=\left(-\int_a^x\sqrt{1+t^3}\mathrm{d}t\right)'+\left(\int_a^{x^2}\sqrt{1+t^3}\mathrm{d}t\right)'\\&=-\sqrt{1+x^3}+2x\sqrt{1+x^6}\end{aligned}$$

一般地，如果函数 $f(x)$ 在区间$[a, b]$上连续，$\varphi(x)$ 和 $\psi(x)$ 在$[a, b]$可导，则有

$$\frac{\mathrm{d}}{\mathrm{d}x}\int_{\psi(x)}^{\varphi(x)}f(t)\mathrm{d}t=f(\varphi(x))\varphi'(x)-f(\psi(x))\psi'(x)$$

【例 3-36】 设 $y=\int_{\sin x}^{\cos x}\mathrm{e}^{t^2}\mathrm{d}t$，求 y'.

解 $y'=\mathrm{e}^{\cos^2 x}(\cos x)'-\mathrm{e}^{\sin^2 x}(\sin x)'=-\mathrm{e}^{\cos^2 x}\sin x-\mathrm{e}^{\sin^2 x}\cos x$

【例 3-37】 求$\lim\limits_{x\to 0}\dfrac{\int_0^x \sin^2 t\,dt}{\int_0^x t^2\,dt}$.

解 这是一个“$\dfrac{0}{0}$”型的极限，可以用洛必达法则来求解.

$$\lim_{x\to 0}\frac{\int_0^x \sin^2 t\,dt}{\int_0^x t^2\,dt}=\lim_{x\to 0}\frac{\sin^2 x}{x^2}=\lim_{x\to 0}\frac{2\sin x\cos x}{2x}=1$$

2. 微积分基本公式

定理 3-3 设函数 $f(x)$ 在区间$[a, b]$上连续，如果 $F(x)$ 是 $f(x)$ 的任意一个原函数，则

$$\int_a^b f(x)dx = F(b) - F(a)$$

证 已知 $F(x)$ 是 $f(x)$ 的一个原函数，由于 $G(x)=\int_a^x f(t)dt$ 也是 $f(x)$ 的一个原函数，所以 $G(x)=F(x)+C$，即对任意的 $x\in[a, b]$ 下式成立

$$\int_a^x f(t)dt = F(x)+C$$

为了确定常数C的值，在上述等式中，令$x=a$，得$0=F(a)+C$，所以$C=-F(a)$，再令$x=b$，得到

$$\int_a^b f(t)dt = F(b)-F(a)$$

也就是

$$\int_a^b f(x)dt = F(b)-F(a)$$

上式称为微积分基本公式，也称牛顿-莱布尼茨(Newton-Leibniz) 公式．该公式揭示了定积分与原函数之间的内在联系，即定积分等于被积函数的任意一个原函数在上限与下限处函数值的差．该公式把计算定积分的问题转化为求原函数的问题，从而为定积分的计算提供了简便有效的方法.

为了简便起见，记 $F(x)\big|_a^b = F(b)-F(a)$.

拓展学习

莱布尼茨于1684年发表第一篇微分论文，定义了微分概念，采用了微分符号 dx、dy. 1686年他又发表了积分论文，讨论了微分与积分，使用了积分符号∫. 依据莱布尼茨的笔记记载，1675年11月他便已建立了一套完整的微分学．牛顿从物理学出发，在研究微积分应用上更多地结合了运动学，造诣高于莱布尼茨．莱布尼茨则从几何问题出发，运用分析学方法引进微积分概念、得出运算法则，其数学的严谨性与系统性又强于牛顿．莱布尼茨认识到好的数学符号能节省思维劳动，因此，他所创设的微积分符号远远优于牛顿的符号，现今在微积分领域使用的符号仍是莱布尼茨所创立的，这对微积分的发展有极大影响．现在人们公认是牛顿和莱布尼茨各自独立地创建了微积分学．

【例 3-38】 求$\int_0^1 x^2 dx$.

解 $\int_0^1 x^2 dx = \dfrac{1}{3}x^3\Big|_0^1 = \dfrac{1}{3}$

【例 3-39】 求$\int_{-1}^{1}\frac{1}{1+x^2}dx$.

解 $\int_{-1}^{1}\frac{1}{1+x^2}dx=\arctan x\Big|_{-1}^{1}=\arctan 1-\arctan(-1)=\frac{\pi}{4}-\left(-\frac{\pi}{4}\right)=\frac{\pi}{2}$

3.2.4 定积分的计算

与不定积分的基本积分方法相对应，定积分也有第一类换元法、第二类换元法和分部积分法.

1. 第一类换元法（凑微分法）

凑微分法是计算定积分的一种重要的方法，下面举例说明凑微分法.

【例 3-40】 求$\int_{1}^{e}\frac{1+\ln x}{x}dx$.

解
$$\begin{aligned}\int_{1}^{e}\frac{1+\ln x}{x}dx&=\int_{1}^{e}(1+\ln x)d(\ln x)=\int_{1}^{e}(1+\ln x)d(1+\ln x)\\&=\frac{1}{2}(1+\ln x)^2\Big|_{1}^{e}=\frac{1}{2}(1+\ln e)^2-\frac{1}{2}(1+\ln 1)^2=\frac{3}{2}\end{aligned}$$

【例 3-41】 求$\int_{0}^{\frac{\pi}{2}}\sin^2 x\cos x\,dx$.

解 $\int_{0}^{\frac{\pi}{2}}\sin^2 x\cos x\,dx=\int_{0}^{\frac{\pi}{2}}\sin^2 x\,d(\sin x)=\frac{1}{3}\sin^3 x\Big|_{0}^{\frac{\pi}{2}}=\frac{1}{3}$

【例 3-42】 求$\int_{\frac{\pi}{6}}^{\frac{\pi}{3}}\cos^2 x\,dx$.

解
$$\begin{aligned}\int_{\frac{\pi}{6}}^{\frac{\pi}{3}}\cos^2 x\,dx&=\int_{\frac{\pi}{6}}^{\frac{\pi}{3}}\frac{1+\cos 2x}{2}dx=\frac{1}{2}\left(\int_{\frac{\pi}{6}}^{\frac{\pi}{3}}dx+\int_{\frac{\pi}{6}}^{\frac{\pi}{3}}\cos 2x\,dx\right)\\&=\frac{1}{2}\left[\left(\frac{\pi}{3}-\frac{\pi}{6}\right)+\frac{1}{2}\int_{\frac{\pi}{6}}^{\frac{\pi}{3}}\cos 2x\,d(2x)\right]=\frac{1}{2}\left(\frac{\pi}{6}+\frac{1}{2}\sin 2x\Big|_{\frac{\pi}{6}}^{\frac{\pi}{3}}\right)\\&=\frac{\pi}{12}+\frac{1}{4}\left(\sin\frac{2\pi}{3}-\sin\frac{\pi}{3}\right)=\frac{\pi}{12}\end{aligned}$$

2. 第二类换元法

设函数 $f(x)$ 在区间$[a, b]$上连续，令 $x=\varphi(t)$，则有
$$\int_{a}^{b}f(x)dx\xlongequal{x=\varphi(t)}\int_{\alpha}^{\beta}f(\varphi(t))\varphi'(t)dt$$
其中，函数 $x=\varphi(t)$ 应满足以下三个条件：

1) $\varphi(\alpha)=a$，$\varphi(\beta)=b$；

2) $\varphi(t)$ 在$[\alpha, \beta]$上单调且有连续导数；

3) 当 t 在$[\alpha, \beta]$上变化时，对应的 $x=\varphi(t)$ 的值在$[a, b]$上变化.

下面举例说明定积分的第二类换元法的用法.

【例 3-43】 求$\int_{0}^{4}\frac{dx}{1+\sqrt{x}}$.

解 令 $\sqrt{x}=t$，则 $x=t^2$，$dx=2t\,dt$. 当 $x=0$ 时，$t=0$；当 $x=4$ 时，$t=2$，于是
$$\begin{aligned}\int_{0}^{4}\frac{dx}{1+\sqrt{x}}&=\int_{0}^{2}\frac{2t\,dt}{1+t}=2\int_{0}^{2}\left(1-\frac{1}{1+t}\right)dt\\&=2(t-\ln|1+t|)\Big|_{0}^{2}=4-2\ln 3\end{aligned}$$

【例 3-44】 求$\int_{0}^{\frac{1}{\sqrt{2}}} \frac{x^{4}\mathrm{d}x}{\sqrt{1-x^{2}}}$.

解　令$x=\sin t$，则$\mathrm{d}x=\cos t\mathrm{d}t$，当$x=\frac{1}{\sqrt{2}}$时，$t=\frac{\pi}{4}$；当$x=0$时，$t=0$. 于是

$$\begin{aligned}\int_{0}^{\frac{1}{\sqrt{2}}} \frac{x^{4}\mathrm{d}x}{\sqrt{1-x^{2}}} &=\int_{0}^{\frac{\pi}{4}} \frac{\sin^{4}t\cos t\mathrm{d}t}{\sqrt{1-\sin^{2}t}}=\int_{0}^{\frac{\pi}{4}} \sin^{4}t\mathrm{d}t=\int_{0}^{\frac{\pi}{4}}\left(\frac{1-\cos 2t}{2}\right)^{2}\mathrm{d}t \\ &=\int_{0}^{\frac{\pi}{4}}\left(\frac{1}{4}-\frac{1}{2}\cos 2t+\frac{1}{4}\cos^{2}2t\right)\mathrm{d}t \\ &=\frac{1}{4}\times\frac{\pi}{4}-\frac{1}{2}\times\frac{1}{2}\sin 2t\Big|_{0}^{\frac{\pi}{4}}+\frac{1}{4}\int_{0}^{\frac{\pi}{4}}\frac{1+\cos 4t}{2}\mathrm{d}t \\ &=\frac{\pi}{16}-\frac{1}{4}+\frac{1}{8}\left(\frac{\pi}{4}+\frac{1}{4}\sin 4t\Big|_{0}^{\frac{\pi}{4}}\right) \\ &=\frac{\pi}{16}-\frac{1}{4}+\frac{1}{8}\times\frac{\pi}{4}=\frac{3\pi}{32}-\frac{1}{4}\end{aligned}$$

【例 3-45】 设函数$f(x)$在区间$[-a, a](a>0)$上连续，求证：

1）当$f(x)$为奇函数时，$\int_{-a}^{a} f(x)\mathrm{d}x=0$；

2）当$f(x)$为偶函数时，$\int_{-a}^{a} f(x)\mathrm{d}x=2\int_{0}^{a} f(x)\mathrm{d}x$.

证　因为$\int_{-a}^{a} f(x)\mathrm{d}x=\int_{-a}^{0} f(x)\mathrm{d}x+\int_{0}^{a} f(x)\mathrm{d}x$，对于$\int_{-a}^{0} f(x)\mathrm{d}x$，令$x=-t$，则$\mathrm{d}x=-\mathrm{d}t$，且当$x=-a$时，$t=a$；当$x=0$时，$t=0$，于是

$$\int_{-a}^{0} f(x)\mathrm{d}x=-\int_{-a}^{0} f(-t)\mathrm{d}t=\int_{0}^{a} f(-t)\mathrm{d}t$$

1）当$f(x)$为奇函数时，$f(-t)=-f(t)$，故

$$\int_{0}^{a} f(-t)\mathrm{d}t=-\int_{0}^{a} f(t)\mathrm{d}t=-\int_{0}^{a} f(x)\mathrm{d}x$$

所以$\int_{-a}^{a} f(x)\mathrm{d}x=\int_{-a}^{0} f(x)\mathrm{d}x+\int_{0}^{a} f(x)\mathrm{d}x=-\int_{0}^{a} f(x)\mathrm{d}x+\int_{0}^{a} f(x)\mathrm{d}x=0$

2）当$f(x)$为偶函数时，$f(-t)=f(t)$，故

$$\int_{0}^{a} f(-t)\mathrm{d}t=\int_{0}^{a} f(t)\mathrm{d}t=\int_{0}^{a} f(x)\mathrm{d}x$$

所以

$$\begin{aligned}\int_{-a}^{a} f(x)\mathrm{d}x&=\int_{-a}^{0} f(x)\mathrm{d}x+\int_{0}^{a} f(x)\mathrm{d}x=\int_{0}^{a} f(x)\mathrm{d}x+\int_{0}^{a} f(x)\mathrm{d}x \\ &=2\int_{0}^{a} f(x)\mathrm{d}x\end{aligned}$$

利用上例的结论，常可简化计算奇、偶函数在对称区间上的定积分.

【例 3-46】 求$\int_{-1}^{1} \frac{1+x}{1+x^{2}}\mathrm{d}x$.

解　由于在$[-1, 1]$上，$\frac{1}{1+x^{2}}$是偶函数，而$\frac{x}{1+x^{2}}$是奇函数，所以

$$\begin{aligned}\int_{-1}^{1} \frac{1+x}{1+x^{2}}\mathrm{d}x&=\int_{-1}^{1} \frac{1}{1+x^{2}}\mathrm{d}x+\int_{-1}^{1} \frac{x}{1+x^{2}}\mathrm{d}x \\ &=2\int_{0}^{1} \frac{1}{1+x^{2}}\mathrm{d}x=2\arctan x\Big|_{0}^{1}=2\left(\frac{\pi}{4}-0\right)=\frac{\pi}{2}\end{aligned}$$

3. 分部积分法

设函数 $u(x)$、$v(x)$ 在区间$[a,b]$上具有连续的导数 $u'(x)$、$v'(x)$，则由乘积的微分公式

$$d(uv)=v\mathrm{d}u+u\mathrm{d}v$$

两端求定积分，得
$$\int_a^b d(uv)=\int_a^b v\mathrm{d}u+\int_a^b u\mathrm{d}v$$

即
$$\int_a^b u\mathrm{d}v=uv\big|_a^b-\int_a^b v\mathrm{d}u$$

这就是定积分的分部积分公式.

【例 3-47】 求$\int_1^{e}\ln x\,\mathrm{d}x$.

解 直接利用分部积分法，得

$$\int_1^{e}\ln x\,\mathrm{d}x=x\ln x\big|_1^{e}-\int_1^{e}x\,\mathrm{d}(\ln x)=e-\int_1^{e}x\times\frac{1}{x}\mathrm{d}x=e-e+1=1$$

【例 3-48】 求$\int_0^{\frac{1}{\sqrt{2}}}\arcsin x\,\mathrm{d}x$.

解 $$\int_0^{\frac{1}{\sqrt{2}}}\arcsin x\,\mathrm{d}x=x\arcsin x\big|_0^{\frac{1}{\sqrt{2}}}-\int_0^{\frac{1}{\sqrt{2}}}x\,\mathrm{d}(\arcsin x)$$

$$=\frac{1}{\sqrt{2}}\times\frac{\pi}{4}-\int_0^{\frac{1}{\sqrt{2}}}\frac{x}{\sqrt{1-x^2}}\mathrm{d}x=\frac{\sqrt{2}\pi}{8}+\int_0^{\frac{1}{\sqrt{2}}}\frac{\mathrm{d}(1-x^2)}{2\sqrt{1-x^2}}$$

$$=\frac{\sqrt{2}\pi}{8}+\sqrt{1-x^2}\bigg|_0^{\frac{1}{\sqrt{2}}}=\frac{\sqrt{2}\pi}{8}+\frac{\sqrt{2}}{2}-1$$

有时需要先"凑微分"或换元，再用分部积分公式.

【例 3-49】 求$\int_0^1 x\mathrm{e}^{2x}\mathrm{d}x$.

解 $$\int_0^1 x\mathrm{e}^{2x}\mathrm{d}x=\frac{1}{2}\int_0^1 x\,\mathrm{d}\mathrm{e}^{2x}=\frac{1}{2}\left(x\mathrm{e}^{2x}\big|_0^1-\int_0^1\mathrm{e}^{2x}\mathrm{d}x\right)$$

$$=\frac{1}{2}\left(\mathrm{e}^2-\frac{1}{2}\mathrm{e}^{2x}\bigg|_0^1\right)=\frac{1}{4}(\mathrm{e}^2+1)$$

【例 3-50】 求$\int_0^1\mathrm{e}^{\sqrt{x}}\mathrm{d}x$.

解 令 $\sqrt{x}=t$，则 $x=t^2$，$\mathrm{d}x=2t\mathrm{d}t$，且当 $x=0$ 时，$t=0$，当 $x=1$ 时，$t=1$. 于是

$$\int_0^1\mathrm{e}^{\sqrt{x}}\mathrm{d}x=\int_0^1\mathrm{e}^t 2t\,\mathrm{d}t=2\int_0^1 t\mathrm{e}^t\mathrm{d}t=2\int_0^1 t\,\mathrm{d}\mathrm{e}^t$$

$$=2\left(t\mathrm{e}^t\big|_0^1-\int_0^1\mathrm{e}^t\mathrm{d}t\right)=2(\mathrm{e}-\mathrm{e}^t\big|_0^1)=2$$

习 题 3-2

1. 利用定积分的几何意义(即用几何方法计算带正负号的面积)计算下列定积分.

(1) $\int_1^2 2x\,\mathrm{d}x$；　(2) $\int_0^1\sqrt{1-x^2}\,\mathrm{d}x$；

(3) $\int_0^1\mathrm{d}x$；　(4) $\int_2^4(2x+1)\mathrm{d}x$.

2. 根据定积分的性质进行判断，下列哪一个积分的值较大?

(1) $\int_0^1 x^2\mathrm{d}x$ 和$\int_0^1 x^3\mathrm{d}x$；　(2) $\int_1^2 x^2\mathrm{d}x$ 和$\int_1^2 x^3\mathrm{d}x$；

(3) $\int_1^2 \ln x\,\mathrm{d}x$ 和 $\int_1^2 (\ln x)^2\,\mathrm{d}x$； (4) $\int_0^1 x\,\mathrm{d}x$ 和 $\int_0^1 \ln(1+x)\,\mathrm{d}x$；

(5) $\int_0^1 \mathrm{e}^x\,\mathrm{d}x$ 和 $\int_0^1 (1+x)\,\mathrm{d}x$.

3. 估计下列各积分的值.

(1) $\int_1^3 (x^2+1)\,\mathrm{d}x$； (2) $\int_{\frac{\pi}{4}}^{\frac{5}{4}\pi} (1+\sin^2 x)\,\mathrm{d}x$；

(3) $\int_{\frac{1}{\sqrt{3}}}^{\sqrt{3}} \arctan x\,\mathrm{d}x$； (4) $\int_0^2 \mathrm{e}^x\,\mathrm{d}x$.

4. 设 $f(x)$ 及 $g(x)$ 在$[a,b]$上连续，证明：若在$[a,b]$上 $f(x)\geqslant 0$ 且 $\int_a^b f(x)\,\mathrm{d}x=0$，则在$[a,b]$上 $f(x)\equiv 0$.

5. 设函数 $f(x)=\int_0^x \sin t\,\mathrm{d}t$，求 $f'(0)$ 及 $f'\left(\frac{\pi}{3}\right)$.

6. 计算下列导数.

(1) $\frac{\mathrm{d}}{\mathrm{d}x}\int_3^x \sin^3 t\,\mathrm{d}t$； (2) $\frac{\mathrm{d}}{\mathrm{d}x}\int_0^{x^2} \sqrt{1+t^3}\,\mathrm{d}t$；

(3) $\frac{\mathrm{d}}{\mathrm{d}x}\int_x^{x^2} \frac{\mathrm{d}t}{\sqrt{1+t^3}}$； (4) $\frac{\mathrm{d}}{\mathrm{d}x}\int_{\sin x}^{2\cos x} \mathrm{e}^{t^3}\,\mathrm{d}t$.

7. 求下列极限.

(1) $\lim\limits_{x\to 0}\frac{\int_0^x \cos t^2\,\mathrm{d}t}{2x}$； (2) $\lim\limits_{x\to 0}\frac{\left(\int_0^x \mathrm{e}^{t^2}\,\mathrm{d}t\right)^2}{\int_0^x t\,\mathrm{e}^{2t^2}\,\mathrm{d}t}$.

8. 计算下列各定积分.

(1) $\int_0^1 (5x^3+3x^2-2x+7)\,\mathrm{d}x$； (2) $\int_1^3 \left(x^3-\frac{1}{x^5}\right)\mathrm{d}x$；

(3) $\int_4^9 \sqrt{x}\,(2+\sqrt{x})\,\mathrm{d}x$； (4) $\int_1^{\sqrt{3}} \frac{\mathrm{d}x}{1+x^2}$；

(5) $\int_{-\frac{1}{2}}^{\frac{1}{2}} \frac{x\,\mathrm{d}x}{\sqrt{1-x^2}}$； (6) $\int_0^2 |2x-1|\,\mathrm{d}x$.

9. 设 $f(x)=\begin{cases}2x, & 0\leqslant x\leqslant 1\\ 5, & 1<x\leqslant 2\end{cases}$，求 $\int_0^2 f(x)\,\mathrm{d}x$.

10. 计算下列定积分.

(1) $\int_0^1 \frac{1}{1+\sqrt{x}}\,\mathrm{d}x$； (2) $\int_1^2 \frac{1}{\sqrt{x}+\sqrt[3]{x}}\,\mathrm{d}x$；

(3) $\int_0^1 \frac{x}{\sqrt{5-4x}}\,\mathrm{d}x$； (4) $\int_1^2 t\,\mathrm{e}^{-\frac{t^2}{2}}\,\mathrm{d}t$；

(5) $\int_1^{\mathrm{e}^2} \frac{1}{x\sqrt{1+\ln x}}\,\mathrm{d}x$； (6) $\int_0^{\pi} \sqrt{1+\cos 2x}\,\mathrm{d}x$.

11. 利用被积函数的奇偶性计算下列积分.

(1) $\int_{-\pi}^{\pi} x^4 \sin 2x\,\mathrm{d}x$； (2) $\int_{-\frac{1}{2}}^{\frac{1}{2}} \frac{(\arcsin x)^2}{\sqrt{1-x^2}}\,\mathrm{d}x$.

12. 计算下列定积分.

(1) $\int_0^1 x\,\mathrm{e}^{-x}\,\mathrm{d}x$； (2) $\int_1^{\mathrm{e}} x\ln x\,\mathrm{d}x$；

(3) $\int_{\frac{\pi}{4}}^{\frac{\pi}{3}} \frac{x}{\sin^2 x}\,\mathrm{d}x$； (4) $\int_1^4 \frac{\ln x}{\sqrt{x}}\,\mathrm{d}x$；

(5) $\int_0^1 \arcsin x\,dx$；　　　　(6) $\int_0^1 e^{\sqrt{x}}\,dx$.

3.3 定积分的几何应用

1. 平面图形的面积

根据定积分的几何意义，可以求出下面几类平面图形的面积.

1) 由曲线 $y=f(x)$，直线 $x=a$、$x=b$ 以及 x 轴所围成的平面图形的面积.

① 若 $f(x)\geqslant 0$(见图 3-12)，其面积为

$$S=\int_a^b f(x)\,dx$$

② 若 $f(x)\leqslant 0$(见图 3-13)，其面积为

$$S=-\int_a^b f(x)\,dx$$

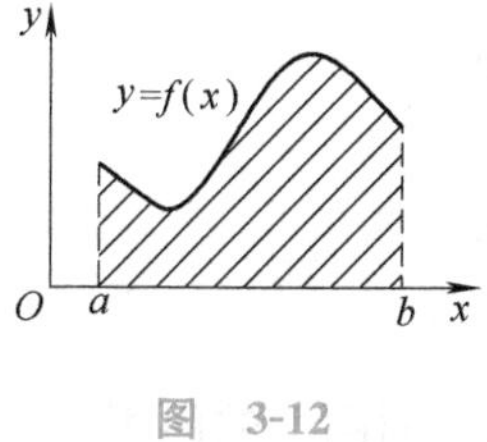

图 3-12

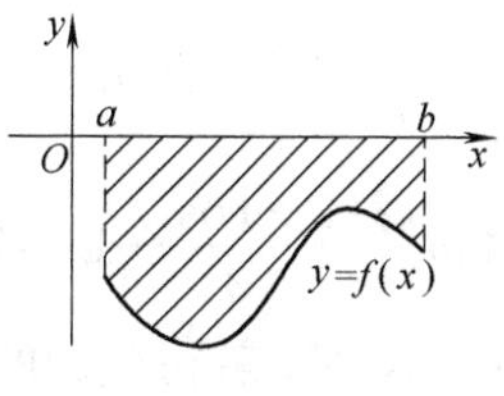

图 3-13

③ 若在区间$[a, b]$上 $f(x)$ 取值既有正又有负(见图 3-14)，则其面积为

$$S=\int_a^c f(x)\,dx-\int_c^d f(x)\,dx+\int_d^b f(x)\,dx$$

综上所述，由曲线 $y=f(x)$，直线 $x=a$、$x=b$ 以及 x 轴所围成的平面图形的面积为

$$S=\int_a^b |f(x)|\,dx$$

2) 由曲线 $y=f(x)$、$y=g(x)$ 直线 $x=a$、$x=b$ 以及 x 轴所围成的平面图形的面积.

现假设曲线 $y=f(x)$ 位于曲线 $y=g(x)$ 的上方(见图 3-15)，则其面积为

$$S=\int_a^b [f(x)-g(x)]\,dx=\int_a^b f(x)\,dx-\int_a^b g(x)\,dx.$$

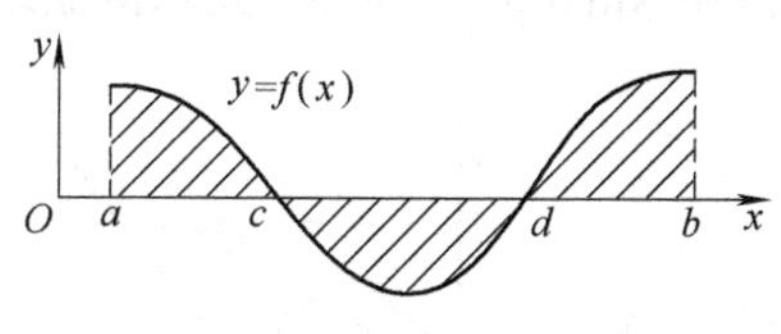

图 3-14

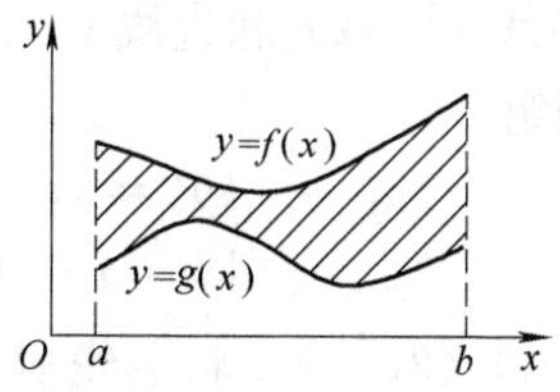

图 3-15

3) 由曲线 $x=\varphi(y)$、$x=\Phi(y)$ 以及直线 $y=a$、$y=b$ 所围成的平面图形(见图 3-16，此时假定曲线 $x=\varphi(y)$ 位于曲线 $x=\Phi(y)$ 的右侧) 的面积为

$$S=\int_a^b [\varphi(y)-\Phi(y)]\,dy=\int_a^b \varphi(y)\,dy-\int_a^b \Phi(y)\,dy$$

【例 3-51】　求椭圆 $\frac{x^2}{a^2}+\frac{y^2}{b^2}=1$ 的面积.

解　利用对称性(见图 3-17)，只要求出椭圆在第一象限内的面积，然后乘以 4 即可.

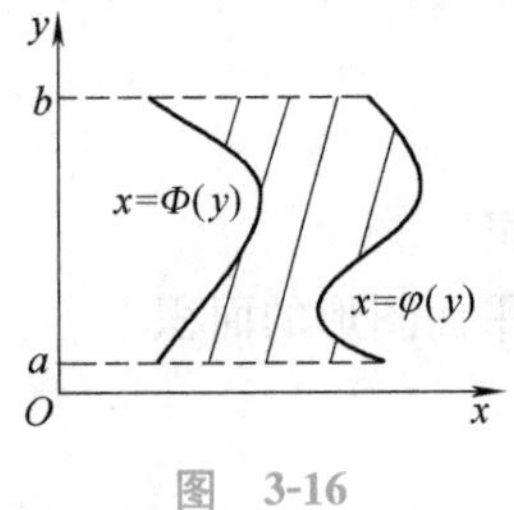

图　3-16

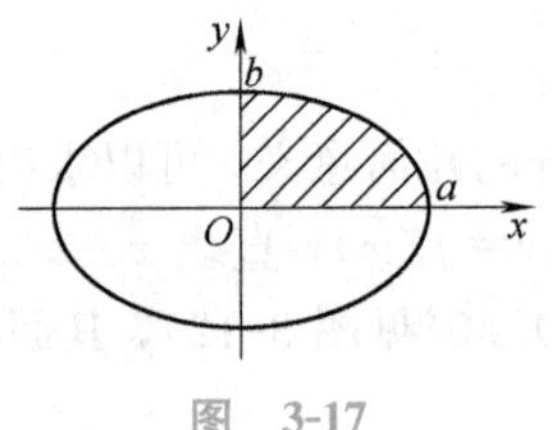

图　3-17

由 $\frac{x^2}{a^2}+\frac{y^2}{b^2}=1$ 解出 $y=\frac{b}{a}\sqrt{a^2-x^2}$ (因为只考虑第一象限，所以开方取正值)，因而所求面积为

$$S=4\int_0^a \frac{b}{a}\sqrt{a^2-x^2}\,\mathrm{d}x$$

利用换元法，令 $x=a\sin t$，得

$$S=4\int_0^a \frac{b}{a}\sqrt{a^2-x^2}\,\mathrm{d}x=\frac{4b}{a}\int_0^{\frac{\pi}{2}} a\cdot\cos t\,\mathrm{d}(a\sin t)=4ab\int_0^{\frac{\pi}{2}}\cos^2 t\,\mathrm{d}t$$

$$=4ab\int_0^{\frac{\pi}{2}}\frac{1+\cos 2t}{2}\mathrm{d}t=2ab\left(\frac{\pi}{2}+\frac{1}{2}\sin 2t\Big|_0^{\frac{\pi}{2}}\right)=\pi ab$$

特别地，当 $a=b=R$ 时，就得到圆的面积为 πR^2.

【例 3-52】　求由曲线 $y^2=ax$ 和 $ay=x^2(a>0)$ 所围成的平面图形的面积.

解　由曲线 $y^2=ax$ 和 $ay=x^2$ 所围成的平面图形如图 3-18 所示，先求两曲线的交点，即解方程组

$$\begin{cases}y^2=ax\\ay=x^2\end{cases}$$

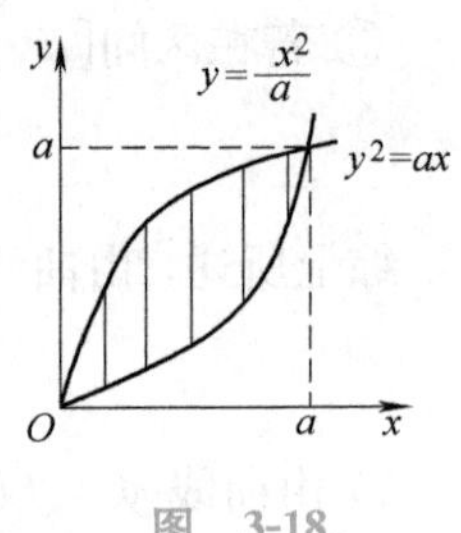

图　3-18

得交点为(0，0)、(a，a). 将 $y^2=ax$ 变形为 $y=\sqrt{ax}$，则所求图形的面积为

$$S=\int_0^a\left(\sqrt{ax}-\frac{x^2}{a}\right)\mathrm{d}x=\sqrt{a}\int_0^a x^{\frac{1}{2}}\,\mathrm{d}x-\frac{1}{a}\int_0^a x^2\,\mathrm{d}x$$

$$=\sqrt{a}\times\frac{2}{3}x^{\frac{3}{2}}\Big|_0^a-\frac{1}{a}\times\frac{1}{3}x^3\Big|_0^a=\frac{a^2}{3}$$

【例 3-53】　求由曲线 $y^2=2x$ 和直线 $y=x-4$ 所围成的平面图形的面积.

解　由曲线 $y^2=2x$ 和直线 $y=x-4$ 所围成的平面图形如图 3-19 所示，先求两曲线的交点，即解方程组

$$\begin{cases}y^2=2x\\y=x-4\end{cases}$$

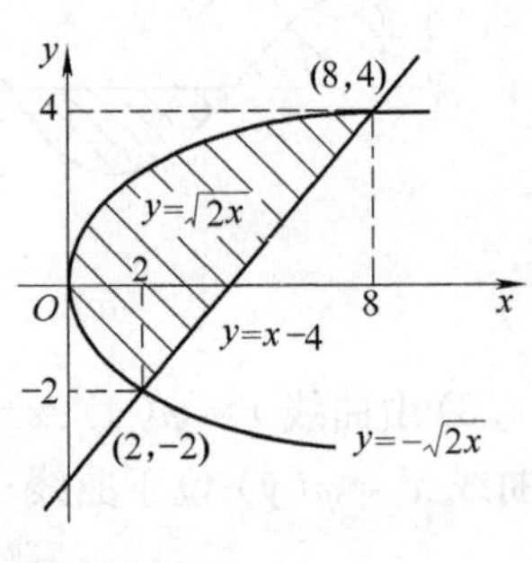

图　3-19

得交点为 (8，4)、(2，−2). 将曲线 $y^2=2x$ 变形为 $y=\pm\sqrt{2x}$，则所求平面图形的面积为

$$S=\int_0^2[\sqrt{2x}-(-\sqrt{2x})]\mathrm{d}x+\int_2^8[\sqrt{2x}-(x-4)]\mathrm{d}x$$

$$=2\sqrt{2}\times\frac{2}{3}x^{\frac{3}{2}}\Big|_0^2+\sqrt{2}\times\frac{2}{3}x^{\frac{3}{2}}\Big|_2^8-\frac{1}{2}(x-4)^2\Big|_2^8$$

$$=18$$

如果把该平面图形视为以 y 轴为底的曲边梯形，则所求平面图形的面积为

$$S=\int_{-2}^{4}\left[(y+4)-\frac{y^2}{2}\right]dy=\left(\frac{y^2}{2}+4y-\frac{1}{6}y^3\right)\Big|_{-2}^{4}=18$$

显然，后一解法要比前一解法简单得多．此例说明，在求平面图形的面积时，应注意适当地选择使用公式，可能会使解法简便.

2. 旋转体的体积

设立体是以连续曲线 $y=f(x)$，直线 $x=a$、$x=b$ 以及 x 轴所围成的曲边梯形绕 x 轴旋转一周而形成的，称之为旋转体(见图 3-20)．为了求得旋转体的体积，对区间 $[a, b]$ 进行划分，分点分别为

$$a=x_0<x_1<\cdots<x_{n-1}<x_n=b$$

这些点将区间 $[a, b]$ 分为 n 个小区间，同时将整个曲边梯形分成 n 个小曲边梯形，从而整个旋转体的体积是由 n 个小曲边梯形绕 x 轴旋转一周所形成的所有小旋转体的体积之和．记第 $i(i=1, 2, \cdots, n)$ 个小区间的长度为 Δx_i，在第 i 个小区间上任取一点 ξ_i，将该小区间上曲边梯形形成的旋转体近似看作以 $f(\xi_i)$ 为半径，Δx_i 为高的小圆柱体，其体积为 $\Delta V_i=\pi f^2(\xi_i)\Delta x_i(i=1, 2, \cdots, n)$，所以整个旋转体体积的近似值为

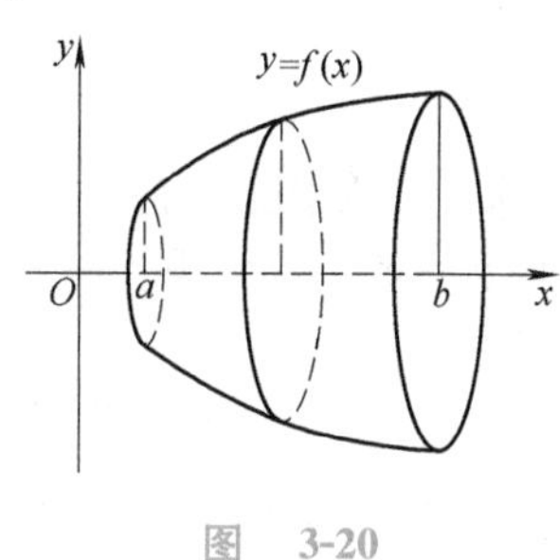

图 3-20

$$V\approx\sum_{i=1}^{n}\Delta V_i=\sum_{i=1}^{n}\pi f^2(\xi_i)\Delta x_i$$

设 $\lambda=\max\limits_{1\leqslant i\leqslant n}(\Delta x_i)$，令 $\lambda\to 0$，取极限，则可得到旋转体体积的准确值，即

$$V=\lim_{\lambda\to 0}\sum_{i=1}^{n}\pi f^2(\xi_i)\Delta x_i=\int_a^b\pi f^2(x)dx$$

这就是平面图形绕 x 轴旋转一周所形成的旋转体的体积公式.

类似地，可以得到由连续曲线 $x=\varphi(y)$，直线 $y=a$、$y=b$ 以及 y 轴所围成的曲边梯形绕 y 轴旋转而形成的旋转体的体积为

$$V=\int_a^b\pi\varphi^2(y)dy$$

【例 3-54】 求椭圆 $\frac{x^2}{a^2}+\frac{y^2}{b^2}=1$ 分别绕 x 轴和 y 轴所形成的旋转体的体积.

解 利用对称性，只需求出椭圆第一象限部分绕 x 轴形成的旋转体的体积，然后乘以 2 即可，即

$$V_x=2\int_0^a\pi y^2dx=2\pi\int_0^a b^2\left(1-\frac{x^2}{a^2}\right)dx=2\pi b^2\left(x-\frac{1}{3a^2}x^3\right)\Big|_0^a$$

$$=\frac{4}{3}\pi ab^2$$

绕 y 轴时

$$V_y=2\int_0^a\pi x^2dy=2\pi\int_0^b a^2\left(1-\frac{y^2}{b^2}\right)dy=2\pi a^2\left(y-\frac{1}{3b^2}y^3\right)\Big|_0^b$$

$$=\frac{4}{3}\pi a^2b$$

特别地，如果 $a=b=R$，则得到球的体积为 $\frac{4}{3}\pi R^3$.

【例 3-55】 求抛物线 $y=x^2$ 与 $y^2=x$ 所围成的平面图形(见图 3-21)绕 x 轴所形成的旋转体的体积.

解　先求出两条曲线的交点为 (0，0) 和(1，1)，图形中，下抛物线的方程为 $y=y_1(x)=x^2$，上抛物线的方程为 $y=y_2(x)=\sqrt{x}$，所求体积是这两条抛物线在 x 轴的[0，1] 区间上所围成的曲边梯形绕 x 轴所形成的旋转体的体积之差，于是所求体积为

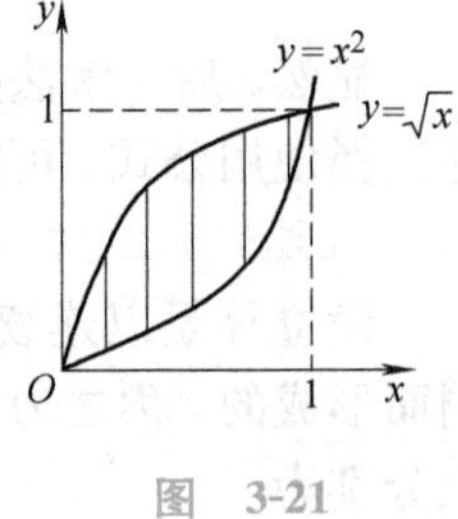

图　3-21

$$V=\int_0^1 \pi y_2^2 \mathrm{d}x-\int_0^1 \pi y_1^2 \mathrm{d}x=\pi\left(\int_0^1 x \mathrm{d}x-\int_0^1 x^4 \mathrm{d}x\right)$$

$$=\pi\left(\frac{1}{2}x^2-\frac{1}{5}x^5\right)\Bigg|_0^1=\frac{3\pi}{10}$$

习　题　3-3

1. 求由下列曲线围成的平面图形的面积.

(1) $y=\mathrm{e}^x$，$x=1$ 和 $x=2$；

(2) $y=1+\ln x$，$y=1$ 和 $y=4$；

(3) $x^2+y^2=4$，$x=-1$ 和 $x=1$；

(4) $y=\sin x$，$x=-\dfrac{\pi}{4}$ 和 $x=\dfrac{\pi}{2}$.

2. 求由抛物线 $(y-1)^2=2x$ 与直线 $x=2$ 所围成的平面图形的面积.

3. 求曲线 $y=\cos x\,(0\leqslant x\leqslant \pi)$ 与 x 轴所围成的图形面积.

4. 求由抛物线 $y^2=2x$ 及直线 $x=2$ 所围成的平面图形绕 x 轴旋转所得旋转体的体积.

5. 求由曲线 $x^2+(y-5)^2=16$ 围成的图形分别绕 x 轴和 y 轴旋转形成的旋转体的体积.

3.4　广义积分

前面所讨论的定积分，要求积分区间是有限的，且被积函数在该区间内是有界的．但是，在一些实际问题中，还会遇到无限区间上的积分或无界函数的积分．对于这些积分，需要把积分的区间推广到无限区间或者被积函数推广为无界函数，这样的积分不是通常意义下的定积分，所以称它们为广义积分.

1. 无穷区间上的广义积分

先看一个例子.

【例 3-56】 求曲线 $y=\mathrm{e}^{-x}$ 与 y 轴以及 x 正半轴所夹图形(见图 3-22) 的面积.

解　在$[0，+\infty)$ 上任取一点 $b\,(b>0)$，则由曲线 $y=\mathrm{e}^{-x}$ 以及直线 $x=0$、$x=b$、$y=0\,(x>0)$ 所围成的曲边梯形的面积为

$$A(b)=\int_0^b \mathrm{e}^{-x}\mathrm{d}x=-\mathrm{e}^{-x}\Big|_0^b=1-\mathrm{e}^{-b}$$

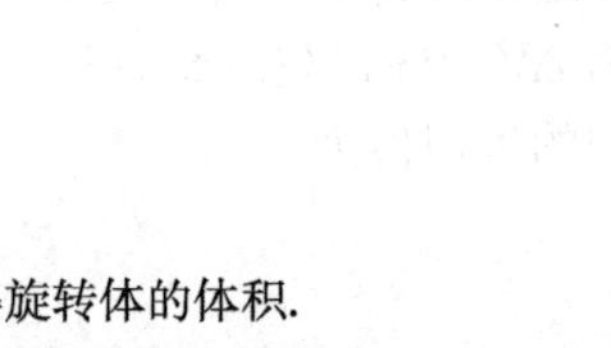

图　3-22

显而易见，上式不是所要求的面积．但是当 $b\,(b>0)$ 非常大时，$A(b)=1-\mathrm{e}^{-b}$ 近似等于所求图形的面积．为了得到所要求的面积，在上式中令 $b\to+\infty$，取极限，则该极限值即为所求面积的精确值，即所求面积为

$$A=\lim_{b\to+\infty}A(b)=\lim_{b\to+\infty}(1-\mathrm{e}^{-b})=1$$

上例中，我们把定积分$\int_0^b \mathrm{e}^{-x}\mathrm{d}x$ 当$b\to+\infty$时的极限称为函数$y=\mathrm{e}^{-x}$ 在区间$[0，+\infty)$上的广

义积分，其几何意义是图 3-22 中阴影部分的面积．下面给出区间$[a,+\infty)$上广义积分的定义.

定义 3-4　设函数 $f(x)$ 在区间$[a,+\infty)$上连续，任取 $b>a$，如果极限

$$\lim_{b\to+\infty}\int_a^b f(x)\mathrm{d}x$$

存在，则称此极限值为函数 $f(x)$ 在无穷区间$[a,+\infty)$上的广义积分，记为$\int_a^{+\infty}f(x)\mathrm{d}x$，即

$$\int_a^{+\infty}f(x)\mathrm{d}x=\lim_{b\to+\infty}\int_a^b f(x)\mathrm{d}x$$

类似地，可以定义函数 $f(x)$ 在区间$(-\infty,b]$和$(-\infty,+\infty)$上的广义积分.

$$\int_{-\infty}^b f(x)\mathrm{d}x=\lim_{a\to-\infty}\int_a^b f(x)\mathrm{d}x\quad(\text{任给 } a<b);$$

$$\int_{-\infty}^{+\infty}f(x)\mathrm{d}x=\int_{-\infty}^c f(x)\mathrm{d}x+\int_c^{+\infty}f(x)\mathrm{d}x.$$

其中，任给 $c\in(-\infty,+\infty)$.

对于上述几种广义积分，如果极限存在，则称相应的广义积分收敛;反之，则称相应的广义积分发散.

【例 3-57】 求$\int_0^{+\infty}\frac{1}{1+x^2}\mathrm{d}x$.

解 $\int_0^{+\infty}\frac{1}{1+x^2}\mathrm{d}x=\arctan x\Big|_0^{+\infty}=\lim\limits_{x\to+\infty}\arctan x-\arctan 0=\frac{\pi}{2}$

【例 3-58】 求$\int_0^{+\infty}x\mathrm{e}^{-x^2}\mathrm{d}x$.

解 $\int_0^{+\infty}x\mathrm{e}^{-x^2}\mathrm{d}x=-\frac{1}{2}\int_0^{+\infty}\mathrm{e}^{-x^2}\mathrm{d}(-x^2)=-\frac{1}{2}\mathrm{e}^{-x^2}\Big|_0^{+\infty}$

$$=\lim_{x\to+\infty}\left(-\frac{1}{2}\mathrm{e}^{-x^2}\right)+\frac{1}{2}=\frac{1}{2}$$

【例 3-59】 求$\int_0^{+\infty}\frac{x}{1+x^2}\mathrm{d}x$.

解 $\int_0^{+\infty}\frac{x}{1+x^2}\mathrm{d}x=\frac{1}{2}\int_0^{+\infty}\frac{1}{1+x^2}\mathrm{d}(1+x^2)=\frac{1}{2}\ln(1+x^2)\Big|_0^{+\infty}$

$$=\frac{1}{2}\lim_{x\to+\infty}\ln(1+x^2)=+\infty$$

【例 3-60】 试求当 α 取什么值时积分$\int_1^{+\infty}\frac{1}{x^\alpha}\mathrm{d}x$ 收敛？取什么值时发散？

解 当 $\alpha=1$ 时

$$\int_1^{+\infty}\frac{1}{x^\alpha}\mathrm{d}x=\int_1^{+\infty}\frac{1}{x}\mathrm{d}x=\ln x\Big|_1^{+\infty}=\lim_{x\to+\infty}\ln x-\ln 1=+\infty$$

当 $\alpha<1$ 时

$$\int_1^{+\infty}\frac{1}{x^\alpha}\mathrm{d}x=\frac{1}{1-\alpha}x^{1-\alpha}\Big|_1^{+\infty}=\frac{1}{1-\alpha}(\lim_{x\to+\infty}x^{1-\alpha}-1)=+\infty$$

当 $\alpha>1$ 时，有$\int_1^{+\infty}\frac{1}{x^\alpha}\mathrm{d}x=\frac{1}{1-\alpha}x^{1-\alpha}\Big|_1^{+\infty}=\frac{1}{1-\alpha}\times\frac{1}{x^{\alpha-1}}\Big|_1^{+\infty}=\frac{1}{\alpha-1}$

综上可得，广义积分$\int_1^{+\infty}\frac{1}{x^{\alpha}}\mathrm{d}x$当$\alpha>1$时收敛；当$\alpha\leqslant 1$时发散.

2. 无界函数的广义积分

定义 3-5　设函数$f(x)$在$[a,b)$上连续，而$\lim\limits_{x\to b^-}f(x)=\infty$. 任取$\varepsilon>0$，如果极限$\lim\limits_{\varepsilon\to 0^+}\int_a^{b-\varepsilon}f(x)\mathrm{d}x$存在，则称该极限值为函数$f(x)$在$[a,b)$上的广义积分，记为$\int_a^b f(x)\mathrm{d}x$，即

$$\int_a^b f(x)\mathrm{d}x=\lim_{\varepsilon\to 0^+}\int_a^{b-\varepsilon}f(x)\mathrm{d}x$$

类似地可以定义：设函数$y=f(x)$在$(a,b]$上连续，而$\lim\limits_{x\to a^+}f(x)=\infty$. 任取$\varepsilon>0$，如果极限$\lim\limits_{\varepsilon\to 0^+}\int_{a+\varepsilon}^{b}f(x)\mathrm{d}x$存在，则称该极限值为函数$f(x)$在$(a,b]$上的广义积分，记为$\int_a^b f(x)\mathrm{d}x$，即

$$\int_a^b f(x)\mathrm{d}x=\lim_{\varepsilon\to 0^+}\int_{a+\varepsilon}^{b}f(x)\mathrm{d}x$$

还可以定义：设函数$y=f(x)$在(a,b)内连续，而$\lim\limits_{x\to a^+}f(x)=\infty$，$\lim\limits_{x\to b^-}f(x)=\infty$. 任取$c\in(a,b)$，则

$$\int_a^b f(x)\mathrm{d}x=\int_a^c f(x)\mathrm{d}x+\int_c^b f(x)\mathrm{d}x$$

如果广义积分$\int_a^c f(x)\mathrm{d}x$和$\int_c^b f(x)\mathrm{d}x$都收敛，则称广义积分$\int_a^b f(x)\mathrm{d}x$收敛；如果广义积分$\int_a^c f(x)\mathrm{d}x$和$\int_c^b f(x)\mathrm{d}x$中至少有一个发散，则称广义积分$\int_a^b f(x)\mathrm{d}x$发散.

如果函数$f(x)$在$[a,b]$上，除了点$c\,(c\in(a,b))$外，在其他地方都是连续的，而在点c处有$\lim\limits_{x\to c}f(x)=\infty$，此时可以定义广义积分.

$$\int_a^b f(x)\mathrm{d}x=\int_a^c f(x)\mathrm{d}x+\int_c^b f(x)\mathrm{d}x$$

如果广义积分$\int_a^c f(x)\mathrm{d}x$和$\int_c^b f(x)\mathrm{d}x$都收敛，则称广义积分$\int_a^b f(x)\mathrm{d}x$收敛；如果广义积分$\int_a^c f(x)\mathrm{d}x$和$\int_c^b f(x)\mathrm{d}x$中至少有一个发散，则称广义积分$\int_a^b f(x)\mathrm{d}x$发散.

【例 3-61】　求$\int_0^1\frac{1}{\sqrt{1-x}}\mathrm{d}x$.

解　因为$\lim\limits_{x\to 1^-}\frac{1}{\sqrt{1-x}}=\infty$，所以$\int_0^1\frac{1}{\sqrt{1-x}}\mathrm{d}x$是广义积分.

$$\begin{aligned}\int_0^1\frac{1}{\sqrt{1-x}}\mathrm{d}x&=-2\int_0^1\frac{1}{2\sqrt{1-x}}\mathrm{d}(1-x)=-2\sqrt{1-x}\,\Big|_0^1\\&=-2\lim_{x\to 1^-}\sqrt{1-x}+2=2\end{aligned}$$

【例 3-62】　求$\int_0^1\frac{x}{\sqrt{1-x^2}}\mathrm{d}x$.

解　因为$\lim\limits_{x\to 1^-}\frac{x}{\sqrt{1-x^2}}=\infty$，所以$\int_0^1\frac{x}{\sqrt{1-x^2}}\mathrm{d}x$是广义积分.

$$\int_0^1 \frac{x}{\sqrt{1-x^2}}\mathrm{d}x = -\int_0^1 \frac{1}{2\sqrt{1-x^2}}\mathrm{d}(1-x^2) = -\sqrt{1-x^2}\Big|_0^1 = 1$$

【例 3-63】 证明:广义积分$\int_0^1 \frac{1}{x^p}\mathrm{d}x$ 当$p<1$时收敛;当$p\geqslant 1$时发散.

证 当$p=1$时,$\int_0^1 \frac{1}{x^p}\mathrm{d}x = \int_0^1 \frac{1}{x}\mathrm{d}x = \ln x\Big|_0^1 = \ln 1 - \lim\limits_{x\to 0^+}\ln x = +\infty$,从而当$p=1$时,广义积分$\int_0^1 \frac{1}{x^p}\mathrm{d}x$ 发散.

当$p>1$时,$\int_0^1 \frac{1}{x^p}\mathrm{d}x = \frac{1}{1-p}x^{1-p}\Big|_0^1 = \frac{1}{1-p}\left(1-\lim\limits_{x\to 0^+}\frac{1}{x^{p-1}}\right) = \infty$

当$p<1$时,$\int_0^1 \frac{1}{x^p}\mathrm{d}x = \frac{1}{1-p}x^{1-p}\Big|_0^1 = \frac{1}{1-p}(1-\lim\limits_{x\to 0^+}x^{1-p}) = \frac{1}{1-p}$

综上可得,广义积分$\int_0^1 \frac{1}{x^p}\mathrm{d}x$ 当$p<1$时收敛;当$p\geqslant 1$时发散.

习 题 3-4

1. 判断下列广义积分的敛散性,收敛的计算其值.

(1) $\int_0^{+\infty}\frac{1}{1+x^2}\mathrm{d}x$; (2) $\int_{\frac{2}{\pi}}^{+\infty}\frac{1}{x^2}\sin\frac{1}{x}\mathrm{d}x$;

(3) $\int_0^{+\infty}x\mathrm{e}^{-x^2}\mathrm{d}x$; (4) $\int_{-\infty}^{1}\mathrm{e}^x\mathrm{d}x$;

(5) $\int_{-\infty}^{0}\frac{2x}{1+x^2}\mathrm{d}x$; (6) $\int_0^1\frac{1}{\sqrt{x}}\mathrm{d}x$;

(7) $\int_0^1\ln x\,\mathrm{d}x$; (8) $\int_0^1\frac{x}{\sqrt{1-x^2}}\mathrm{d}x$;

(9) $\int_1^2\frac{1}{x\ln x}\mathrm{d}x$; (10) $\int_1^{\mathrm{e}}\frac{\mathrm{d}x}{x\sqrt{1-\ln^2 x}}$.

2. 当k为何值时,广义积分$\int_2^{+\infty}\frac{\mathrm{d}x}{x(\ln x)^k}$收敛?当$k$为何值时,这个广义积分发散?

3.5 微分方程初步

3.5.1 微分方程的概念

在自然科学和某些工程技术中,常常需要寻求有关变量之间的函数关系.然而在许多问题中,往往不能直接给出所寻求的函数关系,但却可以建立待求函数与其导数或微分之间的关系,这种关系就是微分方程.通过对这种关系的分析研究,求出未知函数,就是解微分方程.下面将介绍微分方程的一些基本概念、几种常用微分方程的解法及其简单应用.

【例 3-64】 求过点(1, 3)且切线斜率为$2x$的曲线方程.

解 设所求曲线的方程是$y=y(x)$,则根据题意知,$y=y(x)$应满足如下的关系

$$\begin{cases} y'=2x \\ y(1)=3 \end{cases}$$

这实际上就是一个微分方程,在$y'=2x$两端求不定积分,得到$y=x^2+C$为所求的曲线方

程．但这是一族曲线，注意到要求的函数还满足 $y(1)=3$，因此有 $3=1^2+C$，$C=2$，即所求的曲线方程为 $y=x^2+2$.

上例说明了用微分方程讨论问题的一般方法，下面介绍微分方程的一些基本概念.

定义 3-6　含有自变量、未知函数及未知函数的导数(或微分)的方程叫作微分方程.

需要指出的是，微分方程中未知函数或自变量可以不出现，但未知函数的导数(或微分)必须出现.

例如，$y'+2x=\cos x$，$y'+y=0$ 都是微分方程.

未知函数为一元函数的微分方程叫常微分方程，在不致引起混淆的情况下也简称微分方程．常微分方程的一般形式为

$$F(x,y,y',\cdots,y^{(n)})=0$$

微分方程中未知函数的导数的最高阶数，叫作微分方程的阶．例如，微分方程 $x^4y'''+xy''-4xy'+5x=0$ 是三阶微分方程.

凡满足微分方程 $F(x,y,y',\cdots,y^{(n)})=0$ 的函数 $y=y(x)$ 都称为微分方程的解．如果微分方程的解中含有独立的任意常数且其个数与微分方程的阶数相同，则称此解为微分方程的通解．例如，$y=x^2+C$ 为微分方程 $y'=2x$ 的通解．按照问题给定的条件，由通解确定出任意常数的值后得到的解(这时解中不含有任意常数) 称为微分方程的特解．例如，$y=x^2+2$ 为微分方程 $\begin{cases} y'=2x \\ y(1)=3 \end{cases}$ 的特解，其中 $y(1)=3$ 称为初始条件．通常称带有初始条件的微分方程的求解问题为初值问题．例如，例 3-64 就是初值问题.

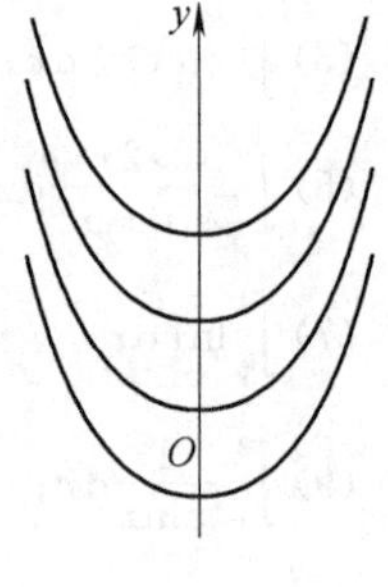

图　3-23

通解是一族函数，其图形是一族曲线，称为微分方程的积分曲线族．特解是通解中满足初始条件的一个函数，其图形是积分曲线族中一条特定的曲线．例如，$y=x^2+C$ 是一族抛物线(见图 3-23)，而特解 $y=x^2+2$ 所对应的是其中的一条曲线.

研究微分方程主要解决两个问题：① 建立微分方程，即根据实际问题列出含有未知函数的导数(或微分) 的关系式；②求解微分方程，即由微分方程解出未知函数，本节只讨论一阶微分方程中常见的解法及应用.

3.5.2　可分离变量的微分方程

1. 可分离变量的微分方程

可分离变量的微分方程

如果一个一阶微分方程 $F(x,y,y')=0$ 可以等价地表达成

$$\frac{\mathrm{d}y}{\mathrm{d}x}=f(x)g(y) \text{ 或 } \Phi(x)\mathrm{d}x=\psi(y)\mathrm{d}y$$

的形式，则称该微分方程为可分离变量的微分方程．这类微分方程在分离变量的基础上，只需在方程两边直接求积分，就可以得到通解：

$$\int\Phi(x)\mathrm{d}x=\int\psi(y)\mathrm{d}y+C$$

【例 3-65】　解微分方程 $\dfrac{\mathrm{d}y}{\mathrm{d}x}=-\dfrac{y}{x}$.

解　这是可分离变量的微分方程，分离变量 $\dfrac{\mathrm{d}y}{y}=-\dfrac{\mathrm{d}x}{x}$，两端积分，得

$$\ln y=-\ln x+\ln C,\ \ln y+\ln x=\ln C,\text{ 即}$$

$$xy=C \text{ 或 } y=\frac{C}{x} \text{为所求通解.}$$

【例 3-66】 解微分方程 $\frac{dy}{dx}=-\frac{x}{y}$.

解 这是可分离变量的微分方程，分离变量 $y\,dy=-x\,dx$，两端积分，得 $\frac{y^2}{2}=-\frac{x^2}{2}+C_1$，即 $x^2+y^2=C(C=2C_1)$ 为所求通解.

可以看出，这个微分方程的通解是以隐函数形式给出的.

【例 3-67】 设放在某介质中的物体(自身不能发热)其温度降低的速度与物体对介质的温度差成正比．已知物体开始时温度为100℃，介质的温度始终是20℃，经过20min后此物体温度降为60℃，问该物体的温度随时间变化的规律如何?

解 设在时刻 t 物体的温度为 $x(t)$，则由题意可以得到

$$-\frac{dx}{dt}=k(x-20)$$

这是可分离变量的微分方程，分离变量得 $\frac{dx}{x-20}=-k\,dt$，再两边积分，得 $\ln(x-20)=-kt+C_1$，即微分方程的通解为 $x=20+Ce^{-kt}(C=e^{C_1})$，将 $t=0$、$x=100$ 代入通解，得 $C=80$，故物体的温度随时间变化的规律可以表达为

$$x=80e^{-kt}+20$$

2. 齐次微分方程

如果一个一阶微分方程 $F(x, y, y')=0$ 可以等价地表达成

$$\frac{dy}{dx}=f\left(\frac{y}{x}\right)$$

的形式，则称该微分方程为齐次微分方程．这类微分方程只要作变量替换 $u=\frac{y}{x}$，就可以化成可分离变量的微分方程了.

【例 3-68】 求微分方程 $\frac{dy}{dx}=\frac{y^2}{xy-x^2}$ 通解.

解 原方程可变形为 $\frac{dy}{dx}=\frac{\left(\frac{y}{x}\right)^2}{\frac{y}{x}-1}$，它是齐次微分方程类型，令 $u=\frac{y}{x}$，则 $y=ux$、$y'=u+u'x$，上述方程化为 $x\frac{du}{dx}=\frac{u^2}{u-1}-u$，$x\frac{du}{dx}=\frac{u}{u-1}$，这是一个可分离变量的微分方程，分离变量 $\frac{u-1}{u}du=\frac{dx}{x}$，两边积分得 $u-\ln u=\ln x+C_1$，经整理得到 $u=\ln xu+C_1$，即 $\frac{y}{x}=\ln\left(x\times\frac{y}{x}\right)+C_1$，得到通解为 $y=Ce^{\frac{y}{x}}(C=e^{-C_1})$.

【例 3-69】 求微分方程 $(y+\sqrt{x^2+y^2})dx-x\,dy=0(x>0)$ 通解.

解 在原方程两边同除以 x，方程化为 $\frac{dy}{dx}=\frac{y}{x}+\sqrt{1+\left(\frac{y}{x}\right)^2}$，这是齐次微分方程，令 $u=\frac{y}{x}$，则 $y=ux$，$y'=u+u'x$，于是上述方程化为 $x\frac{dy}{dx}+u=u+\sqrt{1+u^2}$，这是可分离变量的

方程，分离变量得$\frac{du}{\sqrt{1+u^2}}=\frac{dx}{x}$，两边积分，得$\ln(u+\sqrt{1+u^2})=\ln x+\ln C$，$u+\sqrt{1+u^2}=Cx$，将$u=\frac{y}{x}$代入，得到原方程通解为$y+\sqrt{x^2+y^2}=Cx^2$.

3.5.3 一阶线性微分方程

形如$y'+p(x)y=q(x)$的微分方程，称为一阶线性微分方程.

一阶线性微分方程根据$q(x)$的取值情况可以分为两类：当$q(x)\equiv 0$时，方程$y'+p(x)y=0$称为一阶线性齐次微分方程；当$q(x)\neq 0$时，方程$y'+p(x)y=q(x)$称为一阶线性非齐次微分方程.

下面先讨论一阶线性齐次微分方程的解．一阶线性齐次微分方程实质上是可分离变量的微分方程，将其分离变量，得

$\frac{1}{y}dy=-p(x)dx$，两端积分，得$\ln y=-\int p(x)dx+\ln C$，即

$y=Ce^{-\int p(x)dx}$为一阶线性齐次微分方程通解.

对于一阶线性非齐次微分方程，一般采用所谓的常数变易法求其通解．当$q(x)=0$时，微分方程的通解形式为$y=Ce^{-\int p(x)dx}$；当$q(x)\neq 0$时，猜测微分方程的解应该有如下的形式$y=C(x)e^{-\int p(x)dx}$，即任意常数C变为了函数．将该解形式代入原微分方程，确定出待定函数$C(x)$，进而求得微分方程通解．具体求解过程如下：

设一阶线性非齐次微分方程$y'+p(x)y=q(x)$的通解为$y=C(x)e^{-\int p(x)dx}$，将其代入原微分方程，得

$C'(x)e^{-\int p(x)dx}-C(x)e^{-\int p(x)dx}\cdot p(x)+p(x)C(x)e^{-\int p(x)dx}=q(x)$，即

$$C'(x)e^{-\int p(x)dx}=q(x),\ C'(x)=q(x)e^{\int p(x)dx}$$

积分得到
$$C(x)=\int q(x)e^{\int p(x)dx}dx+C$$

于是一阶线性非齐次微分方程$y'+p(x)y=q(x)$的通解为

$$\begin{aligned}y&=e^{-\int p(x)dx}\left[\int q(x)e^{\int p(x)dx}dx+C\right]\\&=Ce^{-\int p(x)dx}+e^{-\int p(x)dx}\int q(x)e^{\int p(x)dx}dx\end{aligned}$$

可以看出，上式的第一项对应一阶线性齐次微分方程的通解，第二项对应一阶线性非齐次微分方程的一个特解．这就是说，一阶线性非齐次微分方程的通解是由其所对应的齐次微分方程的通解与其自身的一个特解的和构成.

【例3-70】 求解微分方程$\frac{dy}{dx}+xy=0$.

解法1　这是一阶线性齐次微分方程，也是可分离变量的微分方程，分离变量，得$\frac{dy}{y}=-x\,dx$，两端积分，$\ln y=-\frac{x^2}{2}+\ln C$，通解为$y=Ce^{-\frac{x^2}{2}}$.

解法2　直接利用一阶线性齐次微分方程通解公式，得到通解为

$$y=Ce^{-\int p(x)dx}=Ce^{-\int x dx}=Ce^{-\frac{x^2}{2}}$$

【例 3-71】 求解微分方程 $\frac{\mathrm{d}y}{\mathrm{d}x}+3y=\mathrm{e}^{2x}$.

解法 1 这是一阶线性非齐次微分方程，可以用常数变易法求通解．先求其对应的齐次方程 $\frac{\mathrm{d}y}{\mathrm{d}x}+3y=0$ 的通解：分离变量 $\frac{\mathrm{d}y}{y}=-3\mathrm{d}x$，再积分得到齐次微分方程通解为 $y=C\mathrm{e}^{-3x}$，因此可设原微分方程的解的形式为 $y=C(x)\mathrm{e}^{-3x}$，将其代入原微分方程，得 $C'(x)\mathrm{e}^{-3x}-C(x)\times 3\mathrm{e}^{-3x}+3C(x)\mathrm{e}^{-3x}=\mathrm{e}^{2x}$，即

$C'(x)=\mathrm{e}^{5x}$，积分得 $C(x)=\frac{1}{5}\mathrm{e}^{5x}+C$，于是得到原微分方程通解为

$$y=\left(\frac{1}{5}\mathrm{e}^{5x}+C\right)\mathrm{e}^{-3x}=\frac{1}{5}\mathrm{e}^{2x}+C\mathrm{e}^{-3x}$$

解法 2 直接利用通解公式，此时 $p(x)=3$，$q(x)=\mathrm{e}^{2x}$，因此通解为

$$\begin{aligned}y&=C\mathrm{e}^{-\int p(x)\mathrm{d}x}+\mathrm{e}^{-\int p(x)\mathrm{d}x}\int q(x)\mathrm{e}^{\int p(x)\mathrm{d}x}\mathrm{d}x\\&=C\mathrm{e}^{-\int 3\mathrm{d}x}+\mathrm{e}^{-\int 3\mathrm{d}x}\int \mathrm{e}^{2x}\mathrm{e}^{\int 3\mathrm{d}x}\mathrm{d}x=\frac{1}{5}\mathrm{e}^{2x}+C\mathrm{e}^{-3x}\end{aligned}$$

【例 3-72】 某公司的年利润 L 随广告费 x 而变化，其变化率为 $\frac{\mathrm{d}L}{\mathrm{d}x}=5-2(L+x)$，且当 $x=0$ 时 $L=10$，求利润 L 与广告费 x 之间的函数关系.

解 由 $\frac{\mathrm{d}L}{\mathrm{d}x}=5-2(L+x)$ 得到微分方程 $\frac{\mathrm{d}L}{\mathrm{d}x}+2L=5-2x$，这是一阶线性非齐次微分方程，此时 $p(x)=2$，$q(x)=5-2x$，利用通解公式得通解为

$$\begin{aligned}L&=\mathrm{e}^{-\int 2\mathrm{d}x}\left[\int(5-2x)\mathrm{e}^{\int 2\mathrm{d}x}\mathrm{d}x+C\right]=\mathrm{e}^{-2x}(3\mathrm{e}^{2x}-x\mathrm{e}^{2x}+C)\\&=3-x+C\mathrm{e}^{-2x}\end{aligned}$$

由 $x=0$ 时 $L=10$，得 $C=7$，因此利润 L 与广告费 x 之间的函数关系为

$$L(x)=3-x+7\mathrm{e}^{-2x}$$

习 题 3-5

1. 求下列微分方程通解.

(1) $y'=2xy^2$； (2) $y^2\mathrm{d}x=x^2\mathrm{d}y$；

(3) $x^2y'=(x-1)y$； (4) $2x\sqrt{1-y^2}\mathrm{d}x+y\mathrm{d}y=0$.

2. 求解下列初值问题.

(1) $y'\sin^2x=y\ln y$，$y\left(\frac{\pi}{4}\right)=\mathrm{e}$； (2) $\begin{cases}\frac{\mathrm{d}y}{\mathrm{d}x}=-\frac{x^2}{y^2}.\\ y|_{x=1}=2\end{cases}$

3. 求下列微分方程通解.

(1) $(x+y)\mathrm{d}x+x\mathrm{d}y=0$； (2) $\frac{\mathrm{d}y}{\mathrm{d}x}=\frac{y}{y+x}$；

(3) $x\frac{\mathrm{d}y}{\mathrm{d}x}-y-\sqrt{x^2+y^2}=0$； (4) $xy'+y=2\sqrt{xy}$.

4. 求下列微分方程通解.

(1) $y'+2xy=x\mathrm{e}^{-x^2}$； (2) $y'-\frac{2x}{1+x^2}y=1+x^2$；

(3) $y'\cos x+y\sin x=1$；　　(4) $y'-\dfrac{y}{x}=1$.

5. 求下列初值问题的解.

(1) $y'-y=\mathrm{e}^x$，$y(0)=1$；　　(2) $y'+\dfrac{y}{x}=\dfrac{\sin x}{x}$，$y(\pi)=1$.

复习题 3

1. 不计算积分直接比较下列各组积分值的大小.

(1) $\int_0^1 x\,\mathrm{d}x$ 与 $\int_0^1 x^2\,\mathrm{d}x$；　　(2) $\int_2^4 x\,\mathrm{d}x$ 与 $\int_2^4 x^2\,\mathrm{d}x$；

(3) $\int_0^1 \mathrm{e}^x\,\mathrm{d}x$ 与 $\int_0^1 \mathrm{e}^{x^2}\,\mathrm{d}x$；　　(4) $-\int_{-\frac{\pi}{2}}^0 \sin x\,\mathrm{d}x$ 与 $\int_0^{\frac{\pi}{2}} \sin x\,\mathrm{d}x$.

2. 利用定积分的几何意义，计算下列积分.

(1) $\int_{-1}^1 f(x)\mathrm{d}x$，其中 $f(x)=\begin{cases}1+x, & -1\leqslant x<0\\ \sqrt{1-x^2}, & 0\leqslant x\leqslant 1\end{cases}$；

(2) $\int_0^3 |2-x|\,\mathrm{d}x$.

3. 完成下列各题.

(1) 设 $F(x)=\int_x^2 \sqrt{3+t^2}\,\mathrm{d}t$，求 $F'(1)$；　　(2) 求 $\lim\limits_{x\to 0}\dfrac{\int_0^x \sin t\,\mathrm{d}t}{\int_0^x t\,\mathrm{d}t}$；

(3) 设 $F(x)=\int_0^{x^2} \sqrt{1+t^2}\,\mathrm{d}t$，求 $F'(x)$；　　(4) 设 $F(x)=\int_{x^2}^{x^3} \mathrm{e}^t\,\mathrm{d}t$，求 $F'(x)$.

4. 计算下列定积分.

(1) $\int_1^{\sqrt{\mathrm{e}}} \dfrac{1}{x}\mathrm{d}x$；　　(2) $\int_{\frac{1}{\sqrt{3}}}^{\sqrt{3}} \dfrac{1}{1+x^2}\mathrm{d}x$；

(3) $\int_0^1 \dfrac{1}{9x^2+6x+1}\mathrm{d}x$；　　(4) $\int_0^2 (4-2x)(4-x^2)\mathrm{d}x$；

(5) $\int_0^{\frac{\pi}{2}} \sin x\cos^3 x\,\mathrm{d}x$；　　(6) $\int_0^{\frac{\pi}{4}} \tan^2 x\,\mathrm{d}x$；

(7) $\int_{\frac{\pi}{6}}^{\frac{\pi}{2}} \cos^2 x\,\mathrm{d}x$；　　(8) $\int_0^{\pi} (1-\sin^3 x)\mathrm{d}x$；

(9) $\int_{-1}^1 \dfrac{\mathrm{e}^x}{\mathrm{e}^x+1}\mathrm{d}x$；　　(10) $\int_0^{\pi} \cos^2 \dfrac{x}{2}\mathrm{d}x$.

5. 计算下列定积分.

(1) $\int_1^5 \dfrac{\sqrt{x-1}}{x}\mathrm{d}x$；　　(2) $\int_0^4 \dfrac{1}{1+\sqrt{u}}\mathrm{d}u$；

(3) $\int_0^1 \dfrac{x^2}{(1+x^2)^3}\mathrm{d}x$；　　(4) $\int_0^1 \dfrac{1}{\sqrt{x+1}+\sqrt{(x+1)^3}}\mathrm{d}x$；

(5) $\int_0^a x^2\sqrt{a^2-x^2}\,\mathrm{d}x$；　　(6) $\int_0^1 (1+x^2)^{-\frac{3}{2}}\mathrm{d}x$；

(7) $\int_1^2 \dfrac{\sqrt{x^2-1}}{x}\mathrm{d}x$；　　(8) $\int_0^1 x\mathrm{e}^{-x}\,\mathrm{d}x$；

(9) $\int_{\frac{\pi}{4}}^{\frac{\pi}{3}} \dfrac{x}{\sin^2 x}\mathrm{d}x$；　　(10) $\int_1^4 \dfrac{\ln x}{\sqrt{x}}\mathrm{d}x$；

(11) $\int_0^1 x\arctan x\,\mathrm{d}x$；　　(12) $\int_0^{\frac{\pi}{2}} \mathrm{e}^{2x}\cos x\,\mathrm{d}x$；

(13) $\int_1^2 x\log_2 x\,\mathrm{d}x$；　(14) $\int_0^{\pi}(x\sin x)^2\,\mathrm{d}x$；

(15) $\int_1^{\mathrm{e}}\sin(\ln x)\,\mathrm{d}x$；　(16) $\int_{\frac{1}{\mathrm{e}}}^{\mathrm{e}}|\ln x|\,\mathrm{d}x$；

(17) $\int_1^{\mathrm{e}^2}\frac{1}{x\sqrt{1+\ln x}}\mathrm{d}x$；　(18) $\int_0^{\sqrt{\ln 2}}x^3\mathrm{e}^{x^2}\,\mathrm{d}x$；

(19) $\int_0^{\mathrm{e}-1}\ln(x+1)\,\mathrm{d}x$；　(20) $\int_0^{\frac{\sqrt{3}}{2}}\arccos x\,\mathrm{d}x$.

6. 求由下列曲线所围成的平面图形的面积.

(1) $xy=2$，$y=x$，$x=4$；

(2) $y=x$，$y=x-4$，$y=1$，$y=2$；

(3) $y=\mathrm{e}^x$，$y=\mathrm{e}^{-x}$，$x=1$；

(4) $y=\ln x$，$x=0$，$y=\ln a$，$y=\ln b$ $(b>a>0)$；

(5) $y=x^2$，$y=2x^2$，$y=1$.

7. 求曲线 $y=\sin x$ 与 $y=\cos x$ 所围的介于 $x=0$ 与 $x=2\pi$ 之间图形的面积.

8. 求抛物线 $y^2=2px\,(p>0)$ 与其在点 $\left(\frac{p}{2},\ p\right)$ 处的法线所围的图形的面积.

9. 计算下列平面图形分别绕 x 轴及 y 轴所得旋转体的体积.

(1) 曲线 $y=\sqrt{x}$ 与直线 $x=2$，$y=0$ 所围成的图形.

(2) 曲线 $y=x^2$ 与 $y^2=x$ 所围成的图形.

(3) 曲线 $y=x^3$ 与直线 $x=2$，$y=0$ 所围成的图形.

(4) 曲线 $xy=3$ 与直线 $x+y=4$ 所围成的图形.

(5) 曲线 $x^2+y^2=1$ 与 $y^2=\frac{3}{2}x$ 所围成的较小的一个图形.

10. 设曲线方程为 $y=cx^2$(c 为常数)，试在 a 与 b 之间找一点 ξ，使在该点两边阴影部分面积相等(见图 3-24).

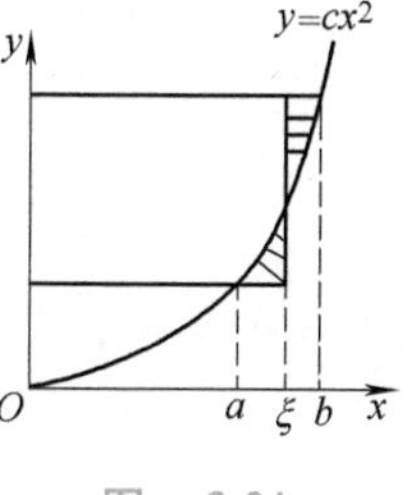

图 3-24

11. 求由曲线 $y=\cos x-\sin x\left(0\leqslant x\leqslant\frac{\pi}{4}\right)$ 与 x 轴围成平面图形绕 x 轴旋转所成旋转体的体积.

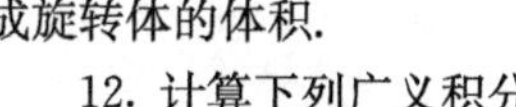

12. 计算下列广义积分.

(1) $\int_1^{+\infty}\frac{\mathrm{d}x}{x^3}$；　(2) $\int_{-\infty}^{+\infty}\mathrm{e}^{-|x|}\,\mathrm{d}x$；

(3) $\int_{\frac{2}{\pi}}^{+\infty}\frac{1}{x^2}\sin\frac{1}{x}\mathrm{d}x$；　(4) $\int_0^{+\infty}\mathrm{e}^{-\sqrt{x}}\,\mathrm{d}x$；

(5) $\int_0^{+\infty}x\mathrm{e}^{-x}\,\mathrm{d}x$；　(6) $\int_2^{+\infty}\frac{\mathrm{d}x}{x(\ln x)^k}\,(k>1)$；

(7) $\int_{-\infty}^{+\infty}\frac{1}{a^2+x^2}\mathrm{d}x\,(a>0)$；　(8) $\int_{-\infty}^{-1}\frac{1}{x^2(x^2+1)}\mathrm{d}x$.

13. 计算下列广义积分.

(1) $\int_0^1\ln x\,\mathrm{d}x$；　(2) $\int_{-1}^1\frac{1}{\sqrt{1-x^2}}\mathrm{d}x$；

(3) $\int_0^1\ln\frac{1}{1-x^2}\mathrm{d}x$；　(4) $\int_0^1\frac{\arcsin x}{\sqrt{1-x^2}}\mathrm{d}x$；

(5) $\int_1^{\mathrm{e}}\frac{\mathrm{d}x}{x\sqrt{1-(\ln x)^2}}$；　(6) $\int_0^1 x\ln x\,\mathrm{d}x$；

(7) $\int_0^1\frac{1}{(1-x)^2}\mathrm{d}x$；　(8) $\int_{-2}^{-1}\frac{\mathrm{d}x}{x\sqrt{x^2-1}}\mathrm{d}x$.

14. 求下列微分方程通解.

(1) $y' = e^{2x-y}$；　　(2) $y' - y\sin x = 0$；

(3) $y\ln y\mathrm{d}x + x\ln x\mathrm{d}y = 0$；　　(4) $\dfrac{\mathrm{d}y}{\mathrm{d}x} + \dfrac{e^{y^2+3x}}{y} = 0$；

(5) $y' = e^{-\frac{y}{x}} + \dfrac{y}{x}$；　　(6) $xyy' - x^2y' = y^2$；

(7) $xy' = y + x\ln x$；　　(8) $y' + y\cos x = e^{-\sin x}$.

15. 求解下列初值问题.

(1) $\dfrac{\mathrm{d}y}{\mathrm{d}x} = -x\sqrt{y}$，$y\big|_{x=0} = 1$；　　(2) $y' + y\cos x = \sin x\cos x$，$y\big|_{x=0} = 1$；

(3) $(1+e^x)y' = ye^x$，$y\big|_{x=0} = 1$；　　(4) $2xy\mathrm{d}x + (1+x^2)\mathrm{d}y = 0$，$y\big|_{x=1} = 3$.

16. 已知曲线过点$\left(1,\dfrac{1}{3}\right)$，且在曲线上任意一点的切线斜率等于自原点到该切线的连线斜率的两倍，求此曲线方程.

17. 一曲线通过原点且曲线上任意一点处的切线斜率为 $2x + y$，求此曲线方程.

第 4 章　行列式与克莱姆法则

行列式是线性代数中的一个重要研究对象，是一个有用的数学工具，不但在数学的各个领域中，而且在其他各学科中都会经常用到它．本章主要介绍行列式的定义、性质及其计算方法，还将介绍用 n 阶行列式求解线性方程组的克莱姆（Cramer）法则.

4.1 行列式的定义

4.1.1 二阶行列式

设二元线性方程组

$$\begin{cases} a_{11}x_1 + a_{12}x_2 = b_1 \\ a_{21}x_1 + a_{22}x_2 = b_2 \end{cases} \tag{4-1}$$

其中，a_{11}，a_{12}，a_{21}，a_{22}，b_1，b_2 为常数，x_1，x_2 是未知量．

若 $a_{11}a_{22}-a_{12}a_{21}\neq 0$，可以利用消元法求解方程组．首先消去 x_2，用 a_{22} 乘第一式、a_{12} 乘第二式，然后两式相减，得

$$(a_{11}a_{22}-a_{12}a_{21})x_1 = a_{22}b_1 - a_{12}b_2$$

同样，消去未知量 x_1，得

$$(a_{11}a_{22}-a_{12}a_{21})x_2 = a_{11}b_2 - a_{21}b_1$$

则

$$x_1 = \frac{a_{22}b_1 - a_{12}b_2}{a_{11}a_{22}-a_{12}a_{21}}, \quad x_2 = \frac{a_{11}b_2 - a_{21}b_1}{a_{11}a_{22}-a_{12}a_{21}} \tag{4-2}$$

引进符号 D，记

$$D = \begin{vmatrix} a_{11} & a_{12} \\ a_{21} & a_{22} \end{vmatrix} = a_{11}a_{22}-a_{12}a_{21} \tag{4-3}$$

叫作二阶行列．二阶行列式有两行、两列，行列式中的数称为行列式的元素．元素 a_{ij} 的第一个下标 i 称为行标，表明该元素位于第 i 行，第二个下标 j 称为列标，表明该元素位于第 j 列．例如，元素 a_{21} 就是位于行列式中第二行与第一列交叉点处的元素．二阶行列式是两项的代数和，其值是从左上角到右下角的连线上两元素的乘积，减去从右上角到左下角的连线上两元素的乘积（见图 4-1）. 行列式中从左上角到右下角各元素所构成的对角线称为行列式的主对角线，在图 4-1 中用实线表示；从右上角到左下角各元素所构成的对角线称为行列式的次对角线，在图 4-1 中用虚线表示．

$$\begin{vmatrix} a_{11} & a_{12} \\ a_{21} & a_{22} \end{vmatrix}$$

图 4-1

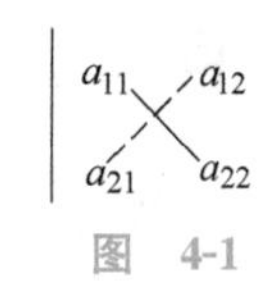

二元线性方程组（4-1）的解是式（4-2）. 根据二阶行列式的定义，该式中的分子、分母分别为

$$D=\begin{vmatrix} a_{11} & a_{12} \\ a_{21} & a_{22} \end{vmatrix}=a_{11}a_{22}-a_{12}a_{21}$$

$$D_1=\begin{vmatrix} b_1 & a_{12} \\ b_2 & a_{22} \end{vmatrix}=a_{22}b_1-a_{12}b_2$$

$$D_2=\begin{vmatrix} a_{11} & b_1 \\ a_{21} & b_2 \end{vmatrix}=a_{11}b_2-a_{21}b_1$$

于是，方程组（4-1）的解可以表示为

$$x_1=\frac{D_1}{D},\quad x_2=\frac{D_2}{D} \tag{4-4}$$

在式（4-4）中行列式 D 是由方程组（4-1）中未知量的系数按原来在方程中的位置组成的，称为系数行列式．而 D_1、D_2 是用方程组（4-1）中的常数项 b_1、b_2 分别代替系数行列式 D 中对应的未知量所在列的结果．这样二元线性方程组的求解问题，便可转化为二阶行列式的计算问题，故此解线性方程组的方法称为行列式解法．

【例 4-1】 用行列式解线性方程组

$$\begin{cases} 2x+3y=7 \\ 3x-4y=2 \end{cases}$$

解 由于 $D=\begin{vmatrix} 2 & 3 \\ 3 & -4 \end{vmatrix}=-8-9=-17$

$$D_1=\begin{vmatrix} 7 & 3 \\ 2 & -4 \end{vmatrix}=-28-6=-34$$

$$D_2=\begin{vmatrix} 2 & 7 \\ 3 & 2 \end{vmatrix}=4-21=-17$$

利用公式（4-4）得

$$x=\frac{D_1}{D}=\frac{-34}{-17}=2,\quad y=\frac{D_2}{D}=\frac{-17}{-17}=1$$

故得到方程组的解为 $\begin{cases} x=2 \\ y=1 \end{cases}$

4.1.2 三阶行列式

类比二阶行列式的定义，可以定义三阶行列式.

定义 4-1 设有排成 3 行 3 列的 9 个数的数表

$$\begin{matrix} a_{11} & a_{12} & a_{13} \\ a_{21} & a_{22} & a_{23} \\ a_{31} & a_{32} & a_{33} \end{matrix}$$

记

$$D=\begin{vmatrix} a_{11} & a_{12} & a_{13} \\ a_{21} & a_{22} & a_{23} \\ a_{31} & a_{32} & a_{33} \end{vmatrix}=a_{11}a_{22}a_{33}+a_{12}a_{23}a_{31}+ a_{13}a_{21}a_{32}-a_{11}a_{23}a_{32}-a_{12}a_{21}a_{33}-a_{13}a_{22}a_{31} \tag{4-5}$$

称为三阶行列式．

上述定义表明三阶行列式含有 3 行、3 列，是 6 项的代数和．每一项均是不同行不同列的三个元素的乘积再冠以正负号，其规律遵循图 4-2 所示的对角线法则：三条实线看作是平行于主对角线的连线，实线上三元素的乘积冠以正号；三条虚线看作是平行于次对角线的连线，虚线上三元素的乘积冠以负号．

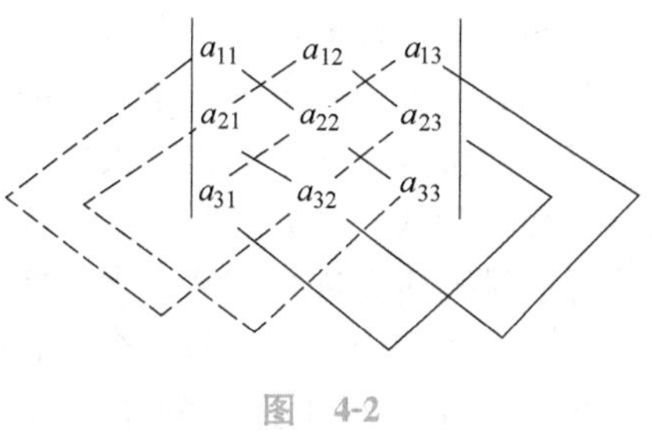

图 4-2

【例 4-2】 计算三阶行列式

$$D=\begin{vmatrix}1&1&2\\-1&2&-3\\1&0&5\end{vmatrix}$$

解 由三阶行列式的定义，按对角线法则有

$$D=\begin{vmatrix}1&1&2\\-1&2&-3\\1&0&5\end{vmatrix}=1\times2\times5+1\times(-3)\times1+(-1)\times0\times2-2\times2\times1-1\times(-1)\times 5-1\times(-3)\times0=10-3-4+5=8$$

【例 4-3】 求解方程

$$\begin{vmatrix}2&3&1\\1&2&x\\2&4&x^2\end{vmatrix}=0$$

解 方程左端的三阶行列式

$$D=4x^2+4+6x-4-3x^2-8x=x^2-2x$$

由 $x^2-2x=0$，解得 $x=2$ 或 $x=0$.

对角线法则只适用于二阶或三阶行列式，而四阶及更高阶行列式，必须定义 n 阶行列式才可以计算．

4.1.3 n 级排列及其奇偶性

为了给出 n 阶行列式的定义，先讨论 n 级排列的概念．

定义 4-2 将数 1，2，…，n 按一定的顺序排成一列，所构成的一个有序数组称为一个 n 级排列．

n 级排列的一般形式可以表示为 $i_1i_2\cdots i_n$，其中 i_1，i_2，…，i_n 分别为数 1，2，…，n 中的某一数，且互不相等．下标表示这 n 个数的次序，如 i_3 表示该排列中的第 3 个数．

例如，312 是一个 3 级排列，3421 是一个 4 级排列，31254 是一个 5 级排列；而 54341 这五个数中有两个 4，而没有 2，就不是一个排列．

容易知道，由 1，2，…，n 所组成的所有不同的 n 级排列共有 $n!$ 个，而在这 $n!$ 个不同的 n 级排列中，1，2，…，n 是唯一的一个按从小到大次序组成的排列，称为 n 级标准排列（也称自然顺序排列）．

设 $i_1i_2\cdots i_n$ 是一个排列，接下来研究这个排列要经过多少次相邻元素的调换可变为标准排列．

例如，排列 31425，将这个排列调换到标准排列 12345. 首先调换 1，它要经过 1 次相邻元素的调换，即将 3、1 互调，这样 1 就到首位．当 1 调到首位，将 4、2 互调，然后 3、2 互调，2 调到第 2 位，这时 3、4、5 已经是第三、四、五位．因此这个排列经过 3 次调换就得到标准排列 12345，容易看出这是原排列调换到标准排列所需的最少次数．

一般情形，设 $i_1i_2\cdots i_n$ 是 1，2，…，n 的一个排列，计算最少多少次相邻元素的调换，将排列调到 n 级标准排列．首先在排列中观察数 1 前面有几个数字，这个数目称为 1 的逆序数，其次观察数 2 的前面比 2 大的数字的个数，称为 2 的逆序数，……，数 i 的前面比 i 大的数字个数称为数 i 的逆序数．显而易见，排列 $i_1i_2\cdots i_n$ 中各数逆序的总数就是将排列 $i_1i_2\cdots i_n$ 变为标准排列所要进行相邻元素调换的最少次数．

在一个排列中，对任何两个数 i 和 j，如果 $i>j$，而 i 位于 j 的前面时，则称 i、j 构成一个逆序．一个排列中逆序的总数称为此排列的逆序数．n 级排列 $i_1i_2\cdots i_n$ 的逆序数，记作 τ $(i_1i_2\cdots i_n)$．逆序数为偶数的排列称为偶排列；逆序数为奇数的排列称为奇排列．

一般地，设 $i_1i_2\cdots i_n$ 是一个 n 级排列，则按定义有 $\tau(i_1i_2\cdots i_n)=(i_1$ 后面比 i_1 小的数的个数$)+(i_2$ 后面比 i_2 小的数的个数$)+\cdots+(i_{n-1}$后面比 i_{n-1}小的数的个数$)$．

例如，$\tau(4213)=3+1+0=4$，所以 4213 是一个偶排列．$\tau(31425)=2+0+1+0=3$，所以 31425 是一个奇排列．$\tau(12\cdots n)=0$，因此标准 n 级排列是偶排列．

【例 4-4】 求排列 34125 的逆序数．

解 数 1 的逆序数为 2，数 2 的逆序数为 2，而 3、4、5 不构成逆序，它们的逆序数为 0．因此该排列的逆序数 $\tau(34125)=4$，这是一个偶排列．

4.1.4 n 阶行列式的定义

n 阶行列式的定义

为了给出 n 阶行列式的定义，先来研究三阶行列式的结构．由式（4-5）可以看出，三阶行列式的每一项都是取自不同行与不同列元素的乘积，因此，三阶行列式中的任意一项如果先不考虑符号，都可以表示成 $a_{1i_1}a_{2i_2}a_{3i_3}$ 的形式．这里第一个下标排成标准排列 123，而第二个下标排成 $i_1i_2i_3$，它是 1、2、3 这三个数的某个排列．这样的排列共有 3！＝6 项，将它们按各项的符号分为两组按列标排列在下面：

$$123,\ 231,\ 312$$
$$132,\ 213,\ 321$$

通过计算可知，前三项排列都是偶排列，而后三项排列都是奇排列．因此各项所带的正负号可以统一表示成 $(-1)^\tau$，这里 τ 就是列标排列的逆序数．这样三阶行列式就可以表示成如下的形式：

$$\begin{vmatrix} a_{11} & a_{12} & a_{13} \\ a_{21} & a_{22} & a_{23} \\ a_{31} & a_{32} & a_{33} \end{vmatrix} = \sum(-1)^\tau a_{1i_1}a_{2i_2}a_{3i_3}$$

其中，τ 是排列 $i_1i_2i_3$ 的逆序数，$\sum$表示对 1、2、3 三个数的所有排列情况 $i_1i_2i_3$ 求和．

仿照三阶行列式的结构，可以把行列式推广到一般情形．

定义 4-3 设有 n^2 个元素，排成 n 行 n 列的数表：

$$\begin{matrix} a_{11} & a_{12} & \cdots & a_{1n} \\ a_{21} & a_{22} & \cdots & a_{2n} \\ \vdots & \vdots & & \vdots \\ a_{n1} & a_{n2} & \cdots & a_{nn} \end{matrix}$$

做表中所有不同行及不同列的 n 个元素的乘积，并冠以符号 $(-1)^\tau$，得到形如

$$(-1)^\tau a_{1i_1}a_{2i_2}\cdots a_{ni_n} \tag{4-6}$$

的项，其中 $i_1i_2\cdots i_n$ 是自然数 1，2，…，n 的一个排列，τ 是该排列的逆序数．显然这样的排

列共有 n! 个，所以形如式（4-6）的项共有 n! 项．所有这 n! 项的代数和

$$\sum(-1)^{\tau}a_{1i_1}a_{2i_2}\cdots a_{ni_n}$$

称为 n 阶行列式，记作

$$D=\begin{vmatrix} a_{11} & a_{12} & \cdots & a_{1n} \\ a_{21} & a_{22} & \cdots & a_{2n} \\ \vdots & \vdots & & \vdots \\ a_{n1} & a_{n2} & \cdots & a_{nn} \end{vmatrix}$$

特别规定：一阶行列式 $|a|$ 的值等于 a.

与二、三阶行列式一样，n 阶行列式中由元素 a_{11}，a_{22}，…，a_{nn} 所构成的对角线称为主对角线．主对角线以下（上）元素均为零的行列式称为上（下）三角行列式．

【例 4-5】 计算上三角行列式

$$D=\begin{vmatrix} a_{11} & a_{12} & a_{13} & \cdots & a_{1n} \\ 0 & a_{22} & a_{23} & \cdots & a_{2n} \\ 0 & 0 & a_{33} & \cdots & a_{3n} \\ \vdots & \vdots & \vdots & & \vdots \\ 0 & 0 & 0 & \cdots & a_{nn} \end{vmatrix}$$

行列式的计算——三角化法

解 行列式的每一项是取自数表中不同行及不同列的 n 个元素的乘积，由于 D 的第 1 列中除了 a_{11} 外，其余元素都为 0. 因此，欲要得到非 0 的项，第一列必选 a_{11}，在第二列中除了 a_{12}、a_{22} 外其余元素全为 0，但不能选 a_{12}（因为每一行只能选一个数），依此类推，第三列必选 a_{33}，……，第 n 列必选 a_{nn}. 因此所有 D 的 n! 项中，除了乘积 $a_{11}a_{22}\cdots a_{nn}$ 外，其余各项均为零．又因为 $\tau(12\cdots n)=0$. 所以 $D=a_{11}a_{22}\cdots a_{nn}$. 即上三角形行列式的值等于其主对角线上元素的乘积．同理可得，下三角形行列式的值也等于其主对角线元素的乘积．

习 题 4-1

1. 求下列行列式的值.

(1) $\begin{vmatrix} \cos\alpha & -\sin\alpha \\ \sin\alpha & \cos\alpha \end{vmatrix}$；　(2) $\begin{vmatrix} 1 & 2 & -4 \\ -2 & 2 & 1 \\ -3 & 4 & -2 \end{vmatrix}$；　(3) $\begin{vmatrix} 1 & 0 & -5 \\ -2 & 3 & 2 \\ 1 & -2 & 0 \end{vmatrix}$；

(4) $\begin{vmatrix} 1+a & 1 & 1 \\ 1 & 1+a & 1 \\ 1 & 1 & 1+a \end{vmatrix}$；　(5) $\begin{vmatrix} 1 & 1 & 1 \\ a & b & c \\ a^2 & b^2 & c^2 \end{vmatrix}$；

(6) $\begin{vmatrix} x & y & x+y \\ y & x+y & x \\ x+y & x & y \end{vmatrix}$；　(7) $\begin{vmatrix} -ab & ac & ae \\ bd & -cd & de \\ bf & cf & -ef \end{vmatrix}$；

(8) $\begin{vmatrix} 4 & 1 & 2 & 4 \\ 1 & 2 & 0 & 2 \\ 10 & 5 & 2 & 0 \\ 0 & 1 & 1 & 7 \end{vmatrix}$；　(9) $\begin{vmatrix} a & 0 & 0 & b \\ 0 & c & d & 0 \\ 0 & e & f & 0 \\ g & 0 & 0 & h \end{vmatrix}$.

2. 用行列式法解下列方程组.

(1) $\begin{cases} 4x+3y=5 \\ 3x+4y=6 \end{cases}$；　(2) $\begin{cases} 60x-20y-120=0 \\ -20x+80y+65=0 \end{cases}$；

(3) $\begin{cases}2x-3y=9k\\4x-y=8k\end{cases}$；　　(4) $\begin{cases}\dfrac{2}{3}x+\dfrac{1}{5}y=6\\\dfrac{1}{6}x-\dfrac{1}{2}y=-4\end{cases}$.

3. 验证下列等式.

(1) $\begin{vmatrix}a & b\\c & d\end{vmatrix}=\begin{vmatrix}a & c\\b & d\end{vmatrix}$；　　(2) $\begin{vmatrix}ka & kb\\c & d\end{vmatrix}=k\begin{vmatrix}a & b\\c & d\end{vmatrix}$；

(3) $\begin{vmatrix}a+x & b+y\\c & d\end{vmatrix}=\begin{vmatrix}a & b\\c & d\end{vmatrix}+\begin{vmatrix}x & y\\c & d\end{vmatrix}$.

4. 按自然数从小到大的标准顺序，求下列各排列的逆序数.

(1) 3　2　4　1　5；

(2) 4　1　3　2　6　5；

(3) 1　2　3　…　n；

(4) n　$(n-1)$　$(n-2)$　…　3　2　1；

(5) 1　3　…　$(2n-1)$　2　4　…　$2n$；

(6) 1　3　…　$(2n-1)$　$2n$　$(2n-2)$　…　2.

5. 写出四阶行列式中所有包含因子 $a_{11}a_{23}$ 的项.

6. 写出四阶行列式中所有包含因子 a_{32} 且带正号的项.

4.2 行列式的性质

直接从定义计算 n 阶行列式的值，计算量很大. 当 n 很大时，甚至是不可能的. 为了计算 n 阶行列式以及运用行列式这一工具，必须研究行列式的性质.

先引入 n 阶行列式的转置行列式的概念.

定义 4-4　将行列式 D 的行与相应的列互换后得到的行列式，称为行列式 D 的转置行列式，记作 D^{T}. 即若

$$D=\begin{vmatrix}a_{11} & a_{12} & \cdots & a_{1n}\\a_{21} & a_{22} & \cdots & a_{2n}\\\vdots & \vdots & & \vdots\\a_{n1} & a_{n2} & \cdots & a_{nn}\end{vmatrix},$$

则 D 的转置行列式 $D^{\mathrm{T}}=\begin{vmatrix}a_{11} & a_{21} & \cdots & a_{n1}\\a_{12} & a_{22} & \cdots & a_{n2}\\\vdots & \vdots & & \vdots\\a_{1n} & a_{2n} & \cdots & a_{nn}\end{vmatrix}$.

性质 1　行列式 D 与它的转置行列式 D^{T} 的值相等. 例如：

$$D=\begin{vmatrix}3 & 1 & -5\\0 & 2 & 3\\1 & -2 & 4\end{vmatrix}=55,\quad \text{而 } D^{\mathrm{T}}=\begin{vmatrix}3 & 0 & 1\\1 & 2 & -2\\-5 & 3 & 4\end{vmatrix}=55$$

由此性质可知，行列式中的行与列具有同等的地位，因此，行列式凡对行成立的性质对列也是成立的，反之亦然.

性质 2　若行列式有某一行（或列）的元素全为 0，则行列式的值为 0.

性质 3　若行列式的某一行（或列）的 n 个数有同一因数 k，那么 k 可提到行列式的

记号之外．或者说，以数 k 乘行列式某一行（或列）的所有元素，等于用 k 乘以这个行列式，即

$$\begin{vmatrix} a_{11} & a_{12} & \cdots & a_{1n} \\ \vdots & \vdots & & \vdots \\ ka_{i1} & ka_{i2} & \cdots & ka_{in} \\ \vdots & \vdots & & \vdots \\ a_{n1} & a_{n2} & \cdots & a_{nn} \end{vmatrix} = k \begin{vmatrix} a_{11} & a_{12} & \cdots & a_{1n} \\ \vdots & \vdots & & \vdots \\ a_{i1} & a_{i2} & \cdots & a_{in} \\ \vdots & \vdots & & \vdots \\ a_{n1} & a_{n2} & \cdots & a_{nn} \end{vmatrix}$$

例如：

$$D = \begin{vmatrix} 2\times 3 & 2\times 1 & 2\times(-5) \\ 0 & 2 & 3 \\ 1 & -2 & 4 \end{vmatrix} = 2\times \begin{vmatrix} 3 & 1 & -5 \\ 0 & 2 & 3 \\ 1 & -2 & 4 \end{vmatrix} = 2\times 55 = 110$$

性质 4　若行列式的某一行（或列）的 n 个数均为两个数之和，即

$$D = \begin{vmatrix} a_{11} & a_{12} & \cdots & a_{1n} \\ \vdots & \vdots & & \vdots \\ a_{i1}+a_{i1}' & a_{i2}+a_{i2}' & \cdots & a_{in}+a_{in}' \\ \vdots & \vdots & & \vdots \\ a_{n1} & a_{n2} & \cdots & a_{nn} \end{vmatrix}$$

则行列式的值等于两个行列式之和：

$$D = \begin{vmatrix} a_{11} & a_{12} & \cdots & a_{1n} \\ \vdots & \vdots & & \vdots \\ a_{i1} & a_{i2} & \cdots & a_{in} \\ \vdots & \vdots & & \vdots \\ a_{n1} & a_{n2} & \cdots & a_{nn} \end{vmatrix} + \begin{vmatrix} a_{11} & a_{12} & \cdots & a_{1n} \\ \vdots & \vdots & & \vdots \\ a_{i1}' & a_{i2}' & \cdots & a_{in}' \\ \vdots & \vdots & & \vdots \\ a_{n1} & a_{n2} & \cdots & a_{nn} \end{vmatrix}$$

性质 5　若将行列式的任意两行（或列）的位置调换，行列式的值将改变正负号．例如：

$$D = \begin{vmatrix} 0 & 2 & 3 \\ 3 & 1 & -5 \\ 1 & -2 & 4 \end{vmatrix} = -\begin{vmatrix} 3 & 1 & -5 \\ 0 & 2 & 3 \\ 1 & -2 & 4 \end{vmatrix} = -55$$

推论 1　若行列式中有两行（或两列）元素相同，则行列式的值等于零．

推论 2　若行列式中有两行（或两列）元素对应成比例，则行列式的值为零，即

$$D = \begin{vmatrix} a_{11} & a_{12} & \cdots & a_{1n} \\ \vdots & \vdots & & \vdots \\ a_{t1} & a_{t2} & \cdots & a_{tn} \\ \vdots & \vdots & & \vdots \\ ka_{t1} & ka_{t2} & \cdots & ka_{tn} \\ \vdots & \vdots & & \vdots \\ a_{n1} & a_{n2} & \cdots & a_{nn} \end{vmatrix} = k \begin{vmatrix} a_{11} & a_{12} & \cdots & a_{1n} \\ \vdots & \vdots & & \vdots \\ a_{t1} & a_{t2} & \cdots & a_{tn} \\ \vdots & \vdots & & \vdots \\ a_{t1} & a_{t2} & \cdots & a_{tn} \\ \vdots & \vdots & & \vdots \\ a_{n1} & a_{n2} & \cdots & a_{nn} \end{vmatrix} = k\times 0 = 0$$

性质 6　若将行列式的某一行（或列）元素的 k 倍，加到另一行（或列）的对应元素上，行列式的值不变，即

$$D=\begin{vmatrix} a_{11} & a_{12} & \cdots & a_{1n} \\ \vdots & \vdots & & \vdots \\ a_{t1} & a_{t2} & \cdots & a_{tn} \\ \vdots & \vdots & & \vdots \\ a_{s1} & a_{s2} & \cdots & a_{sn} \\ \vdots & \vdots & & \vdots \\ a_{n1} & a_{n2} & \cdots & a_{nn} \end{vmatrix}=\begin{vmatrix} a_{11} & a_{12} & \cdots & a_{1n} \\ \vdots & \vdots & & \vdots \\ a_{t1} & a_{t2} & \cdots & a_{tn} \\ \vdots & \vdots & & \vdots \\ ka_{t1}+a_{s1} & ka_{t2}+a_{s2} & \cdots & ka_{tn}+a_{sn} \\ \vdots & \vdots & & \vdots \\ a_{n1} & a_{n2} & \cdots & a_{nn} \end{vmatrix}.$$

在计算行列式时，为了便于检查，可以指明计算步骤．约定采用如下记号：用 $r_t \pm kr_s$ 表示在第 t 行元素上加上（减去）第 s 行对应元素的 k 倍；用 $c_t \pm kc_s$ 表示在第 t 列元素上加上（减去）第 s 列对应元素的 k 倍．

【例 4-6】 计算行列式 $D=\begin{vmatrix} a & b & c & d \\ a & d & c & b \\ c & d & a & b \\ c & b & a & d \end{vmatrix}$ 的值．

解 $D \xlongequal[r_3-r_4]{r_1-r_2} \begin{vmatrix} 0 & b-d & 0 & d-b \\ a & d & c & b \\ 0 & d-b & 0 & b-d \\ c & b & a & d \end{vmatrix} = -\begin{vmatrix} 0 & d-b & 0 & b-d \\ a & b & c & b \\ 0 & d-b & 0 & b-d \\ c & b & a & d \end{vmatrix} \xlongequal{r_1=r_3} 0$

【例 4-7】 计算行列式 $D=\begin{vmatrix} 1 & 2 & 1 & 3 \\ 0 & 2 & 3 & 2 \\ 2 & 0 & 0 & 10 \\ 4 & 8 & 8 & 18 \end{vmatrix}$．

解 $D \xlongequal[r_4-4r_1]{r_3-2r_1} \begin{vmatrix} 1 & 2 & 1 & 3 \\ 0 & 2 & 3 & 2 \\ 0 & -4 & -2 & 4 \\ 0 & 0 & 4 & 6 \end{vmatrix} \xlongequal{r_3+2r_2} \begin{vmatrix} 1 & 2 & 1 & 3 \\ 0 & 2 & 3 & 2 \\ 0 & 0 & 4 & 8 \\ 0 & 0 & 4 & 6 \end{vmatrix}$

$\xlongequal{r_4-r_3} \begin{vmatrix} 1 & 2 & 1 & 3 \\ 0 & 2 & 3 & 2 \\ 0 & 0 & 4 & 8 \\ 0 & 0 & 0 & -2 \end{vmatrix} = 1\times 2\times 4\times(-2) = -16$

习 题 4-2

1. 利用行列式性质计算．

(1) $\begin{vmatrix} a & 0 & c \\ a & b & 0 \\ 0 & b & c \end{vmatrix}$；　(2) $\begin{vmatrix} 1 & 1 & 1 \\ a & b & c \\ b+c & a+c & a+b \end{vmatrix}$；　(3) $\begin{vmatrix} a & 1 & 0 & 0 \\ -1 & b & 1 & 0 \\ 0 & -1 & c & 1 \\ 0 & 0 & -1 & d \end{vmatrix}$；

(4) $\begin{vmatrix} 3 & 1 & 1 & 1 \\ 1 & 3 & 1 & 1 \\ 1 & 1 & 3 & 1 \\ 1 & 1 & 1 & 3 \end{vmatrix}$；　(5) $\begin{vmatrix} 1+x & 1 & 1 & 1 \\ 1 & 1-x & 1 & 1 \\ 1 & 1 & 1+y & 1 \\ 1 & 1 & 1 & 1-y \end{vmatrix}$；

(6) $\begin{vmatrix} a^2 & (a+1)^2 & (a+2)^2 & (a+3)^2 \\ b^2 & (b+1)^2 & (b+2)^2 & (b+3)^2 \\ c^2 & (c+1)^2 & (c+2)^2 & (c+3)^2 \\ d^2 & (d+1)^2 & (d+2)^2 & (d+3)^2 \end{vmatrix}$.

2. 利用行列式性质证明下列等式.

(1) $\begin{vmatrix} a^2 & ab & b^2 \\ 2a & a+b & 2b \\ 1 & 1 & 1 \end{vmatrix}=(a-b)^3$;

(2) $\begin{vmatrix} a_1+b_1 & b_1+c_1 & c_1+a_1 \\ a_2+b_2 & b_2+c_2 & c_2+a_2 \\ a_3+b_3 & b_3+c_3 & c_3+a_3 \end{vmatrix}=2\begin{vmatrix} a_1 & b_1 & c_1 \\ a_2 & b_2 & c_2 \\ a_3 & b_3 & c_3 \end{vmatrix}$;

(3) $\begin{vmatrix} ax+by & ay+bz & az+bx \\ ay+bz & az+bx & ax+by \\ az+bx & ax+by & ay+bz \end{vmatrix}=(a^3+b^3)\begin{vmatrix} x & y & z \\ y & z & x \\ z & x & y \end{vmatrix}$;

(4) $\begin{vmatrix} 1+x_1y_1 & 1+x_1y_2 & \cdots & 1+x_1y_n \\ 1+x_2y_1 & 1+x_2y_2 & \cdots & 1+x_2y_n \\ \vdots & \vdots & & \vdots \\ 1+x_ny_1 & 1+x_ny_2 & \cdots & 1+x_ny_n \end{vmatrix}=0$.

行列式按行（列）展开定理

4.3 行列式按行(列)展开定理

4.2 节学习了行列式性质，可以看出，利用行列式的性质可以使行列式简化便于运算，但性质不能改变行列式的阶数．这种方法只适用于阶数较低的行列式，对于高阶行列式，有时运用行列式性质来计算还是比较困难的．在本节中，研究将高阶行列式转化为低阶行列式，给出行列式的展开定理，从而简化行列式的计算.

4.3.1 余子式与代数余子式

定义 4-5 在 n 阶行列式 D 中，将元素 a_{ij} 所在的行与列（即第 i 行与第 j 列）去掉，剩下的（$n-1$）阶行列式叫作元素 a_{ij} 的余子式，记为 M_{ij}．在余子式的前面冠以符号（$-1)^{i+j}$，所得到的行列式（$-1)^{i+j}M_{ij}$ 称为元素 a_{ij} 的代数余子式，记作 A_{ij}.

例如，$D=\begin{vmatrix} a_{11} & a_{12} & a_{13} & a_{14} \\ a_{21} & a_{22} & a_{23} & a_{24} \\ a_{31} & a_{32} & a_{33} & a_{34} \\ a_{41} & a_{42} & a_{43} & a_{44} \end{vmatrix}$ 中 a_{23} 的代数余子式 A_{23} 是四阶行列式 D 去掉第 2 行与第 3 列的元素后所剩下的三阶行列式，前面冠以符号（$-1)^{2+3}$，即

$$A_{23}=(-1)^{2+3}M_{23}=-M_{23}=-\begin{vmatrix} a_{11} & a_{12} & a_{14} \\ a_{31} & a_{32} & a_{34} \\ a_{41} & a_{42} & a_{44} \end{vmatrix}$$

4.3.2 行列式按行(列)展开定理

定理 4-1 n 阶行列式 D 等于其任一行（列）上所有元素与其对应的代数余子式乘积之

和，即

$$D=\begin{vmatrix} a_1 & a_{12} & \cdots & a_{1n} \\ \vdots & \vdots & & \vdots \\ a_{i1} & a_{i2} & \cdots & a_{in} \\ \vdots & \vdots & & \vdots \\ a_{n1} & a_{n2} & \cdots & a_{nn} \end{vmatrix}=a_{i1}A_{i1}+a_{i2}A_{i2}+\cdots+a_{in}A_{in}$$

$$=\sum_{k=1}^{n}a_{ik}A_{ik}\quad (i=1,\ 2,\ \cdots,\ n)$$

或

$$D=a_{1j}A_{1j}+a_{2j}A_{2j}+\cdots+a_{nj}A_{nj}$$

$$=\sum_{k=1}^{n}a_{kj}A_{kj}\quad (j=1,\ 2,\ \cdots,\ n)$$

上述定理提供了一个计算行列式的基本方法：应用行列式的性质，将行列式化简，使行列式的某一行或某一列中，尽可能多的元素为零，然后按该行（或列）展开，将高阶行列式化为低阶行列式来计算．

【例 4-8】 计算行列式 $D=\begin{vmatrix} 2 & 2 & 0 & 3 \\ 1 & 3 & 1 & -2 \\ 1 & 4 & 2 & -7 \\ -2 & 0 & 2 & -3 \end{vmatrix}$.

解 $$D=\begin{vmatrix} 2 & 2 & 0 & 3 \\ 1 & 3 & 1 & -2 \\ 1 & 4 & 2 & -7 \\ -2 & 0 & 2 & -3 \end{vmatrix}\xlongequal[r_1-2r_2]{\substack{r_4+r_1\\ r_3-r_2}}\begin{vmatrix} 0 & -4 & -2 & 7 \\ 1 & 3 & 1 & -2 \\ 0 & 1 & 1 & -5 \\ 0 & 2 & 2 & 0 \end{vmatrix}$$

$$=(-1)\begin{vmatrix} -4 & -2 & 7 \\ 1 & 1 & -5 \\ 2 & 2 & 0 \end{vmatrix}\xlongequal{c_1-c_2}(-1)\begin{vmatrix} -2 & -2 & 7 \\ 0 & 1 & -5 \\ 0 & 2 & 0 \end{vmatrix}$$

$$=2\begin{vmatrix} 1 & -5 \\ 2 & 0 \end{vmatrix}=20$$

【例 4-9】 证明范德蒙德（Van der Monde）行列式：

$$D_n=\begin{vmatrix} 1 & 1 & \cdots & 1 \\ x_1 & x_2 & \cdots & x_n \\ x_1^2 & x_2^2 & \cdots & x_n^2 \\ \vdots & \vdots & & \vdots \\ x_1^{n-1} & x_2^{n-1} & \cdots & x_n^{n-1} \end{vmatrix}=\prod_{1\leqslant j<i\leqslant n}(x_i-x_j) \tag{4-7}$$

其中，记号“∏”表示全体同类因子的乘积．

证 用数学归纳法．因为

$$D_2=\begin{vmatrix} 1 & 1 \\ x_1 & x_2 \end{vmatrix}=x_2-x_1=\prod_{1\leqslant j<i\leqslant 2}(x_i-x_j)$$

所以当 $n=2$ 时式（4-7）成立．现在假设式（4-7）对于 $n-1$ 阶范德蒙德行列式成立，要证明式（4-7）对 n 阶范德蒙德行列式也成立．为此，设法把行列式 D_n 降阶：从第 n 行开始，

后行减去前行的 x_1 倍，有

$$D_n=\begin{vmatrix}1 & 1 & 1 & \cdots & 1\\ 0 & x_2-x_1 & x_3-x_1 & \cdots & x_n-x_1\\ 0 & x_2(x_2-x_1) & x_3(x_3-x_1) & \cdots & x_n(x_n-x_1)\\ \vdots & \vdots & \vdots & & \vdots\\ 0 & x_2^{n-2}(x_2-x_1) & x_3^{n-2}(x_3-x_1) & \cdots & x_n^{n-2}(x_n-x_1)\end{vmatrix}$$

将其按第一列展开，并把每一列的公因子提出，就得到

$$D_n=(x_2-x_1)(x_3-x_1)\cdots(x_n-x_1)\begin{vmatrix}1 & 1 & \cdots & 1\\ x_2 & x_3 & \cdots & x_n\\ \vdots & \vdots & & \vdots\\ x_2^{n-2} & x_3^{n-2} & \cdots & x_n^{n-2}\end{vmatrix}$$

上式右端的行列式是 $n-1$ 阶范德蒙德行列式，按归纳法假设，它等于所有（x_i-x_j）因子的乘积，其中 $n\geqslant i>j\geqslant 2$，故

$$\begin{aligned}D_n&=(x_2-x_1)(x_3-x_1)\cdots(x_n-x_1)\prod_{2\leqslant j<i\leqslant n}(x_i-x_j)\\&=\prod_{1\leqslant j<i\leqslant n}(x_i-x_j)\end{aligned}$$

由行列式的按行（列）展开定理，还可以得到如下的重要结论.

拓展学习

范德蒙德（Van der Monde Alexandre Theophile，1735 年 2 月 28 日—1796 年 1 月 1 日），法国数学家，和画法几何学之父——蒙日是好友．范德蒙德最先学习的是音乐，后来改为从事数学研究．他在高等代数方面具有重要的贡献，是行列式理论发展的奠基者，对行列式理论本身进行了开创性的研究，给出了用二阶子式和余子式展开行列式的法则，还提出了专门的行列式符号．他是第一个对行列式理论作出连贯的逻辑阐述的人．范德蒙德一生只发表了 4 篇数学论文，但是对数学的发展却是至关重要的，他在论文中提出了重要定理"根的任何有理对称函数都可以用方程的系数表示出来"．他还首次构造了对称函数表．也正因为如此，人们对对称函数产生了浓厚的兴趣，许多著名数学家如华林（E. Waring）、欧拉（Leonhard Euler）、克莱姆（Cramer Gabriel）、拉格朗日（J. L. Lagrange）、柯西（A. L. Cauchy）、希尔奇（M. Hirsch）等都在对称函数的研究中取得了重要结果．希尔奇在其 1809 年出版的代数著作中证明了牛顿和范德蒙德的定理，还构造了直到十次方程根的对称函数表，成为最早广泛传播的对称函数表．

定理 4-2 行列式某一行（列）的元素与另一行（列）对应元素的代数余子式乘积的和为零，即

$$a_{i1}A_{j1}+a_{i2}A_{j2}+\cdots+a_{in}A_{jn}=0,\quad i\neq j$$

或

$$a_{1i}A_{1j}+a_{2i}A_{2j}+\cdots+a_{ni}A_{nj}=0,\quad i\neq j$$

证 作辅助行列式

$$\begin{vmatrix} a_{11} & a_{12} & \cdots & a_{1n} \\ \vdots & \vdots & & \vdots \\ a_{i1} & a_{i2} & \cdots & a_{in} \\ \vdots & \vdots & & \vdots \\ a_{i1} & a_{i2} & \cdots & a_{in} \\ \vdots & \vdots & & \vdots \\ a_{n1} & a_{n2} & \cdots & a_{nn} \end{vmatrix} = 0 \text{(第 } i \text{ 行与第 } j \text{ 行相等)}$$

将该行列式按第 j 行展开，就得到了所要证明的结论，即

$$a_{i1}A_{j1} + a_{i2}A_{j2} + \cdots + a_{in}A_{jn} = 0,\quad i \neq j$$

对于　$a_{1i}A_{1j} + a_{2i}A_{2j} + \cdots + a_{ni}A_{nj} = 0$，$i \neq j$ 的情况同理可以证明．

综合定理4-1和定理4-2，可以得到如下的结论．

$$\sum_{k=1}^{n} a_{ki}A_{kj} = \begin{cases} D & \text{当 } i = j \\ 0 & \text{当 } i \neq j \end{cases}$$

或

$$\sum_{k=1}^{n} a_{ik}A_{jk} = \begin{cases} D & \text{当 } i = j \\ 0 & \text{当 } i \neq j \end{cases}$$

其中，D 为 n 阶行列式．

习　题　4-3

1. 计算下列行列式．

(1) $\begin{vmatrix} a & b & c & d \\ a & a+b & a+b+c & a+b+c+d \\ a & 2a+b & 3a+2b+c & 4a+3b+2c+d \\ a & 3a+b & 4a+3b+c & 5a+4b+3c+d \end{vmatrix}$；(2) $\begin{vmatrix} a & b & c & d \\ a & d & c & b \\ c & d & a & b \\ c & b & a & d \end{vmatrix}$；

(3) $\begin{vmatrix} 1 & 3 & 0 & 0 \\ 2 & 4 & 0 & 0 \\ 0 & 0 & -1 & 3 \\ 0 & 0 & 5 & -2 \end{vmatrix}$；(4) $\begin{vmatrix} 0 & 0 & 0 & 1 & 2 \\ 0 & 0 & 0 & 3 & 1 \\ 1 & -1 & 2 & 0 & 0 \\ 3 & 0 & 2 & 0 & 0 \\ 2 & 4 & 0 & 0 & 0 \end{vmatrix}$；(5) $D_n = \begin{vmatrix} x & a & \cdots & a \\ a & x & \cdots & a \\ \vdots & \vdots & & \vdots \\ a & a & \cdots & x \end{vmatrix}$；

(6) $\begin{vmatrix} 1 & 1 & 1 & \cdots & 1 \\ 1 & 2 & 2 & \cdots & 2 \\ 1 & 2 & 3 & \cdots & 3 \\ \vdots & \vdots & \vdots & & \vdots \\ 1 & 2 & 3 & \cdots & n \end{vmatrix}$；(7) $\begin{vmatrix} 1 & a_1 & 0 & 0 & \cdots & 0 & 0 \\ -1 & 1-a_1 & a_2 & 0 & \cdots & 0 & 0 \\ 0 & -1 & 1-a_2 & a_3 & \cdots & 0 & 0 \\ \vdots & \vdots & \vdots & \vdots & & \vdots & \vdots \\ 0 & 0 & 0 & 0 & \cdots & 1-a_{n-1} & a_n \\ 0 & 0 & 0 & 0 & \cdots & -1 & 1-a_n \end{vmatrix}$；

(8) $\begin{vmatrix} 1+a_1 & a_2 & a_3 & \cdots & a_n \\ a_1 & 1+a_2 & a_3 & \cdots & a_n \\ \vdots & \vdots & \vdots & & \vdots \\ a_1 & a_2 & a_3 & \cdots & 1+a_n \end{vmatrix}$；(9) $\begin{vmatrix} 1 & a_2 & a_3 & \cdots & a_n \\ b_2 & 1 & 0 & \cdots & 0 \\ b_3 & 0 & 1 & \cdots & 0 \\ \vdots & \vdots & \vdots & & \vdots \\ b_n & 0 & 0 & \cdots & 1 \end{vmatrix}$．

2. 证明下列等式.

(1) $$\begin{vmatrix} a_1 & -1 & 0 & 0 & \cdots & 0 & 0 \\ a_2 & x & -1 & 0 & \cdots & 0 & 0 \\ a_3 & 0 & x & -1 & \cdots & 0 & 0 \\ \vdots & \vdots & \vdots & \vdots & & \vdots & \vdots \\ a_{n-1} & 0 & 0 & 0 & \cdots & x & -1 \\ a_n & 0 & 0 & 0 & \cdots & 0 & x \end{vmatrix} = \sum_{i=1}^{n} a_i x^{n-i}$$ (提示:用数学归纳法);

(2) $$\begin{vmatrix} \cos\theta & 1 & 0 & 0 & \cdots & 0 & 0 & 0 \\ 1 & 2\cos\theta & 1 & 0 & \cdots & 0 & 0 & 0 \\ 0 & 1 & 2\cos\theta & 1 & \cdots & 0 & 0 & 0 \\ \vdots & \vdots & \vdots & \vdots & & \vdots & \vdots & \vdots \\ 0 & 0 & 0 & 0 & \cdots & 1 & 2\cos\theta & 1 \\ 0 & 0 & 0 & 0 & \cdots & 0 & 1 & 2\cos\theta \end{vmatrix} = \cos n\theta.$$

4.4 克莱姆法则

含有 n 个未知数，n 个方程的线性方程组的一般形式是

$$\begin{cases} a_{11}x_1 + a_{12}x_2 + \cdots + a_{1n}x_n = b_1 \\ a_{21}x_1 + a_{22}x_2 + \cdots + a_{2n}x_n = b_2 \\ \qquad\vdots \\ a_{n1}x_1 + a_{n2}x_2 + \cdots + a_{nn}x_n = b_n \end{cases} \tag{4-8}$$

它的系数组成的 n 阶行列式

$$D = \begin{vmatrix} a_{11} & a_{12} & \cdots & a_{1n} \\ a_{21} & a_{22} & \cdots & a_{2n} \\ \vdots & \vdots & & \vdots \\ a_{n1} & a_{n2} & \cdots & a_{nn} \end{vmatrix}$$

称为 n 元线性方程组(4-8)的系数行列式.

定理 4-3(克莱姆法则) 设线性方程组(4-8)的系数行列式 $D\neq 0$，则这个方程组有且仅有唯一组解:

$$x_1 = \frac{D_1}{D},\ x_2 = \frac{D_2}{D},\ \cdots,\ x_n = \frac{D_n}{D}$$

其中 $D_i(i=1,2,\cdots,n)$是用常数项 $b_1,b_2,\cdots,b_n$ 依次替换 D 中的第 i 列元素所得到的行列式.

【例 4-10】 用克莱姆法则解下列方程组:

$$\begin{cases} 2x_1 + 3x_2 + x_3 = 1 \\ x_1 - x_2 - 2x_3 = 3 \\ 3x_1 + 4x_2 + 2x_3 = -1 \end{cases}$$

解 计算系数行列式

$$D = \begin{vmatrix} 2 & 3 & 1 \\ 1 & -1 & -2 \\ 3 & 4 & 2 \end{vmatrix} = 2\times(-1)\times 2 + 3\times(-2)\times 3 + 1\times 1\times 4 -$$

$$1\times(-1)\times 3 - 2\times(-2)\times 4 - 2\times 3\times 1 = -5 \neq 0$$

$$D_1=\begin{vmatrix}1 & 3 & 1\\ 3 & -1 & -2\\ -1 & 4 & 2\end{vmatrix}=1\times(-1)\times2+3\times(-2)\times(-1)+1\times3\times4-$$

$$1\times(-1)\times(-1)-1\times(-2)\times4-3\times3\times2=5$$

$$D_2=\begin{vmatrix}2 & 1 & 1\\ 1 & 3 & -2\\ 3 & -1 & 2\end{vmatrix}=2\times3\times2+3\times1\times(-2)+1\times(-1)\times1-$$

$$1\times3\times3-2\times(-2)\times(-1)-1\times1\times2=-10$$

$$D_3=\begin{vmatrix}2 & 3 & 1\\ 1 & -1 & 3\\ 3 & 4 & -1\end{vmatrix}=2\times(-1)\times(-1)+1\times1\times4+3\times3\times3-$$

$$1\times(-1)\times3-2\times3\times4-3\times1\times(-1)=15$$

由克莱姆法则，得方程组的唯一组解：

$$x_1=\frac{D_1}{D}=-1,\ x_2=\frac{D_2}{D}=2,\ x_3=\frac{D_3}{D}=-3$$

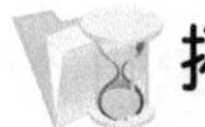

拓展学习

克莱姆（Cramer Gabriel，1704 年 7 月 31 日—1752 年 1 月 4 日），瑞士数学家．克莱姆出生于日内瓦，1924 年在日内瓦加尔文学院任教，1734 年成为几何学教授，1750 年成为哲学教授．他于 1727 年进行了为期两年的旅行游学，期间广泛结交很多数学家，与伯努利、欧拉等人结为挚友，并且长期与他们保持通信联系，加强了数学家之间的联系，为数学宝库留下了大量的有价值的文献．克莱姆一生未婚，专心治学，且为人平和，有很高的声望．先后当选为伦敦皇家学会、柏林研究院的成员．克莱姆法则是克莱姆于 1750 年在其代表作《线性代数分析导言》中发表的，适用于求解变量和方程数目相等的线性方程组．克莱姆法则的重要理论价值在于，它给出了方程组的系数与方程组解的存在性与唯一性的关系．

习　题　4-4

用克莱姆法则解下列方程组.

(1) $\begin{cases}x_1+x_2+2x_3+3x_4=1\\ 3x_1-x_2-x_3-2x_4=-4\\ 2x_1+3x_2-x_3-x_4=-6\\ x_1+2x_2+3x_3-x_4=-4\end{cases}$；　(2) $\begin{cases}3x_1+2x_2=1\\ x_1+3x_2+2x_3=0\\ x_2+3x_3+2x_4=0\\ x_3+3x_4=-2\end{cases}$；

(3) $\begin{cases}2x_1-x_2+x_3-x_4=0\\ -x_1+2x_2+x_4=-1\\ 2x_1+3x_2-4x_3+x_4=0\\ -2x_1+3x_2-2x_3+3x_4=4\end{cases}$；　(4) $\begin{cases}x_1+2x_2+3x_3-2x_4=6\\ 2x_1-x_2-2x_3-3x_4=8\\ 3x_1+2x_2-x_3+2x_4=4\\ 2x_1-3x_2+2x_3+x_4=-8\end{cases}$.

复习题 4

1. 填空题

(1) 按自然数从小到大的标准顺序，排列 241365 的逆序数是________.

(2) 设 a、b 为实数，则当 $a=$_______，且 $b=$_______时，$\begin{vmatrix} a & b & 0 \\ -b & a & 0 \\ -1 & 0 & -1 \end{vmatrix}=0$.

(3) 在函数 $f(x)=\begin{vmatrix} 2x & x & -1 \\ -1 & -x & 1 \\ 3 & 2 & -x \end{vmatrix}$ 中，x^2 的系数是_______.

(4) 在四阶行列式 $D=\begin{vmatrix} a_{11} & a_{12} & a_{13} & a_{14} \\ a_{21} & a_{22} & a_{23} & a_{24} \\ a_{31} & a_{32} & a_{33} & a_{34} \\ a_{41} & a_{42} & a_{43} & a_{44} \end{vmatrix}$ 中，元素 a_{31} 的余子式 $M_{31}=$_______，元素 a_{23} 代数余子式 $A_{23}=$__________.

(5) 当 $k=$_______时，方程组 $\begin{cases} (k-1)x+ky=0 \\ -2x+(k-1)y=0 \end{cases}$ 仅有零解.

2. 单项选择题

(1) $k=-1$ 是行列式 $\begin{vmatrix} 2 & k-1 \\ k-1 & 2 \end{vmatrix}=0$ 的_______条件.

A. 必要　B. 充分　C. 充要　D. 无关

(2) 设 A_{i1}，A_{i2}，…，A_{in} 分别是 n 阶行列式 D 中第 i 行元素 a_{i1}，a_{i2}，…，a_{in} 的代数余子式，则______成立.

A. $a_{i1}A_{i1}+a_{i2}A_{i2}+\cdots+a_{in}A_{in}=D$

B. $a_{i1}A_{i1}+a_{i2}A_{i2}+\cdots+a_{in}A_{in}=0$

C. $a_{i1}A_{i1}-a_{i2}A_{i2}+\cdots+(-1)^{n-1}a_{in}A_{in}=0$

D. $a_{i1}A_{i1}-a_{i2}A_{i2}+\cdots+(-1)^{n-1}a_{in}A_{in}=D$

(3) 若 $\begin{vmatrix} a_{11} & a_{12} & a_{13} \\ a_{21} & a_{22} & a_{23} \\ a_{31} & a_{32} & a_{33} \end{vmatrix}=M$，则 $\begin{vmatrix} a_{11} & -a_{12} & a_{13} \\ 2a_{21} & -2a_{22} & 2a_{23} \\ 3a_{31} & -3a_{32} & 3a_{33} \end{vmatrix}=$_______.

A. $-2^3\times3^3M$　B. $2^3\times3^3M$　C. $-6M$　D. $6M$

(4) 在 n 阶行列式 $D=|a_{ij}|$ 中，元素 a_{ij} 的余子式 M_{ij} 与代数余子式 A_{ij} 的关系是_______.

A. $A_{ij}=M_{ij}$　B. $A_{ij}=-M_{ij}$

C. $A_{ij}=M_{ij}$ 与 $A_{ij}=-M_{ij}$ 同时成立　D. $A_{ij}=(-1)^{i+j}M_{ij}$

3. 判断题

(1) 二阶无零元素的行列式等于零的充要条件是其两行元素对应成比例.（　）

(2) 三阶行列式展开式共有 3^2 项.（　）

(3) $\begin{vmatrix} a_{11} & a_{12} & \cdots & a_{1n} \\ a_{21} & a_{22} & \cdots & a_{2n} \\ \vdots & \vdots & & \vdots \\ a_{n1} & a_{n2} & \cdots & a_{nn} \end{vmatrix}+\begin{vmatrix} a_{11} & a_{12} & \cdots & a_{1n} \\ a_{21} & a_{22} & \cdots & a_{2n} \\ \vdots & \vdots & & \vdots \\ a_{n1} & a_{n2} & \cdots & a_{nn} \end{vmatrix}=\begin{vmatrix} 2a_{11} & 2a_{12} & \cdots & 2a_{1n} \\ 2a_{21} & 2a_{22} & \cdots & 2a_{2n} \\ \vdots & \vdots & & \vdots \\ 2a_{n1} & 2a_{n2} & \cdots & 2a_{nn} \end{vmatrix}$（　）.

(4) 将阶行列式 D 中的第 i 行各元素乘以 -1 后加于第 j 行的对应元素上，得到行列式 D_1，则 $D=D_1$.（　）

(5) 每行元素之和等于零的行列式的值等于零.（　）

4. 计算行列式$\begin{vmatrix} 6 & 4 & -2 & 8 \\ 2 & -3 & 5 & 1 \\ 1 & 0 & -2 & 3 \\ 5 & 4 & 1 & 2 \end{vmatrix}$的值.

5. 证明：$\begin{vmatrix} a_{11} & a_{12} & 0 & 0 \\ a_{21} & a_{22} & 0 & 0 \\ c_{11} & c_{12} & b_{11} & b_{12} \\ c_{21} & c_{22} & b_{21} & b_{22} \end{vmatrix} = \begin{vmatrix} a_{11} & a_{12} \\ a_{21} & a_{22} \end{vmatrix} \begin{vmatrix} b_{11} & b_{12} \\ b_{21} & b_{22} \end{vmatrix}$.

6. 用克莱姆法则解方程组：$\begin{cases} x_1+x_2+x_3+x_4=5 \\ x_1+2x_2-x_3+4x_4=-2 \\ 2x_1-3x_2-x_3-5x_4=-2 \\ 3x_1+x_2+2x_3+11x_4=0 \end{cases}$.

第 5 章 矩阵及其应用

5.1 矩阵的概念及其运算

5.1.1 矩阵的概念

定义 5-1 由 $m\times n$ 个数排成的 m 行 n 列的矩形数表

$$\begin{pmatrix} a_{11} & a_{12} & \cdots & a_{1n} \\ a_{21} & a_{22} & \cdots & a_{2n} \\ \vdots & \vdots & & \vdots \\ a_{m1} & a_{m2} & \cdots & a_{mn} \end{pmatrix}$$

称为 $m\times n$ 矩阵，其中 $a_{ij}(i=1, 2, \cdots, m;\ j=1, 2, \cdots, n)$ 称为矩阵的第 i 行第 j 列的元素. 通常用大写黑体字母 $\boldsymbol{A}$，$\boldsymbol{B}$，…或 (a_{ij})，(b_{ij})，…来表示矩阵，为指明矩阵的行与列，也常记为 $\boldsymbol{A}_{m\times n}$ 或 $(a_{ij})_{m\times n}$. 以后若不加以特殊说明，所讨论的矩阵的元素都是实数.

下面是几种特殊的矩阵：

1）当 $m=n$ 时，$\boldsymbol{A}_{n\times n}$ 称为 n 阶方阵，或称 n 阶矩阵. 方阵从左上角到右下角各元素所构成的对角线称为主对角线，简称对角线.

2）所有元素均为零的矩阵称为零矩阵，记作 $\boldsymbol{O}$. 若要标明其行数与列数，则记为 $\boldsymbol{O}_{m\times n}$.

3）只有一行的矩阵称为行矩阵，如 $\boldsymbol{A}=(a_1, a_2, \cdots, a_n)$ 为行矩阵.

4）只有一列的矩阵，称为列矩阵，如 $\boldsymbol{B}=\begin{pmatrix} b_1 \\ b_2 \\ \vdots \\ b_n \end{pmatrix}$ 为列矩阵.

5）除主对角线上元素不全为零外，其余元素均为零的 n 阶矩阵，称为对角矩阵，简称对角阵，即

$$\boldsymbol{A}=\begin{pmatrix} a_{11} & 0 & \cdots & 0 \\ 0 & a_{22} & \cdots & 0 \\ \vdots & \vdots & & \vdots \\ 0 & 0 & \cdots & a_{nn} \end{pmatrix}$$ 为对角矩阵.

6）主对角线元素全为 1 的对角阵称为单位矩阵，记作 $\boldsymbol{I}$. 如要表明阶数 n，则记作 $\boldsymbol{I}_n$，即

$$\boldsymbol{I}_n=\begin{pmatrix} 1 & 0 & \cdots & 0 \\ 0 & 1 & \cdots & 0 \\ \vdots & \vdots & & \vdots \\ 0 & 0 & \cdots & 1 \end{pmatrix}$$ 为单位矩阵.

若矩阵 $\boldsymbol{A}$ 与 $\boldsymbol{B}$ 都是 m 行 n 列矩阵，且所有对应元素都相等，则称 $\boldsymbol{A}$ 与 $\boldsymbol{B}$ 相等，记作 $\boldsymbol{A}=\boldsymbol{B}$.

如果矩阵 $\boldsymbol{A}$ 是方阵，则记号 $|\boldsymbol{A}|$ 表示一个行列式，称为矩阵 $\boldsymbol{A}$ 的行列式.

注意:矩阵与行列式是完全不同的概念，它们有着本质的区别．行列式行数与列数一定相同，表示的是一个算式，其结果是一个数．矩阵表示的是一个数表，它的行数和列数可以不同.

5.1.2　矩阵的加(减)法与数量乘法

设 $\boldsymbol{A}=(a_{ij})_{m\times n}$，$\boldsymbol{B}=(b_{ij})_{m\times n}$，以 $\boldsymbol{A}$ 与 $\boldsymbol{B}$ 对应元素之和为元素而构成的 $m\times n$ 矩阵，称为矩阵 $\boldsymbol{A}$ 与 $\boldsymbol{B}$ 的和，记作 $\boldsymbol{A}+\boldsymbol{B}$，即

$$\boldsymbol{A}+\boldsymbol{B}=(a_{ij}+b_{ij})_{m\times n}$$

求出两矩阵和的运算称为矩阵的加法.

应该注意，只有两个形状相同的矩阵，即行数相同且列数也相同的矩阵才能相加.

【例 5-1】　设 $\boldsymbol{A}=\begin{pmatrix}2 & 3\\-1 & 4\end{pmatrix}$，$\boldsymbol{B}=\begin{pmatrix}-3 & 2\\3 & -2\end{pmatrix}$，则

$$\boldsymbol{A}+\boldsymbol{B}=\begin{pmatrix}2-3 & 3+2\\-1+3 & 4-2\end{pmatrix}=\begin{pmatrix}-1 & 5\\2 & 2\end{pmatrix}$$

设 $\boldsymbol{A}=(a_{ij})_{m\times n}$，则矩阵 $(-a_{ij})_{m\times n}$ 称为矩阵 $\boldsymbol{A}$ 的负矩阵，记作 $-\boldsymbol{A}$.
显然有 $\boldsymbol{A}+(-\boldsymbol{A})=\boldsymbol{O}$.

设 k 是一个数，$\boldsymbol{A}$ 是一个 $m\times n$ 矩阵

$$\boldsymbol{A}=\begin{pmatrix}a_{11} & a_{12} & \cdots & a_{1n}\\a_{21} & a_{22} & \cdots & a_{2n}\\\vdots & \vdots & & \vdots\\a_{m1} & a_{m2} & \cdots & a_{mn}\end{pmatrix}$$

数 k 乘以矩阵 $\boldsymbol{A}$ 的每一个元素所构成的新矩阵，称为矩阵 $\boldsymbol{A}$ 与数 k 的数量乘积，记作 $k\cdot\boldsymbol{A}$，即

$$k\cdot\boldsymbol{A}=\boldsymbol{A}\cdot k=\begin{pmatrix}ka_{11} & ka_{12} & \cdots & ka_{1n}\\ka_{21} & ka_{22} & \cdots & ka_{2n}\\\vdots & \vdots & & \vdots\\ka_{m1} & ka_{m2} & \cdots & ka_{mn}\end{pmatrix}$$

数与矩阵的乘积运算称为数与矩阵的乘法，简称数乘，简记为 $k\boldsymbol{A}$. 矩阵的加法和数乘两种运算统称为矩阵的线性运算.

矩阵的线性运算满足下列运算规律：

1) $\boldsymbol{A}+\boldsymbol{B}=\boldsymbol{B}+\boldsymbol{A}$；　　　　　　(加法交换律)
2) $(\boldsymbol{A}+\boldsymbol{B})+\boldsymbol{C}=\boldsymbol{A}+(\boldsymbol{B}+\boldsymbol{C})$；(加法结合律)
3) $1\cdot\boldsymbol{A}=\boldsymbol{A}$；
4) $k(\boldsymbol{A}+\boldsymbol{B})=k\boldsymbol{A}+k\boldsymbol{B}$；
5) $(k+l)\boldsymbol{A}=k\boldsymbol{A}+l\boldsymbol{A}$；
6) $k(l\boldsymbol{A})=(kl)\boldsymbol{A}$；

其中 k，l 为数；$\boldsymbol{A}$，$\boldsymbol{B}$，$\boldsymbol{C}$ 都是 $m\times n$ 矩阵.

若 $\boldsymbol{A}$ 是一个 $m\times n$ 矩阵，$\boldsymbol{O}$ 是一个 $m\times n$ 的零矩阵，下列等式也是明显的：

1) $\boldsymbol{A}+\boldsymbol{O}=\boldsymbol{O}+\boldsymbol{A}=\boldsymbol{A}$；
2) $\boldsymbol{A}\cdot 0=\boldsymbol{O}$；
3) $k\boldsymbol{O}=\boldsymbol{O}$；

4）若 $k\boldsymbol{A}=\boldsymbol{O}$，则 $k=0$ 或者 $\boldsymbol{A}=\boldsymbol{O}$.

5.1.3 矩阵的乘法

定义 5-2　设两矩阵 $\boldsymbol{A}=(a_{ij})_{m\times k}$，$\boldsymbol{B}=(b_{ij})_{k\times n}$，则由元素

$\boldsymbol{C}_{ij}=a_{i1}b_{1j}+a_{i2}b_{2j}+\cdots+a_{ik}b_{kj}(i=1, 2, \cdots, m; j=1, 2, \cdots, n)$ 构成的 m 行 n 列矩阵 $\boldsymbol{C}=(\boldsymbol{C}_{ij})_{m\times n}=\left(\sum\limits_{l=1}^{k}a_{il}b_{lj}\right)_{m\times n}$ 称为矩阵 $\boldsymbol{A}_{m\times k}$ 与矩阵 $\boldsymbol{B}_{k\times n}$ 的乘积，记作 $\boldsymbol{A}_{m\times k}\cdot\boldsymbol{B}_{k\times n}$，简记为 $\boldsymbol{AB}$.

由上述定义可知，只有当矩阵 $\boldsymbol{A}$ 的列数与矩阵 $\boldsymbol{B}$ 的行数相等时，$\boldsymbol{AB}$ 才有意义；且乘积矩阵 $\boldsymbol{AB}$ 的行数等于矩阵 $\boldsymbol{A}$ 的行数，$\boldsymbol{AB}$ 的列数与矩阵 $\boldsymbol{B}$ 的列数一致. 乘积矩阵 $\boldsymbol{AB}$ 的第 i 行第 j 列交叉点处的元素等于矩阵 $\boldsymbol{A}$ 的第 i 行元素与矩阵 $\boldsymbol{B}$ 的第 j 列对应元素乘积之和．即，如果

$$\boldsymbol{A}=\begin{pmatrix} a_{11} & a_{12} & \cdots & a_{1k} \\ a_{21} & a_{22} & \cdots & a_{2k} \\ \vdots & \vdots & & \vdots \\ a_{m1} & a_{m2} & \cdots & a_{mk} \end{pmatrix},\quad \boldsymbol{B}=\begin{pmatrix} b_{11} & b_{12} & \cdots & b_{1n} \\ b_{21} & b_{22} & \cdots & b_{2n} \\ \vdots & \vdots & & \vdots \\ b_{k1} & b_{k2} & \cdots & b_{kn} \end{pmatrix}，则$$

$$\boldsymbol{AB}=\begin{pmatrix} \sum\limits_{\mu=1}^{k}a_{1\mu}b_{\mu1} & \sum\limits_{\mu=1}^{k}a_{1\mu}b_{\mu2} & \cdots & \sum\limits_{\mu=1}^{k}a_{1\mu}b_{\mu n} \\ \sum\limits_{\mu=1}^{k}a_{2\mu}b_{\mu1} & \sum\limits_{\mu=1}^{k}a_{2\mu}b_{\mu2} & \cdots & \sum\limits_{\mu=1}^{k}a_{2\mu}b_{\mu n} \\ \vdots & \vdots & & \vdots \\ \sum\limits_{\mu=1}^{k}a_{m\mu}b_{\mu1} & \sum\limits_{\mu=1}^{k}a_{m\mu}b_{\mu2} & \cdots & \sum\limits_{\mu=1}^{k}a_{m\mu}b_{\mu n} \end{pmatrix}.$$

【例 5-2】　求矩阵 $\boldsymbol{A}=\begin{pmatrix} 2 & 4 & 1 \\ 1 & 0 & 3 \end{pmatrix}$，$\boldsymbol{B}=\begin{pmatrix} 2 \\ 0 \\ 2 \end{pmatrix}$ 的乘积.

解　$\boldsymbol{AB}=\begin{pmatrix} 2 & 4 & 1 \\ 1 & 0 & 3 \end{pmatrix}\cdot\begin{pmatrix} 2 \\ 0 \\ 2 \end{pmatrix}=\begin{pmatrix} 2\times2+4\times0+1\times2 \\ 1\times2+0\times0+3\times2 \end{pmatrix}=\begin{pmatrix} 6 \\ 8 \end{pmatrix}$

【例 5-3】　已知

$$\boldsymbol{A}=\begin{pmatrix} 2 & -2 \\ -2 & 2 \end{pmatrix},\ \boldsymbol{B}=\begin{pmatrix} 2 & 2 \\ -2 & -2 \end{pmatrix},\ \boldsymbol{C}=\begin{pmatrix} 4 & 0 \\ 0 & -4 \end{pmatrix},$$

求 $\boldsymbol{AB}$、$\boldsymbol{AC}$ 及 $\boldsymbol{BA}$.

解　$\boldsymbol{AB}=\begin{pmatrix} 2 & -2 \\ -2 & 2 \end{pmatrix}\begin{pmatrix} 2 & 2 \\ -2 & -2 \end{pmatrix}=\begin{pmatrix} 8 & 8 \\ -8 & -8 \end{pmatrix}$

$\boldsymbol{AC}=\begin{pmatrix} 2 & -2 \\ -2 & 2 \end{pmatrix}\begin{pmatrix} 4 & 0 \\ 0 & -4 \end{pmatrix}=\begin{pmatrix} 8 & 8 \\ -8 & -8 \end{pmatrix}$

$\boldsymbol{BA}=\begin{pmatrix} 2 & 2 \\ -2 & -2 \end{pmatrix}\begin{pmatrix} 2 & -2 \\ -2 & 2 \end{pmatrix}=\begin{pmatrix} 0 & 0 \\ 0 & 0 \end{pmatrix}$

由此例可以看出 $\boldsymbol{AB}\neq\boldsymbol{BA}$，即矩阵乘法的交换律是不成立的．而且矩阵 $\boldsymbol{A}$ 与矩阵 $\boldsymbol{B}$ 都不为零，但 $\boldsymbol{BA}=\boldsymbol{O}$. 这说明矩阵乘法对消去律也不成立，即由 $\boldsymbol{BA}=\boldsymbol{O}$ 得不出 $\boldsymbol{A}=\boldsymbol{O}$ 或 $\boldsymbol{B}=\boldsymbol{O}$. 由 $\boldsymbol{AB}=\boldsymbol{AC}$，且 $\boldsymbol{A}\neq\boldsymbol{O}$，也不能得出 $\boldsymbol{B}=\boldsymbol{C}$.

矩阵乘法满足下列一些运算规律.

1) 左分配律：$\boldsymbol{A}(\boldsymbol{B}+\boldsymbol{C})=\boldsymbol{AB}+\boldsymbol{AC}$；

右分配律：$(\boldsymbol{B}+\boldsymbol{C})\boldsymbol{A}=\boldsymbol{BA}+\boldsymbol{CA}$；

2) 结合律：$(\boldsymbol{AB})\boldsymbol{C}=\boldsymbol{A}(\boldsymbol{BC})$；

3) 数与矩阵积的结合律：$(k\boldsymbol{A})\boldsymbol{B}=\boldsymbol{A}(k\boldsymbol{B})=k(\boldsymbol{AB})$；

4) 若 $\boldsymbol{A}$、$\boldsymbol{B}$ 都是 n 阶方阵，则乘积 $\boldsymbol{AB}$ 也是一个 n 阶方阵，且 $\boldsymbol{AB}$ 的行列式等于 $\boldsymbol{A}$ 的行列式与 $\boldsymbol{B}$ 的行列式的乘积，即 $|\boldsymbol{AB}|=|\boldsymbol{A}||\boldsymbol{B}|$.

上述运算规律中，$\boldsymbol{A}$、$\boldsymbol{B}$、$\boldsymbol{C}$ 为矩阵，k 为数量，并且以上的运算都是有意义的．规律 4)还可以推广到有限个方阵乘积的情形，即

若 $\boldsymbol{A}_1,\boldsymbol{A}_2,\cdots,\boldsymbol{A}_k$ 都是 n 阶方阵，则 $|\boldsymbol{A}_1\boldsymbol{A}_2\cdots\boldsymbol{A}_k|=|\boldsymbol{A}_1||\boldsymbol{A}_2|\cdots|\boldsymbol{A}_k|$.

【例 5-4】 设矩阵

$$\boldsymbol{A}=\begin{pmatrix} a_{11} & a_{12} & \cdots & a_{1n} \\ a_{21} & a_{22} & \cdots & a_{2n} \\ \vdots & \vdots & & \vdots \\ a_{m1} & a_{m2} & \cdots & a_{mn} \end{pmatrix},\ \boldsymbol{X}=\begin{pmatrix} x_1 \\ x_2 \\ \vdots \\ x_n \end{pmatrix}，计算 \boldsymbol{AX}.$$

解

$$\boldsymbol{AX}=\begin{pmatrix} a_{11} & a_{12} & \cdots & a_{1n} \\ a_{21} & a_{22} & \cdots & a_{2n} \\ \vdots & \vdots & & \vdots \\ a_{m1} & a_{m2} & \cdots & a_{mn} \end{pmatrix}\cdot\begin{pmatrix} x_1 \\ x_2 \\ \vdots \\ x_n \end{pmatrix}=\begin{pmatrix} a_{11}x_1+a_{12}x_2+\cdots+a_{1n}x_n \\ a_{21}x_1+a_{22}x_2+\cdots+a_{2n}x_n \\ \cdots \\ a_{m1}x_1+a_{m2}x_2+\cdots+a_{mn}x_n \end{pmatrix}$$

根据此例，容易看出线性方程组

$$\begin{cases} a_{11}x_1+a_{12}x_2+\cdots+a_{1n}x_n=b_1 \\ a_{21}x_1+a_{22}x_2+\cdots+a_{2n}x_n=b_2 \\ \cdots \\ a_{m1}x_1+a_{m2}x_2+\cdots+a_{mn}x_n=b_m \end{cases}$$

可以表示成矩阵方程的形式 $\boldsymbol{AX}=\boldsymbol{B}$，其中

$$\boldsymbol{A}=\begin{pmatrix} a_{11} & a_{12} & \cdots & a_{1n} \\ a_{21} & a_{22} & \cdots & a_{2n} \\ \vdots & \vdots & & \vdots \\ a_{m1} & a_{m2} & \cdots & a_{mn} \end{pmatrix},\ \boldsymbol{X}=\begin{pmatrix} x_1 \\ x_2 \\ \vdots \\ x_n \end{pmatrix},\ \boldsymbol{B}=\begin{pmatrix} b_1 \\ b_2 \\ \vdots \\ b_m \end{pmatrix}$$

5.1.4 矩阵的转置

设一个矩阵

$$\boldsymbol{A}_{m\times n}=\begin{pmatrix} a_{11} & a_{12} & \cdots & a_{1n} \\ a_{21} & a_{22} & \cdots & a_{2n} \\ \vdots & \vdots & & \vdots \\ a_{m1} & a_{m2} & \cdots & a_{mn} \end{pmatrix}$$

将它的行与列互换所得到的矩阵

$$\begin{pmatrix} a_{11} & a_{21} & \cdots & a_{m1} \\ a_{12} & a_{22} & \cdots & a_{m2} \\ \vdots & \vdots & & \vdots \\ a_{1n} & a_{2n} & \cdots & a_{mn} \end{pmatrix}$$

称为矩阵 $\boldsymbol{A}$ 的转置矩阵，记作 $\boldsymbol{A}^{\mathrm{T}}$.

转置矩阵满足以下运算规律：

1) $(\boldsymbol{A}^{\mathrm{T}})^{\mathrm{T}}=\boldsymbol{A}$；

2) $(k\boldsymbol{A})^{\mathrm{T}}=k\boldsymbol{A}^{\mathrm{T}}$；

3) $(\boldsymbol{A}+\boldsymbol{B})^{\mathrm{T}}=\boldsymbol{A}^{\mathrm{T}}+\boldsymbol{B}^{\mathrm{T}}$；

4) $(\boldsymbol{AB})^{\mathrm{T}}=\boldsymbol{B}^{\mathrm{T}}\boldsymbol{A}^{\mathrm{T}}$.

如果矩阵 $\boldsymbol{A}$ 满足 $\boldsymbol{A}^{\mathrm{T}}=\boldsymbol{A}$，则称矩阵 $\boldsymbol{A}$ 为对称矩阵．例如，对角矩阵、单位矩阵等均是对称矩阵.

5.1.5 矩阵的乘幂与矩阵多项式

定义 5-3 设 $\boldsymbol{A}$ 是 n 阶矩阵，称 k 个 $\boldsymbol{A}$ 的乘积为矩阵 $\boldsymbol{A}$ 的 k 次方幂，记作 $\boldsymbol{A}^k$，即 $\boldsymbol{A}^k=\underbrace{\boldsymbol{AA}\cdots\boldsymbol{A}}_{k个}$，并约定 $\boldsymbol{A}^0=\boldsymbol{I}$.

由上述定义可知，矩阵 $\boldsymbol{A}$ 的 k 次方幂 $\boldsymbol{A}^k$ 中的 k 只能是非负整数，容易验证矩阵乘幂满足下列运算规律：

1) $\boldsymbol{A}^k\boldsymbol{A}^l=\boldsymbol{A}^{k+l}$；

2) $(\boldsymbol{A}^k)^l=\boldsymbol{A}^{kl}$.

其中 $\boldsymbol{A}$ 为方阵，k，l 为非负整数.

注意，由于矩阵乘法的交换律不成立，所以在矩阵的运算中不能把代数的各种运算法则运用到矩阵运算中来，例如

$$(\boldsymbol{AB})^k=\underbrace{(\boldsymbol{AB})(\boldsymbol{AB})\cdots(\boldsymbol{AB})}_{k个}\neq\boldsymbol{A}^k\boldsymbol{B}^k；$$

$$(\boldsymbol{A}-\boldsymbol{B})^2=\boldsymbol{A}^2-\boldsymbol{AB}-\boldsymbol{BA}+\boldsymbol{B}^2\neq\boldsymbol{A}^2-2\boldsymbol{AB}+\boldsymbol{B}^2；$$

$$(\boldsymbol{A}-\boldsymbol{B})(\boldsymbol{A}+\boldsymbol{B})=\boldsymbol{A}^2+\boldsymbol{AB}-\boldsymbol{BA}-\boldsymbol{B}^2\neq\boldsymbol{A}^2-\boldsymbol{B}^2$$

设 $\boldsymbol{A}$ 是 n 阶方阵，$f(x)=a_0+a_1x+\cdots+a_mx^m$ 是 x 的多项式，则称 $a_0\boldsymbol{I}_n+a_1\boldsymbol{A}+\cdots+a_m\boldsymbol{A}^m$ 为矩阵多项式，记作 $f(\boldsymbol{A})$.

【例 5-5】 已知 $f(x)=x^2+4x-5$，$\boldsymbol{A}=\begin{pmatrix}2&1\\3&0\end{pmatrix}$. 求 $f(\boldsymbol{A})$.

解 $\boldsymbol{A}^2=\begin{pmatrix}2&1\\3&0\end{pmatrix}\begin{pmatrix}2&1\\3&0\end{pmatrix}=\begin{pmatrix}7&2\\6&3\end{pmatrix}$

$$f(\boldsymbol{A})=\boldsymbol{A}^2+4\boldsymbol{A}-5\boldsymbol{I}=\begin{pmatrix}7&2\\6&3\end{pmatrix}+4\begin{pmatrix}2&1\\3&0\end{pmatrix}+5\begin{pmatrix}1&0\\0&1\end{pmatrix}=\begin{pmatrix}20&6\\18&8\end{pmatrix}$$

习 题 5-1

1. 设 $\boldsymbol{A}=\begin{pmatrix}2&3\\1&2\end{pmatrix}$，$\boldsymbol{B}=\begin{pmatrix}3&0\\-2&2\end{pmatrix}$，求 $\boldsymbol{A}+2\boldsymbol{B}$；$2\boldsymbol{A}-3\boldsymbol{B}$；$\boldsymbol{A}^2+\boldsymbol{B}^2$；$\boldsymbol{AB}-\boldsymbol{BA}$；$(\boldsymbol{AB})^2$.

2. $\boldsymbol{A}=\begin{pmatrix}5&-2&1\\3&4&-1\end{pmatrix}$，$\boldsymbol{B}=\begin{pmatrix}-3&2&0\\-2&0&1\end{pmatrix}$，求 $\boldsymbol{A}^{\mathrm{T}}\boldsymbol{B}$，$\boldsymbol{BA}^{\mathrm{T}}$.

3. 计算下列矩阵的乘积.

(1) $\begin{pmatrix}1 & -3\\ 2 & 4\\ -2 & 1\end{pmatrix}\begin{pmatrix}2 & 0\\ 1 & -2\end{pmatrix}$；　　(2) $\begin{pmatrix}1 & 3\\ -1 & -2\end{pmatrix}\begin{pmatrix}3 & 0 & -1\\ -2 & 1 & 0\end{pmatrix}$；

(3) $\begin{pmatrix}1 & 2 & -1\\ -2 & 1 & 0\\ 1 & 0 & 3\end{pmatrix}\begin{pmatrix}2 & 3\\ 1 & -1\\ 2 & 4\end{pmatrix}$；　　(4) $(1\quad 2\quad 3)\begin{pmatrix}1\\ 2\\ 3\end{pmatrix}$；

(5) $\begin{pmatrix}3\\ 2\\ 3\end{pmatrix}(-1\quad 2)$；　　(6) $\begin{pmatrix}3 & 0 & 4\\ -1 & 8 & 5\\ 2 & 5 & -3\end{pmatrix}\begin{pmatrix}1\\ 2\\ -3\end{pmatrix}$；

(7) $\begin{pmatrix}a & b\\ ma & mb\end{pmatrix}\begin{pmatrix}1 & -1\\ -\frac{a}{b} & \frac{a}{b}\end{pmatrix}$；　　(8) $\begin{pmatrix}3 & 2\\ -1 & 0\\ 3 & 4\end{pmatrix}\begin{pmatrix}1 & -1\\ -2 & 1\end{pmatrix}\begin{pmatrix}-1 & 2 & 3\\ 2 & 0 & -2\end{pmatrix}$.

4. 设 $\boldsymbol{A}=\begin{pmatrix}1 & 2\\ 1 & 3\end{pmatrix}$，$\boldsymbol{B}=\begin{pmatrix}1 & 0\\ 1 & 2\end{pmatrix}$，问：

(1) $\boldsymbol{AB}=\boldsymbol{BA}$ 吗？

(2) $(\boldsymbol{A}+\boldsymbol{B})^2=\boldsymbol{A}^2+2\boldsymbol{AB}+\boldsymbol{B}^2$ 吗？

(3) $(\boldsymbol{A}+\boldsymbol{B})(\boldsymbol{A}-\boldsymbol{B})=\boldsymbol{A}^2-\boldsymbol{B}^2$ 吗？

5. (1) 设 $\boldsymbol{A}=\begin{pmatrix}1 & 1\\ 0 & 1\end{pmatrix}$，求 $\boldsymbol{A}^4$；

(2) 设 $\boldsymbol{A}=\begin{pmatrix}\lambda & 1 & 0\\ 0 & \lambda & 1\\ 0 & 0 & \lambda\end{pmatrix}$，求 $\boldsymbol{A}^n$.

6. 证明 $\begin{pmatrix}\cos\alpha & -\sin\alpha\\ \sin\alpha & \cos\alpha\end{pmatrix}^n=\begin{pmatrix}\cos n\alpha & -\sin n\alpha\\ \sin n\alpha & \cos n\alpha\end{pmatrix}$.

7. 若 $\boldsymbol{A}$ 是一个实对称矩阵，且 $\boldsymbol{A}^2=\boldsymbol{O}$，证明：$\boldsymbol{A}=\boldsymbol{O}$.

8. 设 $\boldsymbol{A}$、$\boldsymbol{B}$ 为 n 阶矩阵，且 $\boldsymbol{A}$ 为对称矩阵，证明 $\boldsymbol{B}^{\mathrm{T}}\boldsymbol{AB}$ 也是对称矩阵.

9. 设 $\boldsymbol{A}$、$\boldsymbol{B}$ 都是 n 阶对称矩阵，证明 $\boldsymbol{AB}$ 是对称矩阵的充分必要条件是 $\boldsymbol{AB}=\boldsymbol{BA}$.

10. 设 $\boldsymbol{A}$、$\boldsymbol{B}$ 都是 n 阶方阵，求证：

(1) $(\boldsymbol{A}+\boldsymbol{I})^2=\boldsymbol{A}^2+2\boldsymbol{A}+\boldsymbol{I}$；

(2) $(\boldsymbol{A}+\boldsymbol{I})(\boldsymbol{A}-\boldsymbol{I})=\boldsymbol{A}^2-\boldsymbol{I}$.

11. 设 $f(x)=2x^2-3x+6$，$\boldsymbol{A}=\begin{pmatrix}2 & 3\\ -2 & 1\end{pmatrix}$，求 $f(\boldsymbol{A})$.

5.2 逆矩阵

5.2.1 逆矩阵的概念及其存在的充要条件

定义 5-4　设 $\boldsymbol{A}$ 是一个 n 阶矩阵，如果存在一个 n 阶矩阵 $\boldsymbol{B}$，使得 $\boldsymbol{AB}=\boldsymbol{BA}=\boldsymbol{I}_n$，则称 $\boldsymbol{B}$ 是 $\boldsymbol{A}$ 的一个逆矩阵．并称 $\boldsymbol{A}$ 是一个可逆矩阵，有如下的结论：

定理 5-1　若 $\boldsymbol{A}$ 是一个 n 阶可逆矩阵，则它的逆矩阵是唯一的.

证　设 $\boldsymbol{A}$ 有两个逆矩阵 $\boldsymbol{B}$ 与 $\boldsymbol{C}$，即

$$\boldsymbol{AB}=\boldsymbol{BA}=\boldsymbol{I}_n,\ \boldsymbol{AC}=\boldsymbol{CA}=\boldsymbol{I}_n$$

于是

$$\boldsymbol{B}=\boldsymbol{BI}_n=\boldsymbol{B}(\boldsymbol{AC})=(\boldsymbol{BA})\boldsymbol{C}=\boldsymbol{I}_n\boldsymbol{C}=\boldsymbol{C}，即 \boldsymbol{B}=\boldsymbol{C}$$

所以逆矩阵是唯一的.

若 $\boldsymbol{A}$ 是一个可逆矩阵，它的唯一逆矩阵记为 $\boldsymbol{A}^{-1}$.必须注意，不能将 $\boldsymbol{A}^{-1}$ 写成 $\frac{1}{\boldsymbol{A}}$. 对于逆矩阵，有如下的推论：

推论 1　若 $\boldsymbol{A}$ 是一个 n 阶可逆矩阵，$\boldsymbol{B}$ 是一个 $n\times m$ 矩阵，则矩阵方程 $\boldsymbol{AX}=\boldsymbol{B}$ 有唯一的解 $\boldsymbol{X}=\boldsymbol{A}^{-1}\boldsymbol{B}$.

证　显然，$\boldsymbol{A}(\boldsymbol{A}^{-1}\boldsymbol{B})=(\boldsymbol{AA}^{-1})\boldsymbol{B}=\boldsymbol{IB}=\boldsymbol{B}$，所以 $\boldsymbol{A}^{-1}\boldsymbol{B}$ 是方程的一个解．若方程有解 $\boldsymbol{X}$，即 $\boldsymbol{AX}=\boldsymbol{B}$，两端左乘以 $\boldsymbol{A}^{-1}$ 得

$$\boldsymbol{A}^{-1}(\boldsymbol{AX})=\boldsymbol{A}^{-1}\boldsymbol{B}$$

利用矩阵乘法的结合律

$$\boldsymbol{A}^{-1}(\boldsymbol{AX})=(\boldsymbol{A}^{-1}\boldsymbol{A})\boldsymbol{X}=\boldsymbol{I}_n\boldsymbol{X}=\boldsymbol{X}$$

比较以上两式就得到

$$\boldsymbol{X}=\boldsymbol{A}^{-1}\boldsymbol{B}$$

推论 2　若 $\boldsymbol{A}$ 是一个 n 阶可逆矩阵，$\boldsymbol{C}$ 是一个 $m\times n$ 矩阵，则矩阵方程 $\boldsymbol{YA}=\boldsymbol{C}$ 有唯一解 $\boldsymbol{Y}=\boldsymbol{CA}^{-1}$.

为了给出矩阵可逆的条件，下面先给出伴随矩阵的概念.

定义 5-5　设 $\boldsymbol{A}$ 为 n 阶方阵，则由行列式 $|\boldsymbol{A}|$ 的各个元素的代数余子式 A_{ij} 所构成的矩阵

$$\begin{pmatrix} A_{11} & A_{21} & \cdots & A_{n1} \\ A_{12} & A_{22} & \cdots & A_{n2} \\ \vdots & \vdots & & \vdots \\ A_{1n} & A_{2n} & \cdots & A_{nn} \end{pmatrix}$$

称为矩阵 $\boldsymbol{A}$ 的伴随矩阵，记作 $\boldsymbol{A}^*$.

由
$$\sum_{k=1}^{n} a_{ik}A_{jk}=\sum_{k=1}^{n} a_{ki}A_{kj}=\begin{cases} D(i=j) \\ 0(i\neq j) \end{cases}(i,\ j=1,\ 2,\ \cdots,\ n)$$

易得

$$\boldsymbol{AA}^*=\boldsymbol{A}^*\boldsymbol{A}=\begin{pmatrix} D & 0 & \cdots & 0 \\ 0 & D & \cdots & 0 \\ \vdots & \vdots & & \vdots \\ 0 & 0 & \cdots & D \end{pmatrix}=|\boldsymbol{A}|\boldsymbol{I} \tag{5-1}$$

定理 5-2　n 阶矩阵 $\boldsymbol{A}$ 可逆的充要条件是当且仅当 $|\boldsymbol{A}|\neq 0$. 且当 $|\boldsymbol{A}|\neq 0$ 时，n 阶矩阵 $\boldsymbol{A}$ 的逆矩阵为

$$\boldsymbol{A}^{-1}=\frac{1}{|\boldsymbol{A}|}\boldsymbol{A}^*$$

证　一方面，如果 $\boldsymbol{A}$ 可逆，即存在 $\boldsymbol{A}^{-1}$，使 $\boldsymbol{AA}^{-1}=\boldsymbol{I}$. 故 $|\boldsymbol{A}||\boldsymbol{A}^{-1}|=|\boldsymbol{I}|=1$，所以 $|\boldsymbol{A}|\neq 0$. 另一方面，若 $|\boldsymbol{A}|\neq 0$，由式(5-1)得：

$$\boldsymbol{A}\ \frac{1}{|\boldsymbol{A}|}\boldsymbol{A}^*=\frac{1}{|\boldsymbol{A}|}\boldsymbol{A}^*\boldsymbol{A}=\boldsymbol{I}$$

于是 $\boldsymbol{A}$ 可逆，且 $\boldsymbol{A}$ 的逆矩阵为

$$\boldsymbol{A}^{-1}=\frac{1}{|\boldsymbol{A}|}\boldsymbol{A}^*$$

当 $|\boldsymbol{A}|=0$ 时，$\boldsymbol{A}$ 称为奇异矩阵，否则称非奇异矩阵.

推论　若 $\boldsymbol{AB}=\boldsymbol{I}$ 或 $\boldsymbol{BA}=\boldsymbol{I}$，则 $\boldsymbol{A}$ 必为可逆矩阵，且 $\boldsymbol{B}=\boldsymbol{A}^{-1}$.

证　由$\boldsymbol{AB}=\boldsymbol{I}$，得到$|\boldsymbol{AB}|=|\boldsymbol{A}||\boldsymbol{B}|=|\boldsymbol{I}|=1$，从而$|\boldsymbol{A}|\neq 0$，于是$\boldsymbol{A}$是可逆的，将等式$\boldsymbol{AB}=\boldsymbol{I}$两端左乘$\boldsymbol{A}^{-1}$，就得到$\boldsymbol{B}=\boldsymbol{A}^{-1}$.

由此推论可知，欲验证$\boldsymbol{B}$是$\boldsymbol{A}$的逆矩阵，只要验证$\boldsymbol{AB}=\boldsymbol{I}$(或$\boldsymbol{BA}=\boldsymbol{I}$)就可以了，而不必按定义验证$\boldsymbol{AB}=\boldsymbol{BA}=\boldsymbol{I}$.

5.2.2　可逆矩阵的性质

设$\boldsymbol{A}$为可逆矩阵，它的主要性质如下：

性质1　如果矩阵$\boldsymbol{A}$可逆，则$\boldsymbol{A}^{-1}$也可逆，且$(\boldsymbol{A}^{-1})^{-1}=\boldsymbol{A}$；

性质2　$|\boldsymbol{A}^{-1}|=|\boldsymbol{A}|^{-1}$；

性质3　如果矩阵$\boldsymbol{A}$可逆，常数$k\neq 0$，则矩阵$k\boldsymbol{A}$可逆，且$(k\boldsymbol{A})^{-1}=\dfrac{1}{k}\boldsymbol{A}^{-1}$；

性质4　如果矩阵$\boldsymbol{A}$可逆，则其转置矩阵也可逆，且$(\boldsymbol{A}^{\mathrm{T}})^{-1}=(\boldsymbol{A}^{-1})^{\mathrm{T}}$；

性质5　如果$\boldsymbol{A}$、$\boldsymbol{B}$都是n阶可逆矩阵，则$\boldsymbol{AB}$是一个n阶可逆矩阵，且

$$(\boldsymbol{AB})^{-1}=\boldsymbol{B}^{-1}\boldsymbol{A}^{-1}；$$

推论　若$\boldsymbol{A}_1,\boldsymbol{A}_2,\cdots,\boldsymbol{A}_k$是$k$个可逆$n$阶矩阵，则它们的乘积矩阵$\boldsymbol{A}_1\boldsymbol{A}_2\cdots\boldsymbol{A}_k$也是一个$n$阶可逆矩阵，且

$$(\boldsymbol{A}_1\boldsymbol{A}_2\cdots\boldsymbol{A}_k)^{-1}=\boldsymbol{A}_k^{-1}\cdots\boldsymbol{A}_2^{-1}\boldsymbol{A}_1^{-1}$$

5.2.3　逆矩阵的求法

【例5-6】　求三阶矩阵

$$\boldsymbol{A}=\begin{pmatrix}1 & 2 & 3\\ 2 & -1 & 2\\ 1 & 3 & 0\end{pmatrix}$$

的伴随矩阵.

解　矩阵$\boldsymbol{A}$的所有元素的代数余子式有

$$A_{11}=\begin{vmatrix}-1 & 2\\ 3 & 0\end{vmatrix}=-6,\quad A_{12}=-\begin{vmatrix}2 & 2\\ 1 & 0\end{vmatrix}=2,\quad A_{13}=\begin{vmatrix}2 & -1\\ 1 & 3\end{vmatrix}=7,$$

$$A_{21}=-\begin{vmatrix}2 & 3\\ 3 & 0\end{vmatrix}=9,\quad A_{22}=\begin{vmatrix}1 & 3\\ 1 & 0\end{vmatrix}=-3,\quad A_{23}=-\begin{vmatrix}1 & 2\\ 1 & 3\end{vmatrix}=-1,$$

$$A_{31}=\begin{vmatrix}2 & 3\\ -1 & 2\end{vmatrix}=7,\quad A_{32}=-\begin{vmatrix}1 & 3\\ 2 & 2\end{vmatrix}=4,\quad A_{33}=\begin{vmatrix}1 & 2\\ 2 & -1\end{vmatrix}=-5,$$

故$\boldsymbol{A}$的伴随矩阵为

$$\boldsymbol{A}^*=\begin{pmatrix}A_{11} & A_{21} & A_{31}\\ A_{12} & A_{22} & A_{32}\\ A_{13} & A_{23} & A_{33}\end{pmatrix}=\begin{pmatrix}-6 & 9 & 7\\ 2 & -3 & 4\\ 7 & -1 & -5\end{pmatrix}$$

【例5-7】　判断下列矩阵

$$\boldsymbol{A}=\begin{pmatrix}2 & 3 & -1\\ -1 & 3 & -3\\ 1 & 15 & -11\end{pmatrix},\ \boldsymbol{B}=\begin{pmatrix}1 & 2 & 3\\ 2 & -1 & 2\\ 1 & 3 & 0\end{pmatrix}$$

是否是可逆矩阵？如果是，求其逆矩阵.

解　由于$|\boldsymbol{A}|=0$，$|\boldsymbol{B}|=19\neq 0$，故$\boldsymbol{A}$无逆矩阵，而$\boldsymbol{B}$有逆矩阵.

由例 5-6 可知，$B^{-1}=\frac{1}{|B|}B^{*}=\frac{1}{19}\begin{pmatrix}-6 & 9 & 7\\ 2 & -3 & 4\\ 7 & -1 & -5\end{pmatrix}=\begin{pmatrix}-\frac{6}{19} & \frac{9}{19} & \frac{7}{19}\\ \frac{2}{19} & -\frac{3}{19} & \frac{4}{19}\\ \frac{7}{19} & -\frac{1}{19} & -\frac{5}{19}\end{pmatrix}$

拓展学习

矩阵在密码学中有十分重要的应用．消息被称为明文，用某种方法伪装消息以隐藏消息内容的过程称为加密，加密的消息称为密文，把密文转变为明文的过程称为解密．希尔密码是矩阵在信息密码中的典型应用，是由 Lester S. Hill 在 1929 年发明，主要是运用矩阵的线性变换，把每一个英文字母看成一个数字，而一串字母可以看成一个 $n\times n$ 矩阵，进行加密，同时隐藏频率信息，加大破译难度．例如，现在对“数学真是太好玩了!”进行加密并破译．首先将 26 个英文分别设成 26 个数字 01、02、03、…、26，将拼音声调中的一声、二声、三声、四声、轻音设为 27、28、29、30、31，标点符号中的逗号、句号、省略号、感叹号分别设为 32、33、34、35，而空格设为数字 00. 接着将“数学真是太好玩了!”这句话转化为拼音：“Shù Xué Zhēn Shì Tài hǎo Wán Lè!”接着写出对应的密码模式：19 08 21 30 24 21 05 28 26 08 05 14 27 19 08 09 30 20 01 09 30 08 01 15 29 23 01 14 27 12 05 35，将这 32 个数字按照一定的次序写成一个 6×6 矩阵，不足的位数用 00 补齐，那么这个密码的原始矩阵就可以写出来了．当然还需要事先与接收方设定一个保密矩阵．可以将这个保密矩阵记为 $\boldsymbol{B}$，并让密码矩阵与保密矩阵相乘得到 $\boldsymbol{C}$，即 $\boldsymbol{C}=\boldsymbol{AB}$. 把加密后的密码矩阵记为 $\boldsymbol{C}$，按照次序把 36 个数字写成矩阵并传给接收方，接收方在接到矩阵后，按照事先设定好的破译方式，就可以还原回原来的密码“数学真是太好玩了!”．

习 题 5-2

1. 求下列矩阵的逆矩阵.

(1) $\begin{pmatrix}1 & 2\\ 3 & 4\end{pmatrix}$； (2) $\begin{pmatrix}a & b\\ c & d\end{pmatrix}$； (3) $\begin{pmatrix}1 & 2 & 3\\ 2 & 2 & 1\\ 3 & 4 & 3\end{pmatrix}$；

(4) $\begin{pmatrix}1 & 2 & 3\\ 0 & 1 & 2\\ 0 & 0 & 1\end{pmatrix}$； (5) $\begin{pmatrix}1 & 0 & 0 & 0\\ 1 & 2 & 0 & 0\\ 2 & 1 & 3 & 0\\ 1 & 2 & 1 & 4\end{pmatrix}$； (6) $\begin{pmatrix}5 & 2 & 0 & 0\\ 2 & 1 & 0 & 0\\ 0 & 0 & 8 & 3\\ 0 & 0 & 5 & 2\end{pmatrix}$.

2. 解下列矩阵方程.

(1) $\begin{pmatrix}2 & 5\\ 1 & 3\end{pmatrix}\boldsymbol{X}=\begin{pmatrix}4 & 0\\ 2 & 4\end{pmatrix}$； (2) $\begin{pmatrix}1 & 1 & 1\\ 0 & 1 & 1\\ 0 & 0 & 1\end{pmatrix}\boldsymbol{X}=\begin{pmatrix}5 & 4\\ 3 & 2\\ 1 & 2\end{pmatrix}$；(3) $\begin{pmatrix}2 & 1 & -1\\ 2 & 1 & 0\\ 1 & -1 & 1\end{pmatrix}\boldsymbol{X}=\begin{pmatrix}-9 & -2 & 0\\ -5 & 5 & -1\\ 3 & 5 & 0\end{pmatrix}$；

(4) $\begin{pmatrix}0 & 1 & 0\\ 1 & 0 & 0\\ 0 & 0 & 1\end{pmatrix}\boldsymbol{X}\begin{pmatrix}1 & 0 & 0\\ 0 & 0 & 1\\ 0 & 1 & 0\end{pmatrix}=\begin{pmatrix}1 & -4 & 3\\ 2 & 0 & -1\\ 1 & -2 & 0\end{pmatrix}$.

3. 利用逆矩阵解下列线性方程组.

(1) $\begin{cases}x_1+2x_2-2x_3=3\\2x_1-x_2+2x_3=0;\\4x_1-3x_2+x_3=3\end{cases}$　　(2) $\begin{cases}x_1+2x_2+3x_3=-2\\2x_1-2x_2+2x_3=-2.\\3x_1-x_2-x_3=7\end{cases}$

4. 设方阵$\boldsymbol{A}$满足$\boldsymbol{A}^2-\boldsymbol{A}-2\boldsymbol{I}=\boldsymbol{O}$，证明$\boldsymbol{A}$为可逆矩阵，并求$\boldsymbol{A}^{-1}$.

5. 设n阶矩阵$\boldsymbol{A}$的伴随矩阵为$\boldsymbol{A}^*$，证明：

(1) 若$|\boldsymbol{A}|=0$，则$|\boldsymbol{A}^*|=0$；　　(2) $|\boldsymbol{A}^*|=|\boldsymbol{A}|^{n-1}$.

5.3 矩阵的秩与矩阵的初等变换

5.3.1 矩阵的秩的定义

矩阵的秩与矩阵的初等变换

定义5-6　对于一个m行n列的矩阵

$$\boldsymbol{A}=\begin{pmatrix}a_{11}&a_{12}&\cdots&a_{1n}\\a_{21}&a_{22}&\cdots&a_{2n}\\\vdots&\vdots&&\vdots\\a_{m1}&a_{m2}&\cdots&a_{mn}\end{pmatrix}$$

在矩阵中任意选定r行、r列，位于这些行、列相交处的元素，按原次序构成的一个r阶行列式称为原矩阵的一个r阶子行列式，简称r阶子式.

易知$m\times n$矩阵$\boldsymbol{A}$中的r阶子式有$C_m^rC_n^r$个. 例如，矩阵$\begin{pmatrix}1&2&4\\2&0&3\\2&4&8\end{pmatrix}$的二阶子式有9个，其中取第1、2行与第2、3列和取第2、3行与第1、2列所得到的二阶子式分别为$\begin{vmatrix}2&4\\0&3\end{vmatrix}$和$\begin{vmatrix}2&0\\2&4\end{vmatrix}$.

定义5-7　如果矩阵

$$\boldsymbol{A}=\begin{pmatrix}a_{11}&a_{12}&\cdots&a_{1n}\\a_{21}&a_{22}&\cdots&a_{2n}\\\vdots&\vdots&&\vdots\\a_{m1}&a_{m2}&\cdots&a_{mn}\end{pmatrix}$$

中存在一个值不为零的r阶子式，而所有的$(r+1)$阶子式的值全为零，则称r为矩阵$\boldsymbol{A}$的秩，记作$R(\boldsymbol{A})$，即$R(\boldsymbol{A})=r$.

【例5-8】　试求矩阵

$$\boldsymbol{A}=\begin{pmatrix}1&-1&3&0\\-2&1&-2&1\\-1&-1&5&2\end{pmatrix}$$

的秩.

解　矩阵的右下角的2阶子行列式$\begin{vmatrix}-2&1\\5&2\end{vmatrix}=-4-5=-9\neq0$，而四个三阶子行列式：

$$\begin{vmatrix}1&-1&3\\-2&1&-2\\-1&-1&5\end{vmatrix},\ \begin{vmatrix}1&-1&0\\-2&1&1\\-1&-1&2\end{vmatrix},\ \begin{vmatrix}1&3&0\\-2&-2&1\\-1&5&2\end{vmatrix},\ \begin{vmatrix}-1&3&0\\1&-2&1\\-1&5&2\end{vmatrix}$$

的值均为0，而矩阵$\boldsymbol{A}$中最高阶的子式为3阶，所以矩阵$\boldsymbol{A}$的秩为2，即$R(\boldsymbol{A})=2$.

当矩阵的所有元素都为 0 时，则矩阵的秩为 0，否则秩必大于或等于 1. $m\times n$ 矩阵的秩不会大于 $\min(m, n)$，这是因为矩阵中没有比 m 阶和 n 阶更高的子式 . 若矩阵为 n 阶方阵，那么当矩阵的行列式为 0 时，矩阵的秩小于 n，否则秩等于 n. 秩等于 n 的方阵称为满秩矩阵，显然满秩矩阵的行列式不等于零，因此满秩矩阵是可逆的.

5.3.2 矩阵的初等变换

定义 5-8 以下的三种变换分别称为矩阵的初等行(列)变换：

1) 互换矩阵的任意两行(或两列)，记为：$r_i \leftrightarrow r_j$(或 $c_i \leftrightarrow c_j$)；

2) 用一个非零常数 k 乘矩阵的某一行(或列)各元素，记为：kr_i(或 kc_i)；

3) 用一个常数 k 乘矩阵的某一行(或列)各元素，加到另一行(或列)各相应元素上，记为：r_i+kr_j(或 c_i+kc_j).

矩阵的初等行变换和初等列变换统称为矩阵的初等变换 . 有如下的结论：

定理 5-3 矩阵经过矩阵的初等变换后其秩不变.

如果利用定义去求矩阵的秩，对每个$(r+1)$阶子式都要计算，这样的计算量会很大，根据上面定理的结论，可以利用初等变换来计算矩阵的秩.

【例 5-9】 求矩阵

$$\boldsymbol{A}=\begin{pmatrix}2 & -1 & -1 & 1 & 2\\ 1 & 1 & -2 & 1 & 4\\ 4 & -6 & 2 & -2 & 4\\ 3 & 6 & -9 & 7 & 9\end{pmatrix}$$

的秩.

解

$$\boldsymbol{A}=\begin{pmatrix}2 & -1 & -1 & 1 & 2\\ 1 & 1 & -2 & 1 & 4\\ 4 & -6 & 2 & -2 & 4\\ 3 & 6 & -9 & 7 & 9\end{pmatrix}\xrightarrow[\frac{1}{2}r_3]{r_1\leftrightarrow r_2}\begin{pmatrix}1 & 1 & -2 & 1 & 4\\ 2 & -1 & -1 & 1 & 2\\ 2 & -3 & 1 & -1 & 2\\ 3 & 6 & -9 & 7 & 9\end{pmatrix}$$

$$\xrightarrow[r_4-3r_1]{\substack{r_2-r_3\\ r_3-2r_1}}\begin{pmatrix}1 & 1 & -2 & 1 & 4\\ 0 & 2 & -2 & 2 & 0\\ 0 & -5 & 5 & -3 & -6\\ 0 & 3 & -3 & 4 & -3\end{pmatrix}$$

$$\xrightarrow[r_4-3r_2]{\substack{\frac{1}{2}r_2\\ r_3+5r_2}}\begin{pmatrix}1 & 1 & -2 & 1 & 4\\ 0 & 1 & -1 & 1 & 0\\ 0 & 0 & 0 & 2 & -6\\ 0 & 0 & 0 & 1 & -3\end{pmatrix}$$

$$\xrightarrow{r_4-\frac{1}{2}r_3}\begin{pmatrix}1 & 1 & -2 & 1 & 4\\ 0 & 1 & -1 & 1 & 0\\ 0 & 0 & 0 & 1 & -3\\ 0 & 0 & 0 & 0 & 0\end{pmatrix}$$

显然上述最后一个矩阵中有一个三阶子式 $\begin{vmatrix}1 & 1 & 1\\ 0 & 1 & 1\\ 0 & 0 & 1\end{vmatrix}=1\neq 0$，而所有的四阶子式都为 0，所以 $R(\boldsymbol{A})=3$.

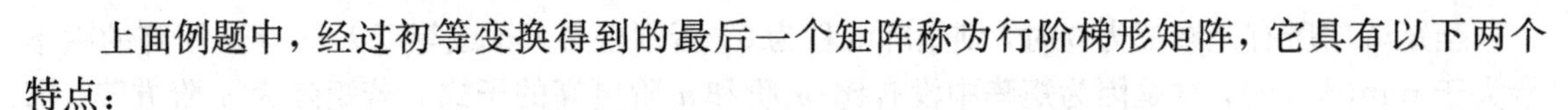

上面例题中，经过初等变换得到的最后一个矩阵称为行阶梯形矩阵，它具有以下两个特点：

1）各行第一个非零元素前零元素的个数随行序数的增加而增多；

2）为零的元素全在行的左下方.

行阶梯形矩阵的秩很直观，它等于非零行的行数．上例中的行阶梯形矩阵有三个非零行，所以直接可以得到其秩为 3.

【例 5-10】 求矩阵

$$A=\begin{pmatrix}1 & -2 & -2 & 3 & -2\\ 2 & -1 & 0 & 1 & -4\\ -2 & -5 & -4 & 8 & 6\\ 1 & 1 & -2 & -1 & -4\end{pmatrix}$$

的秩.

解

$$A=\begin{pmatrix}1 & -2 & -2 & 3 & -2\\ 2 & -1 & 0 & 1 & -4\\ -2 & -5 & -4 & 8 & 6\\ 1 & 1 & -2 & -1 & -4\end{pmatrix}\xrightarrow[r_4-r_1]{\substack{r_2-2r_1\\ r_3+2r_1}}\begin{pmatrix}1 & -2 & -2 & 3 & -2\\ 0 & 3 & 4 & -5 & 0\\ 0 & -9 & -8 & 14 & 2\\ 0 & 3 & 0 & -4 & -2\end{pmatrix}$$

$$\xrightarrow{\substack{r_3+3r_2\\ r_4-r_2}}\begin{pmatrix}1 & -2 & -2 & 3 & -2\\ 0 & 3 & 4 & -5 & 0\\ 0 & 0 & 4 & -1 & 2\\ 0 & 0 & -4 & 1 & -2\end{pmatrix}$$

$$\xrightarrow{r_3+r_4}\begin{pmatrix}1 & -2 & -2 & 3 & -2\\ 0 & 3 & 4 & -5 & 0\\ 0 & 0 & 4 & -1 & 2\\ 0 & 0 & 0 & 0 & 0\end{pmatrix}.$$

由于最后一个行阶梯形矩阵有三个非零行，所以 $R(A)=3$.

5.3.3 用矩阵的初等变换求逆矩阵和解矩阵方程的方法

1. 用矩阵的初等变换求逆矩阵

5.2 节中讲到求逆矩阵是利用其伴随矩阵及矩阵的行列式求解．这种方法适用于求阶数较小矩阵的逆矩阵，而对阶数较高的矩阵或伴随矩阵比较难求的情况下，利用上述方法求逆矩阵是难以实现的．但用矩阵的初等变换则能较快地解决上述问题．具体方法是：将矩阵 A 和单位矩阵 I 置于一个矩阵中，记为 $[A \mid I]$，然后对整个矩阵 $[A \mid I]$ 进行初等行变换，当矩阵 $[A \mid I]$ 中 A 的部分化为单位矩阵时，那么对应单位矩阵 I 的部分就化成了 A 的逆矩阵 A^{-1}，即

$$[A \mid I]\xrightarrow{\text{一系列初等行变换}}[I \mid A^{-1}]$$

这里需要说明的是，只有当矩阵 A 是可逆矩阵的时候，才可以利用上述方法求逆矩阵；而如果矩阵 A 是满秩矩阵，那么利用初等行变换一定可以将其化为单位矩阵.

【例 5-11】 求矩阵 $A=\begin{pmatrix}1 & -2 & 1\\ 2 & 2 & -5\\ -2 & 0 & 4\end{pmatrix}$ 的逆矩阵.

解 $[\boldsymbol{A} \mid \boldsymbol{I}]=\left(\begin{array}{ccc:ccc}1 & -2 & 1 & 1 & 0 & 0\\ 2 & 2 & -5 & 0 & 1 & 0\\ -2 & 0 & 4 & 0 & 0 & 1\end{array}\right)\xrightarrow[r_3+2r_1]{r_2+r_3}\left(\begin{array}{ccc:ccc}1 & -2 & 1 & 1 & 0 & 0\\ 0 & 2 & -1 & 0 & 1 & 1\\ 0 & -4 & 6 & 2 & 0 & 1\end{array}\right)$

$$\xrightarrow{r_3+2r_2}\left(\begin{array}{ccc:ccc}1 & -2 & 1 & 1 & 0 & 0\\ 0 & 2 & -1 & 0 & 1 & 1\\ 0 & 0 & 4 & 2 & 2 & 3\end{array}\right)$$

$$\xrightarrow{\frac{1}{4}r_3}\left(\begin{array}{ccc:ccc}1 & -2 & 1 & 1 & 0 & 0\\ 0 & 2 & -1 & 0 & 1 & 1\\ 0 & 0 & 1 & \frac{1}{2} & \frac{1}{2} & \frac{3}{4}\end{array}\right)$$

$$\xrightarrow[r_2+r_3]{r_1+r_3}\left(\begin{array}{ccc:ccc}1 & -2 & 0 & \frac{1}{2} & -\frac{1}{2} & -\frac{3}{4}\\ 0 & 2 & 0 & \frac{1}{2} & \frac{3}{2} & \frac{7}{4}\\ 0 & 0 & 1 & \frac{1}{2} & \frac{1}{2} & \frac{3}{4}\end{array}\right)$$

$$\xrightarrow[\frac{1}{2}r_1]{r_1+r_2}\left(\begin{array}{ccc:ccc}1 & 0 & 0 & 1 & 1 & 1\\ 0 & 1 & 0 & \frac{1}{4} & \frac{3}{4} & \frac{7}{8}\\ 0 & 0 & 1 & \frac{1}{2} & \frac{1}{2} & \frac{3}{4}\end{array}\right)$$

所以

$$\boldsymbol{A}^{-1}=\begin{pmatrix}1 & 1 & 1\\ \frac{1}{4} & \frac{3}{4} & \frac{7}{8}\\ \frac{1}{2} & \frac{1}{2} & \frac{3}{4}\end{pmatrix}$$

2. 用矩阵的初等变换解矩阵方程

设矩阵方程

$$\boldsymbol{AX}=\boldsymbol{B} \tag{5-2}$$

其中 $\boldsymbol{A}$ 为 n 阶可逆矩阵，$\boldsymbol{B}$ 为 $n\times m$ 阶矩阵，$\boldsymbol{X}$ 为 $n\times m$ 阶未知矩阵．用 $\boldsymbol{A}^{-1}$ 左乘矩阵方程(5-2)两边，就可以得到方程(5-2)的解为 $\boldsymbol{X}=\boldsymbol{A}^{-1}\boldsymbol{B}$.

故解矩阵方程 $\boldsymbol{AX}=\boldsymbol{B}$，可先求出 $\boldsymbol{A}^{-1}$，然后再求得 $\boldsymbol{X}$. 而利用矩阵的初等变换可直接求解矩阵方程(5-2)，具体的方法为:将矩阵 $\boldsymbol{A}$ 和矩阵 $\boldsymbol{B}$ 置于一个矩阵中，记为$[\boldsymbol{A} \mid \boldsymbol{B}]$，然后对整个矩阵$[\boldsymbol{A} \mid \boldsymbol{B}]$进行初等行变换，当矩阵 $\boldsymbol{A}$ 的部分化为单位阵时，那么矩阵 $\boldsymbol{B}$ 的部分就化成了 $\boldsymbol{A}$ 的逆矩阵 $\boldsymbol{A}^{-1}$ 与矩阵 $\boldsymbol{B}$ 的乘积，也就是矩阵方程(5-2)的解，即

$$[\boldsymbol{A} \mid \boldsymbol{B}]\xrightarrow{\text{一系列初等行变换}}[\boldsymbol{I} \mid \boldsymbol{A}^{-1}\boldsymbol{B}]=[\boldsymbol{I} \mid \boldsymbol{X}]$$

【例 5-12】 试用初等变换解矩阵方程

$$\begin{pmatrix}1 & 2 & 1\\ 4 & 1 & -1\\ -2 & -1 & 1\end{pmatrix}\boldsymbol{X}=\begin{pmatrix}1\\ 0\\ -2\end{pmatrix}$$

解　由于$\begin{vmatrix}1 & 2 & 1\\4 & 1 & -1\\-2 & -1 & 1\end{vmatrix}=-6\neq 0$，因此对应矩阵可逆，于是可以利用初等变换求解：

$$\left(\begin{array}{ccc|c}1 & 2 & 1 & 1\\4 & 1 & -1 & 0\\-2 & -1 & 1 & -2\end{array}\right)\xrightarrow[r_3+2r_1]{r_2+2r_3}\left(\begin{array}{ccc|c}1 & 2 & 1 & 1\\0 & -1 & 1 & -4\\0 & 3 & 3 & 0\end{array}\right)$$

$$\xrightarrow{r_3+3r_2}\left(\begin{array}{ccc|c}1 & 2 & 1 & 1\\0 & -1 & 1 & -4\\0 & 0 & 6 & -12\end{array}\right)$$

$$\xrightarrow[\frac{1}{6}r_3]{r_2-\frac{1}{6}r_3}\left(\begin{array}{ccc|c}1 & 2 & 1 & 1\\0 & -1 & 0 & -2\\0 & 0 & 1 & -2\end{array}\right)$$

$$\xrightarrow[-r_2]{\substack{r_1+2r_2\\r_1-r_3}}\left(\begin{array}{ccc|c}1 & 0 & 0 & -1\\0 & 1 & 0 & 2\\0 & 0 & 1 & -2\end{array}\right)$$

得矩阵方程的解为$\boldsymbol{X}=\begin{pmatrix}-1\\2\\-2\end{pmatrix}$.

习　题　5-3

1. 试利用矩阵的初等变换，求下列方阵的逆矩阵.

(1) $\begin{pmatrix}3 & 2 & 1\\3 & 1 & 5\\3 & 2 & 3\end{pmatrix}$；　　(2) $\begin{pmatrix}3 & -2 & 0 & -1\\0 & 2 & 2 & 1\\1 & -2 & -3 & -2\\0 & 1 & 2 & 1\end{pmatrix}$.

2. (1) 设$\boldsymbol{A}=\begin{pmatrix}2 & 1 & -2\\2 & 2 & 1\\3 & 3 & -1\end{pmatrix}$，$\boldsymbol{B}=\begin{pmatrix}2 & -10\\2 & 5\\3 & -5\end{pmatrix}$，求$\boldsymbol{X}$使$\boldsymbol{AX}=\boldsymbol{B}$；

(2) 设$\boldsymbol{A}=\begin{pmatrix}1 & 2 & 3\\2 & 2 & 1\\3 & 4 & 3\end{pmatrix}$，$\boldsymbol{B}=\begin{pmatrix}2 & 1\\5 & 3\end{pmatrix}$，$\boldsymbol{C}=\begin{pmatrix}1 & 3\\2 & 0\\3 & 1\end{pmatrix}$，求$\boldsymbol{X}$使$\boldsymbol{AXB}=\boldsymbol{C}$.

3. 计算下列矩阵的秩.

(1) $\begin{pmatrix}1 & -2 & 2 & -1\\2 & -4 & 8 & 0\\-2 & 4 & -2 & 3\\3 & -6 & 0 & -6\end{pmatrix}$；　(2) $\begin{pmatrix}3 & 2 & 0 & 5 & 0\\3 & -2 & 3 & 6 & -1\\2 & 0 & 1 & 5 & -3\\1 & 6 & -4 & -1 & 4\end{pmatrix}$.

5.4　高斯(Gauss)消元法解线性方程组

用消元法求解线性方程组是初等数学中常用的一种方法，在此基础上用高斯消元法解线性方程组.

【例 5-13】　解线性方程组

$$\begin{cases}2x-y-z=2\\x+2y+3z=5\\-3x+2y-2z=2\end{cases}\tag{5-3}$$

解　第一个方程与第二个方程对换位置，方程组(5-3)化为

$$\begin{cases}x+2y+3z=5\\2x-y-z=2\\-3x+2y-2z=2\end{cases}\tag{5-4}$$

将第一个方程乘上(−2)加到第二个方程，将第一个方程乘上 3 加到第三个方程，这样后两个方程的 x 被消去，于是方程组(5-4)化为

$$\begin{cases}x+2y+3z=5\\-5y-7z=-8\\8y+7z=17\end{cases}\tag{5-5}$$

将第二个方程加到第三个方程，第三个方程再乘上$\frac{1}{3}$，方程组又化为

$$\begin{cases}x+2y+3z=5\\-5y-7z=-8\\y=3\end{cases}\tag{5-6}$$

将 $y=3$ 代入方程组(5-6)的第二个方程，则可求得 $z=-1$，再将 $y=3$ 和 $z=-1$代入方程组(5-6)的第一个方程，则得到方程组(5-6)的解为 $x=2$、$y=3$、$z=-1$. 容易看出，方程组(5-3)、(5-4)、(5-5)、(5-6)都是同解方程组，从而得到方程组(5-3)的解是：

$$x=2,y=3,z=-1$$

上例的解法可以用到任意线性方程组，一般在用消元法求解线性方程组的过程中，常用以下三种变换：

1) 将两个方程位置互换；

2) 将一个方程两端同乘以数 k 后加到另一个方程上；

3) 对任一个方程两端乘以非零的常数.

这三种变换恰好对应着矩阵的初等行变换，显然它们不改变方程组的同解性.

前面已经讲过，线性方程组

$$\begin{cases}a_{11}x_1+a_{12}x_2+\cdots+a_{1n}x_n=b_1\\a_{21}x_1+a_{22}x_2+\cdots+a_{2n}x_n=b_2\\\qquad\vdots\\a_{m1}x_1+a_{m2}x_2+\cdots+a_{mn}x_n=b_m\end{cases}\tag{5-7}$$

可以表示成 $\boldsymbol{AX}=\boldsymbol{b}$ 的形式：

$$\boldsymbol{A}=\begin{pmatrix}a_{11}&a_{12}&\cdots&a_{1n}\\a_{21}&a_{22}&\cdots&a_{2n}\\\vdots&\vdots&&\vdots\\a_{m1}&a_{m2}&\cdots&a_{mn}\end{pmatrix},\ \boldsymbol{X}=\begin{pmatrix}x_1\\x_2\\\vdots\\x_n\end{pmatrix},\ \boldsymbol{b}=\begin{pmatrix}b_1\\b_2\\\vdots\\b_m\end{pmatrix}$$

其中矩阵 $\boldsymbol{A}$ 是由线性方程组未知数前面的系数构成的矩阵，称为系数矩阵；$\boldsymbol{X}$ 为未知数矩阵；$\boldsymbol{b}$ 为常数项矩阵.

把矩阵

$$B=[A \mid b]=\begin{pmatrix} a_{11} & a_{12} & \cdots & a_{1n} & b_1 \\ a_{21} & a_{22} & \cdots & a_{2n} & b_2 \\ \vdots & \vdots & & \vdots & \vdots \\ a_{m1} & a_{m2} & \cdots & a_{mn} & b_m \end{pmatrix}$$

称为线性方程组(5-7)的增广矩阵．显而易见，线性方程组与它的增广矩阵之间具有一一对应的关系，即给出了线性方程组，则可以唯一地写出增广矩阵;反之，如果给出了增广矩阵，则可以唯一地写出线性方程组．因此，上述消元过程，可利用对增广矩阵实行初等行变换来实现．例 5-13 中的求解可利用初等行变换完成，即

$$[A \mid b]=\begin{pmatrix} 2 & -1 & -1 & 2 \\ 1 & 2 & 3 & 5 \\ -3 & 2 & -2 & 2 \end{pmatrix} \xrightarrow{r_1 \leftrightarrow r_2} \begin{pmatrix} 1 & 2 & 3 & 5 \\ 2 & -1 & -1 & 2 \\ -3 & 2 & -2 & 2 \end{pmatrix}$$

$$\xrightarrow[r_3+3r_1]{r_2-2r_1} \begin{pmatrix} 1 & 2 & 3 & 5 \\ 0 & -5 & -7 & -8 \\ 0 & 8 & 7 & 17 \end{pmatrix}$$

$$\xrightarrow[-\frac{1}{5}r_2]{r_3+\frac{8}{5}r_2} \begin{pmatrix} 1 & 2 & 3 & 5 \\ 0 & 1 & \frac{7}{5} & \frac{8}{5} \\ 0 & 0 & -\frac{21}{5} & \frac{21}{5} \end{pmatrix} \xrightarrow{-\frac{5}{21}r_3} \begin{pmatrix} 1 & 2 & 3 & 5 \\ 0 & 1 & \frac{7}{5} & \frac{8}{5} \\ 0 & 0 & 1 & -1 \end{pmatrix}$$

最后的矩阵对应着一个增广矩阵，由它不难得到方程组的解为

$$x=2,\ y=3,\ z=-1$$

对线性方程组(5-7)的增广矩阵实施初等行变换的目的在于，使方程组每次除一个方程外，其他各方程都消去一个未知元．这样，只有一个方程保留 x_1，在剩下的 $m-1$ 个方程中仅有一个方程保留 x_2，如果在剩下的 $m-1$ 个方程中的 x_2 都被消去，就使仅有一个方程保留 x_3，依照这种方法，线性方程组(5-7)对应的增广矩阵最终可化为如下的阶梯形式：

$$\begin{pmatrix} 1 & 0 & \cdots & 0 & d_{1,r+1} & \cdots & d_{1n} & d_1 \\ 0 & 1 & \cdots & 0 & d_{2,r+1} & \cdots & d_{2n} & d_2 \\ \vdots & \vdots & & \vdots & \vdots & & \vdots & \vdots \\ 0 & 0 & \cdots & 1 & d_{r,r+1} & \cdots & d_{r,n} & d_r \\ 0 & 0 & 0 & 0 & 0 & \cdots & 0 & d_{r+1} \\ \vdots & \vdots & & \vdots & \vdots & & \vdots & \vdots \\ 0 & 0 & 0 & 0 & 0 & \cdots & 0 & 0 \end{pmatrix} \tag{5-8}$$

这里 $r\leqslant \min(m, n)$.

这种第一个非零位置上的元素为 1 的行阶梯形矩阵称为行最简形矩阵.

显然，这个行最简形矩阵所对应的线性方程组与原线性方程组同解，对行最简形矩阵进行分析，不难得到这个方程组的解有以下几种情况：

1) 若 $d_{r+1}\neq 0$，则方程组无解，因为此时第 $r+1$ 个方程是矛盾方程 $0=d_{r+1}$；

2) 若 $d_{r+1}=0$，$r=n$，则方程组有唯一的一组解如下：

$$\begin{cases}x_1=d_1\\x_2=d_2\\x_3=d_3\\\vdots\\x_n=d_n\end{cases}$$

3) 若 $d_{r+1}=0$，$r<n$，则方程组有无穷多组解，即任意给定 x_{r+1}，x_{r+2}，…，x_n 一组值，其他 x_1，x_2，…，x_r 就唯一地确定如下：

$$\begin{cases}x_1=d_1-d_{1,r+1}x_{r+1}-d_{1,r+2}x_{r+2}-\cdots-d_{1n}x_n\\x_2=d_2-d_{2,r+1}x_{r+1}-d_{2,r+2}x_{r+2}-\cdots-d_{rn}x_n\\\vdots\\x_r=d_r-d_{r,r+1}x_{r+1}-d_{r,r+2}x_{r+2}-\cdots-d_{rn}x_n\end{cases}$$

此时，x_{r+1}，x_{r+2}，…，x_n 称为自由未知量．给自由未知量任意一组数，则可以得到方程组的所有解(称通解).

【例 5-14】 试解线性方程组：

$$\begin{cases}x_1-2x_2+x_3+3x_4=3\\3x_1+8x_2-x_3+x_4=1\\x_1+5x_2-x_3-x_4=-1\end{cases}$$

解　对增广矩阵进行初等行变换：

$$\boldsymbol{B}=\left(\begin{array}{cccc:c}1&-2&1&3&3\\3&8&-1&1&1\\1&5&-1&-1&-1\end{array}\right)\xrightarrow[r_3-r_1]{r_2-3r_1}\left(\begin{array}{cccc:c}1&-2&1&3&3\\0&14&-4&-8&-8\\0&7&-2&-4&-4\end{array}\right)$$

$$\xrightarrow[r_3-r_2]{\frac{1}{2}r_2}\left(\begin{array}{cccc:c}1&-2&1&3&3\\0&7&-2&-4&-4\\0&0&0&0&0\end{array}\right)$$

$$\xrightarrow[r_1+2r_2]{\frac{1}{7}r_2}\left(\begin{array}{cccc:c}1&0&\frac{3}{7}&\frac{13}{7}&\frac{13}{7}\\0&1&-\frac{2}{7}&-\frac{4}{7}&-\frac{4}{7}\\0&0&0&0&0\end{array}\right)$$

得到矩阵的秩为 2，小于方程组未知数的个数 4，因此方程组有无穷多解．取 x_3、x_4 为自由未知量，令 $x_3=t_1$、$x_4=t_2$，则方程组的所有解可表示为

$$\begin{cases}x_1=-\frac{3}{7}t_1-\frac{13}{7}t_2+\frac{13}{7}\\x_2=\frac{2}{7}t_1+\frac{4}{7}t_2-\frac{4}{7}\\x_3=t_1\\x_4=t_2\end{cases}\qquad(t_1，t_2 \text{ 为任意常数}).$$

拓展学习

高斯（Gauss，1777 年 4 月 30 日—1855 年 2 月 23 日）是德国著名数学家、物理学

家、天文学家、几何学家、大地测量学家，毕业于 Carolinum 学院（现布伦瑞克工业大学）. 高斯被认为是世界上最著名的数学家之一，享有“数学王子”的美誉. 当他还是一个孩子的时候，就很喜欢数值计算. 有一天，为了让班里的孩子们不闲着，老师让学生们把 1 至 100 的所有数字加起来，高斯几乎是立即给出了答案，在其他孩子还在刻苦计算的时候，老师轻蔑地看着他，当老师最后查看结果的时候，发现高斯给出了唯一正确的答案. 高斯的一生获得了很多的成功，从大学开始便有了记日记的习惯，他在日记中记下了很多发现，其中有一些是对欧拉、拉格朗日及 18 世纪其他数学家们已经证明的定理的重新发现；也有他自己的发现，即最小平方法、数论中二次互反律的证明，以及对代数基本定理的研究. 除了对数学的贡献，高斯在天文学上的贡献也是功不可没的，他利用自己非同寻常的计算能力和最小平方法的额外优势，计算出了谷神星的运行轨道，他设计的高斯法至今依然被用来追踪卫星. 高斯对学术的态度是非常严谨的，1818 年至 1826 年间，高斯奉命负责汉诺威王国的测量工作，他常在原始而危险的条件下亲自测量并指导工作. 在五六年时间里，他亲自测量计算的大地数据超过 100 万个，而高斯的这些成果最终也开辟了几何学、物理学研究的新方向.

习 题 5-4

1. 用高斯消元法解下列线性方程组.

(1) $\begin{cases}2x_1-x_2+x_3=1\\x_1+2x_2+5x_3=-4\\3x_1-4x_2-2x_3=5\end{cases}$；　(2) $\begin{cases}4x_1-2x_2+2x_3=0\\2x_1+3x_2+x_3=8\\2x_1+6x_2-\dfrac{1}{2}x_3=8\end{cases}$；

(3) $\begin{cases}x_1-x_2+3x_3=5\\x_1-2x_2-x_3=-7\\3x_1-x_2+5x_3=23\\2x_1-2x_2-3x_3=-8\end{cases}$；　(4) $\begin{cases}2x_1+3x_2+5x_3+4x_4=-7\\3x_1+4x_2+2x_3+3x_4=1\\x_1+2x_2+8x_3-4x_4=3\\7x_1+9x_2+x_3+8x_4=4\end{cases}$.

2. 解下列线性方程组.

(1) $\begin{cases}x_1+2x_2+x_3-4x_4=1\\2x_1+5x_2+x_3-5x_4=3\\3x_1+5x_2+4x_3-15x_4=2\end{cases}$；　(2) $\begin{cases}x_1-2x_2+x_3+x_4-x_5=1\\2x_1+x_2-x_3-x_4-x_5=2\\x_1+8x_2-5x_3-5x_4-5x_5=0\\3x_1-x_2-3x_3+x_4-x_5=0\end{cases}$.

5.5 线性方程组解的判定

利用线性方程组的系数矩阵 $\boldsymbol{A}$ 和增广矩阵 $\boldsymbol{B}$ 的秩，可以方便地讨论线性方程组 $\boldsymbol{AX}=\boldsymbol{b}$ 解的情况.

5.5.1 齐次线性方程组解的判定

常数项均为零的线性方程组称为齐次线性方程组.

定理 5-4 齐次线性方程组

$$\begin{cases}a_{11}x_1+a_{12}x_2+\cdots+a_{1n}x_n=0\\a_{21}x_1+a_{22}x_2+\cdots+a_{2n}x_n=0\\\qquad\vdots\\a_{m1}x_1+a_{m2}x_2+\cdots+a_{mn}x_n=0\end{cases}\tag{5-9}$$

有非零解的充要条件是系数矩阵的秩 $R(\boldsymbol{A})<n$.

证　先证必要性：设方程组 $\boldsymbol{AX}=\boldsymbol{O}$ 有非零解，要证 $R(\boldsymbol{A})<n$，用反证法，设 $R(\boldsymbol{A})=n$，则在 $\boldsymbol{A}$ 中应有一个 n 阶非零子式 D_n，根据克莱姆法则可知，D_n 所对应的 n 个方程构成的方程组只有零解，这与原方程组有非零解相矛盾，因此 $R(\boldsymbol{A})=n$ 不成立，即 $R(\boldsymbol{A})<n$.

再证充分性：设 $R(\boldsymbol{A})=r<n$，则 $\boldsymbol{A}$ 的行阶梯形矩阵只含 r 个非零行，从而知其有 $n-r$ 个自由未知量．任取一个自由未知量为 1，其余自由未知量为 0，即可得方程组的一个非零解，即方程组是有非零解的.

推论 1　齐次线性方程组

$$\begin{cases}a_{11}x_1+a_{12}x_2+\cdots+a_{1n}x_n=0\\a_{21}x_1+a_{22}x_2+\cdots+a_{2n}x_n=0\\\qquad\vdots\\a_{n1}x_1+a_{n2}x_2+\cdots+a_{nn}x_n=0\end{cases}\tag{5-10}$$

只有零解的充要条件是方程组的系数行列式不为 0，即

$$\begin{vmatrix}a_{11}&a_{12}&\cdots&a_{1n}\\a_{21}&a_{22}&\cdots&a_{2n}\\\vdots&\vdots&&\vdots\\a_{n1}&a_{n2}&\cdots&a_{nn}\end{vmatrix}\neq 0$$

推论 2　齐次方程组(5-10)有非零解的充要条件是系数行列式的值为 0.

5.5.2　非齐次线性方程组解的判定

解非齐次线性方程组

定理 5-5　线性方程组

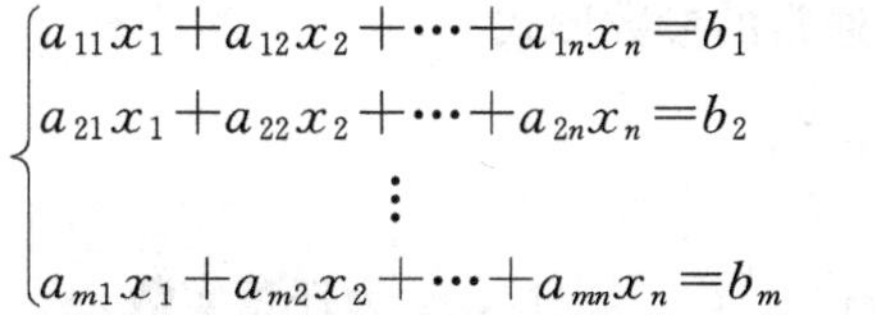

$$\begin{cases}a_{11}x_1+a_{12}x_2+\cdots+a_{1n}x_n=b_1\\a_{21}x_1+a_{22}x_2+\cdots+a_{2n}x_n=b_2\\\qquad\vdots\\a_{m1}x_1+a_{m2}x_2+\cdots+a_{mn}x_n=b_m\end{cases}\tag{5-11}$$

有解的充要条件是系数矩阵 $\boldsymbol{A}$ 的秩等于增广矩阵 $\boldsymbol{B}=(\boldsymbol{A}\mid\boldsymbol{b})$ 的秩.

证　先证必要性：设方程组 $\boldsymbol{AX}=\boldsymbol{b}$ 有解，要证 $R(\boldsymbol{A})=R(\boldsymbol{B})$．可用反证法，设 $R(\boldsymbol{A})<R(\boldsymbol{B})$，则 $\boldsymbol{B}$ 的行最简形矩阵(5-8)中最后一个非零行对应矛盾方程 $0=1$，这与方程组有解相矛盾，因此必须 $R(\boldsymbol{A})=R(\boldsymbol{B})$.

再证充分性：设 $R(\boldsymbol{A})=R(\boldsymbol{B})$，要证方程组有解．把 $\boldsymbol{B}$ 化为行阶梯形矩阵，设 $R(\boldsymbol{A})=R(\boldsymbol{B})=r(r\leqslant n)$，则 $\boldsymbol{B}$ 的行阶梯形矩阵中含 r 个非零行，把这 r 行的第一个非零元所对应的未知量作为非自由未知量，其余 $n-r$ 个未知量作为自由未知量，并令 $n-r$ 个自由未知量全取 0，即可得方程组的一个解，即方程组有解.

当 $R(\boldsymbol{A})=R(\boldsymbol{B})=r=n$ 时，方程组没有自由未知量，只有唯一解；当 $R(\boldsymbol{A})=R(\boldsymbol{B})=r<n$ 时，方程组有 $n-r$ 个自由未知量，令它们分别等于 $t_1, t_2, \cdots, t_{n-r}$，可得含 $n-r$ 个参数 $t_1, t_2, \cdots t_{n-r}$ 的解，这些参数可任意取值，因此这时方程组有无限多个解．这个含 $n-r$ 个参数的解可表示方程组的任一解，这个解就是线性方程组的通解.

对于齐次线性方程组，只需把它的系数矩阵化成行最简形矩阵，便能写出它的通解．对于非齐次线性方程组，只需把它的增广矩阵化成行阶梯形矩阵，便能判断它是否有解；在有解时，把增广矩阵进一步化成行最简形矩阵，便能写出它的通解.

【例 5-15】 求解齐次线性方程组：

$$\begin{cases}x_1+2x_2+2x_3+x_4=0\\2x_1+x_2-2x_3-2x_4=0\\x_1-x_2-4x_3-3x_4=0\end{cases}$$

解 对系数矩阵 $\boldsymbol{A}$ 施行初等行变换，将其化为行最简形矩阵：

$$\boldsymbol{A}=\begin{pmatrix}1&2&2&1\\2&1&-2&-2\\1&-1&-4&-3\end{pmatrix}\xrightarrow[r_3-r_1]{r_2-2r_1}\begin{pmatrix}1&2&2&1\\0&-3&-6&-4\\0&-3&-6&-4\end{pmatrix}$$

$$\xrightarrow[-\frac{1}{3}r_2]{r_3-r_2}\begin{pmatrix}1&2&2&1\\0&1&2&\frac{4}{3}\\0&0&0&0\end{pmatrix}\xrightarrow{r_1-2r_2}\begin{pmatrix}1&0&-2&-\frac{5}{3}\\0&1&2&\frac{4}{3}\\0&0&0&0\end{pmatrix}$$

即得与原方程组同解的方程组：

$$\begin{cases}x_1-2x_3-\frac{5}{3}x_4=0\\x_2+2x_3+\frac{4}{3}x_4=0\end{cases}$$

由此即得

$$\begin{cases}x_1=2x_3+\frac{5}{3}x_4\\x_2=-2x_3-\frac{4}{3}x_4\end{cases}，这里\ x_3、x_4\ 为自由未知量.$$

令 $x_3=t_1$、$x_4=t_2$，则解可写成通常的参数形式

$$\begin{cases}x_1=2t_1+\frac{5}{3}t_2\\x_2=-2t_1-\frac{4}{3}t_2\\x_3=t_1\\x_4=t_2\end{cases}\quad(t_1,\ t_2\ 为任意实数)$$

【例 5-16】 求解非齐次线性方程组：

$$\begin{cases}x_1+x_2-3x_3-x_4=-1\\3x_1-x_2-3x_3+4x_4=-4\\x_1+5x_2-9x_3-8x_4=0\end{cases}$$

解 对增广矩阵 $\boldsymbol{B}$ 施行初等行变换，将其化为行最简形矩阵：

$$\boldsymbol{B}=\left(\begin{array}{cccc:c}1&1&-3&-1&-1\\3&-1&-3&4&-4\\1&5&-9&-8&0\end{array}\right)\xrightarrow[r_3-r_1]{r_2-3r_1}\left(\begin{array}{cccc:c}1&1&-3&-1&-1\\0&-4&6&7&-1\\0&4&-6&-7&1\end{array}\right)$$

$$\xrightarrow[-\frac{1}{4}r_2]{r_3+r_2}\left(\begin{array}{cccc:c}1 & 1 & -3 & -1 & -1\\ 0 & 1 & -\frac{3}{2} & -\frac{7}{4} & \frac{1}{4}\\ 0 & 0 & 0 & 0 & 0\end{array}\right)$$

$$\xrightarrow{r_1-r_2}\left(\begin{array}{cccc:c}1 & 0 & -\frac{3}{2} & \frac{3}{4} & -\frac{5}{4}\\ 0 & 1 & -\frac{3}{2} & -\frac{7}{4} & \frac{1}{4}\\ 0 & 0 & 0 & 0 & 0\end{array}\right)$$

即得$\begin{cases}x_1=\frac{3}{2}x_3-\frac{3}{4}x_4-\frac{5}{4}\\ x_2=\frac{3}{2}x_3+\frac{7}{4}x_4+\frac{1}{4}\end{cases}$，　　这里 x_3，x_4 是自由未知量.

令 $x_3=t_1$、$x_4=t_2$，可得方程组的通解为

$$\begin{cases}x_1=\frac{3}{2}t_1-\frac{3}{4}t_2-\frac{5}{4}\\ x_2=\frac{3}{2}t_1+\frac{7}{4}t_2+\frac{1}{4}\\ x_3=t_1\\ x_4=t_2\end{cases}\qquad (t_1,\ t_2 \text{ 是任意实数})$$

【例 5-17】 设有线性方程组

$$\begin{cases}(1+\lambda)x_1+x_2+x_3=0\\ x_1+(1+\lambda)x_2+x_3=3\\ x_1+x_2+(1+\lambda)x_3=\lambda\end{cases}$$

问 λ 取何值时，此方程组(1) 有唯一解；(2) 无解；(3) 有无限多个解？

解　对增广矩阵 $\boldsymbol{B}=(\boldsymbol{A}\ \vdots\ \boldsymbol{b})$作初等行变换，把它变为行阶梯形矩阵，有

$$\boldsymbol{B}=\left(\begin{array}{ccc:c}1+\lambda & 1 & 1 & 0\\ 1 & 1+\lambda & 1 & 3\\ 1 & 1 & 1+\lambda & \lambda\end{array}\right)\xrightarrow{r_1\leftrightarrow r_3}\left(\begin{array}{ccc:c}1 & 1 & 1+\lambda & \lambda\\ 1 & 1+\lambda & 1 & 3\\ 1+\lambda & 1 & 1 & 0\end{array}\right)$$

$$\xrightarrow[r_3-(1+\lambda)r_1]{r_2-r_1}\left(\begin{array}{ccc:c}1 & 1 & 1+\lambda & \lambda\\ 0 & \lambda & -\lambda & 3-\lambda\\ 0 & -\lambda & -\lambda(2+\lambda) & -\lambda(1+\lambda)\end{array}\right)$$

$$\xrightarrow{r_3+r_2}\left(\begin{array}{ccc:c}1 & 1 & 1+\lambda & \lambda\\ 0 & \lambda & -\lambda & 3-\lambda\\ 0 & 0 & -\lambda(3+\lambda) & (1-\lambda)(3+\lambda)\end{array}\right)$$

1) 当 $\lambda\neq0$ 且 $\lambda\neq-3$ 时，$R(\boldsymbol{A})=R(\boldsymbol{B})=3$，方程组有唯一解；

2) 当 $\lambda=0$ 时，$R(\boldsymbol{A})=1$，$R(\boldsymbol{B})=2$，方程组无解；

3) 当 $\lambda=-3$ 时，$R(\boldsymbol{A})=R(\boldsymbol{B})=2$，方程组有无限多个解.

在以上的讨论中，利用矩阵这个工具，我们得到了线性方程组求解的方法和有解性的判定，但还没有给出线性方程组解的结构．为了进一步讨论线性方程组解的结构，第6章介绍向量的有关概念，以便给出线性方程组解的结构.

习 题 5-5

1. 试解线性方程：

(1) $\begin{cases} x_1+x_3-x_4-3x_5=-2 \\ x_1+2x_2-x_3-x_5=1 \\ 4x_1+6x_2-2x_3-4x_4+3x_5=7 \\ 2x_1-2x_2+4x_3-7x_4+4x_5=1 \end{cases}$；　(2) $\begin{cases} x_1+x_3+x_4-x_5=1 \\ x_2-x_3-x_4=-1 \\ 2x_2-x_5=0 \\ x_1-x_3+x_4=0 \end{cases}$；

(3) $\begin{cases} 2x_1+3x_2+5x_3+x_4=3 \\ 3x_1+4x_2+2x_3+3x_4=-2 \\ x_1+2x_2+8x_3-x_4=8 \\ 7x_1+9x_2+x_3+8x_4=0 \end{cases}$；　(4) $\begin{cases} x_1+x_4-x_6=0 \\ x_1+x_2-x_4-x_5=0 \\ x_3-x_4+x_5=0 \\ x_2-x_3-2x_5=0 \\ x_1+x_2+x_3-x_4-x_6=0 \end{cases}$.

2. 讨论下列线性方程组，当 λ 取何值时，方程组有唯一解，无穷多组解，无解？

(1) $\begin{cases} 2x_1+x_2-x_3=\lambda \\ (1+\lambda)x_1+\lambda x_2+\lambda x_3=0 \\ 4x_1+(1+\lambda)x_2-(3-\lambda)x_3=2 \end{cases}$；　(2) $\begin{cases} x_1+\lambda x_2+4x_3=1 \\ \lambda x_1+4x_2+8x_3=4 \end{cases}$.

3. 考虑方程组：

$$\begin{cases} 3x_1+x_2+\mu x_3+4x_4=1 \\ x_1-3x_2-6x_3+2x_4=-1 \\ x_1-x_2-2x_3+3x_4=0 \\ x_1+5x_2+10x_3-x_4=\nu \end{cases}$$

问 μ，ν 取何值时，方程组有唯一解、有无穷多组解及无解.

复习题 5

1. 填空题

(1) $\begin{pmatrix} 1 & 1 \\ 0 & 1 \end{pmatrix}^n=$________.

(2) 设 $\boldsymbol{A}=\dfrac{1}{2}(\boldsymbol{B}+\boldsymbol{I})$，则当且仅当 $\boldsymbol{B}^2=$________时，$\boldsymbol{A}^2=\boldsymbol{A}$.

(3) 设 $\boldsymbol{A}$ 为 n 阶可逆矩阵，则 $|(\boldsymbol{A}^{-1})^m|=$________，$(\boldsymbol{A}^m)^{-1}=$________，$m$ 为正整数.

(4) 设 $\boldsymbol{A}^3=\boldsymbol{O}$，则 $(\boldsymbol{A}+\boldsymbol{I})^{-1}=$________.

2. 选择题

(1) 转置矩阵不具有性质(　　).

A. $(\boldsymbol{A}^{\mathrm{T}})^{\mathrm{T}}=\boldsymbol{A}$　　B. $(\boldsymbol{A}+\boldsymbol{B})^{\mathrm{T}}=\boldsymbol{A}^{\mathrm{T}}+\boldsymbol{B}^{\mathrm{T}}$

C. $(k\boldsymbol{A})^{\mathrm{T}}=k\boldsymbol{A}^{\mathrm{T}}$　　D. $(\boldsymbol{AB})^{\mathrm{T}}=\boldsymbol{A}^{\mathrm{T}}\boldsymbol{B}^{\mathrm{T}}$

(2) 设同阶矩阵 $\boldsymbol{A}$、$\boldsymbol{B}$ 都可逆，则(　　)也可逆.

A. $\boldsymbol{AB}$　B. $\boldsymbol{A}+\boldsymbol{B}$　C. $\boldsymbol{A}^{-1}+\boldsymbol{B}^{-1}$　D. $\boldsymbol{A}-\boldsymbol{B}$

(3) 设 $\boldsymbol{A}$ 是 n 阶方阵，则下式成立的是(　　).

A. $\boldsymbol{A}^*\boldsymbol{A}=|\boldsymbol{A}|\boldsymbol{I}$　　B. $\boldsymbol{A}^*\boldsymbol{A}=|\boldsymbol{A}|$

C. $\boldsymbol{A}^{-1}=\dfrac{-1}{|\boldsymbol{A}|}\boldsymbol{A}^*$　　D. $\boldsymbol{A}^*\boldsymbol{A}=\dfrac{1}{|\boldsymbol{A}|}\boldsymbol{I}$

(4) $\begin{pmatrix} 1 & 0 & -5 \\ 0 & 1 & 0 \\ 0 & 0 & 1 \end{pmatrix}^{-1}=$(　　).

A. $\begin{pmatrix}1 & 0 & \frac{1}{5}\\0 & 1 & 0\\0 & 0 & 1\end{pmatrix}$ B. $\begin{pmatrix}1 & 0 & 5\\0 & 1 & 0\\0 & 0 & 1\end{pmatrix}$ C. $\begin{pmatrix}\frac{1}{5} & 0 & 0\\0 & 1 & 0\\0 & 0 & 1\end{pmatrix}$ D. $\begin{pmatrix}0 & 0 & 1\\0 & 1 & 0\\0 & 0 & 1\end{pmatrix}$

(5) 矩阵$\begin{pmatrix}1 & 0 & 1 & 0 & 0\\0 & 1 & 0 & 0 & 0\\0 & 1 & 1 & 0 & 0\\0 & 0 & 1 & 1 & 0\\0 & 1 & 0 & 1 & 1\end{pmatrix}$的秩为(　　).

A. 5　　B. 4　　C. 3　　D. 2

(6) 方程组$\begin{cases}x_1-x_2=a_1\\x_2-x_3=a_2\\x_3-x_4=a_3\\x_4-x_5=a_4\\-x_1+x_5=a_5\end{cases}$，有解的充要条件为 $\sum\limits_{i=1}^{5}a_i=$(　　).

A. -1　　B. 1　　C. 0　　D. 5

3. 判断题

(1) 设$\boldsymbol{A}$、$\boldsymbol{B}$为n阶矩阵，则$|\boldsymbol{A}-\boldsymbol{B}|\geqslant|\boldsymbol{A}|-|\boldsymbol{B}|$.(　　)

(2) 设$|\boldsymbol{AB}|=0$，则$\boldsymbol{A}$与$\boldsymbol{B}$均不可逆.(　　)

(3) 设$\boldsymbol{A}$、$\boldsymbol{B}$为n阶矩阵，则$(\boldsymbol{A}-\boldsymbol{B})^2=\boldsymbol{A}^2-2\boldsymbol{AB}+\boldsymbol{B}^2$.(　　)

(4) 设$\boldsymbol{Ax}=\boldsymbol{Ay}$，且$|\boldsymbol{A}|\neq 0$，则$\boldsymbol{x}=\boldsymbol{y}$.(　　)

(5) 设$\boldsymbol{A}$的增广矩阵为$\boldsymbol{B}=(\boldsymbol{A}\mid\boldsymbol{b})$，当$R(\boldsymbol{A})=R(\boldsymbol{B})<n$时，$n$元非齐次线性方程组$\boldsymbol{AX}=\boldsymbol{b}$有无穷多解.(　　)

4. 解矩阵方程：$\begin{pmatrix}1 & 3\\2 & 4\end{pmatrix}\boldsymbol{X}=\begin{pmatrix}0 & 2\\1 & 3\end{pmatrix}$.

5. 求$\boldsymbol{A}=\begin{pmatrix}1 & -1 & 3\\-1 & 2 & -4\\2 & -1 & 4\end{pmatrix}$的逆矩阵.

6. 求矩阵$\boldsymbol{A}=\begin{pmatrix}-1 & 2 & 1 & 0\\1 & -2 & -1 & 0\\-1 & 0 & 1 & 1\\-2 & 0 & 2 & 2\end{pmatrix}$的秩.

7. 解方程组：

(1) $\begin{cases}x_1+2x_2-x_3-x_4=0\\x_1+2x_2+x_4=4\\-x_1-2x_2+2x_3+4x_4=5\end{cases}$；

(2) $\begin{cases}x_1+2x_2+3x_3-x_4=0\\2x_1+4x_2+5x_3-3x_4-x_5=0\\-x_1-2x_2-3x_3+3x_4+4x_5=0\end{cases}$.

第 6 章 向量与线性方程组解的结构

6.1 向量的概念及运算

6.1.1 向量的概念

1. 向量的概念

在物理学及其他应用科学中，会遇到这样一类量，它们既有大小，又有方向，例如，力、力矩、加速度等，这一类量叫作向量.

在数学中，向量常常是用一条带有方向的线段来表示，即有向线段，有向线段的长度表示向量的大小，有向线段的方向表示向量的方向．以 N_1 为起点，N_2 为终点的有向线段所表示的向量，记作 $\overrightarrow{N_1N_2}$（见图6-1）. 一般用一个黑体字母或用书写体字母上面加一个箭头来表示向量，例如，$\boldsymbol{a}$、$\boldsymbol{b}$、$\boldsymbol{i}$ 或 $\vec{a}$，$\vec{b}$，$\vec{i}$ 等.

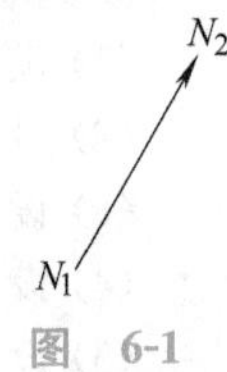

图 6-1

2. n 维向量

在空间解析几何学中，可以利用向量解决许多几何问题，空间的任一向量可以表示为

$$\boldsymbol{a}=x\boldsymbol{i}+y\boldsymbol{j}+z\boldsymbol{k}$$

当空间的坐标系已确定，可省略掉 $\boldsymbol{i}$、$\boldsymbol{j}$、$\boldsymbol{k}$，将向量 $\boldsymbol{a}$ 简单地用三个坐标表示为 $\boldsymbol{a}=(x, y, z)$，使向量 $\boldsymbol{a}$ 与坐标 (x, y, z) 一一对应，这样就将向量的运算转化为有序数组——坐标的代数运算．在此将三维空间中三元有序数组推广到 n 维空间的 n 元有序数组，就得到了 n 维向量的概念.

定义 6-1 由 n 个有次序的数 $a_1, a_2, \cdots, a_n$ 构成的有序数组称为一个 n 维向量，简记为 $\boldsymbol{\alpha}$，即 $\boldsymbol{\alpha}=(a_1, a_2, \cdots, a_n)$. 其中 $a_1, a_2, \cdots, a_n$ 称为向量的分量，n 称为向量的维数.

向量通常用希腊字母 $\boldsymbol{\alpha}$、$\boldsymbol{\beta}$、$\boldsymbol{\gamma}$ 等表示．例如，向量可记作 $\boldsymbol{\alpha}=(a_1, a_2, \cdots, a_n)$，也可以写成一列 $\boldsymbol{\beta}=\begin{pmatrix} b_1 \\ b_2 \\ \vdots \\ b_n \end{pmatrix}$. 为了区别，前者称为行向量，后者称为列向量．以后讨论时，向量的分量如不加予说明则都是实数.

下面介绍两个常用的特殊向量：

分量全为零的向量称为 n 维零向量，记作 $\mathbf{0}$，注意维数不同的零向量是不同的.

向量 $(-a_1, -a_2, \cdots, -a_n)$ 称为向量 $\boldsymbol{\alpha}=(a_1, a_2, \cdots, a_n)$ 的负向量，记作 $-\boldsymbol{\alpha}$，即 $-\boldsymbol{\alpha}=(-a_1, -a_2, \cdots, -a_n)$.

两个 n 维向量 $\boldsymbol{\alpha}=(a_1, a_2, \cdots, a_n)$，$\boldsymbol{\beta}=(b_1, b_2, \cdots, b_n)$，当且仅当 $a_1=b_1$，$a_2=b_2$，$\cdots$，

$a_n=b_n$ 时称向量 $\boldsymbol{\alpha}$ 与 $\boldsymbol{\beta}$ 相等，并记为 $\boldsymbol{\alpha}=\boldsymbol{\beta}$，零向量相等时维数需一致.

6.1.2 向量的线性运算

定义 6-2 设 $\boldsymbol{\alpha}=(a_1, a_2, \cdots, a_n)$，$\boldsymbol{\beta}=(b_1, b_2, \cdots, b_n)$，定义这两个向量之和为

$$\boldsymbol{\alpha}+\boldsymbol{\beta}=(a_1+b_1, a_2+b_2, \cdots, a_n+b_n)$$

定义 6-3 设 $\boldsymbol{\alpha}=(a_1, a_2, \cdots, a_n)$，$k$ 是一个数量，定义数量 k 与向量 $\boldsymbol{\alpha}$ 的乘积为

$$k\cdot\boldsymbol{\alpha}=(ka_1, ka_2, \cdots, ka_n)$$

向量的加法以及数量与向量的乘积统称为向量的线性运算．如果把向量看作是行矩阵(或列矩阵)，显然 n 维向量线性运算的运算律与矩阵线性运算的运算律是相同的，即

1) 加法的交换律：$\boldsymbol{\alpha}+\boldsymbol{\beta}=\boldsymbol{\beta}+\boldsymbol{\alpha}$；
2) 加法的结合律：$(\boldsymbol{\alpha}+\boldsymbol{\beta})+\boldsymbol{\gamma}=\boldsymbol{\alpha}+(\boldsymbol{\beta}+\boldsymbol{\gamma})$；
3) $k(l\boldsymbol{\alpha})=(kl)\boldsymbol{\alpha}$；
4) $k(\boldsymbol{\alpha}+\boldsymbol{\beta})=k\boldsymbol{\alpha}+k\boldsymbol{\beta}$；
5) $(k+l)\boldsymbol{\alpha}=k\boldsymbol{\alpha}+l\boldsymbol{\alpha}$.

对于 n 维零向量，以下规律成立：

1) 对任意向量 $\boldsymbol{\alpha}$，$\boldsymbol{\alpha}+\mathbf{0}=\boldsymbol{\alpha}$；
2) 对任意向量 $\boldsymbol{\alpha}$，$\boldsymbol{\alpha}+(-\boldsymbol{\alpha})=\mathbf{0}$；
3) 对任意向量 $\boldsymbol{\alpha}$ 及任意数量 k，$0\boldsymbol{\alpha}=\mathbf{0}$，$k\mathbf{0}=\mathbf{0}$；
4) 若 $k\boldsymbol{\alpha}=\mathbf{0}$，则 $k=0$ 或 $\boldsymbol{\alpha}=\mathbf{0}$.

注意，以上零向量的维数与向量 $\boldsymbol{\alpha}$ 的维数是一致的.

【例 6-1】 已知 $\boldsymbol{\alpha}=(3, 4, -1, -2)$，$\boldsymbol{\beta}=(-2, 3, -2, 2)$，计算 $2\boldsymbol{\alpha}+3\boldsymbol{\beta}$.

解
$$\begin{aligned}2\boldsymbol{\alpha}+3\boldsymbol{\beta}&=2(3, 4, -1, -2)+3(-2, 3, -2, 2)\\&=(6, 8, -2, -4)+(-6, 9, -6, 6)=(0, 17, -8, 2)\end{aligned}$$

【例 6-2】 设向量 $\boldsymbol{\alpha}=(-2, 3, 0, 5)$，$\boldsymbol{\beta}=(4, -2, 5, 2)$，且 $4\boldsymbol{\alpha}+2\boldsymbol{\gamma}=\boldsymbol{\beta}$，求 $\boldsymbol{\gamma}$.

解 因为 $4\boldsymbol{\alpha}+2\boldsymbol{\gamma}=\boldsymbol{\beta}$，所以 $\boldsymbol{\gamma}=\frac{1}{2}(\boldsymbol{\beta}-4\boldsymbol{\alpha})$，即

$$\begin{aligned}\boldsymbol{\gamma}&=\frac{1}{2}((4, -2, 5, 2)-4(-2, 3, 0, 5))\\&=\frac{1}{2}(12, -14, 5, -18)\\&=\left(6, -7, \frac{5}{2}, -9\right).\end{aligned}$$

习 题 6-1

1. 设 $\boldsymbol{\alpha}=(1, 1, 0)^{\mathrm{T}}$，$\boldsymbol{\beta}=(0, 1, 1)^{\mathrm{T}}$，$\boldsymbol{\gamma}=(3, 4, 0)^{\mathrm{T}}$，求 $\boldsymbol{\alpha}-\boldsymbol{\beta}$ 及 $3\boldsymbol{\alpha}+2\boldsymbol{\beta}-\boldsymbol{\gamma}$.
2. 设 $3(\boldsymbol{\alpha}_1-\boldsymbol{\alpha})+2(\boldsymbol{\alpha}_2+\boldsymbol{\alpha})=5(\boldsymbol{\alpha}_3+\boldsymbol{\alpha})$，其中 $\boldsymbol{\alpha}_1=(2, 5, 1, 3)^{\mathrm{T}}$，$\boldsymbol{\alpha}_2=(10, 1, 5, 10)^{\mathrm{T}}$，$\boldsymbol{\alpha}_3=(4, 1, -1, 1)^{\mathrm{T}}$，求 $\boldsymbol{\alpha}$.

6.2 n 维向量的线性关系

6.2.1 向量的线性组合

定义 6-4 设一组 n 维向量 $\boldsymbol{\beta}$，$\boldsymbol{\alpha}_1$，$\boldsymbol{\alpha}_2$，$\cdots$，$\boldsymbol{\alpha}_m$，若存在一组数 k_1，k_2，$\cdots$，k_m，使得

$$\boldsymbol{\beta}=k_1\boldsymbol{\alpha}_1+k_2\boldsymbol{\alpha}_2+\cdots+k_m\boldsymbol{\alpha}_m \tag{6-1}$$

则称向量 $\boldsymbol{\beta}$ 是向量组 $\boldsymbol{\alpha}_1$，$\boldsymbol{\alpha}_2$，…，$\boldsymbol{\alpha}_m$ 的线性组合，或称 $\boldsymbol{\beta}$ 可由向量组 $\boldsymbol{\alpha}_1$，$\boldsymbol{\alpha}_2$，…，$\boldsymbol{\alpha}_m$ 线性表示.

由式(6-1)可知，如果向量 $\boldsymbol{\beta}$ 是向量组 $\boldsymbol{\alpha}_1$，$\boldsymbol{\alpha}_2$，…，$\boldsymbol{\alpha}_m$ 的线性组合，则 $\boldsymbol{\beta}$ 是由 m 个向量通过线性运算所得到的一个向量. 式(6-1)也可用矩阵形式表示，即

$$\boldsymbol{\beta}=[\boldsymbol{\alpha}_1,\boldsymbol{\alpha}_2,\cdots,\boldsymbol{\alpha}_m]\begin{pmatrix}k_1\\k_2\\\vdots\\k_m\end{pmatrix} \tag{6-2}$$

其中，$[\boldsymbol{\alpha}_1,\boldsymbol{\alpha}_2,\cdots,\boldsymbol{\alpha}_m]$ 是一个 $n\times m$ 矩阵，$(k_1,k_2,\cdots,k_m)^{\mathrm{T}}$ 是 m 维列向量.

可以看出，矩阵的每个列都构成一个向量，由矩阵的各个列构成的向量组称为矩阵的列向量组. 例如，上面的向量组 $\boldsymbol{\alpha}_1$，$\boldsymbol{\alpha}_2$，…，$\boldsymbol{\alpha}_m$ 就构成一个矩阵的列向量组. 同样地，矩阵的每个行都构成一个向量，由矩阵的各个行构成的向量组称为矩阵的行向量组.

【例 6-3】 设 $\boldsymbol{\alpha}$ 是 n 维向量 $\boldsymbol{\beta}_1$、$\boldsymbol{\beta}_2$、$\boldsymbol{\beta}_3$ 的线性组合，即

$$\boldsymbol{\alpha}=a_1\boldsymbol{\beta}_1+a_2\boldsymbol{\beta}_2+a_3\boldsymbol{\beta}_3 \tag{6-3}$$

又 $\boldsymbol{\beta}_1$、$\boldsymbol{\beta}_2$、$\boldsymbol{\beta}_3$ 都是 $\boldsymbol{\gamma}_1$、$\boldsymbol{\gamma}_2$ 的线性组合，即

$$\begin{cases}\boldsymbol{\beta}_1=b_{11}\boldsymbol{\gamma}_1+b_{12}\boldsymbol{\gamma}_2\\\boldsymbol{\beta}_2=b_{21}\boldsymbol{\gamma}_1+b_{22}\boldsymbol{\gamma}_2\\\boldsymbol{\beta}_3=b_{31}\boldsymbol{\gamma}_1+b_{32}\boldsymbol{\gamma}_2\end{cases} \tag{6-4}$$

试验证 $\boldsymbol{\alpha}$ 也是 $\boldsymbol{\gamma}_1$，$\boldsymbol{\gamma}_2$ 的线性组合.

解 将式(6-4)代入式(6-3)消去 $\boldsymbol{\beta}_1$、$\boldsymbol{\beta}_2$、$\boldsymbol{\beta}_3$，得：

$$\boldsymbol{\alpha}=a_1(b_{11}\boldsymbol{\gamma}_1+b_{12}\boldsymbol{\gamma}_2)+a_2(b_{21}\boldsymbol{\gamma}_1+b_{22}\boldsymbol{\gamma}_2)+a_3(b_{31}\boldsymbol{\gamma}_1+b_{32}\boldsymbol{\gamma}_2)$$

运用向量的运算规律，将括号展开，合并同类向量项，得：

$$\boldsymbol{\alpha}=(a_1b_{11}+a_2b_{21}+a_3b_{31})\boldsymbol{\gamma}_1+(a_1b_{12}+a_2b_{22}+a_3b_{32})\boldsymbol{\gamma}_2,$$

即 $\boldsymbol{\alpha}$ 是 $\boldsymbol{\gamma}_1$，$\boldsymbol{\gamma}_2$ 的线性组合.

向量 $\boldsymbol{\beta}$ 是否可以由向量组 $\boldsymbol{\alpha}_1$，$\boldsymbol{\alpha}_2$，…，$\boldsymbol{\alpha}_m$ 线性表示，关键是能否找到一组数 k_1，k_2，…，k_m，使式(6-1)成立. 如果

$$\boldsymbol{A}_{n\times m}=(\boldsymbol{\alpha}_1,\boldsymbol{\alpha}_2,\cdots,\boldsymbol{\alpha}_m),\ \boldsymbol{X}=(k_1,k_2,\cdots,k_m)^{\mathrm{T}}$$

那么线性组合的矩阵式(6-2)可改写为

$$\boldsymbol{AX}=\boldsymbol{\beta} \tag{6-5}$$

这实际上是一个非齐次线性方程组，因此向量 $\boldsymbol{\beta}$ 是否可以由向量组 $\boldsymbol{\alpha}_1$，$\boldsymbol{\alpha}_2$，…，$\boldsymbol{\alpha}_m$ 线性表示的问题归结为线性方程组(6-5)是否有解的问题. 综上所述，可以得到向量 $\boldsymbol{\beta}$ 是矩阵 $\boldsymbol{A}$ 的列向量组 $\boldsymbol{\alpha}_1$，$\boldsymbol{\alpha}_2$，…，$\boldsymbol{\alpha}_m$ 的线性组合的两种充分必要条件：

1) 线性方程组 $\boldsymbol{AX}=\boldsymbol{\beta}$ 有解；

2) 矩阵 $[\boldsymbol{\alpha}_1,\boldsymbol{\alpha}_2,\cdots,\boldsymbol{\alpha}_m]$ 的秩与矩阵 $[\boldsymbol{\alpha}_1,\boldsymbol{\alpha}_2,\cdots,\boldsymbol{\alpha}_m,\boldsymbol{\beta}]$ 的秩相等，且线性表示式中的系数 k_1，k_2，…，k_m 可由线性方程组(6-5)的解给出.

【例 6-4】 已知向量 $\boldsymbol{\alpha}_1=(2,-3,1,-4)^{\mathrm{T}}$，$\boldsymbol{\alpha}_2=(-1,2,0,2)^{\mathrm{T}}$，$\boldsymbol{\alpha}_3=(2,5,2,4)^{\mathrm{T}}$，

$\boldsymbol{\alpha}_4=(6,-2,3,-4)^{\mathrm{T}}$，试问 $\boldsymbol{\alpha}_4$ 可否由向量组 $\boldsymbol{\alpha}_1$、$\boldsymbol{\alpha}_2$、$\boldsymbol{\alpha}_3$ 线性表示？

解　设 $\boldsymbol{A}=(\boldsymbol{\alpha}_1,\boldsymbol{\alpha}_2,\boldsymbol{\alpha}_3)$，$\boldsymbol{B}=(\boldsymbol{\alpha}_1,\boldsymbol{\alpha}_2,\boldsymbol{\alpha}_3,\boldsymbol{\alpha}_4)$，则

$$\boldsymbol{B}=\begin{pmatrix}2&-1&2&6\\-3&2&5&-2\\1&0&2&3\\-4&2&4&-4\end{pmatrix}\xrightarrow{r_1\leftrightarrow r_3}\begin{pmatrix}1&0&2&3\\-3&2&5&-2\\2&-1&2&6\\-4&2&4&-4\end{pmatrix}$$

$$\xrightarrow[r_4+2r_3]{r_2+3r_1}\begin{pmatrix}1&0&2&3\\0&2&11&7\\2&-1&2&6\\0&0&8&8\end{pmatrix}\xrightarrow[\frac{1}{8}r_4]{r_3-2r_1}\begin{pmatrix}1&0&2&3\\0&2&11&7\\0&-1&-2&0\\0&0&1&1\end{pmatrix}$$

$$\xrightarrow{r_2\leftrightarrow r_3}\begin{pmatrix}1&0&2&3\\0&-1&-2&0\\0&2&11&7\\0&0&1&1\end{pmatrix}\xrightarrow[-r_2]{r_3+2r_2}\begin{pmatrix}1&0&2&3\\0&1&2&0\\0&0&7&7\\0&0&1&1\end{pmatrix}$$

$$\xrightarrow[r_4-r_3]{\frac{1}{7}r_3}\begin{pmatrix}1&0&2&3\\0&1&2&0\\0&0&1&1\\0&0&0&0\end{pmatrix}\xrightarrow[r_2-2r_3]{r_1-2r_3}\begin{pmatrix}1&0&0&1\\0&1&0&-2\\0&0&1&1\\0&0&0&0\end{pmatrix}$$

从而得 $R(\boldsymbol{B})=R(\boldsymbol{A})=3$，根据上述充要条件2)得，$\boldsymbol{\alpha}_4$ 可以由 $\boldsymbol{\alpha}_1$、$\boldsymbol{\alpha}_2$、$\boldsymbol{\alpha}_3$ 线性表示．进一步求线性表示式．

解线性方程组 $\boldsymbol{AX}=\boldsymbol{\alpha}_4$，得解为 $x_1=1$、$x_2=-2$、$x_3=1$，于是

$$\boldsymbol{\alpha}_4=\boldsymbol{\alpha}_1-2\boldsymbol{\alpha}_2+\boldsymbol{\alpha}_3$$

下面给出向量组等价的概念：

定义6-5　设有两个向量组$(\boldsymbol{A})\boldsymbol{\alpha}_1,\boldsymbol{\alpha}_2,\cdots,\boldsymbol{\alpha}_m$ 和$(\boldsymbol{B})\boldsymbol{\beta}_1,\boldsymbol{\beta}_2,\cdots,\boldsymbol{\beta}_s$，若向量组 $\boldsymbol{B}$ 中的每个向量都能由向量组 $\boldsymbol{A}$ 线性表示，则称向量组 $\boldsymbol{B}$ 能由向量组 $\boldsymbol{A}$ 线性表示．若两个向量组可以相互线性表示，则称这两个向量组等价．

由定义易得向量组等价具有以下性质：

1) 反身性：每个向量组都与它自身等价；

2) 对称性：若向量组 $\boldsymbol{A}$ 与向量组 $\boldsymbol{B}$ 等价，则向量组 $\boldsymbol{B}$ 也与向量组 $\boldsymbol{A}$ 等价；

3) 传递性：若向量组 $\boldsymbol{A}$ 与向量组 $\boldsymbol{B}$ 等价，且向量组 $\boldsymbol{B}$ 与向量组 $\boldsymbol{C}$ 等价，则向量组 $\boldsymbol{A}$ 与向量组 $\boldsymbol{C}$ 等价．

线性相关与线性无关的定义及判定

6.2.2 线性相关与线性无关

向量的线性相关与线性无关概念是 n 维向量中的一个基本而又重要概念．

向量 $\boldsymbol{\beta}$ 是向量组 $\boldsymbol{\alpha}_1,\boldsymbol{\alpha}_2,\cdots,\boldsymbol{\alpha}_m$ 的线性组合，表明向量 $\boldsymbol{\beta},\boldsymbol{\alpha}_1,\boldsymbol{\alpha}_2,\cdots,\boldsymbol{\alpha}_m$ 之间有线性关

系．如例 6-4 中 $\boldsymbol{\alpha}_1$、$\boldsymbol{\alpha}_2$、$\boldsymbol{\alpha}_3$、$\boldsymbol{\alpha}_4$ 之间有线性关系

$$\boldsymbol{\alpha}_4=\boldsymbol{\alpha}_1-2\boldsymbol{\alpha}_2+\boldsymbol{\alpha}_3$$

而向量组 $\boldsymbol{\mu}_1=(1,\ 0,\ 0)^{\mathrm{T}}$、$\boldsymbol{\mu}_2=(0,\ 1,\ 0)^{\mathrm{T}}$、$\boldsymbol{\mu}_3=(0,\ 0,\ 1)^{\mathrm{T}}$ 中任一向量都不能表示为其余两个向量的线性组合，这说明向量 $\boldsymbol{\mu}_1$、$\boldsymbol{\mu}_2$、$\boldsymbol{\mu}_3$ 之间是线性独立的．显然向量组 $\boldsymbol{\alpha}_1$、$\boldsymbol{\alpha}_2$、$\boldsymbol{\alpha}_3$、$\boldsymbol{\alpha}_4$ 与向量组 $\boldsymbol{\mu}_1$、$\boldsymbol{\mu}_2$、$\boldsymbol{\mu}_3$ 有本质区别．这就是线性相关与线性无关的区别．下面给出向量组线性相关和线性无关的概念.

定义 6-6　对于向量组 $\boldsymbol{\alpha}_1$，$\boldsymbol{\alpha}_2$，…，$\boldsymbol{\alpha}_m(m\geqslant 2)$，若存在不全为 0 的常数 k_1，k_2，…，k_m，使得

$$k_1\boldsymbol{\alpha}_1+k_2\boldsymbol{\alpha}_2+\cdots+k_m\boldsymbol{\alpha}_m=\boldsymbol{0}$$

则称向量组 $\boldsymbol{\alpha}_1$，$\boldsymbol{\alpha}_2$，…，$\boldsymbol{\alpha}_m$ 线性相关；若当且仅当 $k_1=k_2=\cdots=k_m=0$ 时，上面等式才成立，则称向量组 $\boldsymbol{\alpha}_1$，$\boldsymbol{\alpha}_2$，…，$\boldsymbol{\alpha}_m$ 线性无关.

向量组 $\boldsymbol{\alpha}_1$，$\boldsymbol{\alpha}_2$，…，$\boldsymbol{\alpha}_m$ 线性相关，通常是指 $m\geqslant 2$ 的情形，但上述定义也适用于 $m=1$ 的情形．当 $m=1$ 时，向量组只含一个向量 $\boldsymbol{\alpha}$，当 $\boldsymbol{\alpha}=\boldsymbol{0}$ 时是线性相关的，当 $\boldsymbol{\alpha}\neq\boldsymbol{0}$ 时是线性无关的．对于含 2 个向量 $\boldsymbol{\alpha}_1$、$\boldsymbol{\alpha}_2$ 的向量组，它们线性相关的充要条件是 $\boldsymbol{\alpha}_1$、$\boldsymbol{\alpha}_2$ 的分量对应成比例，其几何意义是两向量共线.

【例 6-5】 设 $\boldsymbol{\alpha}_1=(2,\ 1,\ 3)^{\mathrm{T}}$、$\boldsymbol{\alpha}_2=(0,\ -2,\ -1)^{\mathrm{T}}$、$\boldsymbol{\alpha}_3=(-4,\ 0,\ -5)^{\mathrm{T}}$，分别讨论向量组 $\boldsymbol{\alpha}_1$、$\boldsymbol{\alpha}_3$ 及向量组 $\boldsymbol{\alpha}_1$、$\boldsymbol{\alpha}_2$、$\boldsymbol{\alpha}_3$ 是否线性相关.

解　设 $k_1\boldsymbol{\alpha}_1+k_3\boldsymbol{\alpha}_3=0$，即

$$k_1\begin{pmatrix}2\\1\\3\end{pmatrix}+k_3\begin{pmatrix}-4\\0\\-5\end{pmatrix}=\begin{pmatrix}0\\0\\0\end{pmatrix}$$

对应于方程组 $\begin{cases}2k_1-4k_3=0\\k_1=0\\3k_1-5k_3=0\end{cases}$

解得 $k_1=k_3=0$，所以 $\boldsymbol{\alpha}_1$、$\boldsymbol{\alpha}_3$ 线性无关.

再设　$k_1\boldsymbol{\alpha}_1+k_2\boldsymbol{\alpha}_2+k_3\boldsymbol{\alpha}_3=\boldsymbol{0}$，即

$$k_1\begin{pmatrix}2\\1\\3\end{pmatrix}+k_2\begin{pmatrix}0\\-2\\-1\end{pmatrix}+k_3\begin{pmatrix}-4\\0\\-5\end{pmatrix}=\begin{pmatrix}0\\0\\0\end{pmatrix}$$，对应于方程组 $\begin{cases}2k_1-4k_3=0\\k_1-2k_2=0\\3k_1-k_2-5k_3=0\end{cases}$

解得 $k_1=2$、$k_2=1$、$k_3=1$，所以 $\boldsymbol{\alpha}_1$、$\boldsymbol{\alpha}_2$、$\boldsymbol{\alpha}_3$ 线性相关.

【例 6-6】 已知向量组 $\boldsymbol{\alpha}_1$、$\boldsymbol{\alpha}_2$、$\boldsymbol{\alpha}_3$ 线性无关，而 $\boldsymbol{\beta}_1=\boldsymbol{\alpha}_1+\boldsymbol{\alpha}_2$，$\boldsymbol{\beta}_2=\boldsymbol{\alpha}_2+\boldsymbol{\alpha}_3$，$\boldsymbol{\beta}_3=\boldsymbol{\alpha}_3+\boldsymbol{\alpha}_1$，试证向量组 $\boldsymbol{\beta}_1$、$\boldsymbol{\beta}_2$、$\boldsymbol{\beta}_3$ 线性无关.

证　设有 x_1、x_2、x_3，使

$$x_1\boldsymbol{\beta}_1+x_2\boldsymbol{\beta}_2+x_3\boldsymbol{\beta}_3=\boldsymbol{0}$$

则

$$x_1(\boldsymbol{\alpha}_1+\boldsymbol{\alpha}_2)+x_2(\boldsymbol{\alpha}_2+\boldsymbol{\alpha}_3)+x_3(\boldsymbol{\alpha}_3+\boldsymbol{\alpha}_1)=\boldsymbol{0}$$

$$(x_1+x_3)\boldsymbol{\alpha}_1+(x_1+x_2)\boldsymbol{\alpha}_2+(x_2+x_3)\boldsymbol{\alpha}_3=\boldsymbol{0}$$

因 $\boldsymbol{\alpha}_1$、$\boldsymbol{\alpha}_2$、$\boldsymbol{\alpha}_3$ 线性无关，故有

$$\begin{cases} x_1+x_3=0 \\ x_1+x_2=0 \\ x_2+x_3=0 \end{cases}$$

由于此方程组的系数行列式

$$\begin{vmatrix} 1 & 0 & 1 \\ 1 & 1 & 0 \\ 0 & 1 & 1 \end{vmatrix}=2\neq 0$$

故此方程组只有零解 $x_1=x_2=x_3=0$，所以向量组 $\boldsymbol{\beta}_1$、$\boldsymbol{\beta}_2$、$\boldsymbol{\beta}_3$ 线性无关.

一般地，关于线性相关与线性无关，有如下的定理：

定理 6-1 向量组 $\boldsymbol{\beta}_1=(a_{11}, a_{21}, \cdots, a_{n1})^{\mathrm{T}}$，$\boldsymbol{\beta}_2=(a_{12}, a_{22}, \cdots, a_{n2})^{\mathrm{T}}$，…，$\boldsymbol{\beta}_m=(a_{1m}, a_{2m}, \cdots, a_{nm})^{\mathrm{T}}$ 线性相关的充要条件是矩阵

$$\mathbf{A}=(\boldsymbol{\beta}_1, \boldsymbol{\beta}_2, \cdots, \boldsymbol{\beta}_m)=\begin{pmatrix} a_{11} & a_{12} & \cdots & a_{1m} \\ a_{21} & a_{22} & \cdots & a_{2m} \\ \vdots & \vdots & & \vdots \\ a_{n1} & a_{n2} & \cdots & a_{nm} \end{pmatrix}$$

的秩 $R(\mathbf{A})$小于向量组中向量的个数 m，即 $R(\mathbf{A})<m$；向量组线性无关的充要条件是 $R(\mathbf{A})=m$.

向量的线性相关与线性无关是一个很重要的概念，需要对它进一步掌握理解．为此，再给出以下有关性质：

1) 任意一个包含零向量的向量组必线性相关；

2) 若一组向量中有两个向量各分量对应成比例，则这组向量必线性相关；

3) 若一组向量 $\boldsymbol{\alpha}_1, \boldsymbol{\alpha}_2, \cdots, \boldsymbol{\alpha}_m$ 线性相关，则再添加 s 个向量后，所得到的向量组 $\boldsymbol{\alpha}_1, \boldsymbol{\alpha}_2, \cdots, \boldsymbol{\alpha}_m, \boldsymbol{\alpha}_{m+1}, \boldsymbol{\alpha}_{m+2}, \cdots, \boldsymbol{\alpha}_{m+s}$ 仍线性相关；

4) 若一个向量组线性无关，则它的任何一个部分向量组必线性无关；

5) 若向量组 $\boldsymbol{\alpha}_1=(a_{11}, a_{12}, \cdots, a_{1n})$，$\boldsymbol{\alpha}_2=(a_{21}, a_{22}, \cdots, a_{2n})$，…，$\boldsymbol{\alpha}_m=(a_{m1}, a_{m2}, \cdots, a_{mn})$线性相关，则去掉最后 r 个分量($1\leqslant r\leqslant n$)后，所得到的 m 个 $n-r$ 维向量 $\boldsymbol{\alpha}_1=(a_{11}, a_{12}, \cdots, a_{1,n-r})$，$\boldsymbol{\alpha}_2=(a_{21}, a_{22}, \cdots, a_{2,n-r})$，…，$\boldsymbol{\alpha}_m=(a_{m1}, a_{m2}, \cdots, a_{m,n-r})$也线性相关.

6) 若 $\boldsymbol{\alpha}_1=(a_{11}, a_{12}, \cdots, a_{1n})$，$\boldsymbol{\alpha}_2=(a_{21}, a_{22}, \cdots, a_{2n})$，…，$\boldsymbol{\alpha}_m=(a_{m1}, a_{m2}, \cdots, a_{mn})$线性无关，将各个向量都任意增加 r 个分量所得到的 m 个 $n+r$ 维向量 $\boldsymbol{\alpha}_1=(a_{11}, a_{12}, \cdots, a_{1,n+r})$，$\boldsymbol{\alpha}_2=(a_{21}, a_{22}, \cdots, a_{2,n+r})$，…，$\boldsymbol{\alpha}_m=(a_{m1}, a_{m2}, \cdots, a_{m,n+r})$也线性无关.

6.2.3 几个重要定理

了解线性组合、线性相关、线性无关的概念后，现可进一步讨论这些概念之间的关系了．下面介绍几个有关线性相关和线性无关的定理.

定理 6-2 若 $\boldsymbol{\alpha}_1, \boldsymbol{\alpha}_2, \cdots, \boldsymbol{\alpha}_m$($m\geqslant 2$)线性相关，则其中必有一个向量可表示为其余向量的线性组合；反之，若一个向量是其余 $m-1$ 个向量的线性组合，则这 m 个向量必线性相关.

证 若 $\boldsymbol{\alpha}_1, \boldsymbol{\alpha}_2, \cdots, \boldsymbol{\alpha}_m$ 线性相关，则存在着不全为零的 m 个常数 $k_1, k_2, \cdots, k_m$，使得

$$k_1\boldsymbol{\alpha}_1+k_2\boldsymbol{\alpha}_2+\cdots+k_m\boldsymbol{\alpha}_m=\mathbf{0}$$

不妨设 $k_1 \neq 0$，于是便有

$$\boldsymbol{\alpha}_1 = \frac{-1}{k_1}(k_2\boldsymbol{\alpha}_2 + \cdots + k_m\boldsymbol{\alpha}_m)$$

即 $\boldsymbol{\alpha}_1$ 能由 $\boldsymbol{\alpha}_2, \cdots, \boldsymbol{\alpha}_m$ 线性表示．所以，若 $\boldsymbol{\alpha}_1, \boldsymbol{\alpha}_2, \cdots, \boldsymbol{\alpha}_m$ 线性相关，则其中必有一个向量是其余向量的线性组合，而且，找到的不全为零的数组中，不等于零的数所对应的向量都可由其余的向量线性表示.

反之，如果向量组 $\boldsymbol{\alpha}_1, \boldsymbol{\alpha}_2, \cdots, \boldsymbol{\alpha}_m$ 中有某个向量能由其余 $m-1$ 个向量线性表示，不妨设 $\boldsymbol{\alpha}_m$ 能由 $\boldsymbol{\alpha}_1, \boldsymbol{\alpha}_2, \cdots, \boldsymbol{\alpha}_{m-1}$ 线性表示，即存在数 $\lambda_1, \lambda_2, \cdots, \lambda_{m-1}$，使得 $\boldsymbol{\alpha}_m = \lambda_1\boldsymbol{\alpha}_1 + \lambda_2\boldsymbol{\alpha}_2 + \cdots + \lambda_{m-1}\boldsymbol{\alpha}_{m-1}$，于是有

$$\lambda_1\boldsymbol{\alpha}_1 + \lambda_2\boldsymbol{\alpha}_2 + \cdots + \lambda_{m-1}\boldsymbol{\alpha}_{m-1} + (-1)\boldsymbol{\alpha}_m = \mathbf{0}$$

由于 $\lambda_1, \lambda_2, \cdots, \lambda_{m-1}, -1$ 这 m 个数不全为0，所以向量组 $\boldsymbol{\alpha}_1, \boldsymbol{\alpha}_2, \cdots, \boldsymbol{\alpha}_m$ 线性相关.

定理 6-3 设向量组 $\boldsymbol{\alpha}_1, \boldsymbol{\alpha}_2, \cdots, \boldsymbol{\alpha}_m$ 线性无关，而向量组 $\boldsymbol{\alpha}_1, \boldsymbol{\alpha}_2, \cdots, \boldsymbol{\alpha}_m, \boldsymbol{\beta}$ 线性相关，则向量 $\boldsymbol{\beta}$ 必可由 $\boldsymbol{\alpha}_1, \boldsymbol{\alpha}_2, \cdots, \boldsymbol{\alpha}_m$ 线性表示，且线性表示式唯一.

证 由于向量组 $\boldsymbol{\alpha}_1, \boldsymbol{\alpha}_2, \cdots, \boldsymbol{\alpha}_m, \boldsymbol{\beta}$ 线性相关，所以存在一组不全为零的数 $k_1, k_2, \cdots, k_m, k$，使得 $k_1\boldsymbol{\alpha}_1 + k_2\boldsymbol{\alpha}_2 + \cdots + k_m\boldsymbol{\alpha}_m + k\boldsymbol{\beta} = \mathbf{0}$. 在该式中 k 一定不为零，这是因为如果 k 为零，则有 $k_1\boldsymbol{\alpha}_1 + k_2\boldsymbol{\alpha}_2 + \cdots + k_m\boldsymbol{\alpha}_m = \mathbf{0}$，而向量组 $\boldsymbol{\alpha}_1, \boldsymbol{\alpha}_2, \cdots, \boldsymbol{\alpha}_m$ 线性无关，则得到 $k_1 = k_2 = \cdots = k_m = k = 0$，这与 $k_1, k_2, \cdots, k_m, k$ 不全为零矛盾，所以只能是 $k \neq 0$，从而有：

$$\boldsymbol{\beta} = -\frac{k_1}{k}\boldsymbol{\alpha}_1 - \frac{k_2}{k}\boldsymbol{\alpha}_2 - \cdots - \frac{k_m}{k}\boldsymbol{\alpha}_m$$

即向量 $\boldsymbol{\beta}$ 是 $\boldsymbol{\alpha}_1, \boldsymbol{\alpha}_2, \cdots, \boldsymbol{\alpha}_m$ 的线性组合.

再设
$$\boldsymbol{\beta} = l_1\boldsymbol{\alpha}_1 + l_2\boldsymbol{\alpha}_2 + \cdots + l_m\boldsymbol{\alpha}_m$$
以及
$$\boldsymbol{\beta} = r_1\boldsymbol{\alpha}_1 + r_2\boldsymbol{\alpha}_2 + \cdots + r_m\boldsymbol{\alpha}_m$$
将上边两式相减，得到：

$$(l_1 - r_1)\boldsymbol{\alpha}_1 + (l_2 - r_2)\boldsymbol{\alpha}_2 + \cdots + (l_m - r_m)\boldsymbol{\alpha}_m = \mathbf{0}$$

由向量组 $\boldsymbol{\alpha}_1, \boldsymbol{\alpha}_2, \cdots, \boldsymbol{\alpha}_m$ 线性无关，得到：$l_1 = r_1, l_2 = r_2, \cdots, l_m = r_m$，即表示式是唯一的.

定理 6-4 若 $\boldsymbol{\beta}_1, \boldsymbol{\beta}_2, \cdots, \boldsymbol{\beta}_m$ 可由向量组 $\boldsymbol{\alpha}_1, \boldsymbol{\alpha}_2, \cdots, \boldsymbol{\alpha}_r$ 线性表示，且 $m > r$，则向量组 $\boldsymbol{\beta}_1, \boldsymbol{\beta}_2, \cdots, \boldsymbol{\beta}_m$ 线性相关.

推论 1 设向量组 $\boldsymbol{\beta}_1, \boldsymbol{\beta}_2, \cdots, \boldsymbol{\beta}_m$ 能够被向量组 $\boldsymbol{\alpha}_1, \boldsymbol{\alpha}_2, \cdots, \boldsymbol{\alpha}_r$ 线性表示，且 $\boldsymbol{\beta}_1, \boldsymbol{\beta}_2, \cdots, \boldsymbol{\beta}_m$ 线性无关，则 $m \leqslant r$.

推论 2 任意两个等价的线性无关向量组，它们所含向量个数相等.

定理 6-5 在所有 n 维向量中，线性无关向量的最大个数为 n.

判断一般向量组是否线性相关的问题，可以化为研究一个齐次线性方程组是否有非零解的问题，具体如下面的定理所述.

定理 6-6 n 个 m 维向量

$$\boldsymbol{\alpha}_1 = (a_{11}, a_{21}, \cdots, a_{m1})^{\mathrm{T}}, \boldsymbol{\alpha}_2 = (a_{12}, a_{22}, \cdots, a_{m2})^{\mathrm{T}}, \cdots, \boldsymbol{\alpha}_n = (a_{1n}, a_{2n}, \cdots, a_{mn})^{\mathrm{T}}$$

线性相关的充要条件是齐次线性方程组

$$\begin{cases} a_{11}x_1 + a_{12}x_2 + \cdots + a_{1n}x_n = 0 \\ a_{21}x_1 + a_{22}x_2 + \cdots + a_{2n}x_n = 0 \\ \quad\vdots \\ a_{m1}x_1 + a_{m2}x_2 + \cdots + a_{mn}x_n = 0 \end{cases} \tag{6-6}$$

有非零解.

推论 1 $\boldsymbol{\alpha}_1, \boldsymbol{\alpha}_2, \cdots, \boldsymbol{\alpha}_m$ 线性无关的充要条件是齐次线性方程组(6-6)只有零解.

推论 2 若 $m>n$，则任意 m 个 n 维向量都是线性相关的.

推论 3 n 个 n 维向量线性相关的充要条件是行列式

$$\begin{vmatrix} a_{11} & a_{12} & \cdots & a_{1n} \\ a_{21} & a_{22} & \cdots & a_{2n} \\ \vdots & \vdots & & \vdots \\ a_{n1} & a_{n2} & \cdots & a_{nn} \end{vmatrix}=0$$

6.2.4 极大线性无关向量组与向量组的秩

在一个向量组中可能有许多线性无关的部分向量组，有时需要讨论它至多含有多少个线性无关的向量．为此，引入如下概念．

定义 6-7 设向量组 $\boldsymbol{\alpha}_1, \boldsymbol{\alpha}_2, \cdots, \boldsymbol{\alpha}_m$ 中存在一个部分组 $\boldsymbol{\alpha}_{i1}, \boldsymbol{\alpha}_{i2}, \cdots, \boldsymbol{\alpha}_{ir}$，它满足以下条件：

1) 线性无关；

2) 若再加入原向量组中任意一个其他向量，则所得到的新向量组线性相关.则称向量组 $\boldsymbol{\alpha}_{i1}, \boldsymbol{\alpha}_{i2}, \cdots, \boldsymbol{\alpha}_{ir}$ 为向量组 $\boldsymbol{\alpha}_1, \boldsymbol{\alpha}_2, \cdots, \boldsymbol{\alpha}_m$ 的一个极大线性无关部分组，简称极大无关组.

显然，一个线性无关向量组的极大无关组就是它本身.

极大无关组的一个基本性质是：向量组中任一向量都可由向量组的极大无关组线性表示，且向量组与它的极大无关组等价.

【例 6-7】 求向量组 $\boldsymbol{\alpha}_1=(2,-3,1,-4)^{\mathrm{T}}$，$\boldsymbol{\alpha}_2=(-1,2,0,2)^{\mathrm{T}}$，$\boldsymbol{\alpha}_3=(2,5,2,4)^{\mathrm{T}}$，$\boldsymbol{\alpha}_4=(6,-2,3,-4)^{\mathrm{T}}$ 的极大线性无关组.

解 对以 $\boldsymbol{\alpha}_1$、$\boldsymbol{\alpha}_2$、$\boldsymbol{\alpha}_3$、$\boldsymbol{\alpha}_4$ 为列向量所构成的矩阵作初等行变换：

$$(\boldsymbol{\alpha}_1, \boldsymbol{\alpha}_2, \boldsymbol{\alpha}_3, \boldsymbol{\alpha}_4)=\begin{pmatrix} 2 & -1 & 2 & 6 \\ -3 & 2 & 5 & -2 \\ 1 & 0 & 2 & 3 \\ -4 & 2 & 4 & -4 \end{pmatrix} \rightarrow \begin{pmatrix} 1 & 0 & 2 & 3 \\ 0 & 1 & 2 & 0 \\ 0 & 0 & 1 & 1 \\ 0 & 0 & 0 & 0 \end{pmatrix}$$

可见矩阵$(\boldsymbol{\alpha}_1, \boldsymbol{\alpha}_2, \boldsymbol{\alpha}_3, \boldsymbol{\alpha}_4)$的秩为 3，小于向量的个数 4，因此 $\boldsymbol{\alpha}_1$、$\boldsymbol{\alpha}_2$、$\boldsymbol{\alpha}_3$、$\boldsymbol{\alpha}_4$ 线性相关．

由于仅作初等行变换，由上可见，矩阵 $(\boldsymbol{\alpha}_1, \boldsymbol{\alpha}_2, \boldsymbol{\alpha}_3) \rightarrow \begin{pmatrix} 1 & 0 & 2 \\ 0 & 1 & 2 \\ 0 & 0 & 1 \\ 0 & 0 & 0 \end{pmatrix}$ 的秩为 3，等于列向量的个数，所以 $\boldsymbol{\alpha}_1$、$\boldsymbol{\alpha}_2$、$\boldsymbol{\alpha}_3$ 线性无关，从而向量组 $\boldsymbol{\alpha}_1$、$\boldsymbol{\alpha}_2$、$\boldsymbol{\alpha}_3$ 是向量组 $\boldsymbol{\alpha}_1$、$\boldsymbol{\alpha}_2$、$\boldsymbol{\alpha}_3$、$\boldsymbol{\alpha}_4$ 的一个极大无关组.

我们还可以看到部分向量组 $\boldsymbol{\alpha}_1$、$\boldsymbol{\alpha}_2$、$\boldsymbol{\alpha}_4$，$\boldsymbol{\alpha}_1$、$\boldsymbol{\alpha}_3$、$\boldsymbol{\alpha}_4$，$\boldsymbol{\alpha}_2$、$\boldsymbol{\alpha}_3$、$\boldsymbol{\alpha}_4$ 都符合极大无关组定义的条件，它们都构成原向量组的极大无关组．由此可见，一个向量组的极大无关组不一定是唯一的.

由定理 6-4 的推论 2，可得下面定理：

定理 6-7 一个向量组的任意两个极大无关组所含向量的个数相等.

定义 6-8　向量组的极大线性无关组所含向量的个数称为该向量组的秩.

n 维向量组的秩与矩阵的秩有很密切的关系.

定理 6-8　设矩阵

$$A=\begin{pmatrix} a_{11} & a_{12} & \cdots & a_{1n} \\ a_{21} & a_{22} & \cdots & a_{2n} \\ \vdots & \vdots & & \vdots \\ a_{m1} & a_{m2} & \cdots & a_{mn} \end{pmatrix}$$

如果 $\mathrm{R}(\boldsymbol{A})=r$，则存在 r 个线性无关的行向量，而其他行向量都是这 r 个线性无关的行向量的线性组合，因此秩 r 也就是矩阵 m 个行向量的秩. 如果 $R(\boldsymbol{A})=r$，则存在 r 个线性无关的列向量，而其他列向量都是这 r 个线性无关的列向量的线性组合，因此秩 r 也就是矩阵 n 个列向量的秩.

推论　矩阵的秩与它的行向量组的秩相等，矩阵的秩与它的列向量组的秩也相等.

习　题　6-2

1. 试将向量 $\boldsymbol{\alpha}$ 表示成向量组 $\boldsymbol{\alpha}_1$、$\boldsymbol{\alpha}_2$、$\boldsymbol{\alpha}_3$、$\boldsymbol{\alpha}_4$ 的线性组合.

(1) $\boldsymbol{\alpha}=(1,2,1,1)^{\mathrm{T}}$, $\boldsymbol{\alpha}_1=(1,1,1,1)^{\mathrm{T}}$, $\boldsymbol{\alpha}_2=(1,1,-1,-1)^{\mathrm{T}}$,

$\boldsymbol{\alpha}_3=(1,-1,1,-1)^{\mathrm{T}}$, $\boldsymbol{\alpha}_4=(1,-1,-1,1)^{\mathrm{T}}$;

(2) $\boldsymbol{\alpha}=(4,2,0,-1)^{\mathrm{T}}$, $\boldsymbol{\alpha}_1=(1,1,1,1)^{\mathrm{T}}$, $\boldsymbol{\alpha}_2=(1,1,1,0)^{\mathrm{T}}$,

$\boldsymbol{\alpha}_3=(1,1,0,0)^{\mathrm{T}}$, $\boldsymbol{\alpha}_4=(1,0,0,0)^{\mathrm{T}}$.

2. 判断下列各组向量是否线性相关.

(1) $\boldsymbol{\alpha}=(1,1,1)^{\mathrm{T}}$, $\boldsymbol{\beta}=(1,2,3)^{\mathrm{T}}$, $\boldsymbol{\gamma}=(1,3,6)^{\mathrm{T}}$;

(2) $\boldsymbol{\alpha}=(1,1,1)^{\mathrm{T}}$, $\boldsymbol{\beta}=(0,2,5)^{\mathrm{T}}$, $\boldsymbol{\gamma}=(1,3,6)^{\mathrm{T}}$;

(3) $\boldsymbol{\alpha}=(2,2,7,-1)^{\mathrm{T}}$, $\boldsymbol{\beta}=(3,-1,2,4)^{\mathrm{T}}$, $\boldsymbol{\gamma}=(1,1,3,1)^{\mathrm{T}}$;

(4) $\boldsymbol{\alpha}=(1,1,1,1)^{\mathrm{T}}$, $\boldsymbol{\beta}=(1,1,-1,-1)^{\mathrm{T}}$, $\boldsymbol{\gamma}=(1,-1,-1,1)^{\mathrm{T}}$, $\boldsymbol{\mu}=(-1,-1,-1,1)^{\mathrm{T}}$.

3. 证明 $\boldsymbol{\alpha}_1+\boldsymbol{\alpha}_2$, $\boldsymbol{\alpha}_2+\boldsymbol{\alpha}_3$, $\boldsymbol{\alpha}_3+\boldsymbol{\alpha}_1$ 线性无关的充要条件是 $\boldsymbol{\alpha}_1$、$\boldsymbol{\alpha}_2$、$\boldsymbol{\alpha}_3$ 线性无关.

4. 设 $\boldsymbol{\alpha}_1$, $\boldsymbol{\alpha}_2$, $\cdots$, $\boldsymbol{\alpha}_n$ 是一组 n 维向量，证明它们线性无关的充要条件是：任一 n 维向量都可由它们线性表示.

5. 若 $\boldsymbol{\alpha}_1$, $\boldsymbol{\alpha}_2$, $\cdots$, $\boldsymbol{\alpha}_n$ 线性无关，证明 $\boldsymbol{\beta}$, $\boldsymbol{\alpha}_1$, $\boldsymbol{\alpha}_2$, $\cdots$, $\boldsymbol{\alpha}_n$ 线性无关的充要条件是 $\boldsymbol{\beta}$ 不能由 $\boldsymbol{\alpha}_1$, $\boldsymbol{\alpha}_2$, $\cdots$, $\boldsymbol{\alpha}_n$ 线性表出.

6. 计算下列矩阵的秩：

(1) $\begin{pmatrix} 2 & -2 & 8 & 2 \\ 2 & 12 & -2 & 12 \\ 1 & 3 & 1 & 4 \end{pmatrix}$;　(2) $\begin{pmatrix} 3 & 2 & -1 & -3 & -2 \\ 2 & -1 & 3 & 1 & -3 \\ 4 & 5 & -5 & -6 & 1 \end{pmatrix}$;

(3) $\begin{pmatrix} 4 & -2 & 1 \\ 1 & 2 & -1 \\ -1 & 8 & -7 \\ 2 & 14 & 8 \end{pmatrix}$;　(4) $\begin{pmatrix} 1 & -1 & 2 & 1 & 0 \\ 2 & -2 & 4 & -2 & 1 \\ 3 & -3 & 6 & -3 & 0 \\ 0 & 3 & 0 & 0 & 1 \end{pmatrix}$.

7. 求向量组的秩，并求出一个极大线性无关组.

$\boldsymbol{\alpha}_1=(2,1,3,-1)^{\mathrm{T}}$，$\boldsymbol{\alpha}_2=(3,-1,2,0)^{\mathrm{T}}$，$\boldsymbol{\alpha}_3=(1,3,4,-2)^{\mathrm{T}}$，$\boldsymbol{\alpha}_4=(4,-3,1,1)^{\mathrm{T}}$.

6.3 线性方程组解的结构

6.3.1 齐次线性方程组解的结构

齐次线性方程组基础解系及应用

设齐次线性方程组

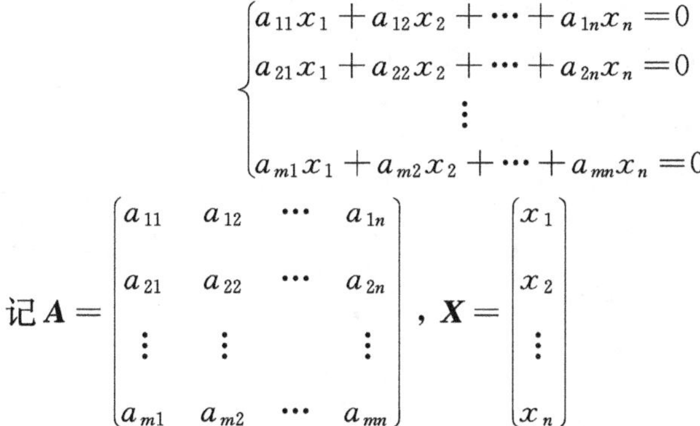

$$\begin{cases}a_{11}x_1+a_{12}x_2+\cdots+a_{1n}x_n=0\\a_{21}x_1+a_{22}x_2+\cdots+a_{2n}x_n=0\\\quad\vdots\\a_{m1}x_1+a_{m2}x_2+\cdots+a_{mn}x_n=0\end{cases}\tag{6-7}$$

记 $\boldsymbol{A}=\begin{pmatrix}a_{11}&a_{12}&\cdots&a_{1n}\\a_{21}&a_{22}&\cdots&a_{2n}\\\vdots&\vdots&&\vdots\\a_{m1}&a_{m2}&\cdots&a_{mn}\end{pmatrix}$，$\boldsymbol{X}=\begin{pmatrix}x_1\\x_2\\\vdots\\x_n\end{pmatrix}$

则方程组(6-7)可写成矩阵方程的形式：

$$\boldsymbol{AX}=\mathbf{0}\tag{6-8}$$

设 $x_1=c_1$，$x_2=c_2$，…，$x_n=c_n$ 是方程组(6-7)的解，则向量 $\boldsymbol{\mu}=\begin{pmatrix}c_1\\c_2\\\vdots\\c_n\end{pmatrix}$ 称为方程组(6-7)的解向量(简称为解)，它也是矩阵方程(6-8)的解.

齐次线性方程组的解向量具有下列性质：

性质 1 若 $\boldsymbol{\mu}_1$，$\boldsymbol{\mu}_2$，…，$\boldsymbol{\mu}_l$ 都是齐次线性方程组的解，则 $\boldsymbol{\mu}_1+\boldsymbol{\mu}_2+\cdots+\boldsymbol{\mu}_l$ 也是齐次线性方程组的解.

证 已知 $\boldsymbol{A\mu}_i=\mathbf{0}(i=1,2,\cdots,l)$，则 $\boldsymbol{A}(\boldsymbol{\mu}_1+\boldsymbol{\mu}_2+\cdots+\boldsymbol{\mu}_l)=\boldsymbol{A\mu}_1+\boldsymbol{A\mu}_2+\cdots+\boldsymbol{A\mu}_l=\mathbf{0}$，因此 $\boldsymbol{\mu}_1+\boldsymbol{\mu}_2+\cdots+\boldsymbol{\mu}_l$ 也是齐次线性方程组 $\boldsymbol{AX}=\mathbf{0}$ 的解.

性质 2 若 $\boldsymbol{\mu}$ 是齐次线性方程组的解，k 为任意常数，则 $k\boldsymbol{\mu}$ 也是齐次方程组的解.

证 已知 $\boldsymbol{A\mu}=\mathbf{0}$，则 $\boldsymbol{A}(k\boldsymbol{\mu})=k\boldsymbol{A\mu}=0$，因此 $k\boldsymbol{\mu}$ 也是齐次线性方程组 $\boldsymbol{AX}=\mathbf{0}$ 的解.

推论 如果 $\boldsymbol{\mu}_1$，$\boldsymbol{\mu}_2$，…，$\boldsymbol{\mu}_l$ 为齐次方程组的一组解向量，k_1，k_2，…，k_l 为任意一组数，则 $k_1\boldsymbol{u}_1+k_2\boldsymbol{u}_2+\cdots+k_l\boldsymbol{u}_l$ 也是齐次线性方程组的解向量.

由于齐次线性方程组的解是 n 维向量，当齐次线性方程组有非零解时，它必有无限多个解向量．无限多个解是否可经有限个解向量线性表示呢？为此我们引出齐次线性方程组基础解系的概念.

定义 6-9 设 $\boldsymbol{\mu}_1$，$\boldsymbol{\mu}_2$，…，$\boldsymbol{\mu}_l$ 是齐次线性方程组(6-7)的一组解向量，若满足条件：

1) $\boldsymbol{\mu}_1$，$\boldsymbol{\mu}_2$，…，$\boldsymbol{\mu}_l$ 线性无关；

2) 齐次线性方程组的任一解向量都能表示为 $\boldsymbol{\mu}_1$，$\boldsymbol{\mu}_2$，…，$\boldsymbol{\mu}_l$ 的线性组合，则称 $\boldsymbol{\mu}_1$，$\boldsymbol{\mu}_2$，…，$\boldsymbol{\mu}_l$ 为齐次线性方程组的基础解系.

定理 6-9 齐次线性方程组(6-7)有非零解时，一定有基础解系，且基础解系中含有 $n-r$

个解向量，其中 n 是未知量的个数，r 是系数矩阵的秩.

证　如果设齐次线性方程组(6-7)的系数矩阵的秩为 r，则通过对系数矩阵的初等行变换，可将其化为如下的行最简形式：

$$\begin{pmatrix} 1 & 0 & \cdots & 0 & c_{1,r+1} & \cdots & c_{1n} \\ 0 & 1 & \cdots & 0 & c_{2,r+1} & \cdots & c_{2n} \\ \vdots & \vdots & & \vdots & \vdots & & \vdots \\ 0 & 0 & \cdots & 1 & c_{r,r+1} & \cdots & c_{rn} \\ 0 & 0 & 0 & 0 & 0 & 0 & 0 \\ \vdots & \vdots & \vdots & \vdots & \vdots & \vdots & \vdots \\ 0 & 0 & 0 & 0 & 0 & 0 & 0 \end{pmatrix}$$

进而可以求出其通解为

$$\begin{cases} x_1 = -c_{1,r+1}t_1 - c_{1,r+2}t_2 - \cdots - c_{1n}t_{n-r} \\ x_2 = -c_{2,r+1}t_1 - c_{2,r+2}t_2 - \cdots - c_{2n}t_{n-r} \\ \qquad \vdots \\ x_r = -c_{r,r+1}t_1 - c_{r,r+2}t_2 - \cdots - c_{rn}t_{n-r} \\ x_{r+1} = t_1 \\ \qquad \vdots \\ x_n = t_{n-r} \end{cases}$$ 其中 $t_1, t_2, \cdots, t_n$ 为任意常数.

将齐次线性方程组的通解式写成向量形式：

$$\begin{pmatrix} x_1 \\ x_2 \\ \vdots \\ x_r \\ x_{r+1} \\ x_{r+2} \\ \vdots \\ x_s \end{pmatrix} = t_1 \begin{pmatrix} -c_{1,r+1} \\ -c_{2,r+1} \\ \vdots \\ -c_{r,r+1} \\ 1 \\ 0 \\ \vdots \\ 0 \end{pmatrix} + t_2 \begin{pmatrix} -c_{1,r+2} \\ -c_{2,r+2} \\ \vdots \\ -c_{r,r+2} \\ 0 \\ 1 \\ \vdots \\ 0 \end{pmatrix} + \cdots + t_{n-r} \begin{pmatrix} -c_{1n} \\ -c_{2n} \\ \vdots \\ -c_{rn} \\ 0 \\ 0 \\ \vdots \\ 1 \end{pmatrix}$$

将等式右边的 $n-r$ 个 n 维向量分别记作 $\boldsymbol{\mu}_1, \boldsymbol{\mu}_2, \cdots, \boldsymbol{\mu}_{n-r}$，则齐次方程组的通解可表示为

$$\boldsymbol{X} = t_1\boldsymbol{\mu}_1 + t_2\boldsymbol{\mu}_2 + \cdots + t_{n-r}\boldsymbol{\mu}_{n-r} \tag{6-9}$$

令式(6-9)中的任意常数分别为

$$\begin{cases} t_1 = 1 \\ t_2 = 0 \\ \quad \vdots \\ t_{n-r} = 0 \end{cases}, \begin{cases} t_1 = 0 \\ t_2 = 1 \\ \quad \vdots \\ t_{n-r} = 0 \end{cases}, \cdots, \begin{cases} t_1 = 0 \\ t_2 = 0 \\ \quad \vdots \\ t_{n-r} = 1 \end{cases} \tag{6-10}$$

就得到齐次线性方程组的一组解向量：$\boldsymbol{\mu}_1, \boldsymbol{\mu}_2, \cdots, \boldsymbol{\mu}_{n-r}$，且矩阵$[\boldsymbol{\mu}_1, \boldsymbol{\mu}_2, \cdots, \boldsymbol{\mu}_{n-r}]$中最

后 $n-r$ 行构成的矩阵是 $n-r$ 阶单位阵，对应的 $n-r$ 阶子式不为零，所以矩阵 $[\boldsymbol{\mu}_1, \boldsymbol{\mu}_2, \cdots, \boldsymbol{\mu}_{n-r}]$ 的秩为 $n-r$，因此解向量组 $\boldsymbol{\mu}_1, \boldsymbol{\mu}_2, \cdots, \boldsymbol{\mu}_{n-r}$ 线性无关，且式(6-9)表明齐次线性方程组的任一解可表示为 $\boldsymbol{\mu}_1, \boldsymbol{\mu}_2, \cdots, \boldsymbol{\mu}_{n-r}$ 的线性组合，所以 $\boldsymbol{\mu}_1, \boldsymbol{\mu}_2, \cdots, \boldsymbol{\mu}_{n-r}$ 为齐次线性方程组(6-7)的基础解系，它含有 $n-r$ 解向量.

由基础解系的定义可知，任意两个基础解系是等价的线性无关向量组，它们所含向量的个数相等，所以齐次线性方程(6-7)的任一基础解系所含解向量的个数都是 $n-r$ 个.

下面给出求齐次线性方程组基础解系的方法：

1) 求齐次线性方程组的通解；

2) 再分别令 $n-r$ 个任意常数为式(6-10)中给出的 $n-r$ 个数组，就得到 $n-r$ 个解，这就是所求的基础解系.

值得注意的是，这 $n-r$ 个任意数也可取其他数组，只要所有的 $n-r$ 组数构成的 $n-r$ 阶行列式不等于零，就保证相应得到的 $n-r$ 个解向量线性无关，同样也可以得到基础解系，只不过定理证明中的取法较简单方便而已.

【例 6-8】 求齐次线性方程组：

$$\begin{cases}2x_1+x_2-2x_3+3x_4=0\\3x_1+2x_2-x_3+2x_4=0\\x_1+x_2+x_3-x_4=0\end{cases}$$

的基础解系.

解 对系数矩阵进行初等行变换

$$\boldsymbol{A}=\begin{pmatrix}2&1&-2&3\\3&2&-1&2\\1&1&1&-1\end{pmatrix}\xrightarrow{r_1\leftrightarrow r_3}\begin{pmatrix}1&1&1&-1\\3&2&-1&2\\2&1&-2&3\end{pmatrix}$$

$$\xrightarrow[r_3-2r_1]{r_2-3r_1}\begin{pmatrix}1&1&1&-1\\0&-1&-4&5\\0&-1&-4&5\end{pmatrix}\xrightarrow{r_3-r_2}\begin{pmatrix}1&1&1&-1\\0&-1&-4&5\\0&0&0&0\end{pmatrix}$$

$$\xrightarrow{r_1+r_2}\begin{pmatrix}1&0&-3&4\\0&-1&-4&5\\0&0&0&0\end{pmatrix}\xrightarrow{-r_2}\begin{pmatrix}1&0&-3&4\\0&1&4&-5\\0&0&0&0\end{pmatrix}$$

得 $R(\boldsymbol{A})=r=2<n(=4)$，因此存在基础解系，而且基础解系中含有 $n-r=2$ 个线性无关的解向量.此时，与原方程组同解的方程组为

$$\begin{cases}x_1=3x_3-4x_4\\x_2=-4x_3+5x_4\end{cases}$$

x_3 和 x_4 作为自由变量，分别取 $x_3=1$、$x_4=0$ 以及 $x_3=0$、$x_4=1$，得齐次方程组的基础解系为

$$\boldsymbol{\mu}_1=\begin{pmatrix}3\\-4\\1\\0\end{pmatrix},\ \boldsymbol{\mu}_2=\begin{pmatrix}-4\\5\\0\\1\end{pmatrix}$$

方程组的通解亦可表示为　$\boldsymbol{X}=t_1\boldsymbol{\mu}_1+t_2\boldsymbol{\mu}_2$（$t_1$、$t_2$ 为任意常数）.

6.3.2　非齐次线性方程组解的结构

设非齐次线性方程组

$$\begin{cases} a_{11}x_1+a_{12}x_2+\cdots+a_{1n}x_n=b_1 \\ a_{21}x_1+a_{22}x_2+\cdots+a_{2n}x_n=b_2 \\ \quad\vdots \\ a_{m1}x_1+a_{m2}x_2+\cdots+a_{mn}x_n=b_m \end{cases} \tag{6-11}$$

如果方程组(6-11)的常数项为 0，就得到对应齐次线性方程组(6-7)，方程组(6-7)称为方程组(6-11)的导出方程组，即

$$\boldsymbol{A}=\begin{pmatrix} a_{11} & a_{12} & \cdots & a_{1n} \\ a_{21} & a_{22} & \cdots & a_{2n} \\ \vdots & \vdots & & \vdots \\ a_{m1} & a_{m2} & \cdots & a_{mn} \end{pmatrix},\ \boldsymbol{X}=\begin{pmatrix} x_1 \\ x_2 \\ \vdots \\ x_n \end{pmatrix},\ \boldsymbol{B}=\begin{pmatrix} b_1 \\ b_2 \\ \vdots \\ b_m \end{pmatrix}$$

则方程组(6-11)可写成矩阵方程的形式：

$$\boldsymbol{AX}=\boldsymbol{B}$$

其对应的齐次线性方程组的矩阵方程形式为

$$\boldsymbol{AX}=\boldsymbol{0}$$

对于非齐次线性方程组的解，显然有如下性质：

设 $\boldsymbol{\mu}_0$ 是方程组(6-11)的解，$\boldsymbol{\mu}$ 是它的导出方程组(6-7)的解，则 $\boldsymbol{X}=\boldsymbol{\mu}_0+\boldsymbol{\mu}$ 是方程组(6-11)的解.

由上述性质可知，若 $\boldsymbol{\mu}_0$ 是方程组(6-11)的一个解（一般称为特解），$\boldsymbol{\mu}$ 是对应导出方程组的通解，则方程组(6-11)的通解可以表示为

$$\boldsymbol{X}=\boldsymbol{\mu}_0+\boldsymbol{\mu}$$

若 $\boldsymbol{\mu}_1,\boldsymbol{\mu}_2,\cdots,\boldsymbol{\mu}_{n-r}$ 是非齐次线性方程组(6-11)导出方程组的基础解系，$\boldsymbol{\mu}_0$ 是线性方程组(6-11)的一个特解，则线性方程组(6-11)的通解可表示为

$$\boldsymbol{X}=\boldsymbol{\mu}_0+t_1\boldsymbol{\mu}_1+t_2\boldsymbol{\mu}_2+\cdots+t_{n-r}\boldsymbol{\mu}_{n-r}$$

其中 $t_1,t_2,\cdots,t_{n-r}$ 为任意常数.

【例 6-9】　求非齐次线性方程组的通解.

$$\begin{cases} x_1-x_2-x_3+x_4=0 \\ x_1-x_2+x_3-3x_4=1 \\ x_1-x_2-2x_3+3x_4=-\dfrac{1}{2} \end{cases}$$

解　对增广矩阵 $\boldsymbol{B}$ 实行初等行变换：

$$\boldsymbol{B}=\begin{pmatrix}1 & -1 & -1 & 1 & 0\\ 1 & -1 & 1 & -3 & 1\\ 1 & -1 & -2 & 3 & -\frac{1}{2}\end{pmatrix}$$

$$\xrightarrow[r_3-r_1]{r_2-r_1}\begin{pmatrix}1 & -1 & -1 & 1 & 0\\ 0 & 0 & 2 & -4 & 1\\ 0 & 0 & -1 & 2 & -\frac{1}{2}\end{pmatrix}\xrightarrow[r_3+r_2]{\substack{r_1-r_3\\ \frac{1}{2}r_2}}\begin{pmatrix}1 & -1 & 0 & -1 & \frac{1}{2}\\ 0 & 0 & 1 & -2 & \frac{1}{2}\\ 0 & 0 & 0 & 0 & 0\end{pmatrix}$$

可见 $R(\boldsymbol{A})=R(\boldsymbol{B})=2$，故方程组有解，并有

$$\begin{cases}x_1=x_2+x_4+\frac{1}{2}\\ x_3=2x_4+\frac{1}{2}\end{cases}$$

取 $x_2=x_4=0$，则 $x_1=x_3=\frac{1}{2}$，即得方程组的一个特解 $\boldsymbol{\mu}_0=\begin{pmatrix}\frac{1}{2}\\ 0\\ \frac{1}{2}\\ 0\end{pmatrix}$，在对应的齐次线性方程组 $\begin{cases}x_1=x_2+x_4\\ x_3=2x_4\end{cases}$ 中，取 $\begin{pmatrix}x_2\\ x_4\end{pmatrix}=\begin{pmatrix}1\\ 0\end{pmatrix}$ 及 $\begin{pmatrix}0\\ 1\end{pmatrix}$，则 $\begin{pmatrix}x_1\\ x_3\end{pmatrix}=\begin{pmatrix}1\\ 0\end{pmatrix}$ 及 $\begin{pmatrix}1\\ 2\end{pmatrix}$，即得对应的齐次线性方程组的基础解系：

$$\boldsymbol{\mu}_1=\begin{pmatrix}1\\ 1\\ 0\\ 0\end{pmatrix},\ \boldsymbol{\mu}_2=\begin{pmatrix}1\\ 0\\ 2\\ 1\end{pmatrix}$$

于是所求方程组的通解为

$$\begin{pmatrix}x_1\\ x_2\\ x_3\\ x_4\end{pmatrix}=t_1\begin{pmatrix}1\\ 1\\ 0\\ 0\end{pmatrix}+t_2\begin{pmatrix}1\\ 0\\ 2\\ 1\end{pmatrix}+\begin{pmatrix}\frac{1}{2}\\ 0\\ \frac{1}{2}\\ 0\end{pmatrix},\ (t_1,\ t_2\ \text{为任意常数}).$$

拓展学习

最早对线性方程组的介绍和研究出现在我国的经典著作《九章算术》一书中，它完整地

介绍了线性方程组的理论．大约公元 263 年时，魏晋时期最伟大的数学家刘徽撰写的《九章算术注》一书中，创立了方程组的“互乘相消法”，为《九章算术》中解线性方程组增加了新的内容．公元 1247 年，秦九韶的著作《数书九章》一书将《九章算术》中解方程的“直除法”改进为“互乘法”，为线性方程组的理论及求解方法又增加了新的内容．因此，用初等方法解线性方程组的理论是由中国数学家独创完成的．

习　题　6-3

1. 求下列各线性方程组的基础解系：

(1) $\begin{cases} x_1-8x_2+10x_3+2x_4=0 \\ 2x_1+4x_2+5x_3-x_4=0 \\ 3x_1+8x_2+6x_3-2x_4=0 \end{cases}$．　　(2) $\begin{cases} x_1+3x_2+x_3+x_4=0 \\ 2x_1-2x_2+x_3+2x_4=0 \\ x_1+11x_2+2x_3+x_4=0 \end{cases}$；

(3) $\begin{cases} 2x_1-3x_2-2x_3+x_4=0 \\ 3x_1+5x_2+4x_3-2x_4=0 \\ 8x_1+7x_2+6x_3-3x_4=0 \end{cases}$.　　(4) $\begin{cases} 2x_1+x_2-x_3-x_4+x_5=0 \\ x_1-x_2+x_3+x_4-2x_5=0 \\ 3x_1+3x_2-3x_3-3x_4+4x_5=0 \\ 4x_1+5x_2-5x_3-5x_4+7x_5=0 \end{cases}$．

2. 求下列非齐次线性方程组的一个解及对应的齐次线性方程组的基础解系：

(1) $\begin{cases} x_1+x_2=5 \\ 2x_1+x_2+x_3+2x_4=1 \\ 5x_1+3x_2+2x_3+2x_4=3 \end{cases}$；　　(2) $\begin{cases} x_1-5x_2+2x_3-3x_4=11 \\ 5x_1+3x_2+6x_3-x_4=-1 \\ 2x_1+4x_2+2x_3+x_4=-6 \end{cases}$.

复习题 6

1. 填空题

(1) 设 $\boldsymbol{v}_1=(2,5,1,3)^{\mathrm T}$，$\boldsymbol{v}_2=(10,1,5,10)^{\mathrm T}$，$\boldsymbol{v}_3=(10,1,-1,1)^{\mathrm T}$，则 $5\boldsymbol{v}_1-\boldsymbol{v}_2+\boldsymbol{v}_3=$________．

(2) 若向量 $\boldsymbol{\alpha}_1=(a,0,c)^{\mathrm T}$，$\boldsymbol{\alpha}_2=(b,c,0)^{\mathrm T}$，$\boldsymbol{\alpha}_3=(0,a,b)^{\mathrm T}$ 线性无关，则 a，b，c 必满足关系式________．

(3) 向量组 $\boldsymbol{\alpha}_1=(1,2,1,3)^{\mathrm T}$，$\boldsymbol{\alpha}_2=(4,-1,-5,-6)^{\mathrm T}$，$\boldsymbol{\alpha}_3=(1,-3,-4,-7)^{\mathrm T}$的秩是________．

(4) 向量组 $\boldsymbol{\alpha}_1=(1,2,-1,1)^{\mathrm T}$，$\boldsymbol{\alpha}_2=(2,0,t,0)^{\mathrm T}$，$\boldsymbol{\alpha}_3=(0,-4,5,-2)^{\mathrm T}$ 的秩为 2，则 $t=$_____．

(5) 将向量 $\boldsymbol{\beta}=(1,2,1,1)^{\mathrm T}$ 表示成向量组 $\boldsymbol{\alpha}_1=(1,1,1,1)^{\mathrm T}$，$\boldsymbol{\alpha}_2=(1,1,-1,-1)^{\mathrm T}$，$\boldsymbol{\alpha}_3=(1,-1,1,-1)^{\mathrm T}$，$\boldsymbol{\alpha}_4=(1,-1,-1,1)^{\mathrm T}$ 的线性组合是__________．

2. 判断题

(1) 如果当 $k_1=k_2=\cdots=k_r=0$ 时，$k_1\boldsymbol{\alpha}_1+k_2\boldsymbol{\alpha}_2+\cdots+k_r\boldsymbol{\alpha}_r=0$，那么，$\boldsymbol{\alpha}_1$，$\boldsymbol{\alpha}_2$，…，$\boldsymbol{\alpha}_r$ 线性无关．(　　)

(2) 如果 $\boldsymbol{\alpha}_1$，$\boldsymbol{\alpha}_2$，…，$\boldsymbol{\alpha}_r$ 线性无关，而 $\boldsymbol{\alpha}_{r+1}$不能由 $\boldsymbol{\alpha}_1$，$\boldsymbol{\alpha}_2$，…，$\boldsymbol{\alpha}_r$ 线性表示，那么 $\boldsymbol{\alpha}_1$，$\boldsymbol{\alpha}_2$，…，$\boldsymbol{\alpha}_{r+1}$线性无关．(　　)

(3) 如果 $\boldsymbol{\alpha}_1$，$\boldsymbol{\alpha}_2$，…，$\boldsymbol{\alpha}_r$ 线性相关，那么 $\boldsymbol{\alpha}_1$ 可由 $\boldsymbol{\alpha}_2$，$\boldsymbol{\alpha}_3$，…，$\boldsymbol{\alpha}_4$ 线性表示．(　　)

(4) 当 $k_1\boldsymbol{\alpha}_1+k_2\boldsymbol{\alpha}_2+\cdots+k_r\boldsymbol{\alpha}_r=0$ 时，必有 $k_1=k_2=\cdots=k_r=0$，则 $\boldsymbol{\alpha}_1$，$\boldsymbol{\alpha}_2$，…，$\boldsymbol{\alpha}_r$ 一定线性无关．(　　)

(5) 一个向量组中任何向量都可由该向量组线性表示．(　　)

(6) 向量组 $\boldsymbol{\alpha}_1$，$\boldsymbol{\alpha}_2$，…，$\boldsymbol{\alpha}_r$ 线性无关，向量组 $\boldsymbol{\beta}_1$，$\boldsymbol{\beta}_2$，…，$\boldsymbol{\beta}_s$ 线性无关，则向量组 $\boldsymbol{\alpha}_1$，$\boldsymbol{\alpha}_2$，…，$\boldsymbol{\alpha}_r$，$\boldsymbol{\beta}_1$，$\boldsymbol{\beta}_2$，…，$\boldsymbol{\beta}_s$ 也线性无关．(　　)

(7) 向量组 $\boldsymbol{\alpha}_1$，$\boldsymbol{\alpha}_2$，…，$\boldsymbol{\alpha}_r$ 线性相关，向量组 $\boldsymbol{\beta}_1$，$\boldsymbol{\beta}_2$，…，$\boldsymbol{\beta}_r$ 线性相关，则向量组 $\boldsymbol{\alpha}_1+\boldsymbol{\beta}_1$，$\boldsymbol{\alpha}_2+\boldsymbol{\beta}_2$，…，$\boldsymbol{\alpha}_r+\boldsymbol{\beta}_r$ 也线性相关.(　　)

3. 求齐次线性方程组的基础解系.

$$\begin{cases}2x_1-4x_2+5x_3+3x_4=0\\3x_1-6x_2+4x_3+2x_4=0\\4x_1-8x_2+17x_3+11x_4=0\end{cases}$$

4. 求非齐次线性方程组的一个解及对应的齐次线性方程组的基础解系.

$$\begin{cases}x_1-x_2-x_3+x_4=0\\x_1-x_2+x_3-3x_4=1\\x_1-x_2-2x_3+3x_4=-\dfrac{1}{2}\end{cases}$$

第 7 章　概率的基本概念

概率论是近代数学的一个重要组成部分，是研究随机现象统计规律的一门数学学科．随着生产的发展和科学研究的深入，许多部门不断提出了研究随机现象的课题．概率论的方法在自然科学、工农业生产及企业管理等方面都有着广泛的应用.

拓展学习

许宝騄（1910 年 9 月 1 日—1970 年 12 月 18 日）字若闲，出生于北京，是我国著名数学家．《中国大百科全书·数学》中称许宝騄是我国最早在概率论与数理统计方面达到世界先进水平的杰出数学家，是我国概率论、数理统计学的奠基人．他从小体弱多病，但是却从没有减少对学习的热情．正是因为对数学学习的热爱，在他考入燕京大学化学系两年后毅然转入清华大学数学系，从一年级开始学习．他在不懈的努力之下，先后取得了清华大学理学学士学位、英国伦敦大学学院哲学博士学位和理学博士学位．他一生未婚，将全部精力都奉献给了数学学术研究和培养青年人上．许宝騄是 20 世纪最富创造性的统计学家之一，其研究成果推动了概率论与数理统计的发展．至今“许方法”仍被认为是解决检验问题的最实用方法．也正是许宝騄拉开了我国概率论与数理统计学科研究的帷幕，其严谨的治学精神和一丝不苟的工作态度，深刻地影响了中国数学界，同时在国际概率统计领域具有很高的知名度和影响力，在美国斯坦福大学统计系的走廊上，许宝騄的肖像照片与世界许多著名统计学家们并列在一起．

7.1　随机事件

7.1.1　随机事件与样本空间

1. 随机现象

为了说明什么是随机现象，先看下面的例子.

【例 7-1】　在标准大气压下，纯水加热到 100℃必然会沸腾.

【例 7-2】　生铁放在室温下一定不能熔化.

【例 7-3】　往桌子上掷一枚质地均匀的硬币，则可能正面向上，也可能反面向上.

【例 7-4】　从含有 10 个次品的一批产品中任意抽取 5 件，则次品的个数可能是 0、1、2、3、4、5.

上述例子中的现象可以分为两类：

1）在一定条件下，事先可以确定必然会出现某种结果（如例 7-1、例 7-2），这种现象称为确定性现象.

2）在一定条件下，事先不能够确定会出现哪种结果（如例 7-3、例 7-4），这种现象称为随机现象.

对于随机现象，人们事先无法断定它将出现哪一种结果．表面上看随机现象的结果似乎是不可捉摸的，纯粹是偶然性在起支配作用，其实不然．实践证明，对随机现象在相同条件下重复进行多次观察，其结果会出现某种规律性．例如，有人对“掷一枚质地均匀的硬币”的随机现象进行观察，在 12000 次的重复观察中，发现正面向上有 6019 次，正面向上约占 50.16%；在 24000 次的重复观察中，正面向上有 12012 次，正面向上约占 50.05%. 从这些数据可以得知，对“掷一枚质地均匀的硬币，观察正面向上”这一随机现象，经过多次重复观察，呈现出一种内在规律：“正面向上”和“反面向上”几乎各占一半，而且试验次数越多，就越接近“各占一半”这一事实．这种通过多次重复观察所呈现的规律，称为统计规律.

2. 随机试验

为了探讨随机现象的统计规律，就要对随机现象进行观察和研究．把对随机现象的一次观察称为一次随机试验，简称试验.

随机试验具有下列特点：

1）试验可以在相同条件下重复进行；

2）试验可以有各种不同的结果，且这各种结果在试验前都是明确的；

3）每次试验恰好出现这些可能结果中的一个，但在试验前不能确定哪一个结果发生.

3. 随机事件

随机试验的每一可能结果叫作随机事件，简称事件．通常用字母 A、B、C 等来表示.

如在例 7-3 中，记 $A=$\{正面向上\}，$B=$\{正面向下\}，则 A、B 都是随机事件．在例 7-4 中，记 $A_0=$\{全是正品\}，$A_1=$\{有 1 件次品\}，$A_2=$\{有 2 件次品\}，…，$A_5=$\{有 5 件次品\}，则 A_0、A_1、A_2、…、A_5 都是随机事件；又记 $B=$\{次品不多于 2 件\}，$C=$\{次品是奇数\}，则 B、C 也是随机事件.

在每次试验中，一定会发生的事件称为必然事件，记作 Ω；一定不发生的事件，称为不可能事件，记作 Φ.

严格地说，必然事件和不可能事件都不是随机事件，但为了研究上的方便，可以把它们看作是随机事件的特例.

4. 基本事件、样本空间

事件是随机试验的某种结果，而随机试验的结果一般是不唯一的.

在随机试验中，不能分解的事件称为基本事件，记作 W_i.

基本事件的全体构成的集合称为样本空间，通常用 Ω 表示．由集合论可知，基本事件就是样本空间 Ω 中的点元素，也称为样本点．如例 7-3 中，记 $W_1=$(正面向上)，$W_2=$(正面向下)，则 $\Omega=\{W_1, W_2\}$.

7.1.2 事件之间的关系及其运算

1. 事件的包含

若事件 A 的发生必然导致事件 B 的发生，则称事件 B 包含事件 A，或称事件 A 是事件 B 的子事件．记作 $B\supset A$ 或 $A\subset B$.

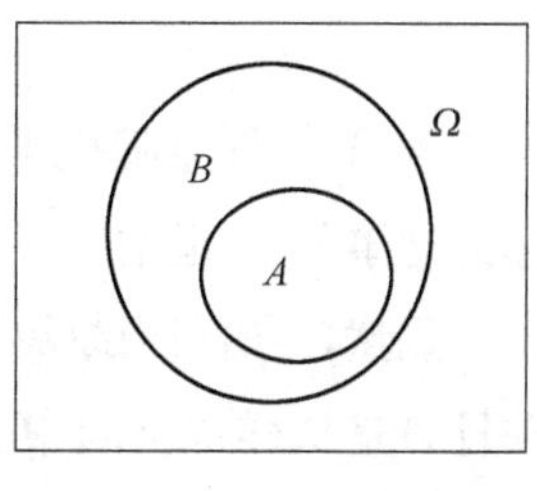

图 7-1

$B\supset A$ 就是说，事件 A 的每一个样本点都是事件 B 的样本点，其关系可以直观地用文氏图表示，如图 7-1 所示.

2. 事件相等

若 $A \subset B$，且 $B \subset A$，则称事件 A 与 B 相等，记作 $A=B$.

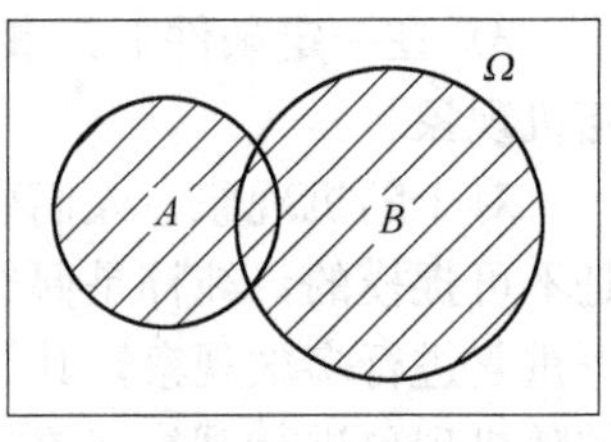

图　7-2

3. 事件的并（和）

事件 A 与 B 中至少有一个发生，称为事件 A 与事件 B 的并（或和），记作 $A \cup B$.

$A \cup B$ 的含义是“事件 A 发生，或者事件 B 发生，或者事件 A 与 B 同时发生”. 图 7-2 中阴影部分表示 $A \cup B$.

一般地，若事件 A 为任一随机事件，则有：

$A \cup A=A$；$A \cup \Omega=\Omega$；$A \cup \Phi=A$

4. 事件的交（积）

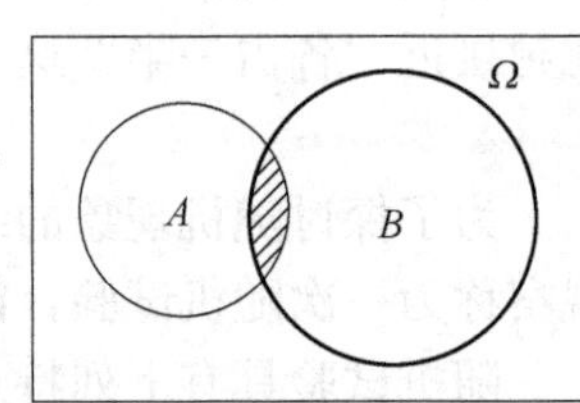

图　7-3

事件 A 与 B 同时发生，称为事件 A 与事件 B 的交（或积），记作 $A \cap B$，或简记为 AB.

$A \cap B$ 是事件 A 与事件 B 的所有公共样本点构成的集合．图 7-3 中阴影部分表示 $A \cap B$.

一般地，若 A 为任意随机事件，则有：

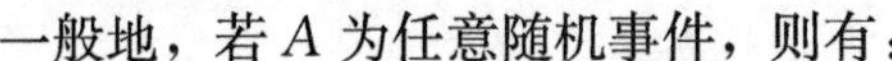

$A \cap A=A$；$A \cap \Omega= A$；$A \cap \Phi=\Phi$

5. 事件的差

事件 A 发生而事件 B 不发生，称为事件 A 与事件 B 的差，记作 $A-B$.

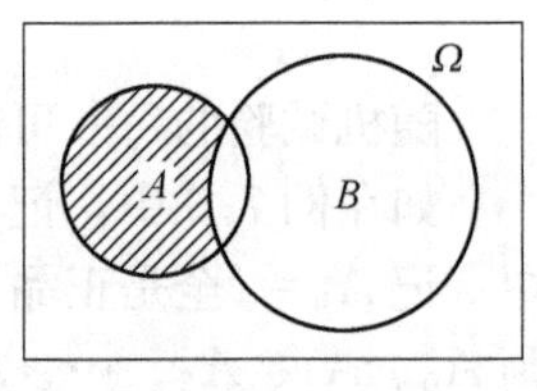

图　7-4

$A-B$ 是从 A 的样本点中去掉 A 与 B 的公共样本点后构成的集合. 图 7-4 中阴影部分表示 $A-B$.

6. 互不相容事件（互斥事件）

若事件 A 与事件 B 不能同时发生，即 $A \cap B=\Phi$，则称事件 A 与事件 B 互不相容（或称事件 A 与事件 B 互斥）.

若事件 A 与事件 B 互不相容，那么事件 A 与事件 B 没有公共的样本点．图7-5表示事件 A 与事件 B 互不相容.

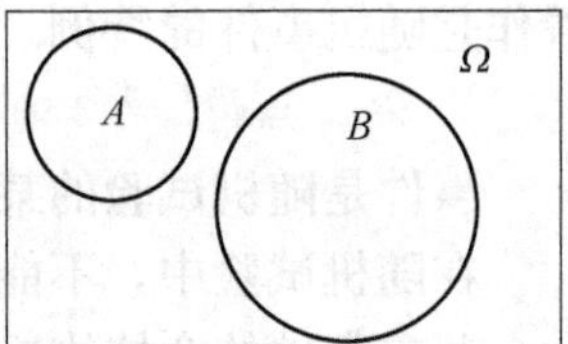

若 n 个事件 A_1，A_2，…，A_n 中，任何两个事件都是互不相容的，即 $A_i A_j=\Phi$（i，$j=1$，2，…，n，且 $i \neq j$），则称这 n 个事件 A_1，A_2，…，A_n 两两互不相容.

图　7-5

显然，同一个随机试验的所有基本事件是两两互不相容的.

当 A、B 互不相容时，A 与 B 的并 $A \cup B$ 可记作 $A+B$.

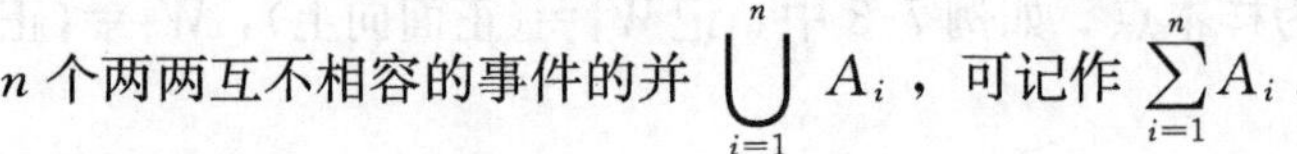

n 个两两互不相容的事件的并 $\bigcup\limits_{i=1}^{n} A_i$，可记作 $\sum\limits_{i=1}^{n} A_i$.

7. 对立事件（逆事件）

若 A 是任意随机事件，则 $\Omega-A$ 也是一个事件，称事件 $\Omega-A$ 为事件 A 的对立事件（或称为逆事件），记作 $\overline{A}$，即 $\overline{A}=\Omega-A$.

显然，在任何试验中，事件 A 与事件 $\overline{A}$ 必然有一个独自发生．A 与 $\overline{A}$ 没有公共的样本点，并且 $\overline{A}$ 是从样本空间中去掉 A 所包含的样本点后，余下的样本点构成的集合，即 $A \cap \overline{A}=\Phi$，$A+\overline{A}=\Omega$. 图 7-6 中阴影部分表示 $\overline{A}$.

由 $\overline{A}=\Omega-A$，可知 $A=\Omega-\overline{A}$，就是说 A 与 $\overline{A}$ 是互为对立事件，并且有：$\overline{\overline{A}}=A$.

如例7-3中，设$A=$｛正面向上｝，与$\overline{A}=$｛反面向上｝是互为对立事件.

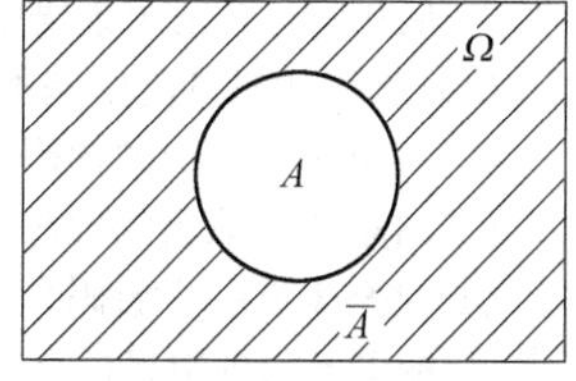

图 7-6

应该注意：两个对立事件一定是互斥的，但两个互斥事件不一定是对立的.

8. 完备事件组

若n个事件A_1，A_2，…，A_n满足条件：

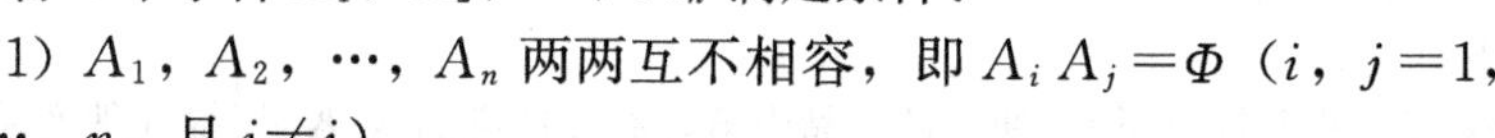
1）A_1，A_2，…，A_n两两互不相容，即$A_iA_j=\Phi$（i，$j=1$，2，…，n，且$i\neq j$）.

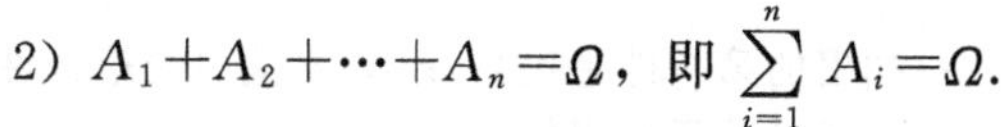
2）$A_1+A_2+\cdots+A_n=\Omega$，即$\sum\limits_{i=1}^{n}A_i=\Omega$.

则称事件A_1，A_2，…，A_n构成完备事件组.

例如，互为对立事件A与$\overline{A}$构成完备事件组. 这是因为：$A\overline{A}=\Phi$，$A+\overline{A}=\Omega$.

再如，一个样本空间中的所有基本事件构成完备事件组.

9. 事件的运算律

事件的运算满足以下定律：

1）重叠律：$A\cup A=A$；$A\cap A=A$；

2）交换律：$A\cup B=B\cup A$；$A\cap B=B\cap A$；

3）结合律：$(A\cup B)\cup C=A\cup(B\cup C)$；

$(A\cap B)\cap C=A\cap(B\cap C)$；

4）分配律：$(A\cup B)\cap C=(A\cap C)\cup(B\cap C)$；

$(A\cap B)\cup C=(A\cup C)\cap(B\cup C)$；

5）对偶律（德摩根定律）：$\overline{A\cup B}=\overline{A}\cap\overline{B}$；$\overline{A\cap B}=\overline{A}\cup\overline{B}$.

这里只说明4）中的第一个式子，即$(A\cup B)\cap C=(A\cap C)\cup(B\cap C)$. 左边为$(A\cup B)\cap C$表示“$A$发生或$B$发生”且“$C$发生”，也就是“$A$发生且$C$发生”或“$B$发生且$C$发生”，这刚好是右边的事件$(A\cap C)\cup(B\cap C)$. 其他的运算定律可类似地说明.

【例7-5】 对某一目标进行三次射击，$A=$｛第一次击中目标｝，$B=$｛第二次击中目标｝，$C=$｛第三次击中目标｝，试求下列各事件：

1）｛至少有一次击中目标｝；

2）｛三次都击中目标｝；

3）｛第一次击中目标，第二、三次都没有击中目标｝；

4）｛三次都没有击中目标｝.

解 1）｛至少有一次击中目标｝就是A、B、C的和，即$A\cup B\cup C$；

2）｛三次都击中目标｝就是A、B、C同时发生，即ABC；

3）｛第一次击中目标，第二、三次都没有击中目标｝就是$A\overline{B}\,\overline{C}$；

4）｛三次都没有击中目标｝就是$\overline{A}\,\overline{B}\,\overline{C}$.

习 题 7-1

1. 指出下列各事件中哪些是必然事件，哪些是不可能事件，哪些是随机事件？

(1) $A=$｛没有水分，种子会发芽｝；

(2) $B=$｛电话交换台在一小时内至少接受20次呼唤｝；

(3) 袋中装有编号为1、2、…、10的10个球，从中任取1个球得到球的编号：①｛4号｝；②｛小于10且大于5的号码｝；③｛大于零的整数｝；④｛大于10的自然数｝.

2. 从0、1、2三个数码中每次取一个，取后放回，连续取两次.

(1) 求该随机试验中基本事件的个数，并列出所有基本事件；

(2) {第一次取出的数码是0} 这一事件是由哪几个基本事件组成的?

(3) {第二次取出的数码是1} 这一事件是由哪几个基本事件组成的?

(4) {至少有一个数码是2} 这一事件是由哪几个基本事件组成的?

3. 标出下列各组事件之间的包含关系：

(1) A={击中飞机}，B={击落飞机}；

(2) C={天晴}，D={不下雨}；

(3) E={抽3件产品中至少有1件废品}，F={抽3件产品中恰好有2件废品}，K={抽3件产品中废品数≥2}.

4. 一批产品有正品也有次品，从中抽取3个，设A={抽出的第一件是正品}；B={抽出的第二件是正品}；C={抽出的第三件是正品}．试用A、B、C的并、交、逆表示下列事件.

(1) {只有第一件是正品}；

(2) {第一、二件是正品，第三件是次品}；

(3) {三件皆为正品}；

(4) {至少有一件为正品}；

(5) {至少有两件为正品}；

(6) {恰有一件为正品}；

(7) {恰有两件为正品}；

(8) {没有一件正品}；

(9) {正品不多于两件}.

5. 从1～100这100个自然数中随机地取出一个数，设A= {取出的数能被5整除}；B= {取出的数小于50}；C= {取出的数大于30}，问AB、AC、ABC、$B\cup C$、$(A\cup C)B$各表示什么意思?

7.2 概率的定义

随机事件在一次试验中可能发生也可能不发生，但是在多次重复试验中，它发生的可能性大小是可以“度量”的，概率是用来刻画随机事件发生可能性大小的量．先从随机事件的频率出发，引出概率的统计定义，然后给出概率的古典定义及其运算.

7.2.1 频率与概率的统计定义

1. 频率

设随机事件A在n次重复试验中发生了k次（k称为频数），则称比值$\frac{k}{n}$为随机事件A的频率，记作$f_n(A)$，即 $f_n(A)=\frac{k}{n}$.

显然有　$0\leqslant f_n(A)\leqslant 1$，$f_n(\Omega)=1$，$f_n(\Phi)=0$

2. 频率的稳定性

随机事件A的频率具有一定的稳定性，即当试验次数充分大时，事件A的频率常在一个确定的数字附近摆动.

例如，在抛质地均匀的硬币试验中，人们发现，当抛的次数越多时，事件“正面向上”的频率就越接近于$\frac{1}{2}$这个常数.

3. 概率的统计定义

定义7-1　将试验重复n次，如果随着试验次数n的增大，事件A出现的频率f_n (A)

逐渐稳定于某个确定的常数 $p(0<p<1)$，这时称常数 p 为事件A 的概率，记作 $P(A)=p$.

这个定义称为概率的统计定义.

在例 7-3 中，设 $A=\{$正面向上$\}$，则 $P(A)=\dfrac{1}{2}$.

对任一随机事件 A，显然有：

1) $0\leqslant P(A)\leqslant 1$；

2) $P(\Omega)=1$；

3) $P(\Phi)=0$.

7.2.2 古典概型

古典概率定义

虽然已经建立了概率的统计定义，但要按定义来求得事件的概率是十分困难的，因为需要做大量的重复试验才有可能找出这个稳定的数据．因此，还要寻找计算事件概率的简便方法.

1. 古典型试验

定义 7-2 凡具有以下特点的随机试验称为古典型试验：

1) 试验的所有可能结果的个数是有限的；

2) 每一种结果发生的可能性是相等的.

例如，前面提到的抛硬币试验是古典型试验.

2. 概率的古典定义

定义 7-3 对古典型随机试验，设试验的所有基本事件有 n 个，事件A 包含的基本事件有 m 个，则事件 A 的概率为

$$P(A)=\frac{\text{事件 }A\text{ 所包含基本事件数}}{\text{样本空间所含基本事件总数}}=\frac{m}{n}$$

这个定义称为概率的古典定义.

【例 7-6】 将一枚质地均匀的硬币连续抛三次，求恰好出现一次正面的概率与恰好出现两次正面的概率.

解 设 $A=\{$出现一次正面$\}$，$B=\{$出现两次正面$\}$

由于第一次抛上去，出现的结果可以为正面或反面，即是二者取一，故有 C_2^1，同理，第二次、第三次出现的结果也为 C_2^1. 根据乘法原理可得，基本事件总数为 $n=C_2^1C_2^1C_2^1=8$.

事件 A 发生包含的基本事件为

(正，反，反)，(反，正，反)，(反，反，正)，即 $m_A=3$

事件 B 发生包含的基本事件为

(正，正，反)，(正，反，正)，(反，正，正)，即 $m_B=3$，所以

$$P(A)=\frac{m_A}{n}=\frac{3}{8},\ P(B)\frac{m_B}{n}=\frac{3}{8}$$

【例 7-7】 一只口袋中装有 4 个白球和 2 个红球，从袋中任意抽取两个球，分别按有放回抽样和无放回抽样两种情况．试求：

1) 取到的两个球都是白球的概率；

2) 取到的两个球是不同颜色的球的概率.

解 设 $A=\{$两个都是白球$\}$，$B=\{$两球的颜色不同$\}$

有放回情况：从袋中有放回抽样，应按可重复排列公式计算．基本事件总数为 $n=6^2=36$.

1）从 4 个白球中有放回地取出 2 个，共有 $m_A=4^2=16$ 种不同取法，

$$P(A)=\frac{m_A}{n}=\frac{16}{36}=\frac{4}{9}$$

2）从 4 个白球和 2 个红球中各取一球，并且注意到顺序不同，就要算作不同取法，共有 $4\times2\times2=16$ 种不同取法，即 $m_B=16$，所以

$$P(B)=\frac{m_B}{n}=\frac{16}{36}=\frac{4}{9}$$

无放回情况：从袋中无放回地抽取两个球，应按选排列公式计算，基本事件总数为

$$n=A_6^2=6\times5=30$$

1）从 4 个白球中无放回地抽取 2 个，共有 $A_4^2=4\times3=12$ 种不同取法，即 $m_A=12$，所以

$$P(A)=\frac{m_A}{n}=\frac{12}{30}=\frac{2}{5}$$

2）从 4 个白球和 2 个红球中各取一球，仍有 $4\times2\times2=16$ 种不同的取法，即 $m_B=16$，所以

$$P(B)=\frac{m}{n}=\frac{16}{30}=\frac{8}{15}$$

习　题　7-2

1. 有产品 50 件，其中有次品 4 件，现从中任取 3 件，求 3 件中至少有 1 件次品的概率.

2. 一批灯泡有 40 只，其中有 3 只是坏的，从中任取 5 只检验．问：

(1) 5 只都是好的概率是多少？

(2) 5 只中有 3 只坏的概率是多少？

3. 有 9 张卡片，分别写上数字 1、2、…、9，从这 9 张卡片中任取 2 张，求下列事件的概率：

(1) $A=\{$卡片数字都是奇数$\}$；

(2) $B=\{$两卡片数字的和是偶数$\}$；

(3) $C=\{$两卡片数字的积是偶数$\}$.

7.3 概率的基本性质

7.3.1 概率的基本性质简介

由 7.2 的内容知道，一个事件发生的概率是一个实数．考虑到样本空间中每一个事件都有一个概率，故可以把概率看作是以事件为自变量的实值函数．另一方面，不论是概率的古典定义还是概率的统计定义，概率都具有以下基本性质.

性质 1（非负性）　任何随机事件 A 的概率都是非负的，即

$$0\leqslant P(A)\leqslant1$$

性质 2（规范性）　必然事件的概率等于 1，不可能事件的概率等于 0，即

$$P(\Omega)=1,\ P(\Phi)=0$$

性质 3（完全可加性）　若事件 A，B 是互不相容的，则

$$P(A+B)=P(A)+P(B)$$

证　设试验的基本事件总数为 n 个，事件 A 包含有其中 m_1 个基本事件，事件 B 包含有其中 m_2 个基本事件，因为 A 与 B 互不相容，所以它们包含的基本事件完全不相同，因此和

事件 $A+B$ 包含的基本事件共有 m_1+m_2 个，由概率的古典定义知：

$$P(A+B)=\frac{m_1+m_2}{n}=\frac{m_1}{n}+\frac{m_2}{n}=P(A)+P(B)$$

这个性质叫概率的可加性，也叫互斥事件的加法公式.

性质 3 可以推广到有限情形：有限个两两互不相容事件的和的概率等于各事件的概率之和，即

$$P(A_1+A_2+\cdots+A_n)=P(A_1)+P(A_2)+\cdots+P(A_n)$$

推论 1　互为对立事件的概率之和为 1，即

$$P(A)+P(\overline{A})=1 \text{ 或 } P(\overline{A})=1-P(A)$$

证　因为 $A+\overline{A}=\Omega$，所以 $P(A+\overline{A})=P(\Omega)$

$$P(A)+P(\overline{A})=1 \text{ 或 } P(\overline{A})=1-P(\overline{A})$$

推论 2　若 $B\supset A$，则 $P(B-A)=P(B)-P(A)$

证　因为 $B\supset A$，所以 $B-A$ 与 A 是互不相容的，而 $B=(B-A)+A$，所以

$$P(B)=P(B-A)+P(A)$$
$$P(B-A)=P(B)-P(A)$$

推论 3　若 n 个事件 $A_1, A_2, \cdots, A_n$ 构成完备事件组，则：

$$P(A_1)+P(A_2)+\cdots+P(A_n)=1$$

证　因为 $A_1+A_2+\cdots+A_n=\Omega$，所以 $P(A_1+A_2+\cdots+A_n)=P(\Omega)$，即

$$P(A_1)+P(A_2)+\cdots+P(A_n)=1$$

【例 7-8】　一批产品共有 50 件，其中 5 件不合格，从中任取 3 件进行检查，求其中至少有 1 件不合格的概率.

解法 1　设 $A=$｛其中至少有 1 件不合格品｝，$A_1=$｛3 件中恰有 1 件不合格品｝，$A_2=$｛3 件中恰有 2 件不合格品｝，$A_3=$｛3 件都是不合格品｝，则 A_1、A_2、A_3 两两互不相容，且 $A=A_1+A_2+A_3$，故所求概率为

$$P(A)=P(A_1+A_2+A_3)=P(A_1)+P(A_2)+P(A_3)$$

$$P(A_1)=\frac{C_5^1C_{45}^2}{C_{50}^3}\approx 0.2525, P(A_2)=\frac{C_5^2C_{45}^1}{C_{50}^3}\approx 0.0230$$

$$P(A_3)=\frac{C_5^3}{C_{50}^3}\approx 0.0005$$

所以　$P(A)\approx 0.2760$

解法 2　设 $A=$｛其中至少有 1 件不合格品｝，则 $\overline{A}=$｛3 件全是合格品｝，由古典概型知

$$P(\overline{A})=\frac{C_{45}^3}{C_{50}^3}\approx 0.7240$$

所以　　$P(A)=1-P(\overline{A})\approx 1-0.7240=0.2760$

显然解法 2 比解法 1 计算方便.

7.3.2　概率的加法公式

上面性质 3 给出的概率的加法公式仅适用于互斥的事件，而对任意的两个事件 A 与 B，则有以下一般的概率加法公式.

定理 7-1　对于任意两个随机事件 A、B，有

$$P(A\cup B)=P(A)+P(B)-P(AB)$$

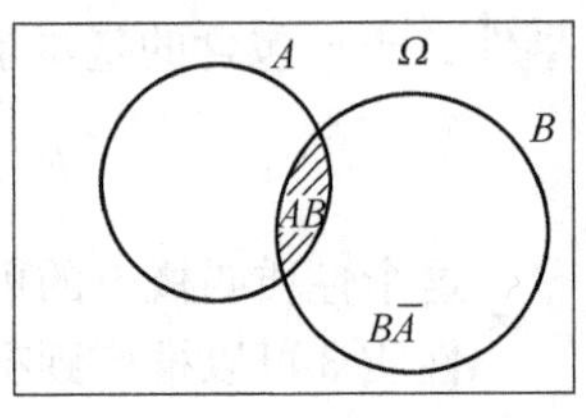

图 7-7

证　因为 $A\cup B=A+B\overline{A}, B=AB+B\overline{A}$（见图 7-7）.

所以　$P(A\cup B)=P(A)+P(B\overline{A})$

$P(B)=P(AB)+P(B\overline{A})$

前式减后式，得

$$P(A\cup B)-P(B)=P(A)-P(AB)$$

即　$$P(A\cup B)=P(A)+P(B)-P(AB)$$

可以证明，概率的加法公式可以推广到有限个事件的和的情形．下面给出三个事件的和的概率加法公式：

$$P(A\cup B\cup C)=P(A)+P(B)+P(C)-P(AB)-P(AC)-P(BC)+P(ABC)$$

【例 7-9】　袋中有红、黄、黑球各 1 个，有放回地抽取 3 次，每次任取 1 个，试求“取到的 3 个球无红或无黄”的概率.

解　设 $A=$｛3 个球中无红球｝，$B=$｛3 个球中无黄球｝，

则 $A\cup B=$｛取到的 3 个球无红或无黄｝，$AB=$｛无红且无黄，即全黑｝，于是

$$P(A)=\frac{2\times2\times2}{3\times3\times3}=\frac{8}{27}=P(B)$$

$$P(AB)=\frac{1\times1\times1}{3\times3\times3}=\frac{1}{27}$$

所以　$P(A\cup B)=P(A)+P(B)-P(AB)$

$$=\frac{8}{27}+\frac{8}{27}-\frac{1}{27}=\frac{15}{27}=\frac{5}{9}$$

【例 7-10】　当 $A\subset B$ 时，证明 $P(A)\leqslant P(B)$.

证　因为　$B=A\cup(B-A)$，且 $A(B-A)=\Phi$

所以　$P(B)=P(A)+P(B-A)$

又　由于　$P(B-A)\geqslant0$

所以　$P(A)\leqslant P(B)$

习　题　7-3

1. 在打靶中，若“命中 10 环”的概率是 0.40，“命中 8 环或 9 环”的概率为 0.45，试求至少命中 8 环的概率.

2. 某厂生产的计算机中，一等品占 75%，二等品占 20%，等外品占 5%，现买 1 台这种计算机，而且由营业员随意提取 1 台，问买到一等品或二等品的概率是多少？

3. 飞机投弹炸仓库，已知投一弹命中第 1、2、3 仓库的概率分别为 0.01、0.02、0.03，求飞机投一弹没有命中仓库的概率.

4. 据调查某学院有 62%的学生在课余时间爱读文艺书籍，有 45%爱读科技书籍，有 16%兼读文艺与科技书籍，问学生中至少爱读一种读物（指上述两种读物）的概率是多少？

7.4　条件概率与乘法公式

7.4.1　条件概率

1. 条件概率的定义

在实践中常遇到这种情况，事件 A 发生与否，直接影响事件 B 发生的概率 $P(B)$．例

如，在外型相同的 6 个球中，有 3 个黄球和 3 个白球，如果用无放回抽样方式连续抽取两球，问在第一次抽到白球的条件下第二次又抽到白球的概率是多少？

设 A={第一次抽到白球}，B={第二次抽到白球}. 那么，当 A 发生时，即第一次抽到白球时，由于不放回，所以第二次抽到白球的概率为$\frac{2}{5}$；当 A 不发生时，即第一次抽到黄球时，显然第二次抽到白球的概率为$\frac{3}{5}$.

可见，事件 B 发生的概率与事件 A 发生与否有着直接的关系.

定义 7-4　在事件 A 发生的条件下，事件 B 发生的概率称为在给定 A 的条件下，事件 B 发生的条件概率，记作 $P(B \mid A)$. 如上例中.

$$P(B \mid A)=\frac{2}{5},\ P(B \mid \overline{A})=\frac{3}{5}$$

应该注意到，事件 A 发生与否也不一定必定对事件 B 发生的概率有影响 . 如上例中，如果改为有放回地抽样方式抽球两次，那么不管第一次抽到的是黄球还是白球，第二次抽到白球的概率总是 $P(B)=\frac{3}{6}=\frac{1}{2}$.

2. 条件概率的性质

条件概率也是一种概率，因此它也具有概率的一般性质：

1）非负性 . 若 A、B 是随机事件，且 $P(A)>0$，则

$$P(B \mid A) \geqslant 0$$

2）规范性 . 若 A 是随机事件，且 $P(A)>0$，则

$$P(\Omega \mid A)=1$$

3）完全可加性 . 若随机事件 B_1、B_2是互不相容的，且 $P(A)>0$，则

$$P[(B_1 \mid A) \cup (B_2 \mid A)]=P(B_1 \mid A)+P(B_2 \mid A)$$

3. 条件概率的计算公式

设 A、B 都是随机事件，且 $P(A)>0$，则

$$P(B \mid A)=\frac{P(AB)}{P(A)}$$

事实上，设试验的样本空间 Ω={n 个基本事件}，事件 A={m 个基本事件}，AB={r 个基本事件} . 由古典概型公式，$P(AB)=\frac{r}{n}$，$P(A)=\frac{m}{n}$.

对于 $P(B \mid A)$，A 已经发生，那么就应把样本空间缩小，在 A 所含的 m 个基本事件的范围内来考虑，即以 A 为新的样本空间，在这个范围里事件 $B \mid A$ 发生，即 AB 发生 . 所以根据概率的古典定义得

$$P(B \mid A)=\frac{AB\text{ 所含基本事件}}{A\text{ 所含基本事件}}=\frac{r}{m}=\frac{\frac{r}{n}}{\frac{m}{n}}=\frac{P(AB)}{P(A)}$$

即

$$P(B|A)=\frac{P(AB)}{P(A)},P(A)>0$$

同理有

$$P(A|B)=\frac{P(AB)}{P(B)},P(B)>0$$

【例 7-11】 设我国篮球队与某国篮球队进行比赛，某人预测我队在上半场领先的概率为 0.6，且下半场仍领先的概率为 0.5，试问我队在上半场领先后，其获胜的概率？

解　设 A＝{我队获胜}，B＝{我队上半场领先}，则 $A\mid B$＝{我队上半场领先后获胜}.

由于　$P(B)=0.6$，$P(AB)=0.5$

所以　$P(A|B)=\dfrac{P(AB)}{P(B)}=\dfrac{0.5}{0.6}\approx 0.83$

7.4.2 乘法公式

由条件概率公式　$P(B|A)=\dfrac{P(AB)}{P(A)},P(A)>0$

可得　$P(AB)=P(A)P(B|A),P(A)>0$

因此有以下定理：

定理 7-2　两事件 A、B 的积事件的概率等于其中一事件的概率乘以该事件发生条件下另一事件的条件概率，即

$$P(AB)=P(A)P(B|A),P(A)>0$$

或

$$P(AB)=P(B)P(A|B),P(B)>0$$

这就是概率的乘法公式．推广这一结论得：

$$P(ABC)=P(A)P(B|A)P(C|AB),P(AB)>0$$

也可以推广至任何 n 个事件的积事件的概率

$$P(A_1A_2\cdots A_n)=P(A_1)P(A_2\mid A_1)P(A_3|A_1A_2)\cdots P(A_n|A_1A_2\cdots A_{n-1})$$

$$P(A_1A_2\cdots A_{n-1})>0$$

【例 7-12】 设在一盒中装有 10 只晶体管，4 只是次品，6 只是正品，从中连续取两次，每次任取 1 只，取后不再放回，问两次都拿到正品管子的概率是多少？

解　设 A＝{第一次拿到的是正品管子}，B＝{第二次拿到的是正品管子}，

则 AB＝{两次都拿到正品管子}

$$P(A)=\frac{6}{10},P(B|A)=\frac{5}{9}$$

所以 $P(AB)=P(A)P(B|A)=\dfrac{6}{10}\times\dfrac{5}{9}=\dfrac{1}{3}$

【例 7-13】 一批产品共 100 件，次品率为 10%，每次从中任取 1 件，取后不再放回去，求连续取 3 次而在第三次才取得合格品的概率.

解　设 A_i＝{第 i 次取出的产品是合格品}（$i=1,2,3$），则所求的概率为

$$P(\overline{A}_1\overline{A}_2A_3)=P(\overline{A}_1)P(\overline{A}_2\mid\overline{A}_1)P(A_3\mid\overline{A}_1\overline{A}_2)$$

由于 $P(\overline{A}_1)=\dfrac{10}{100},P(\overline{A}_2|\overline{A}_1)=\dfrac{9}{99},P(A_3|\overline{A}_1\overline{A}_2)=\dfrac{90}{98}$

所以 $P(\overline{A}_1\overline{A}_2\overline{A}_3)=\dfrac{1}{10}\times\dfrac{9}{99}\times\dfrac{90}{98}\approx 0.0083$

7.4.3 事件的相互独立性

1. 两事件的独立性

一般来说，B 对 A 的条件概率 $P(B|A)$ 与 B 的概率 $P(B)$ 是不相等的．也就是说，事件

A 发生与否对事件 B 的概率是有影响的．但也存在这种情况，事件 A 发生与否并不影响事件 B 发生的概率，反之亦然，即 $P(B|A)=P(B)$；$P(A|B)=P(A)$. 于是有如下定义：

定义 7-5　如果事件 A 的发生不影响事件 B 发生的概率，而且事件 B 的发生也不影响事件 A 发生的概率，即

$$P(B|A)=P(B) \text{且} P(A|B)=P(A)$$

则称事件 A 与事件 B 是相互独立的.

例如，有 5 个球，其中有 3 个白球，2 个红球，现有放回地抽取两次，每次任取 1 个，记 $A=$ {第一次取到红球}，$B=$ {第二次取到红球}，则 $P(A)=\frac{2}{5}$，$P(B)=\frac{2}{5}$，而 $P(B|A)=\frac{2}{5}=P(B)$，$P(A|B)=\frac{2}{5}=P(A)$. 故事件 A 与 B 是相互独立的.

定理 7-3　事件 A 与事件 B 相互独立的充要条件是

$$P(AB)=P(A)P(B)$$

证　先证必要性：由概率的乘法公式，有 $P(AB)=P(A)P(B|A)$

因为事件 A 与 B 相互独立，所以 $P(B|A)=P(B)$

所以　$P(AB)=P(A)P(B|A)=P(A)P(B)$

再证充分性：因为　$P(AB)=P(A)P(B)$，而 $P(AB)=P(A)P(B|A)$，

所以　$P(A)P(B)=P(A)P(B|A)$

而　$P(A)>0$，所以 $P(B)=P(B|A)$

即事件 A 与事件 B 独立.

定理 7-4　若事件 A 与 B 相互独立，则下列各对事件：A 与 $\overline{B}$，$\overline{A}$ 与 B，$\overline{A}$ 与 $\overline{B}$ 也相互独立.

证　因为　$A=A\Omega=A(B+\overline{B})=AB+A\overline{B}$

所以
$$P(A)=P(AB)+P(A\overline{B})$$

即
$$P(A\overline{B})=P(A)-P(AB)=P(A)-P(A)P(B)$$
$$=P(A)[1-P(B)]=P(A)P(\overline{B})$$

所以 A 与 $\overline{B}$ 是相互独立的.

同理可证：$\overline{A}$ 与 B、$\overline{A}$ 与 $\overline{B}$ 也相互独立.

【例 7-14】　两门高射炮各向一架飞机射击一次，它们击中飞机的概率分别是 0.6 和 0.7，求飞机被击中的概率．

解　设 $A=$ {第一门炮击中飞机}，$B=$ {第二门炮击中飞机}，则 $A\cup B=$ {飞机被击中}，

$$P(A\cup B)=P(A)+P(B)-P(AB),$$

因为　A 与 B 相互独立（第一、第二门炮击中与否相互不影响），

故而　$P(AB)=P(A)P(B)$，

所以　$P(A\cup B)=P(A)+P(B)-P(A)P(B)=0.6+0.7-0.6\times0.7=0.88$

即飞机被击中的概率为 0.88.

2. 三个事件的独立性

定义 7-6　若事件 A、B、C 满足：$P(AB)=P(A)P(B)$，$P(BC)=P(B)P(C)$，$P(AC)=P(A)P(C)$，则称事件 A、B、C 为两两相互独立．又满足：

$P(ABC)=P(A)P(B)P(C)$，则称事件 A、B、C（总起来）是相互独立的.

注意：两两相互独立的事件，总起来并不一定是相互独立的.

一般地，设 A_1，A_2，…，A_n 为 n 个随机事件，若对任意 k（$1<k\leqslant n$），任意 $1\leqslant i_1<i_2<\cdots<i_k\leqslant n$，满足等式

$$P(A_{i_1}A_{i_2}\cdots A_{i_k})=P(A_{i_1})P(A_{i_2})\cdots P(A_{i_k})$$

则称事件 A_1，A_2，…，A_n 为整体相互独立的，此时有

$$P(A_1A_2\cdots A_n)=P(A_1)P(A_2)\cdots P(A_n)$$

【例 7-15】 加工某一零件共需经过三道工序，设第一、二、三道工序的次品数分别为2%、3%、5%，假定各道工序是互不影响的，求加工出来的零件的次品率.

解 设 $A_i=\{$第 i 道工序出次品$\}$（$i=1$，2，3），$B=\{$加工出来的零件是次品$\}$，则 $B=A_1\cup A_2\cup A_3$，

$$\begin{aligned}P(B)=P(A_1\cup A_2\cup A_3)&=P(A_1)+P(A_2)+P(A_3)\\&\quad-P(A_1A_2)-P(A_2A_3)-P(A_1A_3)+P(A_1A_2A_3)\end{aligned}$$

而 $P(A_1)=0.02$，$P(A_2)=0.03$，$P(A_3)=0.05$

又因各道工序是独立的，所以

$P(A_1A_2)=P(A_1)P(A_2)=0.02\times0.03=0.0006$

$P(A_2A_3)=P(A_2)P(A_3)=0.03\times0.05=0.0015$

$P(A_1A_3)=P(A_1)P(A_3)=0.02\times0.05=0.0010$

又 $P(A_1A_2A_3)=P(A_1)P(A_2)P(A_3)=0.02\times0.03\times0.05=0.00003$

所以 $P(B)=0.02+0.03+0.05-0.0006-0.0015-0.0010+0.00003=0.09693$.

该题也可用利用 $\overline{A_1\cup A_2\cup A_3}=\overline{A_1}\,\overline{A_2}\,\overline{A_3}$ 来求，具体由读者完成.

习 题 7-4

1. 甲、乙两市都位于长江下游．据100年来的气象记录，一年中雨天的比例：甲市为20%，乙市为18%，两市同时下雨为12%，设 $A=\{$甲市出现雨天$\}$，$B=\{$乙市出现雨天$\}$．求：

(1) $P(B\mid A)$；(2) $P(A\mid B)$；(3) $P(A\cup B)$.

2. 某电子计算器使用寿命为15年的概率为0.8，而使用寿命为20年的概率是0.4. 问现在已使用了15年的这种电子计算器再用5年的概率是多少？

3. 某厂生产的产品合格率为0.98，而在合格产品中一等品的概率为0.9，求该厂生产一等品的概率.

4. 十个考签中，四个签是难题，三人参加抽签考试．考签抽出后，试题已公开，不再放回．甲先抽、乙次、丙最后．求：

(1) 甲抽到难题的概率是多少？

(2) 甲、乙两人都抽到难题的概率是多少？

(3) 甲、乙、丙三人都抽到难题的概率是多少？

5. 某产品的加工由两道工序组成，第一道工序的废品率为0.015，第二道工序的废品率为0.02，假定两道工序出废品是彼此无关的，求产品的合格率.

7.5 全概率、逆概率公式

7.5.1 全概率公式

全概率公式

先看以下的例子．

【例 7-16】 某工厂生产甲、乙两种产品，甲产品占总产量的70%，甲产品的合格率是95%，乙产品的合格率是90%，求该厂生产的产品的合格率.

解　设 $A_1=$ {任取一件是甲产品}，$A_2=$ {任取一件是乙产品}，$B=$ {合格品}，显然 A_1、A_2 互不相容，且 B 只能与 A_1 或 A_2 之一同时发生，即 $B=BA_1+BA_2$，

所以　$P(B)=P(BA_1)+P(BA_2)$　　(加法公式)

$=P(A_1)P(B|A_1)+P(A_2)(B|A_2)$　　(乘法公式)

$=70\%\times95\%+30\%\times90\%=0.935$

定理 7-5　设事件 $A_1,A_2,\cdots,A_n$ 构成一个完备事件组，即

1) $A_1,A_2,\cdots,A_n$ 互不相容；

2) $A_1+A_2+\cdots+A_n=\Omega$，且 $P(A_i)>0,(i=1,2,\cdots,n)$.

则对任一事件 B，有

$$P(B)=\sum_{i=1}^{n}P(A_i)P(B\mid A_i)(i=1,2,\cdots,n)$$

证　$B=B\cdot\Omega=B(A_1+A_2+\cdots+A_n)=BA_1+BA_2+\cdots+BA_n$

因为 $A_1,A_2,\cdots,A_n$ 互斥，又因为对于所有的 i，总有 $BA_i\subset A_i$，从而 $BA_i(i=1,2,\cdots,n)$ 也互斥，

所以　$P(B)=P(BA_1)+P(BA_2)+\cdots+P(BA_n)$

$=P(A_1)P(B|A_1)+P(A_2)(B|A_2)+\cdots+P(A_n)(B|A_n)$

$=\sum\limits_{i=1}^{n}P(A_i)P(B|A_i)$

上式称为全概率公式.

【例 7-17】　设一仓库中有一批同样规格的产品，已知其中 50%由甲厂生产，30%由乙厂生产，20%由丙厂生产，且甲、乙、丙三个厂生产该种产品的次品率分别为 $\frac{1}{10}$、$\frac{1}{15}$、$\frac{1}{20}$，现从中任取一件，求取到正品的概率.

解　设 $A_1=$ {取到的产品是甲厂生产的}，$A_2=$ {取到的产品是乙厂生产的}，$A_3=$ {取到的产品是丙厂生产的}，$B=$ {取到的是正品}，则 A_1、A_2、A_3 是一完备事件组.

显然，$P(A_1)=0.5$，$P(A_2)=0.3$，$P(A_3)=0.2$；$P(B|A_1)=\frac{9}{10}$，$P(B|A_2)=\frac{14}{15}$，$P(B|A_3)=\frac{19}{20}$，由全概率公式，得

$$P(B)=\sum P(A_i)P(B|A_i)$$
$$=\frac{5}{10}\times\frac{9}{10}+\frac{3}{10}\times\frac{14}{15}+\frac{2}{10}\times\frac{19}{20}=\frac{82}{100}\approx0.82$$

7.5.2　逆概率公式(贝叶斯公式)

如果事件 $A_1,A_2,\cdots,A_n$ 构成一个完备事件组，则对任一事件 $B(P(B)>0)$ 有

$$P(A_i\mid B)=\frac{P(A_i)P(B\mid A_i)}{\sum\limits_{j=1}^{n}P(A_j)P(B\mid A_j)}(i=1,2,\cdots,n)$$

证　因为　$P(B)=\sum\limits_{j=1}^{n}P(A_j)P(B\mid A_j)$

所以　$P(A_i\mid B)=\dfrac{P(A_iB)}{P(B)}=\dfrac{p(A_i)P(B\mid A_i)}{\sum\limits_{j=1}^{n}P(A_j)P(B\mid A_j)}\ (i=1,2,\cdots,n).$

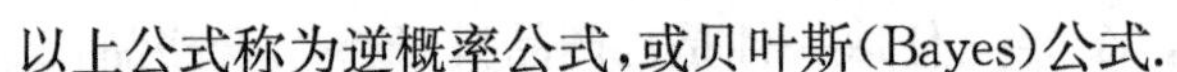

以上公式称为逆概率公式，或贝叶斯(Bayes)公式.

【例 7-18】 在例 7-17 中，从中任取一件，若已知取到的是正品，求它分别是由甲、乙、丙厂生产的概率各是多少?

解 设 A_1、A_2、A_3、B 与例 7-17 同，由逆概率公式，所求概率为

$$P(A_1|B)=\frac{P(A_1)P(B|A_1)}{P(B)}=\frac{0.5\times0.9}{0.82}=\frac{45}{82}\approx0.549$$

同理可得：$P(A_2|B)=\dfrac{P(A_2)P(B|A_2)}{P(B)}=\dfrac{28}{82}\approx0.341$

$$P(A_3|B)=\frac{P(A_3)P(B|A_3)}{P(B)}=\frac{19}{82}\approx0.231$$

【例 7-19】 用血清甲蛋白诊断早期肝癌跟踪统计表见表 7-1。

表 7-1

被检验者确实患有肝癌的	0.04%
确实患有肝癌的病人在本法检验中显阳性反应的	95%
未患肝癌的人在本法检验中显阳性反应的	10%

今有某人在检验中显阳性反应，求此人确实患有肝癌的概率.

解 设 A={被检验者确实患有肝癌}，B={检验显阳性反应}，则 $\overline{A}$={被检验者确实未患肝癌}，$A|B$={阳性反应条件下，确实患有肝癌}.

因为 A 与 $\overline{A}$ 构成完备事件组，由逆概率公式所求概率为

$$P(A|B)=\frac{P(AB)}{P(B)}=\frac{P(A)P(B|A)}{P(A)P(B|A)+P(\overline{A})P(B|\overline{A})}$$

$$=\frac{0.0004\times0.95}{0.0004\times0.95+0.9996\times0.1}=0.38\%$$

即当被检验者显阳性反应时，确实患有肝癌的概率只有 0.38%.

习 题 7-5

1. 某厂购进两批零件，已知第一批零件的次品率为 0.03，第二批的次品率为 0.01，又知第二批零件比第一批零件多一倍，两批零件入库后堆放在一起，从中任取一个零件，试求该零件为次品的概率.

2. 有三只盒子，在甲盒中装有 2 支红芯圆珠笔、4 支蓝芯圆珠笔；乙盒中装有 4 支红芯圆珠笔、2 支蓝芯圆珠笔；丙盒中装有 3 支红芯圆珠笔、3 支蓝芯圆珠笔．现从中任取一支，设到三只盒子中取物的机会相同.

(1) 求取到的是红芯圆珠笔的概率.

(2) 若已知取得的是红芯圆珠笔，求它是从甲盒中取出的概率.

3. 对以往数据分析的结果表明：当机器调整良好时，产品的合格率为 90%；而当机器发生某一故障时，其合格率为 30%；一般每天早上机器开动时，机器调整良好的概率为 75%. 试求某日早上第一件产品是合格品时，机器调整良好的概率是多少?

7.6 伯努利(Bernoulli)概型与二项概率公式

7.6.1 伯努利概型

定义 7-7 在相同条件下进行 n 次试验，若每次试验的结果互不影响，则称这 n 次试验为

重复独立试验.

例如，对同一目标进行多次射击，每次射击结果与其他各次射击无关，因此，这样的多次射击是重复独立试验.

定义 7-8　如果试验 E 只有两个可能结果，事件 A 发生或不发生，并且事件 A 发生的概率为 p $(0<p<1)$，事件 A 不发生的概率 q $(q=1-p)$，则称试验 E 为伯努利试验.

定义 7-9　将伯努利试验 E 独立地重复进行 n 次的试验，称为 n 重伯努利试验.

例如，将一枚硬币重复抛 5 次，观察出现正反面的试验，属于 5 重伯努利试验；而重复独立试验的试验结果不止两种，故不是伯努利试验.

7.6.2　n 重伯努利试验的概率计算公式

一般地，在 n 重伯努利试验中，事件 A 在 n 次试验中恰好发生 k 次 $(k=0, 1, 2, \cdots, n)$ 的概率简记为 $P_n(k)$.

定理 7-6　在 n 重伯努利试验中，如果每次试验中，事件 A 发生的概率为 $p(0<p<1)$，事件 A 不发生的概率为 $q(q=1-p)$，则有

$$P_n(k)=C_n^k p^k q^{n-k}(k=0, 1, 2, \cdots, n)$$

证　由乘法公式及事件的独立性知，在 n 次试验中，事件 A 在指定的 k 次（如前 k 次）发生，而在其余的 $n-k$ 次中不发生的概率为

$$\underbrace{p\cdot p\cdots p}_{k\text{个}}\cdot\underbrace{q\cdot q\cdots q}_{n-k\text{个}}=p^k q^{n-k},$$

所以 A 在 n 次试验中恰好发生 k 次的概率为 $C_n^k p^k q^{n-k}$，即

$$P_n(k)=C_n^k p^k q^{n-k}$$

其中　$0<p<1, q=1-p, k=0, 1, 2, \cdots, n$

显然有　$$\sum_{k=0}^{n} C_n^k p^k q^{n-k}=(p+q)^n=1^n=1$$

由于公式 $C_n^k p^k q^{n-k}$ 恰为二项式 $(p+q)^n$ 的展开式的第 k $(k=0, 1, 2, \cdots, n)$ 项，所以上述公式称为二项概率公式.

【例 7-20】　某射手对同一目标进行 5 次独立射击，每次命中目标的概率为 0.8，求：

1）在 5 次射击中恰好有 3 次命中目标的概率；

2）5 次射击至少命中 1 次的概率.

解　5 次射击显然是相互独立的，因此，它是 5 重伯努利试验，这里

$$n=5, p=0.8, q=0.2$$

1）5 次射击中恰好有 3 次命中目标的概率为

$$P_5(3)=C_5^3 p^3 q^2=10\times0.8^3\times0.2^2\approx0.2048$$

2）设 $A=\{5$ 次射击中至少命中目标一次$\}$，则

$$P(A)=\sum_{k=1}^{5}P_5(k)=1-P_5(0)=1-C_5^0 p^0 q^5=1-0.2^5\approx0.99968$$

【例 7-21】　有 100 件产品，其中 90 件正品，10 件次品，现

1）有放回地抽取 4 次，每次取 1 件；

2）无放回地抽取 4 次，每次取 1 件.

求恰好抽到 3 件次品的概率.

解　1）所求的概率为 $P_4(3)=C_4^3(0.1)^3\times0.9^1\approx0.003$

2）不属于n重伯努利试验，由古典概型，所求概率为

$$P=\frac{C_{10}^{3}C_{90}^{1}}{C_{100}^{4}}\approx 0.0028$$

从以上计算结果可看出，两者的概率相差不大．当产品的批量很大时，两者的误差还会更少，所以此时可把“无放回”近似当作“有放回”来处理.

最后需指出的是，当p很小，而n很大时，用n重伯努利试验的概率计算公式来计算时会很烦琐，此时可用以下泊松（Poisson）近似公式来简化计算：

$$P_n(k)\approx\frac{\lambda^k}{k!}e^{-\lambda}$$

其中，$\lambda=np$.

【例7-22】 电子计算机内装有2000个同样的晶体管，每一晶体管损坏的概率等于0.0005，如果任一晶体管损坏时，计算机即停止工作，求计算机停止工作的概率.

解 计算机停止工作，即至少有一个晶体管损坏，故所求概率为

$1-P_{2000}(0)=1-C_{2000}^{1}\times(0.0005)^1\times(0.9995)^{1999}$，因为计算非常烦琐，故用泊松公式来计算：

$$P_{2000}(0)\approx\frac{(2000\times 0.0005)^0}{0!}\times e^{-2000\times 0.0005}=e^{-1}\approx 0.368$$

所求的概率约为$1-0.368=0.632$.

习 题 7-6

1. 100件产品有90件正品，10件次品，有放回地抽取4件，每次抽取1件，求：(1) 有3件次品的概率；(2) 无次品的概率.

2. 一批产品中有30%的一等品，进行重复抽样检查，共取5个样品，求：

(1) 取出的5个样品中恰有2个一等品的概率；

(2) 取出的5个样品中至少有2个一等品的概率.

3. 设每次射击打中目标的概率为0.001，若射击5000次，求“恰有1次打中”的概率.

复习题7

1. 设有5间房间，分给5个人，每人以0.2的概率住进每一个房间，试求不出现空房间的概率.

2. 在100只同批生产的外形一样、型号相同的晶体管中，按电流放大系数分类，有40只属于甲类、60只属于乙类，用下列两种方法抽样：

(1) 每次抽取1只，测试后放回，然后再抽取1只；

(2) 每次抽取1只，测试后不放回，在剩下的晶体管中再抽取下1只.

求下列事件的概率：$A=$｛从100只中任意抽取3只，3只都是乙类｝；$B=$｛从100只中任意抽取3只，其中有2只是甲类，1只是乙类｝.

3. 一个盒子中有4只次品晶体管，6只正品晶体管，随机地抽取1只测试，直到4只次品管子都找到为止，求第4只次品管子在第5次测试时发现的概率.

4. 已知：$P(A)=a$，$P(B)=b$，$P(AB)=c$，求下列事件的概率：

(1) $P(\overline{A}\cup\overline{B})$； (2) $P(\overline{A}\,\overline{B})$；

(3) $P(\overline{A}B)$； (4) $P(\overline{A}\cup B)$.

5. 某商店准备出售甲、乙、丙三种商品，某地区居民有20%的人需购买甲种商品，16%的人需购买乙种商品，14%的人需购买丙种商品，其中有8%的人需购买甲、乙两种商品，5%的人需购买甲、丙两种商品，

4%的人需购买乙、丙两种商品，又有2%的人需购买所有商品，求该地区居民中至少购买一种商品的概率.

6. 设$P(A)=a$，$P(B)=b$，求证：$P(A\mid B)\geqslant\frac{a+b-1}{b}$.

7. 某工人看管三台机床，在1h内，三台中各机床不需人看管的概率分别是0.9、0.8、0.85，求在1h内三台机床至少有一台不需工人看管的概率.

8. 甲、乙、丙3人向一敌机射击，设甲、乙、丙射中的概率分别为0.4、0.5、0.7，又设若只有1人射中，飞机坠毁的概率为0.2，若2人射中，飞机坠毁的概率为0.6；若3人射中，飞机必坠毁，求飞机坠毁的概率.

9. 一工人看管8台同一类型的机器，在1h内1台机器需要工人照管的概率为$\frac{1}{3}$，问在1h内8台机器中有4台需要工人照管的概率是多少？

10. 已知某疾病的发病率为1%，医院想要找到典型病例进行研究，问必须检查多少人，才能以50%的概率保证至少能找到一名患者？

第 8 章 随机变量及其分布

随机事件是指在随机试验中可能发生也可能不发生的事件，因此它仅是一种定性的描述．为了深入研究随机试验的结果，揭示其统计规律性，还需引入随机变量这一重要概念.

8.1 离散型随机变量

8.1.1 随机变量的概念

【例 8-1】 设有产品 100 件，其中有 5 件次品，95 件正品，现从中任意抽取 20 件，问“抽得的次品件数”（以下简称“次品数”）是多少?

很明显，“次品数”可能是 1，也可能是 2、3、4、5 或者是 0（即抽得的 20 件中无次品）．如果用变量“ξ”来表示抽到的“次品数”，则“$\xi=i$”表示“抽到 i 件次品”（$i=0$，1，2，3，4，5）.

如果用 ω_i 表示这一随机现象的基本事件，其中 i 表示抽到的次品数，那么各个基本事件 ω_i 就和 ξ 的取值 i 一一对应起来，通常记为

$$\omega_i=\{\xi=i\}\quad(i=0,\ 1,\ \cdots,\ 5)$$

上述随机现象所出现的其他可能结果，如“抽到的产品数不超过 4”这一事件 A 也可用变量 ξ 来表示，即 $A=\{\xi\leqslant 4\}$ 或 $A=\{\xi=0\}\cup\{\xi=1\}\cup\{\xi=2\}\cup\{\xi=3\}\cup\{\xi=4\}$.

这样，就把随机现象的各种可能结果和变量对应起来了．也就是说，可以用一个变量取不同的值（或范围）表示随机现象的各种结果．由于在试验之前不能断定这个变量取哪个确定值，因此它的取值具有随机性，所以把这个变量叫作随机变量.

定义 8-1 设随机试验的样本空间为 $\Omega=\{\omega\}$，若对于 Ω 的每一个元素 ω（即对于试验的每一个可能结果），实变量 ξ 有一个确定的值与之对应，则称 ξ 为随机变量，常用希腊字母 ξ、η 或大写英文字母 X、Y 等表示.

【例 8-2】 某射手每次射击打中目标的概率为 0.7，现连续向一个目标射击，直到首次击中目标为止．设“射击次数”为 ξ，则 ξ 为随机变量，它的可能取值为一切自然数：1，2，….

【例 8-3】 某公共汽车站每隔 5min 有一辆汽车通过. 有一乘客对汽车通过该站的时间全不知道，他在任一时刻到达车站候车都是可能的．设他的候车时间为 ξ，则 ξ 是一个随机变量，其可能取值为 $0\leqslant\xi<5$.

引入随机变量后，随机事件就可以通过随机变量来表示．又如例 8-2 中“直到第 10 次才击中”这个随机事件可用 $\{\xi=10\}$ 来表示.

根据随机变量可能取的值，可以把它们分为两种基本类型:

(1) 离散型随机变量 如果随机变量的所有可能取值是有限个或可数无穷多个，则称这个随机变量为离散型随机变量．如例 8-2 中的 ξ 都是离散型随机变量．例 8-2 是取值为可数无穷多情形.

（2）非离散型随机变量　如果随机变量可能取的值不能一一列举出来，则称这个随机变量为非离散型随机变量．如例 8-3 中的 ξ 是非离散型随机变量.

8.1.2 离散型随机变量的概率分布

要掌握一个离散型随机变量的变化规律，除了要知道它有哪些可能取值外，更重要的是要知道它所取各个值的概率.

定义 8-2　设离散型随机变量 ξ 的所有可能取值为 x_i（$i=1, 2, \cdots$），如果 ξ 取各个可能值的概率（即事件 $\{\xi=x_i\}$ 的概率）为

$$P(\xi=x_i)=p_i \quad (i=1, 2, \cdots) \tag{8-1}$$

则称式（8-1）为离散型随机变量 ξ 的概率分布．式（8-1）也可以记作式（8-2）的形式，称为随机变量 ξ 的分布列.

ξ	x_1	x_2	$\cdots$	x_i	$\cdots$
$P(\xi=x_i)$	p_1	p_2	$\cdots$	p_i	$\cdots$

(8-2)

由概率的基本性质可知，对于任何一个概率分布式（8-1）或式（8-2）都有

1) $p_i \geqslant 0$ ($i=1, 2, \cdots$)；

2) $\sum_i p_i = 1$.

【例 8-4】　若随机变量 ξ 只能取 0 和 1 两个值，则称 ξ 服从（0−1）分布．若 $P(\xi=1)=p$，$P(\xi=0)=q$（其中 $0<p<1$，$q=1-p$），则其分布列为

ξ	0	1
P	q	p

在实践中，服从（0−1）分布或可用（0−1）分布表示的随机变量是很多的，例如，检查一件产品是正品还是次品，若用 ξ 表示次品数，则 ξ 服从（0−1）分布.

一般地，如果随机变量的概率分布为

$$P(\xi=x_i)=\frac{1}{n} \quad (i=1, 2, \cdots, n)$$

其中 n 为正整数，并且 $i \neq j$ 时，有 $x_i \neq x_j$，这时称随机变量 ξ 服从离散型均匀分布.

【例 8-5】　一射手对某一目标进行射击，一次命中的概率为 0.8. 求：

1）一次射击的分布列；

2）到击中目标为止所需射击次数的分布列.

解　1）一次射击是随机现象，设"$\xi=1$"表示击中目标，"$\xi=0$"表示没击中目标．显然这是一个（0−1）分布：

$$P_0=P(\xi=0)=0.2, \qquad P_1=P(\xi=1)=0.8$$

对应的分布列为

ξ	0	1
$P(\xi=i)$	0.2	0.8

2）设从射击到击中目标为止，射击的次数是随机变量 η，η 的取值范围为 $\{1, 2, \cdots, k, \cdots\}$.

所以，分布列为

η	1	2	$\cdots$	k	$\cdots$
$P(\eta=i)$	0.8	(0.2)(0.8)	$\cdots$	$(0.2)^{k-1}(0.8)$	$\cdots$

8.1.3　常见的离散型随机变量分布

1. 两点分布

如果 ξ 的概率分布为

ξ	A	B
P	$1-p$	p

(8-3)

则称 ξ 服从两点分布．当 $A=0$、$B=1$ 时，两点分布即为（0—1）分布.

2. 二项分布

若随机变量的概率分布为

$$P(\xi=k)=C_n^k p^k q^{n-k} \quad (0<p<1,\ q=1-p,\ k=0,1,2,\cdots,n) \tag{8-4}$$

显然有 $$p_k>0,\ 且\sum_k p_k=\sum_{k=0}^{n} C_n^k p^k q^{n-k}=(p+q)^n=1^n=1$$

则称 ξ 服从参数为 n、p 的二项分布，记作 $\xi \sim B(n, p)$.

如果用 ξ 表示 n 重伯努利试验中事件 A 发生的次数，那么 ξ 服从二项分布.

【例 8-6】　某车间有10台机床，每台机床由于各种原因时常需要停车，设各台机床的停车或开车是相互独立的，若每台机床在任一时刻处于停车状态的概率为 $\frac{1}{3}$，求任一时间车间里有3台机床处于停车状态的概率.

解　设 ξ 表示任一时刻10台机床中处于停车状态的机床台数，则 ξ 是离散型随机变量，且 $\xi \sim B\left(10, \frac{1}{3}\right)$，所求概率为

$$P(\xi=3)=C_{10}^3\left(\frac{1}{3}\right)^3\left(1-\frac{1}{3}\right)^7 \approx 0.260$$

3. 泊松（Poisson）分布

若随机变量的概率分布为

$$P(\xi=k)=\frac{\lambda^k}{k!}e^{-\lambda},\ (k=0,1,2,\cdots,\lambda>0) \tag{8-5}$$

则称 ξ 服从参数为 λ 的泊松分布，记作 $\xi \sim P(\lambda)$．显然有

$$\sum_{k=0}^{\infty} P(\xi=k)=\sum_{k=0}^{\infty}\frac{\lambda^k}{k!}e^{-\lambda}=e^{-\lambda}\sum_{k=0}^{\infty}\frac{\lambda^k}{k!}=e^{-\lambda}e^{\lambda}=1$$

可以证明，二项分布当 $n\to\infty$ 时的极限分布恰为泊松分布．所以若事件 A 发生的概率 p 很小，而试验次数 n 很大（即 np 适中）时，事件 A 在 n 次独立重复试验中恰好发生 k 次的概

率可用泊松分布 $P(\lambda)$ 来近似计算，其中 $\lambda=np$.

【例 8-7】 设有一批产品的次品率为 0.02，如果购买 400 个这种产品，求至少有 2 个次品的概率.

解 设 ξ 表示 400 个产品中含有的次品数，则 $\xi\sim B(400, 0.02)$，ξ 的概率分布为

$$P(\xi=k)=\mathrm{C}_{400}^{k}(0.02)^{k}(0.98)^{400-k}\quad(k=0,1,2,\cdots,400)$$

所求概率为

$$\begin{aligned}P(\xi\geqslant 2)&=1-[P(\xi=0)+P(\xi=1)]\\&=1-(0.98)^{400}-400\times(0.02)\times(0.98)^{399}\end{aligned}$$

因为计算相当麻烦，故以下用泊松分布来近似计算：

$$P(\xi=k)\approx\frac{\lambda^{k}}{k!}\mathrm{e}^{-\lambda}\quad(\lambda=np=400\times 0.02=8)$$

$$P(\xi=0)=\mathrm{e}^{-8},\qquad P(\xi=1)=8\mathrm{e}^{-8}$$

故 $$P(\xi\geqslant 2)\approx 1-(\mathrm{e}^{-8}+8\mathrm{e}^{-8})=1-9\mathrm{e}^{-8}\approx 1-0.003=0.997$$

由此例可看出，一个事件虽然在一次试验中发生的概率很小，但试验次数多且独立进行时，则该事件发生的概率可能会很大.

【例 8-8】 某电话总机每分钟接到的呼叫次数服从参数为 5 的泊松分布，求：

1）每分钟恰好接到 7 次呼叫的概率；

2）每分钟接到的呼叫次数大于 4 的概率.

解 设每分钟接到的呼叫次数为 ξ，则 $\xi\sim P(\lambda)$，$\lambda=5$.

1）$P(\xi=7)=\dfrac{5^{7}\mathrm{e}^{-5}}{7!}\approx 0.10444$

2）$$\begin{aligned}P(\xi>4)&=1-P(\xi\leqslant 4)\\&=1-[P(\xi=0)+P(\xi=1)+P(\xi=2)+P(\xi=3)+P(\xi=4)]\\&\approx 1-0.00673-0.03369-0.08422-0.14037-0.17547\\&=0.55952\end{aligned}$$

习 题 8-1

1. 盒中有甲乙两种型号的电容器 5 只，其中甲种型号 2 只，乙种型号 3 只．从中任取 3 只，求取得甲种型号的电容器的分布列.

2. 在 15 只同类型的零件中，有 2 只是次品．从中抽取 3 次，每次抽 1 只（取出后不放回），以 ξ 表示取出 3 只中所含次品的个数．求 ξ 的分布列.

3. 设 ξ 服从泊松分布，且已知 $P(\xi=1)=P(\xi=2)$，求 $P(\xi=4)$.

4. 已知一电话交换台每分钟的呼唤次数 $\xi\sim P(4)$，求每分钟恰有 8 次呼唤的概率.

8.2 随机变量的分布函数

上节给出的离散型随机变量，由于其全部可能取值可一一罗列，故可用分布列描述．但实际中很多随机变量是非离散的，即其全部可能取值不是有限可数或无穷多个，如等车时间、元件的寿命等．这种随机变量的特点是，它们可能取某一区间内的所有值，此时考察事件 $\{\xi=x_i\}$ 的概率往往意义不大．直接考察事件 $\{x_1<\xi<x_2\}$ 的概率．这可用分布函数来描述.

8.2.1 分布函数的概念

定义 8-3 设 ξ 是一个随机变量，x 是任意实数，称函数

$$F(x)=P(\xi<x) \quad -\infty<x<\infty$$

为随机变量 ξ 的分布函数.

【例 8-9】 设离散型随机变量 ξ 的概率分布列为

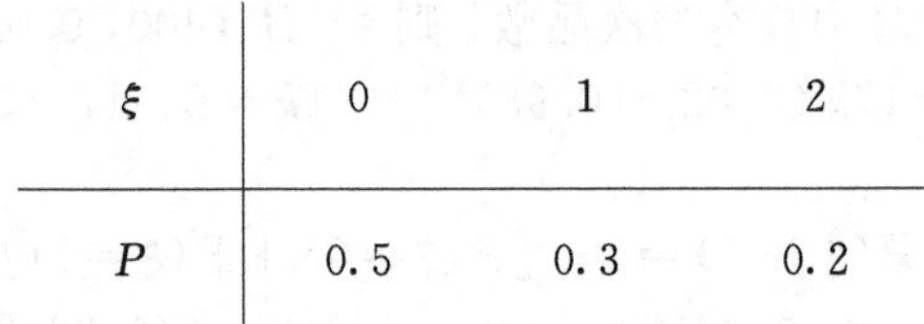

ξ	0	1	2
P	0.5	0.3	0.2

求 ξ 的分布函数.

解 ξ 的可能取值为 0、1、2.

当 $x\leqslant 0$ 时，事件 $\{\xi<x\}$ 为不可能事件，因此 $F(x)=P(\xi<x)=0$

当 $0<x\leqslant 1$ 时，事件 $\{\xi<x\}$ 即为 $\{\xi=0\}$，因此

$$F(x)=P(\xi<x)=P(\xi=0)=0.5$$

当 $1<x\leqslant 2$ 时，事件 $\{\xi<x\}$ 即为 $\{\xi=0\}$ 与 $\{\xi=1\}$ 之和，因此

$$F(x)=P(\xi<x)=P(\xi=0)+P(\xi=1)=0.5+0.3=0.8$$

当 $x>2$ 时，事件 $\{\xi<x\}$ 即为事件 $\{\xi=0\}$，$\{\xi=1\}$ 与 $\{\xi=2\}$ 之和. 因此

$$F(x)=P(\xi<x)=P(\xi=0)+P(\xi=1)+P(\xi=2)=0.5+0.3+0.2=1$$

综上，所求 ξ 的分布函数为

$$F(x)=\begin{cases}0 & x\leqslant 0\\ 0.5 & 0<x\leqslant 1\\ 0.8 & 1<x\leqslant 2\\ 1 & x>2\end{cases}$$

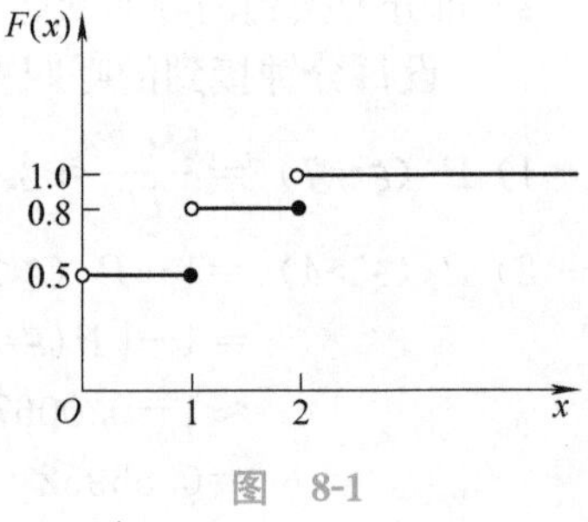

图 8-1

$F(x)$ 的图形如图 8-1 所示. 可见，离散型随机变量的分布函数一般是一个阶梯函数，在 ξ 的每个概率点处（如本例的 $x=0$、$x=1$ 及 $x=2$）都有一个跳跃.

8.2.2 分布函数的性质

随机变量的分布函数具有以下性质：

1) $0\leqslant F(x)\leqslant 1$，即 $F(x)$ 是一个定义域为全体实数、值域为区间 $[0,1]$ 的实值函数.

2) 因 $F(x)$ 在 x_0 处的函数值 $F(x_0)$ 在几何上表示随机点 ξ 落在区间 $(-\infty, x_0)$ 内的概率，如图 8-2 所示，故对任意两实数 x_1、x_2（设 $x_1<x_2$）有

$$P(x_1\leqslant\xi<x_2)=P(\xi<x_2)-P(\xi<x_1)=F(x_2)-F(x_1)$$

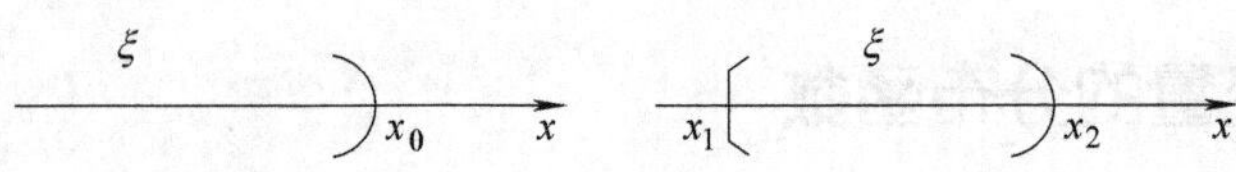

图 8-2

因此，若知道 ξ 的分布函数 $F(x)$，就可计算 ξ 落在任一区间 $[x_1, x_2]$ 内的概率.

3) $F(x)$ 是 x 的单调不减函数，即对任意 $x_1<x_2\in(-\infty,+\infty)$，有 $F(x_1)\leqslant F(x_2)$.

这是因为事件 $\{\xi<x_1\}\subset\{\xi<x_2\}$

所以 $P(\xi<x_1)\leqslant P(\xi<x_2)$

即 $F(x_1) \leqslant F(x_2)$

4) $\lim\limits_{x\to+\infty} F(x)=1$，记作 $F(+\infty)=1$

$\lim\limits_{x\to-\infty} F(x)=0$，记作 $F(-\infty)=0$

【例 8-10】 设随机变量 ξ 的分布函数为

$$F(x)=\begin{cases} 0 & x\leqslant 1 \\ \dfrac{x-1}{2} & 1<x\leqslant 2 \\ \dfrac{1}{2} & 2<x\leqslant 3 \\ 1 & x>3 \end{cases}$$

求：1) $P(\xi<2)$；2) $P(1\leqslant\xi<3)$；3) $P\left(\xi\geqslant\dfrac{3}{2}\right)$.

解 1) $P(\xi<2)=F(2)=\dfrac{1}{2}$

2) $P(1\leqslant\xi<3)=F(3)-F(1)=\dfrac{1}{2}-0=\dfrac{1}{2}$

3) $P\left(\xi\geqslant\dfrac{3}{2}\right)=1-P\left(\xi<\dfrac{3}{2}\right)=1-F\left(\dfrac{3}{2}\right)=1-\dfrac{1}{4}=\dfrac{3}{4}$

习 题 8-2

1. 设离散型随机变量 ξ 的概率分布列为

ξ	2	4	7
P	0.5	0.2	0.3

求 ξ 的分布函数.

2. 设一袋中有 6 个球，依次标有数字：-1、2、2、2、3、3. 现从中任取一球，则取得的球上标有的数字 ξ 是一随机变量，求 ξ 的分布函数.

3. 已知随机变量 ξ 的分布函数为

$$F(x)=\begin{cases} 0 & x\leqslant 0.5 \\ 0.4 & 0.5<x\leqslant 1.5 \\ 0.64 & 1.5<x\leqslant 3 \\ 0.8 & 3<x\leqslant 4.5 \\ 1 & x>4.5 \end{cases}$$

求：(1) $P(\xi<0.5)$；(2) $P(1\leqslant\xi<2)$；(3) $P(\xi\geqslant 4)$；(4) $P(\xi>5)$.

连续型随机变量及其密度函数

8.3 连续型随机变量

本节主要介绍非离散型随机变量中最重要的随机变量——连续型随机变量.

8.3.1 连续型随机变量的概念

1. 连续型随机变量的定义

定义 8-4 对于随机变量 ξ，若存在非负可积函数 $\varphi(x)$ $(-\infty<x<+\infty)$，使得对于任意

实数 x，ξ 的分布函数都可以表示为

$$F(x)=P(\xi<x)=\int_{-\infty}^{x}\varphi(t)\mathrm{d}t \tag{8-6}$$

则称 ξ 为连续型随机变量，$\varphi(x)$ 称为概率密度函数，简称概率密度（或分布密度）.

式（8-6）的几何意义是：ξ 落在区间（a，b）内的概率等于区间［a，b］上曲线 $y=\varphi(x)$ 下的曲边梯形的面积（见图8-3）.

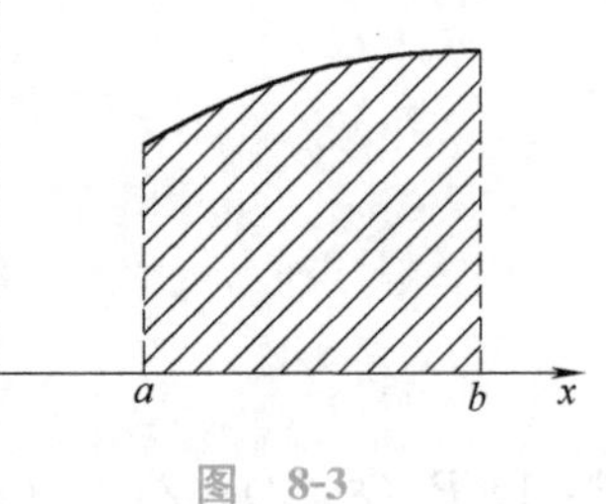

图 8-3

由上述定义可以得出，对连续型随机变量，ξ 取任一指定实数 a 的概率必为零，即 $P(\xi=a)=0$.

但需指出的是，虽然以上概率为零，但事件 $\{\xi=a\}$ 是有可能发生的．所以概率为零的事件并非一定是不可能事件.

由于 $P(\xi=a)=0$，从而以下四个概率都相等：

$$P(a\leqslant\xi\leqslant b)=P(a<\xi\leqslant b)=P(a\leqslant\xi<b)=P(a<\xi<b)$$

2. 概率密度的性质

由概率密度的定义，易得其有以下性质.

1）$\varphi(x)\geqslant 0$；

2）$\int_{-\infty}^{+\infty}\varphi(x)\mathrm{d}x=1$；

3）$P(a\leqslant\xi<b)=\int_{a}^{b}\varphi(x)\mathrm{d}x$；

4）若 $F(x)$ 为分布函数，则在 $\varphi(x)$ 的连续点上，有 $F'(x)=\varphi(x)$.

可以证明，凡满足性质1）、2）两个条件的任一函数均可作为某一随机变量的概率密度.

【例 8-11】　设随机变量 ξ 的概率密度为

$$\varphi(x)=C\mathrm{e}^{-|x|}\quad -\infty<x<+\infty$$

求：1）常数 C；2）ξ 落在区间（0，1）内的概率.

解　1）利用性质 $\int_{-\infty}^{+\infty}\varphi(x)\mathrm{d}x=1$，

$$\int_{-\infty}^{+\infty}\varphi(x)\mathrm{d}x=\int_{-\infty}^{+\infty}C\mathrm{e}^{-|x|}\mathrm{d}x=C\left[\int_{-\infty}^{0}\mathrm{e}^{x}\mathrm{d}x+\int_{0}^{+\infty}\mathrm{e}^{-x}\mathrm{d}x\right]$$
$$=C\left[\mathrm{e}^{x}\Big|_{-\infty}^{0}-\mathrm{e}^{-x}\Big|_{0}^{+\infty}\right]=2C=1$$

所以　$C=\dfrac{1}{2}$

2）所求概率为

$$P(0<\xi<1)=\int_{0}^{1}\frac{1}{2}\mathrm{e}^{-x}\mathrm{d}x=\frac{1}{2}\mathrm{e}^{-x}\Big|_{1}^{0}=\frac{1}{2}(1-\mathrm{e}^{-1})\approx 0.316$$

8.3.2　三种常见的连续型随机变量的分布

1. 均匀分布

设随机变量 ξ 在有限区间［a，b］上取值，若 ξ 的概率密度为

$$\varphi(x)=\begin{cases}\dfrac{1}{b-a} & a\leqslant x\leqslant b\\ 0 & \text{其他}\end{cases} \tag{8-7}$$

则称 ξ 在区间 $[a, b]$ 上服从均匀分布.

【例 8-12】 设某种灯泡的使用寿命 ξ 是随机变量，均匀分布在 1000～1200h，求 ξ 的概率密度以及 ξ 取值于 1060～1150h 的概率.

解 $a=1000$、$b=1200$、ξ 的概率密度为

$$\varphi(x)=\begin{cases}\dfrac{1}{200} & 1000 \leqslant x \leqslant 1200 \\ 0 & \text{其他}\end{cases}$$

从而 $$P(1060<\xi<1150)=\int_{1060}^{1150} \frac{1}{200} \mathrm{d} x=\frac{90}{200}=\frac{9}{20}$$

正态分布及相关计算

2. 正态分布

如果随机变量 ξ 的概率密度为

$$\varphi(x)=\frac{1}{\sqrt{2 \pi} \sigma} \mathrm{e}^{-\frac{(x-\mu)^2}{2 \sigma^2}} \quad -\infty<x<+\infty \tag{8-8}$$

其中，μ，$\sigma>0$ 为常数，则称 ξ 服从参数为 μ、σ^2 的正态分布，记为 $\xi \sim N(\mu, \sigma^2)$.

特别地，若 $\xi \sim N(0, 1)$，即当 $\mu=0$、$\sigma=1$ 时，称 ξ 服从标准正态分布，标准正态分布的概率密度为

$$\varphi(x)=\frac{1}{\sqrt{2 \pi}} \mathrm{e}^{-\frac{x^2}{2}} \quad -\infty<x<+\infty \tag{8-9}$$

标准正态分布的分布函数记为 $\Phi(x)$，即

$$\Phi(x)=\int_{-\infty}^{x} \frac{1}{\sqrt{2 \pi}} \mathrm{e}^{-\frac{t^2}{2}} \mathrm{d} t$$

由式（8-8）不难得到正态分布概率密度曲线如图 8-4 所示，图形关于直线 $x=\mu$ 对称，且在 $x=\mu$ 处达到最大值 $\varphi(u)=\dfrac{1}{\sqrt{2\pi}\sigma}$. 这说明 μ 是正态分布的中心，x 离开 μ 越远，$\varphi(x)$ 的值越小；概率密度曲线以 x 轴为渐近线，它在 $x=\mu \pm \sigma$ 处有拐点．若固定 σ，改变 μ 的值，那么 $\varphi(x)$ 的图形形状不变，只是沿着 x 轴平行移动，所以参数 μ 决定了曲线的中心位置；若固定 μ，由最大值 $\varphi(u)=\dfrac{1}{\sqrt{2\pi}\sigma}$ 可知，σ 越小时，图形变得越突，ξ 的取值就越集中在 μ 的附近；反之，σ 越大时，图形变得越平缓，因而 ξ 的取值就比较分散（见图 8-5），所以 σ 反映了 ξ 取值的分散程度.

正态分布在概率统计中占有重要的地位，一方面在实际问题中确有大量的随机变量如测量、射击及机械制造中的误差都服从正态分布；另一方面，它还可以产生统计学中许多其他的重要分布，如 χ^2 分布、t 分布和 F 分布等.

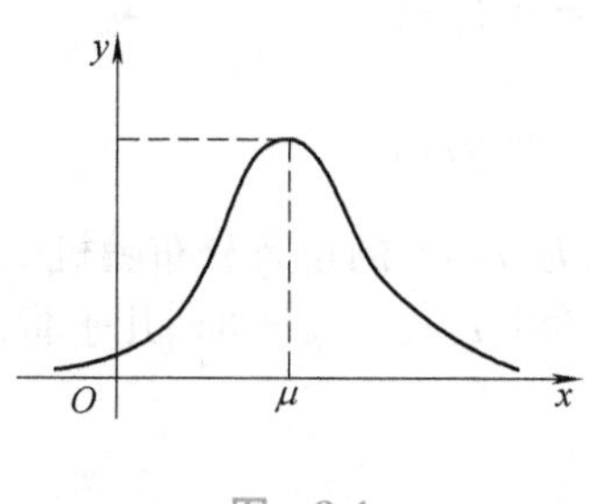

图 8-4

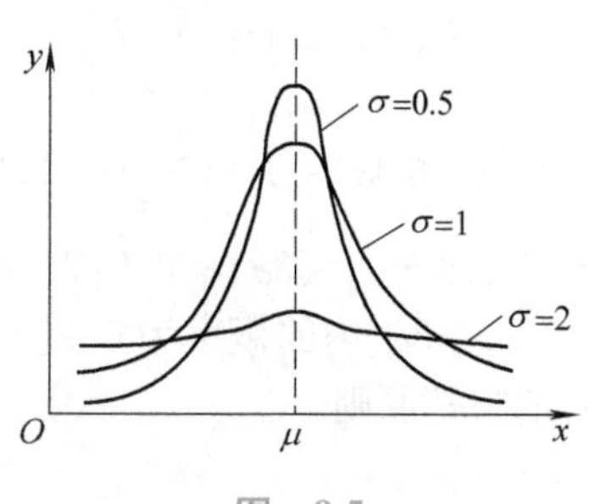

图 8-5

为了解决正态分布的计算问题，人们编制了标准正态分布函数值表可供查用，见附录A（标准正态分布函数值表）．在该表中，对于任意实数 x 给出了函数 $\Phi(x)$ 值．正态分布表只给出 $x>0$ 的值，利用标准正态概率密度函数 $\varphi(x)$ 关于纵轴的对称性不难得到

$$\Phi(-x)=1-\Phi(x) \tag{8-10}$$

上述结果表明，不论 x 取何值都可通过查表得到 $\Phi(x)$ 的值，于是，当 $\xi\sim N(0,1)$ 时，有

$$P(x_1\leqslant\xi<x_2)=\Phi(x_2)-\Phi(x_1) \tag{8-11}$$

对于正态分布，有如下的重要结论：

定理 8-1 如果 $\xi\sim N(\mu,\sigma^2)$，则其分布函数 $F_\xi(x)=\Phi\left(\dfrac{x-\mu}{\sigma}\right)$.

证 $$F_\xi(x)=P(\xi<x)=\int_{-\infty}^{x}\frac{1}{\sqrt{2\pi}\sigma}\mathrm{e}^{-\frac{(t-\mu)^2}{2\sigma^2}}\mathrm{d}t \xlongequal{v=\frac{t-\mu}{\sigma}} \int_{-\infty}^{\frac{x-\mu}{\sigma}}\frac{1}{\sqrt{2\pi}}\mathrm{e}^{-\frac{v^2}{2}}\mathrm{d}v$$

$$=\Phi\left(\frac{x-\mu}{\sigma}\right)$$

【例 8-13】 设 $\xi\sim N(0,1)$，求：

1) $P(2<\xi<3)$；

2) $P(-1<\xi<1)$.

解 1) $P(2<\xi<3)=\Phi(3)-\Phi(2)\approx0.9987-0.9772=0.0215$

2) $P(-1<\xi<1)=\Phi(1)-\Phi(-1)=\Phi(1)-[1-\Phi(1)]=2\Phi(1)-1$

$\approx2\times0.8413-1=0.6826$

【例 8-14】 $\xi\sim N(3,0.5^2)$，求：

1) $P(2.5<\xi<3.75)$；

2) $P(\xi>2)$.

解 1) $$P(2.5<\xi<3.75)=\Phi\left(\frac{3.75-3}{0.5}\right)-\Phi\left(\frac{2.5-3}{0.5}\right)$$

$$=\Phi(1.5)-\Phi(-1)=\Phi(1.5)+\Phi(1)-1$$

$$\approx0.9332+0.8413-1=0.7745$$

2) $$P(\xi>2)=1-P(\xi\leqslant2)=1-\Phi\left(\frac{2-3}{0.5}\right)=1-\Phi(-2)$$

$$=1-[1-\Phi(2)]=\Phi(2)\approx0.9772$$

【例 8-15】 设 $\xi\sim N(\mu,\sigma^2)$，求 $P\{|\xi-\mu|\leqslant k\sigma\}$，其中 $k=1$、2、3.

解 $$P\{|\xi-\mu|\leqslant\sigma\}=P\left\{\left|\frac{\xi-\mu}{\sigma}\right|\leqslant1\right\}=\Phi(1)-\Phi(-1)=0.6826$$

$$P\{|\xi-\mu|\leqslant2\sigma\}=P\left\{\left|\frac{\xi-\mu}{\sigma}\right|\leqslant2\right\}=\Phi(2)-\Phi(-2)=0.9544$$

$$P\{|\xi-\mu|\leqslant3\sigma\}=P\left\{\left|\frac{\xi-\mu}{\sigma}\right|\leqslant3\right\}=\Phi(3)-\Phi(-3)=0.9774$$

计算结果 $P\{|\xi-\mu|\leqslant3\sigma\}\approx0.9774$ 表明，对于服从参数为 μ，σ^2 的正态分布随机变量，落入区间 $[\mu-3\sigma,\mu+3\sigma]$ 内的概率为 0.9774，即它的值落入区间 $[\mu-3\sigma,\mu+3\sigma]$ 几乎肯定要发生，这就是所谓"3σ"原则.

3. 指数分布

若随机变量 ξ 的概率密度为

$$\varphi(x)=\begin{cases}\lambda e^{-\lambda x} & x>0(\lambda>0)\\ 0 & 其他\end{cases} \tag{8-12}$$

则称 ξ 服从参数为 λ 的指数分布.

【例 8-16】 设某种电子管的使用寿命 ξ(单位:h)服从参数为 $\lambda=0.0002$ 的指数分布，求该产品的使用寿命超过 3000h 的概率.

解 所求概率为

$$P(\xi>3000)=\int_{3000}^{+\infty}\varphi(x)\mathrm{d}x$$

这里 $\varphi(x)$ 是 $\lambda=0.0002$ 的指数分布的概率密度：

$$\varphi(x)=\begin{cases}0.0002e^{-0.0002x} & x>0\\ 0 & x\leqslant 0\end{cases}$$

于是 $$P(\xi>3000)=\int_{3000}^{+\infty}0.0002e^{-0.0002x}\mathrm{d}x=e^{-0.6}\approx 0.5488$$

指数分布在实际中也有重要的应用，一般认为它可以作为各种“寿命”分布的近似，也可以作为某个特定事件发生所需等待时间的分布．例如，电子元件的寿命、轮胎的寿命、电话的通话时间等，都可以认为服从指数分布.

拓展学习

正态分布又名高斯分布，是一个在数学、物理及工程等领域都有着广泛应用的非常重要的概率分布，在统计学的理论上也有着重大的影响力．正态分布的概念是由德国数学家和天文学家棣莫弗于 1733 年首次提出的，但由于德国数学家高斯率先将其应用于天文学研究，故正态分布又叫高斯分布．高斯的这项工作对世界影响极大，后世之所以多将最小二乘法的发明权归之于他，也是出于他的这一工作．高斯是一个伟大的数学家，其在数学领域的贡献不胜枚举．德国 10 马克钞票上曾印有高斯的头像以及正态分布的密度曲线，这传达了一种信息：在高斯的一切科学贡献中，正态分布的密度曲线对人类文明影响最大．

8.3.3 连续型随机变量分布函数的求法

设连续型随机变量 ξ 的概率密度为 $\varphi(x)$，则 ξ 的分布函数为

$$F(x)=P(\xi<x)=P(-\infty<\xi<x)=\int_{-\infty}^{x}\varphi(x)\mathrm{d}x$$

即连续型随机变量的分布函数 $F(x)$ 等于概率密度 $\varphi(x)$ 在区间 $(-\infty, x)$ 上的广义积分．而 $\varphi(x)=F'(x)$，所以连续型随变量的概率密度 $\varphi(x)$ 是分布函数 $F(x)$ 的导函数，而分布函数 $F(x)$ 是概率密度 $\varphi(x)$ 的一个原函数．因此，若已知连续型随机变量的分布函数或概率密度中的任一个，便可求得另一个.

【例 8-17】 求服从区间 $[a, b]$ 上均匀分布的随机变量 ξ 的分布函数 $F(x)$.

解 $F(x)=\int_{-\infty}^{x}\varphi(x)\mathrm{d}x$，因 ξ 服从均匀分布，故 ξ 的概率密度为

$$\varphi(x)=\begin{cases}\dfrac{1}{b-a} & a\leqslant x\leqslant b\\ 0 & 其他\end{cases}$$

当 $x\leqslant a$ 时，$F(x)=0$

当 $a<x\leqslant b$ 时，$F(x)=\int_{-\infty}^{x}\varphi(x)\mathrm{d}x=\int_{-\infty}^{a}0\mathrm{d}x+\int_{a}^{x}\frac{1}{b-a}\mathrm{d}x=\frac{x-a}{b-a}$

当 $x>b$ 时，$F(x)=\int_{-\infty}^{x}\varphi(x)\mathrm{d}x=\int_{-\infty}^{a}0\mathrm{d}x+\int_{a}^{b}\frac{1}{b-a}\mathrm{d}x+\int_{b}^{x}0\mathrm{d}x=1$

所求随机变量 ξ 的分布函数为

$$F(x)=\begin{cases}0 & -\infty<x\leqslant a\\ \dfrac{x-a}{b-a} & a<x\leqslant b\\ 1 & b<x<+\infty\end{cases}$$

它的图形为一连续曲线(见图 8-6).

【例 8-18】 设随机变量 ξ 的分布函数为 $F(x)=A+B\arctan x$，试求常数 A、B 及 $P(\xi>1)$.

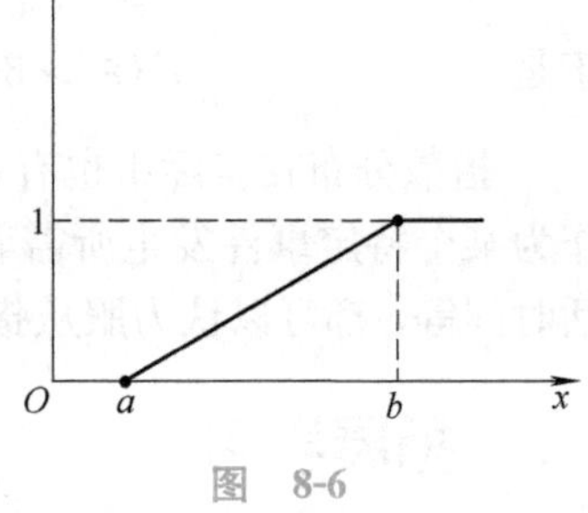

图 8-6

解 由于 $F(x)$ 是分布函数，故

$$\begin{cases}F(-\infty)=A-\dfrac{\pi}{2}B=0\\ F(+\infty)=A+\dfrac{\pi}{2}B=1\end{cases}$$

解得 $A=\frac{1}{2}$、$B=\frac{1}{\pi}$，即 $F(x)=\frac{1}{2}+\frac{1}{\pi}\arctan x$，从而

$$P(\xi>1)=1-P(\xi\leqslant 1)=1-F(1)=\frac{1}{4}$$

习 题 8-3

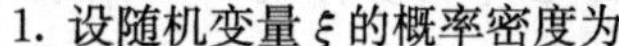

1. 设随机变量 ξ 的概率密度为

$$\varphi(x)=\frac{A}{1+x^2}\quad -\infty<x<\infty$$

试确定常数 A，并求 $P(-1<\xi<1)$.

2. 设 $\xi\sim N(3,4)$，求：

(1) $P(2<\xi\leqslant 5)$；

(2) $P(-2<\xi<7)$；

(3) 确定常数 C，使得 $P(\xi>C)=P(\xi\leqslant C)$.

3. 设 $\xi\sim N(0,1)$，求：

(1) $P(\xi>1.76)$；(2) $P(\xi<-0.78)$；(3) $P(|\xi|<1.55)$.

4. 设打一次电话所用的时间 ξ(min) 服从参数为 $\lambda=0.1$ 的指数分布，如果某人刚好在你前面走进电话间，求你等待的时间：

(1) 超过 10min 的概率；

(2) 在 10～20min 之间的概率.

5. 设随机变量 ξ 服从(0—1)分布，求 ξ 的分布函数.

8.4 随机变量函数的分布

在一些情况下，需要由已知的随机变量 ξ 的分布去确定 ξ 的函数 $\eta=f(\xi)$ 的分布．这里 $f(x)$ 是一个连续或分段连续的一元实函数，则 $\eta=f(\xi)$ 是一个新的随机变量，当 ξ 取值为 x

时，η 取值为 $y=f(x)$.

8.4.1 离散型随机变量函数的分布

【例 8-19】 设随机变量 ξ 的概率分布为

ξ	0	1	2	3	4	5
$P(\xi=x_i)$	$\frac{1}{12}$	$\frac{1}{6}$	$\frac{1}{3}$	$\frac{1}{12}$	$\frac{2}{9}$	$\frac{1}{9}$

求：(1) $\eta=2\xi+1$ 的概率分布；(2) $\eta=(\xi-2)^2$ 的概率分布.

解 由 ξ 的概率分布可列出如下：

概率	$\frac{1}{12}$	$\frac{1}{6}$	$\frac{1}{3}$	$\frac{1}{12}$	$\frac{2}{9}$	$\frac{1}{9}$
ξ	0	1	2	3	4	5
(1) $\eta=2\xi+1$	1	3	5	7	9	11
(2) $\eta=(\xi-2)^2$	4	1	0	1	4	9

由此可得：

(1) $\eta=2\xi+1$ 的概率分布为

$\eta=2\xi+1$	1	3	5	7	9	11
$P(\eta=y_i)$	$\frac{1}{12}$	$\frac{1}{6}$	$\frac{1}{3}$	$\frac{1}{12}$	$\frac{2}{9}$	$\frac{1}{9}$

(2) $\eta=(\xi-2)^2$ 的概率分布为

$\eta=(\xi-2)^2$	0	1	4	9
$P(\eta=y_i)$	$\frac{1}{3}$	$\frac{1}{6}+\frac{1}{12}$	$\frac{1}{12}+\frac{2}{9}$	$\frac{1}{9}$

一般地，设 ξ 的概率分布为

ξ	x_1	x_2	…	x_n	…
$P(\xi=x_i)$	p_1	p_2	…	p_n	…

若 η 的取值 $y_i=f(x_i)$全不等时，则 η 的概率分布为

η	$y_1=f(x_1)$	$y_2=f(x_2)$	…	$y_n=f(x_n)$	…
$P(\eta=y_i)$	p_1	p_2	…	p_n	…

若 $f(x_i)$中有相等的，则应把那些相等的值分别合并起来，把对应的概率 p_i 也相加，就得到 η 的概率分布.

8.4.2 连续型随机变量函数的分布

已知连续型随机变量 ξ 的分布密度为 $\varphi_\xi(x)$，现要求 ξ 的函数 $\eta=f(\xi)$的分布密度 $\varphi_\eta(y)$.

设 $f'(x)>0$，即 $y=f(x)$是单调增加函数，可以得到

$$\varphi_\eta(y)=\varphi_\xi(g(y))g'(y)$$

其中 $x=g(y)$是 $y=f(x)$的反函数.

若 $f'(x)<0$，即 $y=f(x)$是单调递减函数，可以得到：

$$\varphi_\eta(y)=-\varphi_\xi(g(y))g'(y)$$

以上两式合并为

$$\varphi_\eta(y)=\varphi_\xi(g(y))\mid g'(y)\mid \tag{8-13}$$

【例 8-20】 设随机变量 $\xi\sim N(\mu,\sigma^2)$，求 $\eta=\dfrac{\xi-\mu}{\sigma}$的分布密度.

解　因为 $f'(x)=\dfrac{1}{\sigma}>0$，反函数为 $x=\sigma y+\mu$，由式(8-13)得

$$\varphi_\xi(x)=\frac{1}{\sqrt{2\pi}\sigma}\mathrm{e}^{-\frac{(x-\mu)^2}{2\sigma^2}}\qquad -\infty<x<+\infty$$

所以

$$\varphi_\eta(y)=\frac{1}{\sqrt{2\pi}\sigma}\mathrm{e}^{-\frac{(\sigma y+\mu-\mu)^2}{2\sigma^2}}\sigma=\frac{1}{\sqrt{2\pi}}\mathrm{e}^{-\frac{y^2}{2}}\qquad -\infty<x<+\infty$$

从上式可以看出：若 $\xi\sim N(\mu,\sigma^2)$，则 $\eta=\dfrac{\xi-\mu}{\sigma}\sim N(0,1)$.

【例 8-21】 对圆片直径进行测量，其值在[5，6]上均匀分布，求圆片面积的分布密度.

解　设 x 为直径，则圆片面积为 $y=f(x)=\dfrac{\pi}{4}x^2$，$f'(x)=\dfrac{\pi}{2}x>0$，

直径的密度函数为　$\varphi_\xi(x)=\begin{cases}\dfrac{1}{6-5} & 5\leqslant x\leqslant 6\\ 0 & 其他\end{cases}$

$f(x)$的反函数为　$x=g(y)=\sqrt{\dfrac{4}{\pi}y}$，$g'(y)=\dfrac{1}{\sqrt{\pi y}}$

由式(8-13)得圆片面积的分布密度：

$$\varphi_\eta(y)=\begin{cases}\dfrac{1}{\sqrt{\pi y}} & \dfrac{\pi}{4}(5)^2\leqslant y\leqslant\dfrac{\pi}{4}(6)^2\\ 0 & 其他\end{cases}$$

当条件 $f'(x)>0$ 或 $f'(x)<0$ 不满足，即 $f(x)$不是单调函数时，不能用式(8-13). 此时要先求分布函数 $F_\eta(y)$，再求导得到分布密度 $\varphi_\eta(y)$.

【例 8-22】 设随机变量 $\xi\sim N(0,1)$，求 $\eta=\xi^2$ 的分布密度.

解　函数 $y=x^2$ 在$(-\infty,+\infty)$上不是单调函数，故不能直接用式(8-13)，可先求 η 的分布函数：

$$F_\eta(y)=P(\eta<y)=P(\xi^2<y)$$

当 $y\leqslant 0$ 时，$F_\eta(y)=P(\xi^2<y)=0$(因$\{\xi^2<y\}$为不可能事件)

当 $y>0$ 时，$F_\eta(y)=P(\xi^2<y)=P(-\sqrt{y}<\xi<\sqrt{y})$

$$=\int_{-\sqrt{y}}^{\sqrt{y}}\frac{1}{\sqrt{2\pi}}\mathrm{e}^{-\frac{t^2}{2}}\mathrm{d}t=\frac{2}{\sqrt{2\pi}}\int_0^{\sqrt{y}}\mathrm{e}^{-\frac{t^2}{2}}\mathrm{d}t\quad（因\ \xi\sim N(0,1)）$$

再求导，便得到 η 的分布密度

$$\varphi_\eta(y)=F'(y)=\frac{2}{\sqrt{2\pi}}\mathrm{e}^{-\frac{(\sqrt{y})^2}{2}}(\sqrt{y})'=\frac{1}{\sqrt{2\pi}}y^{-\frac{1}{2}}\mathrm{e}^{-\frac{y}{2}}$$

综上得

$$\varphi_\eta(y)=\begin{cases}\dfrac{1}{\sqrt{2\pi}}y^{-\frac{1}{2}}\mathrm{e}^{-\frac{y}{2}} & y>0\\ 0 & y\leqslant 0\end{cases}$$

习　题　8-4

1. 设随机变量 ξ 的概率分布为

ξ	-2	-1	0	2	3
$P(\xi=x_i)$	$\frac{1}{5}$	$\frac{1}{5}$	$\frac{1}{5}$	$\frac{1}{5}$	$\frac{1}{5}$

求：(1) $\eta=3\xi-2$；(2) $\eta=(2\xi-1)^2$ 的概率分布.

2. 设随机变量 ξ 的概率分布为

$$\varphi(x)=\begin{cases}\dfrac{2}{\pi(x^2+1)} & x>0\\ 0 & x\leqslant 0\end{cases}$$

求随机变量 $\eta=\ln\xi$ 的分布密度.

3. 对球的直径作近似测量，设其值均匀分布在区间$[a, b]$内，求球体积的分布密度.

4. 设随机变量 $\xi\sim N(0, 1)$，求 $\eta=|\xi|$ 的分布密度.

8.5 随机变量的数字特征

当随机变量 ξ 的概率分布或概率密度确定后，ξ 的全部概率特性就知道了．但在实用上有时并不需要了解全部的概率特性，而只要了解某个侧面，这时往往可以用一个或几个数字来描述，它们部分地反映了随机变量分布的特性，这种数字称为随机变量的数字特征．而在数字特征中，最常用的是数学期望和方差.

8.5.1 数学期望

1. 离散型随机变量的数学期望

【例 8-23】 设 ξ 的概率分布列为

ξ	100	200
P	0.01	0.99

现要求得一个数值，能体现 ξ 取值的“平均”大小.

算法 1：(100+200)/2=150，称为算术平均，但 150 这个数不能真正体现取值的平均大小，因为 ξ 取 100 与 200 的可能性不一样.

算法 2：100×0.01+200×0.99=1+198=199，称为加权平均．它既考虑到 ξ 的不同取值，又考虑到取这些值的不同概率．所以 199 这个数才真正体现了 ξ 取值的平均大小．称 199 这个数为 ξ 的数学期望或均值.

定义 8-5　设离散型随机变量 ξ 的概率分布列为

ξ	x_1	x_2	$\cdots$	x_i	$\cdots$
$P(\xi=x_i)$	p_1	p_2	$\cdots$	p_i	$\cdots$

若级数 $\sum_i x_i p_i$ 绝对收敛，即 $\sum_i |x_i| p_i$ 收敛，则称和数 $\sum_i x_i p_i$ 为 ξ 的数学期望(或均值)，简称为期望．记作 $E(\xi)$，即 $E(\xi)=\sum_i x_i p_i$．

如上例中，$E(\xi)=100\times0.01+200\times0.99=199$

【例 8-24】 甲、乙两人在相同的条件下进行射击，击中的环数分别记为 X、Y，概率分布如下：

$$P(X=8)=0.3,\ P(X=9)=0.1,\ P(X=10)=0.6$$
$$P(Y=8)=0.2,\ P(Y=9)=0.5,\ P(Y=10)=0.3$$

试比较甲、乙两人谁的成绩好.

解　$E(X)=8\times0.3+9\times0.1+10\times0.6=9.3$

$E(Y)=8\times0.2+9\times0.5+10\times0.3=9.1$

因此，可以认为甲比乙的成绩好.

【例 8-25】 设随机变量 $\xi\sim P(\lambda)$，求数学期望 $E(\xi)$.

解　因为 $\xi\sim P(\lambda)$，所以 ξ 的概率分布为

$$P(\xi=k)=\frac{\lambda^k}{k!}\mathrm{e}^{-\lambda}\quad(k=0,1,\cdots,\lambda>0)$$

则 $E(\xi)=\sum_{k=1}^{\infty}k\frac{\lambda^k}{k!}\mathrm{e}^{-\lambda}=\mathrm{e}^{-\lambda}\sum_{k=1}^{\infty}\frac{\lambda\lambda^{k-1}}{(k-1)!}=\lambda\mathrm{e}^{-\lambda}\sum_{k=1}^{\infty}\frac{\lambda^{k-1}}{(k-1)!}=\lambda\mathrm{e}^{-\lambda}\mathrm{e}^{\lambda}=\lambda$

2. 连续型随机变量的数学期望

定义 8-6　设连续型随机变量的概率密度为 $\varphi(x)$，若积分 $\int_{-\infty}^{+\infty}x\varphi(x)\mathrm{d}x$ 绝对收敛，则称 $\int_{-\infty}^{+\infty}x\varphi(x)\mathrm{d}x$ 为 ξ 的数学期望，记作 $E(\xi)$，即

$$E(\xi)=\int_{-\infty}^{+\infty}x\varphi(x)\mathrm{d}x$$

【例 8-26】 设随机变量 ξ 服从指数分布：

$$\varphi(x)=\begin{cases}\lambda\mathrm{e}^{-\lambda x} & x>0,\ \lambda>0\\ 0 & x\leqslant0\end{cases}$$

求数学期望 $E(\xi)$.

解　$E(\xi)=\int_{-\infty}^{+\infty}x\varphi(x)\mathrm{d}x=\int_0^{+\infty}\lambda x\mathrm{e}^{-\lambda x}\mathrm{d}x=\int_0^{+\infty}x\,\mathrm{d}(-\mathrm{e}^{-\lambda x})$

$=-x\mathrm{e}^{-\lambda x}\Big|_0^{+\infty}+\int_0^{+\infty}\mathrm{e}^{-\lambda x}\mathrm{d}x=\int_0^{+\infty}\mathrm{e}^{-\lambda x}\mathrm{d}x=-\frac{1}{\lambda}\mathrm{e}^{-\lambda x}\Big|_0^{+\infty}=\frac{1}{\lambda}$

【例 8-27】 设随机变量 $\xi\sim N(\mu,\sigma^2)$，求数学期望 $E(\xi)$.

解　因为 $\xi\sim N(\mu,\sigma^2)$，则

$$E(\xi)=\int_{-\infty}^{+\infty}x\frac{1}{\sqrt{2\pi}\sigma}\mathrm{e}^{-\frac{(x-\mu)^2}{2\sigma^2}}\mathrm{d}x$$

$$=\int_{-\infty}^{+\infty}\frac{\sigma t+\mu}{\sqrt{2\pi}}e^{-\frac{t^2}{2}}dt\left(令\frac{x-\mu}{\sigma}=t\right)$$

$$=\int_{-\infty}^{+\infty}\frac{\sigma t}{\sqrt{2\pi}}e^{-\frac{t^2}{2}}dt+\int_{-\infty}^{+\infty}\frac{\mu}{\sqrt{2\pi}}e^{-\frac{t^2}{2}}dt$$

$$=0+\mu\int_{-\infty}^{+\infty}\frac{1}{\sqrt{2\pi}}e^{-\frac{t^2}{2}}dt=\mu$$

3. 数学期望的性质

性质1　常数的期望等于这个常数，即 $E(C)=C$（C 为常数）.

证　把常数 C 看作这样的一个随机变量，它只可能取一个值 C，而相应的概率为1，所以 $E(C)=C\times1=C$.

性质2　随机变量与常数的和的数学期望等于随机变量的数学期望与这个常数的和，即

$$E(\xi+C)=E\xi+C \qquad (C\text{ 为常数})$$

证　只就 ξ 为连续型随机变量的情形证明.

设 ξ 的概率密度为 $\varphi(x)$，则

$$E(\xi+C)=\int_{-\infty}^{+\infty}(x+C)\varphi(x)dx=\int_{-\infty}^{+\infty}x\varphi(x)dx+C\int_{-\infty}^{+\infty}\varphi(x)dx$$

$$=E(\xi)+C\times1=E(\xi)+C \qquad \left(因为\int_{-\infty}^{+\infty}\varphi(x)dx=1\right)$$

性质3　常数与随机变量的乘积的期望，等于这个常数与随机变量的期望的乘积，即

$$E(C\xi)=CE(\xi) \qquad (C\text{ 为常数})$$

证　仍就 ξ 为连续型随机变量情形证明.

$$E(C\xi)=\int_{-\infty}^{+\infty}Cx\varphi(x)dx=C\int_{-\infty}^{+\infty}x\varphi(x)dx=CE(\xi)$$

性质4　随机变量的线性函数 $\eta=k\xi+C$（k、C 为常数）的期望，等于随机变量 ξ 的期望的同一线性函数，即

$$E(k\xi+C)=kE(\xi)+C \qquad (k、C\text{ 为常数})$$

证　$E(k\xi+C)=E(k\xi)+C=kE(\xi)+C$

【例8-28】　在 n 重贝努里试验中，设 ξ_i 表示第 i 次试验出现事件 A 的次数，则 $\xi_i\sim B(1,p)$，其中 $p=P(A)$，若令 $\xi=\sum\limits_{i=1}^{n}\xi_i$，求 $E(\xi)$.

解　因为 $\xi_i\sim B(1,p)$，所以 $E(\xi_i)=p$，$i=1,2,\cdots,n$

故　$E(\xi)=E\left(\sum\limits_{i=1}^{n}\xi_i\right)=\sum\limits_{i=1}^{n}E(\xi_i)=np$

8.5.2 方差

1. 方差的概念

在研究随机现象时，仅掌握平均值的概念是不够的，有时还要了解实际指标与平均值的偏差情况.

【例8-29】　有两批钢筋，每批10根，它们的抗拉指标依次为

第一批：110，120，120，125，125，125，130，130，135，140；

第二批：90，100，120，125，125，130，135，145，145，145；

如果使用时要求抗拉指标不低于115，比较这两批钢筋的质量.

解 经计算，这两批钢筋的抗拉指标的平均值都是126，由于使用时要求抗拉指标不低于115，第二批中虽有几根的抗拉指标很大，但不合格的根数比第一批多．它的各抗拉指标与平均值偏差较大，故从实用价值来讲，第二批的质量比第一批差.

定义 8-7 设随机变量 ξ 的数学期望为 $E(\xi)$，若 $E[\xi-E(\xi)]^2$ 存在，则称 $E[\xi-E(\xi)]^2$ 为随机变量 ξ 的方差，记为 $D(\xi)$，即

$$D(\xi)=E[\xi-E(\xi)]^2$$

而 $\sqrt{D(\xi)}$ 称为随机变量的标准差.

由方差的定义和期望的性质容易得到：

$$D(\xi)=E(\xi^2)-[E(\xi)]^2$$

由于方差 $D(\xi)\geqslant 0$，所以有

$$E(\xi^2)\geqslant [E(\xi)]^2$$

【例 8-30】 设随机变量 $\xi\sim P(\lambda)$，求 $D(\xi)$.

解 由例 8-25 知，$E(\xi)=\lambda$

$$E(\xi^2)=\sum_{k=0}^{\infty}k^2\frac{\lambda^k}{k!}\mathrm{e}^{-\lambda}=\sum_{k=0}^{\infty}(k^2-k)\frac{\lambda^k}{k!}\mathrm{e}^{-\lambda}+\sum_{k=0}^{\infty}k\frac{\lambda^k}{k!}\mathrm{e}^{-\lambda}$$

$$=\lambda^2\mathrm{e}^{-\lambda}\sum_{k=2}^{\infty}\frac{\lambda^{k-2}}{(k-2)!}+\lambda=\lambda^2+\lambda$$

所以

$$D(\xi)=E(\xi^2)-[E(\xi)]^2=\lambda^2+\lambda-\lambda^2=\lambda$$

【例 8-31】 设连续型随机变量 $\xi\sim N(\mu,\sigma^2)$，求 $D(\xi)$.

解 直接由方差的定义计算：

$$D(\xi)=E[\xi-E(\xi)]^2=\int_{-\infty}^{+\infty}(x-\mu)^2\frac{1}{\sqrt{2\pi}}\mathrm{e}^{-\frac{(x-\mu)^2}{2\sigma^2}}\mathrm{d}x$$

$$=\int_{-\infty}^{+\infty}\frac{\sigma^2}{\sqrt{2\pi}}t^2\mathrm{e}^{-\frac{t^2}{2}}\mathrm{d}t \qquad \left(令\frac{x-\mu}{\sigma}=t\right)$$

$$=\frac{\sigma^2}{\sqrt{2\pi}}\left(-t\mathrm{e}^{-\frac{t^2}{2}}\right)\Big|_{-\infty}^{+\infty}+\sigma^2\int_{-\infty}^{+\infty}\frac{1}{\sqrt{2\pi}}\mathrm{e}^{-\frac{t^2}{2}}\mathrm{d}t=\sigma^2$$

可见，正态分布的两个参数 μ，σ^2 分别为该随机变量的均值和方差.

【例 8-32】 设连续型随机变量 ξ 的概率密度为

$$\varphi(x)=\begin{cases}2x & 0\leqslant x\leqslant 1\\ 0 & 其他\end{cases}$$

求：$D(\xi)$.

解 $E(\xi)=\int_0^1 2x^2\mathrm{d}x=\frac{2}{3}$，$E(\xi^2)=\int_0^1 2x^3\mathrm{d}x=\frac{1}{2}$

所以 $D(\xi)=\frac{1}{2}-\left(\frac{2}{3}\right)^2=\frac{1}{18}$

2. 方差的性质

性质 1 $D(C)=0$ （C 为常数）

证 $D(C)=E[C-E(C)]^2=E(C-C)^2=0$.

性质 2 $D(\xi+C)=D(\xi)$ （C 为常数）

证 $D(\xi+C)=E[(\xi+C)-E(\xi+C)]^2=E[\xi+C-E(\xi)-C]^2$

$=E(\xi-E\xi)^2=D(\xi)$

性质 3　$D(C\xi)=C^2D(\xi)$　　（C 为常数）

证　$D(C\xi)=E[C\xi-E(C\xi)]^2=E[C\xi-CE(\xi)]^2$

$$=E\{C^2[\xi-E(\xi)]\}=C^2E[\xi-E(\xi)]^2=C^2D(\xi)$$

性质 4　$D(k\xi+C)=k^2D(\xi)$　　（k、C 为常数）

证　$D(k\xi+C)=D(k\xi)=k^2D(\xi)$

【例 8-33】 设 $E(\xi)=\mu$，$D(\xi)=\sigma^2$，求：$D\left(2-\frac{\xi}{2}\right)$及 $E(\xi^2)$.

解　$D\left(2-\frac{\xi}{2}\right)=D\left(-\frac{\xi}{2}+2\right)=\left(-\frac{1}{2}\right)^2D(\xi)=\frac{1}{4}\sigma^2$

$E(\xi^2)=D(\xi)+[E(\xi)]^2=\sigma^2+\mu^2$

【例 8-34】 设随机变量的数学期望为 $E(\xi)$，方差 $D(\xi)>0$，记 $\eta=\frac{\xi-E(\xi)}{\sqrt{D(\xi)}}$，求：$E(\eta)$及 $D(\eta)$.

解　$E(\eta)=E\left[\frac{\xi-E(\xi)}{\sqrt{D(\xi)}}\right]=\frac{1}{\sqrt{D(\xi)}}E[\xi-E(\xi)]=0$

$$D(\eta)=E(\eta^2)-[E(\eta)]^2=E\left[\frac{\xi-E(\xi)}{\sqrt{D(\xi)}}\right]^2$$

$$=\frac{1}{D(\xi)}E[\xi-E(\xi)]^2=\frac{D(\xi)}{D(\xi)}=1$$

通常称 η 为随机变量的标准化，即若随机变量 $\xi\sim N(\mu,\sigma^2)$，则 $\eta\sim N(0,1)$. 标准化随机变量是无量纲的随机变量，在实际问题中有广泛的应用.

为了学习方便，表 8-1 给出了常用随机变量的分布、数学期望和方差.

表 8-1

名称与记号	分布律或概率密度函数	数学期望	方　差
(0−1)分布	$P(\xi=k)=p^k(1-p)^{1-k},k=(0,1)(0<p<1)$	p	$p(1-p)$
二项分布 $B(n,p)$	$P(\xi=k)=C_n^kp^kq^{n-k}$ $(0<p<1,q=1-p,k=0,1,2,\cdots,n)$	np	$np(1-p)$
泊松分布 $P(\lambda)$	$P(\xi=k)=\frac{\lambda^k}{k!}e^{-\lambda},k=0,1,2,\cdots(\lambda>0)$	λ	λ
均匀分布 $U[a,b]$	$\varphi(x)=\begin{cases}\frac{1}{b-a} & a\leqslant x\leqslant b\\ 0 & \text{其他}\end{cases}$	$\frac{a+b}{2}$	$\frac{(b-a)^2}{12}$
指数分布 $E(\lambda)$	$\varphi(x)=\begin{cases}\lambda e^{-\lambda x} & x>0(\lambda>0)\\ 0 & \text{其他}\end{cases}$	$\frac{1}{\lambda}$	$\frac{1}{\lambda^2}$
正态分布 $N(\mu,\sigma^2)$	$\varphi(x)=\frac{1}{\sqrt{2\pi}\sigma}e^{-\frac{(x-\mu)^2}{2\sigma^2}}\quad x\in\mathbf{R}$ $\mu\in\mathbf{R},\sigma>0$	μ	σ^2

习 题 8-5

1. 设随机变量的概率分布为

ξ	-3	0	1	5
P	0.1	0.2	0.3	0.5

求:(1) $E(\xi)$;(2) $D(\xi)$.

2. 甲、乙两台自动车床加工同一型号的产品,生产1000件产品所含次品数各用ξ、η表示,已知ξ、η的概率分布为

ξ	0	1	2	3
P	0.7	0.1	0.1	0.1

η	0	1	2	3
P	0.5	0.3	0.2	0

问哪一台的平均次品数较小?

3. 设随机变量的概率密度为

$$\varphi(x)=\begin{cases}\dfrac{1}{\pi\sqrt{1-x^2}} & |x|<1\\ 0 & |x|\geqslant 1\end{cases}$$

求:(1) $E(\xi)$;(2) $D(\xi)$.

4. 设随机变量的概率密度为

$$\varphi(x)=\begin{cases}2(1-x) & 0<x<1\\ 0 & \text{其他}\end{cases}$$

求:(1) $E(\xi)$;(2) $D(\xi)$.

5. 已知随机变量的概率密度为

$$\varphi(x)=\frac{1}{2}\mathrm{e}^{-|x|} \qquad -\infty<x<+\infty$$

求:(1) $E(\xi)$;(2) $D(\xi)$.

复习题 8

1. 设随机变量的分布列为

$$P(\xi=k)=A\frac{\lambda^k}{k!} \qquad (k=0,1,2,\cdots,\lambda>0\text{ 为常数})$$

试确定常数A.

2. 某篮球运动员,每次投篮的命中率为0.8. 设4次投篮投中的次数为随机变量ξ.

(1) 问ξ服从哪种分布?

(2) 求$P(\xi\geqslant 1)$.

3. 某电视机售出后实行保修,每台这样的电视机每年发生故障的概率为0.001,已知今年参加保修的这类电视机共有10000台. 问:

(1) 这类电视机在今年内恰有10台发生故障的概率是多少?

(2) 发生故障不超过25台的概率是多少?

4. 设ξ在[0, 5]上服从均匀分布,求方程$4x^2+4\xi x+\xi+2=0$有实根的概率.

5. 公共汽车门高度是按男子与车门顶碰头的机会在1%以下来设计的,设男子身高服从正态分布$N(170,$

36)(单位：cm)，问车门高度应为多少？

6. 设随机变量 ξ 的分布函数为

$$F(x)=\begin{cases}0 & x<0\\ Ax^2 & 0\leqslant x<1\\ 1 & x\geqslant 1\end{cases}$$

求：(1) 常数 A 的值；

(2) ξ 落在区间(0.3，0.7)内的概率；

(3) ξ 的概率密度.

7. 设随机变量 ξ 的概率密度为

$$\varphi(x)=\begin{cases}2(1-x) & 0<x<1\\ 0 & \text{其他}\end{cases}$$

求：(1) ξ 的分布函数 $F(x)$；

(2) $P\left(\frac{1}{3}<\xi\leqslant 2\right)$ 和 $P(\xi>4)$.

8. 一批零件中有 9 件合格品和 3 件废品．安装机器时从这批零件中任取一件，如果取出的废品不再放回去，求在取得合格品以前已取出的废品数的数学期望.

9. 设随机变量的概率密度为

$$\varphi(x)=\begin{cases}A\mathrm{e}^{-Ax} & x\geqslant 0(A>0,\text{常数})\\ 0 & x<0\end{cases}$$

求：(1) $E(\xi)$；(2) $D(\xi)$.

10. 盒中有 5 只球，3 只白球，2 只黑球．现从中任取两个球，求取得白球数 ξ 的数学期望及方差.

第 9 章　集合及其运算

集合理论作为一门独立的学科诞生于 19 世纪．在此之前，人们已经在研究和应用集合的概念，古希腊数学家欧几里得（Euclid）在编写《几何原本》时就将空间视为数学点的集合．德国数学家康托尔（G. Cantor）在总结前人理论的基础上，创立了古典的集合论．集合论为整个经典数学的各个分支提供了共同的理论基础．德国数学家策梅洛（Zermelo）于 1908 年建立了集合论公理系统，根据该公理系统，他推出了所有数学上的重要结果．这样，集合作为数学的一个基本概念得以证明．以前人们认为只有数是数学的基本概念，在数学发展史中，集合理论一方面扩充了数学研究的对象，另一方面又为数学的发展奠定了基础．策梅洛第一个集合论的公理系统，使数学哲学中产生的一些矛盾基本上得到统一，虽说在各种文献与著作中，叙述集合的元素可以是抽象的，但其实都是在数集合与点集合的背景下进行研究的．

集合的元素真正成为包罗万象的对象，应当说是从“计算机革命”开始的. 数字、符号、图像、语音以及光、电、热各种信息，都可以作为“数据”（Data），这些“数据”就构成集合. 因此，集合的理论在编译原理、开关理论、信息检索、形式语言、数据库与知识库以及人工智能等领域得到广泛应用．集合论的原理与方法成为名副其实的数学技术.

9.1　集合的基本概念和基本运算

9.1.1　集合的基本概念

为了学习离散数学的相关内容，有必要来掌握集合的概念和运算.

一般认为集合是一些可确定的、可分辨的事物构成的整体．对于给定的事物，可以判断这个给定的事物是否属于这个集合，如果属于，就称它为这个集合的元素．例如：

1）所有 26 个英文字母的集合；

2）C 语言中标识符全体的集合；

3）坐标平面上所有点的集合；

4）计算机内存单元全体的集合；

5）2023 年广东省在校大学生的集合.

集合通常用大写的英文字母来标记．例如，**N** 代表自然数集合(包括 0)，**Z** 代表整数集合，**Q** 代表有理数集合，**R** 代表实数集合，**C** 代表复数集合．组成集合的每个成员叫作集合的元素，一般用小写的英文字母来标记.

给出一个集合的方法一般有两种，一种是列出集合的所有元素，元素之间用逗号隔开，并将它们用大括号括起来．例如，$A=\{a,b,c,d\}$. 其中 a 是 A 的元素，记作 $a\in A$. 同样有 $b\in A$、$c\in A$ 和 $d\in A$，但 e 不是 A 的元素，可记作 $e\notin A$. 另一种方法是用谓词概括该集合中元素的属性．例如，$B=\{x\mid P(x)\}$表示集合 B 由使 $P(x)$为真的全体 x 构成．再如：

$$A=\{x\mid x^2-3x-4=0,x\in \mathbf{R}\}$$

表示所有满足方程 $x^2-3x-4=0$ 的实数构成的集合，显然 $A=\{-1,4\}$.

一般说来，集合的元素可以是任何类型的事物，一个集合也可以作为另一个集合的元素．例如，集合 $A=\{a,\{b,c\},d,\{d\}\}$. 其中 $a\in A,\{b,c\}\in A,d\in A,\{d\}\in A$，但 $b\notin A$，b 是 A 的元素 $\{b,c\}$ 的元素，不是 A 的元素.

集合论中还规定元素之间是彼此相异的，并且是没有次序关系的．例如，集合 $\{3,4,5\}$、$\{3,4,4,4,5\}$ 和 $\{5,3,4\}$ 都是同一个集合.

9.1.2 集合间的关系

1. 子集

设 A、B 为集合，如果 B 中的每个元素都是 A 中的元素，则称 B 为 A 的子集．这时也称"B 被 A 包含"或"A 包含 B"，记作"$B\subseteq A$"或"$A\supseteq B$". 如果 B 不被 A 包含，则记作"$B\not\subseteq A$".

特别地，如果 B 是 A 的子集，而且集合 A 中至少有一个元素不在 B 中，则称 B 是 A 的真子集.

例如，$A=\{a,c,d,e\}$，$B=\{a,d,c,e\}$，$C=\{a,b\}$，$D=\{a,c\}$，则 $A\subseteq B$，$D\subseteq A$ 且 $D\subseteq B$，但 $C\not\subseteq B$ 且 $C\not\subseteq A$. 即 A 是 B 的子集(但不是真子集)，D 是 A 和 B 的真子集，C 不是 A 和 B 的子集.

2. 集合相等

设 A、B 为集合，如果 $A\subseteq B$ 且 $B\subseteq A$，则称 A 与 B 相等，记作 $A=B$. 显然集合相等的充要条件是它们具有完全相同的元素.

3. 空集

不含任何元素的集合叫作空集，记作 Φ. 规定空集是任何集合的子集，空集是唯一的.

空集是客观存在的，例如，设 $A=\{x\,|\,x^2+4=0,x\in\mathbf{R}\}$，则 $A=\Phi$.

4. 全集

在一个具体问题中，如果所涉及的集合全都是某个集合的子集，则称这个集合为全集，记作 Ω.

全集是个相对性的概念，由于所研究问题的不同，所取的全集也不同．例如，在研究平面解析几何问题时，总是把整个坐标平面取作全集．在研究整数的问题时，可以把整数集合 Z 取作全集.

5. 幂集

设 A 为集合，把 A 的全体子集构成的集合叫作 A 的幂集，记作 $P(A)$，即 $P(A)=\{X\,|\,X\subseteq A\}$. 例如，设 $A=\{a,b,c\}$，则

$$P(A)=\{\Phi,\{a\},\{b\},\{c\},\{a,b\},\{a,c\},\{b,c\},\{a,b,c\}\}.$$

9.1.3 集合的运算

给定集合 A 和 B，可以通过集合的交、并、差、绝对补和对称差等运算产生新的集合.

1. 交集

设 A、B 是任意两个集合，由集合 A、B 的所有公共元素构成的集合称为集合 A 与 B 的交集，记为 $A\cap B$，即

$$A\cap B=\{x\,|\,x\in A \text{ 且 } x\in B\}$$

交集运算可以推广到无穷多个集合交运算的情形，设有一列集合 $A_1,A_2,\cdots,A_n,\cdots$，由属

于每一个集合 $A_i(i=1,2,\cdots)$ 的所有元素构成的集合称为集合 $A_1,A_2,\cdots,A_n,\cdots$ 的交集，记为 $\bigcap_{i=1}^{\infty}A_i$，即

$$\bigcap_{i=1}^{\infty}A_i=A_1\cap A_2\cap\cdots\cap A_n\cap\cdots$$

如果集合 A 与 B 没有公共元素，则称集合 A 与 B 是不相交的.

2. 并集

设 A、B 是任意两个集合，由集合 A 和集合 B 的所有元素构成的集合称为集合 A 与集合 B 的并集，记为 $A\cup B$，即

$$A\cup B=\{x\mid x\in A \text{ 或 } x\in B\}$$

并集运算可以推广到无穷多个集合并运算的情形，由属于集合列 $A_1,A_2,\cdots,A_n,\cdots$ 中所有集合的元素全体构成的集合称为集合 $A_1,A_2,\cdots,A_n,\cdots$ 的并集，记为 $\bigcup_{i=1}^{\infty}A_i$，即

$$\bigcup_{i=1}^{\infty}A_i=A_1\cup A_2\cup\cdots\cup A_n\cup\cdots$$

3. 差集

设 A、B 是任意两个集合，由属于集合 A 而不属于集合 B 的所有元素构成的集合称为集合 A 与 B 的差集，记为 $A-B$，即

$$A-B=\{x\mid x\in A \text{ 且 } x\notin B\}$$

4. 绝对补集和对称差

设 Ω 是全集，A、B 是 Ω 的子集，

1）称集合 $\Omega-A$ 为集合 A 的绝对补集，记为 $\overline{A}$，即

$$\overline{A}=\{x\mid x\in\Omega \text{ 且 } x\notin A\}$$

2）称集合 $(A-B)\cup(B-A)$ 为集合 A 与 B 的对称差，记为 $A\oplus B$，即

$$A\oplus B=(A-B)\cup(B-A)$$

例如，设 $\Omega=\{1,2,3,4,5,6\}$，$A=\{2,3,5\}$，$B=\{1,3,4,6\}$，则 $\overline{A}=\Omega-A=\{1,4,6\}$，$A\oplus B=\{2,5\}\cup\{1,4,6\}=\{1,2,4,5,6\}$.

由绝对补集和对称差的定义，不难得到：

$$A\oplus B=(A\cup B)-(A\cap B);A-B=A\cap\overline{B}$$

集合之间的相互关系和有关的运算可以用文氏图（Venn Diagram）给予形象的描述，文氏图的构造方法：首先画一个大矩形表示全集 Ω，其次在矩形内画一些圆（或任何其他适当的闭曲线），用圆的内部表示集合．通常在图中画有阴影的区域表示新组成的集合．图 9-1 所示的是一些文氏图的实例.

集合运算还有一些相应的性质，下面不加证明地将主要的列出，以便后面学习过程中使用.

设集合 A、B、C 是全集 Ω 的任意子集，则有：

（1）交换律　$A\cap B=B\cap A;A\cup B=B\cup A$

（2）结合律　$(A\cap B)\cap C=A\cap(B\cap C);(A\cup B)\cup C=A\cup(B\cup C)$

（3）分配律　$A\cap(B\cup C)=(A\cap B)\cup(A\cap C);A\cup(B\cap C)=(A\cup B)\cap(A\cup C)$

（4）同一律　$A\cup\Phi=A;A\cap\Omega=A$

（5）互补律　$A\cup\overline{A}=\Omega;A\cap\overline{A}=\Phi$

（6）对合律　$\overline{\overline{A}}=A$

（7）等幂律　$A\cup A=A;A\cap A=A$

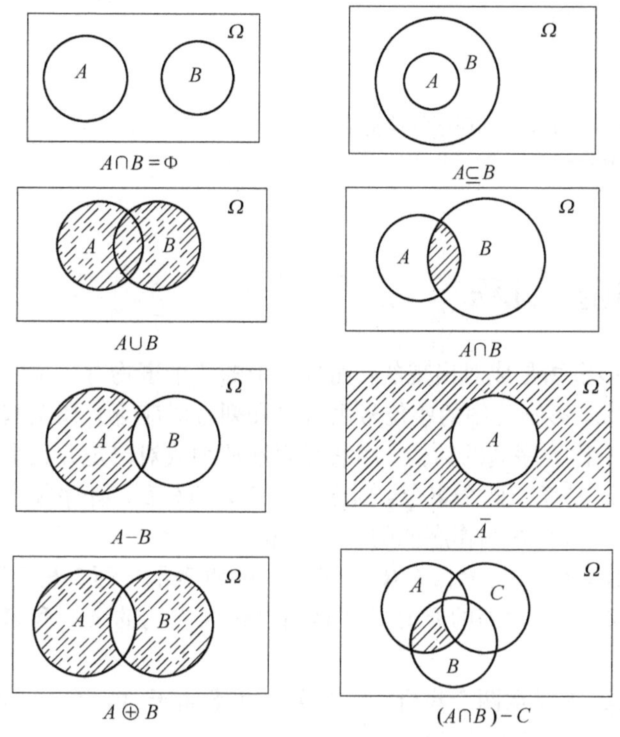

图 9-1

(8) 零一律 $A\cup\Omega=\Omega;A\cap\Phi=\Phi$

(9) 吸收律 $A\cup(A\cap B)=A;A\cap(A\cup B)=A$

(10) 摩根律 $\overline{A\cup B}=\overline{A}\cap\overline{B};\overline{A\cap B}=\overline{A}\cup\overline{B}$

习 题 9-1

1. 集合 $A=\{1,\{2\},3,4\}$，$B=\{a,b,\{c\}\}$，判定下列各题的正确与错误：

(1) $\{1\}\in A$；(2) $\{c\}\in B$；(3) $\{1,\{2\},4\}\subseteq A$；(4) $\{a,b,c\}\subseteq B$；

(5) $\{2\}\subseteq A$；(6) $\{c\}\subseteq B$；(7) $\Phi\subset A$；(8) $\Phi\subseteq\{\{2\}\}\subseteq A$；

(9) $\{\Phi\}\subseteq B$；(10) $\Phi\in\{\{2\},3\}$.

2. 设 $A=\{x\mid x<5,x\in\mathbf{N}\}$，$B=\{x\mid x<7,x$ 是正偶数$\}$，求 $A-B$、$A\cup B$、$A\oplus B$.

3. 设 $A=\{x\mid x$ 是 book 中的字母$\}$，$B=\{x\mid x$ 是 black 中的字母$\}$求 $A\cup B$、$A\cap B$、$A\oplus B$.

4. 确定下列集合的幂集.

(1) $A=\{a,\{b\}\}$；(2) $B=\{1,\{2,3\}\}$；

(3) $C=\{\Phi,a,\{b\}\}$；(4) $D=P(\Phi)=\{\Phi\}$.

5. 设全集合 $E=\{a,b,c,d,e\}$，$A=\{a,d\}$，$B=\{a,b,e\}$，$C=\{b,d\}$，求下列集合：

(1) $A\cap\overline{B}$；(2) $(A\cap B)\cup\overline{C}$；

(3) $\overline{A}\cup(B-C)$；(4) $P(A)\cap P(B)$.

6. 判定以下论断哪些是恒成立的？哪些是恒不成立的？哪些是有时成立的？

(1) 若 $a\in A$，则 $a\in A\cup B$；

(2) 若 $a\in A$，则 $a\in AB$；

(3) 若 $a\in A\cup B$，则 $a\in A$；

(4) 若 $a\in A\cap B$，则 $a\in B$；

(5) 若 $a\notin A$，则 $a\in A\cup B$；

(6) 若 $a\notin A$，则 $a\in A\cap B$；

(7) 若 $A\subseteq B$，则 $A\cap B=A$；

(8) 若 $A\subseteq B$，则 $A\cap B=B$.

7. 设 A 和 B 是全集 Ω 的子集，利用运算律证明：

(1) $(A\cap B)\cup(A\cap\overline{B})=A$；

(2) $B\cup(\overline{(\overline{A}\cup B)\cap A})=\Omega$.

9.2 序偶与笛卡儿积

现实世界中有许多事物是成对出现的，而且其中的两个事物有一定的次序．例如平面上的点对应横坐标和纵坐标，影剧院中的座位号由排号和列号对应等．概括起来说，数学上用两个有次序的元素组成一个称为序偶的结构，用它来表示那种成对出现并且具有一定次序的事物

定义 9-1 设 A、B 是任意两个集合，对于 $a\in A$ 和 $b\in B$，有序集合 $\langle a,b\rangle$ 叫作序偶．其中，a 叫作序偶的第一元素，b 叫作序偶的第二元素.

例如：$\mathbf{R}$ 表示实数集合，$x\in\mathbf{R}$、$y\in\mathbf{R}$，那么 $\langle x,y\rangle$ 就表示平面直角坐标系中的一个点.

两个序偶 $\langle a,b\rangle$ 和 $\langle c,d\rangle$ 相等的充要条件是当且仅当它们的第一和第二元素对应相等，即 $a=c$、$b=d$.

定义 9-2 设 A、B 是任意两个集合，所有第一元素属于 A，第二元素属于 B 的序偶组成的集合叫作 A 与 B 的笛卡儿积，记为 $A\times B$，即

$$A\times B=\{\langle a,b\rangle \mid a\in A,b\in B\}$$

规定，如果集合 A、B 中至少有一个是空集时，$A\times B=\Phi$.

当 $A=B$ 时，$A\times B$ 简记为 A^2．例如：$\mathbf{R}^2$ 表示实平面上所有点的集合.

【例 9-1】 已知 $A=\{1,2,3\}$，$B=\{a,b\}$，求 $A\times B$、$B\times A$、A^2、B^2.

解 $A\times B=\{\langle 1,a\rangle,\langle 1,b\rangle,\langle 2,a\rangle,\langle 2,b\rangle,\langle 3,a\rangle,\langle 3,b\rangle\}$；

$B\times A=\{\langle a,1\rangle,\langle b,1\rangle,\langle a,2\rangle,\langle b,2\rangle,\langle a,3\rangle,\langle b,3\rangle\}$；

$A^2=\{\langle 1,1\rangle,\langle 1,2\rangle,\langle 1,3\rangle,\langle 2,1\rangle,\langle 2,2\rangle,\langle 2,3\rangle,\langle 3,1\rangle,\langle 3,2\rangle,\langle 3,3\rangle\}$；

$B^2=\{\langle a,a\rangle,\langle a,b\rangle,\langle b,a\rangle,\langle b,b\rangle\}$.

由此例可以看出，一般地 $A\times B\neq B\times A$，即集合的笛卡儿积不满足交换律．还可以说明，集合的笛卡儿积不满足结合律,但可以证明笛卡儿积满足以下运算律：

(1) $A\times(B\cap C)=(A\times B)\cap(A\times C)$；

(2) $A\times(B\cup C)=(A\times B)\cup(A\times C)$；

(3) $(A\cap B)\times C=(A\times C)\cap(B\times C)$；

(4) $(A\cup B)\times C=(A\times C)\cup(B\times C)$.

习 题 9-2

1. 设 $A=\{\alpha,\beta\}$、$B=\{1,2,3\}$，求 $A\times B$、$B\times A$、$A\times A$、$B\times B$、$(A\times B)\cap(B\times A)$.

2. 在具有 x 和 y 轴的笛卡儿坐标系中，若有 $X=\{x\mid x\in\mathbf{R}$,且$-3\leqslant x\leqslant 2\}$，$Y=\{y\mid y\in\mathbf{R}$,且$-2\leqslant y\leqslant 0\}$，试求出笛卡儿积 $X\times Y$、$Y\times X$，画出其图像.

3. 设 A、B、C 为三个任意集合，试证明：

(1) 若 $A\times A=B\times B$，则 $A=B$；

(2) 若 $A\times B=A\times C$，且 $A\neq\Phi$，则 $B=C$.

复习题9

1. 用列举法表示下列集合：

(1) 小于20的质数的集合；

(2) 构成Computer College词组的字母的集合；

(3) $\{x \mid x^2+x-6, x\in\mathbf{R}\}$.

2. 用描述法表示下列集合：

(1) $\{1,2,3,4,\cdots,39\}$；　　(2) 大于零的奇整数；

(3) 能够被5整除的整数的集合；　　(4) 直角坐标系中单位圆内的点集.

3. 写出下列集合的幂集：

(1) $\{\Phi\}$；　(2) $\{\Phi,\{\Phi\}\}$；　(3) $\{\{\Phi,a\},\{a\}\}$.

4. (1) 已知$A\cup B=A\cup C$，是否必须$B=C$?

(2) 已知$A\cap B=A\cap C$，是否必须$B=C$?

(3) 已知$A\oplus B=A\oplus C$，是否必须$B=C$?

5. 给定自然数集合N的下列子集.

$A=\{1,2,7,8\}$；　$B=\{i \mid i^2<50\}$；　$C=\{i \mid i$ 整除 $30\}$；

$D=\{i \mid i=2^k$，且$k\in\mathbf{Z}$且$0\leqslant k\leqslant 6\}$.

求下列集合：

(1) $A\cup(B\cup(C\cup D))$；　(2) $A\cap(B\cap(C\cap D))$；

(3) $B-(A\cup C)$；　(4) $A\oplus B$.

6. 证明：对任意集合A、B、C，$(A\cap B)\cup C=A\cap(B\cup C)$当且仅当$C\subseteq A$时成立.

7. 设$A=\{0,1\}$，$B=\{1,2\}$求下列集合：

(1) $A\times B$；　(2) $A\times P(B)$.

8. 设全集$U=\{a,b,c,d,e\}$，$A=\{a,d\}$，$B=\{a,b,c\}$，$C=\{b,d\}$. 求下列各集合：

(1) $A\cap B\cap\overline{C}$；　(2) $\overline{A\cap B\cap C}$；　(3) $(A\cap\overline{B})\cup C$；　(4) $P(A)-P(B)$；

(5) $(A-B)\cup(B-C)$；　(6) $(A\oplus B)\cap C$.

9. 设$A=\{a,b\}$，$B=\{c\}$. 求下列集合：

(1) $A\times\{0,1\}\times B$；　(2) $B^2\times A$；　(3) $(A\times B)^2$；　(4) $P(A)\times A$.

10. 证明：$A\cap(B-C)=(A\cap B)-(A\cap C)$.

11. 对任意集合A,B，证明：若$A\neq\Phi$，$A\times B=A\times C$，则$B=C$.

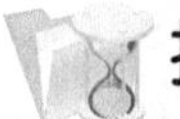

拓展学习

1. 康托尔（G. Cantor，1845—1918）

德国数学家康托尔创立的集合论被誉为20世纪最伟大的数学创造. 集合概念大大扩充了数学的研究领域，给数学结构提供了坚实基础. 集合论不仅影响了现代数学，也深深影响了现代哲学和逻辑. 康托尔于1863年进入柏林大学，在1869年取得哈勒大学任教的资格，不久后就升为副教授，并在1879年升为教授. 1874年，康托尔在克列勒的《数学杂志》上发表了关于无穷集合理论的革命性文章，数学史上一般认为这篇文章的发表标志着集合论的诞生. 集合论是现代数学中重要的基础理论，它的概念和方法已经渗透到代数、拓扑和分析等许多数学分支以及物理学和质点力学等一些自然科学领域，为这些学科提供了奠基的方法．集合论的创立不仅对数学基础的研究有重要意义，而且对现代数学的发展也有深远的影响．集合论已成为整个数学大厦的基石，康托尔也因此成为世纪之交的最伟大的数学家之一．

2. 策梅洛（Zermelo Ernst Friedrich Ferdinand，1871—1953）

德国数学家策梅洛是公理集合论的主要开创者之一．策梅洛大学毕业后，在柏林、哈雷、弗莱堡等地钻研数学、物理和哲学．1894年，策梅洛在柏林获得了博士学位．策梅洛于1904年发表的论文不仅解决了康托尔的良序问题，而且提出了选择公理（也称为策梅洛公理）．选择公理有上百种等价形式，已应用于几乎每一个数学分支，成为一个独立的研究领域．策梅洛在1908年建立了第一个集合论公理系统，给出了外延、空集合、并集合、幂集合、分离、无穷与选择等公理．

第 10 章 关系与函数

关系理论的产生可追溯到 1914 年，最早出现在费利克斯・豪斯多夫（Felix Hausdorff）于 1914 年出版的名著《集合论基础》的序型理论中，它与集合论、数理逻辑以及组合学、图论都有很密切联系．19 世纪 70 年代开始，关系理论与拓扑学甚至与线性代数也产生了多方面的联系，并被广泛应用于计算机科学技术，如计算机程序的输入输出关系、数据库的数据特性关系、计算机语言的字符关系等.

函数是一个基本的数学概念，通常的函数定义是在实数集合上讨论．这里把函数概念予以推广，把函数看作是一种特殊的关系．例如，计算机中把输入、输出之间的关系看成是一种函数. 类似地，在开关理论、自动化理论和可计算性理论等领域中，函数都有着极其广泛的应用.

10.1 关系及其性质

10.1.1 关系的概念及其表示法

二元关系的概念与表示

定义 10-1 设给定集合 A、B，它们的笛卡尔积 $A\times B$ 的任意子集 R 称为 A 到 B 的一个二元关系，简称关系，即对于 $a\in A, b\in B$，有序偶 $\langle a,b\rangle\in R$，记为 aRb. 如果 $\langle a,b\rangle\notin R$，则称 a 与 b 无关系．特别当 $A=B$ 时，称 R 是 A 上的二元关系．当 $R=\Phi$ 时，称 R 为空关系，当 $R=A\times B$ 时，则称 R 为全关系.

设 $I_A=\{\langle a,a\rangle \mid a\in A\}$，显然 $I_A\subseteq A\times A$，所以 I_A 是 A 上的二元关系，称为 A 上的恒等关系.

【例 10-1】 设 $A=\{0,1,2\}$，$B=\{0,2,4\}$，$S=\{\langle x,y\rangle \mid x,y\in A\cap B\}$，试写出 $A\times B$ 上的关系 S.

解 $S=\{\langle 0,0\rangle,\langle 0,2\rangle,\langle 2,2\rangle,\langle 2,0\rangle\}$

【例 10-2】 设集合 $A=\{1,2,3,4\}$，定义 A 上的二元关系 $R=\left\{\langle a,b\rangle \mid a,b\in A \text{ 且 } \frac{a-b}{2} \text{ 是整数}\right\}$，求 R.

解 $R=\{\langle 1,1\rangle,\langle 1,3\rangle,\langle 2,2\rangle,\langle 2,4\rangle,\langle 3,1\rangle,\langle 3,3\rangle,\langle 4,2\rangle,\langle 4,4\rangle\}$

定义 10-2 设 R 是 A 到 B 上的二元关系，一切属于关系 R 的序偶 $\langle x,y\rangle\in R$ 中，第一元素 x 的集合，叫作 R 的定义域，记为 $\mathrm{dom}R$，即

$$\mathrm{dom}R=\{x \mid x\in A \text{ 且有 } y\in B \text{ 使} \langle x,y\rangle\in R\}$$

一切属于关系 R 的序偶 $\langle x,y\rangle\in R$ 中，第二元素 y 的集合，叫作 R 的值域，记为 $\mathrm{ran}R$，即

$$\mathrm{ran}R=\{y \mid y\in B \text{ 且有 } x\in A \text{ 使} \langle x,y\rangle\in R\}$$

【例 10-3】 设$A=\{a,b,c\}$，$B=\{1,2,3,4\}$，$R=\{\langle a,4\rangle,\langle b,1\rangle,\langle b,3\rangle\}$，则：

$$\mathrm{dom}R=\{a,b\},\ \mathrm{ran}R=\{1,3,4\}$$

有限集合 A 到 B 的二元关系可以用一个所谓的关系图来表示：将分别属于集合 A 和 B 的所有元素分别用两列点来表示．如果 $x\in A,y\in B$ 且$\langle x,y\rangle\in R$，那么画一条以 x 为起点的有向弧指向 y. 图 10-1 就是例 10-3 二元关系的关系图.

【例 10-4】 设$A=\{2,3,6,8\}$,R 为 A 上的整除关系：

$R=\{\langle x,y\rangle\mid x,y\in A,x\mid y\}$，试写出 R 并求 $\mathrm{dom}R$、$\mathrm{ran}R$.

解　$R=\{\langle 2,2\rangle,\langle 2,6\rangle,\langle 2,8\rangle,\langle 3,3\rangle,\langle 3,6\rangle,\langle 6,6\rangle,\langle 8,8\rangle\}$

所以　　$\mathrm{dom}R=\{2,3,6,8\},\mathrm{ran}R=\{2,3,6,8\}$

图 10-2 给出了例 10-4 中整除关系的关系图.

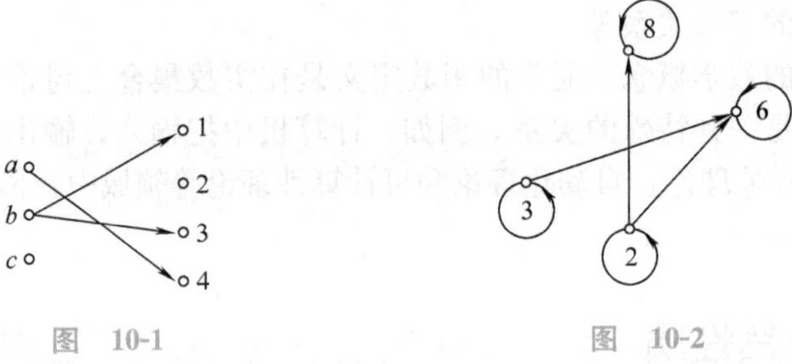

图　10-1　　　　图　10-2

除了用关系图来表示关系外，还可以用所谓的关系矩阵来表示关系．用矩阵来表示关系，不仅直观形象，而且有利于对关系进行研究和计算机存储.

关系矩阵是这样定义的：

定义 10-3　设集合$A=\{a_1,a_2,\cdots,a_m\}$，$B=\{b_1,b_2,\cdots,b_n\}$，R 为 A 到 B 的二元关系，则 $m\times n$ 矩阵$\boldsymbol{M}_R=[r_{ij}]_{m\times n}$称为 R 的关系矩阵，其中：

$$r_{ij}=\begin{cases}1 & 若\ a_iRb_j \\ 0 & 若\langle a_i,b_j\rangle\notin R\end{cases}\quad 1\leqslant i\leqslant m,1\leqslant j\leqslant n$$

显然一个二元关系矩阵的元素是由 0 和 1 构成的，这种矩阵称为 0-1 矩阵．可以证明一个二元关系与 0-1 矩阵之间存在着一一对应的关系.

【例 10-5】 设集合$A=\{1,3,5,7\}$，$B=\{2,4,6\}$，A 到 B 的二元关系 R 定义为$R=\{\langle x,y\rangle\mid x\in A,y\in B,且\ x>y\}$，求 R 的关系矩阵$\boldsymbol{M}_R$.

解　$R=\{\langle 3,2\rangle,\langle 5,2\rangle,\langle 5,4\rangle,\langle 7,2\rangle,\langle 7,4\rangle,\langle 7,6\rangle\}$

于是 R 的关系矩阵$\boldsymbol{M}_R$ 为

$$\boldsymbol{M}_R=\begin{pmatrix}0 & 0 & 0\\ 1 & 0 & 0\\ 1 & 1 & 0\\ 1 & 1 & 1\end{pmatrix}$$

10.1.2　关系的复合与逆关系

从集合论的角度看，平面上的曲线、空间中的曲线和曲面都是关系，函数也是一种关系，或者说关系概念是数学中函数概念的一种推广．集合 A 到集合 B 的关系 R 可以理解为是一种映射(或变换)，R 将 $\mathrm{dom}R$ 中的元素映射成 $\mathrm{ran}R$ 中的元素(尽管这种映射不具有唯一性)，但仍可以像研究函数那样来研究这种映射的复合与逆的问题.

1. 关系的复合

定义 10-4 设 A、B、C 是三个非空集合，而 R 为 A 到 B 的二元关系，S 为 B 到 C 的二元关系，则称从 A 到 C 的二元关系

$$R\circ S=\{\langle x,z\rangle \mid x\in A,z\in C,\text{有 } y\in B,\text{使}\langle x,y\rangle\in R \text{ 且}\langle y,z\rangle\in S\}$$

为 R 与 S 的复合.

R 与 S 的复合表达了集合 A 与集合 C 元素之间存在的关系，而这种关系是通过集合 B 中的元素 y 建立起来的.

【例 10-6】 设 $A=\{a_1,a_2,a_3,a_4\}$，$B=\{b_1,b_2,b_3,b_4\}$，$C=\{c_1,c_2,c_3\}$，如果 $R=\{\langle a_1,b_1\rangle,\langle a_1,b_2\rangle,\langle a_1,b_3\rangle,\langle a_3,b_2\rangle,\langle a_4,b_3\rangle\}$，$S=\{\langle b_1,c_2\rangle,\langle b_2,c_1\rangle,\langle b_3,c_3\rangle\}$，求 $R\circ S$.

解 $R\circ S=\{\langle a_1,c_2\rangle,\langle a_1,c_1\rangle,\langle a_1,c_3\rangle,\langle a_3,c_1\rangle,\langle a_4,c_3\rangle\}$

这个复合如图 10-3 所示.

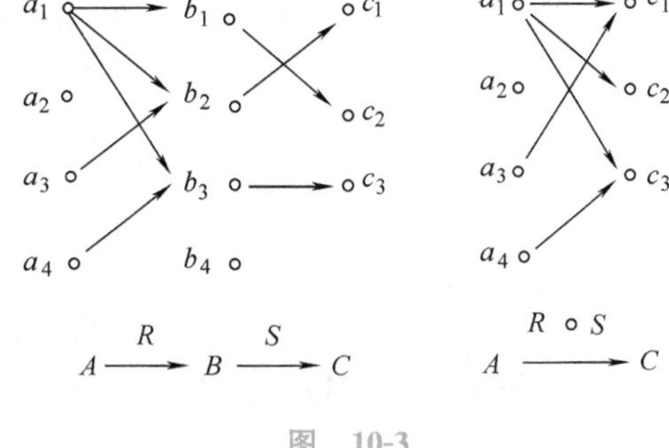

图 10-3

对于给定的两个关系 R 与 S，如果直接用关系的定义去求它们的复合 $R\circ S$，一般来说是比较困难的. 通常是通过它们的关系矩阵来求这种复合关系的. 为此需要作一些约定：约定关系矩阵中的 0 和 1 一律看作是逻辑量（0 为假，1 为真），再在集合$\{0,1\}$上定义两个逻辑运算"$\wedge$"和"$\vee$"，满足：

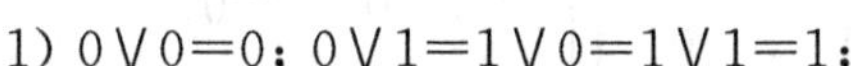

1) $0\vee 0=0$；$0\vee 1=1\vee 0=1\vee 1=1$；

2) $1\wedge 1=1$；$0\wedge 1=1\wedge 0=0\wedge 0=0$.

此时可以定义 0-1 矩阵 $\boldsymbol{M}_R=[r_{ij}]_{m\times l}$ 和 $\boldsymbol{M}_S=[s_{ij}]_{l\times n}$ 的布尔积为

$$\boldsymbol{M}_R\otimes\boldsymbol{M}_S=C$$

其中，$C=[c_{ij}]_{m\times n}=[\bigvee_{k=1}^{l}(r_{ik}\wedge s_{kj})]\quad 1\leqslant i\leqslant m,\ 1\leqslant j\leqslant n$

有如下的结论：

定理 10-1 设 $\boldsymbol{M}_R$ 是集合 A 到 B 的关系 R 的关系矩阵，$\boldsymbol{M}_S$ 是集合 B 到 C 的关系 S 的关系矩阵，则复合关系 $R\circ S$ 的关系矩阵 $\boldsymbol{M}_{R\circ S}=\boldsymbol{M}_R\otimes\boldsymbol{M}_S$.

在例 10-6 中，有

$$\boldsymbol{M}_R=\begin{pmatrix}1&1&1&0\\0&0&0&0\\0&1&0&0\\0&0&1&0\end{pmatrix},\quad \boldsymbol{M}_S=\begin{pmatrix}0&1&0\\1&0&0\\0&0&1\\0&0&0\end{pmatrix}$$

所以 $\boldsymbol{M}_{R\circ S}=\boldsymbol{M}_R\otimes\boldsymbol{M}_S=\begin{pmatrix}1&1&1\\0&0&0\\1&0&0\\0&0&1\end{pmatrix}$

容易看出，这里得出的 $R\circ S$ 的关系矩阵与例 10-6 的结论是吻合的.

2. 关系的逆

定义 10-5 设 R 是集合 A 到 B 的二元关系，如果从 B 到 A 的二元关系 R^{-1} 满足：$\langle b,a\rangle\in R^{-1}$ 当且仅当 $\langle a,b\rangle\in R$ 时成立，那么就称 R^{-1} 为 R 的逆关系.

例如，集合$A=\{1,2\}$到集合$B=\{a,b\}$的二元关系$R=\{\langle 1,a\rangle,\langle 2,b\rangle\}$，则$R^{-1}=\{\langle a,1\rangle,\langle b,2\rangle\}$.

由逆关系的定义，可得到如下的定理：

定理 10-2　设A、B、C为非空有限集合，R是从A到B的二元关系，S是从B到C的二元关系，则：

1) $\boldsymbol{M}_{R^{-1}}=\boldsymbol{M}_R^{\mathrm{T}}$；

2) 将R的关系图上的每一条有向弧的方向逆转就得到R^{-1}的关系图；

3) 复合关系$R\circ S$的逆等于$S^{-1}\circ R^{-1}$.

【例 10-7】　求例 10-6 中关系R与S的逆，以及$R\circ S$的逆.

解　用关系矩阵来表达：

$$\boldsymbol{M}_{R^{-1}}=\begin{pmatrix}1&1&1&0\\0&0&0&0\\0&1&0&0\\0&0&1&0\end{pmatrix}^{\mathrm{T}}=\begin{pmatrix}1&0&0&0\\1&0&1&0\\1&0&0&1\\0&0&0&0\end{pmatrix}$$

$$\boldsymbol{M}_{S^{-1}}=\begin{pmatrix}0&1&0\\1&0&0\\0&0&1\\0&0&0\end{pmatrix}^{\mathrm{T}}=\begin{pmatrix}0&1&0&0\\1&0&0&0\\0&0&1&0\end{pmatrix}$$

$$\boldsymbol{M}_{(R\circ S)^{-1}}=\boldsymbol{M}_{S^{-1}}\otimes\boldsymbol{M}_{R^{-1}}=\begin{pmatrix}0&1&0&0\\1&0&0&0\\0&0&1&0\end{pmatrix}\begin{pmatrix}1&0&0&0\\1&0&1&0\\1&0&0&1\\0&0&0&0\end{pmatrix}=\begin{pmatrix}1&0&1&0\\1&0&0&0\\1&0&0&1\end{pmatrix}$$

其实，由逆关系的定义和例 10-6 的结论，不难得到

$$(R\circ S)^{-1}=\{\langle c_2,a_1\rangle,\langle c_2,a_1\rangle,\langle c_3,a_1\rangle,\langle c_1,a_3\rangle,\langle c_3,a_4\rangle\}$$

它的关系矩阵与直接利用布尔积得到的关系矩阵是一样的.

关系的逆运算具有如下的性质：

定理 10-3　设R与S均为从集合A到集合B的二元关系，则：

1) $(R^{-1})^{-1}=R$；

2) $(R\cup S)^{-1}=R^{-1}\cup S^{-1}$；

3) $(R\cap S)^{-1}=R^{-1}\cap S^{-1}$；

4) $(R-S)^{-1}=R^{-1}-S^{-1}$.

证　只证明式 3)，其余各式的证明是类似的.

任取　$\langle y,x\rangle\in(R\cap S)^{-1}$，则$\langle x,y\rangle\in R\cap S$

所以有　$\langle x,y\rangle\in R$且$\langle x,y\rangle\in S$

从而　$\langle y,x\rangle\in R^{-1}$且$\langle y,x\rangle\in S^{-1}$

于是　$\langle y,x\rangle\in R^{-1}\cap S^{-1}$，由$\langle y,x\rangle$的任意性得：

$$(R\cap S)^{-1}\subseteq R^{-1}\cap S^{-1}$$

同理可证　$R^{-1}\cap S^{-1}\subseteq(R\cap S)^{-1}$

就得到了　$(R\cap S)^{-1}=R^{-1}\cap S^{-1}$

10.1.3　关系的性质

下面给出几种特殊的关系及其相关的性质.

定义 10-6 设 R 是 A 上的二元关系，如果对任意 $x\in A$，都有 xRx，则称 R 是一个自反关系.

例如，前面讲过的恒等关系 I_A 就是自反关系．但是注意，自反关系不一定是恒等关系．比如实数集合的“小于等于”关系就是自反关系，但不是恒等关系.

定义 10-7 设 R 是 A 上的二元关系，如果对任意 $x,y\in A$，当有 xRy 时则必有 yRx，就称 R 是一个对称关系.

对称关系是一种比较常见的二元关系．例如，各种“相等”“对称”“互补”等可以看作是对称关系．一群人之中的“朋友关系”也可以看作是对称关系.

定义 10-8 设 R 是 A 上的二元关系，如果对任意 $x,y\in A$，当有 xRy 且 yRx 时则必有 $x=y$，就称 R 是一个反对称关系.

实数上的小于或等于关系、整除关系、集合中的包含关系等都是反对称的关系.

定义 10-9 设 R 是 A 上的二元关系，如果对任意 $x,y,z\in A$，当有 xRy 和 yRz 时则必有 xRz，就称关系 R 是可传递的.

实数上的小于等于关系，几何上的相似关系，集合的包含关系等都是可传递的关系．但一群人之中的“朋友关系”不一定是可传递的.

【例 10-8】 设 $A=\{a,b,c,d\}$，令：

$R_1=\{\langle a,a\rangle,\langle a,c\rangle,\langle b,b\rangle,\langle b,c\rangle,\langle c,c\rangle,\langle d,a\rangle,\langle d,d\rangle\}$

$R_2=\{\langle a,b\rangle,\langle b,a\rangle,\langle c,c\rangle,\langle a,d\rangle,\langle d,a\rangle\}$

$R_3=\{\langle a,a\rangle,\langle a,c\rangle,\langle b,c\rangle,\langle d,a\rangle,\langle d,b\rangle\}$

$R_4=\{\langle a,a\rangle,\langle a,b\rangle,\langle c,b\rangle,\langle d,a\rangle,\langle d,b\rangle\}$

由前面的定义不难看出，R_1 是自反的，R_2 是对称的，R_3 是反对称的，R_4 是可传递的.

下面给出关于关系 R 的某些性质.

1) 关系 R 是自反的，当且仅当其关系矩阵 $\boldsymbol{M}_R$ 的主对角线上的元素全为 1，其关系图每个结点上都有一条自闭合的有向弧.

例如：例 10-8 中自反关系 R_1 的关系图如图 10-4 所示，关系矩阵为

$$\boldsymbol{M}_{R_1}=\begin{pmatrix}1&0&1&0\\0&1&1&0\\0&0&1&0\\1&0&0&1\end{pmatrix}$$

2) 关系 R 是对称的，当且仅当其关系矩阵 M_R 是对称矩阵，其关系图不同两点间如果有有向弧，则两点间的有向弧必是一对方向相反的有向弧.

例如，例 10-8 中对称关系 R_2 的关系图如图 10-5 所示，关系矩阵为

$$\boldsymbol{M}_{R_2}=\begin{pmatrix}0&1&0&1\\1&0&0&0\\0&0&1&0\\1&0&0&0\end{pmatrix}$$

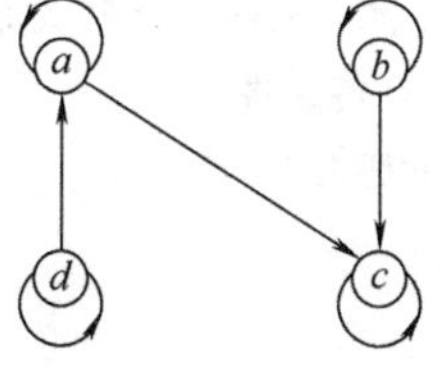

图 10-4

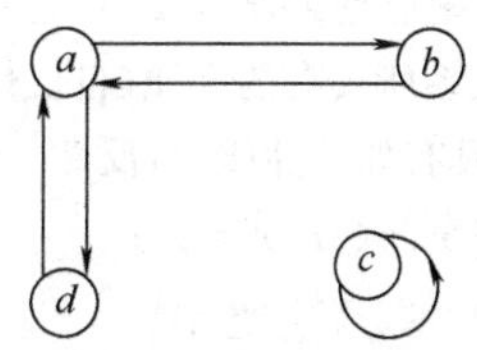

图 10-5

3）关系 R 是反对称的，当且仅当其关系矩阵 $\boldsymbol{M}_R$ 中关于主对角线对称的两元素不同时为 1，其关系图中不同两点间不存在成对的、方向相反的有向弧.

例如:例 10-8 中反对称关系 R_3 的关系图如图 10-6 所示，关系矩阵为

$$\boldsymbol{M}_{R_3}=\begin{pmatrix}1 & 0 & 1 & 0\\0 & 0 & 1 & 0\\0 & 0 & 0 & 0\\1 & 1 & 0 & 0\end{pmatrix}$$

4）关系 R 是可传递的，则其关系图中任意由两条或两条以上的有向弧沿同一方向连续连接成的弧线上，必有一条从该弧线的起点到它的终点的有向弧，如果该弧线是闭合的，则在起点(当然也是终点)上有一条闭合的有向弧.

例如，例 10-8 中可传递关系 R_4 的关系图如图 10-7 所示，关系矩阵为

$$\boldsymbol{M}_{R_4}=\begin{pmatrix}1 & 1 & 0 & 0\\0 & 0 & 0 & 0\\0 & 1 & 0 & 0\\1 & 1 & 0 & 0\end{pmatrix}$$

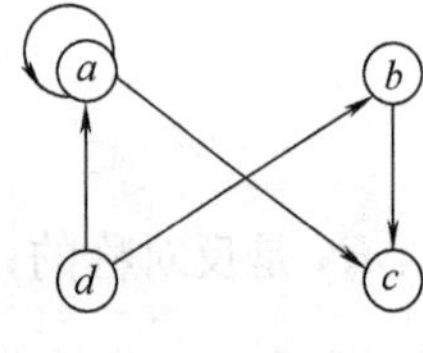

图　10-6

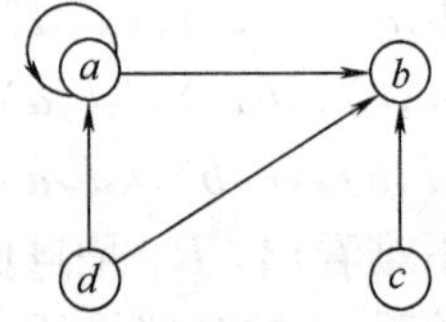

图　10-7

习　题　10-1

1. 设集合 $A=\{1,2,3,4\}$，A 上的二元关系 $R=\{<x,y>\mid x,y\in A,且\ x\geqslant y\}$，求 R 的关系图和关系矩阵.

2. 在由 n 个元素组成的集合上，可以有多少种不同的二元关系？若集合 A、B 的元数分别为 $|A|=m$、$|B|=n$，试问从 A 到 B 有多少种不同的二元关系？

3. 设集合 $A=\{1,2,3,4\}$，A 上的二元关系分别为

$R=\{\langle 1,1\rangle,\langle 1,2\rangle,\langle 2,4\rangle,\langle 3,1\rangle,\langle 3,3\rangle\}$

$S=\{\langle 1,3\rangle,\langle 2,2\rangle,\langle 3,2\rangle,\langle 4,4\rangle\}$

试用定义求 $R\circ S$、$S\circ R$、R^2、R^{-1}、S^{-1}、$R^{-1}\circ S^{-1}$，并画出其关系图.

4. 设集合 $A=\{x,y,z\}$，集合 $B=\{a,b,c,d,e\}$，R 是集合 A 上的关系，S 是 A、B 上的关系：

$R=\{\langle x,x\rangle,\langle x,z\rangle,\langle y,x\rangle,\langle y,y\rangle,\langle z,x\rangle,\langle z,y\rangle,\langle z,z\rangle\}$

$S=\{\langle x,a\rangle,\langle x,d\rangle,\langle y,a\rangle,\langle y,c\rangle,\langle y,e\rangle,\langle z,b\rangle,\langle z,d\rangle\}$

试验证 $\boldsymbol{M}_{(R\circ S)^{-1}}=\boldsymbol{M}_{S^{-1}}\circ\boldsymbol{M}_{R^{-1}}$.

5. 图 10-8 所示的图形是集合$\{1,2,3\}$上关系 $\boldsymbol{R}_1$、$\boldsymbol{R}_2$、$\boldsymbol{R}_3$ 的关系图，试根据这些关系图分别写出对应的关系矩阵，并说明每种关系所具有的性质(自反性、对称性、反对称性、传递性).

6. 下列关系是否具有如下性质:自反性、对称性、反对称性、传递性？

(1) $R_1=\{\langle x,y\rangle\mid x,y\in I,x>y\}$；

(2) $R_2=\{\langle x,y\rangle\mid y=\sqrt{x},x\geqslant 0\}$；

(3) A 上的恒等关系 $R_3=\{\langle x,x\rangle\mid x\in A\}$；

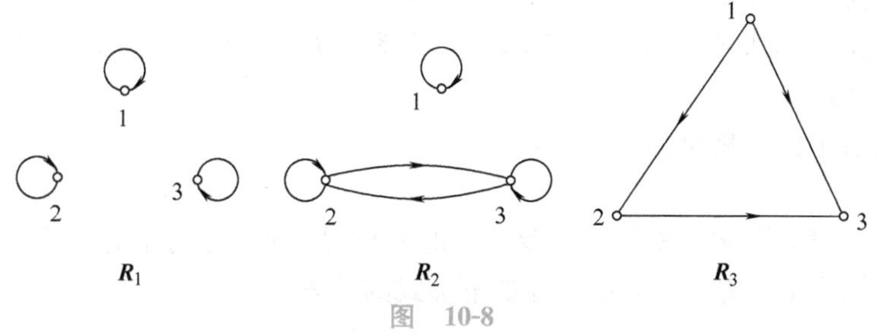

图 10-8

(4) $A=\{1,2,3,\cdots,10\}$的空关系 Φ.

7. 设 R_1 和 R_2 是集合 A 上的任意关系，试证明或用反例推翻下列论断：

(1) 若 R_1 和 R_2 都是自反的，则 $R_1\circ R_2$ 也是自反的；

(2) 若 R_1 和 R_2 都是对称的，则 $R_1\circ R_2$ 也是对称的；

(3) 若 R_1 和 R_2 都是反对称的，则 $R_1\circ R_2$ 也是反对称的；

(4) 若 R_1 和 R_2 都是传递的，则 $R_1\circ R_2$ 也是传递的.

10.2 等价关系与偏序关系

10.2.1 等价关系与划分

1. 等价关系

定义 10-10 设 R 是 A 上的二元关系，称 R 是等价关系，当且仅当 R 是自反的、对称的和可传递的.

例如：平面上的三角形集合上的三角形全等关系和相似关系就都是等价关系．图 10-9 给出了含有 1～3 个元素的集合上所有可能的等价关系的关系图结构.

一个元素如图 10-9a 所示，两个元素的两种等价结构如图 10-9b 所示，三个元素的三种等价结构如图 10-9c 所示.

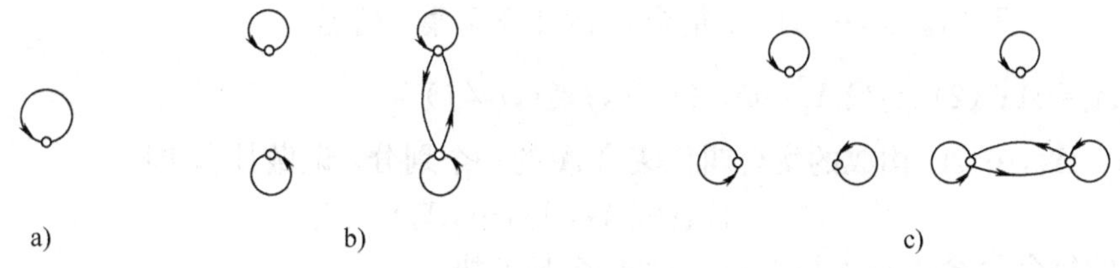

图 10-9

【例 10-9】 设 M_n 是 n 阶方阵构成的集合，定义 M_n 上的关系 R 如下：ARB 当且仅当存在可逆方阵 $\boldsymbol{P}$，使得 $A=\boldsymbol{P}B\boldsymbol{P}^{\mathrm{T}}$. 证明 R 是 M_n 上的等价关系.

证 关系 R 具有自反性，这是由于对任意的 $A\in M_n$，有 n 阶单位阵 $\boldsymbol{I}$，使得 $A=\boldsymbol{I}A\boldsymbol{I}^{\mathrm{T}}$.

关系 R 具有对称性，这是由于如果 ARB，则存在 n 阶可逆矩阵 $\boldsymbol{P}$，使得 $A=\boldsymbol{P}B\boldsymbol{P}^{\mathrm{T}}$，即存在 n 阶可逆矩阵 $\boldsymbol{P}^{-1}$，使得 $\boldsymbol{P}^{-1}A(\boldsymbol{P}^{\mathrm{T}})^{-1}=B$，因而 BRA.

关系 R 具有传递性，这是由于如果 ARB 且 BRC，于是存在 n 阶可逆矩阵 $\boldsymbol{P}$、$\boldsymbol{Q}$，使得 $A=\boldsymbol{P}B\boldsymbol{P}^{\mathrm{T}}$、$B=\boldsymbol{Q}C\boldsymbol{Q}^{\mathrm{T}}$，所以 $A=\boldsymbol{P}(\boldsymbol{Q}C\boldsymbol{Q}^{\mathrm{T}})\boldsymbol{P}^{\mathrm{T}}=(\boldsymbol{P}\boldsymbol{Q})C(\boldsymbol{P}\boldsymbol{Q})^{\mathrm{T}}$，而 n 阶方阵 $\boldsymbol{P}\boldsymbol{Q}$ 显然是可逆的，故而 R 是可传递的.

由等价关系的定义可知 R 是 M_n 上的等价关系.

定理 10-4　设 R 为非空有限集 A 上的二元关系，$\boldsymbol{M}_R$ 是 R 的关系矩阵，则 R 为 A 上的等价关系的充要条件是：

1) $\boldsymbol{M}_R$ 对角线上的元素全为 1；

2) $\boldsymbol{M}_R^{\mathrm{T}}=\boldsymbol{M}_R$；

3) $\boldsymbol{M}_R$ 可以经过有限次地把行与行及相应的列与列互换，化为主对角线型分块矩阵，且对角线上每个子块均为全 1 方阵，即可化为如下形式的矩阵：

$$\begin{pmatrix} \boldsymbol{M}_1 & & & \\ & \boldsymbol{M}_2 & & \\ & & \ddots & \\ & & & \boldsymbol{M}_t \end{pmatrix}，其中\ \boldsymbol{M}_j=\begin{pmatrix} 1 & 1 & \cdots & 1 \\ 1 & 1 & \cdots & 1 \\ \vdots & \vdots & & \vdots \\ 1 & 1 & \cdots & 1 \end{pmatrix}(j=,1,2,\cdots,t\ )$$

【例 10-10】　设 $A=\{1,2,3,4,5,6\}$，定义其上的二元关系为

$R=\{\langle 1,1\rangle,\langle 2,2\rangle,\langle 3,3\rangle,\langle 4,4\rangle,\langle 5,5\rangle,\langle 6,6\rangle,\langle 1,3\rangle,\langle 3,1\rangle,\langle 1,5\rangle,\langle 5,1\rangle,\langle 2,4\rangle,\langle 4,2\rangle,\langle 3,5\rangle,\langle 5,3\rangle\}$，试证明 R 是等价关系.

证　R 的关系矩阵为

$$\boldsymbol{M}_R=\begin{pmatrix} 1&0&1&0&1&0\\ 0&1&0&1&0&0\\ 1&0&1&0&1&0\\ 0&1&0&1&0&0\\ 1&0&1&0&1&0\\ 0&0&0&0&0&1 \end{pmatrix}\xrightarrow[\text{互换第 2 列与第 5 列}]{\text{互换第 2 行与第 5 行}}\begin{pmatrix} 1&1&1&0&0&0\\ 1&1&1&0&0&0\\ 1&1&1&0&0&0\\ 0&0&0&1&1&0\\ 0&0&0&1&1&0\\ 0&0&0&0&0&1 \end{pmatrix}$$

$$=\begin{pmatrix} \boldsymbol{M}_1 & & \\ & \boldsymbol{M}_2 & \\ & & \boldsymbol{M}_3 \end{pmatrix}，其中\ \boldsymbol{M}_1=\begin{pmatrix} 1&1&1\\ 1&1&1\\ 1&1&1 \end{pmatrix},\ \boldsymbol{M}_2=\begin{pmatrix} 1&1\\ 1&1 \end{pmatrix},\ \boldsymbol{M}_3=[1].$$

而定理 10-4 的 1)、2)两个条件 $\boldsymbol{M}_R$ 显然是满足的，所以 R 是等价关系.

2. 划分

定义 10-11　设 $A_1,A_2,\cdots,A_s$ 是集合 A 的非空子集，满足：

(1) $\bigcup_{i=1}^{s}A_i=A$；(2) $A_i\cap A_j=\Phi$，$(1\leqslant i,j\leqslant s,i\neq j)$

则由 $A_1,A_2,\cdots,A_s$ 构成的集合叫作集合 A 的一个划分，记做 Π_A，即

$$\Pi_A=\{A_1,A_2,\cdots,A_s\}$$

此时称 Π_A 的每个元素 $A_i(i=1,2,\cdots,s)$ 为一个划分块.

例如：设集合 $A=\{1,2,3,4,5\}$，不难验证 $\Pi_A=\{\{1,2,3\},\{4,5\}\}$ 是 A 的一个划分；而 $\Pi_A''=\{\{1,2\},\{3,4\},\{5\}\}$ 也是 A 的一个划分．显然集合 A 还有其他的划分．因此集合 A 的划分一般是不唯一的．在解决实际问题的时候，可根据所研究问题的性质适当地选取划分，以便有效地解决问题.

10.2.2 偏序关系

1. 偏序关系与哈斯图(Hasse)

在前面讨论了等价关系，集合 A 上的等价关系实质上是实数集合 R 上相等关系的推广，如果把实数集合 R 上的“不大于”关系加以推广就得到了

偏序关系与哈斯图

另一类重要的关系——序关系.

定义 10-12　设 R 是 A 上的二元关系，如果 R 是自反的、反对称的和传递的，则称 R 是 A 上的偏序关系，简称偏序，$\langle A,R\rangle$ 称为偏序结构.

【例 10-11】　设 $A=\{2,3,6,8,12,16,24,32\}$，$R$ 是 A 上的整除关系：

$$R=\{\langle x,y\rangle \mid x\in A,y\in A,x\mid y\}$$

试证明 R 是偏序.

证　关系 R 具有自反性，这是由于任何非零整数都可以整除自己，所以 R 是自反的.

关系 R 具有反对称性，这是由于设 $x,y\in A,x\mid y$ 和 $y\mid x$，于是必有整数 q、p，使得 $y=qx$ 和 $x=py$，即 $y=q(py)=(pq)y$，因为 $y\neq 0$，所以 $pq=1$，但 q、p 为整数，故只能 $q=p=1$，故而得 $x=y$，即 R 是反对称的.

关系 R 具有传递性，设 $x,y,z\in A,x\mid y,y\mid z$，于是存在整数 q、p，使得 $y=qx$ 和 $z=py$，所以有 $z=p(qx)=(pq)x$，而 pq 是整数，所以 $x\mid z$. 因此，由偏序关系的定义可知 R 是偏序.

R 的关系图如图 10-10 所示.

观察偏序的关系图（见图 10-10）不难发现，偏序的关系图有明显的层次关系．例如：在例 10-11 中，可将所有的结点分为四层，由“低”到“高”分别为 2、3、6 和 8、12、16 以及 24 和 32. 如果一个关系图包含较多的结点，那么它就会有很多的边，将它们全部画出就会使得关系图显得杂乱无章．可以根据偏序关系图的层次关系省略图中的某些边而得到一种偏序关系图的简图，即所谓的哈斯图．例 10-11 中关系 R 的哈斯图如图 10-11 所示．由图可以看出可以省略的边有两类：一类是通过每一结点的自闭合的边；另一类是这样的边：若同时存在两条或两条以上的首尾顺序相连的边 $\langle u,c_1\rangle,\langle c_1,c_2\rangle,\cdots,\langle c_{k-1},c_k\rangle,\langle c_k,v\rangle$，由于偏序是传递的，所以偏序中一定有边 $\langle u,v\rangle$，那么边 $\langle u,v\rangle$ 就是可以省略的．很明显，省略的那些边在偏序关系中都是必然要出现的．具体来讲，偏序的哈斯图是这样规定的：

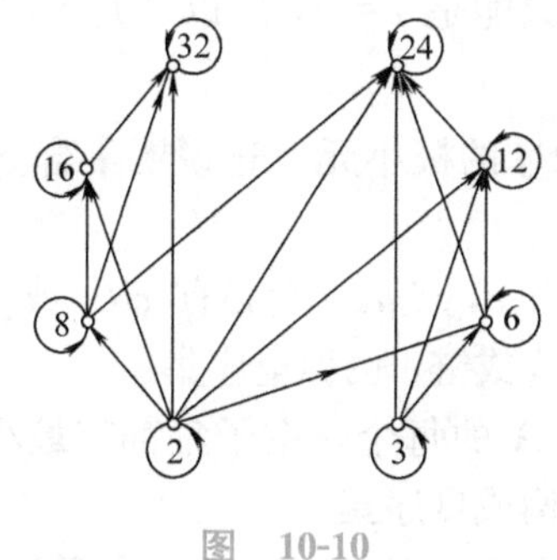

图　10-10

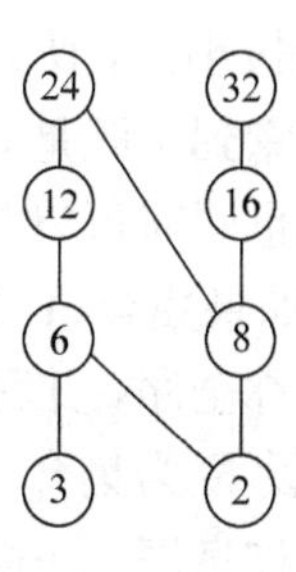

图　10-11

1) 对每一个 $x\in A$，用一个小圆圈表示，并且若 $x,y\in A,x\neq y$ 且 $x\leqslant y$，则 y 放在比 x 高的层次上.

2) 仅仅画出这样的一些边 $\langle u,v\rangle$，$u,v\in A,u\neq v,u\leqslant v$，但不存在第三个结点 $w\in A$，$w\neq u,w\neq v$，却有 $u\leqslant w,w\leqslant v$.

3) 省略留下边的箭头符号.

2. 全序与良序

定义 10-13　设 R 是非空集合 A 上的偏序，S 是 A 的非空子集.

1) 如果存在 $a\in S$，使得当 $x\in S$ 且 $\langle a,x\rangle\in R$（或 $\langle x,a\rangle\in R$）时，有 $a=x$，则称元素 a 为集合 S 的极大（或极小）元.

2) 如果存在 $a\in S$，使得对一切 $x\in S$，都有 $\langle x,a\rangle\in R$（或 $\langle a,x\rangle\in R$），则称元素 a 为集合 S 的最大（或最小）元.

需要注意的是，极大（小）元、最大（小）元的概念都是相对于偏序结构中集合 A 的非空子集 S 而言的，子集 S 的改变也会使极大（小）元、最大（小）元发生变化；再者，集合 A 的非空子集 S 不一定有极大（或极小）元，即使有也不一定唯一．同理 S 也不一定有最大（或最小）元．但可以证明：如果 S 的最大（或最小）元存在，则它是唯一的.

【例 10-12】 设 $A=\{i\mid i\in\mathbf{N}$ 且 $1\leqslant i\leqslant 12\}$，在 A 上定义二元关系 $R=\{iRj$，当且仅当 $i\mid j\}$，再设 $S_1=\{2,4,6,8,12\}$，$S_2=\{2,5,10,7\}$，求 S_1 和 S_2 的极大与极小元、最大与最小元（如果存在）.

解 关系 R 的哈斯图如图 10-12 所示.

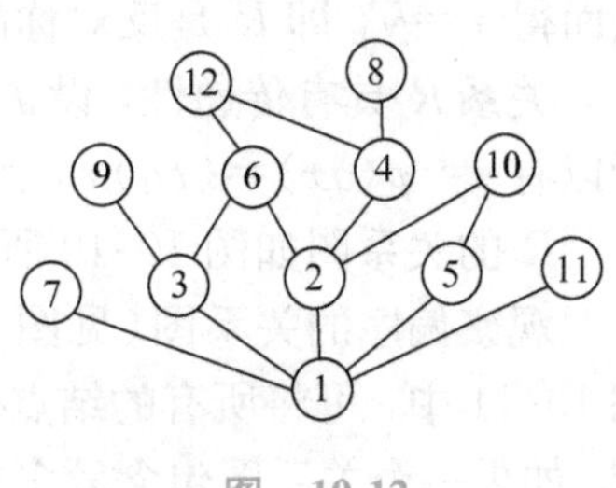

图 10-12

1) 求 S_1 的极大（极小）元、最大（最小）元.

取 $12\in S_1$，如果 $x\in S_1$ 使得 $\langle 12,x\rangle\in R$，即 $12\mid x$，则只能是 $x=12$，所以 12 是 S_1 的极大元．同理可知 8 也是 S_1 的极大元，2、4、6 都不是 S_1 的极大元（因为有 $12\in S_1$，使 $\langle 2,12\rangle\in R$ 但 $2\neq 12$，对于 4、6 同理可以说明）．由于最大元一定是极大元而且最大元是唯一的，S_1 有两个极大元，所以 S_1 没有最大元．取 $2\in S_1$，如果 $x\in S_1$ 使得 $\langle x,2\rangle\in R$，即 $x\mid 2$，则只能是 $x=2$，所以 2 是 S_1 的极小元，而 4、6、8、12 都不是 S_1 的极小元，2 是 S_1 的唯一极小元，所以 2 是 S_1 的最小元.

2) 求 S_2 的极大（极小）元、最大（最小）元.

取 $10\in S_2$，如果 $x\in S_2$ 使得 $\langle 10,x\rangle\in R$，即 $10\mid x$，则只能是 $x=10$，所以 10 是 S_2 的极大元．同理可知 7 也是 S_2 的极大元，所以 S_2 没有最大元．2、5 都不是 S_2 的极大元．取 $2\in S_2$，如果 $x\in S_2$ 使得 $\langle x,2\rangle\in R$，即 $x\mid 2$，则只能是 $x=2$，所以 2 是 S_2 的极小元，同理可求 5、7 都是 S_2 的极小元，所以 S_2 没有最小元.

在上例中，注意到 7 既是 S_2 的极大元也是 S_2 的极小元．这说明集合 S 的某个元素既可以是它的极大元，也同时可以是它的极小元.

定义 10-14 如果集合 A 上的偏序 R 满足：当 $x,y\in A$，则必有 xRy 或 yRx，就称 R 是 A 上的全序关系，简称全序，并称 $\langle A,R\rangle$ 为全序结构或链，也称全序集.

定义 10-15 设 R 为集合 A 上的偏序，如果 A 的每个非空子集都有最小元，就称 R 是 A 上的良序关系，简称良序，并称 $\langle A,R\rangle$ 为良序结构或良序集.

定理 10-5 设 R 为集合 A 上的偏序，则 R 为 A 上的良序关系的充要条件是：

1) R 是 A 上的全序；

2) A 的每个非空子集都有极小元.

证 必要性：设 R 为集合 A 上的良序，任取 $x,y\in A$，令 $S_1=\{x,y\}$，则 S_1 是 A 的非空子集，所以 S_1 有最小元．如果 x 是 S_1 的最小元，则 xRy；如果 y 是 S_1 的最小元，则 yRx，所以 R 是 A 上的全序．设 S 是 A 的任一非空子集，则 S 有最小元，这个最小元显然是 S 的极小元.

充分性：设 R 满足条件 1)、2)，并设 S 是 A 的任一非空子集，则由条件 2)知 S 有极小元 a．任取 $x\in S$，由条件 1)得：aRx 或 xRa．如果 aRx 成立，由于 a 是 S 的极小元，所以 $x=a$，即对 A 的每个元素都有 aRx 成立，这说明 a 是 S 的最小元.

10.2.3 关系的闭包运算

所谓关系的闭包运算就是在一个关系中尽可能少地补充一些序偶，以使新的关系满足某一特殊性质的过程.

定义 10-16　设 R 是集合 A 上的二元关系，如果 A 上的二元关系 R' 满足：

1) R' 是自反的；

2) $R\subseteq R'$；

3) 对于 A 上的任一二元关系 R''，如果 R'' 满足条件 1)、2)，则有 $R'\subseteq R''$，则称 R' 是 R 的自反闭包，记为 $r(R)$.

定义 10-17　设 R 是集合 A 上的二元关系，如果 A 上的二元关系 R' 满足：

1) R' 是对称的；

2) $R\subseteq R'$；

3) 对于 A 上的任一二元关系 R''，如果 R'' 满足条件 1)、2)，则有 $R'\subseteq R''$ 则称 R' 是 R 的对称闭包，记为 $s(R)$.

定义 10-18　设 R 是集合 A 上的二元关系，如果 A 上的二元关系 R' 满足：

1) R' 是传递的；

2) $R\subseteq R'$；

3)对于 A 上的任一二元关系 R''，如果 R'' 满足条件 1)、2)，则有 $R'\subseteq R''$ 则称 R' 是 R 的传递闭包，记为 $t(R)$.

【例 10-13】　设 R_1、R_2 是 $A=\{1,2,3\}$ 上的关系，其中：

$R_1=\{\langle 1,1\rangle,\langle 1,2\rangle\}$，$R_2=\{\langle 1,1\rangle,\langle 1,2\rangle,\langle 2,2\rangle,\langle 3,3\rangle\}$，则 $R_2=r(R_1)$.

证　显然 R_2 是自反的，且 $R_1\subseteq R_2$. 下面利用反证法证明.

如果 $R_2\neq r(R_1)$，则由自反闭包的定义知 $r(R_1)\not\subset R_2$，于是有 $\langle a,b\rangle\in R_2$，且 $\langle a,b\rangle\notin r(R_1)$. 如果 $\langle a,b\rangle=\langle x_i,x_i\rangle$，其中 $x_i=i(i=1,2,3)$，那么 $\langle a,b\rangle\notin r(R_1)$ 与 $r(R_1)$ 是 A 上的自反关系矛盾.

如果 $\langle a,b\rangle=\langle 1,2\rangle$，$\langle a,b\rangle\notin r(R_1)$ 与 $R_1\subseteq r(R_1)$ 矛盾.

所以一定有 $R_2=r(R_1)$.

以下是有关求 R 闭包的定理.

定理 10-6　设 R 是集合 A 上的二元关系，则：

1) $r(R)=R\cup I_A$；

2) $s(R)=R\cup R^{-1}$；

3) $t(R)=R^+$.

其中 $R^+=\bigcup\limits_{k=1}^{\infty}R^{(k)}$，而 $R^{(k)}=\underbrace{R\circ R\circ\cdots\circ R}_{k个}$ 表示 R 自身的 k 次复合.

下面只证明 3).

首先说明 R^+ 是传递的．设有 $\langle x,y\rangle,\langle y,z\rangle\in R^+$，则由 $t(R)$ 的定义可知，必有正整数 i、j，使 $\langle x,y\rangle\in R^{(i)}$ 和 $\langle y,z\rangle\in R^{(j)}$，再由复合关系的定义知 $\langle x,z\rangle\in R^{(i)}\circ R^{(j)}=R^{(i+j)}\subseteq R^+$，所以 R^+ 是传递的.

而由 $R^+=\bigcup\limits_{k=1}^{\infty}R^{(k)}$ 直接可以得到 $R\subseteq R^+$.

最后来说明如果有包含 R 的可传递关系 R''，则 $R^+\subseteq R''$. 任取 $\langle x,y\rangle\in R^+$，即有正整数

i，使得$\langle x,y\rangle\in R^{(i)}$．由复合关系的定义可知，存在$c_1,c_2,\cdots,c_{i-1}\in A$，使得$\langle x,c_1\rangle\in R$，$\langle c_1,c_2\rangle\in R,\cdots,\langle c_{i-2},c_{i-1}\rangle\in R$，$\langle c_{i-1},y\rangle\in R$，已知$R\subseteq R''$，所以$\langle x,c_1\rangle\in R'',\cdots,\langle c_{i-2},c_{i-1}\rangle\in R'',\langle c_{i-1},y\rangle\in R''$，因而有$\langle x,y\rangle\in R''$，即$R^+\subseteq R''$．

【例 10-14】　已知$A=\{1,2,3,4,5\}$，$R=\{\langle 2,1\rangle,\langle 2,5\rangle,\langle 2,4\rangle,\langle 3,4\rangle,\langle 4,4\rangle,\langle 5,2\rangle\}$．求$r(R),s(R),t(R)$．

解　$r(R)=R\cup I_A=\{\langle 2,1\rangle,\langle 2,5\rangle,\langle 2,4\rangle,\langle 3,4\rangle,\langle 4,4\rangle,\langle 5,2\rangle,\langle 1,1\rangle,\langle 2,2\rangle,\langle 3,3\rangle,\langle 5,5\rangle\}$

由于$R^{-1}=\{\langle 1,2\rangle,\langle 5,2\rangle,\langle 4,2\rangle,\langle 4,3\rangle,\langle 4,4\rangle,\langle 2,5\rangle\}$

所以$s(R)=R\cup R^{-1}=\{\langle 1,2\rangle,\langle 2,1\rangle,\langle 2,5\rangle,\langle 2,4\rangle,\langle 3,4\rangle,\langle 4,2\rangle,\langle 4,3\rangle,\langle 4,4\rangle,\langle 5,2\rangle\}$

因为$R^{(2)}=R\circ R=\{\langle 2,2\rangle,\langle 2,4\rangle,\langle 3,4\rangle,\langle 4,4\rangle,\langle 5,1\rangle,\langle 5,4\rangle,\langle 5,5\rangle\}$

$R^{(3)}=R^{(2)}\circ R=\{\langle 2,1\rangle,\langle 2,4\rangle,\langle 2,5\rangle,\langle 3,4\rangle,\langle 4,4\rangle,\langle 5,2\rangle,\langle 5,4\rangle\}$

$R^{(4)}=R^{(3)}\circ R=\{\langle 2,2\rangle,\langle 2,4\rangle,\langle 3,4\rangle,\langle 4,4\rangle,\langle 5,1\rangle,\langle 5,4\rangle,\langle 5,5\rangle\}=R^{(2)}$

一般的有$R^{(2n+1)}=R^{(3)}$，$R^{(2n)}=R^{(2)}$，$(n=1,2,\cdots)$

因此$t(R)=\bigcup\limits_{i=1}^{\infty}R^{(i)}=R\cup R^{(2)}\cup R^{(3)}=\{\langle 2,1\rangle,\langle 2,5\rangle,\langle 2,4\rangle,\langle 3,4\rangle,\langle 4,4\rangle,\langle 5,2\rangle,\langle 2,2\rangle,\langle 5,1\rangle,\langle 5,4\rangle,\langle 5,5\rangle\}$

习　题　10-2

1. 设集合$A=\{a,b,c,d,e\}$，A上的关系关于等价关系R的等价类为$M_1=\{a,b,c\}$，$M_2=\{d,e\}$，试求：

(1) 等价关系R；(2) 画出关系图．

2. 设R_1和R_2是非空集合A上的等价关系，下列各式哪些是A上的等价关系？哪些不是A上的等价关系？试举例说明．

(1) $A\times A-R_1$；　(2) R_1-R_2；　(3) R_1^2；

(4) $r(R_1-R_2)$；　(5) $R_1\circ R_2$．

3. 设集合$A=\{2,3,4,6,8,12,24\}$，R为A上的整除关系．

(1) 画出偏序结构$\langle A,R\rangle$的哈斯图；

(2) 写出集合A中的最大元、最小元、极大元、极小元．

4. 设R的关系图如图10-13所示，试画出$r(R)$、$s(R)$和$t(R)$的关系图．

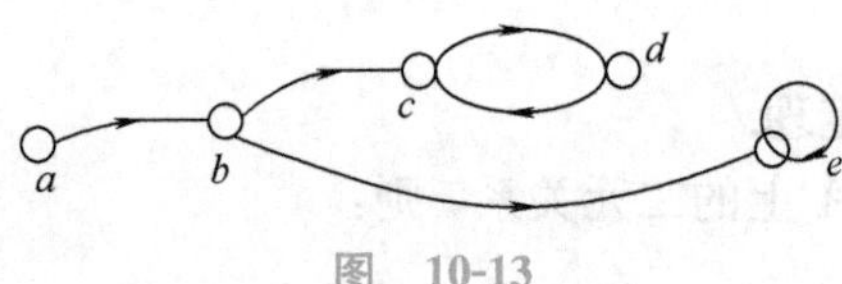

图　10-13

5. 设集合$A=\{1,2,3,4\}$，A上的关系$R=\{\langle 1,2\rangle,\langle 2,3\rangle,\langle 3,1\rangle,\langle 4,4\rangle\}$，求$t(R)$和$sr(R)$，并写出它们的关系矩阵．

6. 设R是集合A上的二元关系，若R是传递的，则$r(R)$也是传递的，而$s(R)$不一定是传递的．

7. 设R是集合A上的二元关系，判断下列命题是否正确？

(1) $rt(R)=tr(R)$；(2) $ts(R)=st(R)$．

8. 设R_1和R_2是集合A上的二元关系，试判断下列命题是否正确？

(1) $r(R_1\cup R_2)=r(R_1)\cup r(R_2)$；

(2) $s(R_1\cup R_2)=s(R_1)\cup s(R_2)$；

(3) $t(R_1\cup R_2)=t(R_1)\cup t(R_2)$．

9. 设集合$A=\{1,2,3,4\}$，A上的四个偏序关系分别为

$R_1=\{\langle 1,1\rangle,\langle 1,2\rangle,\langle 1,3\rangle,\langle 1,4\rangle,\langle 2,2\rangle,\langle 2,3\rangle,\langle 3,3\rangle,\langle 4,4\rangle\}$

$R_2=\{\langle 1,1\rangle,\langle 1,2\rangle,\langle 2,2\rangle,\langle 3,1\rangle,\langle 3,2\rangle,\langle 3,3\rangle,\langle 4,1\rangle,\langle 4,2\rangle,\langle 4,3\rangle,\langle 4,4\rangle\}$

$R_3=\{\langle 1,1\rangle,\langle 2,2\rangle,\langle 2,4\rangle,\langle 3,3\rangle,\langle 3,4\rangle,\langle 4,4\rangle\}$

$R_4=\{\langle 1,1\rangle,\langle 1,2\rangle,\langle 1,3\rangle,\langle 1,4\rangle,\langle 2,2\rangle,\langle 2,3\rangle,\langle 2,4\rangle,\langle 3,3\rangle,\langle 3,4\rangle,\langle 4,4\rangle\}$

试分别画出它们的哈斯图，并判断其中哪个具有有序关系？哪个具有良序关系？

10. 设 R 是集合 A 上的偏序关系，且 $B\subseteq A$，试证明 $R'=R\cap(B\times B)$是 B 上的偏序关系.

10.3 函数

10.3.1 函数的概念

定义 10-19 设 X 和 Y 是两个非空集合，f 是 X 到 Y 的关系．如果对每一个 $x\in X$，存在唯一的 $y\in Y$，使得$\langle x,y\rangle\in f$，则称 f 是 X 到 Y 的函数，记为 $y=f(x)$，称 y 为 x 的像(函数值)，称 x 为 y 的原像.

函数是一特殊的关系，它与一般关系的区别在于:一是集合 X 的每个元素都有像，即像的存在性;二是每个元素的像是唯一的，即像的唯一性.

一个函数 $f:X\to Y$，称 X 是 f 的定义域，用 D_f 表示，即 $D_f=X$. 而 $f(X)$是一个集合，即所有 $x\in X$ 的像的集合称为函数 f 的值域，记为 R_f，即值域 $R_f=f(X)=\{y\mid y=f(x),x\in X\}$.

【例 10-15】 设 $A=\{1,2,3,4\}$，$B=\{b_1,b_2,b_3\}$，$R_1=\{\langle 1,b_1\rangle,\langle 2,b_2\rangle,\langle 3,b_3\rangle\}$，$R_2=\{\langle 1,b_1\rangle,\langle 2,b_2\rangle,\langle 3,b_3\rangle,\langle 2,b_1\rangle\}$，$R_3=\{\langle 1,b_3\rangle,\langle 2,b_2\rangle,\langle 3,b_1\rangle,\langle 4,b_1\rangle\}$，问$R_1$、$R_2$、$R_3$ 是否为 A 到B 的函数.

解 R_1 不是函数，这是因为 $4\in A$ 没有像.

R_2 不是函数，这是因为 A 中元素 2 的像不唯一(b_1、b_2 都是 2 的像).

R_3 是函数，它满足函数概念中像的存在性和唯一性.

定义 10-20 设 f、g 都是集合 X 到 Y 的函数，如果对任意的 $x\in X$，都有 $f(x)=g(x)$，则称 f 和 g 是相等的，记为 $f=g$.

定义 10-21 设函数 $f:X\to Y$，如果 $R_f=Y$,也即对每个 $y\in Y$，都是某一个 $x\in X$ 的像，则称函数 f 是 X 到 Y 上的满映射，简称满射.

定义 10-22 设函数 $f:X\to Y$，如果当 $x_1,x_2\in X$ 且 $x_1\neq x_2$ 时,就有 $f(x_1)\neq f(x_2)$，则称函数 f 是 X 到 Y 上的单射.

函数的函数值有存在性和唯一性，并且强调这两个性质是单向的，即对集合 Y 而言，并非每个 $y\in Y$ 都有原像．而上面定义的满射对每个 $y\in Y$ 一定都有原像．函数值的唯一性一般只要求对给定的 $x\in X$，存在唯一的 $y\in Y$ 与之对应，即对于一个函数值 $y\in Y$，可以对应两个不同的原像 $x_1,x_2\in X$ 且 $x_1\neq x_2$. 但单射具有反向的唯一性，即一个函数值不会对应两个不同的原像.

定义 10-23 设函数 $f:X\to Y$，如果函数 f 既是满射的又是单射的，则称函数 f 是 X 到 Y 上的双射．双射也称为一一对应.

【例 10-16】 证明函数 $f:\mathbf{R}\to\mathbf{R}$，$f(r)=3r-2$(其中 $\mathbf{R}$ 表示实数域)是双射.

证明 先证明 f 是 $\mathbf{R}\to\mathbf{R}$ 的满射．任取 $x\in\mathbf{R}$，则有 $r=\frac{x+2}{3}\in\mathbf{R}$，且 $f(r)=3\times\frac{x+2}{3}-2=x$，所以 $\mathbf{R}\subseteq R_f$. 而显然有 $R_f\subseteq\mathbf{R}$. 从而 $R_f=\mathbf{R}$，即 f 是 $\mathbf{R}\to\mathbf{R}$ 的满射.

再证明 f 是 $\mathbf{R}\to\mathbf{R}$ 的单射．任取 $r_1,r_2\in\mathbf{R}$，且 $r_1\neq r_2$，则

$$f(r_1)-f(r_2)=(3r_1-2)-(3r_2-2)=3(r_1-r_2)\neq 0$$

所以 f 是 $\mathbf{R}\to\mathbf{R}$ 的单射.

这样就证明了函数 f 是 $\mathbf{R}$ 到 $\mathbf{R}$ 上的双射.

10.3.2 复合函数

类似于二元关系的复合，下面讨论函数的复合．因为函数是一种特殊的关系，所以关系复合的概念自然也适用于函数．函数作为特殊的关系进行复合运算其结果还是一个函数，即设函数 $f:X\to Y$，$g:Y\to Z$，则 $g\circ f$ 是 X 到 Z 的一个函数.

定义 10-24 设函数 $f:X\to Y$，$g:Y\to Z$，则称 f 和 g 的复合关系是从 X 到 Z 的一个复合函数，记为 $g\circ f:X\to Z$.

【例 10-17】 设 $X=\{a,b,c\}$，X 到 X 的函数 f 和 g 定义为

$$f=\{\langle a,a\rangle,\langle b,c\rangle,\langle c,a\rangle\}$$
$$g=\{\langle a,a\rangle,\langle b,b\rangle,\langle c,b\rangle\}$$

求 $f\circ g$、$g\circ f$、$(f\circ f)\circ g$.

解 $f\circ g=\{\langle a,a\rangle,\langle b,c\rangle,\langle c,c\rangle\}$

$g\circ f=\{\langle a,a\rangle,\langle b,b\rangle,\langle c,a\rangle\}$

$f\circ f=\{\langle a,a\rangle,\langle b,a\rangle,\langle c,a\rangle\}$

$(f\circ f)\circ g=\{\langle a,a\rangle,\langle b,a\rangle,\langle c,a\rangle\}$

从本例可以看出 $f\circ g\neq g\circ f$. 这说明函数的复合运算不满足交换律．但是可以证明，函数的复合运算满足结合律，即

设 $f:X\to Y$，$g:Y\to Z$，$h:Z\to W$，则有：

$$h\circ(g\circ f)=(h\circ g)\circ f$$

复合函数还有下列性质.

定理 10-7 设 $f:X\to Y$，$g:Y\to Z$，则：

1) 若 f、g 都是满射的，则 $g\circ f$ 也是满射的；

2) 若 f、g 都是单射的，则 $g\circ f$ 也是单射的；

3) 若 f、g 都是双射的，则 $g\circ f$ 也是双射的.

证明 1) 任取 $z\in Z$，因为 g 是满射，所以存在 $y\in Y$，使得 $g(y)=z$，又因为 f 是满射，所以存在 $x\in X$，使得 $f(x)=y$，从而有

$$g\circ f(x)=g(f(x))=g(y)=z$$

即 $z\in R_{g\circ f}$，因此 $Z\subseteq R_{f\circ g}$. 而显然有 $R_{f\circ g}\subseteq Z$，所以 $R_{f\circ g}=Z$，即 $g\circ f$ 是满射的.

2) 任取 $x_1,x_2\in X$，令 $g\circ f(x_1)=g\circ f(x_2)$，即 $g(f(x_1))=g(f(x_2))$，由于 g 是单射，所以 $f(x_1)=f(x_2)$. 又因为 f 是单射，所以 $x_1=x_2$，从而 $g\circ f$ 也是单射的.

3) 因为 f、g 都是双射的，所以它们都是满射的，同时它们也都是单射的，由定理 10-7 的 1)、2)可知，$g\circ f$ 既是满射又是单射的，所以 $g\circ f$ 是双射的.

10.3.3 逆函数

一般而言，若 $f:X\to Y$ 是函数，当把它作为关系处理时有逆关系 $f^{-1}:Y\to X$. 但由于函数并不保证原像的存在性和唯一性，所以 $f^{-1}:Y\to X$ 一般并不是一个函数，然而当 f 本身是双射时，f^{-1}就一定是函数了.

定义 10-25 设 f 是从 X 到 Y 上的双射，其逆关系 f^{-1} 称为函数 f 的逆函数，此时称函数 f 是可逆的.

由逆函数的定义可知，若 $y=f(x)$，则 $x=f^{-1}(y)$.

显然，一个函数可逆的充要条件是该函数是双射.

定义 10-26 集合 X 上的恒等关系 $I_X: X\to X$ 称为恒等函数，即

$$I_X=\{\langle x,x\rangle \mid x\in X\}$$

设函数 $f:X\to Y$，容易知道有以下结论成立：

1) $f\circ I_X=f$；

2) $I_Y\circ f=f$.

定理 10-8 设函数 $f:X\to Y$ 是可逆的，则：

$$f^{-1}\circ f=I_X, f\circ f^{-1}=I_Y$$

证 只证明 $f^{-1}\circ f=I_X$，另一式的证明可类似给出．由于 $f:X\to Y$，$f^{-1}:Y\to X$，所以 $f^{-1}\circ f$ 是 $X\to X$ 的函数．任取 $x\in X$，按复合函数的定义，$f^{-1}\circ f(x)=f^{-1}(f(x))=f^{-1}(y)$，其中 $y=f(x)$，所以由逆函数的定义有 $x=f^{-1}(y)$，即 $f^{-1}\circ f(x)=x$，所以 $f^{-1}\circ f=I_X$.

【例 10-18】 设函数 $f:\mathbf{R}\to\mathbf{R}$(其中 $\mathbf{R}$ 表示实数域)的定义如下：

$$f(x)=\begin{cases} x^2+1 & x>0 \\ 2x+1 & x\leqslant 0 \end{cases}$$

证明 f 是双射，并求 f^{-1}.

解 先来证明 f 是单射．任取 $x_1,x_2\in\mathbf{R}$ 且 $x_1\neq x_2$，若 $x_1>0$ 且 $x_2>0$ 时，有

$$f(x_1)=x_1^2+1, f(x_2)=x_2^2+1$$

所以 $f(x_1)-f(x_2)=(x_1+x_2)(x_1-x_2)\neq 0$，即 $f(x_1)\neq f(x_2)$．对于 $x_1\leqslant 0$ 且 $x_2\leqslant 0$ 时，或 $x_1\leqslant 0$ 且 $x_2>0$ 时，都可以证明有 $f(x_1)\neq f(x_2)$成立，从而得到 f 是单射.

再来证明 f 是满射．任取 $y\in\mathbf{R}$，若 $y>1$，取 $x=\sqrt{y-1}>0$，则有

$$f(x)=f(\sqrt{y-1})=(\sqrt{y-1})^2+1=y$$

若 $y\leqslant 1$，取 $x=\dfrac{y-1}{2}\leqslant 0$，则有

$$f(x)=f\left(\frac{y-1}{2}\right)=2\cdot\frac{y-1}{2}+1=y$$

所以 f 是 $\mathbf{R}\to\mathbf{R}$ 的满射.

综上所述可知，f 是 $\mathbf{R}\to\mathbf{R}$ 的双射.

最后由 f 的定义式，不难求得：

$$f^{-1}(x)=\begin{cases} \sqrt{x-1} & x>1 \\ \dfrac{x-1}{2} & x\leqslant 1 \end{cases}$$

习　题　10-3

1. 设$A=\{a_1,a_2,a_3,a_4\}$，$B=\{b_1,b_2,b_3\}$，令

$R_1=\{\langle a_1,b_2\rangle,\langle a_2,b_3\rangle,\langle a_4,b_1\rangle\}$

$R_2=\{\langle a_1,b_1\rangle,\langle a_2,b_1\rangle,\langle a_3,b_3\rangle,\langle a_4,b_3\rangle\}$

$R_3=\{\langle a_1,b_2\rangle,\langle a_2,b_1\rangle,\langle a_2,b_3\rangle,\langle a_3,b_2\rangle,\langle a_4,b_3\rangle\}$

判断上述关系是否均定义了一个函数？若是函数，求出其定义域与值域.

2. 设 A 和 B 是两个有限集合，它们的元素个数都是 n，则 $\sigma:A\to B$ 是单射的充要条件是 σ 为满射.

3. 设集合 $A=\{a,b,c\}$，σ 与 τ 为 $A\to A$ 的映射，若

$$\sigma=\{\langle a,c\rangle,\langle b,b\rangle,\langle c,b\rangle\},\ \tau=\{\langle a,b\rangle,\langle b,a\rangle,\langle c,c\rangle\}$$

试求：$\tau\circ\sigma$ 与 $\sigma\circ\tau$；若 σ 与 τ 为 A 上的两个二元关系时，$\tau\circ\sigma$ 与 $\sigma\circ\tau$ 又将怎样呢？

4. 设 R 为实数集，$\sigma(x)=x^2-2,\tau(x)=x+4,\varphi(x)=x^3-5$ 都是 $R\to R$ 的映射.

(1) 求 $\tau\circ\sigma$，并判定是否为 $R\to R$ 的满射、单射、双射？

(2) 问 φ^{-1} 是否存在？如果存在，试求出来.

5. 设映射 $\sigma:A\to B,\tau:B\to C,\tau$、$\sigma$ 都是双射，求证 $(\tau\circ\sigma)^{-1}=\sigma^{-1}\circ\tau^{-1}$.

复习题 10

1. 设 $A=\{0,1,2,3,4\}$，给出 A 上的二元关系如下：

$R_1=\{\langle 0,4\rangle,\langle 4,0\rangle,\langle 1,3\rangle,\langle 3,1\rangle,\langle 2,2\rangle\}$，$R_2=\{\langle 0,0\rangle,\langle 0,1\rangle,\langle 0,2\rangle,\langle 0,3\rangle,\langle 0,4\rangle,\langle 1,1\rangle,\langle 2,2\rangle,\langle 3,3\rangle,\langle 4,4\rangle\}$，画出它们的关系图.

2. 对下列关系，求出其关系矩阵.

(1) $A=\{1,2,3\}$，$R=\{\langle 2,2\rangle,\langle 1,2\rangle,\langle 3,1\rangle\}$；

(2) $A=\{0,1,2,3\}$，$R=\{\langle x,y\rangle \mid x\leqslant 2 \text{ 且 } y\geqslant 1\}$.

3. 设集合 $A=\{a,b,c,d,e\}$ 上的二元关系

$R=\{\langle a,a\rangle,\langle b,b\rangle,\langle c,c\rangle,\langle a,c\rangle,\langle c,a\rangle,\langle d,d\rangle,\langle e,e\rangle\}$，求 A 的一个划分.

4. 对任意的非空集合 S，$P(S)-\{\Phi\}$ 是 S 的非空子集族，问 $P(S)-\{\Phi\}$ 能否构成 S 的划分？

5. 设 $A=\{1,2,3,4,5\}$，$S=\{\langle 4,2\rangle,\langle 2,5\rangle,\langle 3,1\rangle,\langle 1,3\rangle\}$，$R=\{\langle 1,2\rangle,\langle 3,4\rangle,\langle 2,2\rangle\}$，求 $M_{R\cdot S}$.

6. 图 10-14 给出了 $\{1,2,3,4\}$ 上的四个偏序关系图，画出每个关系的哈斯图.

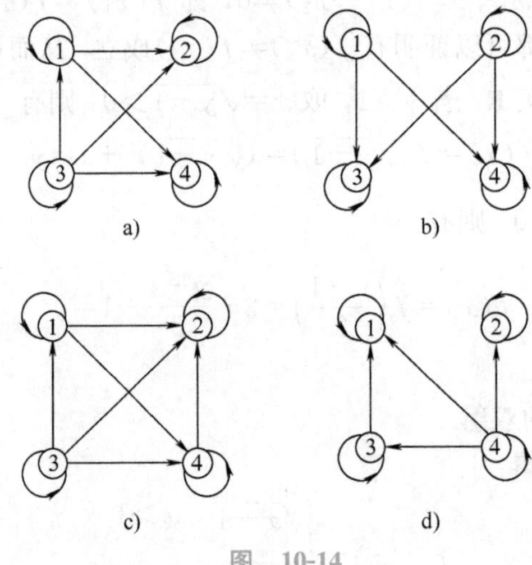

图　10-14

7. 设 $S=\{1,2,3,\cdots,10\}$，定义 S 上的关系

$$R=\{\langle x,y\rangle \mid x,y\in S,\text{且 } x+y=10\}$$

问 R 具有哪些性质？

8. 设集合 $A=\{x_1,x_2,x_3,x_4,x_5\}$ 上偏序的哈斯图如图 10-15 所示.

(1) 下列断言中哪些为真，哪些为假？

$$x_1Rx_2,\ x_4Rx_1,\ x_3Rx_5,\ x_1Rx_1,\ x_2Rx_3,\ x_4Rx_5.$$

(2) 求 A 的极大元与极小元、最大元和最小元.

(3) 求 $S_1=\{x_2,x_3,x_4\}$，$S_2=\{x_3,x_4,x_5\}$，$S_3=\{x_1,x_2,x_3\}$的极大元与极小元、最大元和最小元.

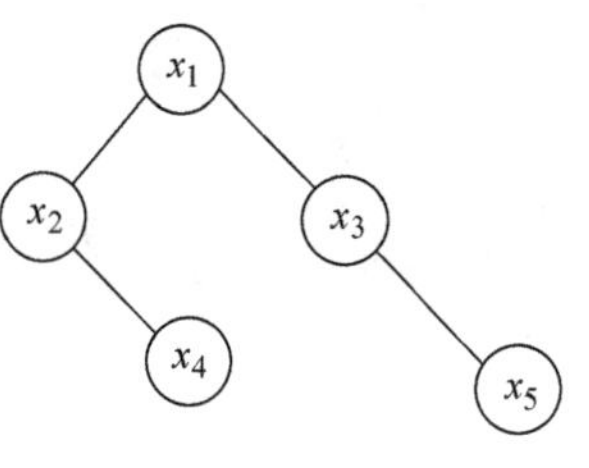

图 10-15

9. 画出下列集合关于整除关系的哈斯图，并指出它的极小元、最小元、极大元、最大元.

(1) $\{1,2,3,4,6,8,12,24\}$；(2) $\{1,2,3,4,5,6,7,8,9\}$.

10. 设给定下列从 **R** 到 **R** 的函数.

$$f(x)=2x+5,\ g(x)=x+7,$$

$$h(x)=\frac{x}{3},\ k(x)=x-4.$$

试求：$g\circ f$、$f\circ g$、$g\circ g$、$f\circ k$、$g\circ h$.

11. 求出下列各函数的逆函数：

(1) $f:[0,1]\to\left[\frac{1}{4},\frac{3}{4}\right]$，$f(x)=\frac{x}{2}+\frac{1}{4}$；

(2) $f:\mathbf{R}\to\mathbf{R}$，$f(x)=x^3-2$；

(3) $f:\mathbf{R}\to\mathbf{R}$，$f(x)=2^x$.

12. 列出集合 $A=\{2,3,4\}$上的恒等关系 I_A，全域关系 E_A，小于或等于关系 L_A，整除关系 D_A.

13. 设 $A=\{\langle 1,2\rangle,\langle 2,4\rangle,\langle 3,3\rangle\}$，$B=\{\langle 1,3\rangle,\langle 2,4\rangle,\langle 4,2\rangle\}$.

求 $A\cup B$, $A\cap B$，$\mathrm{dom}A$, $\mathrm{dom}B$, $\mathrm{dom}(A\cup B)$, $\mathrm{ran}A$, $\mathrm{ran}B$, $\mathrm{ran}(A\cap B)$.

14. 设 $R=\{\langle 0,1\rangle\langle 0,2\rangle,\langle 0,3\rangle,\langle 1,2\rangle,\langle 1,3\rangle,\langle 2,3\rangle\}$，求 $R\circ R$, R^{-1}.

15. 设 $A=\{1,2,3,4\}$，在 $A\times A$ 上定义二元关系 R，

$\forall\langle u,v\rangle,\langle x,y\rangle\in A\times A$，$\langle u,v\rangle\ R\ \langle x,y\rangle\Leftrightarrow u+y=x+v$.

(1) 证明 R 是 $A\times A$ 上的等价关系.

(2) 确定由 R 引起的对 $A\times A$ 的划分.

16. 对于下列集合与整除关系画出哈斯图.

(1) $\{1,2,3,4,6,8,12,24\}$； (2) $\{1,2,3,4,5,6,7,8,9,10,11,12\}$.

拓展学习

笛卡儿（René Descartes，1596—1650）

笛卡儿是法国哲学家、数学家、物理学家，是解析几何学奠基人之一．他出生于一个贵族家庭．1616 年毕业于普瓦捷大学．1628 年移居荷兰，从事哲学、天文学、物理学、化学和生理学等领域的研究．《几何学》奠定了笛卡儿在数学史上的地位．在《几何学》卷一中，笛卡儿把几何问题化成代数问题，提出了几何问题的统一作图法．他引入了单位线段以及线段的加、减、乘、除、开方等概念，从而把线段与数量联系起来，通过线段间的关系，“找出两种方式表达同一个量，这将构成一个方程”，然后根据方程的解所表示的线段间的关系作图．在卷二中，笛卡儿在平面上以一条直线为基线，为它规定一个起点，又选定与之相交的另一条直线，它们分别相当于 x 轴、原点、y 轴，构成一个斜坐标系，那么该平面上任一点的位置都可以用 (x,y) 唯一地确定．《几何学》提出了解析几何学的主要思想和方法，标志着解析几何学的诞生，恩格斯把它称为数学的转折点．此后，人类进入变量数学阶段．在卷三中，笛卡儿指出，方程可能有和它的次数一样多的根，还提出了著名的笛卡儿符号法则：方程正根的最多个数等于其系数变号的次数；其负根的最多个数（他称为假根）等于符号不变的次数．笛卡儿还改进了韦达创造的符号系统，用 $a,b,c\cdots$ 表示已知量，用 x，y，$z\cdots$ 表示未知量.

第 11 章　数理逻辑

数理逻辑是以数学方法研究推理规律的学科，研究的中心问题是推理，按其性质说，数理逻辑既是数学又是逻辑学．它研究数学中的逻辑问题，用数学的方法研究形式逻辑，即通过引入表意符号研究推理的学科．计算机可以处理大量信息，但是要利用计算机，首先要学会编制“程序”.

关于编程，目前有两种常用的公式：程序＝算法＋数据；算法＝逻辑＋控制．为了更好地使用算法，就必须学习逻辑．随着人工智能的发展，除了古典逻辑之外，还有非古典逻辑．逻辑与数学的其他分支、计算机科学、人工智能、语言学等学科均有密切的联系，并且日益显示出其重要性和广泛的应用场景.

11.1　命题与联结词

命题逻辑研究的是由命题为基本单位构成的前提和结论之间的可推导关系．那么，什么是命题？如何表示和构成命题？如何进行推理？下面逐一进行介绍.

11.1.1　命题的概念

所谓命题，是指能够判断真假的陈述句．判断的结果只有两种可能：真和假，且两者只能居其一．真用 T 或 1 表示，假用 F 或 0 表示，有时也把这种逻辑称为二值逻辑.

例如，判断下列句子中哪些是命题：

1）4 是偶数；

2）太阳从西面升起；

3）别的星球上也有人；

4）π 的小数点后第 35000 位上是 4；

5）你有事吗?

6）这朵花多好看呀!

7）$X+Y>5$；

8）今天我去看朋友，或者我去看电影；

9）他正在说谎.

显然，1）、2）、3）、4）、8）是命题，1）的值为真；2）的值为假；3）目前尚不知真和假，但也许将来，人们能确定其真或假；4）该位上的数字是客观存在的，真与假是可确定的；5）是疑问句；6）是感叹句，不是陈述句，不是命题；7）不是命题，因为它要视 X、Y 的取值来确定真假；8）是一个复合语句，其值的真假可以确定；9）无法确定它的真值，当如果他的确在说谎，它便真，反之，它便假，这种断言叫悖论.

从以上的分析可以看出，判断一个句子是否为命题，首先要看它是否为陈述句，然后再看它的真值是否唯一，而疑问句、祈使句和感叹句都不能判断其真假，故都不是命题.

定义 11-1 一个具有真假意义的陈述句称为一个命题. 如果一个命题的意义为真，就称它为真命题，否则就称它为假命题.

一般地，命题分为两类：第一类是简单命题，即不能再分解成更为简单的句子，称这样的命题为简单命题，或者称为原子命题. 第二类是复合命题，它由原子命题、命题联结词和圆括号组成，下面分别定义 5 个常用命题联结词.

11.1.2 联结词与复合命题

定义 11-2 设 P 为任一命题，复合命题“非 P”称为 P 的否定式，记作 $\overline{P}$. 其中 P 上的“—”表示否定联结词. $\overline{P}$ 为真当且仅当 P 为假，是一个一元运算. P 与 $\overline{P}$ 的关系见表 11-1.

表 11-1

P	$\overline{P}$
1	0
0	1

【例 11-1】 举例说明构成命题的否定.

设 P：他喜欢打篮球.

则 $\overline{P}$：他不喜欢打篮球.

可见，“否定”修改了命题，它是对单个命题进行操作，称它为一元联结.

定义 11-3 设 P、Q 为两命题，复合命题“P 并且 Q”称作 P 与 Q 的合取式，记作 $P \wedge Q$，“$\wedge$”为合取联结词，$P \wedge Q$ 为真当且仅当 P 与 Q 同时为真. “合取”是一个二元运算. 联结词“$\wedge$”的定义见表 11-2.

表 11-2

P	Q	$P \wedge Q$
1	1	1
1	0	0
0	1	0
0	0	0

【例 11-2】 设 P：我在读书，Q：他在看电视，则 $P \wedge Q$：我在读书并且他在看电视.

在日常生活中，常将“合取”表示具有某种关系的两个命题，但在命题逻辑中则不尽然，允许用于两个相互无关的原子命题. 例如，可用原子命题 P：“广州是座美丽的城市”和 Q：“他喜欢打网球”，构成复合命题 $P \wedge Q$，即广州是座美丽的城市并且他喜欢打网球. 这在日常生活中会被认为不通事理，而在逻辑学中是允许的.

定义 11-4 设 P、Q 为两命题，复合命题“P 或 Q”称作 P 与 Q 的析取式，记作 $P \vee Q$. “$\vee$”为析取联结词，当且仅当 P 与 Q 至少一个为真时 $P \vee Q$ 为真. “析取”是一个二元运算. 联结词“$\vee$”的定义见表 11-3.

从析取的定义看到，析取 $P \vee Q$ 表示的是一种相容性，即允许 P 与 Q 同时为真，与自然语言中的“或”的意义不全相同. 自然语言中“或”可表示“相容性或（可兼或）”，也可表示“不相容性或（排斥或）”. 但析取联结词的逻辑意义是指“可兼或”.

表 11-3

P	Q	$P \vee Q$
1	1	1
1	0	1
0	1	1
0	0	0

【例 11-3】 用析取联结词表示命题．灯泡有故障或开关有故障．令 P：灯泡有故障，Q：开关有故障．$P \vee Q$ 表示：或者灯泡有故障，或者开关有故障，或者二者都有故障．显然是“相容性或”．

但是“他昨天做了 20 或 30 道习题”不能表示为 $P \vee Q$ 的形式，因为这里的“或”表达的是排斥或．

定义 11-5 设 P、Q 为两命题，复合命题“如果 P，则 Q”称作 P 与 Q 的蕴涵式，记作 $P \rightarrow Q$，称 P 为蕴涵式的前件，Q 为蕴涵式的后件．“$\rightarrow$”称作蕴涵联结词．当且仅当 P 为真且 Q 为假时 $P \rightarrow Q$ 为假．“蕴涵”是一个二元运算．联结词“$\rightarrow$”的定义见表 11-4．

表 11-4

P	Q	$P \rightarrow Q$
1	1	1
1	0	0
0	1	1
0	0	1

在自然语言中，前件与后件之间常常是有因果关系的，否则就没有意义，但在命题逻辑中，对于条件命题只要 P、Q 能够分别确定真值，$P \rightarrow Q$ 即成为命题．

【例 11-4】 设 P：今天下雨，Q：他不去看电影，则 $P \rightarrow Q$ 表示：如果今天下雨，则他不去看电影．

定义 11-6 设 P、Q 为两个命题，复合命题“P 当且仅当 Q”称为 P 等值 Q，记作 $P \rightleftharpoons Q$，“$\rightleftharpoons$”称为等值联结词．即 $P \rightleftharpoons Q$ 为真当且仅当 P 与 Q 同时为真或同时为假，它也是二元运算．联结词“$\rightleftharpoons$”的定义见表 11-5. 联结词“$\rightleftharpoons$”亦可记作“$\leftrightarrow$”．

表 11-5

P	Q	$P \rightleftharpoons Q$
1	1	1
1	0	0
0	1	0
0	0	1

【例 11-5】 令 P：$2 \times 2 = 4$，Q：雪是白的，则 $P \rightleftharpoons Q$：$2 \times 2 = 4$ 当且仅当雪是白的．按定义，$P \rightleftharpoons Q$ 是真的．

又如，P：$\sqrt{2}$ 是无理数，真值为 1. Q：美国位于欧洲，真值是 0.

则 $P \rightleftharpoons Q$：$\sqrt{2}$是无理数当且仅当美国位于欧洲，真值为0.

以上介绍的5种常用联结词也称为真值联结词或逻辑联结词．在命题逻辑中，可以用这些联结词将各种各样的复合命题符号化．基本步骤如下：

1）分析出各简单命题，将它们符号化；

2）使用合适的联结词，把简单命题逐个联结起来，组成复合命题的符号化表示.

【例 11-6】 将下列命题符号化.

1）小王是游泳冠军或百米赛跑冠军.

2）选小王或小李中的一人当班长.

3）如果我上街，我就去买衣服，除非我很累.

解 各命题符号化如下：

1）$P \vee Q$，其中 P：小王是游泳冠军，Q：小王是百米赛跑冠军.

2）这里的“或”是“排斥或”，设 P：选小王当班长，Q：选小李当班长，因为 P 与 Q 不可同时为真，所以应符号化为 $(P \wedge \overline{Q}) \vee (\overline{P} \wedge Q)$，而不应符号化为 $P \vee Q$.

3）$\overline{R} \rightarrow (P \rightarrow Q)$，其中 P：我上街，Q：我去买衣服，R：我很累．此句中的联结词“除非”相当于“如果不……”意思，因而 $\overline{R}$ 可看成 $P \rightarrow Q$ 的前件，此命题也可叙述为“如果我不累并且我上街，则我就去买衣服”，因而也可以符号化为 $(\overline{R} \wedge P) \rightarrow Q$.

11.1.3 命题公式

命题公式赋值及真值表的构造

下面开始对命题逻辑中的基本要素——命题进行抽象.

一个特定的命题是一个常值命题，它的值是0或1，而一个抽象的命题是一个变量命题，它的变域为0或1，在公式中的变量命题为命题变元，常用 P、Q、R…来表示命题变元，命题变元将是命题逻辑中的基本要素.

将上节介绍的5个逻辑联结词用在命题变元上得出命题公式的形式定义.

定义 11-7 命题公式，简称公式，是按下列规定生成的：

1）命题变元是公式；

2）若 G 是公式，则 $\overline{G}$ 是公式；

3）若 G、R 是公式，则 $G \wedge R$、$G \vee R$、$G \rightarrow R$ 及 $G \rightleftharpoons R$ 都是公式；

4）所有的公式只能由有限次地使用1）、2）、3）得到.

由定义看出，公式可以由命题变元、联结词及括号构成.

例如，下面的符号串：$(P \wedge \overline{Q}) \vee R$、$((P \vee \overline{\overline{(Q)}}) \rightarrow R)$、$P \vee Q$ 都是公式，而 $(P \rightarrow Q, R \wedge P)$、$T$、$((P \wedge Q) \rightarrow (\vee Q))$ 均不是公式.

公式的定义是以递归的形式给出的，1）是递归的基础，2）、3）是归纳，4）是界限.

从上面的例子及公式的构造方法可以发现，一个命题中可能会出现许多括号，为了减少括号的数量，约定如下：

1）式 $(\overline{G})$ 的括号可以省略，即 $(\overline{G})$ 写成 $\overline{G}$；

2）整个公式的最外层括号可以省略．例如，$((P \vee Q) \rightleftharpoons Q)$ 可以写成 $(P \vee Q) \rightleftharpoons Q$；

3）公式中联结词的优先次序为：$-$，$\wedge$，$\vee$，$\rightarrow$，$\rightleftharpoons$.

在公式中，由于命题变元的出现，公式的真值是不确定的．只有将公式中的所有命题变元都解释成具体的命题之后，公式才变成一个有真值的命题．例如：在公式 $P \rightarrow Q$ 中，把 P

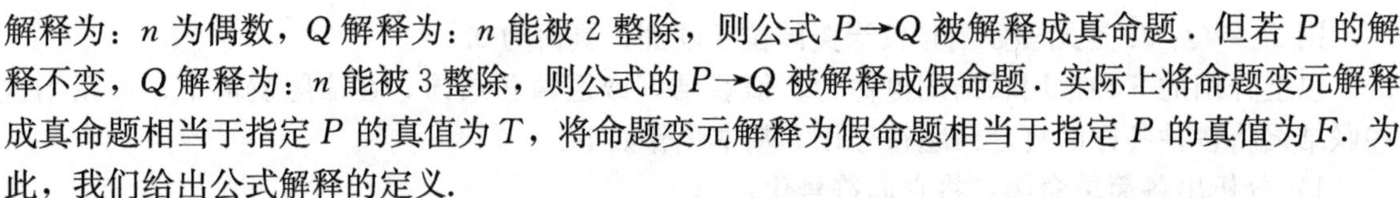

解释为：n 为偶数，Q 解释为：n 能被 2 整除，则公式 $P\to Q$ 被解释成真命题．但若 P 的解释不变，Q 解释为：n 能被 3 整除，则公式的 $P\to Q$ 被解释成假命题．实际上将命题变元解释成真命题相当于指定 P 的真值为 T，将命题变元解释为假命题相当于指定 P 的真值为 F．为此，我们给出公式解释的定义．

定义 11-8　设 P_1，P_2，…，P_n 是出现在公式 G 中的全部命题变元．指定 P_1，P_2，…，P_n 的一个真值，则称这组真值为 G 的一个**解释或赋值**，记作 I，公式 G 在 I 下的真值记作 $T_I(G)$．例如：

$G=(P\vee\overline{Q})\to R$，则 I：

P	Q	R
0	1	1

是 G 的一个解释，在这个解释下 G 的真值为 1，即 $T_I(G)=1$.

容易看出，一个公式可以给出许多解释．一般来说，有 n 个命题变元的公式共有 2^n 个不同的解释.

定义 11-9　将公式 G 在其所有解释下所取的真值列成一个表，称为 G 的真值表．构造真值表的方法如下：

1）找出公式 G 的全部的命题变元，并按一定的顺序排成 P_1，P_2，…，P_n；

2）列出 G 的 2^n 个解释，赋值从 $\underbrace{00\cdots0}_{n个}$ 开始，按二进制递增顺序依次写出各赋值，直到 $\underbrace{11\cdots1}_{n个}$ 为止（或从 $\underbrace{11\cdots1}_{n个}$ 开始，按二进制的递减顺序写出各赋值，直到 $\underbrace{00\cdots0}_{n个}$ 为止），然后按从低到高的顺序列出 G 的层次；

3）根据赋值计算各层次的真值并最终计算出 G 的真值.

【例 11-7】　求出下列公式的真值表.

1）$G=\overline{(P\vee Q)}\ \to\ (P\wedge R)$；

2）$G=\ \overline{(P\to Q)}\wedge Q\wedge R$.

解　1）公式 G 有 3 个命题变元，分为 4 个层次，其真值表见表 11-6.

表　11-6

P	Q	R	$P\vee Q$	$\overline{(P\vee Q)}$	$P\wedge R$	$\overline{(P\to Q)}\to(P\wedge R)$
0	0	0	0	1	0	0
0	0	1	0	1	0	0
0	1	0	1	0	0	1
0	1	1	1	0	0	1
1	0	0	1	0	0	1
1	0	1	1	0	1	1
1	1	0	1	0	0	1
1	1	1	1	0	1	1

2）公式 G 有 3 个命题变元，分为 4 个层次，其真值表见表 11-7.

表 11-7

P	Q	R	$P\to Q$	$\overline{(P\to Q)}$	$\overline{(P\to Q)}\land Q$	$\overline{(P\to Q)}\land Q\land R$
0	0	0	1	0	0	0
0	0	1	1	0	0	0
0	1	0	1	0	0	0
0	1	1	1	0	0	0
1	0	0	0	1	0	0
1	0	1	0	1	0	0
1	1	0	1	0	0	0
1	1	1	1	0	0	0

若公式G中所出现的所有命题变元为P_1，P_2，…，P_n，用$\{m_1, m_2, \cdots, m_n\}$来表示$G$的一个解释$I$，其中：

$$m_i=\begin{cases}P_i & \text{当 } P_i \text{ 在 } I \text{ 下的真值为 } 1\\ \overline{P_i} & \text{当 } P_i \text{ 在 } I \text{ 下的真值为 } 0\end{cases}$$

例如，$G=(P\land Q)\to R$ 的解释 $\{1, 1, 0\}$ 就可以记作 $\{P, Q, \overline{R}\}$，这个解释的意义为P、Q指定为真，R指定为假.

根据公式在各种赋值下的取值情况，可按下面的定义对公式进行分类.

定义 11-10 设G为公式：

1）如果G在所有解释下都是真的，则称G是恒真的（或称G是重言式）；

2）如果G在所有解释下都是假的，则称G是恒假的（或称G是矛盾式）；

3）如果G不是恒假的，则称G是可满足的.

对定义作以下两点解释：

1）恒真公式一定是可满足的，但可满足的不一定恒真．恒真公式的真值表的最后一列全为1，可满足的公式的真值表的最后一列至少有一个1，即可满足公式至少有一个值为真的解释.

2）恒假公式的真值表的最后一列全为0.

如果公式G在I下的值为真，即$T_I(G)=1$，则称I满足G；如果G在I下的值为假，即$T_I(G)=0$，则称I弄假G.

典型的恒真公式为$P\lor\overline{P}$，恒假公式为$P\to\overline{P}$.

给定n个命题变元，按公式的形成规则，可形成许多甚至是无穷多个形式各异的公式．但n个命题变元只有2^n种不同的赋值下的值只能是0或1，因此，只有2^n种不同的真值表．故而有很多形式不同的公式具有相同的真值表．例如，从下面的真值表可看出，公式$(P\to Q)\land(R\to Q)$与公式$(P\lor R)\to Q$具有相同的真值表.

表 11-8

P	Q	R	$(P\to Q)\land(R\to Q)$	$(P\lor R)\to Q$
0	0	0	1	1
0	0	1	0	0

（续）

P	Q	R	$(P\to Q)\wedge(R\to Q)$	$(P\vee R)\to Q$
0	1	0	1	1
0	1	1	1	1
0	0	0	0	0
1	0	1	0	0
1	1	0	1	1
1	1	1	0	1

为此，在下节引进公式的等价概念，以便将复杂的公式化简.

习　题　11-1

1. 判断下列语句是否是命题，如果是命题，指出其真值.

(1) 这座楼真高啊!

(2) 你喜欢“蓝色的多瑙河”吗?

(3) 请你关上门.

(4) 地球以外的星球上也有人.

(5) $\sqrt{3}$是无理数.

(6) 存在最大质数.

2. 将下列命题符号化，并确定其真值.

(1) 5 不是偶数.

(2) 天气炎热但湿度较低.

(3) 2+3=5 或者他游泳.

(4) 如果 a 和 b 是偶数，则 $a+b$ 是偶数.

3. 设命题 P、Q 的真值为 1，命题 R、S 的真值为 0，试确定下面命题的真值.

(1) $G=(P\wedge Q\wedge R)\vee\overline{((P\vee Q)\wedge(R\vee S))}$;

(2) $G=((\overline{P\wedge Q})\vee\overline{R})\vee(((\overline{P}\wedge Q)\vee\overline{R})\wedge S)$;

(3) $G=((\overline{P\wedge Q})\vee\overline{R})\wedge((Q\leftrightarrow\overline{P})\to(R\vee\overline{S}))$;

(4) $G=(P\vee(Q\to(R\wedge\overline{P})))\leftrightarrow(Q\vee\overline{S})$.

4. 在什么情况下，下面的命题是真的：“说戏院是寒冷的或者是人们常去的地方是不对的，并且说别墅是温暖的或者戏院是讨厌的也是假的.”

5. 构造下列公式的真值表，并解释其结果.

(1) $(P\wedge(P\to Q))\to Q$;

(2) $\overline{(P\to Q)}\wedge Q$;

(3) $(P\vee Q)\leftrightarrow(Q\vee R)$.

6. 用真值表判断下列公式是恒真? 恒假? 可满足?

(1) $(P\to\overline{P})\to\overline{P}$;　　(2) $\overline{(P\to Q)}\wedge Q$;

(3) $(P\wedge\overline{P})\leftrightarrow Q$;　　(4) $((P\to Q)\wedge(Q\to R))\to(P\to R)$.

11.2 公式的等价与蕴涵

11.2.1 命题演算的等价式

给定 n ($n\geqslant 1$) 个命题变项，按合式公式的形成规则可以形成无数多个命题公式，但这

些无穷尽的公式中，有些具有相同的真值表．例如，$n=2$ 时，$P\to Q$，$\overline{P}\vee Q$，$\overline{(P\wedge\overline{Q})}$，…，表面看来是不同的命题形式，但它们在 4 个赋值 00、01、10、11 下均有相同的真值，也就是它们的真值表最后一列是相同的．事实上，n 个命题变项可以生成 2^{2^n} 个真值不同的命题公式，在 $n=2$ 时，可以生成 $2^{2^2}=16$ 个真值不同的命题公式．这就存在着如何判断哪些命题公式具有相同真值的问题．设 $A\leftrightarrow B$ 总取值为 1，即是重言式．下面给出 A 与 B 真值相同的严格定义.

定义 11-11　设 A、B 为两命题公式，若命题式 $A\leftrightarrow B$ 是重言式，则称 A 与 B 是等价的，记作 $A\Leftrightarrow B$.

注意，定义所引进的符号“$\Leftrightarrow$”不是联结词符，它只是当 A 与 B 等值时的一种简便记法，千万不能将“$\Leftrightarrow$”与“$\leftrightarrow$”或与“$=$”混为一谈．

另外，不难看出命题公式之间的等值关系是自反的、对称的和传递的，因而是等价关系.

根据定义判断两命题是否等值可用真值表法，但可将真值表简化，设 A、B 为两命题公式，由定义判断 A 与 B 是否等值应判断 $A\leftrightarrow B$ 是否为重言式，若 $A\leftrightarrow B$ 的真值表最后一列全为 1，则 $A\leftrightarrow B$ 为重言式，因而 $A\Leftrightarrow B$. 但最后一列全为 1 当且仅当在各赋值之下，A 与 B 的真值相同，因而判断 A 与 B 是否等值，等价于判断 A、B 的真值表是否相同.

【例 11-8】 判断下列命题公式是否等值.

1) $\overline{(P\vee Q)}$与 $\overline{P}\vee\overline{Q}$；

2) $\overline{(P\vee Q)}$与 $\overline{P}\wedge\overline{Q}$；

解　1) 给出$\overline{(P\vee Q)}$与 $\overline{P}\vee\overline{Q}$ 的真值表(见表 11-9).

表 11-9

P	Q	$\overline{P}$	$\overline{Q}$	$P\vee Q$	$\overline{(P\vee Q)}$	$\overline{P}\vee\overline{Q}$
0	0	1	1	0	1	1
0	1	1	0	1	0	1
1	0	0	1	1	0	1
1	1	0	0	1	0	0

由表 11-9 可知，$\overline{(P\vee Q)}$与 $\overline{P}\vee\overline{Q}$ 不等值.

2) 给出$\overline{(P\vee Q)}$与 $\overline{P}\wedge\overline{Q}$的真值表(见表 11-10).

表 11-10

P	Q	$\overline{P}$	$\overline{Q}$	$P\vee Q$	$\overline{(P\vee Q)}$	$\overline{P}\wedge\overline{Q}$
0	0	1	1	0	1	1
0	1	1	0	1	0	0
1	0	0	1	1	0	0
1	1	0	0	1	0	0

由表 11-10 可知，$\overline{(P\vee Q)}$与 $\overline{P}\wedge\overline{Q}$ 是等值的.

还可以用真值表法验证许多等值式，其中有些是很重要的，它们是通常所说的布尔代数或逻辑代数的重要组成部分．表 11-11 给出了一些重要的等值式，希望读者牢记它们，这是学好数理逻辑的关键之一．在下面的公式中，A、B、C 仍代表任意的命题公式．

表 11-11

$A \Leftrightarrow A \vee A$	$A \Leftrightarrow A \wedge A$	等幂律
$A \Leftrightarrow \overline{\overline{A}}$		双重否定律
$A \vee B \Leftrightarrow B \vee A$	$A \wedge B \Leftrightarrow B \wedge A$	交换律
$(A \vee B) \vee C \Leftrightarrow A \vee (B \vee C)$	$(A \wedge B) \wedge C \Leftrightarrow A \wedge (B \wedge C)$	结合律
$A \vee (B \wedge C) \Leftrightarrow (A \vee B) \wedge (A \vee C)$	$A \wedge (B \vee C) \Leftrightarrow (A \wedge B) \vee (A \wedge C)$	分配律
$\overline{(A \vee B)} \Leftrightarrow \overline{A} \wedge \overline{B}$	$\overline{(A \wedge B)} \Leftrightarrow \overline{A} \vee \overline{B}$	摩根律
$A \vee (A \wedge B) \Leftrightarrow A$	$A \wedge (A \vee B) \Leftrightarrow A$	吸收律
$A \vee 1 \Leftrightarrow 1$	$A \wedge 0 \Leftrightarrow 0$	零壹律
$A \vee 0 \Leftrightarrow A$	$A \wedge 1 \Leftrightarrow A$	同一律
$A \vee \overline{A} \Leftrightarrow 1$		排中律
$A \wedge \overline{A} \Leftrightarrow 0$		矛盾律
$A \rightarrow B \Leftrightarrow \overline{A} \vee B$		蕴涵等值式
$A \leftrightarrow B \Leftrightarrow (A \rightarrow B) \wedge (B \rightarrow A)$		等价等值式
$A \rightarrow B \Leftrightarrow \overline{B} \rightarrow \overline{A}$		假言易位
$A \leftrightarrow B \Leftrightarrow \overline{A} \leftrightarrow \overline{B}$		等价否定等值式
$(A \rightarrow B) \wedge (A \rightarrow \overline{B}) \Leftrightarrow \overline{A}$		归谬论

在以上公式中，由于 A、B、C 代表的是任意的命题公式，因而每个公式都是一个模式，它可以代表无数多个同类型的命题公式．有了上述基本等值式后，不用真值表法就可以推演出更多的等值式来．根据已知的等值式，推演出另外一些等值式的过程称为等值演算．在进行等值演算时往往用到置换规则．

定义 11-12 设 A 是合法的公式，X 是 A 中的一个子符号串，如果 X 是合式的，则称 X 是 A 的子公式．

定理 11-1 （置换定理）设 A_1 是命题公式 A 的子公式，A_2 是与 A_1 等价的命题公式，B 为用 A_2 取代 A 中的 A_1 的若干出现所得到的命题公式，则 $A \Leftrightarrow B$．

有了基本的等值式及置换定理就可以进行等值演算了．利用等值演算可以验证两个命题公式等值，也可以判别命题公式的类型，还可以用来解决许多实际问题，下面举一些等值演算的例子．

【例 11-9】 验证下列等值式．

1) $P \rightarrow (Q \rightarrow R) \Leftrightarrow (P \wedge Q) \rightarrow R$；

2) $P \Leftrightarrow (P \wedge Q) \vee (P \wedge \overline{Q})$．

解 验证两个命题公式等值可以从其中任一个开始演算．

1) $P \rightarrow (Q \rightarrow R)$

$\Leftrightarrow \overline{P} \vee (Q \rightarrow R)$ （蕴涵等值式）

$\Leftrightarrow \overline{P} \vee (\overline{Q} \vee R)$ （蕴涵等值式）

$\Leftrightarrow(\overline{P}\vee\overline{Q})\vee R$ （结合律）

$\Leftrightarrow\overline{(P\wedge Q)}\vee R$ （摩根律）

$\Leftrightarrow(P\wedge Q)\rightarrow R$ （蕴涵等值）

在演算的每一步中，都用了置换规则．上述演算是从左边公式开始进行的，读者可以尝试从右边公式开始演算.

2) $P\Leftrightarrow P\wedge 1$ （同一律）

$\Leftrightarrow P\wedge(Q\vee\overline{Q})$ （排中律）

$\Leftrightarrow(P\wedge Q)\vee(P\wedge\overline{Q})$ （分配律）

也可以考虑从右边开始验证．

【例 11-10】 判别下列公式的类型．

1) $q\vee\overline{((\overline{p}\vee q)\wedge p)}$；

2) $(p\vee\overline{p})\rightarrow((q\wedge\overline{q})\wedge r)$；

3) $(p\rightarrow q)\wedge\overline{p}$.

解 1) $q\vee\overline{((\overline{p}\vee q)\wedge p)}$

$\Leftrightarrow q\vee\overline{((\overline{p}\wedge p)\vee(q\wedge p))}$ （分配律）

$\Leftrightarrow q\vee\overline{(0\vee(q\wedge p))}$ （矛盾律）

$\Leftrightarrow q\vee\overline{(q\wedge p)}$ （同一律）

$\Leftrightarrow q\vee(\overline{q}\vee\overline{p})$ （摩根律）

$\Leftrightarrow(q\vee\overline{q})\vee\overline{p}$ （结合律）

$\Leftrightarrow 1\vee\overline{p}$ （排中律）

$\Leftrightarrow 1$ （零律）

由此可知，1)为重言式.

2) $(p\vee\overline{p})\rightarrow((q\wedge\overline{q})\wedge r)$

$\Leftrightarrow 1\rightarrow((q\wedge\overline{q})\wedge r)$ （排中律）

$\Leftrightarrow 1\rightarrow(0\wedge r)$ （矛盾律）

$\Leftrightarrow 1\rightarrow 0$ （零壹律）

$\Leftrightarrow\overline{1}\vee 0$ （蕴涵等值式）

$\Leftrightarrow 0\vee 0$

$\Leftrightarrow 0$ （等幂律）

由此可知，2)为矛盾式.

3) $(p\rightarrow q)\wedge\overline{p}$

$\Leftrightarrow(\overline{p}\vee q)\wedge\overline{p}$ （蕴涵等值式）

$\Leftrightarrow\overline{p}$ （吸收律）

由演算结果可知，3）不是重言式，易知 10、11 都是 3）的成假赋值；3）也不是矛盾式，易知，00、01 是其成真赋值．因而 3）是可满足式.

【例 11-11】 用等值演算法解决下面问题：

设 A、B、C、D，4 人进行百米竞赛，观众甲、乙、丙预测比赛的名次为：

甲：C第一、B第二；乙：C第二、D第三；丙：A第二、D第四．比赛结束后发现甲、乙、丙每人报告的情况都是各对一半，试问实际名次如何（假设无并列者）？

解　设 p_i、q_i、r_i、s_i 分别表示 A 第 i 名、B 第 i 名、C 第 i 名、D 第 i 名，$i=1$、2、3、4，显然，p_i、q_i、r_i、s_i 中均各有一个真命题，由题意可知，要寻找使下列3式成立的真命题：

① $(r_1\wedge\overline{q_2})\vee(\overline{r_1}\wedge q_2)\Leftrightarrow 1$；

② $(r_2\wedge\overline{s_3})\vee(\overline{r_2}\wedge s_3)\Leftrightarrow 1$；

③ $(p_2\wedge\overline{s_4})\vee(\overline{p_2}\wedge s_4)\Leftrightarrow 1$.

因为真命题的合取式仍为真命题（$1\wedge 1\Leftrightarrow 1$），故得

$1\Leftrightarrow$ ①$\wedge$②

$\Leftrightarrow((r_1\wedge\overline{q_2})\vee(\overline{r_1}\wedge q_2))\wedge((r_2\wedge\overline{s_3})\vee(\overline{r_2}\wedge s_3))$

$\Leftrightarrow(r_1\wedge\overline{q_2}\wedge r_2\wedge\overline{s_3})\vee(r_1\wedge\overline{q_2}\wedge\overline{r_2}\wedge s_3)\vee(\overline{r_1}\wedge q_2\wedge r_2\wedge\overline{s_3})\vee(\overline{r_1}\wedge q_2\wedge\overline{r_2}\wedge s_3)$

由于C不能既第一又第二，又B和C不能都第二，故

$$(r_1\wedge\overline{q_2}\wedge r_2\wedge\overline{s_3})\Leftrightarrow 0，(\overline{r_1}\wedge q_2\wedge r_2\wedge\overline{s_3})\Leftrightarrow 0$$

于是根据同一律可得：

④ $(r_1\wedge\overline{q_2}\wedge\overline{r_2}\wedge s_3)\vee(\overline{r_1}\wedge q_2\wedge\overline{r_2}\wedge s_3)\Leftrightarrow 1$. 又由③、④产生新的公式：

$1\Leftrightarrow$③$\wedge$④

$\Leftrightarrow(p_2\wedge\overline{s_4}\wedge r_1\wedge\overline{q_2}\wedge\overline{r_2}\wedge s_3)$

$\vee(p_2\wedge\overline{s_4}\wedge\overline{r_1}\wedge q_2\wedge\overline{r_2}\wedge s_3)$

$\vee(\overline{p_2}\wedge s_4\wedge r_1\wedge\overline{q_2}\wedge\overline{r_2}\wedge s_3)$

$\vee(\overline{p_2}\wedge s_4\wedge\overline{r_1}\wedge q_2\wedge\overline{r_2}\wedge s_3)$

由于A、B不能同时第二，D不能第三又第四，所以得下面公式：

⑤ $1\Leftrightarrow p_2\wedge\overline{s_4}\wedge r_1\wedge\overline{q_2}\wedge\overline{r_2}\wedge s_3$

$\Leftrightarrow p_2\wedge\overline{q_2}\wedge r_1\wedge\overline{r_2}\wedge s_3\wedge\overline{s_4}$

由上式可知r_1、p_2、s_3是真命题，即C第一、A第二、D第三，B只能是第四了.

等值演算在计算机硬件设计中、在开关理论和电子元器件中都占据重要地位.

11.2.2　公式的蕴涵

1. 蕴涵的概念

定义11-13　设A和B是两个命题公式，若$A\rightarrow B$是永真式，则称A蕴涵B，记作$A\Rightarrow B$，称$A\Rightarrow B$为蕴涵式或永真条件式．符号“$\rightarrow$”和“$\Rightarrow$”的区别与联系类似于“$\leftrightarrow$”和“$\Leftrightarrow$”的关系．区别：“$\rightarrow$”是逻辑联结词，属于对象语言中的符号，是公式中的符号；而“$\Rightarrow$”不是联结词，属于元语言中的符号，表示两个公式之间的关系，不是公式中的符号．联系：$A\Rightarrow B$成立，其充要条件是$A\rightarrow B$为永真式.

蕴涵式有下列性质：

1）自反性，即对任意公式A，有$A\Rightarrow A$；

2）传递性，即对任意公式A、B和C，若$A\Rightarrow B$，$B\Rightarrow C$，则$A\Rightarrow C$；

3）对任意公式A、B和C，若$A\Rightarrow B$，$A\Rightarrow C$则$A\Rightarrow(B\wedge C)$；

4）对任意公式A、B和C，若$A\Rightarrow C$，$B\Rightarrow C$，则$A\vee B\Rightarrow C$.

这些性质的正确性，请读者自己验证.

下面给出等价式与蕴涵式的关系.

定理 11-2　设 A 和 B 是两命题公式，$A \Leftrightarrow B$ 的充要条件是 $A \Rightarrow B$ 且 $B \Rightarrow A$.

证　必要性：若 $A \Leftrightarrow B$，则 $A \leftrightarrow B$ 是永真式，而 $A \leftrightarrow B \Leftrightarrow (A \to B) \land (B \to A)$，故 $A \to B$ 和 $B \to A$ 皆为真，即 $A \Rightarrow B$，$B \Rightarrow A$.

充分性：若 $A \Rightarrow B$ 且 $B \Rightarrow A$，即 $A \to B$，$B \to A$ 为真，则 $A \leftrightarrow B$ 为真，即 $A \Leftrightarrow B$.

2. 蕴涵式的证明方法

除用真值表证明外，还有两种方法：

(1) 前件真导后件真方法　设公式的前件为真，若能推导出后件也为真，则条件式是永真式，故蕴涵式成立.

欲证 $A \Rightarrow B$，即证 $A \to B$ 是永真式. 对于 $A \to B$，除在 A 取真和 B 取假时，$A \to B$ 为假外，余下 $A \to B$ 皆为真. 所以若 $A \to B$ 的前件 A 为真，可推出 B 亦为真，则 $A \to B$ 是永真式，即 $A \Rightarrow B$.

(2) 后件假导前件假方法　设条件式后件为假，若能推导出前件也为假，则条件式是永真式，即蕴涵式成立.

因为若 $A \to B$ 的后件 B 取假，可推出 A 取假，即推证了 $\overline{B} \to \overline{A}$ 为真. 又因 $A \to B \Leftrightarrow \overline{B} \to \overline{A}$，故 $A \Rightarrow B$ 成立.

【例 11-12】　求证 $\overline{Q} \land (P \to Q) \Leftrightarrow \overline{P}$.

证　方法 1（前件真推导后件真方法）：设 $\overline{Q} \land (P \to Q)$ 为 1，则 $\overline{Q}$，$(P \to Q)$ 皆为 1，于是 Q 为 0，$P \to Q$ 为 1，则必须 P 为 0，故 $\overline{P}$ 为 1.

方法 2（后件假推导前件假方法）：假定 $\overline{P}$ 为 0，若 Q 为 0，则 $P \to Q$ 为 0，$\overline{Q} \land (P \to Q)$ 为 0；若 Q 为 1，则 $\overline{Q}$ 为 0，则 $\overline{Q} \land (P \to Q)$ 为 0，故 $\overline{Q} \land (P \to Q) \Leftrightarrow \overline{P}$.

下面给出常用的蕴涵式，称为基本蕴涵式，它们可以用真值表法、前件真推导后件真法和后件假推导前件假法给出证明.

1) $P \land Q \Rightarrow P$；　（化简式）

2) $P \land Q \Rightarrow Q$；　（化简式）

3) $P \Rightarrow P \lor Q$；　（附加式）

4) $\overline{P} \Rightarrow P \to Q$；　（附加式变形）

5) $Q \Rightarrow P \to Q$；　（附加式变形）

6) $\overline{(P \to Q)} \Rightarrow P$；　（化简式变形）

7) $\overline{(P \to Q)} \Rightarrow \overline{Q}$；　（化简式变形）

8) $P \land (P \to Q) \Rightarrow Q$；　（假言推论）

9) $\overline{Q} \land (P \to Q) \Rightarrow \overline{P}$；　（拒取式）

10) $\overline{P} \land (P \lor Q) \Rightarrow Q$；　（析取三段论）

11) $(P \to Q) \land (Q \to R) \Rightarrow P \to R$；　（条件三段论）

12) $(P \leftrightarrow Q) \land (Q \leftrightarrow R) \Rightarrow P \leftrightarrow R$；　（双条件三段论）

13) $(P \to Q) \land (R \to S) \land (P \land R) \Rightarrow Q \land S$；　（合取构造二难）

14) $(P \to Q) \land (R \to S) \land (P \lor R) \Rightarrow Q \lor S$；　（析取构造二难）

特别当 $Q = S$ 时，有

$(P \to Q) \wedge (R \to Q) \wedge (P \wedge R) \Rightarrow Q$；（二难推论）

$(P \to Q) \wedge (R \to Q) \wedge (P \vee R) \Rightarrow Q$；（二难推论）

15）$P \to Q \Rightarrow (P \vee R) \to (Q \vee R)$；（前后件附加）

$P \to Q \Rightarrow (P \wedge R) \to (Q \wedge R)$.

11.2.3　范式

一个公式有不同的等价式，几个看起来不同的公式实际上可能是等价的，在一个公式的多种表示中，有没有一种规范的表示形式呢？这种规范的表示形式是否唯一？这就是本节要讨论的范式及主范式.

1. 简单合取式和简单析取式

定义 11-14　在一公式中，仅由命题变元及其否定构成合取式，称该公式为**简单合取式**，其中每个命题变元或其否定，称为合取项.

定义 11-15　在一公式中，仅由命题变元及其否定构成析取式，称该公式为简单析取式，其中每个命题变元或其否定，称为析取项.

例如，公式 P、$\overline{Q}$、$P \wedge Q$ 和 $\overline{P} \wedge Q \wedge P$ 等都是简单合取式，而 P、Q 和 $\overline{P}$ 为相应的简单合取式的合取项；公式 P、$\overline{Q}$、$P \vee Q$、$\overline{P} \vee Q \vee P$ 等都是简单析取式，而 P、Q 和 $\overline{P}$ 为相应简单析取式的析取项.

注意，一个命题变元或其否定既可以是简单合取式，也可以是简单析取式.

定理 11-3　简单合取式为永假式的充要条件是：它同时含有某个命题变元及其否定.

定理 11-4　简单析取式为永真式的充要条件是：它同时含有某个命题变元及其否定.

这里仅证明前一定理，而后一定理的证明是类似的.

证　充分性：因为对任何命题变元 P、$P \wedge \overline{P}$ 为 0，所以，若 $P \wedge \overline{P}$ 在简单合取式中出现，根据相关定义，它必是永假式 0.

必要性：假设某个简单合取式为永假式 0，但该简单合取式中不同时包含任何命题变元及其否定．对这简单合取式中各命题变元指派真值 1，而各带否定的命题变元指明派真值 0，则使简单合取式取真值 1，这与原假设矛盾，命题得证.

例如，简单合取式 $P \wedge \overline{P} \wedge Q$ 为永假式，因为它同时含 P 及 $\overline{P}$；而 $P \wedge \overline{Q}$ 不是永假式的简单合取式，它是可满足式.

2. 析取范式与合取范式

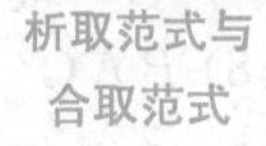

析取范式与合取范式

定义 11-16　一个命题公式 A 称为析取范式，当且仅当 A 可表示为简单合取式的析取，即 $A \Leftrightarrow A_1 \vee A_2 \vee \cdots \vee A_n$，其中 A_i 为简单合取式，$i=1, 2, \cdots$.

定义 11-17　一个命题公式 A 称为合取范式，当且仅当 A 可表示为简单析取式的合取，即 $A \Leftrightarrow A_1 \wedge A_2 \wedge \cdots \wedge A_n$，其中 A_i 为简单析取式，$i=1, 2, \cdots$.

例如，公式 $(P \wedge Q) \vee (\overline{P} \wedge Q) \vee (P \wedge \overline{Q})$ 是析取范式；而 $(P \vee Q) \wedge (\overline{P} \vee \overline{Q})$ 为合取范式.

定理 11-5　对于任何一命题公式，都存在与其等价的析取范式和合取范式.

下面给出求范式的一般算法：

1）使用命题定律，消去公式中出现的除“$\vee$”“$\wedge$”“-”以外的所有联结词；

2）使用 $\overline{\overline{P}} \Leftrightarrow P$ 和摩根律，将公式中出现的联结词“-”都移到命题变元之上；

3）利用结合律、分配律等运算律将公式化成析取范式或合取范式.

【例 11-13】 求$(P\wedge(Q\rightarrow R))\rightarrow S$ 的析取范式和合取范式.

解 $(P\wedge(Q\rightarrow R))\rightarrow S\Leftrightarrow(P\wedge(\overline{Q}\vee R))\rightarrow S$

$\Leftrightarrow(\overline{P}\vee(Q\wedge\overline{R}))\vee S$

$\Leftrightarrow\overline{P}\vee(Q\wedge\overline{R})\vee S$ 析取范式

$\Leftrightarrow(\overline{P}\vee Q\vee S)\wedge(\overline{P}\vee\overline{R}\vee S)$ 合取范式

3. 范式的应用

利用析取范式和合取范式可对公式进行判定.

定理 11-6 公式 A 为永假式的充要条件是 A 的析取范式中每个简单合取式至少包含一个命题变元及其否定.

定理 11-7 公式 A 为永真式的充要条件是 A 的合取范式中每个简单析取式至少包含一个命题变元及其否定.

【例 11-14】 判定下面公式为何种公式：

1) $P\vee(Q\rightarrow P)\vee(\overline{P\vee R})$；

2) $(P\rightarrow Q)\rightarrow P$.

解 1) $P\vee(Q\rightarrow P)\vee(\overline{P\vee R})\Leftrightarrow P\vee(\overline{Q}\vee P)\vee(\overline{P}\wedge\overline{R})$

$\Leftrightarrow(P\vee\overline{Q}\vee P\vee\overline{P})\wedge(P\vee\overline{Q}\vee R\vee\overline{R})$

由于第一个简单析取式中包含有 P 和$\overline{P}$，第二个简单析取式中包含 R 和$\overline{R}$，因此 1) 为永真式.

2) $(P\rightarrow Q)\rightarrow P\Leftrightarrow(\overline{P}\vee Q)\vee P$

$\Leftrightarrow(P\wedge\overline{Q})\vee P$ 析取范式

$\Leftrightarrow(P\vee P)\wedge(\overline{Q}\vee P)$ 合取范式

2）中的两个范式，均不满足以上两个定理，故 2）既不是永假式，也不是永真式，它是可满足式.

由例 11-14 可知，利用范式判定公式，必要时需给出公式的两种范式方能得出正确结论，显然很麻烦．后面将介绍公式的主范式，以及其他改进方法.

4. 范式的不唯一性

对于范式的不唯一性，这里只需要给出一个例子便能说明.

【例 11-15】 求（$P\rightarrow Q$）$\rightarrow P$ 的析取范式和合取范式.

解 $(P\rightarrow Q)\rightarrow P\Leftrightarrow(\overline{\overline{P}\vee Q})\vee P$

$\Leftrightarrow(P\wedge\overline{Q})\vee P$ 析取范式

$\Leftrightarrow P$ 析取范式

$(P\rightarrow Q)\rightarrow P\Leftrightarrow(P\wedge\overline{Q})\vee P$

$\Leftrightarrow(P\vee P)\wedge(\overline{Q}\vee P)$ 合取范式

$\Leftrightarrow P\wedge(\overline{Q}\vee P)$ 合取范式

范式的不唯一性，给用范式判定公式间的等价性带来不便．这也要求范式有待进一步改进.

范式基本解决了公式的判定问题．但范式的不唯一性给识别公式间是否等价带来一定困难，而公式的主范式解决了这个问题．下面将分别讨论主范式中的主析取范式和主合取范式.

5. 主析取范式

（1）小项的概念和性质

定义 11-18　在含有 n 个命题变元的简单合取式中，若每个命题变元与其否定不同时存在，而二者之一出现一次且仅出现一次，则称该简单合取式为小项.

例如，两个命题变元 P 和 Q，所构成的小项有 $P\wedge Q$、$P\wedge\overline{Q}$、$\overline{P}\wedge Q$ 和 $\overline{P}\wedge\overline{Q}$；而三个命题变元 P、Q 和 R，所构成的小项有 $P\wedge Q\wedge R$、$P\wedge Q\wedge\overline{R}$、$P\wedge\overline{Q}\wedge R$、$P\wedge\overline{Q}\wedge\overline{R}$、$\overline{P}\wedge Q\wedge R$、$\overline{P}\wedge Q\wedge\overline{R}$、$\overline{P}\wedge\overline{R}\wedge R$、$\overline{P}\wedge\overline{R}\wedge\overline{R}$.

可以证明，n 个命题变元共形成 2^n 个小项.

如果将命题变元按字典顺序排列，并且把命题变元与 1 对应，命题变元的否定与 0 对应，则可对 2^n 个小项依二进制数编码，记为 m_i，其下标 i 是由二进制数转化的十进制数．用这种编码所求得的 2^n 个小项的真值表，可明显地反映出小项的性质．表 11-12 和表 11-13 分别给出了两个命题变元 P 和 Q 及三个命题变元 P、Q 和 R 的小项真值表.

表　11-12

P　Q	m_{00} $\overline{P}\wedge\overline{Q}$	m_{01} $\overline{P}\wedge Q$	m_{10} $P\wedge\overline{Q}$	m_{11} $P\wedge Q$
0　0	1	0	0	0
0　1	0	1	0	0
1　0	0	0	1	0
1　1	0	0	0	1
m_i	m_0	m_1	m_2	m_3

表　11-13

PQR	m_{000} $\overline{P}\wedge\overline{Q}\wedge\overline{R}$	m_{001} $\overline{P}\wedge\overline{Q}\wedge R$	m_{010} $\overline{P}\wedge Q\wedge\overline{R}$	m_{011} $\overline{P}\wedge Q\wedge R$	m_{100} $P\wedge\overline{Q}\wedge\overline{R}$	m_{101} $P\wedge\overline{Q}\wedge R$	m_{110} $P\wedge Q\wedge\overline{R}$	m_{111} $P\wedge Q\wedge R$
000	1	0	0	0	0	0	0	0
001	0	1	0	0	0	0	0	0
010	0	0	1	0	0	0	0	0
011	0	0	0	1	0	0	0	0
100	0	0	0	0	1	0	0	0
101	0	0	0	0	0	1	0	0
110	0	0	0	0	0	0	1	0
111	0	0	0	0	0	0	0	1
m_i	m_0	m_1	m_2	m_3	m_4	m_5	m_6	m_7

从表 11-12、表 11-13 可以看出，小项有如下性质：

1）没有两个小项是等价的，即各小项的真值表都是不同的；

2）任意两个不同的小项的合取式是永假的，即 $m_i\wedge m_j\Leftrightarrow 0$，$i\neq j$；

3）所有小项之析取为永真，$\bigvee m_i\Leftrightarrow 1$；

4）每个小项只有一个解释为真，且其真值位于主对角线上.

(2) 主析取范式定义与存在定理

定义 11-19　在给定公式的析取范式中，若其简单合取式都是小项，则称该范式为主析取范式.

定理 11-8　任意含 n 个命题变元的非永假命题公式 A，都存在与其等价的主析取范式.

(3) 主析取范式的求法　主析取范式求法有两种：真值表法和公式化归法．在前面已给出了用真值表求主析取范式的方法，而公式化归法给出如下：

1) 把给定的公式化成析取范式；

2) 删除析取范式中所有为永假的简单合取式；

3) 用等幂律化简简单合取式中同一命题变元的重复出现的次数为一次，如 $P\wedge P\Leftrightarrow P$；

4) 用同一律补进简单合取式中未出现的所有命题变元，如 $P\Leftrightarrow P\wedge(\overline{Q}\vee Q)$，并用分配律展开，将相同的简单合取式的多次出现化为一次出现，这样就得到了给定公式的主析取范式.

【例 11-16】　求 $(P\rightarrow Q)\wedge Q$ 的主析取范式.

解法 1　用真值表法求解，列出 $(P\rightarrow Q)\wedge Q$ 的真值表（见表 11-14).

表　11-14

P　Q	$\overline{P}\wedge\overline{Q}$	$\overline{P}\wedge Q$	$P\wedge\overline{Q}$	$P\wedge Q$	$(P\rightarrow Q)\wedge Q$
0　0	1	0	0	0	1　0
0　1	0	1	0	0	1　1
1　0	0	0	1	0	0　0
1　1	0	0	0	1	1　1

由真值表可求出：

$$
\begin{aligned}
(P\rightarrow Q)\wedge Q &\Leftrightarrow (\overline{P}\wedge Q)\vee(P\wedge Q)\\
&\Leftrightarrow m_{01}\vee m_{11}\\
&\Leftrightarrow m_{1}\vee m_{3}
\end{aligned}
$$

解法 2　用公式化归法求解.

$$
\begin{aligned}
(P\rightarrow Q)\wedge Q &\Leftrightarrow(\overline{P}\vee Q)\wedge Q\\
&\Leftrightarrow(\overline{P}\wedge Q)\vee(Q\wedge Q)\\
&\Leftrightarrow(\overline{P}\wedge Q)\vee(Q\wedge(\overline{P}\vee P))\\
&\Leftrightarrow(\overline{P}\wedge Q)\vee((P\wedge Q)\vee(\overline{P}\wedge Q))\\
&\Leftrightarrow(\overline{P}\wedge Q)\vee(P\wedge Q)\\
&\Leftrightarrow m_{1}\vee m_{3}
\end{aligned}
$$

(4) 主析取范式的唯一性

定理 11-9　任意含 n 个命题变元的非永假命题公式，其主析取范式是唯一的．

6. 主合取范式

(1) 大项的概念和性质

定义 11-20　在 n 个命题变元的简单析取式中，若每个命题变元与其否定不同时存在，而二者之一必出现一次，则称该简单析取式为大项.

例如，由两个命题变元 P 和 Q 构成的大项有 $P\vee Q$、$P\vee\overline{Q}$、$\overline{P}\vee Q$、$\overline{P}\vee\overline{Q}$；由三个命题

变元 P、Q 和 R 构成的大项有 $P\vee Q\vee R$、$P\vee Q\vee \overline{R}$、$P\vee\overline{Q}\vee R$、$P\vee\overline{Q}\vee\overline{R}$、$\overline{P}\vee Q\vee R$、$\overline{P}\vee\overline{Q}\vee R$、$\overline{P}\vee Q\vee\overline{R}$、$\overline{P}\vee\overline{Q}\vee\overline{R}$.

能够证明，n 个命题变元共有 2^n 大项.

如果将 n 个命题变元按字典顺序排序，并且把命题变元与 0 对应，命题变元的否定与 1 对应，则可对 2^n 个大项列出真值表．该表能直接反映出大项的性质．表 11-15 给出了两个命题变元 P 和 Q 构成的所有大项的真值表.

表 11-15

P Q	M_{00} $P\vee Q$	M_{01} $P\vee\overline{Q}$	M_{10} $\overline{P}\vee Q$	M_{11} $\overline{P}\vee\overline{Q}$
0 0	0	1	1	1
0 1	1	0	1	1
1 0	1	1	0	1
1 1	1	1	1	0
M_i	M_0	M_1	M_2	M_3

类似地，可给出 3 个命题变元 P、Q 和 R 的所有大项的真值表，请读者完成.

从表 11-15 可看出大项的性质：

1）没有两个大项是等价的；

2）任何两个不同大项之析取是永真的，即 $M_i\vee M_j\Leftrightarrow 1$，$i\neq j$；

3）所有大项之合取式为永假，即 $\wedge M_i\Leftrightarrow 0$；

4）每个大项只有一个解释为假.

（2）主合取范式的定义与其存在定理

定义 11-21 在给定公式的合取范式中，若其简单合取式都是大项，则称该范式为主合取范式.

定理 11-10 任意含 n 个命题变元的非永真命题公式 A，都存在与其等价的主合取范式.

定理 11-11 任意含 n 个命题变元的非永真命题公式 A，其主合取范式是唯一的.

主合取范式的求法也有两种，类似于主析取范式的求法.

由于主范式是由小项或大项构成的，从小项和大项的定义，可知两者有下列关系：$\overline{m_i}\Leftrightarrow M_i$ 或 $\overline{M_i}\Leftrightarrow m_i$．因此，主析取范式和主合取范式有着“互补”关系，即由给定公式的主析取范式可以求出其主合取范式，也可由给定公式的主合取范式求出其主析取范式.

设命题公式 A 中含有 n 个命题变元，且 A 的主析取范式中含有 k 个小项 m_{i1}，m_{i2}，…，m_{ik}，则 $\overline{A}$ 的主析取范式中必含有 2^n-k 个小项，不妨设为

$$m_{j1},\ m_{j2},\ \cdots,\ m_{j,2^n-k}$$

即

$$\overline{A}\Leftrightarrow m_{j1}\vee m_{j2}\vee\cdots\vee m_{j,2^n-k}$$

于是

$$\begin{aligned}A\Leftrightarrow\overline{\overline{A}}&\Leftrightarrow\overline{m_{j1}\vee m_{j2}\vee\cdots\vee m_{j,2^n-k}}\\&\Leftrightarrow\overline{m_{j1}}\wedge\overline{m_{j2}}\wedge\cdots\wedge\overline{m_{j,2^n-k}}\\&\Leftrightarrow M_{j1}\wedge M_{j2}\wedge\cdots\wedge M_{j,2^n-k}\end{aligned}$$

由此可知，从 A 的主析取范式求其主合取范式的步骤为

1）求出 A 的主析取范式中没有包含的小项；

2）求出与 1）中小项的下标相同的大项；

3）求出 2）中大项之合取，即为 A 的主合取范式.

7. 主范式的应用

利用主范式可以解判定问题或者证明等价式成立.

（1）判定问题　根据主范式的定义和定理，可以判定含 n 个命题变元的公式，其关键是先求出给定公式的主范式 A，其次按下列条件判定.

1）若 $A\Leftrightarrow 1$，或 A 可化为与其等价的含 2^n 个小项的主析取范式，则 A 为永真式.

2）若 $A\Leftrightarrow 0$，或 A 可化为与其等价的含 2^n 个大项的主合取范式，则 A 为永假式.

3）若 A 不与 1 或者 0 等价，且又不含 2^n 个小项或者大项，则 A 为可满足的.

【例 11-17】　判定下列公式为何类公式.

1）$(P\rightarrow Q)\wedge Q$；

2）$(P\rightarrow Q)\rightarrow(\overline{P}\vee Q)$.

解　用公式化归法，可得：

1）$(P\rightarrow Q)\wedge Q\Leftrightarrow M_0\wedge M_2\Leftrightarrow m_1\vee m_3$

可见，其主范式中，大、小项数目均不到 4，故 $(P\rightarrow Q)\wedge Q$ 为可满足式.

2）$(P\rightarrow Q)\rightarrow(\overline{P}\vee Q)\Leftrightarrow\overline{(\overline{P}\vee Q)}\vee(\overline{P}\vee Q)\Leftrightarrow 1$，故 $(P\rightarrow Q)\rightarrow(\overline{P}\vee Q)$ 为永真式.

（2）证明等价式成立　由于任何一个公式的主范式是唯一的，所以求出给定公式的主范式，若主范式相同，则给定两公式是等价的.

【例 11-18】　求证 $(P\rightarrow Q)\wedge(P\rightarrow R)\Leftrightarrow P\rightarrow(Q\wedge R)$.

证　利用求主合取范式来证明等价性.

$$
\begin{aligned}
&(P\rightarrow Q)\wedge(P\rightarrow R)\\
&\Leftrightarrow(\overline{P}\vee Q)\wedge(\overline{P}\vee R)\\
&\Leftrightarrow((\overline{P}\vee Q)\vee(\overline{R}\wedge R))\wedge(\overline{P}\vee(\overline{Q}\wedge Q)\vee R)\\
&\Leftrightarrow(\overline{P}\vee Q)\vee R)\wedge(\overline{P}\vee Q\vee\overline{R})\wedge(\overline{P}\vee Q\vee R)\wedge(\overline{P}\vee\overline{Q}\vee R)\\
&\Leftrightarrow M_4\wedge M_5\wedge M_4\wedge M_6\\
&\Leftrightarrow M_4\wedge M_5\wedge M_6
\end{aligned}
$$

$$
\begin{aligned}
&P\rightarrow(Q\wedge R)\\
&\Leftrightarrow\overline{P}\vee(Q\wedge R)\\
&\Leftrightarrow(\overline{P}\vee Q)\wedge(\overline{P}\vee R)\\
&\Leftrightarrow M_4\wedge M_5\wedge M_6
\end{aligned}
$$

由于两公式具有相同的主合取范式，故两公式等价.

11.2.4　命题演算的推理理论

在逻辑学中，把从前提（又叫公理或假设）出发，依据公认的推理规则，推导出一个结论的过程，称为有效推理或形式证明，所得结论叫作有效结论．这里最关心的不是结论的真实性而是推理的有效性．前提的实际真值不作为确定推理的有效性的依据．但是，如果前提全是真，则有效结论也应该是真而绝非假.

在数理逻辑中，集中注意的是研究和提供用来从前提导出结论的推理规则和论证原理，与这些规则有关的理论称为推理理论.

需要注意，必须把推理的有效性和结论的真实性区别开．有效的推理不一定产生真实的结论，产生真实结论的推理过程未必一定是有效的．有效的推理中可能包含假的前提，而无效的推理却可能包含真的前提．可见，推理的有效性是一回事，前提与结论的真实与否是另一回事．所谓推理有效，指它的结论是它的前提合乎逻辑的结果，也即如果它的前提都为真，那么所得结论也必然为真，而并不是要求前提或结论一定为真或为假.

本节主要讨论推理的概念、形式、规则及判别有效结论的方法.

1. 推理的基本概念和推理形式

推理也称论证，它是指由已知命题得到新的命题的思维过程，其中已知命题称为推理的前提或假设，推得的新命题称为推理的结论.

在数理逻辑中，前提 H 是一个或者 n 个命题公式 H_1，H_2，…，H_n；结论是一个命题公式 C. 由前提到结论的推理形式可表为 H_1，H_2，…，$H_n \Rightarrow C$，其中符号⇒表示推出……. 可见，推理形式是命题公式的一个有限序列，它的最后一个公式是结论，余下的是前提或假设.

定义 11-22 设命题公式 A、B，如果 $A \Rightarrow B$，则说“从 A 推出 B”或者说“B 是前提 A 的结论”．一般地，设 H_1，H_2，…，H_n 和 C 是一些命题公式，如果有 H_1，H_2，…，$H_n \Rightarrow C$ 成立，则称从前提 H_1，H_2，…，H_n 推出结论 C，记为

$$(H_1 \wedge H_2 \wedge \cdots \wedge H_n) \Rightarrow C$$

【例 11-19】 证明 $P \rightarrow Q$，$P \Rightarrow Q$.

证　证法 1 用等价演算法。

$$\begin{aligned}(P\rightarrow Q)\wedge P\rightarrow Q &\Leftrightarrow(\overline{P}\vee Q)\wedge P\rightarrow Q\\ &\Leftrightarrow\overline{((\overline{P}\vee Q)\wedge P)}\vee Q\\ &\Leftrightarrow(P\wedge\overline{Q})\vee\overline{P}\vee Q\\ &\Leftrightarrow\overline{(\overline{P}\vee Q)}\vee(\overline{P}\vee Q)\\ &\Leftrightarrow 1\end{aligned}$$

所以
$$P\rightarrow Q，P\Rightarrow Q$$

证法 2 用真值表法．写出 $(P\rightarrow Q)\wedge P\rightarrow Q$ 的真值表，见表 11-16.

表 11-16

P	Q	$(P\rightarrow Q)\wedge P\rightarrow Q$
0	0	1 0 1
0	1	1 0 1
1	0	0 0 1
1	1	1 1 1

由上表可知 $(P\rightarrow Q)\wedge P\rightarrow Q$ 是永真式.

2. 推理规则

在数理逻辑中，从前提推导出结论，要依据事先提供的公认的推理规则，以保证推理的有效性．常用的推理规则有：

(1) ***P*** 规则（也称前提引入规则）：在推导过程中，前提可视需要引入使用.

(2) ***T*** 规则（也称结论引入规则）：在推导过程中，前面已导出的有效结论都可作为后续推导的前提引入.

(3) ***CP*** 规则（也称条件证明引入规则）：若推出有效结论为条件式 $R\rightarrow C$ 时，只需将其前件 R 加入到前提中作为附加前提，并再去推出后件 C 即可.

(4) 代换规则：用任一命题公式 A_i 全部代换永真式 A 中某个命题变元 P_i 的所有出现，形成的新命题 A' 仍然是永真式，即 $A \Rightarrow A'$.

(5) 置换规则：若 A' 是命题公式 A 的子公式且 $A' \Leftrightarrow B'$，用 B' 取代 A 中的 A' 的一处或多处出现，所得的新命题公式为 B，则有 $A \Leftrightarrow B$.

(6) 分离规则：若命题公式 A 和 $A \to B$ 都为永真式，则 B 必是永真式.

3. 有效推理的方法

有效的推理方法主要有两种：演绎证明和分析法．这里只介绍演绎证明．而演绎证明又可分为直接证明和间接证明.

(1) 直接证明　直接证明就是由一组前提，利用一些公认的推理规则，根据已知的等价或蕴涵公式，推演得到有效的结论.

【例 11-20】 证明 $R \vee S$ 是前提 $\overline{P} \to (\overline{R} \to S)$，$P \to Q$ 和 $\overline{Q}$ 的有效结论.

证

步骤	公式	依据
1)	$\overline{Q}$	**P** 规则
2)	$P \to Q$	**P** 规则
3)	$\overline{P}$	**T** 规则，1)，2)
4)	$\overline{P} \to (\overline{R} \to S)$	**P** 规则
5)	$\overline{R} \to S$	**T** 规则，3)，4)
6)	$R \vee S$	**T** 规则，5)

(2) 间接证明　间接证明即是反证法，它是把结论的否定作为附加前提一起推证，若能引出矛盾，则说明结论是有效的.

定义 11-23　设 H_1，H_2，…，H_n 为公式，如果对任意的合式公式 R，有

$$H_1 \wedge H_2 \wedge \cdots \wedge H_n \Rightarrow R \wedge \overline{R}$$

则称公式 H_1，H_2，…，H_n 是不相容的，否则称它们是相容的.

为要证明 C 是前提 H_1，H_2，…，H_n 的有效结论，可将否定的结论 $\overline{C}$ 作为附加前提添加到原来的前提中去，若能证得 H_1，H_2，…，H_n，$\overline{C}$ 是不相容的，则原推理就是成立的．这是因为 $H_1 \wedge H_2 \wedge \cdots \wedge H_n \wedge \overline{C}$ 是永假式，所以当 $H_1 \wedge H_2 \wedge \cdots \wedge H_n$ 为真时，$\overline{C}$ 一定是假的，从而 C 是真的.

【例 11-21】 证明 $\overline{P \wedge Q}$ 可由 $\overline{P} \wedge \overline{Q}$ 有效推出.

证

步骤	公式	依据
1)	$\overline{\overline{P \wedge Q}}$	**P** 规则，附加前提
2)	$P \wedge Q$	**T** 规则，1)
3)	P	**T** 规则，2)
4)	$\overline{P} \wedge \overline{Q}$	**P** 规则
5)	$\overline{P}$	**T** 规则，4)
6)	$P \wedge \overline{P}$	**T** 规则，3)，5)

【例 11-22】 试给出以下推理的论证.

一个科室指定出差的人，要求满足以下条件：

1) 如果小李去，则小王必须去；

2) 小张和小王不能同时去.

结论是：如果小张去，则小李不能去.

证　将前提和结论符号化.

设 Z：小张去，L：小李去，W：小王去．于是要证 $L\to W$，$\overline{Z\wedge W}$有效推出 $Z\to\overline{L}$.

步骤	公式	依据
1)	$\overline{Z\to\overline{L}}$	**P** 规则，附加前提
2)	Z	**T** 规则，1)
3)	$\overline{Z\wedge W}$	**P** 规则，2)
4)	$\overline{Z}\vee\overline{W}$	**T** 规则，3)
5)	$\overline{W}$	**T** 规则，2)，4)
6)	$L\to W$	**P** 规则
7)	$\overline{L}$	**T** 规则，5)，6)
8)	L	**T** 规则，1)
9)	$L\wedge\overline{L}$	**T** 规则，7)，8)

习　题　11-2

1. 证明：$G\vee(G\wedge H)=G$.

2. 化简下列各式.

(1) $A\vee(\overline{A}\vee(B\wedge\overline{B}))$；

(2) $(A\wedge B\wedge C)\vee(\overline{A}\wedge B\wedge C)$.

3. 试将下列公式化为析取范式和合取范式.

(1) $P\wedge(P\to Q)$；

(2) $\overline{(P\vee Q)}\leftrightarrow(P\wedge Q)$；

(3) $((P\vee Q)\to R)\to P$；

(4) $(P\to Q)\leftrightarrow(\overline{Q}\to\overline{P})$.

4. 已知：若 $A\vee B=A\vee C$，$\overline{A}\vee B=\overline{A}\vee C$，则 $B=C$.

5. 试证明：(1) $\overline{(P\wedge Q)}\to(\overline{P}\vee(\overline{P}\vee Q))=\overline{P}\vee Q$；

(2) $(P\vee Q)\wedge(\overline{P}\vee(\overline{P}\vee Q))=\overline{P}\wedge Q$.

6. 设公式 G 的真值表为表 11-17，(P、Q、R 是出现在 G 中的所有原子)，试求出 G 的主析取范式和主合取范式.

表　11-17

P	Q	R	G
0	0	0	1
0	0	1	0
0	1	0	1
0	1	1	1
1	0	0	0
1	0	1	1
1	1	0	0
1	1	1	0

7. 求 $Q \wedge (P \vee \overline{Q})$ 的主合取范式.

8. 不使用真值表，试求出公式 $G = (\overline{P} \to R) \wedge (Q \leftrightarrow P)$ 的主合取范式，并利用其主合取范式，求得其主析取范式.

9. 试将下列公式化为主析取范式和主合取范式.

(1) $(P \wedge Q) \vee (\overline{P} \wedge R)$；

(2) $P \vee (\overline{P} \to (Q \vee (\overline{Q} \to R)))$.

10. 利用求公式的范式的方法，判断下列公式是恒真？恒假？可满足？

(1) $\overline{(P \to Q)} \wedge Q$；

(2) $((P \vee Q) \to R) \to P$；

(3) $(P \to Q) \to (\overline{Q} \to \overline{P})$.

11. 证明蕴涵式.

(1) $P \to (Q \to R) \Rightarrow (P \to Q) \to (P \to R)$；

(2) $(P \to Q) \wedge \overline{Q} \Rightarrow \overline{P}$；

(3) $(P \to Q) \to Q \Rightarrow P \vee Q$；

(4) $(Q \to (\overline{P} \vee P)) \to (R \to (\overline{P} \vee P)) \Rightarrow (R \to Q)$；

(5) $P \wedge (P \to Q) \Rightarrow Q$.

12. 证明下面的等价式.

(1) $(\overline{P} \wedge (\overline{Q} \wedge R)) \vee (Q \wedge R) \vee (P \wedge R) = R$；

(2) $(P \wedge (Q \wedge S)) \vee (\overline{P} \wedge (Q \wedge S)) = Q \wedge S$；

(3) $P \to (Q \to R) = (P \wedge Q) \to R$；

(4) $\overline{(P \leftrightarrow Q)} = (P \wedge \overline{Q}) \vee (\overline{P} \wedge Q)$.

13. 用形式演绎法证明.

(1) $\{C \vee D, (C \vee D) \to \overline{H}, \overline{H} \to (A \wedge \overline{B}), (A \wedge \overline{B}) \to (R \vee S)\}$ 蕴涵 $R \vee S$；

(2) $\{P \vee Q, P \to \overline{R}, S \to T, \overline{S} \to R, \overline{T}\}$ 蕴涵 Q；

(3) $\{P \to Q, R \to S, P \vee R\}$ 蕴涵 $Q \vee S$；

(4) 若春暖花开，则燕子就会飞回北方. 若燕子飞回北方，则冰雪融化. 若冰雪没有融化，则没有春暖花开.

11.3 谓词逻辑

在命题逻辑中，命题是命题演算的基本单位，如果不再对简单命题进行分解，就无法研究命题的内部结构及命题之间内在的联系，甚至无法处理一些简单而又常见的推理过程. 例如，在命题逻辑中，对著名的“苏格拉底三段论”就无法判断其正确性，这个三段论的内容为：

1) 凡人都是要死的；

2) 苏格拉底是人；

3) 所以苏格拉底是要死的.

在命题逻辑中，如果用 P、Q、R 表示以上 3 个命题，则 $(P \wedge Q) \to R$ 表示上述推理，这个命题公式不是重言式，可是凭人们的直觉可知上述论断是正确的，这就是命题逻辑的局限性. 原因是没有把 P、Q、R 之间的内在联系反映出来. 要反映这种内在联系，就要对简单命题作进一步的分析，分析出其中的个体词、谓词、量词等，研究它们的形式结构及逻辑关系，总结出正确的推理形式和规则，这就是谓词逻辑所研究的内容.

11.3.1　谓词与量词

在命题逻辑中，简单命题被分解成个体词和谓词两部分，所谓个体词是指可以独立存在的客体，它可以是一个具体的事物，也可以是一个抽象的概念．例如，李明、玫瑰花、黑板、自然数、$\sqrt{2}$、思想、定理等都可以作为个体词，而谓词是用来刻画个体词的性质或个体词之间关系的词，例如，下面3个简单命题.

1）$\sqrt{2}$是无理数.

2）王宏是程序员.

3）小李比小赵高2cm.

“$\sqrt{2}$”“王宏”“小李”“小赵”都是个体词，而“……是无理数”“……是程序员”“……比……高2cm”都是谓词．显然前两个谓词是表示个体词性质的，而后一个谓词是表示个体词之间关系的.

表示具体要求的或特定个体的词称为个体常项，一般用小写的英文字母 a，b，c，…表示．表示抽象的，或泛指个体的词称为个体变项，常用小写英文字母 x，y，z，…表示．个体变项的取值范围称为个体域（或论域)，个体域可以是有限事物的集合，例如，{1，2，3，4}，{a，b，c}，{计算机，2，狮子} 等；也可以是无限事物的集合，例如，自然数集合、实数集合等．特别是，当无特殊声明时，将宇宙间的一切事物组成的个体域，称为全总个体域.

表示具体性质或关系的谓词称为谓词常项，用大写英文字母 F、G、H，…表示．例如，用 F、G、H 等表示的是谓词常项还是变项要根据上、下文而定，个体变项 x 具有性质 F，记作 $F(x)$，个体变项 x、y 具有关系 L 记作 $L(x，y)$. 下文中常称这种个体变项和谓词的联合体 $F(x)$、$L(x，y)$ 等为谓词，若 $F(x)$ 表示“x 是无理数”，$L(x，y)$ 表示“x 比 y 高2cm”，a 表示$\sqrt{2}$，b 表示小李，c 表示小赵，则 $F(a)$ 表示“$\sqrt{2}$是无理数”，$L(b，c)$ 表示“小李比小赵高2cm”.

在谓词中所包含的个体词数称为元数，含 $n(n\geqslant1)$ 个个体词的谓词称为 n 元谓词，一元谓词是表示个体词性质的．$n(n\geqslant1)$ 元谓词是表示个体词之间关系的．一般说来，用 $P(x_1，x_2，\cdots，x_n)$ 表示 n 元谓词，它是以个体变项的个体域为定义域，以 {0，1} 为值域的 n 元函数．在这里 n 个个体变项的顺序不能随意改动，一般说来，谓词 $P(x_1，x_2，\cdots，x_n)$ 不是命题，它的真值无法确定．要想使它成为命题，必须指定某一谓词常项代替 P，同时还要用 n 个个体常项代替 n 个个体变项．例如，$L(x，y)$ 是一个二元谓词，它不是命题，当令 $L(x，y)$ 表示“x 小于 y”之后，该谓词中的谓词部分已为常项，但它还不是命题，当取 a 为2，b 为3时，$L(a，b)$ 才是命题，并且是真命题．当取 c 为2，d 为1时，$L(c，d)$ 为假命题．有时将不带个体变项的谓词称为0元谓词，例如，上述的 $L(a，b)$、$L(c，d)$ 都是0元谓词．0元谓词都是命题，命题逻辑中的简单命题都可以用0元谓词表示，因而可将命题看成谓词的特殊情况．命题逻辑中的联结词在一阶逻辑中均可应用.

【例11-23】　将下列命题用0元谓词符号化.

1）是素数且是偶数.

2）如果2大于3，则2大于4.

3）如果张明比李民高，李民比赵亮高，则张明比赵亮高.

解　1）设 $F(x)$：x 是素数，$G(x)$：x 是偶数，a：2，则命题符号化为 $F(a)\land G(a)$.

2）设 $L(x,y)$：x 大于 y，a：2，b：3；c：4，则命题符号化为 $L(a,b)\rightarrow L(a,c)$.

3）设 $H(x,y)$：x 比 y 高，a：张明，b：李民，c：赵亮，则命题符号化为 $H(a,b)\land H(b,c)\to H(a,c)$.

现在考虑如下形式的命题要在一阶逻辑中符号化的问题，例如：

1）所有的人都要死的.

2）有的人活百岁以上.

以上给出的两个命题中，除了有个体词和谓词外，还有表示数量的词，称表示数量的词为量词. 量词有两种：

① 全称量词：对应日常语言中的"一切""所有的""任意的"等词，用符号"$\forall$"表示，$\forall x$ 表示对个体域里的所有个体，$\forall xF(x)$ 表示个体域里的所有个体都有性质 F.

② 存在量词：对应日常语言中的"存在着""有一个""至少有一个"等词汇．用符号"$\exists$"表示．$\exists x$ 表示存在个体域里的个体，$\exists xF(x)$ 表示存在着个体域中的个体具有性质 F.

现在可以考虑将上述两个命题符号化了，在考虑符号化之前必须明确个体域.

第一种情况，考虑个体域 D 为人类集合，此时命题 1）可符号化为

$$\forall xF(x)\text{，其中 } F(x)\text{：}x\text{ 是要死的.}$$

这个命题是真命题.

命题 2）可符号化为

$$\exists xG(x)\text{，其中 } G(x)\text{：}x\text{ 活百岁以上.}$$

这个命题也是真命题.

第二种情况，考虑个体域 D 为全总个体域．在这种情况下，命题 1）不能符号化为 $\forall xF(x)$，命题 2）也不能符号化为 $\exists xG(x)$ 的形式．原因是，此时 $\forall x F(x)$ 表示宇宙间的一切事物都是要死的，这与原命题不符．$\exists xG(x)$ 表示在宇宙间的一切事物中存在百岁以上的，显然也没表达出原命题的意义．因而必须引出一个新的谓词，将人分离出来，在全总个体域的情况下，以上两命题可叙述如下：

1′）对所有个体而言，如果他是人，则他是要死的.

2′）存在着个体，他是人并且活百岁以上.

于是，在符号化时必须引进一个新的谓词：

$$M(x)\text{：}x\text{ 是人}$$

称这个谓词为特性谓词．有了特性谓词后，命题 1′）可符号化为

$$\forall x(M(x)\to F(x))$$

命题 2′）可符号化为 $\exists x(M(x)\land G(x))$.

在使用量词时，应注意以下 6 点：

1）在不同的个体域中，命题符号化的形式可能不一样.

2）如果事先没有给出个体域，都应以全总个体域为个体域.

3）在引入特性谓词后，使用全称量词与存在量词符号化的形式是不同的，请注意上面 1′）、2′）两种形式.

4）个体域和谓词的含义确定之后，n 元谓词要转化为命题至少需要 n 个量词（关于这一点以后进一步讨论）.

5）当个体域为有限集时，如 $D=\{a_1, a_2, \cdots, a_n\}$ 由量词的意义可以看出，对于任意的谓词 $A(x)$，都有：

① $\forall xA(x)\Leftrightarrow A(a_1)\land A(a_2)\land\cdots\land A(a_n)$

② $\exists xA(x)\Leftrightarrow A(a_1)\lor A(a_2)\lor\cdots\lor A(a_n)$.

这实际上是将命题逻辑中命题公式转化为命题逻辑中的命题公式问题.

6）多个量词同时出现时，不能随意颠倒它们的顺序，颠倒后会改变原命题的含义.

考虑下面命题：

“对任意的 x，存在着 y，使得 $x+y=5$”. 取个体域为实数集，这个命题可符号化为 $\forall x\ \exists yH(x, y)$，其中，$H(x, y)$：$x+y=5$.

这是个真命题，但如果将量词的顺序颠倒，得：

$$\exists y \forall xH(x, y)$$

此式的含义为“存在着 y，对任意的 x，都有 $x+y=5$”. 这就与原命题的意义不同了，并且成了假命题. 因而量词的顺序不能随意颠倒，否则会产生错误.

【例 11-24】 在命题逻辑中将下面命题符号化.

1）凡有理数均可表示成分数.

2）有的有理数是整数.

要求：（Ⅰ）个体域为有理数集；（Ⅱ）个体域为实数集合.

解　（Ⅰ）不引入特性谓词

1）$\forall xF(x)$，其中，$F(x)$：x 可表示成分数.

2）$\exists xG(x)$，其中 $G(x)$：x 是整数.

（Ⅱ）引入特性谓词：$R(x)$：x 是有理数

1）$\forall x\ (R(x)\rightarrow F(x))$，$F(x)$：$x$ 可表示成分数.

2）$\exists x\ (R(x)\land G(x))$，$G(x)$：$x$ 是整数.

在各个体域中，以上命题均为真命题.

【例 11-25】 将下列命题符号化.

1）对所有的 x，均有 $x^2-1=(x+1)(x-1)$.

2）存在 x，使得 $x+5=2$.

要求：（Ⅰ）个体域为自然数集合；（Ⅱ）个体域为实数集合.

解　（Ⅰ）不引入特性谓词

1）$\forall xF(x)$，其中，$F(x)$：$x^2-1=(x+1)(x-1)$.

2）$\exists xG(x)$，其中，$G(x)$：$x+5=2$.

1）为真命题，2）为假命题.

（Ⅱ）也不引入特性谓词，1）、2）的符号化形式同（Ⅰ），但此时 1）、2）均为真命题.

【例 11-26】 在命题逻辑中将下面命题符号化.

1）凡偶数均能被 2 整除.

2）存在着偶素数.

3）没有不犯错误的人.

解　在本题中，没指明个体域，因而取个体域为全总个体域.

1）$\forall x(F(x)\rightarrow G(x))$，其中，$F(x)$：$x$ 是偶数，$G(x)$：x 能被 2 整除.

2）$\exists x(F(x)\land G(x))$，其中，$F(x)$：$x$ 是偶数，$G(x)$：x 是素数.

3）$\overline{\exists} x(M(x)\land \overline{F}(x))$，其中，$M(x)$：$x$ 是人，$F(x)$：x 犯错误.

本命题还可以叙述为：“所有的人都犯错误”，因而又可符号化为

$$\forall x(M(x)\rightarrow F(x))$$

上例中的几个命题的符号化很有典型性，希望注意分析.

以上各例中，涉及的谓词都是一元谓词，下面给出多元谓词的例子.

【例 11-27】 在命题逻辑中将下列命题符号化.

1）一切人都不一样高.

2）每个自然数都有后继数.

3）有的自然数无先驱数.

解 因为题目中没指明个体域，因而使用全总个体域.

1）符号化为

$$\forall x \forall y(M(x) \wedge M(y) \wedge H(x,y) \rightarrow \overline{L(x,y)})$$

其中，$M(x)$：x 是人，$H(x,y)$：$x \neq y$（x 与 y 不是同一个人）. $L(x,y)$：x 与 y 一样高.

或者 $\overline{\exists} x \exists y(M(x) \wedge M(y) \wedge H(x,y) \wedge L(x,y))$

2）$\forall x(F(x) \rightarrow \exists y(F(y) \wedge H(x,y)))$

其中，$F(x)$：x 是自然数，$H(x,y)$：y 是 x 的后继数.

3）$\exists x(F(x) \wedge \forall y(F(y) \rightarrow \overline{L(x,y)}))$

其中，$F(x)$：x 是自然数，$L(x,y)$：y 是 x 的先驱数.

11.3.2 公式及解释

1. 公式的概念

前面初步介绍了谓词逻辑符号化的有关概念及方法．为了使符号化能更准确和规范以及正确进行谓词演算和推理，还应给出谓词逻辑中合式公式的概念．为此先给出本书中使用的字母表.

定义 11-24 字母表如下：

1）个体常项：a，b，c，…，a_i，b_i，c_i，…，$i \geqslant 1$；

2）个体变项：x，y，z，…，x_i，y_i，z_i，…，$i \geqslant 1$；

3）函数符号：f，g，h，…，f_i，g_i，h_i，…，$i \geqslant 1$；

4）谓词符号：F，G，H，…，F_i，G_i，H_i，…，$i \geqslant 1$；

5）量词符号：$\forall$，$\exists$；

6）联结词符：$\neg$，$\wedge$，$\vee$，$\rightarrow$，$\leftrightarrow$；

7）括号和逗号：()，“,”.

定义 11-25 项的递归定义如下：

1）个体常项和变项是项；

2）若 φ（x_1，x_2，…，x_n）是任意 n 元函数，T_1，T_2，…，T_n是项，则$\varphi(T_1$，T_2，…，$T_n)$是项；

3）只有有限次地使用 1）、2）生成的符号串才是项.

定义中的 φ 是字母表中没有的符号，这里表示任意的函数，可以看成表示函数的模式，或称为元语言符号．所谓元语言是用来描述对象语言的语言，而对象语言是用来描述研究对象的语言.

定义 11-26 设 $R(x_1$，x_2，…，$x_n)$ 是任意的 n 元谓词，T_1，T_2，…，T_n是项，则称 $R(x_1$，x_2，…，$x_n)$ 为原子公式.

定义中 R 是元语言符号.

定义 11-27 谓词公式的定义如下：

1）原子公式是谓词公式；

2）若 A 是谓词公式，则（$\overline{A}$）也是谓词公式；

3）若 A、B 是谓词公式，则 $(A \wedge B)$、$(A \vee B)$、$(A \rightarrow B)$、$(A \rightleftharpoons B)$ 也是谓词公式；

4）若 A 是谓词公式，x 是任意个体变元，且在 A 中无（$\forall x$）或（$\exists x$）出现，则（$\forall x$）A 和（$\exists x$）A 也是谓词公式；

5）只有有限次地应用 1）～4）构成的符号串才是谓词公式（也称合式公式）.

【例 11-28】 下面的字符串是谓词公式：

1）$\forall xP(y)$；

2）$\forall x(P(y) \vee R(y))$；

3）$P \vee (\forall x(A(x) \rightarrow B(x)))$.

量词短语是由量词符号 $\forall$ 或 $\exists$ 和紧跟其后的被限定变量 x 等组成的．量词短语简称量词．量词之后紧接着的那个公式叫作该量词的辖域．一个谓词公式中的变量出现在某一量词的辖域中，并且它与该量词中的定量变元相同时，该变量称为是在公式中的约束出现，同时约束出现的变量称为约束变量．公式中其他非约束出现的变量称为自由出现.

【例 11-29】 指出下列各合式公式中的量词的辖域、个体变项的自由出现和约束出现.

1）$\forall x(F(x) \rightarrow \exists yH(x,y))$；

2）$\exists xF(x) \wedge G(x,y)$；

解　1）$\exists yH(x,\ y)$ 中，$\exists$ 的辖域为 $H(x,\ y)$，其中 y 是约束出现的，x 是自由出现的．整个合式公式中，$\forall$ 的辖域为 $(F(x) \rightarrow \exists yH(x,y))$，$x$、$y$ 都是约束出现的．x 约束出现 2 次，y 约束出现 1 次.

2）在 $\exists xF(x)$ 中，$\exists$ 的辖域为 $F(x)$，x 是约束出现的，$G(x,\ y)$ 中，x、y 都是自由出现的．在整个公式中，x 约束出现 1 次，自由出现 1 次，y 自由出现 1 次.

定义 11-28　设 A 为任一公式，若 A 中无自由出现的个体变项，则称 A 是封闭的合式公式，简称闭式.

例如，$\forall x(F(x) \rightarrow G(x))$、$\exists x \forall y(F(x) \vee G(x,y))$ 都是闭式．而 $\forall x(F(x) \rightarrow G(y))$、$\exists z \forall yL(x,y,z)$ 都不是闭式.

从以上的讨论可以看出，在一个合式公式中，有的个体变项既可以约束出现，又可以自由出现，这就容易产生混淆．为了避免混淆，给出下面的换名规则：

（1）约束变元的换名规则

1）将在量词中的作用变元以及该量词辖域中全部约束变元用新的个体变元代替.

2）新变元在原谓词公式中不出现.

（2）自由变元换名规则

1）将公式中所有自由变元用新的个体变元代替.

2）新个体变元在原谓词公式中不出现.

【例 11-30】 设有谓词公式：

$$\forall x(P(x) \wedge \exists xQ(x)) \vee (\forall xP(x) \rightarrow Q(x))$$

将该公式中所有的约束变元换名.

解　个体变元 x 既是约束变元，又是自由变元．在第一个量词 $\forall x$ 的辖域 $P(x) \wedge \exists xQ(x)$ 内没有出现变元 y，可将第一个 $\forall x$ 换成 $\forall y$，则换名后的谓词公式为

$$\forall y(P(y) \wedge \exists xQ(x)) \vee (\forall xP(x) \rightarrow Q(x))$$

子公式 $\forall xP(x) \rightarrow Q(x)$ 中的 x 既是约束变元，又是自由变元，可将 $\forall x$ 换为 $\forall z$，换名后的谓词公式为

$$\forall y(P(y)\land \exists xQ(x))\lor(\forall zP(z)\to Q(x))$$

再次换名后的谓词公式为

$$\forall y(P(y)\land \exists xQ(x))\lor(\forall zP(z)\to Q(w))$$

2. 公式的解释

一般情况下，一个谓词逻辑合式公式中含有：个体常项、个体变项（自由出现或约束出现的）、函数变项、谓词变项等．对各种变项用指定的特殊常项去代替，就构成了一个公式的解释 I 的一般定义，它可以根据某个公式提出，也可以不是根据一个公式提出．

定义 11-29 谓词公式的 G 一个解释 I 由下面 5 部分组成：

1）指定一个非空个体域 D；

2）对 G 中出现的每一个函数，指定一个 D 上的个体函数；

3）对 G 中出现的每个谓词，指定一个 D 上的谓词；

4）对 G 中出现的每个个体常元及自由变元，指定 D 中的一个个体．

5）对 G 中出现的每个命题变元 P，指定一个真值．

对谓词公式 G 的任意一个解释 I，相应地得到一个命题，记为 G_I，并称 G_I 的真值为谓词公式 G 在解释 I 下的真值．如果谓词公式 G 在解释 I 下的真值为 1，则称 I 是 G 的真解释，如果谓词公式 G 在解释 I 下的真值为 0，则称 I 是 G 的假解释．

【例 11-31】 给定谓词公式 G：$\forall x\exists yP(x,y)$，设解释 I 为

1）$D=\{1,2\}$；

2）定义 D 上的二元谓词 P 见表 11-18.

表 11-18

$P(1,1)$	$P(1,2)$	$P(2,1)$	$P(2,2)$
1	1	0	0

求 G 在解释 I 下的真值．

解 因为 $D=\{1,2\}$，则在解释 I 下，有

$$\forall x\exists yP(x,y)\Leftrightarrow(P(1,1)\lor P(1,2))\land(P(2,1)\lor P(2,2))$$

又因为 $P(1,1)=1,P(1,2)=1,P(2,1)=0,P(2,2)=0$

所以 $(P(1,1)\lor P(1,2))\land(P(2,1)\lor P(2,2))=0$.

即 G 在解释 I 下的值为假．

有的公式在任何解释下都真，有的在任何解释下都假，给出下面定义．

定义 11-30 设 A 为谓词公式，如果 A 在任何解释下都是真的，则称 A 为永真式；如果 A 在任何解释下都是假的，则称 A 是永假式；若至少存在一个解释使 A 为真，则称 A 是**可满足式．**

从定义可知，永真式显然是可满足式．

【例 11-32】 判断下列公式是永真式还是永假式．

$$\forall x\forall y(P(x,y)\land Q(x,y)\to P(x,y))$$

解 对谓词的任意一个解释 I，谓词 $P(x,y)$ 与 $Q(x,y)$ 都是命题，而命题 $P(x,y)\land Q(x,y)\to P(x,y)$ 的真值为 1，因此在解释 I 下，谓词公式

$$\forall x\forall y(P(x,y)\land Q(x,y)\to P(x,y))$$

的真值为 1. 由 I 的任意性及永真式的定义可知，该谓词公式是永真的．

11.3.3 谓词演算的等价式与蕴涵式

定义 11-31 设 A、B 为任意两个谓词公式，若对 A、B 的任何一个共同解释，谓词公式 $A \rightleftharpoons B$ 为永真的，则称 A 与 B 是等价的，记为 $A \Leftrightarrow B$，称 $A \Leftrightarrow B$ 为等价式.

若对 A、B 的任何一个共同解释，谓词公式 $A \rightarrow B$ 为永真的，则称 A 蕴涵 B，记为 $A \Rightarrow B$.

谓词公式的等价体现了谓词公式之间的某种关系．谓词公式的等价是一个等价关系．而谓词公式的蕴涵是一个偏序关系.

显然，当 A、B 为谓词公式，$A \rightleftharpoons B$ 成立当且仅当 $A \Rightarrow B$ 且 $B \Rightarrow A$.

下面不加证明地给出涉及量词的一些等价式.

(1) 量词否定等价式

1) $\overline{(\forall x)A} \Leftrightarrow (\exists x)\overline{A}$；

2) $\overline{(\exists x)A} \Leftrightarrow (\forall x)\overline{A}$.

这两个等价式，可用量词的定义给予说明．由于“并非对一切 x，A 为真”等价于“存在一些 x，$\overline{A}$ 为真”，故 1) 成立．由于“不存在一些 x，A 为真”等价于“对一切 x，$\overline{A}$ 为真”，所以 2) 成立．这两个等价的意义是：否定联结词可通过量词深入到辖域中.

(2) 量词辖域缩小或扩大等价式

设 B 是不含 x 的自由出现，$A(x)$ 为有 x 自由出现的任意公式，则有：

1) $(\forall x)(A(x) \wedge B) \Leftrightarrow (\forall x)A(x) \wedge B$；

2) $(\forall x)(A(x) \vee B) \Leftrightarrow (\forall x)A(x) \vee B$；

3) $(\forall x)(A(x) \rightarrow B) \Leftrightarrow (\exists x)A(x) \rightarrow B$；

4) $(\forall x)(B \rightarrow A(x)) \Leftrightarrow B \rightarrow (\forall x)A(x)$；

5) $(\exists x)(A(x) \wedge B) \Leftrightarrow (\exists x)A(x) \wedge B$；

6) $(\exists x)(A(x) \vee B) \Leftrightarrow (\exists x)A(x) \vee B$；

7) $(\exists x)(A(x) \rightarrow B) \Leftrightarrow (\forall x)A(x) \rightarrow B$；

8) $(\exists x)(B \rightarrow A(x)) \Leftrightarrow B \rightarrow (\exists x)A(x)$.

(3) 量词分配律等价式

1) $(\forall x)(A(x) \wedge B(x)) \Leftrightarrow (\forall x)A(x) \wedge (\forall x)B(x)$；

2) $(\exists x)(A(x) \vee B(x)) \Leftrightarrow (\exists x)A(x) \vee (\exists x)B(x)$.

其中，$A(x)$、$B(x)$ 为有 x 自由出现的任何公式.

(4) 多重量词等价式

1) $(\forall x)(\forall y)A(x,y) \Leftrightarrow (\forall y)(\forall x)A(x,y)$；

2) $(\exists x)(\exists y)A(x,y) \Leftrightarrow (\exists y)(\exists x)A(x,y)$.

其中，$A(x)$、$B(x)$ 为有 x 自由出现的任意公式.

【例 11-33】 证明 $(\forall x)(\forall y)A(x) \rightarrow B(y) \Leftrightarrow (\exists x)A(x) \rightarrow (\forall y)B(y)$．其中 x、y 为分别不在公式 $B(y)$、$A(x)$ 中自由出现.

证明 $(\forall x)(\forall y)A(x) \rightarrow B(y)$

$\Leftrightarrow (\forall x)A(x) \rightarrow (\forall y)B(y)$　　根据(2)中 4)

$\Leftrightarrow (\exists x)A(x) \rightarrow (\forall y)B(y)$　　根据(2)中 3)

11.3.4 谓词演算的推理理论

谓词演算的推理是包含谓词公式的推理过程，是命题演算推理理论的推广．命题演算的

P 规则和 T 规则，也可在谓词演算的推理中使用．但是由于谓词演算中引入了量词、约束变量以及论域等，所以它的推理理论要复杂得多．因此还需要引入四条有关量词的规则以及使用它们的限制.

（1）全称指定规则 US　从（$\forall x$）$A(x)$ 可以得到结论 $A(y)$，其中 y 是个体域中任一个体，即

$$(\forall x)\ A(x) \Rightarrow A(y)$$

使用 US 规则的条件是对于 y，公式 $A(y)$ 必须是自由的．根据 US 规则，在推论过程中可以移去全称变量.

（2）存在指定规则 ES　从（$\exists x$）$A(x)$ 可以得到结论 $A(y)$，其中 y 是个体域中任一个体，即

$$(\exists x)A(x) \Rightarrow A(y)$$

使用 ES 规则的条件是 y 必须是在前面没有出现过的，以免发生混淆．也就是说 y 要满足：

1）在给定的所有前提中，y 都不是自由的；

2）在承先的任何推导步骤上，y 也不是自由的.

根据 ES 规则，在推论中可以移去存在变量.

（3）存在推广规则 EG　从 $A(x)$ 可得出结论（$\exists y$）$A(y)$，其中 x 是个体域中的某一个体，即

$$A(x) \Rightarrow (\exists y)A(y)$$

使用 EG 规则的条件是对于 y，公式 $A(x)$ 必须是自由的．根据 EG 规则，在推论过程中可以附上存在量词.

（4）全称推广规则 UG　从 $A(x)$ 可得出结论（$\forall y$）$A(y)$，其中 x 是个体域中的任一个体，即

$$A(x) \Rightarrow (\forall y)\ A(y)$$

使用 UG 规则的条件是：

1）在任何给定的前提中，x 都不是自由的；

2）在使用 ES 规则而得到的一个居先步骤上，如果 x 是自由的，则由于使用 ES 规则而引入的任何新变元在 $A(x)$ 中都不是自由出现的．根据 UG 规则，在推理过程中可以附上量词.

有了上述这些规则，再加上命题演算中所给的推理规则，就可以进行谓词演算中一些简单的推理了.

【例 11-34】 证明“苏格拉底三段论”的正确性.

证　设 s：苏格拉底，$M(x)$：x 是人，$D(x)$：x 是要死的．则已知前提是（$\forall x$)$(M(x) \to D(x))$，$M(s)$，要证明的结论是：$D(s)$.

步骤	公式	依据
1）	$(\forall x)(M(x) \to D(x))$	P
2）	$M(s) \to D(s)$	US,1)
3）	$M(s)$	P
4）	$D(s)$	T，2)，3)

【例11-35】 证明$(\exists x)(P(x)\land Q(x))\Rightarrow(\exists x)P(x)\land(\exists x)Q(x)$.

证

步骤	公式	依据
1)	$(\exists x)(P(x)\land Q(x))$	P
2)	$P(y)\land Q(y)$	ES,1),y 被ES引入
3)	$P(y)$	T,2)
4)	$Q(y)$	T,2)
5)	$(\exists x)P(x)$	EG,3)
6)	$(\exists x)Q(x)$	EG,4)
7)	$(\exists x)P(x)\land(\exists x)Q(x)$	T,5),6)

习　题　11-3

1. 用谓词表达式写出下列命题.

(1) 王文不是学生；

(2) 2是素数且是偶数；

(3) 若 m 是奇数，则 $2m$ 不是奇数；

(4) 河北省南接河南省；

(5) 若2大于3. 则2大于4；

(6) 凡是有理数都可以写成分数；

(7) 存在着会说话的机器人；

(8) 并非每个实数都是有理数；

(9) 如果有限个数的乘积为零，那么至少有一个因子等于零；

(10) 没有不犯错误的人.

2. 设谓词的定义域都是 $\{a,\ b,\ c\}$，试将下面的表达式中的量词消除，写成与之等价的命题公式.

(1) $\forall xP(x)$；

(2) $\forall xR(x)\land\forall xS(x)$；

(3) $\forall xR(x)\land\exists xS(x)$；

(4) $\forall x(P(x)\to Q(x))$；

(5) $\forall x\overline{P}(x)\lor\forall xP(x)$；

(6) $\forall xF(x)\to\exists yG(x)$；

(7) $\exists x\forall yH(x,y)$.

3. 指出下列命题的真值.

(1) $\exists x(P(x)\to Q(x))$,其中,$P(x)$：$x>3$,$H(x)$：$x=4$,个体域：$D=\{2\}$；

(2) $\forall x(P(x)\lor Q(x))$,其中,$P(x)$：$x=1$,$Q(x)$：$x=2$,个体域：$D=\{1,2\}$.

4. 将下列表达式中的变量适当改名，使得约束变量不是自由的，自由变量不是约束的：

(1) $\exists xP(x)\land G(x,y)$；

(2) $\forall x(P(x)\to R(x,y))\land Q(x,y)$；

(3) $\forall x\exists y(P(x,z)\to Q(y))\leftrightarrow S(x,y)$；

(4) $\forall x(P(x)\to(R(x)\lor Q(x))\land\exists xR(x))\to\exists zS(x,z)$；

(5) $\overline{R(x,y,z)}\land\exists xQ(x,y)\to\exists yQ(x,y)$.

5. 设 I 是如下一个解释：

D：实数集 $\mathbf{R}$,

a	$f(x,y)$	$F(x,y)$
2	$x-y$	$x<y$

试确定下列公式在 I 下的真值.

(1) $\forall xF((a,x),a)$;

(2) $\forall x\forall y\overline{F(f(x,y),x)}$;

(3) $\forall x\forall y\forall z(F(x,y)\to F(f(x,z),f(y,z)))$;

(4) $\forall x\exists yF(x,f(f(x,y),y))$.

6. 设 I 是如下一个解释.

D : {3, 2}

a	b	$F(3)$	$F(2)$	$P(3,3)$	$P(3,2)$	$P(2,3)$	$P(2,2)$
3	2	2	3	1	1	0	0

试求出下列公式在 I 下的真值.

(1) $P(a,F(a))\wedge P(b,F(b))$;

(2) $\forall x\exists P(y,x)$;

(3) $\forall x\forall y(P(x,y)\to P(f(x),f(y)))$.

7. 设 $G=\exists xP(x)\to\forall xP(x)$.

(1) 若解释 I 的非空区域 D 仅包含一个元素, G 在 I 下取 1 值;

(2) 设 $D=\{a,b\}$, 试找出一个 D 上的解释 I, 使 G 在 I 下取 0 值.

8. 设 $G_1=\forall x(P(x)\to Q(x))$, $G_2=\overline{Q(a)}$.

证明: $\overline{P(a)}$ 是 G_1 和 G_2 的逻辑结果.

9. 证明蕴涵公式.

(1) $\exists x(A(x)\wedge B(x))\Rightarrow\exists xA(x)\wedge\exists xB(x)$;

(2) $\forall x(A(x)\to B(x))\Rightarrow\forall xA(x)\to\forall xB(x)$;

(3) $\exists xP(x)\wedge\forall xQ(x)\Rightarrow\exists x(P(x)\wedge Q(x))$;

(4) $\exists xA(x)\to\forall xB(x)\Rightarrow\forall x(A(x)\to B(x))$.

10. 将下面命题符号化.

(1) 尽管有人聪明, 但未必一切人都聪明;

(2) 每个人都有一些缺点;

(3) 如果每一个在银行存钱的人都能得到利息, 则如果没有利息, 就没有人在银行存钱.

复习题 11

1. 判断下列语句是否为命题, 如果是命题, 请指出是简单命题还是复合命题.

(1) $\sqrt{2}$ 是无理数.

(2) 5 能被 2 整除.

(3) 现在开会吗?

(4) $x+5>0$.

(5) 这朵花真好看啊!

(6) 2 是素数当且仅当三角形有 3 条边.

(7) 雪是黑色的当且仅当太阳从东方升起.

(8) 2003 年 10 月 1 日天气晴好.

(9) 太阳系以外的星球上有生物.

(10) 小李在宿舍里.

(11) 全体起立!

(12) 4 是 2 的倍数或是 3 的倍数.

(13) 4 是偶数且是奇数.

(14) 黎明和王华是同学.

(15) 蓝色和黄色可以调配成绿色.

2. 将下列命题符号化，并讨论其真值.

(1) 2 是偶数又是素数.

(2) 小王不但聪明而且用功.

(3) 虽然天气很冷但老王还是来了.

(4) 他一边吃饭一边看电视.

(5) 如果天下大雨，他就乘公共汽车上班.

(6) 只有天下大雨，他才乘公共汽车上班.

(7) 除非天下大雨，否则他不乘公共汽车上班.

(8) 不经一事，不长一智.

3. 设 p、q 的真值为 0，r、s 的真值为 1，求下列各命题公式的真值.

(1) $p \vee (q \wedge r)$；

(2) $(p \leftrightarrow r) \wedge (\overline{q} \vee s)$；

(3) $(p \wedge (q \vee r)) \rightarrow ((p \vee q) \wedge (r \wedge s))$.

4. 某项任务需要在 A、B、C、D、E 五个人中派一些人去完成，但派人需受下列条件的约束：

(1) 若 A 去则 B 不去.

(2) D、E 两人中必有人去.

(3) B、C 两人中有人去，但只能去一人.

(4) C、D 两人不能同去.

(5) 若 E 去，则 A、B 都去.

问应如何派人（要求用命题逻辑的方法解决）?

5. 判定下列命题公式的类型.

(1) $(P \wedge (P \rightarrow Q)) \rightarrow Q$；

(2) $(R \rightarrow Q) \wedge (Q \rightarrow P) \rightarrow (R \rightarrow P)$；

(3) $(P \rightarrow (Q \wedge R)) \wedge (P \rightarrow (\overline{Q} \wedge \overline{R}))$；

(4) $P \rightarrow ((Q \wedge R) \rightarrow S)$.

6. 设有下列情况，问结论是否有效?

(1) 或者天晴，或者下雨；

(2) 如果是天晴，我去看电影；

(3) 如果我去看电影，我就不看书.

结论：如果我在看书，则天在下雨.

7. 对下面的每一组前提，写出可能导出的结论以及所应用的推理规则.

(1) 如果我跑步，那么我很疲劳.
我没有疲劳.

(2) 如果他犯了错误，那么他神色慌张.
他神色慌张.

(3) 如果我的考试通过了，那么我很高兴.
如果我很高兴，那么阳光很好.
现在没有阳光.

8. 检验下列论述的有效性.

如果我学习，那么我的数学课程不会不及格.
如果我不热衷于玩游戏，那么我将学习.
但我的数学不及格.
因此我热衷于玩游戏.

9. 将下列命题符号化.

(1) 鸟都会飞翔. (2) 并不是所有人都爱吃糖.

(3) 有人爱看小说. (4) 没有不爱看电影的人.

10. 将下列各式翻译成自然语言，然后在不同的个体域中确定它们的真值.

(1) $\forall x \exists y(x \cdot y=0)$； (2) $\exists x \forall y(x \cdot y=0)$；

(3) $\forall x \exists y(x \cdot y=1)$； (4) $\exists x \forall y(x \cdot y=1)$；

(5) $\forall x \exists y(x \cdot y=x)$； (6) $\exists x \forall y(x \cdot y= x)$；

(7) $\forall x \forall y \exists z(x-y=z)$.

个体域分别为

(a) 实数集合 $\mathbf{R}$ (b) 整数集合 $\mathbf{Z}$

(c) 正整数集合 $\mathbf{Z}^{+}$ (d) 非零实数集合 ($\mathbf{R}-\{0\}$).

11. 判断下列谓词公式是不是永真式，并加以证明.

(1) $(\forall x)(P(x) \rightarrow Q(x)) \rightarrow ((\forall x)P(x) \rightarrow (\forall x)Q(x))$；

(2) $((\forall x)P(x) \rightarrow (\forall x)Q(x)) \rightarrow (\forall x)(P(x) \rightarrow Q(x))$.

12. 符号化下列命题并推证其结论.

(1) 所有的有理数是实数，某些有理数是整数，因此某些实数是整数.

(2) 任何人如果他喜欢步行，他就不喜欢乘汽车，每个人或者喜欢乘汽车或者喜欢骑自行车，有的人不爱骑自行车，因而有的人不爱步行.

13. 用真值表判断公式的类型：$(p \rightarrow q) \rightarrow (\neg q \rightarrow \neg p)$.

14. 用等值演算法判断下列公式的类型，对不是重言式的可满足式，再用真值表法求出成真赋值：

(1) $(p \rightarrow (p \vee q)) \vee (p \rightarrow r)$；(2) $(p \vee q) \rightarrow (p \wedge r)$.

15. 用等值演算法证明下面等值式：

(1) $(p \rightarrow q) \wedge (p \rightarrow r) \Leftrightarrow (p \rightarrow (q \wedge r))$；(2) $(p \wedge \neg q) \vee (\neg p \wedge q) \Leftrightarrow (p \vee q) \wedge \neg (p \wedge q)$.

16. 求下列公式的主析取范式与主合取范式，并求成真赋值：

(1) $(\neg p \rightarrow q) \rightarrow (\neg q \vee p)$；(2) $\neg (p \rightarrow q) \wedge q \wedge r$；(3) $(p \vee (q \wedge r)) \rightarrow (p \vee q \vee r)$.

17. 在自然推理系统 P 中用附加前提法证明下面各推理：

前提：$p \rightarrow (q \rightarrow r)$，$s \rightarrow p$，$q$.

结论：$s \rightarrow r$.

18. 将下列命题符号化：(1) 没有不能表示成分数的有理数；(2) 在北京卖菜的人不全是外地人；(3) 火车都比轮船快；(4) 不存在比所有火车都快的汽车.

19. 判断下列各式的类型：

(1) $F(x,y) \rightarrow (G(x,y) \rightarrow F(x,y))$； (2) $\forall x \exists y F(x,y) \rightarrow \exists x \forall y F(x,y)$.

20. 求下式的前束范式：$\forall x F(x,y) \rightarrow \forall y G(x,y)$.

21. 在自然数推理系统 F 中，构造下面推理的证明.

前提：$\exists x F(x) \rightarrow \forall y((F(y) \vee G(y)) \rightarrow R(y)), \exists x F(x)$.

结论：$\exists x R(x)$.

拓展学习

布尔（George Boole，1815—1864）

逻辑代数又称布尔代数，是以它的创立者——英国数学家布尔的名字而命名的．从 20 岁起，布尔对数学产生了浓厚兴趣，广泛涉猎著名数学家牛顿、拉普拉斯、拉格朗日等人的数学名著，并写下大量笔记．这些笔记中的思想，1847 年被用于他的第一部著作《逻辑的数学分析》之中．1854 年，已经担任柯克大学教授的布尔再次出版《思维规律的研究——逻辑与概率的数学理论基础》. 布尔在他的著作中成功地将“真”“假”两种逻辑值和“与”“或”“非”3种逻辑运算归结为一种代数. 这样，形式逻辑系统中的任何命题都可用数学符号表示出来，并能按照一定的规则推导出结论. 基于这两部著作，布尔建立了一门新的数学学科——布尔代数，为百年后出现的数字计算机的开关电路设计提供了重要的数学方法和理论基础.

第 12 章　图　论

图论是数学领域中发展最快的分支之一，它以图为研究对象．图论中用点表示对象，两点之间的连线表示对象之间的某种特定的关系，是应用数学的一部分．随着科学的发展，以及生产管理、军事、交通运输等方面提出了大量实际的需要，图论的理论及其应用研究得到了飞速发展，它在很多领域，如物理学、化学、社会科学、运筹学、信息学和经济管理学等领域都有卓有成效的广泛应用，所以图论受到了数学界和工程技术界的广泛重视.

图论是建立离散量的数学模型及处理离散数学模型的一个重要工具，因此它在计算机科学及其应用的许多领域，如网络理论、数据结构、操作系统、编译程序的编写以及信息的组织和检索等，均起着重要作用.

我国从 20 世纪 50 年代开展对图论的研究工作，取得了许多可喜的成果．例如，管梅谷教授提出的“中国邮路问题”“若干交通优化的数学模型”；张忠辅教授提出的数学界比较著名的“张王猜想”，这在图论数学领域是不亚于“哥德巴赫猜想”的伟大创举；谢力同教授在运筹学和图论中率先引入组合拓扑方法等，这些对我国在图论方面的研究、普及和推广起到了极其重要的作用．图论的内容浩瀚如海，本章只介绍一些基本概念和定理，以及一些典型的应用实例，以使学习者在今后对计算机有关学科的学习研究中能以图论的基本知识作为工具.

12.1　图的基本概念

图论中所说的图与通常的几何图形，如圆、三角形、矩形等是不同的，它是描述事物之间关系的一种手段．事实上，许多事物之间的关系图就是图论中图的很好的例子．人们感兴趣的只是图的哪些点之间有线连接，而不关心这些点是什么及如何连接，即连线的长度位置等．图论中的图有着严格、抽象的数学定义.

现实世界中许多状态可以由图形来描述．一个图是由一些结点和连接两个结点之间的连线所组成的，这些连线的长度、曲直及结点的位置是无关紧要的．例如，图 12-1a、b 表示同一个图形.

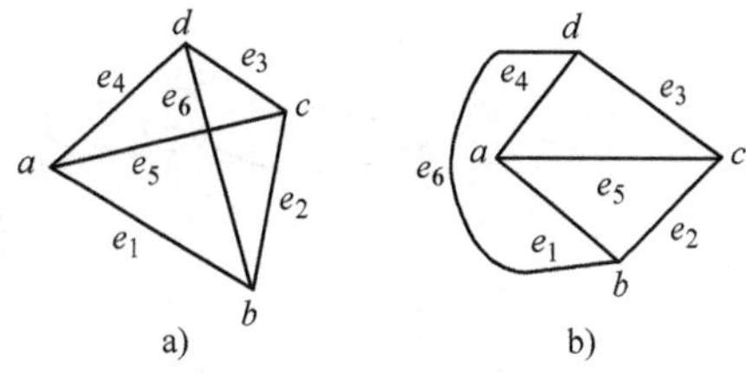

图　12-1

12.1.1　图的基本概念与术语

定义 12-1　图 G 是一个三元组 $G=\langle V,E,\varphi\rangle$，其中集合 $V=\{v_1,v_2,\cdots,v_n\}$ 称为点集，$E=\{e_1,e_2,\cdots,e_n\}$ 称为边集；φ 是定义在边集 E 上的函数，其值域是由点集 V 的一些序偶或无序偶组成.

序偶已经在前面介绍笛卡儿积时讨论过．无序偶也是由两个属于 V 的点组成，只是这两个点是不考虑次序的．一般用圆括号表示，即如果 $u,v\in V$，则 $(u,v)=(v,u)$. 由于一般集合的元素是无序的，所以无序偶实际上是一个由两个结点组成的集合 $\{u,v\}$.

下面介绍图的一些基本概念.

1）结点或顶点：属于集合 V 的每一个元素叫作图的结点或顶点.

2）边：属于集合 E 的元素叫作边．若 $e\in E$，当 $\varphi(e)$ 是有序偶 $\langle u,v\rangle$ 时，e 叫作有向边，u 叫作 e 的起点，v 叫作 e 的终点；当 $\varphi(e)$ 是无序偶 (u,v) 时，e 叫作无向边，对无向边 (u,v)，两结点均称为边的端点.

3）关联：若 $\varphi(e)=\langle u,v\rangle$(或 $\varphi(e)=(u,v)$)，则称边 e 关联于点 u 和 v. 也可以说点 u 和 v 关联于边 e. 称与同一条无向边 (u,v) 关联的两个结点 u 和 v 是相邻的，而与有向边 $\langle u,v\rangle$ 关联的两个结点 u 和 v 则只能说是“u 邻接到 v”.

4）相邻边：关联于同一结点的两条边是相互相邻的.

5）有限图：图的点集 V 和边集 E 都是有限集合时，称此图为有限图．以后的讨论都限于有限图.

6）有向图：所有的边都是有向边的图.

7）无向图：所有的边都是无向边的图.

8）混合图：同时含有有向边和无向边的图.

9）平行边：若对于 $e_1\in E$ 和 $e_2\in E$，当 $\varphi(e_1)=\varphi(e_2)=\langle u,v\rangle$（或 (u,v)）时，称 e_1 和 e_2 是平行边.

10）自回路：自回路是一条边，它关联于图的同一结点.

11）简单图：不含平行边的有（无）向图叫做简单有（无）向图.

12）多重图：含有平行边的图.

13）孤点：不与任何边关联的结点.

14）零图：仅由孤点构成的图.

15）加权图：若图的每一边对应一个非负实数，这样的图叫作加权图.

16）阶数：图中结点的个数称为图的阶数.

图 12-2 给出了几个图的图形表示．其中图 12-2a 和图 12-2b 含有平行边，都是多重图；图 12-2c 是简单加权图．另外，图 12-2a 含有一个自回路和一个孤点.

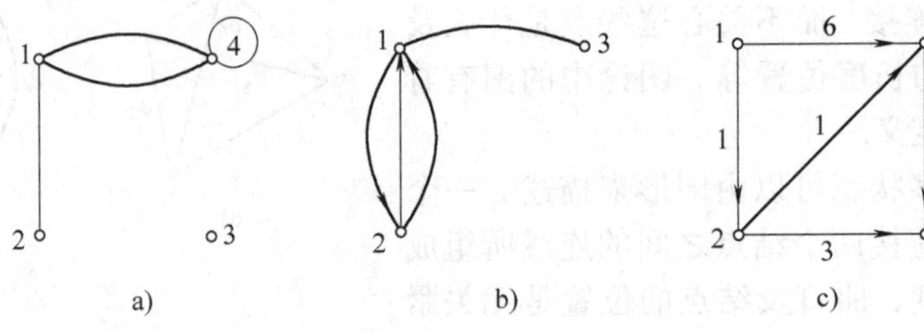

图 12-2

由以上的叙述可以知道，图的最本质的内容就是结点与边的关联关系．为了描述这一关系，下面介绍一个重要的概念，即结点的度数.

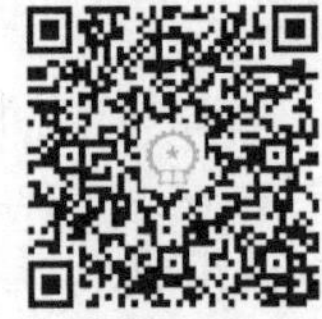

结点度数与握手定理

定义 12-2 设 $G=\langle V,E,\varphi\rangle$ 是一个无向图，结点 v 所关联的边数(有自回路时计算两次)，称为结点 v 的度数，记为 $d(v)$.

定义 12-3 设 $G=\langle V,E,\varphi\rangle$ 是一个有向图，以结点 v 为起点的边数称为结点 v 的出度，记为 $d^+(v)$；以结点 v 为终点的边数称为结点 v 的入度，

记为 $d^-(v)$. 对 G 中每个结点 v，$d^+(v)+d^-(v)$称为结点 v 的度数，也记为 $d(v)$.

定义 12-4　设 $G=\langle V,E,\varphi\rangle$是一个图，度数为奇数的结点称为奇结点；度数为偶数的结点称为偶结点.

以后为叙述的方便，把具有 v 个结点 e 条边的图简称为(v,e)图.

关于结点的度数，显然有如下的性质：

1) 设$G=\langle V,E,\varphi\rangle$是一个$(v,\mathrm{e})$图，它的结点集合$V=\{v_1,v_2,\cdots,v_n\}$，则 $\sum_{i=1}^{n} d(v_i)=2|\mathrm{e}|$.

在有向图中，上式也可以写成 $\sum_{i=1}^{n} d^-(v_i)+\sum_{i=1}^{n} d^+(v_i)=2|\mathrm{e}|$.

上述性质称为图论基本定理(或握手定理).

2) 在(v,e)图中，奇结点必为偶数个.

3) 在有向图中，所有的结点的入度之和与所有的结点的出度之和相等，即

$$\sum_{i=1}^{n} d^-(v_i)=\sum_{i=1}^{n} d^+(v_i)$$

定义 12-5　设 G 是有 v 个结点的简单无向图，若它的任何两个不同结点之间恰有一条边，这样的无向图叫作无向完全图，记为 K_v.

定义 12-6　设 G 是简单有向图，若将它的所有边都代之以无向边后就成为一个无向完全图，则 G 叫作有向完全图.

图 12-3a 给出了一个无向完全图 K_5，图 12-3b 给出了一个有向完全图.

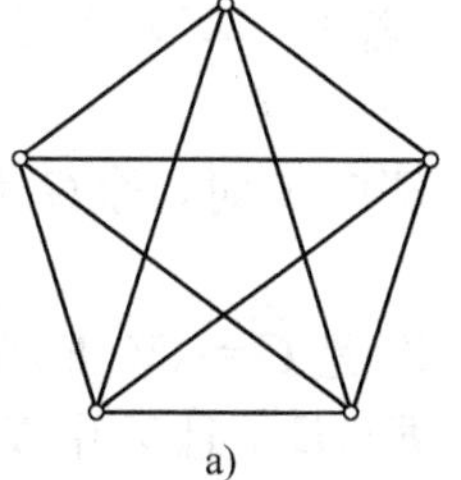

a)

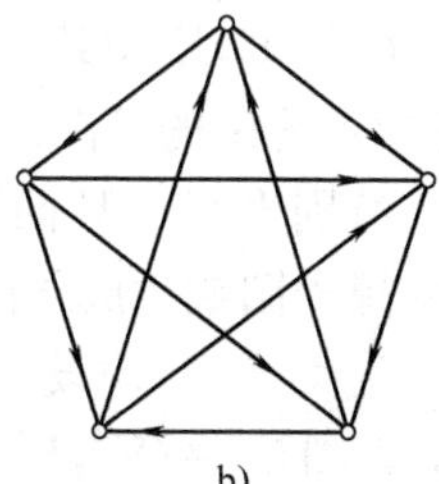

b)

图　12-3

定理 12-1　一个有 v 个结点的完全图共有$\frac{v(v-1)}{2}$条边.

推论　完全图 K_v 的每一结点有 $n-1$ 度，图的总度数是 $n(n-1)$.

12.1.2　图的同构

用图形表示图的时候，可能会有这样的情形：两个看似很不一样的图形，实际上表示的是同一个图．或者说，两个图形仅仅是点的名字或位置不同，而作为图来讲，它们的结构是一样的．把这样的两个图形所表示的两个图叫作同构.

定义 12-7　设 $G=\langle V,E\rangle,G'=\langle V',E'\rangle$是两个图，若存在从 V 到 V'的双射函数 f，使得对任意 $u,v\in V$，$(u,v)\in E$，当且仅当$(f(u),f(v))\in E'$，则称 G 和 G'是同构的，记为 $G\cong G'$.

图 12-4 中的两个图，只要作出结点之间的如下对应，就可以证明它们是同构的.

$$1\leftrightarrow v_1 \qquad 2\leftrightarrow v_2 \qquad 3\leftrightarrow v_3$$

寻找一种简单而有效的方法来判断图的同构，是图论中一个重要而至今没有解决的问题，目前只能给出两个图同构的一些必要条件.

1) 若两个图同构，则结点数相等；

2) 若两个图同构，则边数相等；

3) 若两个图同构，则度数相同的结点数相等.

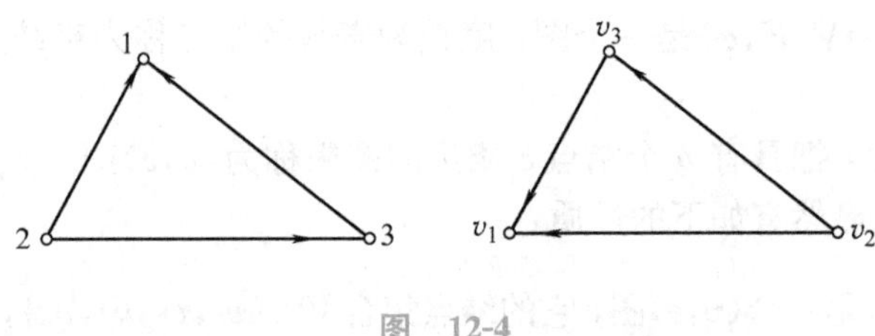

图　12-4

需要指出的是，以上三个条件只是两个图同构的必要条件而不是充分条件，利用它们不能判定图的同构性，它们仅是判定两个图不同构的有效方法.

12.1.3　补图与子图

定义 12-8　设 $G=\langle V,E\rangle$ 是无向图，V 有 v 个结点，又设 E_k 是完全图 K_v 的边集，则一个由 G 的点集 V 和 E_k-E 为边集的图叫作 G 的补图，记为 $\overline{G}=\langle V,E_k-E\rangle$.

由补图的定义可知，一个图 G 的补图的补图是它本身，即 $\overline{\overline{G}}=G$. 图 12-5 给出了两个互为补图的例子.

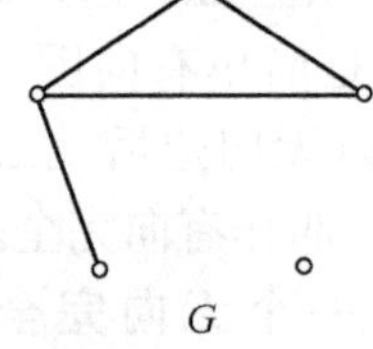

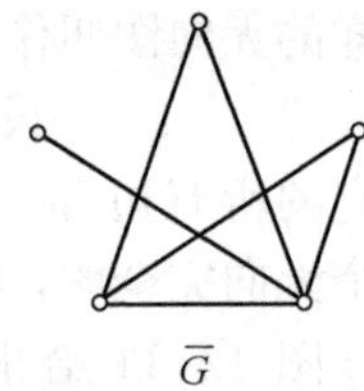

图　12-5

定义 12-9　设有图 $G=\langle V,E\rangle$，$G'=\langle V',E'\rangle$，若 $V'\subseteq V$ 和 $E'\subseteq E$，则称 G' 是 G 的子图.

特别当 $V'=V$ 而同时又有 $E'\subseteq E$ 时，称 G' 是 G 的支撑子图或生成子图.

定义 12-10　设 $G'=\langle V',E'\rangle$ 是 $G=\langle V,E\rangle$ 的子图，若图 $G''=\langle V'',E''\rangle$ 中，$E''=E-E'$，且 V'' 中仅仅包含有与 E'' 中边有关联的结点，则称 G'' 是 G' 基于图 G 的补图.

在图 12-6 中，G' 和 G'' 都是 G 的子图，且 G' 是 G 的生成子图，但 G'' 不是. 同时 G'' 是 G' 基于图 G 的补图，G' 也是 G'' 基于图 G 的补图，即 G' 与 G'' 相互为基于 G 的补图. 但是要注意，相对补图并不总是互补的，这和一般的补图是不同的，这一点请读者自己举例说明.

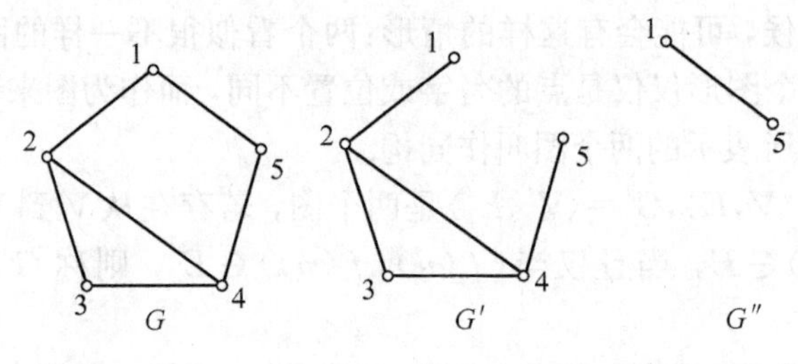

图　12-6

习　题　12-1

1. 设无向图 $G=\langle V,E,\varphi\rangle$，$V=\{v_1,v_2,v_3,v_4,v_5,v_6\}$，$\varphi=\{\langle e_1,(v_1,v_3)\rangle,\langle e_2,(v_3,v_1)\rangle,\langle e_3,(v_1,v_2)\rangle,\langle e_4,(v_3,v_4)\rangle,\langle e_5,(v_2,v_4)\rangle,\langle e_6,(v_4,v_5)\rangle,\langle e_7,(v_2,v_2)\rangle\}$.

(1) 画出 G 的图形；

(2) 求出 G 中各结点的度数及奇结点和偶结点的个数.

(3) 指出 G 中的平行边、自回路、孤点，G 是简单图吗？

2. 设无向图 G 中有 12 条边．已知 G 中有 6 个结点的度数为 3，其余结点的度数均小于 3，问 G 中至少有多少个结点？

3. 证明在 n 阶简单有向图中，完全有向图的边数最多，其边数为 $n(n-1)$.

4. 在一次集会中，相互认识的人彼此握手，证明与奇数个人握手的人数是偶数.

5. 证明在任意六个人中，若没有三个人彼此都认识，则必有三个人彼此都不认识.

6. 证明图 12-7 所示的两个图是同构的.

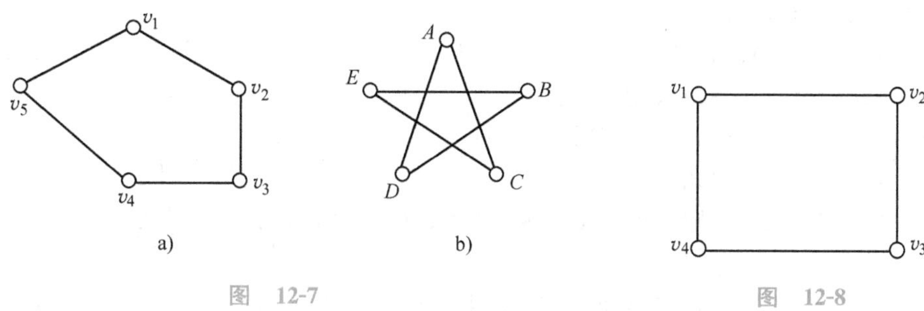

图　12-7

图　12-8

7. 如图 12-8 所示，画出它的互补图和完全图.

8. 设有向简单图 G 的度数序列为 2、2、3、3，入度序列为 0、0、2、3，试求 G 的出度序列和该图的边数.

9. 是否可以画一个图，使各点的度数与下面给出的序列一致，如可能，画出一个符合条件的图，如不可能，说明原因.

(1) 3，3，3，3，3，3；

(2) 3，4，7，7，7，7；

(3) 1，2，3，4，5，5.

10. 画出 K_4 的所有不同构子图，并说明其中哪些是生成子图，找出互为补图的生成子图.

11. 若一个图同构于它的补图则称该图为自补图.

(1) 给出一个四结点的自补图.

(2) 给出一个五结点的自补图.

12.2 路径、回路与连通性

从图的某一点 v_{i1}“出发”，沿着关联于它的某一条边(如果有这样的边)“到达”另一点 v_{i2}，再沿着关联于 v_{i2} 的边“到达”下一个点 v_{i3}，……，直至终止于某一点 v_{ik}. 这种由图的点开始并结束于点的点与边的交错序列叫作一条路径，简称为路.

路径与回路的定义

定义 12-11　设图 $G=\langle V,E\rangle$，$v_0,v_1,\cdots,v_n\in V$，$e_1,e_2,\cdots,e_n\in E$，并且 v_{i-1} 与 v_i 分别是边 e_i 的起点和终点($i=1,2,\cdots,n$)，则称点边的交错序列 L：$v_0e_1v_1e_2\cdots v_{n-1}e_nv_n$ 为图中从 v_0 至 v_n 的路径，n 称为该路径的长度.

1) 在路径 L 中，如果 $v_0=v_n$，则称路径 L 为闭路径，否则称为开路径.

2) 在路径 L 中，如果 $e_1,e_2,\cdots,e_n$ 互不相同，则称 L 为简单路径．简单闭路径称为回路.

3) 在路径 L 中，如果 $v_0,v_1,\cdots,v_n$ 互不相同，则称 L 为基本路径．基本闭路径(除 v_0 和 v_n 外，结点均不相同的闭路径)称为基本回路.

【例 12-1】 图 12-9 中所给出的从结点 1 出发而终止于结点 3 的一些路是：

$L_1=\langle\langle 1,3\rangle\rangle$；

$L_2=\langle\langle 1,4\rangle,\langle 4,3\rangle\rangle$；

$L_3=\langle\langle 1,2\rangle,\langle 2,3\rangle\rangle$；

$L_4=\langle\langle 1,2\rangle,\langle 2,4\rangle,\langle 4,1\rangle,\langle 1,4\rangle,\langle 4,3\rangle\rangle$；

$L_5=\langle\langle 1,1\rangle,\langle 1,1\rangle,\langle 1,1\rangle,\langle 1,4\rangle,\langle 4,3\rangle\rangle$；

$L_6=\langle\langle 1,2\rangle,\langle 2,1\rangle,\langle 1,1\rangle,\langle 1,2\rangle,\langle 2,3\rangle\rangle$.

图 12-9 所给出的部分回路是：

$C_1=\langle\langle 1,2\rangle,\langle 2,1\rangle\rangle$；

$C_2=\langle\langle 1,2\rangle,\langle 2,4\rangle,\langle 4,1\rangle\rangle$；

$C_3=\langle\langle 1,4\rangle,\langle 4,3\rangle,\langle 3,2\rangle,\langle 2,1\rangle\rangle$；

$C_4=\langle\langle 1,2\rangle,\langle 2,1\rangle,\langle 1,2\rangle,\langle 2,4\rangle,\langle 4,1\rangle\rangle$；

$C_5=\langle\langle 1,4\rangle,\langle 4,1\rangle,\langle 1,2\rangle,\langle 2,4\rangle,\langle 4,1\rangle\rangle$.

容易看出，以上除 C_4、C_5 外均为简单回路，除 C_4、C_5 外均为初等回路.

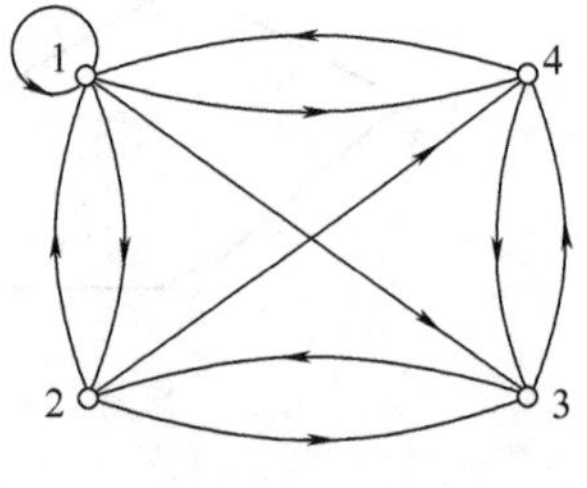

图　12-9

定义 12-12　设 u、v 是图的两个结点，如果存在一条从 u 到 v 的路，则称顶点 u 到 v 是可达的，否则称在该图中从 u 不可达 v. 约定，图的任意一点到它自身是可达的.

定义 12-13　设 u、v 是图的两个结点，若 u 到 v 是可达的，则 u 到 v 的一切路的长度的最小值叫作 u 到 v 的距离，记为 $d\langle u,v\rangle$. 如果 u 到 v 是不可达的，则记 $d\langle u,v\rangle=+\infty$. 约定 $d\langle u,u\rangle=0$.

定理 12-2　在 n 阶简单图 $G=\langle V,E\rangle$ 中，如果从 u 到 v 有一条路径，则从 v 到 u 有一条长度不大于 $n-1$ 的基本路径.

证　假定从 u 到 v 有一条路径，设 $u,\cdots,u_i,\cdots,v$ 是所经过的结点. 如果其中有相同的结点 v_k，如 $v_0,\cdots,v_i,\cdots,v_k,\cdots,v_k,\cdots,v$，则删去从 v_k 到 v_k 的这些边，它仍是从 u 到 v 的路径，如此反复地进行，直到新的路径所经过的结点 $u,\cdots,v_i,\cdots,v$ 中没有重复的结点为止. 此时，所得到的就是基本路径，基本路径的长度比所经过的结点数少 1，图 G 是 n 阶图，所以基本路径的长度不超过 $n-1$.

推论　n 阶简单图中的基本回路的长度不大于 n.

定理 12-3　设图 $G=\langle V,E\rangle$，从 u 可达 v 当且仅当有从 u 到 v 的基本路径.

定义 12-14　一个无向图，如果其任意两个结点都是可达的，则称此无向图为连通图. 如果对任意两结点，至少从一个结点到另一个结点是可达的，则称该图为单向连通图. 如果对任意两结点都是相互可达的，则称该图为强连通图.

定义 12-15　一个有向图，如果忽略了它的每一边的指向后成为一无向连通图，则称此有向图为弱连通图.

显然，强连通图也一定是单向连通图和弱连通图，单向连通图一定是弱连通图，但其逆不成立.

如图 12-10 所示，图 12-10a 是一个单连通图，它不是强连通的；图 12-10 b 甚至不是弱连通的. 但是图 12-10a 所示的有向图的某些子图可能是强连通的. 例如，取 $V'=\{1\}$ 作成一个零图 $G'=\{\{1\},\Phi\}$，由于结点 1 到它自身是可达的，所以图 G' 是图 12-10a 的一个强连通子图. 但是否还有包含该子图的“更大”的子图也是强连通的呢？在图 12-10a 中还有一个，取 $V''=\{1,2,3\}$ 以及同时关联于 V'' 中的点的三条边组成的子图 $G''(G'\subseteq G'')$. 除 G'' 外，可以发现图 12-10a

中不再存在同时包含 G'' 而自己又是强连通的子图了．像 G'' 这种自身是强连通的而又不存在包含它的“更大”的强连通子图的子图叫作图 12-10a 的一个强分图.

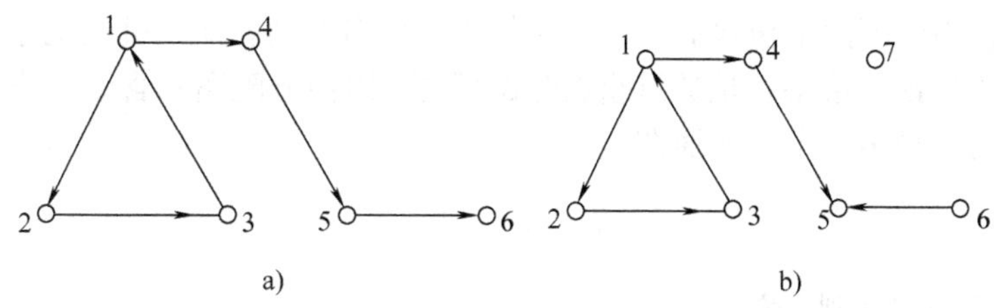

图　12-10

定义 12-16　设 $G=\langle V,E\rangle$ 为有向图，子图 $G'\subseteq G$ 是强连通的，又若有子图 $G''\supseteq G'$ 也是强连通的，且如果 $G''\supseteq G'$，则必有 $G''\cong G'$，那么 G' 称为图 G 的强连通分图，简称强分支.

定义 12-17　设 $G=\langle V,E\rangle$ 为有向图，子图 $G'\subseteq G$ 是单向连通的，又若有子图 $G''\supseteq G'$ 也是单向连通的，且如果 $G''\supseteq G'$，则必有 $G''\cong G'$，那么 G' 称为图 G 的单向连通分图，简称单向分支.

定义 12-18　设 $G=\langle V,E\rangle$ 为有向图，子图 $G'\subseteq G$ 是弱连通的，又若有子图 $G''\supseteq G'$ 也是弱连通的，且如果 $G''\supseteq G'$，则必有 $G''\cong G'$，那么 G' 称为图 G 的弱连通分图，简称弱分支.

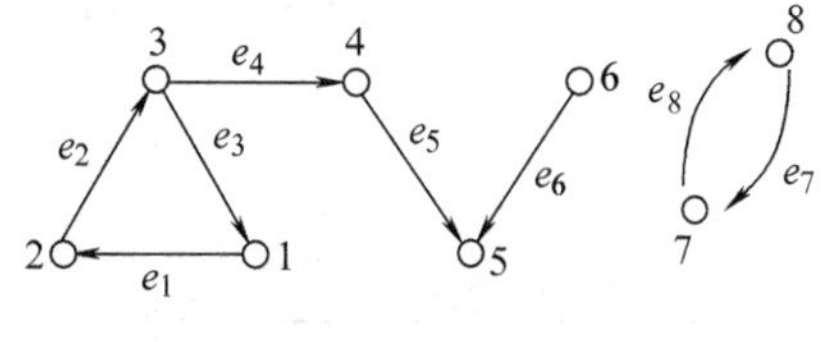

图　12-11

【例 12-2】　如图 12-11 所示，该图给出了 5 个强分支，它们是：

$\langle\{1,2,3\},\{e_1,e_2,e_3\}\rangle,\langle\{4\},\Phi\rangle,\langle\{5\},\Phi\rangle,\langle\{6\},\Phi\rangle,\langle\{7,8\},\{e_7,e_8\}\rangle$

给出了 3 个单向分支，它们是：

$\langle\{1,2,3,4,5\},\{e_1,e_2,e_3,e_4,e_5\}\rangle,\langle\{5,6\},\{e_6\}\rangle,\langle\{7,8\},\{e_7,e_8\}\rangle$

给出了 2 个弱分支，它们是：

$\langle\{1,2,3,4,5,6\},\{e_1,e_2,e_3,e_4,e_5,e_6\}\rangle,\langle\{7,8\},\{e_7,e_8\}\rangle$

下面举一个例子来说明图的连通性的应用.

在一个提供多道程序的计算机系统中，每一活动的程序都要占用诸如 CPU、内存、外设、编译程序和数据文件等计算机资源．操作系统则负责分配和管理这些资源，以便不产生资源冲突的情况．如果某一程序 p_1 当前占用了资源 r_1，同时又申请资源 r_2；而另一程序 p_2 正占用着资源 r_2，同时又申请资源 r_1. 当这种情况发生的时候，如果操作系统没有发现，则系统将处于一种“死锁”状态．这种资源冲突的情况是要避免的．用有向图可模拟资源分配的情况，发现并纠正死锁的状态.

设 $P=\{p_1,p_2,\cdots,p_m\}$ 表示同一段时间内活动的各程序，$R=\{r_1,r_2,\cdots,r_n\}$ 表示共享资源，每一资源用有向图的结点表示．某一时刻程序 p_i 占用资源 r_j 并申请 r_k，则以一条标记为 p_i 的边从结点 r_j 引出并射入 r_k. 如此画出表示所有程序的边就产生了一个有向图(见图 12-12)，该图示例某一时刻的资源配置：

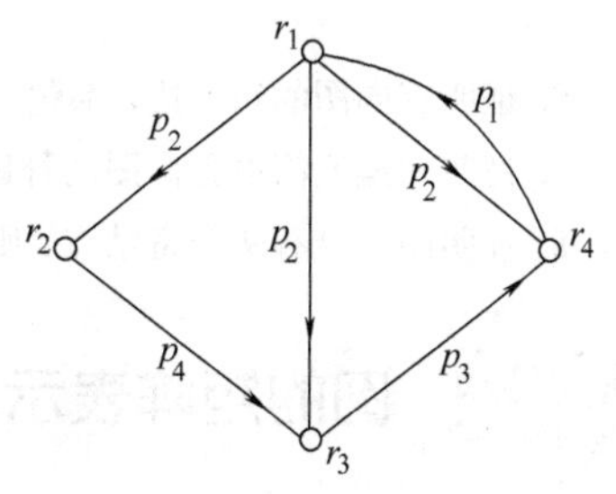

图　12-12

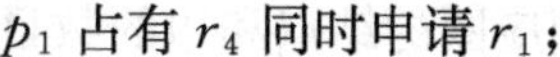
p_1 占有 r_4 同时申请 r_1；

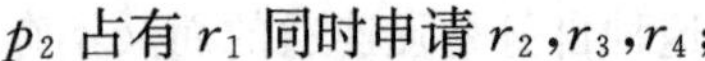

p_2 占有 r_1 同时申请 r_2, r_3, r_4；

p_3 占有 r_3 同时申请 r_4；

p_4 占有 r_2 同时申请 r_3.

显然，当且仅当分配图上包含有多于一个结点的强分支时，计算机系统才会发生死锁的情况．理论上，纠正死锁的策略就是通过重新分配资源，以使分配图不含强分支．图 12-12 表示一个死锁状态，它本身是一个强连通图.

习　题　12-2

1. 根据图 12-13，完成下列问题.

(1) 从 A 到 F 的路径有多少条？找出所有长度小于 5 的从 A 至 F 的路径.

(2) 找出从 A 至 F 的所有简单路径.

(3) 找出从 A 至 F 的所有基本路径.

(4) 找出图 12-13 的所有回路.

2. 对于图 12-13，证明图 G 中的基本路径必为简单路径，举例说明其逆不真.

3. 求出图 12-14 中所有的强分支、弱分支和单向分支.

4. 证明一个简单有向图 G 是强连通的，当且仅当 G 中有一个回路，它至少包含每个结点一次，而且没有孤立点.

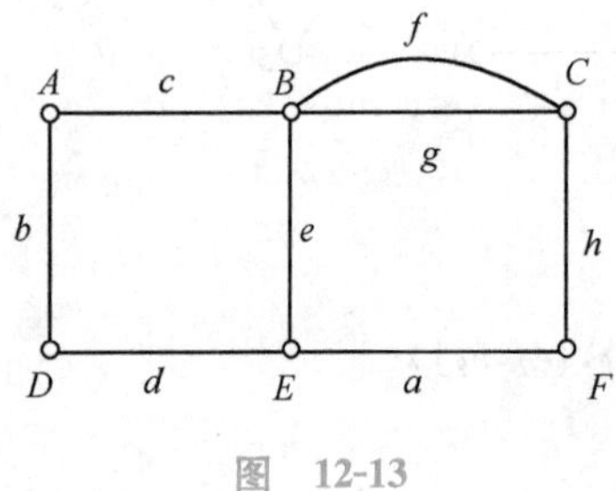

图　12-13

图　12-14

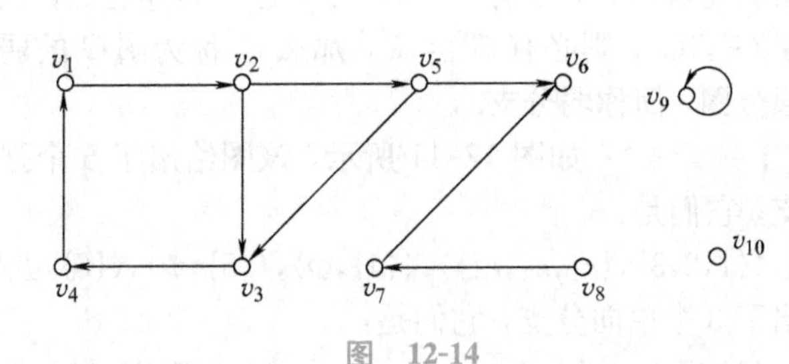

5. 图 12-15 中给出了三个有向图，证明：图 a 是强连通的；图 b 是弱连通的，而不是单向连通的；图 c 是单向连通的，而不是强连通的.

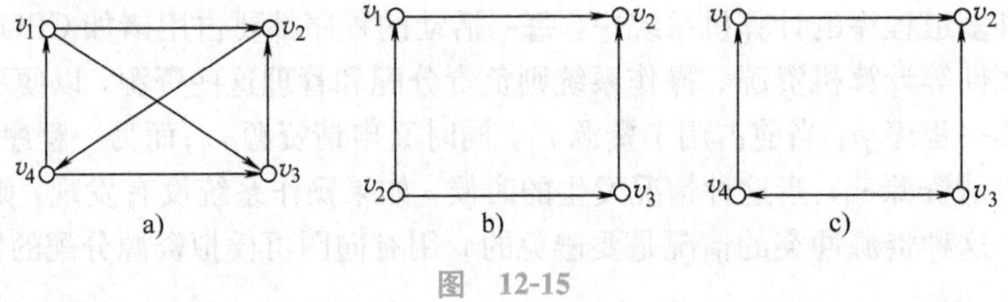

图　12-15

6. 证明有向图的每一边，都包含在一个弱分支中，且只包含在一个弱分支中.

7. 证明非连通简单无向图的补图必定连通.

8. 证明图中恰有两个奇结点，则在此两个结点之间存在一条路径.

12.3　图的矩阵表示

如果利用图来解决实际问题，当要解决问题的规模很大时，相应图的结点和边的数目也会很大，这时处理问题往往要依赖计算机．为此必须找到一些便于输入计算机且可以由计算机运算的表示图的数学模式．矩阵是研究图的最有效的工具之一，它特别适合计算机存储和处理图，并可以利用矩阵代数的运算求出图的路径、回路和其他性质.

12.3.1 邻接矩阵

定义 12-19 设 $G=\langle V,E\rangle$ 是一简单有向图（不含平行边），其中 $V=\{v_1,v_2,\cdots,v_n\}$，并约定了所有结点的一个次序．$n\times n$ 矩阵 $\boldsymbol{A}(G)=[a_{ij}]$ 称为图 G 的邻接矩阵，当且仅当

$$a_{ij}=\begin{cases}1 & \text{当}\langle v_i,v_j\rangle\in E\\ 0 & \text{当}\langle v_i,v_j\rangle\notin E\end{cases}$$

这里对一个图的所有结点约定的次序可以是任意的．对同一个图约定不同的次序显然可能得到不同的邻接矩阵，但这些矩阵中的任意一个经过适当的行列交换总可以转换成另一个邻接矩阵．这实际上反映的是图的同构性质.

例如，图 12-16 给出了有向图，它的邻接矩阵可以表示为

$$\boldsymbol{A}(G)=\begin{pmatrix}0&1&0&0\\0&0&1&1\\1&1&0&1\\1&0&0&0\end{pmatrix}$$

邻接矩阵的概念可以扩充表示加权图和多重图．在加权图中，权 $\omega(\langle v_i,v_j\rangle)=r$，当且仅当 $a_{ij}=r$.

对于多重图，如果 v_i 相邻到 v_j 的边有 r 条，则 $a_{ij}=r$.

只要将每一边看成是一对指向相反的有向边，就可以将邻接矩阵的概念推广到无向图上去．很显然，无向图的邻接矩阵一定是对称矩阵.

下面考察邻接矩阵 $\boldsymbol{A}$ 的幂．对于任意的自然数 m，用 $a_{ij}^{(m)}$ 表示幂矩阵 $\boldsymbol{A}^m$ 的第 i 行第 j 列的元素.

对于某一个 $k(1\leqslant k\leqslant n)$，$a_{ik}=a_{kj}=1$，这意味着 $\langle v_i,v_k\rangle$ 和 $\langle v_k,v_j\rangle$ 都是图的边．如果有 s 个这样的 k，就意味着图中有 s 条从 v_i 可达 v_j 的长度为 2 的路径，它们分别通过 s 个不同的结点，这时可知有 $a_{ij}^{(2)}=s$. 类似地有，若 $a_{ij}^{(3)}=t$，就意味着从 v_i 可达 v_j 的长度为 3 的路径有 t 条．利用数学归纳法不难得到如下的定理.

定理 12-4 n 阶图 $G=\langle V,E\rangle$，$V=\langle v_1,v_2,\cdots,v_n\rangle$，$\boldsymbol{A}$ 是 G 的邻接矩阵，则 $a_{ij}^{(m)}$ 等于 G 中从 v_i 可达 v_j 的长度为 m 的路径数.

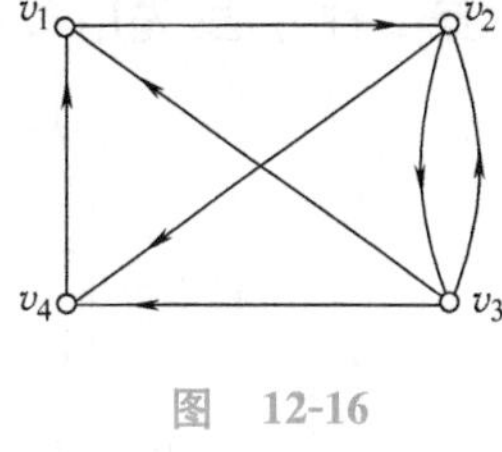

图 12-16

以图 12-16 为例：

$$\boldsymbol{A}^2=\begin{pmatrix}0&0&1&1\\2&1&0&1\\1&1&1&1\\0&1&0&0\end{pmatrix},\boldsymbol{A}^3=\begin{pmatrix}2&1&0&1\\1&2&1&1\\2&2&1&2\\0&0&1&1\end{pmatrix},\boldsymbol{A}^4=\begin{pmatrix}1&2&1&1\\2&2&2&3\\3&3&2&3\\2&1&0&1\end{pmatrix}$$

不难看出，因为 $a_{21}^{(2)}=2$，$a_{22}^{(3)}=2$，$a_{42}^{(4)}=1$，所以图 12-16 中存在 2 条长度为 2 的从 v_2 到 v_1 的路，有 2 条长度为 3 的关联于 v_2 的自回路，有 1 条长度为 4 的从 v_4 到 v_2 的路.

12.3.2 路径矩阵

由于经常要了解的只是图中某点是否可达另一点，并不总是要了解两点之间路径的长度和数量，所以就只需去求图的所谓路径矩阵以简化运算.

定义 12-20　设 n 阶图 $G=\langle V,E\rangle$，并假定各结点是已排序的，定义一个 $n\times n$ 的矩阵 $\boldsymbol{P}=[p_{ij}]$，满足：

$$p_{ij}=\begin{cases}1 & \text{当 } v_i \text{ 到 } v_j \text{ 至少存在一条非零长度的路径}\\ 0 & \text{当 } v_i \text{ 到 } v_j \text{ 不存在非零长度的路径}\end{cases}$$

则称矩阵 $\boldsymbol{P}$ 为图 G 的路径矩阵.

下面来讨论求路径矩阵的方法，一般有两种方法求路径矩阵．先来讨论第一种方法.

考察下列矩阵：

$$\boldsymbol{B}_{n-1}=\boldsymbol{A}+\boldsymbol{A}^2+\cdots+\boldsymbol{A}^{n-1}(i\neq j)\text{ 或 }\boldsymbol{B}_n=\boldsymbol{A}+\boldsymbol{A}^2+\cdots+\boldsymbol{A}^n(i=j)$$

此时，当 $b_{ij}\neq 0$，$i\neq j$ 时表示从 v_i 到 v_j 是可达的，$i=j$ 时表示经过 v_i 的闭路径存在；当 $b_{ij}=0$，$i\neq j$ 时表示从 v_i 到 v_j 是不可达的，$i=j$ 时表示不存在经过 v_i 的闭路径．因此矩阵 $\boldsymbol{B}_{n-1}$ 或 $\boldsymbol{B}_n$ 的元素 b_{ij} 表明了结点间的可达性.

如果已知 $\boldsymbol{B}_{n-1}$ 或 $\boldsymbol{B}_n$，则只要将其中的非零元素改写为 1，即可得到路径矩阵.

求路径矩阵的第二种方法是把邻接矩阵作为布尔矩阵，用布尔运算直接求得．有如下的定理：

定理 12-5　设 $G=\langle V,E\rangle$ 是 n 阶简单图，n 阶方阵 $\boldsymbol{A}$ 和 $\boldsymbol{P}$ 分别是 G 的邻接矩阵和路径矩阵，则：

$$\boldsymbol{P}=\boldsymbol{A}\vee\boldsymbol{A}^{(2)}\vee\cdots\vee\boldsymbol{A}^{(n)}$$

其中 $\boldsymbol{A}^{(i)}(i=2,3,\cdots,n)$ 表示矩阵 $\boldsymbol{A}$ 的 i 次布尔积.

【例 12-3】　用两种方法求图 12-16 的路径矩阵.

解　第 1 种方法：

$$\boldsymbol{B}_4=\boldsymbol{A}+\boldsymbol{A}^2+\boldsymbol{A}^3+\boldsymbol{A}^4=\begin{pmatrix}3&4&2&3\\5&5&4&6\\7&7&4&7\\3&2&1&2\end{pmatrix}$$

所以路径矩阵为

$$\boldsymbol{P}=\begin{pmatrix}1&1&1&1\\1&1&1&1\\1&1&1&1\\1&1&1&1\end{pmatrix}$$

第 2 种方法：先用布尔积求出各幂矩阵

$$\boldsymbol{A}^{(2)}=\begin{pmatrix}0&0&1&1\\1&1&0&1\\1&1&1&1\\0&1&0&0\end{pmatrix},\boldsymbol{A}^{(3)}=\begin{pmatrix}1&1&0&1\\1&1&1&1\\1&1&1&1\\0&0&1&1\end{pmatrix},\boldsymbol{A}^{(4)}=\begin{pmatrix}1&1&1&1\\1&1&1&1\\1&1&1&1\\1&1&0&1\end{pmatrix}$$

所以路径矩阵为

$$\boldsymbol{P}=\boldsymbol{A}\vee\boldsymbol{A}^{(2)}\vee\boldsymbol{A}^{(3)}\vee\boldsymbol{A}^{(4)}=\begin{pmatrix}1&1&1&1\\1&1&1&1\\1&1&1&1\\1&1&1&1\end{pmatrix}$$

习　题　12-3

1. 试求图 12-17a、b 的邻接矩阵.

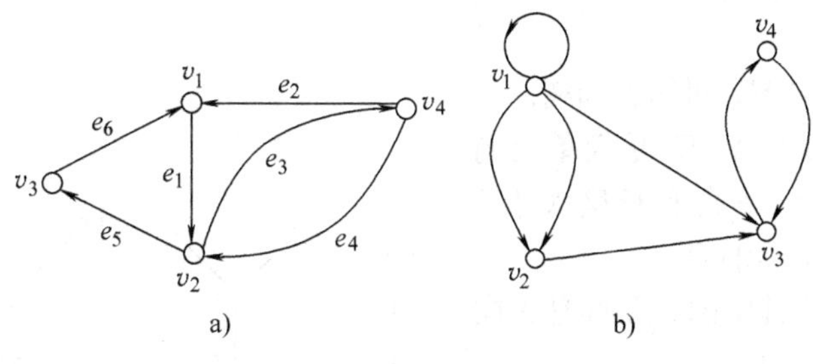

图　12-17

2. 由第 1 题的邻接矩阵 **A** 计算图 12-17b 中：

(1) 从 v_1 到 v_3 长度不大于 3 的路径数；

(2) 求图中长度不大于 3 的路径(含回路)的总数；

(3) 求图中长度不大于 4 的回路数.

3. 给定有向图 G 如图 12-18 所示．问 G 中有多少长度为 4 的路径？有多少长度为 4 的回路？有几条从 v_3 到 v_4 的路径？

4. 设有向图 G 的邻接矩阵为

$$\boldsymbol{A}=\begin{pmatrix}0&1&0&0&0\\0&0&0&1&0\\1&0&0&0&0\\0&0&0&0&1\\0&1&0&0&0\end{pmatrix}，求 G 的路径矩阵.$$

5. 由图 12-19 的邻接矩阵求出路径矩阵．

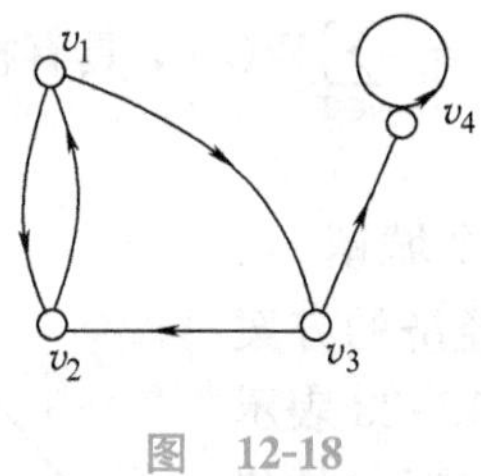

图　12-18

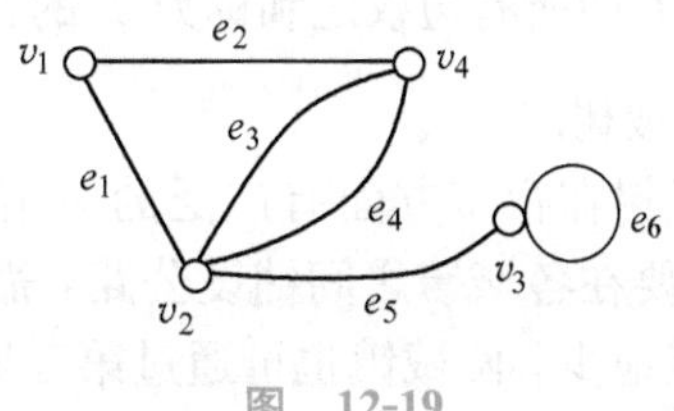

图　12-19

6. 有向图 G 如图 12-20 所示．(1)给出 G 的邻接矩阵；(2)G 中长度为 4 的路径有多少条，其中有几条为回路？如何根据邻接矩阵求可达矩阵？(3)试给出图 12-20 的路径矩阵.

7. 在图 12-21 中给出了一个有向图．试求该有向图的邻接矩阵，求出从 v_1 到 v_4 长度为 1 和 2 的基本路径，并证明从 v_1 到 v_4 还存在一条长度为 4 的简单路径．用计算 $\boldsymbol{A}^2$、$\boldsymbol{A}^3$、$\boldsymbol{A}^4$ 的方法，来证实这些结果．

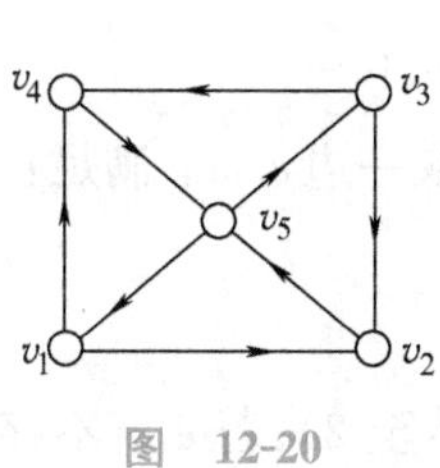

图　12-20

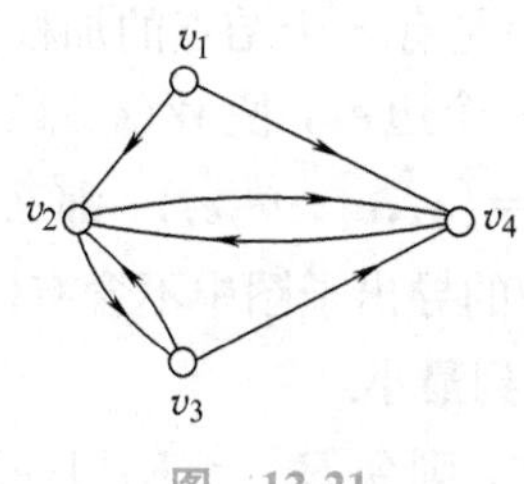

图　12-21

12.4 树和生成树

12.4.1 无向树的概念

有一种特殊的无向图，叫作无向树.

定义 12-21 设 $G=\langle V,E\rangle$ 是简单无向图，若 G 是连通的且 G 不含有长度大于 2 的初等回路，则称 G 是无向树.

如图 12-22 所示，其中图 a、b 都是无向树，而图 c、d 不是无向树.

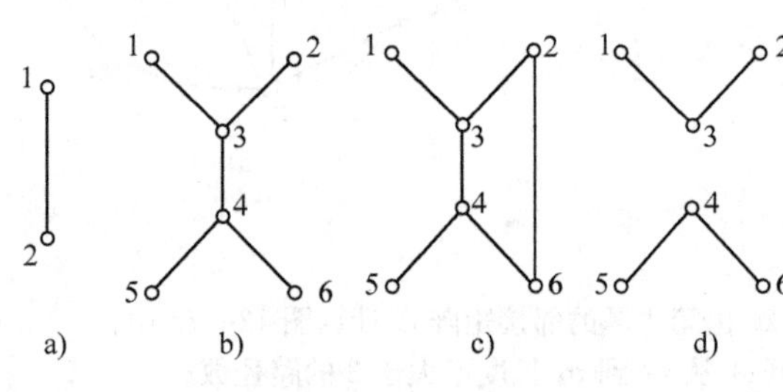

图 12-22

可以证明无向树具有以下性质，而且它们两两等价.

1) 无回路(指长度大于 2 的初等回路，下同)，且 $e=v-1$. 其中 e 是图的边数，v 是结点数.

2) 连通的，且 $e=v-1$.

3) 无回路，但添加任意一条关联于不同结点的边之后恰有一条回路.

4) 每一对不同结点间恰有一条初等路.

定义 12-22 如果无向图 G 的生成子图是一棵无向树，则称此生成子图为 G 的生成树.

定理 12-6 有限的无向连通图 $G=\langle V,E\rangle$ 必有生成树 .

12.4.2 最小生成树

定义 12-23 设 $G=\langle V,E,W\rangle$ 是加权连通简单图，W 是从 E 到实数集的函数．又设 T 是 G 的一棵生成树，T 中所有边权之和称为 T 的权，记为 $W(T)=\sum\limits_{e\in T}W(e)$，具有权 $\min\limits_{T}W(T)$ 的生成树称为最小生成树.

求最小生成树在很多方面有广泛的应用．例如，有 5 个城镇 c_1、c_2、c_3、c_4、c_5，现要在各城镇之间铺设公路，需设计一个最经济的方案以使投资尽可能地少，两城镇也可通过第三城镇连通．图 12-23 表示了所有可能铺设的公路的勘测结果，边权是相应公路(用边表示)的建设预算．勘测结果被表示成了一个无向连通加权图，现在的问题是如何选择一个最经济的建设方案．从数学角度来讲，就是求图 12-23 的边权之和最小的生成树的问题.

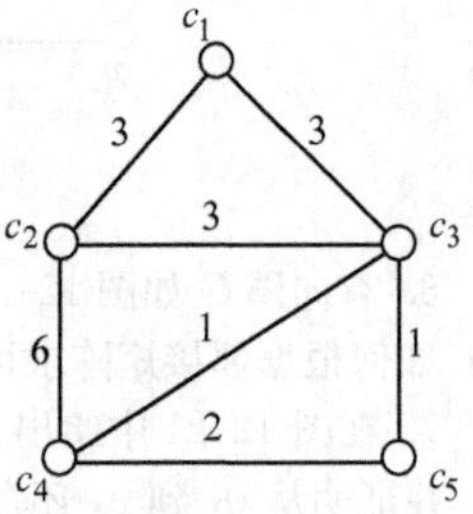

图 12-23

求最小生成树的有效方法是克鲁斯卡(Kruskal)算法.

设 $G\langle V,E,W\rangle$ 是有 n 个结点的加权连通简单图.

1) 选取 G 的一个边 e_1，使 $W(e_1)$ 最小，令 $E_1=\{e_1\}$，$1\to i$.

2) 若已选 $E_i=\{e_1,e_2,\cdots,e_i\}$，那么在 $E-E_i$ 中选取一边 e_{i+1}，满足：

① $E_i\cup\{e_{i+1}\}$ 的导出子图中不含有回路；

② $W(e_{i+1})$ 达到最小.

3) 若 e_{i+1} 存在，则令 $E_{i+1}=E_i\cup\{e_{i+1}\}$，$i+1\to i$，转至 2)；若 e_{i+1} 不存在，则停，此时 E_i

导出的子图就是所求的最小生成树.

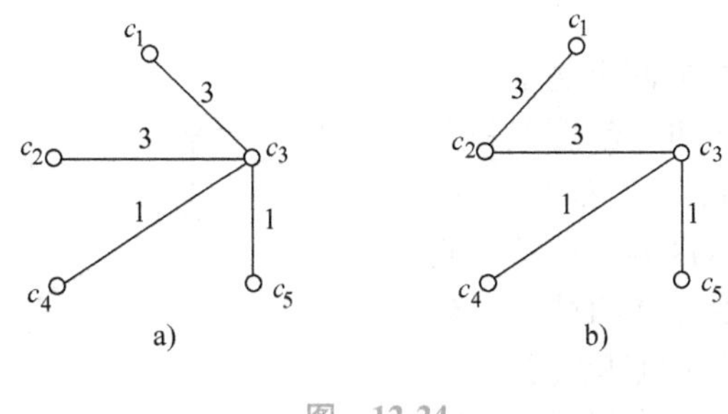

图 12-24

用上述算法可以求得图 12-23 的最小生成树(见图 12-24a、b)，其权值都是 8.

习 题 12-4

1. 求图 12-25 所示的带权图中的最小生成树，它们的权各为多少？并在图中用粗线标出所求的最小生成树.

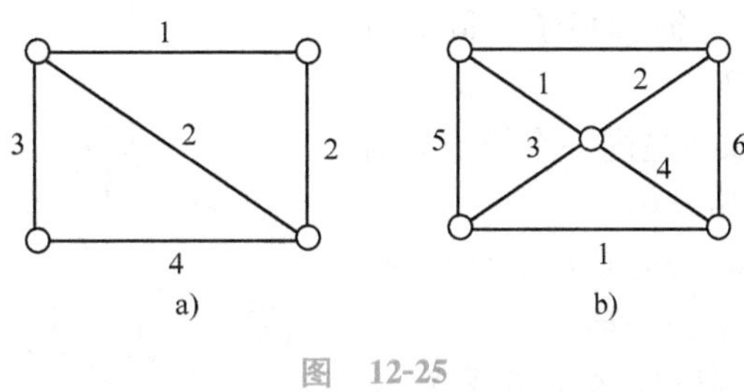

图 12-25

2. 图 12-26 所示是带权图 G，试求其最小生成树 T.

3. 图 12-27 给出的赋权图表示 7 个城市 a、b、c、d、e、f、g 及架起城市间直接通信线路的预测造价．试给出一个设计方案使得各城市间能够通信且总造价最小，并计算出最小的总造价.

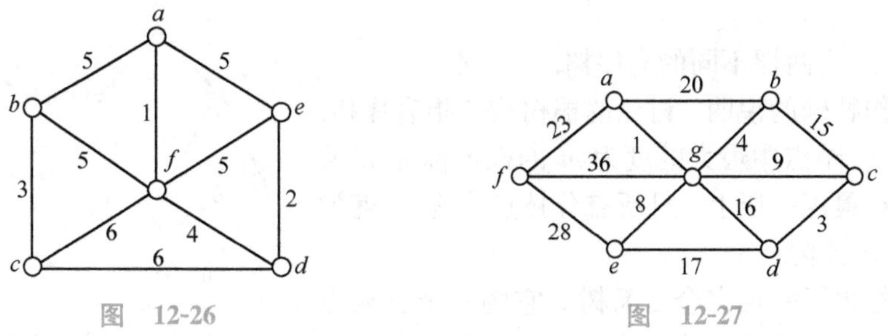

图 12-26　　图 12-27

12.5 有向树及其应用

12.5.1 有向树的概念

前面主要讨论了无向树的性质，在有向图中就要讨论有向树，它们在计算机科学中有很广泛的应用.

定义 12-24　一个有向图，如果不计其边的方向它是一个无向树，这样的有向图称为有向树.

图 12-28 给出了有向树的两个例子.

图　12-28

定义 12-25　一棵有向树，若恰有一个结点入度为 0，其余每一结点入度都为 1，则称此有向图为根树. 其中入度为 0 的结点叫作树根，简称根. 所有出度为 0 的结点叫树叶，简称叶. 出度不为 0 的结点叫作分枝点.

以后如果不作特殊说明，谈到有向树时就是指根树. 图 12-28b 给出了根树的例子.

约定:一个孤点是一棵有向树，该点既是根又是叶.

下面介绍有关根树的一些术语.

结点的层数:从根到某一结点的路长度称为该结点的层数.

树高:从根到树叶的最大层数称为树高.

孩子和双亲:根树中两点 u、v，若 u 邻接到 v，则称 v 是 u 的孩子结点，简称孩子. 同时 u 是 v 的双亲结点，简称双亲.

兄弟:若结点 u、v 的双亲是同一个结点，则称 u、v 互为兄弟结点，简称兄弟.

子孙和祖先:若在根树中结点 u 可达 v，则称 u 是 v 的祖先，而 v 是 u 的子孙.

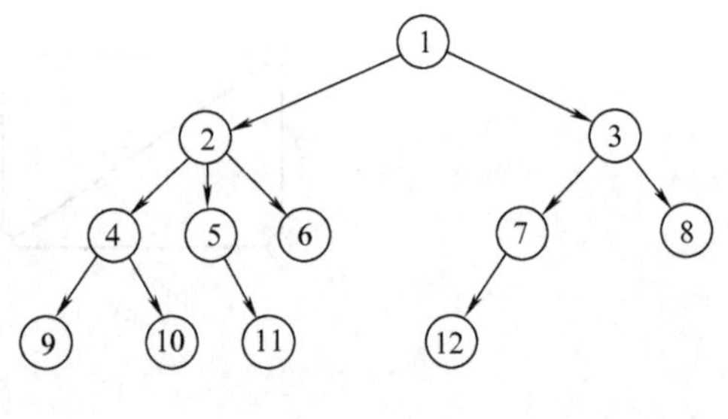

图　12-29

图 12-29 所示的图是根树，结点标号写在圆圈中. 结点 1 是根，结点 6、8、9、10、11、12 都是树叶，结点 1、2、3、4、5、7 都是分枝点. 结点 1 的层数为 0，结点 2、3 的层数为 1，结点 4、5、6、7、8 的层数为 2，结点 9、10、11、12 的层数为 3.

定义 12-26　同层结点规定了次序的根树称为有序树.

图 12-30a、b 为两棵不同的有序树.

以后如不作特殊的说明，讨论的根树均是指有序树.

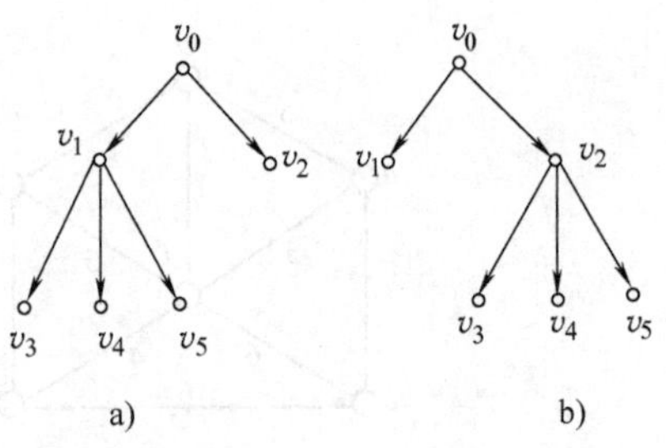

图　12-30

定义 12-27　结点中最大的度为 m 的根树称为 m 叉树. 所有叶均在最深一层上，且所有分枝点均为 m 度的根树称为完全 m 叉树.

图 12-31 给出了一棵完全二叉树. 它的一个分枝点的左右两个孩子为根的子树分别称为左子树和右子树.

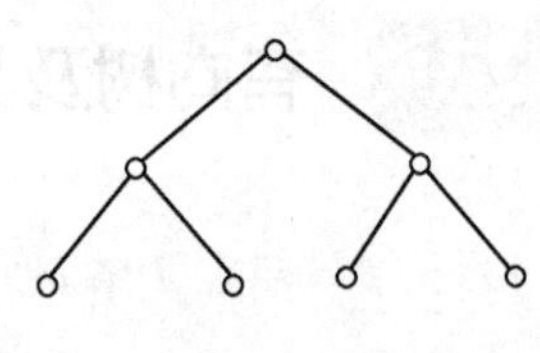

图　12-31

定义 12-28　给定一组权 $w_1,w_2,\cdots,w_n$，如果一棵二叉树的 n 片树叶分别加权 $w_1,w_2,\cdots,w_n$，则称这棵二叉树为加权二叉树，记为 T，其权为 $W(T)$,$W(T)=\sum_{i=1}^{n} w_iL(w_i)$，其中 $L(w_i)$是从根到加权 w_i 的树叶的长度. $W(T)$最小的二叉树称为最优二叉树.

求最优二叉树可用如下霍夫曼(D. Huffman)算法：

给定 n 个权 $w_1, w_2 \cdots, w_n$，将它们排序，无妨设 $w_1 \leqslant w_2 \leqslant \cdots \leqslant w_n$.

1) 连接权为 w_1、w_2 的两片树叶，得一分枝点，其权为 $w_1 + w_2$；

2) 在 $w_1 + w_2, w_3, \cdots, w_n$ 中选出两个最小的权，连接它们对应的结点(不一定都是树叶)，得分枝点及其所带的权；

3) 重复步骤 2)，直到形成 $n-1$ 个分枝点、n 片树叶为止.

【例 12-4】　求带权为 1、2、3、4、5、6 的最优二叉树.

解　为了熟悉霍夫曼算法，图 12-32 给出了本例霍夫曼算法过程.

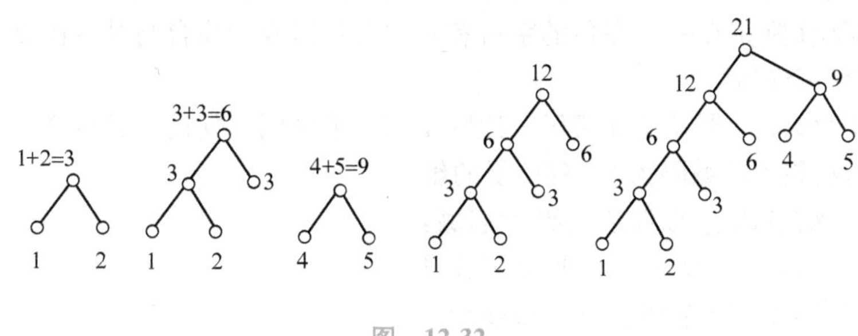

图　12-32

$$W(T) = 1 \times 4 + 2 \times 4 + 3 \times 3 + 6 \times 2 + 4 \times 2 + 5 \times 2 = 51$$

对于一棵根树的每个结点都访问一次且仅一次称为遍历或周游一棵树. 关于二叉树主要有以下 3 种遍历方法.

1)中根遍历:其访问次序为左子树、树根、右子树.

2)先根遍历:其访问次序为树根、左子树、右子树.

3)后根遍历:其访问次序为左子树、右子树、树根.

【例 12-5】　运用上述 3 种方法，访问图 12-33 所示的根树.

解　中根遍历:$dcebfagih$；

先根遍历:$abcdefigh$；

后根遍历:$decfbghia$.

【例 12-6】　设二叉树如图 12-34 所示(它实际上是代数表达式 $3 * \ln(x+1) + a/x^2$ 的树结构图，简称为表达式树，符号↑代表乘方，$*$ 代表乘，/代表除).

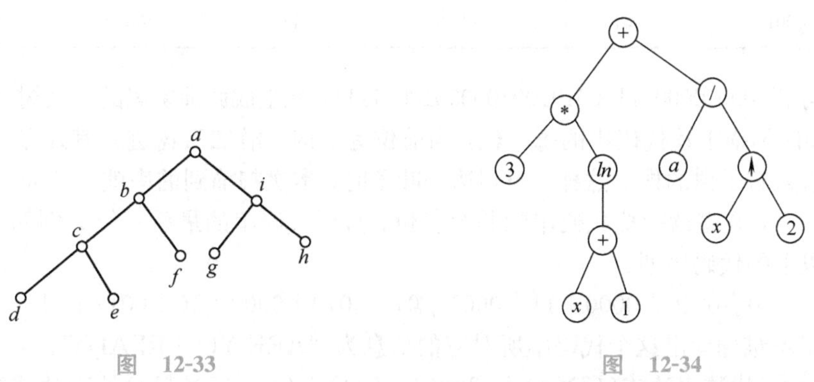

图　12-33　　　图　12-34

在先根次序下得表达式：$+ * 3\ln + x1/a \uparrow x2$，这是所谓的前缀表示.

在中根次序下得表达式：$3*\ln x+1+a/x\uparrow 2$，这是所谓的中缀表示.

在后根次序下得表达式：$3x1+\ln*ax2\uparrow/+$，这是所谓的后缀表示.

12.5.2　根树的应用举例

二叉树的一个应用是前缀码.

客观世界的信息千差万别，为了存储、处理和传递这些信息，必须建立一种能够确切表达信息的方法，于是就产生了编码．编码就是将信息用一组代码表示的过程．例如，汉字有拼音码、表形码、五笔字形码、国标码等．英文字母和常用符号有 ASCII 码等．尽管有各种各样的编码，但是适合计算机应用的所有代码最终都是以数字 0 和 1 组成的串的形式存在．在此意义下，可以说编码实际是在一个完备的字符和各种符号组成的集合与某一由 0 和 1 组成的串的集合之间建立的一个双射.

有一种特殊的编码，那就是前缀码．用图 12-35 来说明如何用二叉树产生前缀码.

首先令根的左孩子的编码为 0，右孩子的编码为 1. 其余每一结点以它的双亲编码为前缀，然后在此前缀后添加 0 或 1. 究竟添加 0 还是 1 取决于该结点是其双亲的左孩子还是右孩子．最后，收集所有叶子的编码组成一个前缀码集．从继承上层结点的代码作为前缀这一点来说，前缀码的叫法是很贴切的．但是必须注意到，从二叉树的结构来看，任何一片叶子都不可能以另外一片不同的叶子为祖先，所以前缀码中任意一片叶子的代码都不可能以另一片叶子的代码为前缀．从这种意义上来讲，前缀码恰恰不是“前缀”的．前缀码的这一性质使人们很容易将连续写出的一串代码（两代码间无任何间隔符号如空格符等）分离出来．如图 12-35 所示，为字符集$\{A,O,U,E,Y,R,D\}$安排好它们的编码，见表 12-1.

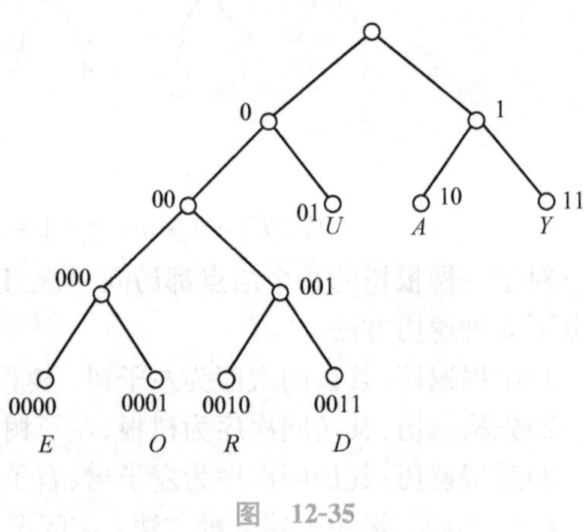

图　12-35

表 12-1　一组前缀码

A	O	U	E	Y	R	D
10	0001	01	0000	11	0010	0011

对于代码串 10001000001100010100100000100011111，从生成此前缀码的二叉树（见图 12-35）的根开始，同时扫描上述代码串的每一位，当前位为 0 时，沿二叉树进入其左子树的根，当前位为 1 时则进入右子树的根．这样，当到达一叶子时，本次扫描到的串就一定是一个完整的代码．再次回到根，并继续扫描代码串的其余各位，直至代码串的最后一位．例如，上述代码串最后被析出以下的代码序列：

10 | 0010 | 0000 | 11 | 0001 | 01 | 0010 | 0000 | 10 | 0011 | 11

对照表 12-1，不难翻译出这个代码串所对应的信息为“ARE YOU READY”.

【例 12-7】　代数表达式$((2\times a)+(3-(4\times b)))+(x+(3\times 11))$的表达式树如图 12-36 所示，求其二叉树相应的前缀码.

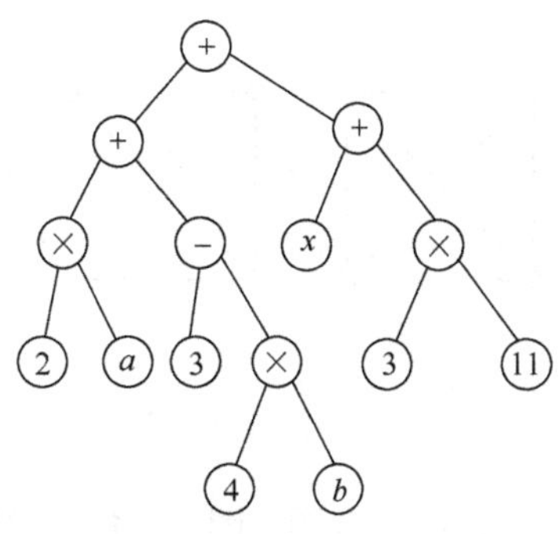

图　12-36

解　相应的前缀码为 {000，001，010，0110，0111，10，110，111}.

习　题　12-5

1. 求带权为1、2、3、4、5、6、7、8的最优二叉树 T，并求其权和 $W(T)$ 和相应前缀代码集合.
2. 对于图12-37所示的二叉树，给出3种遍历树方法的结果.
3. 试给出图12-38所示表达式树的先根遍历与后根遍历列.
4. 求 $a\times b-\{c/(d-e)+f\}$ 的表达式树.
5. 已知4个字符 A、B、C、D 的权为7、5、2、4，试构造其最佳前缀码.

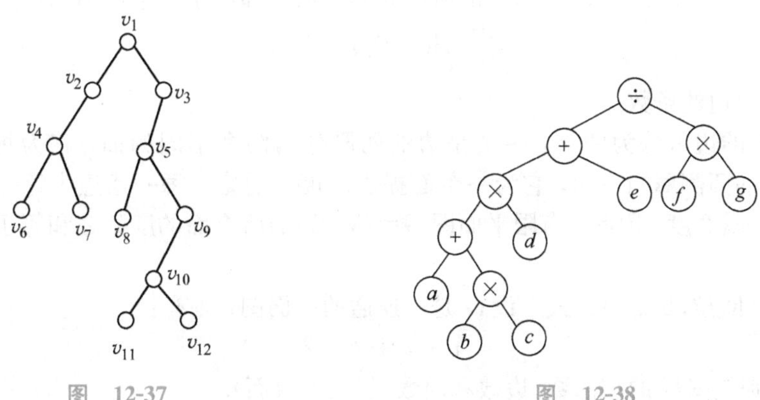

图　12-37　　　　图　12-38

12.6　平面图

在一些实际问题中，要涉及图的平面性的研究．例如，大家都知道的印制线路板的布线、管线的敷设、交通道路设计等问题．近些年来，大规模集成电路的发展，进一步促进了图的平面性的研究．本节将简要介绍平面图的概念以及欧拉公式.

定义 12-29　如果能把一个图在平面上画成除结点外，任何两边都不相交，则称此图为可平面的，或称平面图.

如图12-39所示的图都是平面图(其中图b可以改画为图c的形式，所以图b也是平面图).

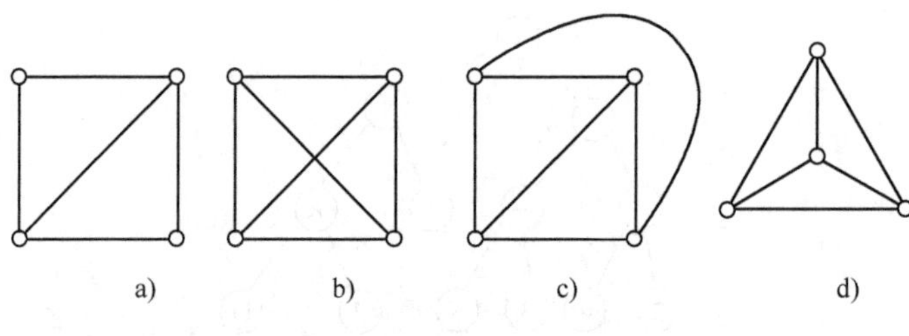

图 12-39

再来看图 12-40，其中图 12-40a 是完全图，图 12-40b 对应一个著名的问题，就是为三所房子的每一所都安装三种公用管线而使得没有任何两根管线相交的设计问题．在后面将证明图 12-40 给出的两个图形都不是平面图.

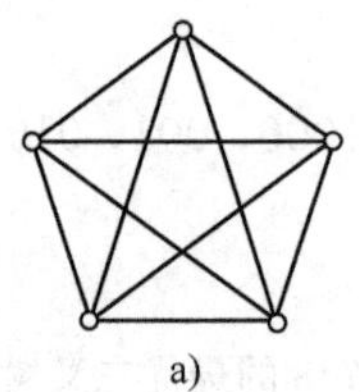

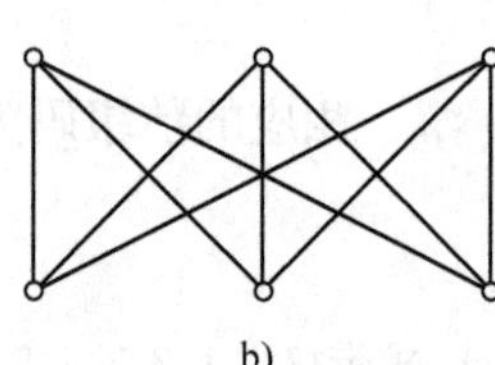

图 12-40

定义 12-30 在一个平面图中，由若干个回路所包含的平面部分，若该部分内不再包含回路围出的子部分，则称该平面部分是一个平面图的面，围出一个面的回路称为边界．如果面的面积是有限的，则称该面是有限面;否则称为无限面．若两个面的边界至少有一条公共边，则称这两个面是相邻的;否则称这两个面是不相邻的.

定义 12-31 平面图 P 的边界所含有的边数称为该面的度，记作 $\deg(P)$.

定理 12-7 有限平面图 $G=\langle v,e\rangle$的所有面的度数之和等于此平面图总边数的两倍，即

$$\sum_{P_i \in P(G)} \deg(P_i)=2\mid e\mid$$

其中$|e|$表示 e 中边的条数.

证 边界上的边可分为两类，一类是边的两侧分属两个不同的面，它为每一面各提供 1 度;另一类是边的两侧属同一面，它为一个面提供 2 度．总之，每一条边为每一个平面图的各个面的总度数贡献 2 度，因此，有限平面图 $G=\langle V,E\rangle$的所有面的度数之和等于此平面图总边数的两倍.

定理 12-8 欧拉(Euler)公式 设 G 是一连通的平面图，则有：

$$v-e+p=2$$

其中 v、e、p 分别是图 G 的结点数、边数和面数(包括无限面).

证 对面数 p 进行归纳.

当 $p=1$ 时，G 中不含有回路，又是连通的，故 G 是一棵树，得 $e=v-1$，所以 $v-e+p=v-(v-1)+1=2$，定理成立.

设定理对有 $p-1$ 个面的所有连通的平面图成立，而 G 是有 p 个面的连通的平面图，$p\geqslant2$，于是 G 至少有一个回路，去掉 G 的一个回路上的一条边 e，得到的图 $G'=\langle V,E-\{e\}\rangle$是连通的．$G'$有 $p-1$ 个面，$e-1$ 条边．由归纳法假设 $v-(e-1)+(p-1)=2$，即 $v-e+p=2$ 成立，所以定理结论成立.

图 12-41 给出了满足欧拉定理的最简单的平面图.

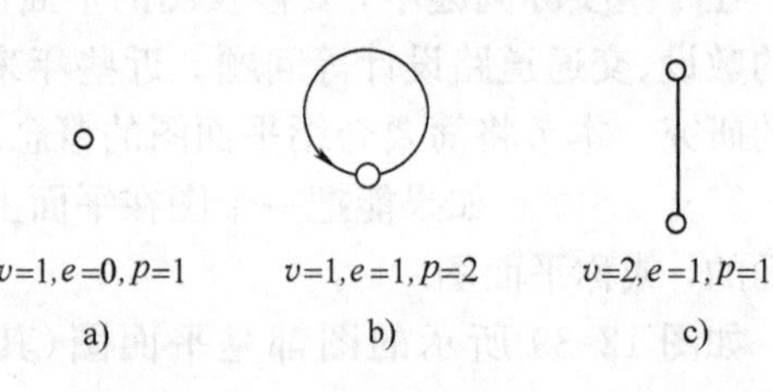

图 12-41

定理 12-9　边数不小于 2 的无自回路的简单平面连通图，其结点和边的数目 v、e 满足以下不等式：

$$e \leqslant 3v-6$$

证　当 $e=2$ 时，因为 $v \geqslant 3$，G 是简单图，定理成立.

当 $e>2$ 时，设 G 有 p 个面，因为 G 是简单图，所以每个面至少由三条边围成，于是各面的总边数大于或等于 $3p$. 又因为 G 中所有面的边界的总边数为 $2e$，因此$2e \geqslant 3p$. 根据欧拉公式，有

$$v-e+\frac{2}{3}e \geqslant 2$$

即

$$e \leqslant 3v-6$$

下面来证明图 12-40 给出的两个图不是平面图.

【例 12-8】　证明图 12-40a 给出的完全图 K_5 不是平面图.

证　图 12-40a 给出的图含有 5 个结点 $v=5$ 和 10 条边 $e=10$，它不满足定理 12-9 给出的不等式，所以它不是平面图.

【例 12-9】　证明图 12-40b 给出的图不是平面图(此图也称为 $K_{3,3}$图).

证　反证法.

假定图 12-40b 给出的图是平面图，由于从该图中任取 3 个不同的结点，至少有两个是不相邻的，所以它每一面的度数不小于 4(即其中不含长度小于 4 的回路). 若以 v、e、p 分别表示该图的结点数、边数和面数，则有

$$4p \leqslant 2e \text{ 或 } p \leqslant \frac{1}{2}e$$

与欧拉公式联立求解，得

$$2v-e \geqslant 4$$

但该图的 $v=6$、$e=9$，不满足上述不等式，矛盾. 所以图 12-40b 给出的 $K_{3,3}$图不是平面图.

虽然欧拉公式可以用来判断一个图是否是平面图，但对于含较多的结点和边的图，使用欧拉定理将变得很复杂. 下面给出一个平面图判定的充要条件.

若在一无向图 G 中，以一条除端点外均是 2 度的初等回路代替 G 中一条边后，生成图 G'. 显然 G 和 G' 是否为平面图与这样的替代无关(见图 12-42).

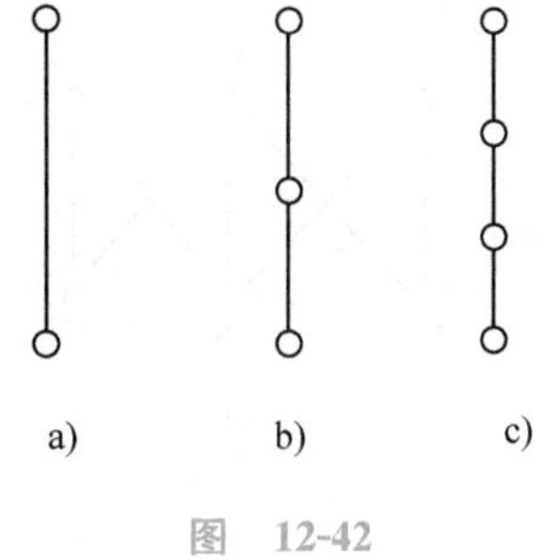

图　12-42

定义 12-32　设 G 是无向图，若在 G 的一条边上，两端点插入 $k(k \geqslant 0)$个新结点使之成为一条长度为 $k+1$ 的初等路，从而生成 G'；或者正相反，以一条边代替 G 的两端点间的一条初等路，并且该初等路的中间结点都是 2 度，从而生成图 G''. 这样就说图 G 和G'或G 和G''有同胚的边，并称 G 和G'或G 和G''是同胚的.

如图 12-43 所示，其中图 12-43a 与图 12-43b 同胚，图 12-43c 与图 12-43d 同胚.

定理 12-10　库拉托夫斯基(Kuratowski)定理　一个图是平面图，当且仅当它不含有与图 K_5 或 $K_{3,3}$同胚的子图.

【例 12-10】　画出所有的非同构的 6 阶 11 条边的连通的简单非平面图.

解　满足要求的非平面图有 4 个，如图 12-44 所示.

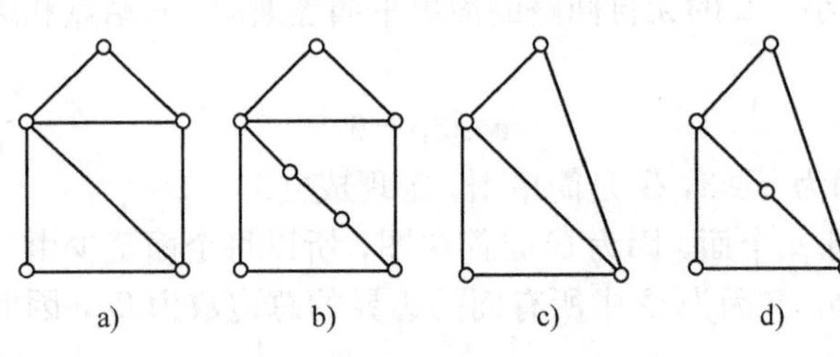

图　12-43

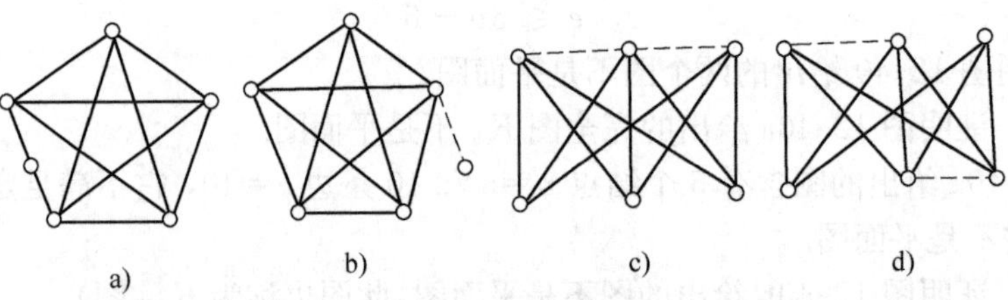

图　12-44

这是由于如果图 G 是非平面图，则它的母图也必然是非平面图．已知 K_5 和 $K_{3,3}$ 都是非平面图，因而将它们再增加若干个结点和若干条边所得到的图仍然是非平面图．根据题目要求，所求的平面图一定是由 K_5 增加一个结点以及增加一条边得到，或者由 $K_{3,3}$ 增加两条边得到的图．而由 K_5 增加一个结点一条边所得到的非同构的图只有两个(见图 12-44a、b)．由 $K_{3,3}$ 增加两条边得到的非同构的图也只有两个(见图 12-44c、d)．这 4 个图满足题目的要求．

习　题　12-6

1. 证明图 12-45 中给出的 4 个图是平面图．

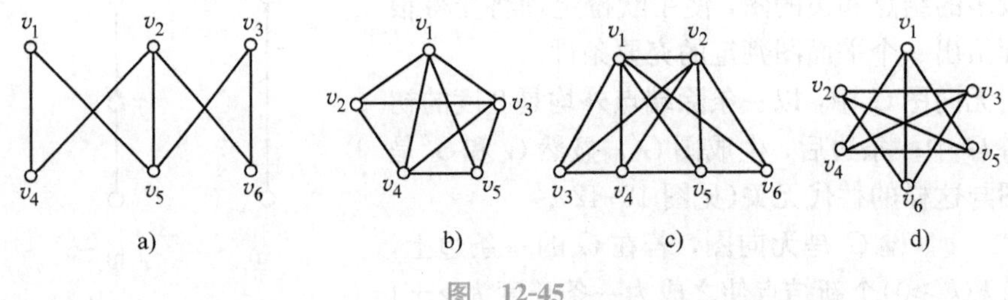

图　12-45

2. 证明下列各题．

1）在简单平面图中，至少有一个结点的度数小于或等于 5．

2）在少于 30 条边的简单平面图中，至少有一个结点的度小于或等于 4．

3. 证明：具有 6 个结点、12 条边的连通简单平面图，它的每个区都是由三条边围成的．

4. 设 G 是具有 $K(K>2)$ 个支的平面图，则：$n-m+r=K+1$，其中 n、m、r 分别为 G 的结点数、边数和面数．

5. 用库拉托夫斯基定理证明图 12-46 所示的图是个非平面图．

6. 证明当每个结点的度数均大于或等于 3 时，不存在有 7 条边的连通简单平面图．

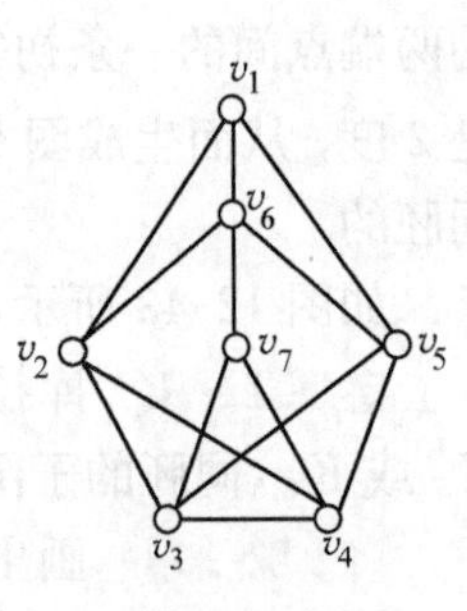

图　12-46

复习题12

1. 画出下面给出的图 $G=\langle V,E,\varphi\rangle$ 的图示，并判断它是不是简单图.

$$V=\{v_1,v_2,v_3,v_4,v_5\};\ E=\{e_1,e_2,e_3,e_4,e_5,e_6,e_7\};$$

$$\varphi=\{\langle e_1,(v_2,v_2)\rangle,\langle e_2,(v_2,v_4)\rangle,\langle e_3,(v_1,v_2)\rangle,\langle e_4,(v_1,v_3)\rangle,\langle e_5,(v_1,v_3)\rangle,\langle e_6,(v_3,v_4)\rangle,\langle e_7,(v_4,v_5)\rangle\}.$$

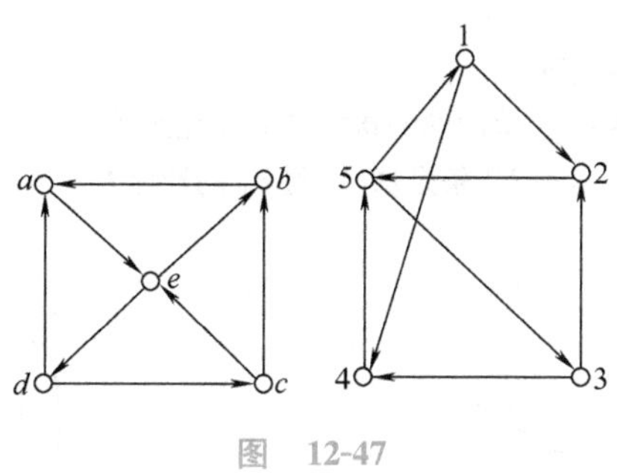

图 12-47

2. 证明图 12-47 所示的两个图是同构的.

3. 证明图 12-48 所示的两个图是不同构的.

4. 画出图 12-49 所示图的补图.

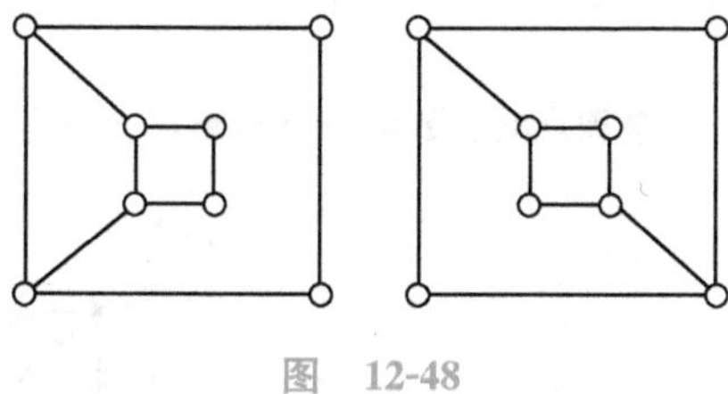

图 12-48

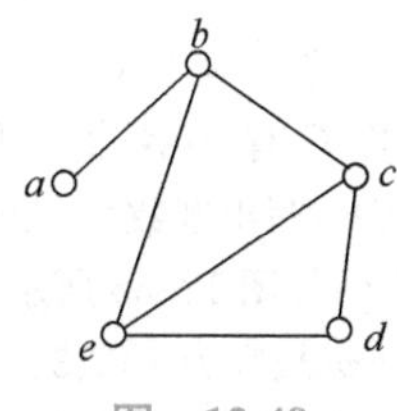

图 12-49

5. 图 12-50 所示为一个有向图．试给出从 v_1 到 v_3 的 3 种不同的基本路径．v_1 到 v_3 之间的距离是多少？找出图中的基本回路.

6. 无向图的直径定义为所有结点对的距离的极大值．试求图 12-51 中两图的直径.

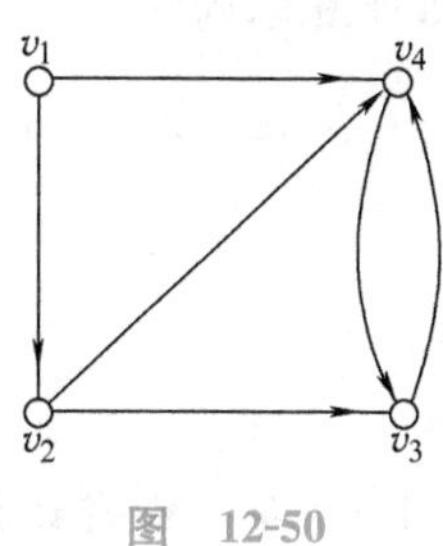

图 12-50

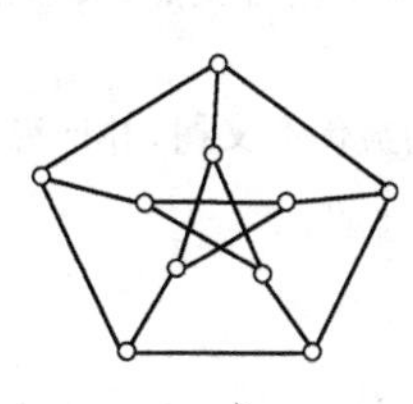

a)

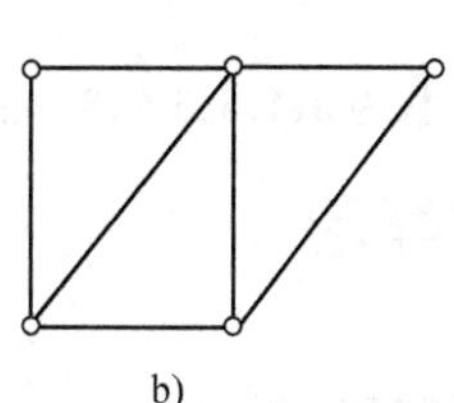

b)

图 12-51

7. 下面各无向图中有几个顶点？

(1) 16 条边，每个顶点都是 2 度顶点.

(2) 21 条边，3 个 4 度顶点，其余都是 3 度顶点.

8. 试用有向图描述出下列问题的解法路径.

一个人 m 带一条狗 d、一只猫 c 和一只兔子 r 过河．没有船，他每次游过河时只能带一只动物，而没人管理时，狗和兔子不能相处，猫和兔子也不能相处．问他怎样才能将 3 只动物带往河对岸(提示:用结点代表状态．例如,初始状态可以记为 $\langle\{m,d,c,r\},\Phi\rangle$，人和兔子过河后的状态可以记为 $\langle\{d,c\},\{m,r\}\rangle$，若从状态 S_1 可变为 S_2，则从结点 S_1 画一条弧到 S_2)?

9. 图 12-52 给出了一个有向图.

(1) 求出它的邻接矩阵 $\boldsymbol{A}$.

(2) 求出 $\boldsymbol{A}^2$、$\boldsymbol{A}^3$ 和 $\boldsymbol{A}^4$. 说明从 v_1 到 v_4 长度为 1、2、3 和 4 的路径有几条?

(3) 求出 $\boldsymbol{A}^{(2)}$、$\boldsymbol{A}^{(3)}$、$\boldsymbol{A}^{(4)}$ 及路径矩阵 $\boldsymbol{P}$.

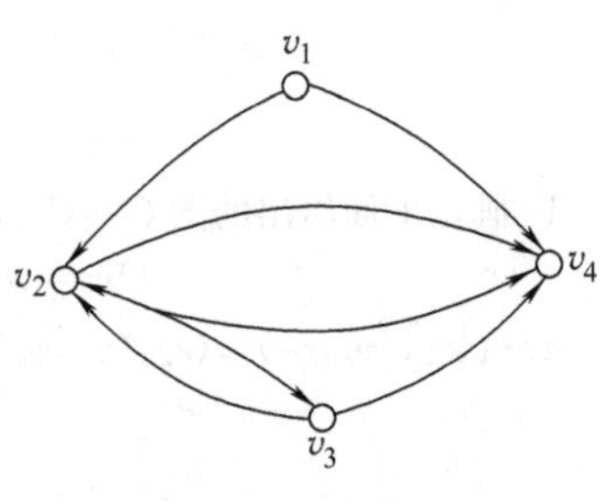

图　12-52

10. 图 12-53 给出了一个有向图，求该图的邻接矩阵和路径矩阵.

11. 有向图 G 如图 12-54 所示．问有几条是从 v_3 到 v_4 的通路?

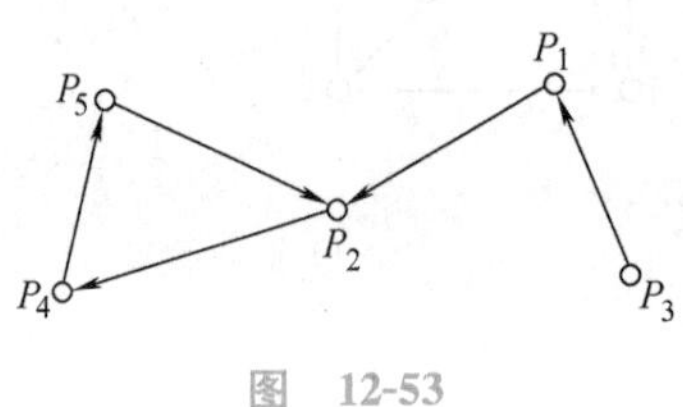

图　12-53　　图　12-54

12. 试用二叉树表示下列算式：

$$((a+(b*c)*d)/e)/(f+g)+(h*i)*j$$

13. 设 T 是 n 阶完全二叉树，证明 n 为奇数.

14. 设无向图 G 有 10 条边,3 度与 4 度顶点各 2 个,其余顶点的度数均小于 3,则 G 至少有多少个顶点? 在最少顶点的情况下,写出度数列、$\Delta(G)$、$\delta(G)$.

15. 有向图 D 如图 12-55 所示.

(1) 求 v_2 到 v_5 长度为 1、2、3、4 的通路数.

(2) 求 v_5 到 v_5 长度为 1、2、3、4 的回路数.

(3) 求 D 中长度为 4 的通路数.

(4) 求 D 中长度小于或等于 4 的回路数.

(5) 写出 D 的可达矩阵．

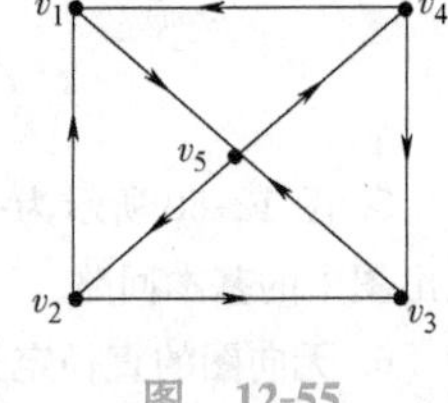

图　12-55

16. 画出所有 5 阶和 7 阶非同构的无向树．

17. 一棵无向树 T 有 5 片树叶,3 个 2 度分支点,其余的分支点都是 3 度顶点,则 T 有几个顶点?

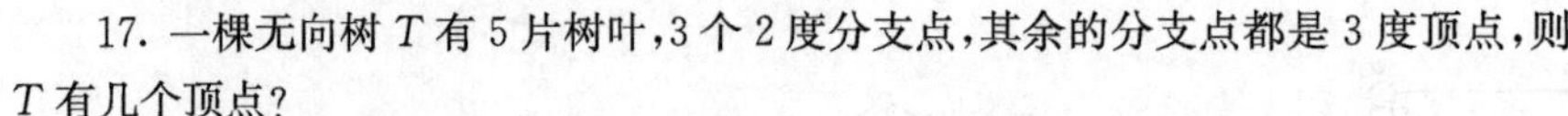

18. 画一棵权为 3、4、5、6、7、8、9 的最优 2 叉树,并计算出它的权.

拓展学习

1. 哈密顿（Hamilton William Rowan，1805—1865）

哈密顿是英国数学家、物理学家．1859 年，哈密顿提出，在一个有多个城市的地图网络中，寻找一条从一个城市出发，沿途恰好经过所有其他城市一次，最后回到原出发城市的回路，这样的回路被称为哈密顿回路，具有这种回路的图被称为哈密顿图，这个游戏被称为“周游世界”．哈密顿回路问题成为图论中最重要的一个问题，哈密顿路径问题在 20 世纪 70 年代初，终于被证明是“NP 完备”的．哈密顿在数学上的成就，一是发现了“四元数”. 他在研究复数 x+iy 的基础上，考虑具有 4 个分量的新数 t+xi+yj+zk，并称之为四元数，并建立了它的运算法则．四元数的发现为向量代数和向量分析的建立奠定了基础，因此对代数学的发展具有重要意义．他最重要的数学著作是《四元数讲义》；二是在微分方程和泛函分析这两个领域的贡献，如哈密顿算符、哈密顿—雅可比方程等；除此之外，哈密顿还写了有关光学、动力学、五次方程的解、涨落函数、动点的速端曲线和微分方程数值解的著作，是英国继 17 世纪牛顿以后最伟大的数学家之一.

2. 管梅谷

管梅谷（1934—　）1957 年毕业于华东师范大学数学系，历任山东师范大学讲师、副教授、教授、校长，中国运筹学会第一、二届常务理事，山东省数学学会第四届副理事长，山东省运筹学会第一届副理事长，是第六届全国政协委员．管梅谷教授从事运筹学及其应用的研究，对最短投递路线问题的研究取得成果，所提模型在国外称为中国投递问题，编有《线性规划》.

附　录

附录 A　标准正态分布函数值表

正态分布函数如图 A-1 所示.

$$\Phi(x)=\frac{1}{\sqrt{2\pi}}\int_{-\infty}^{x}\mathrm{e}^{-\frac{x^2}{2}}\,\mathrm{d}x$$

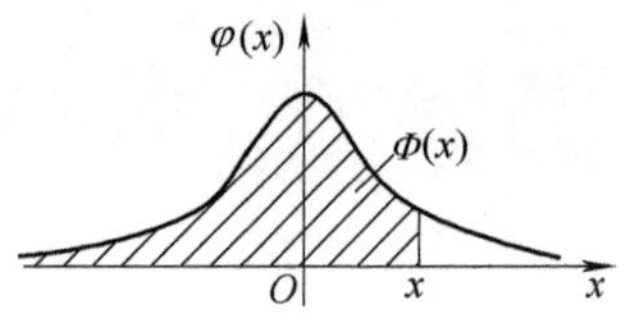

图　A-1

x	0.00	0.01	0.02	0.03	0.04	0.05	0.06	0.07	0.08	0.09
0.0	0.5000	0.5040	0.5080	0.5120	0.5160	0.5199	0.5239	0.5279	0.5319	0.5359
0.1	0.5398	0.5438	0.5478	0.5517	0.5557	0.5596	0.5636	0.5675	0.5714	0.5735
0.2	0.5739	0.5832	0.5871	0.5910	0.5948	0.5987	0.6026	0.6064	0.6103	0.6141
0.3	0.6179	0.6217	0.6255	0.6293	0.6331	0.6368	0.6406	0.6443	0.6480	0.6517
0.4	0.6554	0.6591	0.6628	0.6664	0.6700	0.6736	0.6772	0.6808	0.6844	0.6879
0.5	0.6915	0.6950	0.6985	0.7019	0.7054	0.7088	0.7123	0.7157	0.7190	0.7224
0.6	0.7257	0.7291	0.7324	0.7357	0.7389	0.7422	0.7454	0.7486	0.7517	0.7549
0.7	0.7580	0.7611	0.7642	0.7673	0.7704	0.7734	0.7764	0.7794	0.7823	0.7852
0.8	0.7881	0.7910	0.7939	0.7967	0.7995	0.8023	0.8051	0.8078	0.8106	0.8133
0.9	0.8159	0.8186	0.8212	0.8238	0.8264	0.8289	0.8315	0.8340	0.8365	0.8389
1.0	0.8413	0.8438	0.8461	0.8485	0.8508	0.8531	0.8554	0.8577	0.8599	0.8621
1.1	0.8643	0.8665	0.8686	0.8708	0.8729	0.8749	0.8770	0.8790	0.8810	0.8830
1.2	0.8849	0.8869	0.8888	0.8907	0.8925	0.8944	0.8962	0.8980	0.8997	0.9015
1.3	0.9032	0.9049	0.9066	0.9082	0.9099	0.9115	0.9131	0.9147	0.9162	0.9177
1.4	0.9192	0.9207	0.9222	0.9236	0.9251	0.9265	0.9279	0.9292	0.9306	0.9319
1.5	0.9332	0.9345	0.9357	0.9370	0.9382	0.9394	0.9406	0.9418	0.9429	0.9441
1.6	0.9452	0.9463	0.9474	0.9484	0.9495	0.9505	0.9515	0.9525	0.9535	0.9545
1.7	0.9554	0.9564	0.9573	0.9582	0.9591	0.9599	0.9608	0.9616	0.9625	0.9633
1.8	0.9641	0.9649	0.9656	0.9664	0.9671	0.9678	0.9686	0.9693	0.9699	0.9706
1.9	0.9713	0.9719	0.9726	0.9732	0.9738	0.9744	0.9750	0.9756	0.9761	0.9767
2.0	0.9772	0.9778	0.9783	0.9788	0.9793	0.9798	0.9803	0.9808	0.9812	0.9817
2.1	0.9821	0.9826	0.9830	0.9834	0.9838	0.9842	0.9846	0.9850	0.9854	0.9857

（续）

x	0.00	0.01	0.02	0.03	0.04	0.05	0.06	0.07	0.08	0.09
2.2	0.9861	0.9864	0.9868	0.9871	0.9875	0.9878	0.9881	0.9884	0.9887	0.9890
2.3	0.9893	0.9896	0.9898	0.9901	0.9904	0.9906	0.9909	0.9911	0.9913	0.9916
2.4	0.9918	0.9920	0.9922	0.9925	0.9927	0.9929	0.9931	0.9932	0.9934	0.9936
2.5	0.9938	0.9940	0.9941	0.9943	0.9945	0.9946	0.9948	0.9949	0.9951	0.9952
2.6	0.9953	0.9955	0.9956	0.9957	0.9959	0.9960	0.9961	0.9962	0.9963	0.9964
2.7	0.9965	0.9966	0.9967	0.9968	0.9969	0.9970	0.9971	0.9972	0.9973	0.9974
2.8	0.9974	0.9975	0.9976	0.9977	0.9977	0.9978	0.9979	0.9979	0.9980	0.9981
2.9	0.9981	0.9982	0.9982	0.9983	0.9984	0.9984	0.9985	0.9985	0.9986	0.9986
3.0	0.9987	0.9987	0.9987	0.9988	0.9988	0.9989	0.9989	0.9989	0.9990	0.9990
3.1	0.9990	0.9991	0.9991	0.9991	0.9992	0.9992	0.9992	0.9992	0.9993	0.9993
3.2	0.9993	0.9993	0.9994	0.9994	0.9994	0.9994	0.9994	0.9995	0.9995	0.9995

附录 B 初等数学常用公式

一、代数

（一）绝对值

1. 定义：$|x|=\begin{cases}x, x\geqslant 0\\-x, x<0\end{cases}$

2. 性质：

(1) $|a|=|-a|$；　(2) $|ab|=|a||b|$；　(3) $\left|\dfrac{a}{b}\right|=\dfrac{|a|}{|b|}(b\neq 0)$；

(4) $|x|=A\Leftrightarrow -A\leqslant x\leqslant A$；　(5) $|x\pm y|\leqslant|x|+|y|$；

(6) $|x\pm y|\geqslant|x|-|y|$.

（二）指数

(1) $a^m a^n=a^{m+n}$；　(2) $\dfrac{a^m}{a^n}=a^{m-n}$；　(3) $(ab)^m=a^m b^m$；

(4) $a^{\frac{m}{n}}=\sqrt[n]{a^m}$；　(5) $a^{-m}=\dfrac{1}{a^m}$；　(6) $a^0=1$.

（三）对数

设 $a>0, a\neq 1$，则：

(1) $\log_a xy=\log_a x+\log_a y$；　(2) $\log_a \dfrac{x}{y}=\log_a x-\log_a y$；

(3) $\log_a x^b=b\log_a x$；　(4) $\log_a x=\dfrac{\log_b x}{\log_b a}$；

(5) $a^{\log_a x}=x, \log_a 1=0, \log_a a=1$.

（四）二项式定理

$$(a+b)^n=a^n+na^{n-1}b+\frac{n(n-1)}{2!}a^{n-2}b^2+\cdots+\frac{n(n-1)(n-2)\cdots(n-k+1)}{k!}a^{n-k}b^k+\cdots+b^n.$$

（五）数列的和

(1) 等差数列的前 n 项和

$$S_n=a_1+a_2+a_3+\cdots+a_n=\frac{n(a_1+a_n)}{2}$$

(2) 等比数列的前 n 项和

$$S_n=a+aq+aq^2+\cdots+aq^{n-1}=\frac{a(1-q^n)}{1-q}(q\neq 1)$$

二、几何

(一) 圆

(1) 周长 $C=2\pi r$，r 为半径；　(2) 面积 $S=\pi r^2$，r 为半径.

(二) 扇形

面积 $S=\frac{1}{2}r^2\alpha$，α 为扇形的圆心角，以弧度为单位，r 为半径.

(三) 平行四边形

面积 $S=bh$，b 为底长，h 为高.

(四) 梯形

面积 $S=\frac{1}{2}(a+b)h$，a、b 分别为上底与下底的长，h 为高.

(五) 圆柱体

(1) 体积 $V=\pi r^2h$　　r 为底面半径，h 为高；

(2) 侧面积 $L=2\pi rh$　　r 为底面半径，h 为高.

(六) 圆锥体

(1) 体积　$V=\frac{1}{3}\pi r^2h$　　r 为底面半径，h 为高；

(2) 侧面积 $L=\pi rl$　　r 为底面半径，h 为高，l 为斜高.

(七) 球

(1) 体积　$V=\frac{4}{3}\pi r^3$　　r 为球的半径；

(2) 表面积　$L=4\pi r^2$　　r 为球的半径.

三、三角

(一) 度与弧度

(1) $1^\circ=\frac{\pi}{180}$(弧度)；　(2) 1(弧度)$=\frac{180^\circ}{\pi}$.

(二) 平方关系

(1) $\sin^2x+\cos^2x=1$；　(2) $1+\tan^2x=\sec^2x$；

(3) $1+\cot^2x=\csc^2x$.

(三) 两角和与两角差的三角函数

(1) $\sin(x\pm y)=\sin x\cos y\pm\cos x\sin y$；

(2) $\cos(x\pm y)=\cos x\cos y\mp\sin x\sin y$；

(3) $\tan(x\pm y)=\frac{\tan x\pm\tan y}{1\mp\tan x\tan y}$.

(四) 和差化积公式

(1) $\sin x+\sin y=2\sin\frac{x+y}{2}\cos\frac{x-y}{2}$；

(2) $\sin x-\sin y=2\cos\frac{x+y}{2}\sin\frac{x-y}{2}$;

(3) $\cos x+\cos y=2\cos\frac{x+y}{2}\cos\frac{x-y}{2}$;

(4) $\cos x-\cos y=-2\sin\frac{x+y}{2}\sin\frac{x-y}{2}$.

(五) 积化和差公式

(1) $2\sin x\cos y=\sin(x+y)+\sin(x-y)$;

(2) $2\cos x\sin y=\sin(x+y)-\sin(x-y)$;

(3) $2\cos x\cos y=\cos(x+y)+\cos(x-y)$;

(4) $2\sin x\sin y=\cos(x+y)-\cos(x-y)$.

(六) 三角形的面积

(1) $S=\frac{1}{2}bc\sin A$;$S=\frac{1}{2}ca\sin B$;$S=\frac{1}{2}ab\sin C$;

(2) $S=\sqrt{p(p-a)(p-b)(p-c)}$,其中 $p=\frac{1}{2}(a+b+c)$.

四、平面解析几何

(一) 距离与斜率

(1) 两点 $P_1(x_1,y_1)$与 $P_2(x_2,y_2)$之间的距离 $d=\sqrt{(x_2-x_1)^2+(y_2-y_1)^2}$;

(2) 线段 P_1P_2 的斜率 $k=\frac{y_2-y_1}{x_2-x_1}$.

(二) 直线的方程

(1) 点斜式 $y-y_1=k(x-x_1)$; (2) 斜截式 $y=kx+b$;

(3) 两点式 $\frac{y-y_1}{y_2-y_1}=\frac{x-x_1}{x_2-x_1}$; (4) 截距式 $\frac{x}{a}+\frac{y}{b}=1$.

(三) 圆

方程$(x-a)^2+(y-b)^2=r^2$,圆心为(a,b),半径为 r.

(四) 抛物线

(1) 方程 $y^2=2px$,焦点$\left(\frac{p}{2},0\right)$,准线 $x=-\frac{p}{2}$;

(2) 方程 $x^2=2py$,焦点$\left(0,\frac{p}{2}\right)$,准线 $y=-\frac{p}{2}$;

(3) 方程 $y=ax^2+bx+c$,顶点$\left(-\frac{b}{2a},\frac{4ac-b^2}{4a}\right)$,对称轴方程 $x=-\frac{b}{2a}$.

(五) 椭圆

方程$\frac{x^2}{a^2}+\frac{y^2}{b^2}=1(a>b)$焦点在 x 轴上.

(六) 双曲线

(1) 方程$\frac{x^2}{a^2}-\frac{y^2}{b^2}=1$ 焦点在 x 轴上;

(2) 等轴双曲线方程 $xy=k$.

附录C　部分习题参考答案

第1章

习　题　1-1

1. (1) $f(10^{-1})=\pi$, $f(1)=\dfrac{\pi}{2}$, $f(10)=0$.

(2) $f(2)=1$, $f(-2)=\dfrac{1}{16}$, $f(0)=\dfrac{1}{4}$, $f\left(\dfrac{5}{2}\right)=\sqrt{2}$.

(3) $f(x^2)=x^6+1$,$[f(x)]^2=x^6+2x^3+1$.

(4) $f(0)=\dfrac{1}{2}$, $f(1)=1$, $f(-1)=1$.

2. (1) 定义域不同,不是同一函数;

(2) 定义域及对应法则都相同,是同一函数.

3. (1) $[-1,3]$;　(2) $(-2,0]\cup[1,+\infty)$;　(3) $[-2,2]$;

(4) $(2k\pi,(2k+1)\pi)$,k 为整数;　(5) $(1,+\infty)$;　(6) $(0,+\infty)$.

4. 摄氏温标表示为华氏温标的函数为 $f(x)=1.8x+32$.

5. $S_{表}=S_{侧}+2S_{底}=\dfrac{2V}{r}+2\pi r^2$,定义域为 $r>0$.

6. 如图 C-1 所示.

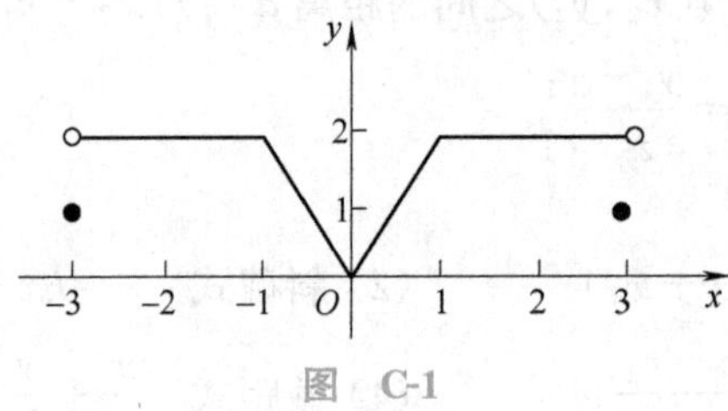

图　C-1

7. $f(x)=\begin{cases}1 & x\neq 0\\ 0 & x=0\end{cases}$.

8. (1)奇函数;　(2)不具有奇偶性;　(3)偶函数;　(4)不具有奇偶性.

9. (1) $y=\ln(x+1)$,$x>-1$;　(2) $y=\sqrt[3]{x^2-1}$.

10. (1) $y=a^3\sqrt{u}$,$u=1+x$;　(2) $y=u^5$,$u=\ln x+1$;

(3) $y=\sqrt{u}$,$u=\ln v$,$v=\sqrt{x}$;　(4) $y=\ln u$,$u=\sin v$,$v=\dfrac{x}{2}$.

习　题　1-2

1. (1) $x_n=2n$,发散;　(2) $x_n=\dfrac{1}{2^n}$,收敛,极限为 0;

(3) $x_n=\dfrac{(-1)^{n-1}}{n}$,收敛,极限为 0;　(4) $x_n=1-0.1^n$,收敛,极限为 1.

2. (1) $\dfrac{1}{2},\dfrac{3}{4},\dfrac{7}{8},\dfrac{15}{16},\dfrac{31}{32}$;　(2) $0,\dfrac{1}{2},\dfrac{\sqrt{3}}{6},\dfrac{\sqrt{2}}{8},\dfrac{1}{5}\sin\dfrac{\pi}{5}$;

(3) $-2,\dfrac{3}{2},-\dfrac{4}{3},\dfrac{5}{4},-\dfrac{6}{5}$;　(4) $\dfrac{1}{2},\dfrac{5}{4},\dfrac{7}{8},\dfrac{17}{16},\dfrac{31}{32}$.

3. 极限不存在.　4. 极限不存在.　5. 极限不存在.

6. 略.

习 题 1-3

1. (1) 0； (2) 2； (3) 1； (4) 1； (5) 0； (6) -2； (7) 0； (8) $-\dfrac{1}{2\sqrt{2}}$.

2. $a=-7, b=6$.

习 题 1-4

1. (1) 2； (2) 8； (3) 1； (4) $\dfrac{1}{2}$.

2. (1) e； (2) e^{-2}； (3) $e^{\frac{1}{3}}$； (4) e.

习 题 1-5

1. (1)同阶； (2)低阶； (3)同阶； (4)高阶．
2. (1) $2x^2$ 比 x 高阶($x\to 0$)； (2) $\sqrt{3x}$ 比 $5x$ 低阶($x\to 0$)；
   (3) $(1-x)^2$ 比$(1-x)$高阶($x\to 1$)； (4) $\sqrt{1+x}-\sqrt{1-x}$ 与 x 等价($x\to 0$).

习 题 1-6

1. (1) $(-\infty,1)\cup(1,2)\cup(2,+\infty)$； (2) $(-\infty,-1)\cup(1,+\infty)$；
   (3) $[4,6]$； (4) $(-\infty,2)$.
2. (1) 当 $a=1$ 时，$x=0$ 是 $f(x)$的连续点；
   (2) 当 $a\neq 1$ 时，$x=0$ 是 $f(x)$的间断点；
   (3) 当 $a=2$ 时，函数的连续区间为$(-\infty,0)\cup(0,+\infty)$.
3. (1) 1； (2) 0； (3) $\ln\dfrac{\pi}{2}$； (4) 1.
4. 略．

复 习 题 1

1. (1) $2,-\dfrac{1}{128},4^{t^2-2}t^2,4^{\frac{1}{t}-2}\dfrac{1}{t}$；

   (2) $2,0,\dfrac{|t^2-2|}{t^2+1}$； (3) $0,\dfrac{\sqrt{2}}{2},\dfrac{\sqrt{2}}{2}$.
2. (1) 不是同一函数，因为定义域不同；
   (2) 是同一函数，定义域与对应法则相同；
   (3) 不是同一函数，因为定义域不同；
   (4) 不是同一函数，因为对应法则不同．
3. (1) $(1,2]$； (2) $[2,3]$； (3) $[0,+\infty)$； (4) $[-4,-1)\cup(-1,1)\cup(1,+\infty)$；
   (5) $[-1,4)$； (6) $[2k\pi,(2k+1)\pi]$(k 为整数).
4. $(-2,2)$. 如图 C-2 所示.

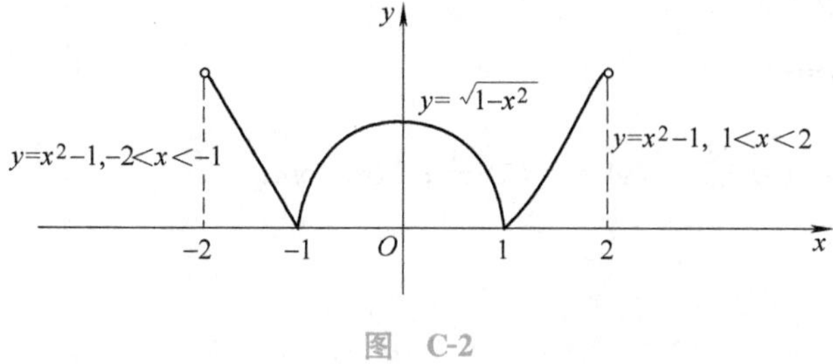

图 C-2

5. $S_{表}=2\pi r\times\dfrac{V}{\pi r^2}+2\pi r^2=2\left(\dfrac{V}{r}+\pi r^2\right)$.
6. (1) 单调递增； (2) 单调递增.

7. (1) 偶函数；　(2)奇函数；　(3)奇函数；　(4)奇函数.

8. (1) $y=\sqrt[3]{x-1}$；　(2) $y=e^x-1$；

(3) $y=\frac{1}{3}\arcsin\frac{x}{2}$；　(4) $y=\frac{1}{3}(\log_2 x-4)$.

9. (1) $T=\frac{2\pi}{3}$；　(2) $T=\pi$；　(3) $T=2\pi$；　(4) $T=\frac{\pi}{3}$.

10. (1) $y=u^{10},u=2x+1$；　(2) $y=\sqrt{u},u=4-x^2$；

(3) $y=\sin u,u=x^2$；　(4) $y=u^2,u=\ln v,v=\cos x$；

(5) $y=\arctan u,u=\sqrt{v},v=x+1$；　(6) $y=e^u,u=\sin v,v=2x$.

11. 略. 12. 略. 13. 略.

14. $f(x)=\begin{cases}0, & -\infty<x<-1,1\leqslant x<+\infty \\ x+1, & -1\leqslant x<0 \\ -x+1, & 0\leqslant x<1\end{cases}$.

15. (1) $[-1,1]$；　(2) $\left[\frac{1}{4},\frac{3}{4}\right]$.

16. (1) 2；　(2) $\frac{7}{3}$；　(3) 1；　(4) 1；　(5) 2；　(6) 1；

(7) 2；　(8) 1；　(9) 0；　(10) 2.

17. 略.

18. $a=1,b=-2$.

19. (1) $\frac{m}{n}$；　(2) 1；　(3) $\sqrt{2}$；　(4) $\frac{1}{2}$；　(5) 2；　(6) $\frac{1}{2}$；

(7) e；　(8) e^{-2}；　(9) 1；　(10) e.

20. $\frac{1+\sqrt{1+4a}}{2}$.　21. 0.

22. (1) 同阶无穷小量；

(2) 当 $x\to\infty$ 时，$\frac{1}{x^2}$ 是比 $\sqrt{x^2+2}-\sqrt{x^2+1}$ 高阶的无穷小量；

(3) 同阶无穷小量.

23. (1) $\frac{5}{3}$；　(2) $\frac{9}{2}$；　(3) $\frac{1}{2}$.

24. $a=4,l=10$.　25. 略.

26. (1) $(-\infty,4)$，$\lim\limits_{x\to-6}f(x)=1$；　(2) $[4,8]$，$\lim\limits_{x\to6}f(x)=2\sqrt{2}$.

27. (1) 函数的间断点为 $x=-1$；　(2) 函数的间断点为 $x=0$；

(3) 函数的间断点为 $x=\pm1$.

28. $f(0)=1$.　29. $a=\frac{1}{2}$.

30. (1) $\frac{1}{2}$；　(2) 0；　(3) $\frac{\sqrt{3}}{2}$；　(4) e；　(5) $\frac{1}{a}$；　(6) $\cos a$.

31. 略.　32. 略.

第2章

习　题　2-1

1. $f'(1)=\frac{1}{2},f'(4)=\frac{1}{4}$.　2. (1)可导；　(2)不可导.

3. (2,8)和(−2,−8).　4. $x+\sqrt{2}y=\frac{\pi}{4}+1,2x-\sqrt{2}y=\frac{\pi}{2}-1$.

5. $a=1,b=0$.　6. $2f'(x_0)$.　7. 略.

习　题　2-2

1. (1) $-\frac{2}{x^3}-\sin x$;　(2) $2x\ln x+\frac{5}{2}x\sqrt{x}+x$;

(3) $2x\tan x+x^2\sec^2 x-\sin x$;　(4) $x\sec x(x\tan x+2)$;

(5) $-\frac{1+\cos x}{(x+\sin x)^2}$;　(6) $\frac{2(1+x^2)}{(1-x^2)^2}$;

(7) $2\mathrm{e}^x\sin x$;　(8) $\frac{\sec^2 x}{\ln x+1}-\frac{\tan x}{x(\ln x+1)^2}$;

(9) $-\frac{1+\cos x}{\sin^2 x}$;　(10) $-\frac{2}{x(1+\ln x)^2}$;

(11) $\ln x$;　(12) $a^x\mathrm{e}^x(\ln a+1)$;

(13) $2\mathrm{e}^x(\cos x+x\cos x-x\sin x)$;　(14) $\frac{(x^2+2x-1)\arctan x+x+1}{(1+x)^2}$;

(15) $-\frac{2\csc x[(1+x^2)\cot x+2x]}{(1+x^2)^2}$;　(16) $2x\ln x\sin x+x\sin x+x^2\ln x\cos x$;

(17) $\frac{3(x^2-6x+1)}{(x^2-1)^2}$;　(18) $\frac{9x^2\ln x-4x\ln x+x^4-3x^2+2x}{(3\ln x+x^2)^2}$.

2. (1) $\frac{1+\sqrt{3}}{2},\sqrt{2}$;　(2) $1+\mathrm{e}$;　(3) $\frac{3}{25},\frac{41}{15}$;　(4) $\frac{1}{3}$.

3. $a=2,b=-1$.　4. 连续且可导.

5. (1) $84x^3(3x^4-1)^6$;　(2) $\frac{3}{2}\sqrt{x}-\frac{\mathrm{e}^{\frac{1}{x}}}{x^2}$;

(3) $\frac{\ln x}{x\sqrt{\ln^2 x+1}}$;　(4) $2x\sin\frac{1}{x}-\cos\frac{1}{x}$;

(5) $\frac{1}{2\sqrt{x+\sqrt{x+\sqrt{x}}}}\left[1+\frac{1}{2\sqrt{x+\sqrt{x}}}\left(1+\frac{1}{2\sqrt{x}}\right)\right]$;

(6) $\frac{7}{8}x^{-\frac{1}{8}}$;　(7) $\frac{1}{x\ln x\ln\ln x}$;

(8) $2^{\sin x}\cos x\ln 2-\frac{\sin\sqrt{x}}{2\sqrt{x}}$;　(9) $\frac{1}{\sqrt{1+x^2}}$;

(10) $\frac{2x\cot 3x+3(x^2-1)\csc^2 3x}{(1-x^2)^2}$;

(11) $-3\cos 3x\cdot\sin(2\sin 3x)$;　(12) $\frac{1}{x(1+\ln^2 x)}$;

(13) $\frac{(\sin 2x+2x\cos 2x)(1+\tan x)-2x\tan x}{(1+\tan x)^2}$;

(14) $\frac{2x\mathrm{e}^{\arcsin x^2}}{\sqrt{1-x^4}}$;　(15) $-\frac{1}{2\sqrt{1-x^2}}$;

(16) $\frac{\arctan\sqrt{x}}{2\sqrt{x}}+\frac{1}{2(1+x)}$;　(17) $\frac{\sqrt{x^2-a^2}}{x}$;

(18) $\frac{\ln x}{(1+x)^2}$;　(19) $6x\arcsin x+\frac{3x^2(1-x)}{\sqrt{1-x^2}}$.

6. (1) $\frac{\mathrm{e}^x}{f(\mathrm{e}^x)}f'(\mathrm{e}^x)$;　(2) $\mathrm{e}^x(\sin x+\cos x)f'(\mathrm{e}^x\sin x)$.

7. (1) -2;　(2) 2.

8. $x-y-1=0$.

9. $2x+3y-3=0$; $3x-2y+2=0$.

10. (1) $\dfrac{1-3x^2-y}{x-3y^2-1}$;　　(2) $-\dfrac{1+y\sin xy}{1+x\sin xy}$;

(3) $\dfrac{ye^x-e^y+1}{xe^y-e^x}$;　　(4) $\dfrac{xy-y^2}{xy+x^2}$;

(5) $\dfrac{y\cos x+\sin(x-y)}{\sin(x-y)-\sin x}$;　　(6) $-\dfrac{(1+xy)e^{xy}}{1+x^2e^{xy}}$;

(7) $\dfrac{y-e^{x+y}}{e^{x+y}-x}$;　　(8) $-\dfrac{b^2x}{a^2y}$.

11. (1) $\dfrac{x^{\sqrt{x}}}{\sqrt{x}}\left(\dfrac{\ln x}{2}+1\right)$;　　(2) $(\cos x)^{\tan x}(\sec^2x\ln\cos x-\tan^2x)$;

(3) $\left(1+\dfrac{1}{x}\right)^x\left[\ln\left(1+\dfrac{1}{x}\right)-\dfrac{1}{1+x}\right]$.

12. $ex-3y+3=0$; $3x+ey-e=0$.

13. (1) 240, 0;　(2) 0;　(3) $-2e^{2\pi}$;　(4) $\dfrac{4}{(1+x^2)^2}$.

14. (1) $(x+n)e^x$;　(2) $n!$;　　(3) $2^{n-1}\cos\left(\dfrac{n\pi}{2}+2x\right)$;

(4) $(-1)^n\dfrac{(n-2)!}{x^{n-1}}, n\geqslant 2$;　　(5) $a_0n!$.

15. (1) $\dfrac{(3-y)e^{2y}}{(2-y)^3}$;　　(2) $-\dfrac{b^2(a^2y^2+b^2x^2)}{a^4y^3}$.

16. 略.　17. 略.　18. 略.

习　题　2-3

1. (1) $\dfrac{1}{1+x^2}dx$;　　(2) $-\dfrac{1}{2}\tan\dfrac{x}{2}dx$;

(3) $e^{\sqrt{x+1}}\left(\dfrac{\sin x}{2\sqrt{x+1}}+\cos x\right)dx$;　　(4) $8x\tan(1+2x^2)\sec^2(1+2x^2)dx$;

(5) $\dfrac{2\ln(1-x)}{x-1}dx$;　　(6) $\left[\dfrac{2e^x}{3}\csc\left(\dfrac{2e^x}{3}\right)-\dfrac{3\sin 3x}{2\sqrt{\cos 3x}}\right]dx$.

*2. (1) 0.80;　　(2) 0.02.

习　题　2-4

1. (1) 满足，$\xi=\dfrac{\pi}{2}$;　　(2) 满足，$\xi=0$.

2. (1) 满足，$\xi=\dfrac{9}{4}$;　　(2) 满足，$\xi=\dfrac{1}{\ln 2}$.

3. (1) $\dfrac{m}{n}a^{m-n}$;　(2) 2;　(3) $\dfrac{1}{2}$;　(4) 2;　(5) $\dfrac{1}{2}$;　(6) $\dfrac{1}{2}$;　(7) 0;　(8) 0;　(9) $\dfrac{1}{2^7}$;

(10) 1;　(11) 1;　(12) e;　(13) 1;　(14) 2.

4. (1) $\left(-\infty,\dfrac{1}{2}\right)$单调增，$\left(\dfrac{1}{2},+\infty\right)$单调减；(2) $(-1,1)$单调增，$(-\infty,-1)\cup(1,+\infty)$单调减；

(3) $(-\infty,+\infty)$，单调增；　(4) $(-\infty,-1)\cup(0,1)$单调减，$(-1,0)\cup(1,+\infty)$单调增；

(5) $(0,+\infty)$单调增，$(-1,0)$单调减；　(6) $(0,+\infty)$单调增，$(-\infty,0)$单调减.

5. 略.

6. (1) 极大值点 $x=-1$，极大值 17；极小值点 $x=3$，极小值 -47；

(2) 极大值点 $x=\dfrac{1}{2}$，极大值 $\dfrac{81}{4}\times\left(\dfrac{9}{4}\right)^{\frac{1}{3}}$；极小值点 $x=-1$、5，极小值 0；

(3) 无极大值；极小值点 $x=\mathrm{e}^{-\frac{1}{2}}$,极小值$-\frac{1}{2}\mathrm{e}^{-1}$；

(4) 极大值点 $x=\pm1$,极大值 e^{-1};极小值点 $x=0$,极小值 0；

(5) 极大值点 $x=1$,极大值 2;无极小值；

(6) 无极大值;极小值点 $x=-\frac{1}{2}\ln2$,极小值 $2\sqrt{2}$；

(7) 极大值点 $x=-1$,极大值-2;极小值点 $x=1$,极小值 2；

(8) 极大值点 $x=\frac{3}{4}$,极大值$\frac{5}{4}$;无极小值.

7. (1) $f_{\max}\left(\frac{1}{2}\right)=\frac{9}{4}, f_{\min}(5)=-18$;　(2) $f_{\max}\left(-\frac{\pi}{2}\right)=\frac{\pi}{2}, f_{\min}\left(\frac{\pi}{2}\right)=-\frac{\pi}{2}$；

(3) $f_{\max}(4)=\frac{3}{5}, f_{\min}(0)=-1$;　(4) $f_{\max}(0)=0, f_{\min}(-1)=-\frac{5}{3}$.

8. 圆柱底面半径 $r=2\mathrm{m}, h=4\mathrm{m}$ 时,用料最省.

9. $AB=\frac{2\sqrt{10}}{\sqrt{\pi+4}}\mathrm{m}\approx2.37\mathrm{m}, BC=\frac{\sqrt{10}}{\sqrt{\pi+4}}\mathrm{m}\approx1.18\mathrm{m}$ 时,所用材料最省.

10. $\frac{a}{\sqrt{2}},\frac{b}{\sqrt{2}}$.

11. 在距司令部 3km 处上岸,可使到司令部的时间最短.

12. (1) $(-\infty,0)$下凸,$(0,+\infty)$上凸,拐点$(0,0)$；

(2) $(0,\mathrm{e}^{-\frac{3}{2}})$下凸,$(\mathrm{e}^{-\frac{3}{2}},+\infty)$上凸,拐点$(\mathrm{e}^{-\frac{3}{2}},-\frac{3}{2}\mathrm{e}^{-3})$；

(3) $(-1,1)$下凸,$(-\infty,-1)\cup(1,+\infty)$上凸,拐点$(-1,\ln2)$和$(1,\ln2)$；

(4) $(2,+\infty)$下凸,$(-\infty,2)$上凸,拐点$(2,2\mathrm{e}^{-2})$.

13*. (1) $y=0$,水平渐近线；

(2) $y=2$,水平渐近线，$x=0$ 垂直渐近线；

(3) $y=0$,水平渐近线，$x=1, x=5$ 垂直渐近线；

(4) $x=-1$ 垂直渐近线 .

14*. 略.

15*. $K=1$.

16*. $K=\frac{\sqrt{2}}{2}$, $R=\sqrt{2}$.

复 习 题 2

1. 略.　2. $x=0$ 处连续不可导,$x=1$ 处连续可导 .　3. $(2,4)$.

4. $\sqrt{2}x+8y-9\sqrt{2}=0$, $4\sqrt{2}x-y-3\sqrt{2}=0$.

5. (1) $3x^2-\frac{1}{x^2}$；　(2) $\frac{1}{2\sqrt{x}}+\frac{1}{3\sqrt[3]{x^2}}+\frac{1}{4\sqrt[4]{x^3}}$；

(3) $y=3\left(\mathrm{e}^{3x}+\frac{1}{x}\right)$；　(4) $\frac{1}{2\sqrt{x-x^2}}-\frac{1}{x^2+1}$；

(5) $\frac{1}{x^2}\tan\frac{1}{x}$；　(6) $y=\frac{3}{4}\mathrm{e}^{\frac{3x}{4}}$；

(7) $\frac{1}{4}\cdot\frac{2\mathrm{e}^x+\sqrt{\mathrm{e}^x}}{\sqrt{\mathrm{e}^x+\sqrt{\mathrm{e}^x}}}$；　(8) $\frac{1-4x-x^2}{3\sqrt[3]{(x+2)^2(x^2+1)^4}}$；

(9) $\frac{1}{x(1-x)\ln5}$；　(10) $-\frac{1}{x}\sin(\ln x^2)$；

(11) $\dfrac{1}{2x\sqrt{x-1}\arccos\dfrac{1}{\sqrt{x}}}$；　(12) $\dfrac{e^x}{\sqrt{1+e^{2x}}}$.

6.(1) $\dfrac{3x^2}{4y^3+\cos y}$；　(2) $\dfrac{y(1-x^2)(y^2+1)}{x(x^2+1)(y^2-1)}$；

(3) $\dfrac{-1}{7x^{\frac{6}{7}}\sin y\cos(\cos y)}$；

(4) $\dfrac{-x(y^2-1)^2}{y}$；　(5) $\dfrac{x+y}{x-y}$；

(6) $\dfrac{e^y}{1-xe^y}$；　(7) $\dfrac{y^2-xy\ln y}{x^2-xy\ln x}$；

(8) $\dfrac{y}{2\pi y\cos(\pi y^2)-x}$.

7.(1) $30x^4+12x$；　(2) $(12-8x^2)\cos 2x-24x\sin 2x$；

(3) $\dfrac{(-1)^n b^n(n-1)!}{(a+bx)^n}+\dfrac{b^n(n-1)!}{(a-bx)^n}$；　(4) $y=\dfrac{n!}{(1-x)^{n+1}},(x\neq 1)$.

8.(1) $\left[(2x+4)\sqrt{x^2-\sqrt{x}}+\dfrac{(x^2+4x)(4x\sqrt{x}-1)}{4\sqrt{x}\sqrt{x^2-\sqrt{x}}}\right]dx$；

(2) $\left(\dfrac{2\ln x}{x}+1\right)dx$；　(3) $\dfrac{2}{\sqrt{1-x^2}}dx$；

(4) $-e^{-x}[\sin(2-x)+\cos(2-x)]dx$；

(5) $\dfrac{-a^2}{x^2}dx$；　(6) $\dfrac{x^2-y}{x-y^2}dx$.

9*.(1) 0.5076；　(2) 2.7455.

10. $\xi=\dfrac{1}{2}$.

11. $\xi=\sqrt{\dfrac{4-\pi}{\pi}}$.

12.(1) 2；(2) 1；(3) $\dfrac{1}{6}$；(4) 2；(5) 2；(6) $\dfrac{1}{4}$；(7) $\dfrac{2}{3}$；(8) e^2.

13. 略.

14. $2af(a)-a^2f'(a)$.

15.(1) $(-\infty,0)\cup(1,+\infty)$单调增，$(0,1)$单调减；

(2) $(-\infty,+\infty)$单调增；

(3) $[0,1)$单调增，$(1,2]$单调减；

(4) $\left(-\infty,\dfrac{1}{2}\right)$单调增，$\left(\dfrac{1}{2},+\infty\right)$单调减.

16.(1) $f_{极小值}(-1)=0, f_{极小值}(9)=10^{10}e^{-9}$；　(2) $f_{极大值}\left(\dfrac{1}{3}\right)=\dfrac{\sqrt[3]{4}}{3}, f_{极小值}(1)=0$；

(3) $f_{极小值}(0)=0$；　(4) $f_{极大值}\left(\dfrac{\pi}{4}\right)=\sqrt{2}$.

17. $a=2, f_{极大值}\left(\dfrac{\pi}{3}\right)=\sqrt{3}$.

18. $x+ey-2=0$.

19. 长 32m、宽 16m.

20.(1) $f_{最大值}(-1)=3, f_{最小值}(1)=1$；　(2) $f_{最大值}(0)=1, f_{最小值}(3)=\dfrac{1}{27}$；

(3) $f_{最大值}\left(\frac{\sqrt{6}a}{3}\right)=\frac{2a^3}{3\sqrt{3}}$，$f_{最小值}(0)=f_{最小值}(a)=0$；

(4) $f_{最大值}(4)=\frac{3}{5}$，$f_{最小值}(0)=-1$.

21. (1) $(-\infty,0)$上凸，$(0,+\infty)$下凸，拐点$(0,0)$；

(2) $(-\infty,+\infty)$下凸，无拐点；

(3) $\left(-\infty,\frac{5}{3}\right)$上凸，$\left(\frac{5}{3},+\infty\right)$下凸，拐点$\left(\frac{5}{3},\frac{-250}{27}\right)$.

22. (1) 水平渐近线 $y=1$；垂直渐近线 $x=-1$；

(2) 水平渐近线 $y=0$；垂直渐近线 $x=0$.

23. 略.

24. (1) $K=\frac{4\sqrt{5}}{25}$，$R=\frac{5\sqrt{5}}{4}$；　(2) $K=\frac{1}{4\sqrt{2}}$，$R=4\sqrt{2}$.

第 3 章

习 题 3-1

1. (1) $-\cot x$；　(2) $2\arcsin x$；　(3) $-\frac{1}{2}e^{-2x}$.

2. (1) $\frac{1}{2}x^4+\cos x+\frac{10}{3}x^{\frac{3}{2}}+C$；　(2) $\frac{-2}{\sqrt{x}}-\ln|x|+e^x+C$；

(3) $-x+\frac{1}{2}\ln\left|\frac{1+x}{1-x}\right|+C$；　(4) $\tan x-\cot x+C$；

(5) $\frac{3^x e^x}{1+\ln 3}+C$；　(6) $\frac{2}{5}x^{\frac{5}{2}}+x+C$.

3. (1) $\frac{2}{7}x^{\frac{7}{2}}+\frac{4}{5}x^{\frac{5}{2}}-\frac{2}{3}x^{\frac{3}{2}}-4\sqrt{x}+C$；　(2) $\frac{2}{3}x^{\frac{3}{2}}-2x+C$；

(3) $\frac{2^x}{\ln 2}+\frac{2\cdot 3^x}{\ln 3}+\frac{9^x}{2^x}\cdot\frac{1}{\ln 9-\ln 2}+C$；　(4) $\arctan x-\frac{1}{x}+C$；

(5) $\frac{1}{3}x^3-x+\arctan x+C$；　(6) $\frac{1}{2}(x-\sin x)+C$；

(7) $-x-\cot x+C$；　(8) $\frac{1}{2}(\tan x+x)+C$.

4. $y=2x-2$.

5. $y=\ln|x|+1$.

6. (1) $-\frac{1}{2}x-\frac{3}{4}\ln|3-2x|+C$；　(2) $\frac{1}{2}\ln^2 x+C$；

(3) $\ln|\ln x|+C$；　(4) $-\cos(\ln x)+C$；

(5) $-\frac{1}{b}e^{a-bx}+C$；　(6) $\frac{a^{\sin x}}{\ln a}+C$；

(7) $-e^{\frac{1}{x}}+C$；　(8) $\frac{1}{3}\cos^3 x-\cos x+C$；

(9) $\frac{1}{2}x+\frac{1}{4}\sin 2x+C$；　(10) $\frac{1}{6}\arctan\frac{3}{2}x+C$；

(11) $\frac{1}{2}(\arctan x)^2+C$；　(12) $2x-\frac{4}{3}\ln|2+3x|+C$；

(13) $-\frac{1}{18}(x^2-3)^{-10}+C$；　(14) $-\sqrt{1-x^2}+C$；

(15) $\frac{1}{3}\arcsin\frac{3}{4}x+C$；　(16) $\sqrt{x^2-1}+\ln(\sqrt{x^2-1}+x)+C$；

(17) $\frac{3}{2}x^{\frac{2}{3}}-3\sqrt[3]{x}+3\ln|1+\sqrt[3]{x}|+C$；　(18) $x-2\sqrt{x+1}+2\ln(1+\sqrt{x+1})+C$；

(19) $\frac{a^2}{2}\arcsin\frac{x}{a}-\frac{x\sqrt{a^2-x^2}}{2}+C$；　(20) $-\frac{1}{a^2}\cdot\frac{x}{\sqrt{x^2-a^2}}+C$；

(21) $-\frac{\sqrt{x^2+a^2}}{x^2}+\ln(x+\sqrt{x^2+a^2})+C$；　(22) $\frac{1}{3}(1+x^2)^{\frac{3}{2}}-\sqrt{1+x^2}+C$；

(23) $\ln\frac{x}{1+\sqrt{1-x^2}}+C$；　(24) $\arcsin\frac{2x+1}{\sqrt{5}}+C$；

(25) $\sin x-x\cos x+C$；　(26) $-(1+x)e^{-x}+C$；

(27) $\frac{1}{3}\left(x^2-\frac{2}{3}x+\frac{2}{9}\right)e^{3x}+C$；

(28) $\frac{1}{3}x^2\sin3x+\frac{2}{9}x\cos3x-\frac{2}{27}\sin3x+C$；

(29) $x\ln(1+x^2)-2x+2\arctan x+C$；

(30) $x\arcsin x+\sqrt{1-x^2}+C$；　(31) $x\ln^2x-2x\ln x+2x+C$；

(32) $-\frac{e^{-x}}{5}(\sin2x+2\cos2x)+C$；　(33) $\frac{1}{4}x^2+\frac{1}{8}\cos2x+\frac{1}{4}x\sin2x+C$；

(34) $2\sqrt{1+x}(\ln x-2)-2\ln\left|\frac{\sqrt{1+x}-1}{\sqrt{1+x}+1}\right|+C$；

(35) $2\sqrt{x}\arcsin\sqrt{x}+2\sqrt{1-x}+c$.

习　题　3-2

1. (1) 3；(2) $\frac{\pi}{4}$；(3) 1；(4) 14.

2. (1) $\int_0^1 x^2\mathrm{d}x>\int_0^1 x^3\mathrm{d}x$；　(2) $\int_1^2 x^2\mathrm{d}x<\int_1^2 x^3\mathrm{d}x$；

(3) $\int_1^2 \ln x\mathrm{d}x>\int_1^2(\ln x)^2\mathrm{d}x$；　(4) $\int_0^1 x\mathrm{d}x>\int_0^1\ln(1+x)\mathrm{d}x$；

(5) $\int_0^1 e^x\mathrm{d}x>\int_0^1(1+x)\mathrm{d}x$.

3. (1) $4\leqslant\int_1^3(x^2+1)\mathrm{d}x\leqslant20$；　(2) $\pi\leqslant\int_{\frac{\pi}{4}}^{\frac{5}{4}\pi}(1+\sin^2x)\mathrm{d}x\leqslant2\pi$；

(3) $\frac{2\sqrt{3}}{18}\pi\leqslant\int_{\frac{1}{\sqrt{3}}}^{\sqrt{3}}\arctan x\mathrm{d}x\leqslant\frac{2\sqrt{3}}{9}\pi$；(4) $2\leqslant\int_0^2 e^x\mathrm{d}x\leqslant2e^2$.

4. 略.

5. $f'(0)=0, f'\left(\frac{\pi}{3}\right)=\frac{\sqrt{3}}{2}$.

6. (1) $\sin^3x$；　(2) $2x\sqrt{1+x^6}$；

(3) $\frac{2x}{\sqrt{1+x^6}}-\frac{1}{\sqrt{1+x^3}}$；　(4) $-2e^{8\cos^3x}\sin x-e^{\sin^3x}\cos x$.

7. (1) $\frac{1}{2}$；　(2) 2.

8. (1) $\frac{33}{4}$；(2) $\frac{1600}{81}$；(3) $\frac{347}{6}$；(4) $\frac{\pi}{12}$；(5) 0；(6) $\frac{5}{2}$.

9. 6.

10. (1) $2(1-\ln2)$；　(2) $2\sqrt{2}-3\sqrt[3]{2}+6\sqrt[6]{2}-5-6\ln\frac{1+\sqrt[6]{2}}{2}$；

(3) $\frac{1}{2}(\sqrt{5}-1)$; (4) $e^{-\frac{1}{2}}-e^{-2}$; (5) $2(\sqrt{3}-1)$; (6) $2\sqrt{2}$.

11. (1) 0; (2) $\frac{2}{3}\left(\frac{\pi}{6}\right)^3$.

12. (1) $1-2e^{-1}$; (2) $\frac{1}{4}(e^2+1)$; (3) $\frac{\pi}{4}-\frac{\sqrt{3}}{9}\pi+\ln\sqrt{\frac{3}{2}}$;

(4) $4(2\ln 2-1)$; (5) $\frac{\pi}{2}-1$; (6) 2.

习 题 3-3

1. (1) e^2-e; (2) e^3-1 (3) $4\left(\frac{\pi}{3}+\frac{\sqrt{3}}{2}\right)$; (4) $2-\frac{\sqrt{2}}{2}$.

2. $\frac{16}{3}$. 3. 2. 4. 4π. 5. $V_x=160\pi^2, V_y=\frac{256}{3}\pi$.

习 题 3-4

1. (1) 收敛于$\frac{\pi}{2}$; (2) 收敛于 1; (3) 收敛于$\frac{1}{2}$; (4) 收敛于 e;

(5) 发散; (6) 收敛于 2; (7) 收敛于-1; (8) 收敛于 1;

(9) 发散; (10) 收敛于$\frac{\pi}{2}$.

2. 当$k>1$时收敛,当$k\leqslant 1$时发散.

习 题 3-5

1. (1) $y=-\frac{1}{x^2+C}$; (2) $y=\frac{x}{Cx+1}$;

(3) $y=Cxe^{\frac{1}{x}}$; (4) $\sqrt{1-y^2}=x^2+C$.

2. (1) $\ln|\ln y|=-\cot x+1$; (2) $x^3+y^3=9$.

3. (1) $y=\frac{1}{2}\left(\frac{C}{x}-x\right)$; (2) $\ln\frac{y}{x}-\frac{x}{y}=\ln\frac{C}{x}$;

(3) $y+\sqrt{x^2+y^2}=Cx^2$; (4) $x-\sqrt{xy}=C$.

4. (1) $y=\left(\frac{1}{2}x^2+C\right)e^{-x^2}$; (2) $y=(x+C)(1+x^2)$;

(3) $y=\sin x+C\cos x$; (4) $y=x(\ln|x|+C)$.

5. (1) $y=(x+1)e^x$; (2) $y=\frac{\pi-1-\cos x}{x}$.

复习题 3

1. (1) $\int_0^1 x\,dx \geqslant \int_0^1 x^2\,dx$; (2) $\int_2^4 x\,dx < \int_2^4 x^2\,dx$;

(3) $\int_0^1 e^x\,dx \geqslant \int_0^1 e^{x^2}\,dx$; (4) $-\int_{-\frac{\pi}{2}}^0 \sin x\,dx = \int_0^{\frac{\pi}{2}} \sin x\,dx$.

2. (1) $\frac{1}{2}+\frac{\pi}{4}$; (2) $\frac{5}{2}$.

3. (1) -2; (2) 1; (3) $2x\sqrt{1+x^4}$; (4) $3x^2e^{x^3}-2xe^{x^2}$.

4. (1) $\frac{1}{2}$; (2) $\frac{\pi}{6}$; (3) $\frac{1}{4}$; (4) $\frac{40}{3}$; (5) $\frac{1}{4}$; (6) $1-\frac{\pi}{4}$;

(7) $\frac{\pi}{6}-\frac{\sqrt{3}}{8}$; (8) $\pi-\frac{4}{3}$; (9) 1; (10) $\frac{\pi}{2}$.

5. (1) $4-2\arctan 2$; (2) $4-2\ln 3$; (3) $\frac{\pi}{32}$; (4) $\frac{\pi}{6}$;

(5) $\frac{\pi}{16}a^4$； (6) $\frac{\sqrt{2}}{2}$； (7) $\sqrt{3}-\frac{\pi}{3}$； (8) $1-\frac{2}{e}$；

(9) $\frac{\pi}{4}-\frac{\sqrt{3}\pi}{9}+\frac{1}{2}\ln\frac{3}{2}$； (10) $8\ln2-4$； (11) $\frac{\pi}{4}-\frac{1}{2}$； (12) $\frac{1}{5}(e^{\pi}-2)$；

(13) $2-\frac{3}{4\ln2}$； (14) $\frac{\pi^3}{6}-\frac{\pi}{4}$； (15) $\frac{e}{2}(\sin1-\cos1)+\frac{1}{2}$； (16) $2\left(1-\frac{1}{e}\right)$；

(17) $2(\sqrt{3}-1)$； (18) $\ln2-\frac{1}{2}$； (19) 1； (20) $\frac{\sqrt{3}\pi}{12}+\frac{1}{2}$.

6. (1) $7-3\ln2$； (2) 4； (3) $e+\frac{1}{e}-2$； (4) $b-a$； (5) $\frac{2(2-\sqrt{2})}{3}$.

7. $4\sqrt{2}$.

8. $\frac{16p^2}{3}$.

9. (1) $V_x=2\pi, V_y=\frac{16\sqrt{2}\pi}{5}$；　(2) $V_x=\frac{3\pi}{10}, V_y=\frac{3\pi}{10}$；

(3) $V_x=\frac{128\pi}{7}, V_y=\frac{64\pi}{5}$；　(4) $V_x=V_y=\frac{8\pi}{3}$；

(5) $V_x=\frac{19}{48}\pi, V_y=\frac{7\sqrt{3}}{10}\pi$.

10. $\xi=\frac{2(a^2+ab+b^2)}{3(a+b)}$.

11. $\pi\left(\frac{\pi}{4}-\frac{1}{2}\right)$.

12. (1) $\frac{1}{2}$； (2) 2； (3) 1； (4) 2； (5) 1；

(6) $\frac{(\ln2)^{1-k}}{k-1}$； (7) $\frac{\pi}{a}$； (8) $1-\frac{\pi}{4}$.

13. (1) 1； (2) π； (3) 发散； (4) $\frac{\pi^2}{8}$； (5) $\frac{\pi}{2}$； (6) $-\frac{1}{4}$； (7) 发散； (8) $-\frac{\pi}{3}$.

14. (1) $y=\ln\left(\frac{1}{2}e^{2x}+C\right)$；　(2) $y=Ce^{-\cos x}$；

(3) $C\cdot\ln x\cdot\ln y=1$；　(4) $2e^{3x}+3e^{-y^2}=C$；

(5) $e^{\frac{y}{x}}=\ln Cx$；　(6) $y=x\ln Cy$；

(7) $y=x\left(\frac{1}{2}\ln^2x+C\right)$；　(8) $y=(x+C)e^{-\sin x}$.

15. (1) $y=\left(-\frac{1}{4}x^2+1\right)$；　(2) $y=\sin x-1+2e^{-\sin x}$；

(3) $y=\frac{1}{2}(1+e^x)$；　(4) $y=\frac{6}{1+x^2}$.

16. $y=\frac{1}{3}x^2$.

17. $y=2e^x-2(x+1)$.

第4章

习　题　4-1

1. (1) 1； (2) -14； (3) -1； (4) $(3+a)a^2$； (5) $(a-b)(b-c)(c-a)$；

(6) $-2(x^3+y^3)$； (7) $4abcdef$； (8) 0；

(9) $acfh-adeh-bcgf+bdeg$.

2. (1) $x=\frac{2}{7}$，$y=\frac{9}{7}$；　　(2) $x=\frac{83}{44}$，$y=-\frac{15}{44}$；

(3) $x=1.5k$，$y=-2k$；　　(4) $x=6$，$y=10$.

3. 略.

4. (1) 4；(2) 5；(3) 0；(4) $\frac{n(n-1)}{2}$；(5) $\frac{n(n-1)}{2}$；(6) $n(n-1)$.

5. $-a_{11}a_{23}a_{32}a_{44}$，$a_{11}a_{23}a_{34}a_{42}$.

6. $a_{11}a_{24}a_{32}a_{43}$，$a_{13}a_{21}a_{32}a_{44}$，$a_{14}a_{23}a_{32}a_{41}$.

习　题　4-2

1. (1) $2abc$；(2) 0；(3) $abcd+ab+cd+ad+1$；

(4) 48；(5) x^2y^2；(6) 0.

2. 略.

习　题　4-3

1. (1) 0；(2) 0；(3) 26；(4) -60；(5) $[x+(n-1)a](x-a)^{n-1}$；

(6) $(-1)^{n-1}$(提示;第 $i-1$ 列减第 i 列)；(7) 1；(8) $1+\sum_{i=1}^{n}a_i$；(9) $1-\sum_{i=2}^{n}a_ib_i$.

2. 略.

习　题　4-4

(1) $x_1=x_2=-1,x_3=0,x_4=1$；　　(2) $x_1=x_3=1,x_2=x_4=-1$；

(3) $x_1=1,x_2=-2,x_3=0,x_4=4$；　　(4) $x_1=1,x_2=2,x_3=-1,x_4=-2$.

复 习 题 4

1. (1) 4；(2) 0,0；(3) -1；

(4) $\begin{vmatrix} a_{12} & a_{13} & a_{14} \\ a_{22} & a_{23} & a_{24} \\ a_{42} & a_{43} & a_{44} \end{vmatrix}$，$-\begin{vmatrix} a_{11} & a_{12} & a_{14} \\ a_{31} & a_{32} & a_{34} \\ a_{41} & a_{42} & a_{44} \end{vmatrix}$；(5) 任意实数.

2. (1) B；(2) A；(3)C；(4) D .

3. (1) √；(2)×；(3)×；(4) √；(5)√.

4. -148.

5. 略.

6. $x_1=1$，$x_2=2$，$x_3=3$，$x_4=-1$.

第 5 章

习　题　5-1

1. $\begin{pmatrix} 8 & 3 \\ -3 & 6 \end{pmatrix}$，$\begin{pmatrix} -5 & 6 \\ 8 & -2 \end{pmatrix}$，$\begin{pmatrix} 16 & 12 \\ -6 & 11 \end{pmatrix}$，$\begin{pmatrix} -6 & -3 \\ 1 & 6 \end{pmatrix}$，$\begin{pmatrix} -6 & 24 \\ -4 & 10 \end{pmatrix}$.

2. $\begin{pmatrix} -21 & 10 & 3 \\ -2 & -4 & 4 \\ -1 & 2 & -1 \end{pmatrix}$，$\begin{pmatrix} -19 & -1 \\ -9 & -7 \end{pmatrix}$.

3. (1) $\begin{pmatrix} -1 & 6 \\ 8 & -8 \\ -3 & -2 \end{pmatrix}$；(2) $\begin{pmatrix} -3 & 3 & -1 \\ 1 & -2 & 1 \end{pmatrix}$；(3) $\begin{pmatrix} 2 & -3 \\ -3 & -7 \\ 8 & 15 \end{pmatrix}$；(4) 14；

(5) $\begin{pmatrix} -3 & 6 \\ -2 & 4 \\ -3 & 6 \end{pmatrix}$；(6) $\begin{pmatrix} -9 \\ 0 \\ -21 \end{pmatrix}$；(7) $\boldsymbol{O}$；(8) $\begin{pmatrix} -1 & -2 & -1 \\ 3 & -2 & -5 \\ 7 & -10 & -17 \end{pmatrix}$.

4. 略.

5. (1) $\begin{pmatrix}1 & 4\\0 & 1\end{pmatrix}$；(2) $\lambda^{n-2}\begin{pmatrix}\lambda^2 & n\lambda & \dfrac{n(n-1)}{2}\\0 & \lambda^2 & n\lambda\\0 & 0 & \lambda^2\end{pmatrix}$.

6. 略．　7. 略．　8. 略．　9. 略．　10. 略．

11. $\begin{pmatrix}-4 & 9\\-6 & -7\end{pmatrix}$.

习　题　5-2

1. (1) $\begin{pmatrix}-2 & 1\\\dfrac{3}{2} & -\dfrac{1}{2}\end{pmatrix}$；(2) $\dfrac{1}{ad-bc}\begin{pmatrix}d & -b\\-c & a\end{pmatrix}$；(3) $\begin{pmatrix}1 & 3 & -2\\-\dfrac{3}{2} & -3 & \dfrac{5}{2}\\1 & 1 & -1\end{pmatrix}$；

(4) $\begin{pmatrix}1 & -2 & 1\\0 & 1 & -2\\0 & 0 & 1\end{pmatrix}$；(5) $\dfrac{1}{24}\begin{pmatrix}24 & 0 & 0 & 0\\-12 & 12 & 0 & 0\\-12 & -4 & 8 & 0\\3 & -5 & -2 & 6\end{pmatrix}$；(6) $\begin{pmatrix}1 & -2 & 0 & 0\\-2 & 5 & 0 & 0\\0 & 0 & 2 & -3\\0 & 0 & -5 & 8\end{pmatrix}$.

2. (1) $\begin{pmatrix}2 & -20\\0 & 8\end{pmatrix}$；(2) $\begin{pmatrix}2 & 2\\2 & 0\\1 & 2\end{pmatrix}$；(3) $\begin{pmatrix}-2 & 1 & 0\\-1 & 3 & -1\\4 & 7 & -1\end{pmatrix}$；(4) $\begin{pmatrix}2 & -1 & 0\\1 & 3 & -4\\1 & 0 & -2\end{pmatrix}$.

3. (1) $x_1=1, x_2=0, x_3=-1$；(2) $x_1=2, x_2=1, x_3=-2$.

4. $\dfrac{1}{2}(\boldsymbol{A}-\boldsymbol{I})$.

5. 略.

习　题　5-3

1. (1) $\begin{pmatrix}\dfrac{7}{6} & \dfrac{2}{3} & -\dfrac{3}{2}\\-1 & -1 & 2\\-\dfrac{1}{2} & 0 & \dfrac{1}{2}\end{pmatrix}$；(2) $\begin{pmatrix}1 & 1 & -2 & -4\\0 & 1 & 0 & -1\\-1 & -1 & 3 & 6\\2 & 1 & -6 & -10\end{pmatrix}$.

2. (1) $\begin{pmatrix}1 & 0\\0 & 0\\0 & 5\end{pmatrix}$；(2) $\begin{pmatrix}-2 & 1\\10 & -4\\-10 & 4\end{pmatrix}$.

3. (1) 2；　(2) 3.

习　题　5-4

1. (1) $x_1=1, x_2=0, x_3=-1$；　(2) $x_1=-1, x_2=2, x_3=4$；

(3) $x_1=3, x_2=4, x_3=2$；　(4) $x_1=3, x_2=0, x_3=-1, x_4=-2$.

2. (1) $\begin{cases}x_1=-1-3t_1+10t_2\\x_2=1+t_1-3t_2\\x_3=t_1\\x_4=t_2\end{cases}$，($t_1$，$t_2$ 为任意常数)；

(2) $\begin{cases} x_1=\dfrac{4}{15}t+\dfrac{13}{15} \\ x_2=\dfrac{4}{5}t+\dfrac{3}{5} \\ x_3=\dfrac{1}{3}t+\dfrac{5}{6} \\ x_4=t \\ x_5=-\dfrac{1}{2} \end{cases}$,($t$ 为任意常数).

习 题 5-5

1. (1) $\begin{cases} x_1=-4-t_1+6t_2 \\ x_2=\dfrac{5}{2}+t_1-\dfrac{5}{2}t_2 \\ x_3=t_1 \\ x_4=-2+3t_2 \\ x_5=t_2 \end{cases}$,($t_1$,$t_2$ 为任意常数);

(2) $\begin{cases} x_1=1+t_1-t_2 \\ x_2=-1+t_1+t_2 \\ x_3=t_1 \\ x_4=t_2 \\ x_5=2t_1 \end{cases}$,($t_1$,$t_2$ 为任意常数);

(3) 无解;

(4) $\begin{cases} x_1=0 \\ x_2=t_1+t_2 \\ x_3=t_1-t_2 \\ x_4=t_1 \\ x_5=t_2 \\ x_6=t_1 \end{cases}$,($t_1$,$t_2$ 为任意常数).

2. (1) $\lambda=-1$ 时方程组无解,$\lambda=1$ 时方程组有无穷组解,$\lambda\neq-1$、1 时方程组有唯一解;

(2) $\lambda=2$ 时方程组无解,$\lambda\neq2$ 时方程组有无穷组解,方程组无唯一解.

3. μ、$v=2$ 时方程组有无穷组解,$\mu\neq2$、$v=2$ 时方程组有唯一解,$\mu=2$、$v\neq2$ 时方程组无解.

复 习 题 5

1. (1) $\begin{pmatrix} 1 & n \\ 0 & 1 \end{pmatrix}$;(2) $\boldsymbol{I}$;(3) $\dfrac{1}{|\boldsymbol{A}|^m}$,$(\boldsymbol{A}^{-1})^m$;(4) $\boldsymbol{I}-\boldsymbol{A}+\boldsymbol{A}^2$.

2. (1) D;(2) A;(3) A;(4) B;(5) A;(6) C.

3. (1) ×;(2) ×;(3) ×;(4) √;(5)√.

4. $\begin{pmatrix} \dfrac{3}{2} & \dfrac{1}{2} \\ -\dfrac{1}{2} & \dfrac{1}{2} \end{pmatrix}$. 5. $\begin{pmatrix} -4 & -1 & 2 \\ 4 & 2 & -1 \\ 3 & 1 & -1 \end{pmatrix}$. 6. $R(\boldsymbol{A})=2$.

7. (1) $\begin{cases} x_1=-2t+3 \\ x_2=t \\ x_3=2 \\ x_4=1 \end{cases}$,($t$ 为任意常数);

(2) $\begin{cases} x_1=-2t_1-5t_2 \\ x_2=t_1 \\ x_3=t_2 \\ x_4=-2t_2 \\ x_5=t_2 \end{cases}$，($t_1$，$t_2$ 为任意常数).

第 6 章

习　题　6-1

1. $(1, 0, -1)^T$，$(0, 1, 2)^T$.　　2. $(1, 2, 3, 4)^T$.

习　题　6-2

1. (1) $\boldsymbol{\alpha}=\frac{1}{4}(5\boldsymbol{\alpha}_1+\boldsymbol{\alpha}_2-\boldsymbol{\alpha}_3-\boldsymbol{\alpha}_4)$；(2) $\boldsymbol{\alpha}=-\boldsymbol{\alpha}_1+\boldsymbol{\alpha}_2+2\boldsymbol{\alpha}_3+2\boldsymbol{\alpha}_4$.

2. (1) 线性无关；(2) 线性相关；(3) 线性无关；(4) 线性无关.

3. 略.　4. 略.　5. 略.

6. (1) 3；(2) 3；(3) 3；(4) 4.

7. 秩为 2，$\boldsymbol{\alpha}_1$、$\boldsymbol{\alpha}_2$ 为极大线性无关组.

习　题　6-3

1. (1) $\boldsymbol{\mu}_1=\begin{pmatrix}0\\1\\0\\4\end{pmatrix}$，$\boldsymbol{\mu}_2=\begin{pmatrix}-4\\0\\1\\-3\end{pmatrix}$；　(2) $\boldsymbol{\mu}_1=\begin{pmatrix}5\\1\\-8\\0\end{pmatrix}$，$\boldsymbol{\mu}_2=\begin{pmatrix}-1\\0\\0\\1\end{pmatrix}$；

(3) $\boldsymbol{\mu}_1=\begin{pmatrix}1\\7\\0\\19\end{pmatrix}$，$\boldsymbol{\mu}_2=\begin{pmatrix}0\\0\\1\\2\end{pmatrix}$；　(4) $\boldsymbol{\mu}_1=\begin{pmatrix}0\\1\\1\\0\\0\end{pmatrix}$，$\boldsymbol{\mu}_2=\begin{pmatrix}0\\1\\0\\1\\0\end{pmatrix}$，$\boldsymbol{\mu}_3=\begin{pmatrix}1\\-5\\0\\0\\3\end{pmatrix}$.

2. (1) $\boldsymbol{\eta}=\begin{pmatrix}-8\\13\\0\\2\end{pmatrix}$，$\boldsymbol{\mu}=\begin{pmatrix}-1\\1\\1\\0\end{pmatrix}$；　(2) $\boldsymbol{\eta}=\begin{pmatrix}-17\\0\\14\\0\end{pmatrix}$，$\boldsymbol{\mu}_1=\begin{pmatrix}-9\\1\\7\\0\end{pmatrix}$，$\boldsymbol{\mu}_2=\begin{pmatrix}-4\\0\\\frac{7}{2}\\1\end{pmatrix}$.

复 习 题 6

1. (1) $(10, 25, -1, 6)^T$；(2) $abc\neq0$；(3) 2；(4) 3；

　(5) $\boldsymbol{\beta}=\frac{5}{4}\boldsymbol{\alpha}_1+\frac{1}{4}\boldsymbol{\alpha}_2-\frac{1}{4}\boldsymbol{\alpha}_3-\frac{1}{4}\boldsymbol{\alpha}_4$.

2. (1) ×；(2) √；(3) ×；(4) √；(5) √；(6) ×；(7) ×.

3. $\boldsymbol{\mu}_1=\begin{pmatrix}2\\1\\0\\0\end{pmatrix}$，$\boldsymbol{\mu}_2=\begin{pmatrix}2\\0\\-5\\7\end{pmatrix}$.　4. $\boldsymbol{\eta}=\begin{pmatrix}\frac{1}{2}\\0\\\frac{1}{2}\\0\end{pmatrix}$，$\boldsymbol{\mu}_1=\begin{pmatrix}1\\1\\0\\0\end{pmatrix}$，$\boldsymbol{\mu}_2=\begin{pmatrix}1\\0\\2\\1\end{pmatrix}$.

第 7 章

习　题　7-1

1. (1) 不可能事件；(2) 随机事件；(3) ①随机事件；②随机事件；③必然事件；④不可能事件.

2. (1)基本事件 9 个，即 $A_1=\{0, 0\}$，$A_2=\{0, 1\}$，$A_3=\{0, 2\}$，$A_4=\{1, 0\}$，

$A_5=\{1, 1\}$，$A_6=\{1, 2\}$，$A_7=\{2, 0\}$，$A_8=\{2, 1\}$，$A_9=\{2, 2\}$.

(2) {0, 0}∪{0, 1}∪{0, 2}；(3) {0, 1}∪{1, 1}∪{2, 1}；
(4) {0, 2}∪{1, 2}∪{2, 0}∪{2, 1}∪{2, 2}.
3. (1) $B\subset A$；(2) $C\subset D$；(3) $F\subset K\subset E$.
4. (1) $A\bar{B}\bar{C}$；(2) $AB\bar{C}$；(3) ABC；(4) $A\cup B\cup C$；
(5) $(AB)\cup(BC)\cup(CA)$；(6) $A\bar{B}\bar{C}\cup\bar{A}B\bar{C}\cup\bar{A}\bar{B}C$；
(7) $AB\bar{C}\cup A\bar{B}C\cup\bar{A}BC$；(8) $\bar{A}\bar{B}\bar{C}$；(9) $\overline{ABC}$.
5. 略.

习 题 7-2

1. 0.2255. 2. (1) 0.66；(2) 0.001.
3. (1) $\frac{5}{18}$；(2) $\frac{4}{9}$；(3) $\frac{13}{18}$.

习 题 7-3

1. 0.85. 2. 0.95. 3. 0.94. 4. 0.91.

习 题 7-4

1. (1) 0.6；(2) 0.67；(3) 0.26. 2. 0.5. 3. 0.882.
4. (1) $\frac{2}{5}$；(2) $\frac{2}{15}$；(3) $\frac{1}{30}$. 5. 0.965.

习 题 7-5

1. $\frac{1}{60}$. 2. (1) 0.5；(2) 0.22. 3. 0.9.

习 题 7-6

1. (1) 0.0036；(2) 0.6561. 2. (1) 0.309；(2) 0.472. 3. 0.0337.

复习题 7

1. 0.2684.
2. (1) $P(A)=0.216$, $P(B)=0.288$；
(2) $P(A)=0.212$, $P(B)=0.2894$.
3. $\frac{2}{105}$.
4. (1) $1-c$；(2) $1-a-b+c$；(3) $b-c$；(4) $1-a+c$.
5. 0.35. 6. 略. 7. 0.997. 8. 0.458. 9. 0.1707. 10. 69.

第 8 章

习 题 8-1

1.

ξ	0	1	2
p_k	0.1	0.6	0.3

2.

ξ	0	1	2
p_k	0.63	0.34	0.03

3. $P(\xi=4)=0.0902$. 4. $P(\xi=8)=0.029$.

习 题 8-2

1. $F(x)=\begin{cases}0, & x<2\\ 0.5, & 2\leqslant x<4\\ 0.7, & 4\leqslant x<7\\ 1, & x\geqslant 7\end{cases}$.

2. $F(x)=\begin{cases}0, & -\infty<x\leqslant-1\\ \dfrac{1}{6}, & -1<x\leqslant 2\\ \dfrac{2}{3}, & 2<x\leqslant 3\\ 1, & 3<x<+\infty\end{cases}$.

3. (1) 0；(2) 0.24；(3) 0.2；(4) 1.

习　题　8-3

1. $A=\frac{1}{\pi}$；$P(-1<\xi<1)=\frac{1}{2}$.

2. (1) 0.5328；(2) 0.9710；(3) 3.

3. (1) 0.0392；(2) 0.02177；(3) 0.8788.

4. (1) 0.968；(2) 0.233.

5.

$$F(x)=\begin{cases}0, & -\infty<x\leqslant 0\\ 1-p, & 0<x\leqslant 1\\ 1, & 1<x<+\infty\end{cases}.$$

习　题　8-4

1. (1)

$\eta=3\xi-2$	-8	-5	-2	4	7
$P(\eta=y_i)$	$\frac{1}{5}$	$\frac{1}{5}$	$\frac{1}{5}$	$\frac{1}{5}$	$\frac{1}{5}$

(2)

$\eta=(2\xi-1)^2$	1	9	25
$P(\eta=y_i)$	$\frac{1}{5}$	$\frac{2}{5}$	$\frac{2}{5}$

2. $\varphi_\eta(y)=\dfrac{2}{\pi(e^{2y}+1)}e^y$，$-\infty<x<+\infty$.

3. $\varphi_\eta(y)=\begin{cases}\dfrac{1}{b-a}\sqrt[3]{\dfrac{2}{9\pi}}\cdot y^{-\frac{2}{3}}, & \dfrac{\pi}{6}a^3\leqslant y\leqslant\dfrac{\pi}{6}b^3\\ 0, & 其他\end{cases}$.

4. $\varphi_\eta(y)=\begin{cases}0, & y\leqslant 0\\ \dfrac{2}{\sqrt{2\pi}}e^{-\frac{y^2}{2}}, & y>0\end{cases}$.

习　题　8-5

1. (1) 2.5；(2) 7.45.　　2. 甲台的平均次品数小.

3. (1) 0；(2) $\frac{1}{2}$.　　4. (1) $\frac{1}{3}$；(2) $\frac{1}{18}$.

5. (1) 0；(2) 2.

复习题8

1. $A=e^{-\lambda}$.　2. (1) ξ服从二项分布；(2) $P(\xi\geqslant 1)=0.9984$.

3. (1) 0.12511；(2) 0.99996.　4. 0.6.　5. 183.98cm.

6. (1) 1；(2) 0.4；(3) $\varphi(x)=\begin{cases}2x, & 0\leqslant x\leqslant 1\\ 0, & 其他\end{cases}$.

7. (1) $F(x)=\begin{cases}0, & x\leqslant 0\\ 2x-x^2, & 0<x\leqslant 1\\ 1, & x>1\end{cases}$; (2) $\frac{4}{9}$, 0.

8. 0.301. 9. (1) $\frac{1}{A}$; (2) $\frac{1}{A^2}$. 10. $E(\xi)=1.2$; $D(\xi)=0.36$.

第9章

习 题 9-1

1. (1) ×; (2) √; (3) √; (4) ×; (5) ×; (6) ×; (7) √; (8) √; (9) ×; (10) ×.

2. $A-B=\{1, 3\}$, $A\cup B=\{1, 2, 3, 4, 6\}$, $A\oplus B=\{1, 3, 6\}$.

3. $A\cup B=\{a, b, c, k, l, o\}$, $A\cap B=\{b, k\}$, $A\oplus B=\{a, c, l, o\}$.

4. (1) $\rho(A)=\{\Phi,\{a\},\{\{b\}\},\{a,\{b\}\}\}$, (2) $\rho(B)=\{\Phi,\{1\},\{\{2,3\}\},\{1,\{2,3\}\}\}$;

(3) $\rho(C)=\{\Phi,\{\Phi\},\{a\},\{\{B\}\},\{\Phi,a\},\{\Phi,\{b\}\},\{a,\{b\}\},\{\Phi,a,\{b\}\}\}$;

(4) $\rho(D)=\{\Phi,\{\Phi\}\}$.

5. (1) $\{d\}$; (2) $\{a,c,e\}$; (3) $\{a,b,c,e\}$; (4) $\{\Phi,\{a\}\}$.

6. (1) 恒成立; (2) 有时成立; (3) 有时成立; (4) 恒成立; (5) 有时成立; (6) 恒不成立; (7) 恒成立; (8) 有时成立.

7. 略.

习 题 9-2

1. $A\times B=\{\langle\alpha,1\rangle,\langle\alpha,2\rangle,\langle\alpha,3\rangle,\langle\beta,1\rangle,\langle\beta,2\rangle,\langle\beta,3\rangle\}$;

$B\times A=\{\langle 1,\alpha\rangle,\langle 2,\alpha\rangle,\langle 3,\alpha\rangle,\langle 1,\beta\rangle,\langle 2,\beta\rangle,\langle 3,\beta\rangle\}$;

$A\times A=\{\langle\alpha,\alpha\rangle,\langle\alpha,\beta\rangle,\langle\beta,\alpha\rangle,\langle\beta,\beta\rangle\}$;

$B\times B=\{\langle 1,1\rangle,\langle 1,2\rangle,\langle 1,3\rangle,\langle 2,1\rangle,\langle 2,2\rangle,\langle 2,3\rangle,\langle 3,1\rangle,\langle 3,2\rangle,\langle 3,3\rangle\}$;

$(A\times B)\cap(B\times A)=\Phi$.

2. $X\times Y=\{(x,y)\mid -3\leqslant x\leqslant 2,\ -2\leqslant y\leqslant 0,\ x,y\in R\}$;

$Y\times X=\{(y,x)\mid -2\leqslant y\leqslant 0,\ -3\leqslant x\leqslant 2,\ x,y\in R\}$.

画图略.

3. 略.

复习题9

1. (1) $\{2,3,5,7,11,13,17,19\}$; (2) {C,o,m,p,u,t,e,r,l,g}; (3) $\{-2,3\}$.

2. (1) $\{x\mid 0<x<40$ 且 $x\in\mathbf{N}\}$; (2) $\{x\mid x=2n,n\in\mathbf{Z}$ 且 $n>0\}$;

(3) $\{x\mid x=5n,\ n\in\mathbf{Z}\}$; (4) $\{(x,y)\mid x^2+y^2<1\}$.

3. (1) $\{\Phi,\{\Phi\}\}$; (2) $\{\Phi,\{\Phi\},\{\{\Phi\}\},\{\Phi,\{\Phi\}\}\}$;

(3) $\{\Phi,\{\{\Phi,a\}\},\{\{a\}\},\{\{\Phi,a\},\{a\}\}\}$.

4. (1) 不一定; (2) 不一定; (3) 必须有 $B=C$.

5. (1) $\{0,1,2,3,4,5,6,7,8,10,15,16,30,32,64\}$;

(2) $\{1,2\}$; (3) $\{0,4\}$; (4) $\{0,3,4,5,6,8\}$.

6. 略.

7. (1) $\{\langle 0,1\rangle,\langle 0,2\rangle,\langle 1,1\rangle,\langle 1,2\rangle\}$;

(2) $\{\langle 0,\Phi\rangle,\langle 0,\{1\}\rangle,\langle 0,\{2\}\rangle,\langle 0,\{1,2\}\rangle,\langle 1,\{\Phi\}\rangle,\langle 1,\{1\}\rangle,\langle 1,\{2\}\rangle,\langle 1,\{1,2\}\rangle\}$.

8. (1) $A\cap B\cap\overline{C}=\{a\}$; (2) $\overline{A\cap B\cap C}=\{a,b,c,d,e\}$;

(3) $(A\cap\overline{B})\cup C=\{b,d\}$; (4) $P(A)-P(B)=\{\{d\},\{a,d\}\}$;

(5) $(A-B)\cup(B-C)=\{d,c,a\}$; (6) $(A\oplus B)\cap C=\{b,d\}$.

9. (1) $A\times\{0,1\}\times B=\{<a,0,c>,<a,1,c>,<b,0,c>,<b,1,c>\}$;

(2) $B^2\times A=\{<c,c,a>,<c,c,b>\}$;

(3) $(A\times B)^2=\{<a,c,a,c>,<a,c,b,c>,<b,c,a,c>,<b,c,b,c>\}$;

(4) $P(A)\times A=\{<\Phi,a>,<\Phi,b>,<\{a\},a>,<\{a\},b>,<\{b\},a>,<\{b\},b>,<A,a>,<A,b>\}$

10. $(A\cap B)-(A\cap C)=(A\cap B)\cap\overline{A\cap C}=(A\cap B)\cap(\overline{A}\cup\overline{C})$

$=(A\cap B\cap\overline{A})\cup(A\cap B\cap\overline{C})=A\cap B\cap\overline{C}=A\cap(B\cap\overline{C})$

$=A\cap(B-C)$

11. 若 $B=\Phi$，则 $A\times B=\Phi$. 从而 $A\times C=\Phi$. 因为 $A\neq\Phi$，所以 $C=\Phi$，即 $B=C$.

若 $B\neq\Phi$，则 $A\times B\neq\Phi$，从而 $A\times C\neq\Phi$.

对 $\forall x\in B$，因为 $A\neq\Phi$，所以存在 $y\in A$，使 $<y,x>\in A\times B$. 因为 $A\times B=A\times C$，则 $<y,x>\in A\times C$. 从而 $x\in C$，故 $B\subseteq C$. 同理可证，$C\subseteq B$. 故 $B=C$.

第 10 章

习　题　10-1

1. $R=\{\langle 1,1\rangle,\langle 2,1\rangle,\langle 3,1\rangle,\langle 4,1\rangle,\langle 2,2\rangle,\langle 3,2\rangle,\langle 4,2\rangle,\langle 3,3\rangle,\langle 4,3\rangle,\langle 4,4\rangle\}$；

R 的关系矩阵与关系图如图 C-3 所示.

$$\boldsymbol{M}_R=\begin{pmatrix}1&0&0&0\\1&1&0&0\\1&1&1&0\\1&1&1&1\end{pmatrix}$$

2. 有 2^{n^2} 个不同的关系；从 A 到 B 共有 $2^{m\times n}$ 种不同的二元关系.

3. $R\circ S=\{\langle 1,3\rangle,\langle 1,2\rangle,\langle 2,4\rangle,\langle 3,3\rangle,\langle 3,2\rangle\}$；$S\circ R=\{\langle 1,1\rangle,\langle 1,3\rangle,\langle 2,4\rangle,\langle 3,4\rangle\}$；
$R^2=\{\langle 1,1\rangle,\langle 1,2\rangle,\langle 1,4\rangle,\langle 3,1\rangle,\langle 3,2\rangle,\langle 3,3\rangle\}$；$R^{-1}=\{\langle 1,1\rangle,\langle 1,3\rangle,\langle 2,1\rangle,\langle 3,3\rangle,\langle 4,2\rangle\}$；
$S^{-1}=\{\langle 2,2\rangle,\langle 2,3\rangle,\langle 3,1\rangle,\langle 4,4\rangle\}$；$R^{-1}\circ S^{-1}=\{\langle 1,1\rangle,\langle 3,1\rangle,\langle 4,2\rangle,\langle 4,3\rangle\}$.

关系图如图 C-4 所示.

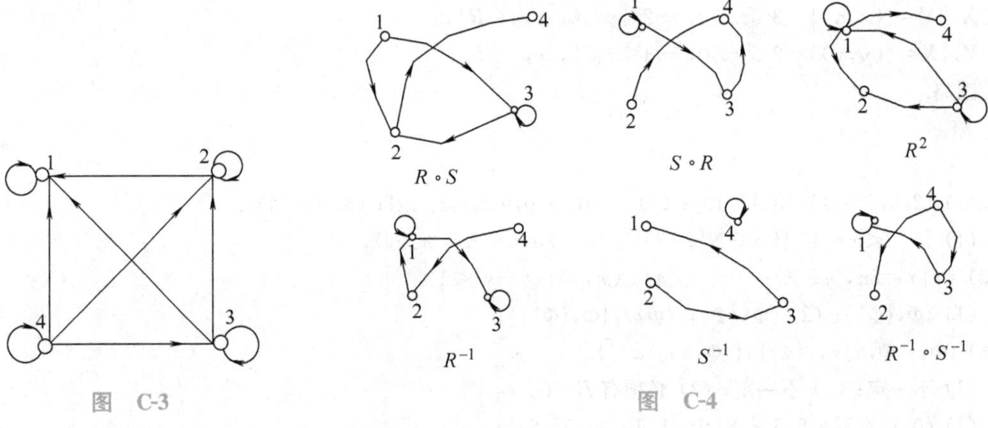

图　C-3　　　　图　C-4

4. 略.

5. $\boldsymbol{M}_{R_1}=\begin{pmatrix}1&0&0\\0&1&0\\0&0&1\end{pmatrix}$，$R_1$ 具有自反性、对称性、反对称性与传递性；

$\boldsymbol{M}_{R_2}=\begin{pmatrix}1&0&0\\0&1&1\\0&1&1\end{pmatrix}$，$R_2$ 具有对称性与传递性；

$\boldsymbol{M}_{R_3}=\begin{pmatrix}0&1&0\\0&0&1\\1&0&0\end{pmatrix}$，$R_3$ 具有反对称性.

6. (1) R_1 具有反对称性与传递性；(2) R_2 具有反对称性；(3) R_3 具有自反性、对称性、反对称性与传递性；(4) A 上的空关系具有对称性、反对称性与传递性.

7. (1) 论断正确；(2) 论断不正确；(3) 论断不正确；(4) 论断不正确.

习 题 10-2

1. (1) $R=I_A\cup\{\langle a,b\rangle,\langle b,a\rangle,\langle a,c\rangle,\langle c,a\rangle,\langle b,c\rangle,\langle c,b\rangle,\langle d,e\rangle,\langle e,d\rangle\}$.

(2) 关系图如图 C-5 所示.

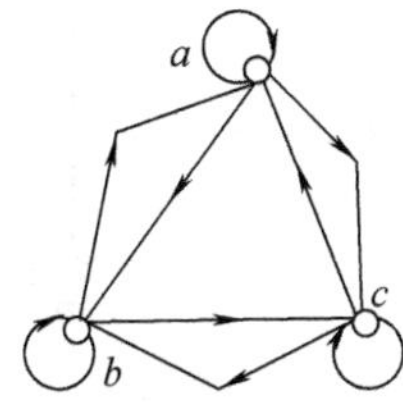

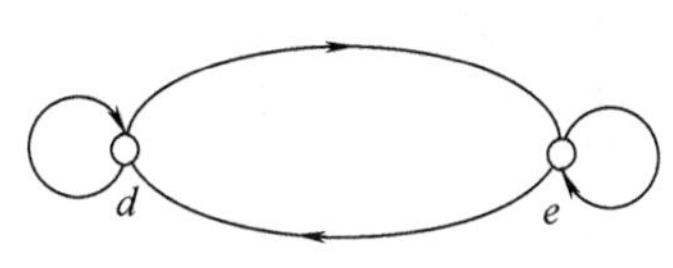

图 C-5

2. (1) $A\times A-R_1$ 不是 A 上的等价关系；(2) R_1-R_2 不是 A 上的等价关系；(3) R_1^2 是集合 A 上的等价关系；(4) $r(R_1-R_2)$不是集合 A 上的等价关系；(5) $R_1\circ R_2$ 是集合 A 上的等价关系.

3. (1) $\langle A,R\rangle$的哈斯图如图 C-6 所示；

(2) 集合 A 中的最大元是 24，无最小元，极大元也是 24，极小元是 2 和 3.

4. 关系图如图 C-7 所示.

5. $t(R)=R\cup R^2\cup R^3\cup R^4=\{\langle 1,1\rangle,\langle 1,2\rangle,\langle 1,3\rangle,\langle 2,1\rangle,\langle 2,2\rangle,\langle 2,3\rangle,\langle 3,1\rangle,\langle 3,2\rangle,\langle 3,3\rangle,\langle 4,4\rangle\}$；

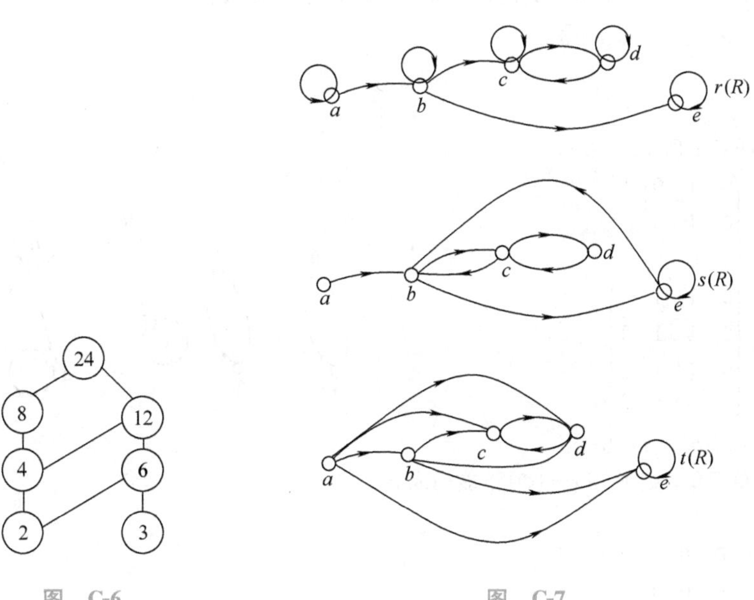

图 C-6　　图 C-7

$sr(R)=r(R)\cup(r(R))^{-1}=\{\langle 1,1\rangle,\langle 1,2\rangle,\langle 1,3\rangle,\langle 2,1\rangle,\langle 2,2\rangle,\langle 2,3\rangle,\langle 3,1\rangle,\langle 3,2\rangle,\langle 3,3\rangle,\langle 4,4\rangle\}$.

此题 $t(R)=sr(R)$，故其关系矩阵为

$$\boldsymbol{M}_{t(R)}=\boldsymbol{M}_{sr(R)}=\begin{pmatrix}1&1&1&0\\1&1&1&0\\1&1&1&0\\0&0&0&1\end{pmatrix}.$$

6. 略.
7. (1) 命题正确；(2) 命题不正确.
8. (1) 命题正确；(2) 命题正确；(3) 命题不正确.
9. 哈斯图如图 C-8 所示.

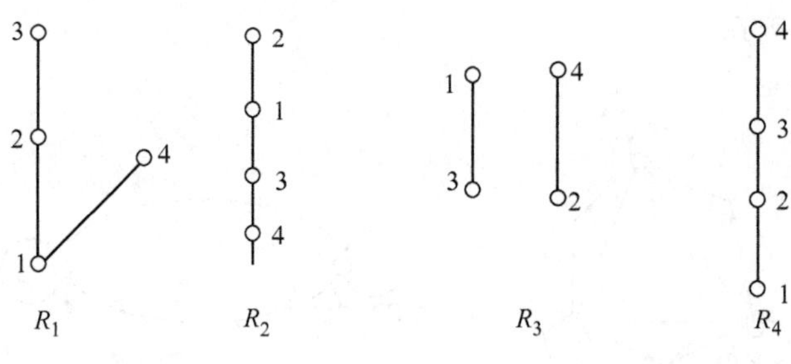

图　C-8

R_2 和 R_4 是序关系；R_2 和 R_4 也是良序关系.
10. 略.

习　题　10-3

1. R_1 不为函数；R_2 为函数，$domR_2=X$，$ranR_2=\{b_1,b_3\}$；R_3 不无为函数.
2. 略.
3. $\tau\circ\sigma=\{\langle a,c\rangle,\langle b,c\rangle,\langle c,b\rangle\}$，$\sigma\circ\tau=\{\langle a,b\rangle,\langle b,c\rangle,\langle c,b\rangle\}$；
若 σ 与 τ 为 A 上的两个二元关系时，$\tau\circ\sigma=\{\langle a,b\rangle,\langle b,c\rangle,\langle c,b\rangle\}$，$\sigma\circ\tau=\{\langle a,c\rangle,\langle b,a\rangle,\langle c,a\rangle\}$.
4. (1) $(\tau\circ\sigma)(x)=x^2+2$，$\tau\circ\sigma$ 不是满射，也不是单射，更不是双射；
(2) φ^{-1}存在，$\varphi^{-1}(x)=\sqrt[3]{x+5}$.
5. 略.

复 习 题 10

1. 关系图如图 C-9 所示.

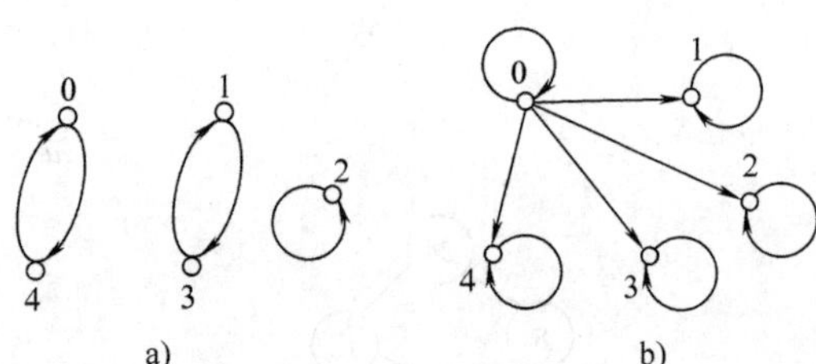

图　C-9

a) R_1 的关系图　b) R_2 的关系图

2. (1) $\boldsymbol{M}_R=\begin{pmatrix}0&1&0\\0&1&0\\1&0&0\end{pmatrix}$；

(2) $\boldsymbol{M}_R=\begin{pmatrix}0&1&1&1\\0&1&1&1\\0&1&1&1\\0&0&0&0\end{pmatrix}$.

3. $\prod_A=\{\{a,c\},\{b\},\{d\},\{e\}\}$.
4. 若 S 不是单元集，则 $P(S)-\{\Phi\}$不能构成 S 的划分.

5. $\boldsymbol{M}_{R\circ S}=\begin{pmatrix}0&0&0&0&1\\0&0&0&0&1\\0&1&0&0&0\\0&0&0&0&0\\0&0&0&0&0\end{pmatrix}$.

6. 哈斯图如图 C-10 所示.
7. 对称性.
8. (1) 假：x_1Rx_2、x_3Rx_5、x_2Rx_3、x_4Rx_5；真：x_4Rx_1、x_1Rx_1；
(2) 极大元为 x_1，极小元为 x_4 和 x_5；A 没有最大元，最小元为 x_1；

(3) S_1 的极大元为 x_2 和 x_3，极小元为 x_4；S_1 没有最大元，最小元为 x_4；
S_2 的极大元为 x_3，极小元为 x_4 和 x_5；S_2 没有最小元，最大元为 x_3；
S_3 的极大元为 x_1，极小元为 x_2 和 x_3；S_3 没有最小元，最大元为 x_1.

9. 哈斯图如图 C-11 所示.

(1) 极小元、最小元是 1，极大元、最大元是 24；

(2) 极小元、最小元是 1，极大元是 5、6、7、8、9，没有最大元.

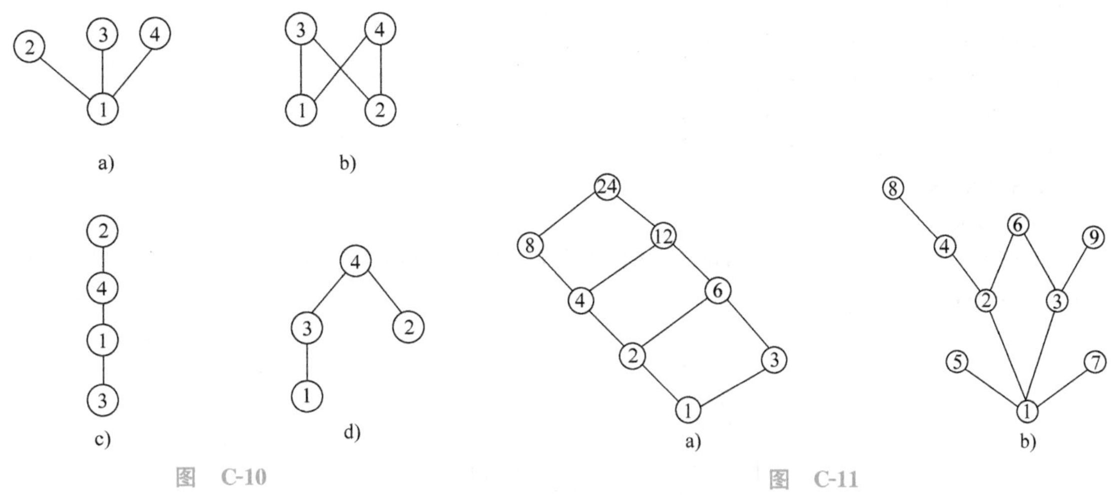

图 C-10

图 C-11

a) (1)题图 b) (2)题图

10. $g\circ f=2x+12$；$f\circ g=2x+19$；$g\circ g=x+14$；

$f\circ k=2x-3$；$g\circ h=\dfrac{x}{3}+7$.

11. (1) $f^{-1}(y)=y$；(2) $f^{-1}(y)=2y-\dfrac{1}{2}$；

(3) $f^{-1}(y)=\begin{cases}-\sqrt[3]{|y+2|}, & y<-2\\ \sqrt[3]{y+2}, & y\geqslant -2\end{cases}$；(4) $f^{-1}(y)=\log_2 y$.

12. $\boldsymbol{I}_A=\{\langle 2,2\rangle,\langle 3,3\rangle,\langle 4,4\rangle\}$；
$\boldsymbol{E}_A=\{\langle 2,2\rangle,\langle 2,3\rangle,\langle 2,4\rangle,\langle 3,4\rangle,\langle 4,4\rangle,\langle 3,2\rangle,\langle 3,3\rangle,\langle 4,2\rangle,\langle 4,3\rangle\}$；
$\boldsymbol{L}_A=\{\langle 2,2\rangle,\langle 2,3\rangle,\langle 2,4\rangle,\langle 3,3\rangle,\langle 3,4\rangle,\langle 4,4\rangle\}$；
$\boldsymbol{D}_A=\{\langle 2,4\rangle\}$；

13. $A\cup B=\{\langle 1,2\rangle,\langle 2,4\rangle,\langle 3,3\rangle,\langle 1,3\rangle,\langle 4,2\rangle\}$；
$A\cap B=\{\langle 2,4\rangle\}$；
$\mathrm{dom}A=\{1,2,3\}$；
$\mathrm{dom}B=\{1,2,4\}$；
$\mathrm{dom}(A\cup B)=\{1,2,3,4\}$；
$\mathrm{ran}A=\{2,3,4\}$；
$\mathrm{ran}B=\{2,3,4\}$；
$\mathrm{ran}(A\cap B)=\{4\}$.

14. $\boldsymbol{R}\circ\boldsymbol{R}=\{\langle 0,2\rangle,\langle 0,3\rangle,\langle 1,3\rangle\}$；
$\boldsymbol{R}^{-1}=\{\langle 1,0\rangle,\langle 2,0\rangle,\langle 3,0\rangle,\langle 2,1\rangle,\langle 3,1\rangle,\langle 3,2\rangle\}$.

15. (1) $\because \langle u,v\rangle R\langle x,y\rangle\Leftrightarrow u+y=x-y$
$\therefore \langle u,v\rangle R\langle x,y\rangle\Leftrightarrow u-v=x-y$
$\forall\langle u,v\rangle\in A\times A$

$\because u-v=u-v$

$\therefore \langle u,v\rangle R\langle u,v\rangle$

$\therefore R$ 是自反的.

任意的$\langle u,v\rangle,\langle x,y\rangle\in A\times A$

如果$\langle u,v\rangle R\langle x,y\rangle$,那么 $u-v=x-y$

$\therefore x-y=u-v$　$\therefore \langle x,y\rangle R\langle u,v\rangle$

$\therefore R$ 是对称的

任意的$\langle u,v\rangle,\langle x,y\rangle,\langle a,b\rangle\in A\times A$,

若$\langle u,v\rangle R\langle x,y\rangle,\langle x,y\rangle R\langle a,b\rangle$.

则 $u-v=x-y,x-y=a-b$,

$\therefore u-v=a-b$　$\therefore \langle u,v\rangle R\langle a,b\rangle$

$\therefore R$ 是传递的.

$\therefore R$ 是 $A\times A$ 上的等价关系.

(2) $\Pi=\{\{\langle 1,1\rangle,\langle 2,2\rangle,\langle 3,3\rangle,\langle 4,4\rangle\},\{\langle 2,1\rangle,\langle 3,2\rangle,\langle 4,3\rangle\},\{\langle 3,1\rangle,\langle 4,2\rangle\},\{\langle 4,1\rangle\},\{\langle 1,2\rangle,\langle 2,3\rangle,\langle 3,4\rangle\},\{\langle 1,3\rangle,\langle 2,4\rangle\},\{\langle 1,4\rangle\}\}$.

16.

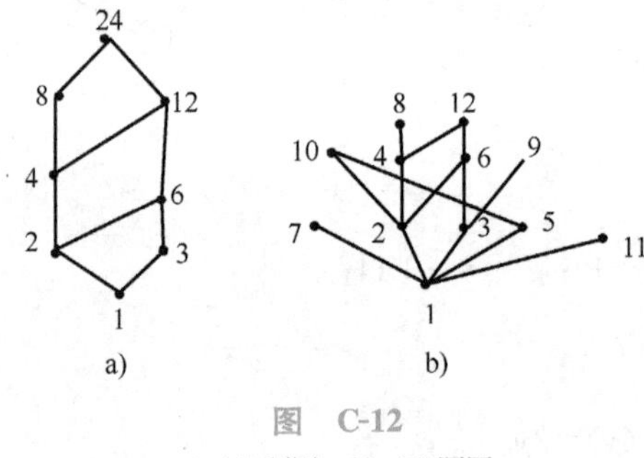

图　C-12

a) (1)题图　b) (2)题图

第 11 章

习　题　11-1

1.(1) 不是命题; (2) 不是命题; (3) 不是命题; (4) 是命题, 真值是唯一的, 迟早会被指出; (5) 是命题, 真值为 1; (6) 是命题, 真值为 0.

2.(1) 设 P:5 是偶数, 则"5 不是偶数"符号化为$\overline{P}$, 真值为 1;

(2) 设 P:天气炎热 . Q:湿度较低 . 则"天气炎热但湿度较低"符号化为 $P\wedge Q$. 在既炎热又湿度较低的情况下, $P\wedge Q$ 的真值为 1, 否则, 其真值为 0;

(3) 设 P:2+3=5. Q:他游泳 . 则"2+3=5 或者他游泳"符号化为 $P\vee Q$. 真值为 1;

(4) 设 P:a 和 b 是偶数 . Q:$a+b$ 是偶数 . 则"如果 a 和 b 是偶数, 则 $a+b$ 是偶数"符号化为 $P\rightarrow Q$, 真值为 1.

3.(1) 真值为 1; (2) 真值为 1; (3) 真值为 1; (4) 真值为 1.

4. 当"戏院是温暖的, 戏院不是人们常去的地方, 别墅是寒冷的, 戏院是不讨厌的"时, 题设命题是真的.

5.(1) $(P\wedge(P\rightarrow Q))\rightarrow Q$ 是恒真的;

(2) $\overline{(P\rightarrow Q)}\wedge Q$ 是恒假的;

(3) $(P\vee Q)\leftrightarrow(Q\vee R)$是可满足的.

6.(1) 为恒真; (2) 为恒假; (3) 为可满足; (4) 为恒真的.

习　题　11-2

1. 略 . 2.(1) 1; (2) $B\wedge C$.

3.(1) $(P\wedge\overline{P})\vee(P\wedge Q)$; (2) $(\overline{P}\vee P)\vee(\overline{P}\vee Q)\vee(\overline{Q}\wedge P)\vee(\overline{Q}\wedge Q)$;

(3) $(P\wedge\overline{R})\vee(Q\wedge\overline{R})\vee P$；(4) $(P\wedge\overline{Q})\vee(Q\wedge\overline{Q}\wedge P)\vee(P\wedge\overline{Q}\wedge P)\vee(\overline{P}\vee Q)$.

4. 略. 5. 略.

6. G 的主析取范式：$(\overline{P}\wedge\overline{Q}\wedge\overline{R})\vee(\overline{P}\wedge Q\wedge\overline{R})\vee(\overline{P}\wedge Q\wedge R)\vee(P\wedge\overline{Q}\wedge R)$，

G 的主合取范式：$(P\vee Q\vee\overline{R})\wedge(\overline{P}\vee Q\vee R)\wedge(\overline{P}\vee\overline{Q}\vee R)\wedge(\overline{P}\vee\overline{Q}\vee\overline{R})$.

7. $(P\vee Q)\wedge(\overline{P}\vee Q)\wedge(P\vee\overline{Q})$.

8. $(P\vee R\vee Q)\wedge(\overline{Q}\vee P\vee R)\wedge(\overline{Q}\vee P\vee\overline{R})\wedge(\overline{P}\vee Q\vee R)\wedge(\overline{P}\vee Q\vee\overline{R})$；

$(\overline{P}\wedge\overline{Q}\wedge R)\vee(P\wedge Q\wedge\overline{R})\vee(P\wedge Q\wedge R)$.

9. (1) 主析取范式：$(\overline{P}\wedge\overline{Q}\wedge R)\vee(\overline{P}\wedge Q\wedge R)\vee(P\wedge Q\wedge\overline{R})\vee(P\wedge Q\wedge R)$，

主合取范式：$(P\vee Q\vee R)\wedge(\overline{Q}\vee P\vee R)\wedge(\overline{P}\vee Q\vee R)\wedge(\overline{P}\vee Q\vee R)$；

(2) 主合取范式：$P\vee Q\vee R$，主析取范式：$(P\wedge Q\wedge\overline{R})\vee(P\vee Q\vee R)$.

10. (1) 恒假；(2) 可满足；(3) 恒真.

11. 略. 12. 略. 13. 略.

习 题 11-3

1. (1) $P(x)$：x 是学生，a：王文，命题为$\overline{P(a)}$；

(2) $H(x)$：x 是素数，$M(x)$：x 是偶数，a：2，命题为 $H(a)\wedge M(a)$；

(3) $R(x)$：x 是奇数，命题为 $R(m)\to\overline{R(2m)}$；

(4) $L(x,y)$：x 南接 y，c：河北省，d：河南省，命题为 $L(c,d)$；

(5) $S(x,y)$：x 大于 y，a：2，b：3，c：4，命题为 $S(a,b)\to S(a,c)$；

(6) $G(x)$：x 有理数，$H(x)$：x 可以写成分数，命题为 $\forall x(G(x)\to H(x))$；

(7) $F(x)$：x 会说话，$Q(x)$：x 是机器人，命题为 $\exists x(F(x)\wedge Q(x))$；

(8) $R(x)$：x 是实数，$Q(x)$：x 是有理数，命题为$\overline{(\forall x)}(R(x)\to Q(x))$(或为：$\exists x(R(x)\wedge\overline{Q(x)})$)；

(9) $N(x)$：x 是有限个数的乘积，$Z(y)$：y 为 0，$P(x)$：x 的乘积为 0，$F(y)$：y 为乘积中的一个因子，命题为 $\forall x(N(x)\wedge P(x))\to\exists y(F(y)\wedge Z(y))$；

(10) $M(x)$：x 为人，$F(x)$：x 犯错误，命题为$\overline{\exists x}(M(x)\wedge\overline{F(x)})$(或为：$\forall x(M(x)\to F(x))$).

2. (1) $\forall xP(x)=P(a)\wedge P(b)\wedge P(c)$；

(2) $\forall xR(x)\wedge\forall xS(x)=R(a)\wedge R(b)\wedge R(c)\wedge S(a)\wedge S(b)\wedge S(c)$；

(3) $\forall xR(x)\wedge\exists xS(x)=(R(a)\wedge R(b)\wedge R(c))\wedge(S(a)\vee S(b)\vee S(c))$；

(4) $\forall x(P(x)\to Q(x))=(P(a)\to Q(a))\wedge(P(b)\to Q(b))\wedge(P(c)\to Q(c))$；

(5) $\forall x\overline{P(x)}\vee\forall xP(x)=(\overline{P(a)}\wedge\overline{P(b)}\wedge\overline{P(c)})\vee(P(a)\wedge P(b)\wedge P(c))$；

(6) $\forall xF(x)\to\exists yG(y)=(F(a)\wedge F(b)\wedge F(c))\to(G(a)\vee G(b)\vee G(c))$；

(7) $\exists x\forall yH(x,y)=(H(a,a)\wedge H(a,b)\wedge H(a,c))\vee(H(b,a)\wedge H(b,b)\wedge H(b,c))\vee(H(c,a)\wedge H(c,b)\wedge H(c,c))$.

3. (1) 1；(2) 1.

4. (1) $\exists zF(z)\wedge G(x,y)$；(2) $\exists z(P(z)\to R(z,y)\wedge Q(x,y)$；

(3) $\forall u\exists v(P(u,z)\to Q(v)\leftrightarrow S(x,y)$；

(4) $\forall u(p(u)\to R(u)\vee Q(u))\wedge\exists vR(v))\to\exists zS(x,z)$；

(5) $\overline{R(x,y,z)}\wedge\exists tQ(t,y)\to\forall u(R(u,y,z)\to\exists vQ(u,v))$.

5. (1) 0；(2) 0；(3) 1；(4) 1.

6. (1) 0；(2) 1；(3) 0.

7. 略. 8. 略. 9. 略.

10. (1) 令 $F(x)$：x 聪明，$M(x)$：x 是人，命题可表示为

$$\exists x(M(x)\wedge F(x))\wedge(\overline{\forall x}(M(x)\to F(x))；$$

(2) 令 $R(x,y)$：x 都有 y，$P(x)$：x 是人，$Q(y)$：y 是缺点，命题可表示为 $\forall x\exists y(P(x)\to Q(y)\wedge R(x,y))$；

(3) 令 $S(x,y)$：x 存在 y，$M(y)$：y 是钱，$H(x)$：x 是人，$R(x,y)$：x 得到 z，$P(z)$：z 是利息，命题的前

提可表示为

$$\forall x(H(x)\to\exists y(S(x,y)\land M(y))\to\exists z(R(x,z)\land P(z))),$$

命题的结论可表示为$\overline{\exists z}P(z)\to\exists x\exists y(H(x)\land S(x,y)\land M(y))$.

复习题 11

1. 除(3)、(4)、(5)、(11)外全是命题.其中(1)、(2)、(8)、(9)、(10)、(14)、(15)是简单命题；(6)、(7)、(12)、(13)是复合命题.

2.(1) $p\land q$，其中 p:2 是偶数，q:2 是素数.真命题；

(2) $p\land q$，其中 p:小王聪明，q:小王用功；

(3) $p\land q$，其中 p:天气冷，q:老王来了；

(4) $p\land q$，其中 p:他吃饭，q:他看电视；

(5) $p\to q$，其中 p:天下大雨，q:他乘公共汽车上班；

(6) $q\to p$，其中 p:天下大雨，q:他乘公共汽车上班；

(7) $\overline{q\to p}$，其中 p:天下大雨，q:他乘公共汽车上班；

(8) $\overline{p}\to\overline{q}$，其中 p:经一事，q:长一智.

3.(1) 0；(2) 0；(3) 1.

4. 派 D 去或派 B、D 同去.

5.(1) 永真式；(2) 可满足式；(3) 可满足式；(4) 可满足式.

6. 结论有效.

7.(1) 我没有跑步(T 规则)；

(2) 或者他神色慌张且犯了错误，或者他神色慌张且没有犯了错误；

(3) 考试没有通过(T 规则).

8. 设 P:我学习，Q:我的数学课程及格，R:我热衷于玩游戏，证明：

$$(P\to Q)\land(\overline{R}\to P)\land Q\Rightarrow R$$

9. 个体域使用全总个体域.

(1) 令 $F(x)$:x 是鸟，$G(x)$:x 会飞翔，命题符号化为$\forall x(F(x)\to G(x))$；

(2) 令 $F(x)$:x 是人，$G(x)$:x 爱吃糖，命题符号化为$\exists x(F(x)\land\overline{G(x)})$；

(3) 令 $F(x)$:x 是人，$G(x)$:x 爱看小说，命题符号化为$\exists x(F(x)\land G(x))$；

(4) 令 $F(x)$:x 是人，$G(x)$:x 爱看电影，命题符号化为$\overline{\exists x}(F(x)\land\overline{G(x)})$.

10.(1) 对所有的 x，存在着 y，使得 $xy=0$. 在(a)、(b)中为真命题，在(c)、(d)中为假命题；

(2) 存在着 x，对所有 y，都有 $xy=0$. 在(a)、(b)中为真命题，在(c)、(d)中为假命题；

(3) 对所有的 x，存在着 y，使得 $xy=1$. 在(a)、(b)、(c)中为假命题，在(d)中为真命题；

(4) 存在着 x，对所有的 y，都有 $xy=1$. 在(a)、(b)、(c)、(d)中为假命题；

(5) 对所有的 x，存在着 y，使得 $xy=x$. 在(a)、(b)、(c)、(d)中为真命题；

(6) 存在着 x，对所有的 y，都有 $xy=1$. 在(a)、(b)中为真命题，在(c)、(d)中为假命题；

(7) 对所有的 x 和 y，存在着 z，使得 $x-y=z$. 在(a)、(b)中为真命题，在(c)、(d)中为假命题.

11.(1) 是；(2) 不是.

12.(1) 设 $P(x)$:x 为整数；$Q(x)$:x 为有理数；$R(x)$:x 为实数．则公式推理为

$$(\forall x)(Q(x)\to R(x)),(\exists x)(P(x)\land Q(x))\Rightarrow(\exists x)(P(x)\land R(x));$$

(2) 设 $P(x)$:x 为喜欢步行；$Q(x)$:x 为喜欢乘汽车；$R(x)$:x 为喜欢骑自行车．则公式推理为

$$(\forall x)(Q(x)\to\overline{Q(x)}),(\forall x)(Q(x)\lor R(x)),(\exists x)\overline{R(x)}\Rightarrow(\exists x)\overline{P(x)}.$$

13.

p	q	$p\to q$	$\neg q$	$\neg p$	$\neg q\to\neg p$	$(p\to q)\to(\neg q\to\neg p)$
0	0	1	1	1	1	1
0	1	1	0	1	1	1
1	0	0	1	0	0	1
1	1	1	0	0	1	1

所以公式类型为永真式.

14.

(1) $(p\rightarrow(p\vee q))\vee(p\rightarrow r)\Leftrightarrow(\neg p\vee(p\vee q))\vee(\neg p\vee r)\Leftrightarrow\neg p\vee p\vee q\vee r\Leftrightarrow 1$

所以公式类型为永真式.

(2)

p	q	r	$p\vee q$	$p\wedge r$	$(p\vee q)\rightarrow(p\wedge r)$
0	0	0	0	0	1
0	0	1	0	0	1
0	1	0	1	0	0
0	1	1	1	0	0
1	0	0	1	0	0
1	0	1	1	1	1
1	1	0	1	0	0
1	1	1	1	1	1

所以公式类型为可满足式.

15. (1) $(p\rightarrow q)\wedge(p\rightarrow r)$

$\Leftrightarrow(\neg p\vee q)\wedge(\neg p\vee r)$

$\Leftrightarrow\neg p\vee(q\wedge r)$

$\Leftrightarrow p\rightarrow(q\wedge r)$

(2) $(p\wedge\neg q)\vee(\neg p\wedge q)\Leftrightarrow(p\vee(\neg p\wedge q))\wedge\neg q\vee(\neg p\wedge q)$

$\Leftrightarrow(p\vee\neg p)\wedge(p\vee q)\wedge(\neg q\vee\neg p)\wedge(\neg q\vee q)$

$\Leftrightarrow 1\wedge(p\vee q)\wedge\neg(p\wedge q)\wedge 1$

$\Leftrightarrow(p\vee q)\wedge\neg(p\wedge q)$

16.

(1) 主析取范式

$(\neg p\rightarrow q)\rightarrow(\neg q\vee p)$

$\Leftrightarrow\neg(p\vee q)\vee(\neg q\vee p)$

$\Leftrightarrow(\neg p\wedge\neg q)\vee(\neg q\vee p)$

$\Leftrightarrow(\neg p\wedge\neg q)\vee(\neg q\wedge p)\vee(\neg q\wedge\neg p)\vee(p\wedge q)\vee(p\wedge\neg q)$

$\Leftrightarrow(\neg p\wedge\neg q)\vee(p\wedge\neg q)\vee(p\wedge q)$

$\Leftrightarrow m_0\vee m_2\vee m_3$

$\Leftrightarrow\sum(0,2,3)$.

主合取范式:

$(\neg p\rightarrow q)\rightarrow(\neg q\vee p)$

$\Leftrightarrow\neg(p\vee q)\vee(\neg q\vee p)$

$\Leftrightarrow(\neg p\wedge\neg q)\vee(\neg q\vee p)$

$\Leftrightarrow(\neg p\vee(\neg q\vee p))\wedge(\neg q\vee(\neg q\vee p))$

$\Leftrightarrow 1\wedge(p\vee\neg q)$

$\Leftrightarrow(p\vee\neg q)\Leftrightarrow$ M1

$\Leftrightarrow\prod(1)$

(2) 主合取范式为:

$\neg(p\rightarrow q)\wedge q\wedge r\Leftrightarrow\neg(\neg p\vee q)\wedge q\wedge r$

$\Leftrightarrow(p\wedge\neg q)\wedge q\wedge r\Leftrightarrow 0$

所以该式为矛盾式.

主合取范式为$\prod(0,1,2,3,4,5,6,7)$

矛盾式的主析取范式为 0.

(3)主合取范式为：

$(p\lor(q\land r))\to(p\lor q\lor r)$

$\Leftrightarrow\neg(p\lor(q\land r))\to(p\lor q\lor r)$

$\Leftrightarrow(\neg p\land(\neg q\lor\neg r))\lor(p\lor q\lor r)$

$\Leftrightarrow(\neg p\lor(p\lor q\lor r))\land((\neg q\lor\neg r)\lor(p\lor q\lor r))$

$\Leftrightarrow 1\land 1$

$\Leftrightarrow 1$

所以该式为永真式.

永真式的主合取范式为1.

主析取范式为$\sum(0,1,2,3,4,5,6,7)$.

17.

① s	附加前提引入
② $s\to p$	前提引入
③ p	①②假言推理
④ $p\to(q\to r)$	前提引入
⑤ $q\to r$	③④假言推理
⑥ q	前提引入
⑦ r	⑤⑥假言推理

18.

(1) $F(x)$：x 能表示成分数

$H(x)$：x 是有理数.

命题符号化为：$\neg\exists x(\neg F(x)\land H(x))$

(2) $F(x)$：x 是北京卖菜的人

$H(x)$：x 是外地人.

命题符号化为：$\neg\forall x(F(x)\to H(x))$

(3) $F(x)$：x 是火车；$G(x)$：x 是轮船；$H(x,y)$：x 比 y 快.

命题符号化为：$\forall x\forall y((F(x)\land G(y))\to H(x,y))$.

(4) $F(x)$：x 是火车；$G(x)$：x 是汽车；$H(x,y)$：x 比 y 快.

命题符号化为：$\neg\exists y(G(y)\land\forall x(F(x)\to H(x,y)))$.

19.(1)因为 $p\to(q\to p)\Leftrightarrow\neg p\lor(\neg q\lor p)\Leftrightarrow 1$ 为永真式；

所以 $F(x,y)\to(G(x,y)\to F(x,y))$为永真式；

(2)取解释I个体域为全体实数.

$F(x,y)$：$x+y=5$

所以,前件为任意实数 x 存在实数 y 使 $x+y=5$,前件真；

后件为存在实数 x 对任意实数 y 都有 $x+y=5$,后件假,此时为假命题.

再取解释I个体域为自然数$\mathbf{N}$,

$F(x,y)$：$x+y=5$.

所以,前件为任意自然数 x 存在自然数 y 使 $x+y=5$,前件假.此时为假命题.此公式为非永真式的可满足式.

20. $\forall xF(x)\to\forall yG(x,y)\Leftrightarrow\forall xF(x)\to\forall yG(t,y)\Leftrightarrow\exists x\forall y(F(x)\to G(t,y))$.

21.

① $\exists xF(x)$	前提引入
② $F(c)$	①EI
③ $\exists xF(x)\to\forall y((F(y)\lor G(y))\to R(y))$	前提引入
④ $\forall y((F(y)\lor G(y))\to R(y))$	①③假言推理
⑤ $(F(c)\lor G(c))\to R(c)$	④UI

⑥ $F(c)\vee G(c)$　　　　②附加

⑦ $R(c)$　　　　⑤⑥假言推理

⑧ $\exists xR(x)$　　　　⑦EG

第 12 章

习 题 12-1

1.(1) G 的图形如图 C-13 所示.

(2) $\deg(v_1)=3$，$\deg(v_2)=4$，$\deg(v_3)=3$，

$\deg(v_4)=3$，$\deg(v_5)=1$，$\deg(v_6)=0$. 奇结点有四个，偶结点有两个.

(3) e_1、e_2 是图 G 的平行边，e_7 是图 G 的自回路，v_6 是孤点，G 不是简单图.

2. 9 个. 3. 略. 4. 略. 5. 略. 6. 略.

7. 互补图和完全图如图 C-14 所示.

8. 出度序列 2、2、1、0，边数为 5.

9.(1) 可以，如图 C-15 所示.(2) 不可能；(3) 不可能.

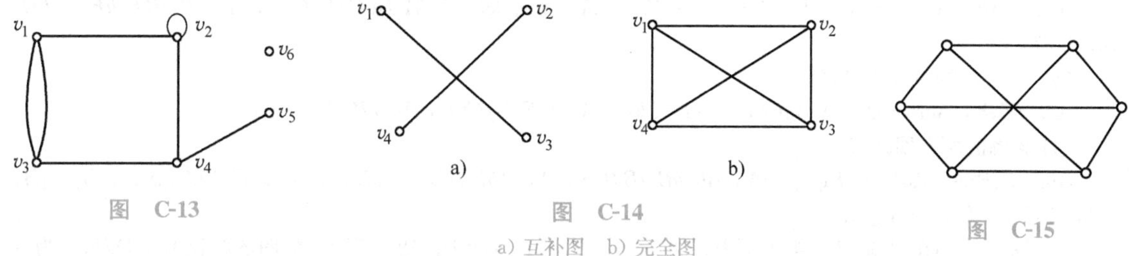

图 C-13

图 C-14
a) 互补图 b) 完全图

图 C-15

10. 如图 C-16 所示.

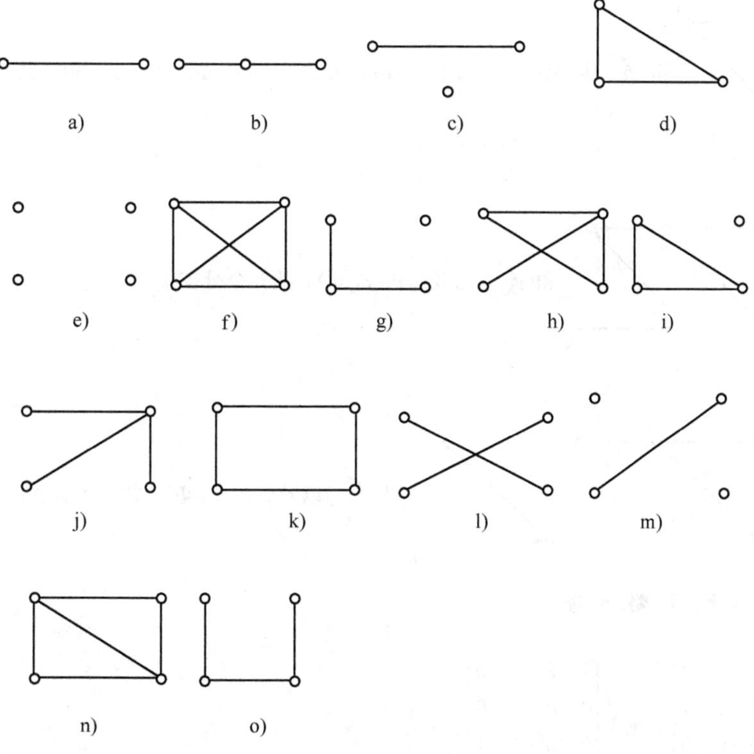

图 C-16

其中只有 a)、b)、c)、d)不为生成子图，e)与 f)、g)与 h)、i)与 j)、k)与 l)、m)与 n)、o)的补图与本身同构.

11. 自补图如图 C-17 所示.

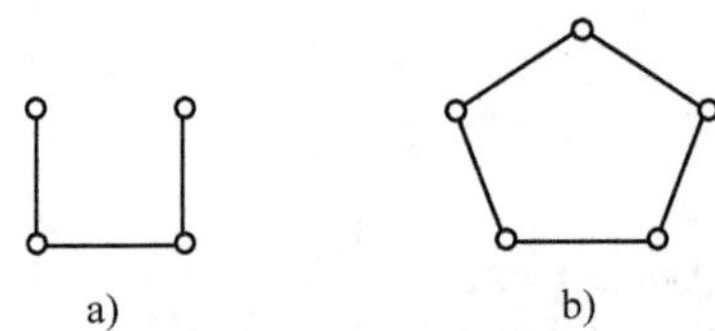

图　C-17

a) 题(1)的自补图　b) 题(2)的自补图

习　题　12-2

1. (1) 从 A 到 F 的路径有无数条，长度小于 5 的路径有：

$AbDdEaF$，$AcBeEaF$，$AcBgChF$，$AcBfChF$；

(2) 从 A 到 F 的所有简单路径有：

$AbDdEaF$，$AcBeEaF$，$AcBgChF$，$AcBfChF$，$AcBfCgBeEaF$，$AcBgCfBeEaF$，$AbDdEeBfChF$，$AbDdEeBgChF$；

(3) A 到 F 的所有基本路径有：

$AbDdEaF$，$AcBeEaF$，$AcBgChF$，$AcBfChF$，$AbDdEeBfChF$，$AbDdEeBgChF$；

(4) 该图的所有回路有：

$AbDdEeBcA$，$AbDdEeBgCfBcA$，$AbDdEeBfCgBcA$，$AbDdEaFhCgBcA$，$AbDdEaFhCfBcA$，$BfCgB$，$BeEaFhCfB$，$BeEaFhCgA$.

2. 提示：例如在习题 12-2 第 1 题中若加一个 A 到 A 自身的无向边 i 得到新的图的路径 $AiAbDdEaF$ 为 A 到 F 的简单路径，但它不是基本路径.

3. 强分支有：

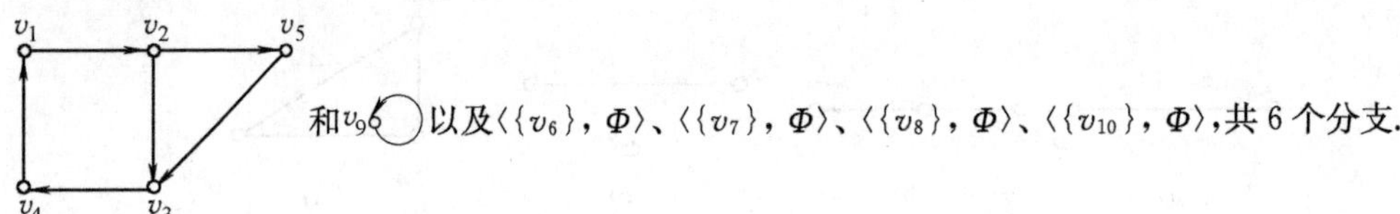

和 v_9 以及 $\langle\{v_6\},\Phi\rangle$、$\langle\{v_7\},\Phi\rangle$、$\langle\{v_8\},\Phi\rangle$、$\langle\{v_{10}\},\Phi\rangle$，共 6 个分支.

弱分支有：

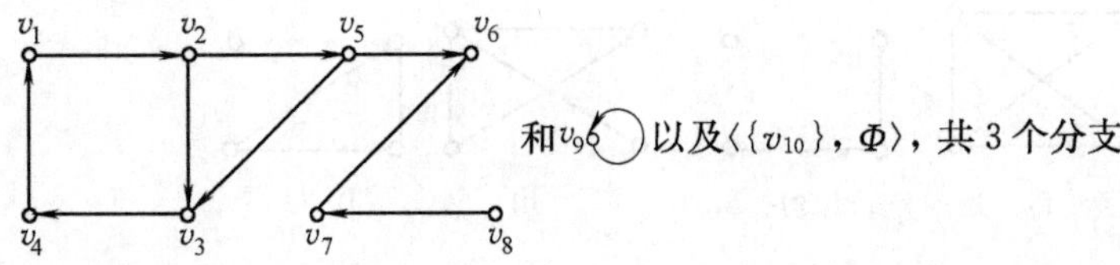

和 v_9 以及 $\langle\{v_{10}\},\Phi\rangle$，共 3 个分支.

单向分支有：

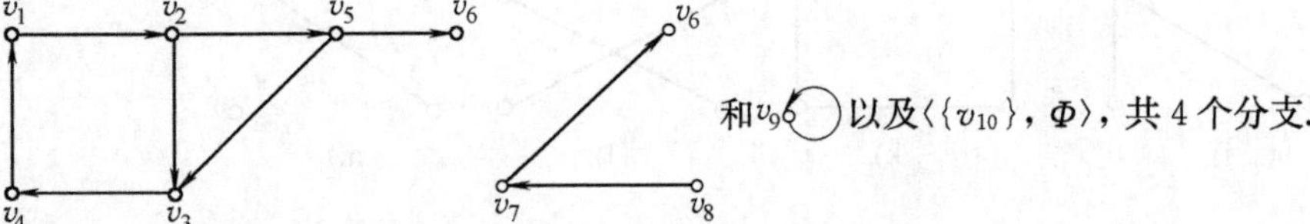

和 v_9 以及 $\langle\{v_{10}\},\Phi\rangle$，共 4 个分支.

4. 略. 5. 略. 6. 略. 7. 略. 8. 略.

习　题　12-3

1. 图 a $\begin{pmatrix}0&1&0&0\\0&0&1&1\\1&0&0&0\\1&1&0&0\end{pmatrix}$；图 b $\begin{pmatrix}1&2&1&0\\0&0&1&0\\0&0&0&1\\0&0&1&0\end{pmatrix}$

2. (1) 8；(2) 30；(3) 8.　　3. 15、3、2.

4. $\begin{pmatrix} 0 & 1 & 0 & 1 & 1 \\ 0 & 1 & 0 & 1 & 1 \\ 1 & 1 & 0 & 1 & 1 \\ 0 & 1 & 0 & 1 & 1 \\ 0 & 1 & 0 & 1 & 1 \end{pmatrix}$. 5. $\begin{pmatrix} 1 & 1 & 1 & 1 \\ 1 & 1 & 1 & 1 \\ 1 & 1 & 1 & 1 \\ 1 & 1 & 1 & 1 \end{pmatrix}$.

6. (1) $\boldsymbol{A}=\begin{pmatrix} 0 & 1 & 0 & 1 & 0 \\ 0 & 0 & 0 & 0 & 1 \\ 0 & 1 & 0 & 1 & 0 \\ 0 & 0 & 0 & 0 & 1 \\ 1 & 0 & 1 & 0 & 0 \end{pmatrix}$；

(2) G 中长度为 4 的路径数为 32，无长度为 4 的回路；

(3) $\begin{pmatrix} 1 & 1 & 1 & 1 & 1 \\ 1 & 1 & 1 & 1 & 1 \\ 1 & 1 & 1 & 1 & 1 \\ 1 & 1 & 1 & 1 & 1 \\ 1 & 1 & 1 & 1 & 1 \end{pmatrix}$. 7. $\begin{pmatrix} 0 & 1 & 0 & 1 \\ 0 & 0 & 1 & 1 \\ 0 & 1 & 0 & 1 \\ 0 & 1 & 0 & 0 \end{pmatrix}$.

7. 略.

习　题　12-4

1. 图 C-18a 权为 6；图 C-18b 权为 7.

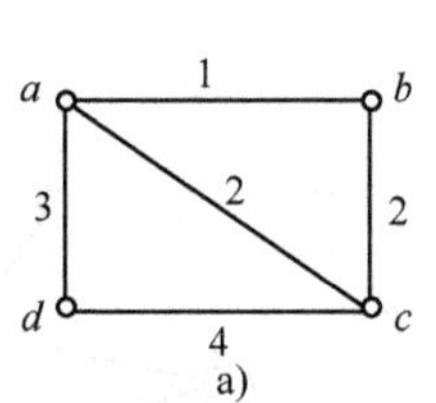

a)

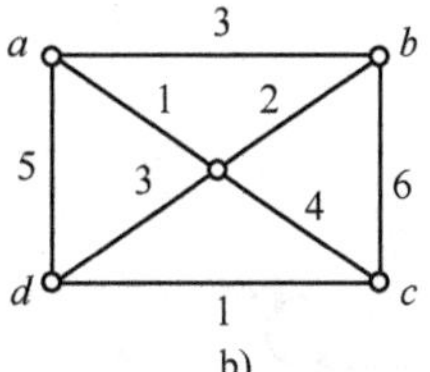

b)

图　C-18

2. 最小生成树 T 如图 C-19 所示(注意:最小生成树不唯一).

3. 如图 C-20 所示,权为 48.

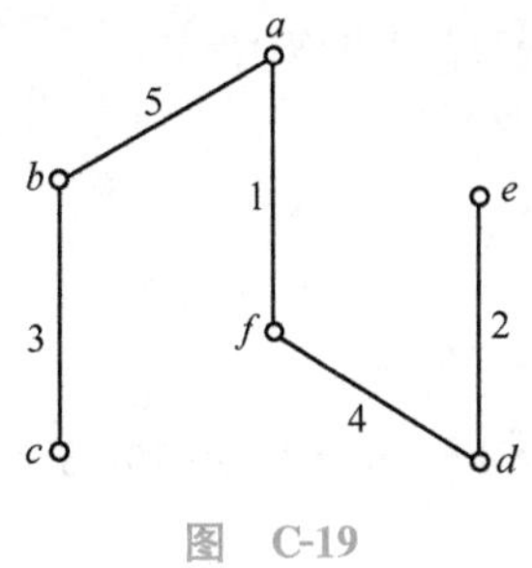

图　C-19

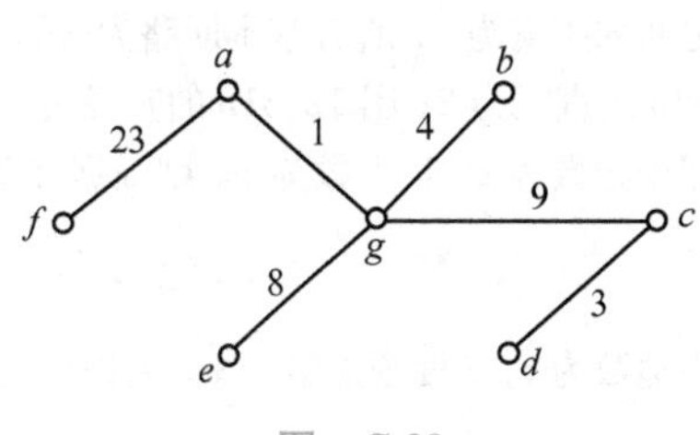

图　C-20

习　题　12-5

1. 前缀代码集{000,001,01000,01001,0101,011,10,11},权和 102，如图 C-21 所示.

2. 先根遍历：$v_1 v_2 v_4 v_6 v_7 v_3 v_5 v_8 v_9 v_{10} v_{11} v_{12}$；

中根遍历：$v_6 v_4 v_7 v_2 v_1 v_8 v_5 v_{11} v_{10} v_{12} v_9 v_3$；

后根遍历：$v_6 v_7 v_4 v_2 v_8 v_{11} v_{12} v_{10} v_9 v_5 v_3 v_1$.

3. 先根遍历：÷＋×÷$a\times bcde\times fg$；后根遍历：$abc\times+d\times e+fg\times\div$.

4. 如图 C-22 所示.

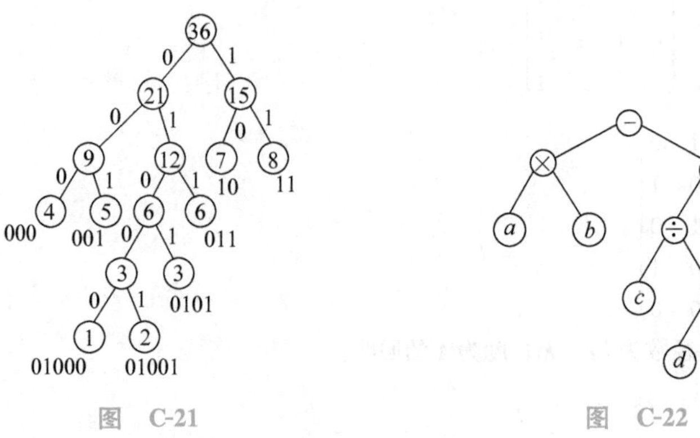

图　C-21　　　　图　C-22

5. A—0；B—10；C—110；D—111.

习　题　12-6

1. 略. 2. 略. 3. 略. 4. 略. 5. 略. 6. 略.

复 习 题 12

1. 如图 C-23 所示，不是简单图.

2. 略. 3. 略.

4. 如图 C-24 所示.

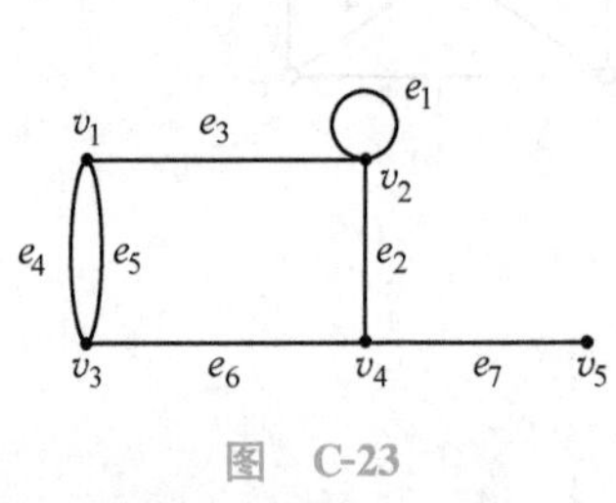

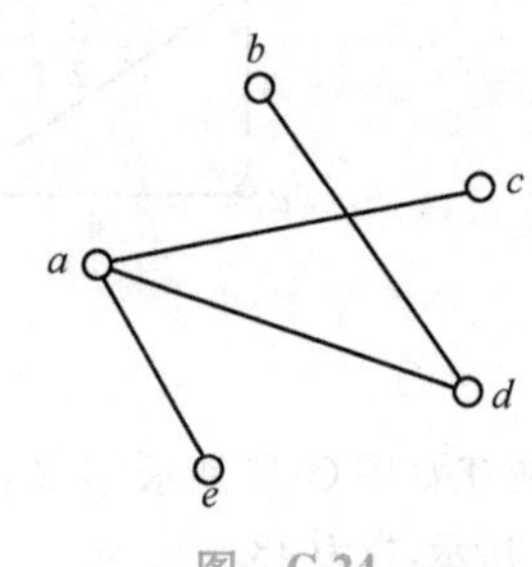

图　C-23　　　　图　C-24

5. 从 v_1 到 v_3 的 3 种不同的基本路径为(v_1,v_2,v_3)，(v_1,v_2,v_4,v_3)，(v_1,v_4,v_3)；v_1 到 v_3 之间的距离为 2；所有基本回路为(v_3,v_4,v_3)，(v_2,v_4,v_3,v_2).

6. 图 12-51a 的直径为 2；图 12-51b 的直径为 2.

7. (1) 设图中边数为 e，顶点数为 v，则根据握手定理可知

$$2\mathrm{e}=32=\sum_{i=1}^{v}d_i=2v\text{，所以 }v=16.$$

(2) 设图中边数为 e，3 度顶点数为 v，由握手定理得 $2\mathrm{e}=42=3\times4+3v$，解得 $v=10$，于是图中的顶点数为 $10+3=13$.

8. 根据题意，有 10 个可能的状态，分别为

$S_1:\langle\{m,d,c,r\},\Phi\rangle$；$S_2:\langle\{d,c\},\{m,r\}\rangle$；

$S_3:\langle\{m,d,c\},\{r\}\rangle$；$S_4:\langle\{d\},\{m,r,c\}\rangle$；

$S_5:\langle\{c\},\{m,d,r\}\rangle$；$S_6:\langle\{m,d,r\},\{c\}\rangle$；

$S_7:\langle\{m,r,c\},\{d\}\rangle$；$S_8:\langle\{r\},\{m,d,c\}\rangle$；

$S_9:\langle\{m,r\},\{d,c\}\rangle$；$S_{10}:\langle\Phi,\{m,d,c,r\}\rangle$.图解如 C-25 所示.由图可知至少有两个解：

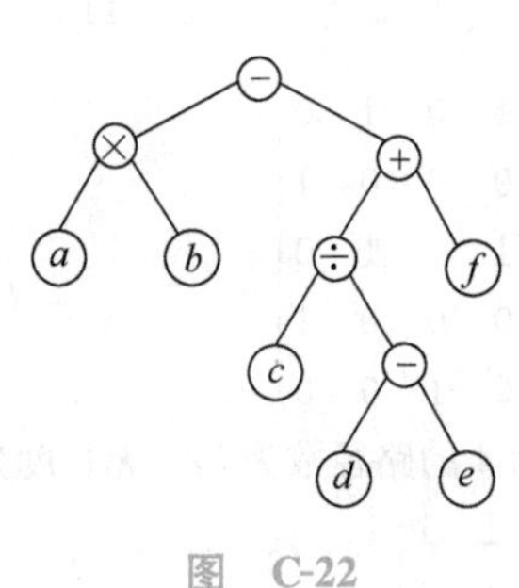

$$S=(S_1,S_2,S_3,S_4,S_6,S_8,S_9,S_{10})，或$$
$$S=(S_1,S_2,S_3,S_5,S_7,S_8,S_9,S_{10}).$$

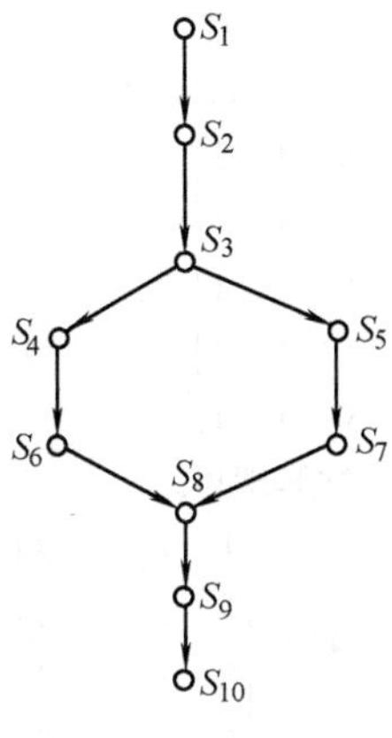

图 C-25

9.

(1) $\boldsymbol{A}=\begin{pmatrix}0&1&0&1\\0&0&1&1\\0&1&0&1\\0&1&0&0\end{pmatrix}$;

(2) $\boldsymbol{A}^2=\begin{pmatrix}0&1&1&1\\0&2&0&1\\0&1&1&1\\0&0&1&1\end{pmatrix}$, $\boldsymbol{A}^3=\begin{pmatrix}0&2&1&2\\0&1&2&2\\0&2&1&2\\0&2&0&1\end{pmatrix}$,

$\boldsymbol{A}^4=\begin{pmatrix}0&3&2&3\\0&4&1&3\\0&3&2&3\\0&1&2&2\end{pmatrix}$,

从 v_1 到 v_4 长度为 1、2、3 和 4 的路径分别为 1、1、2、3 条;

(3) $\boldsymbol{A}^{(2)}=\begin{pmatrix}0&1&1&1\\0&1&0&1\\0&1&1&1\\0&0&1&1\end{pmatrix}$, $\boldsymbol{A}^{(3)}=\begin{pmatrix}0&1&1&1\\0&1&1&1\\0&1&1&1\\0&1&0&1\end{pmatrix}$, $\boldsymbol{A}^{(4)}=\begin{pmatrix}0&1&1&1\\0&1&1&1\\0&1&1&1\\0&1&1&1\end{pmatrix}$,

$$\boldsymbol{P}=\boldsymbol{A}\vee\boldsymbol{A}^{(2)}\vee\boldsymbol{A}^{(3)}\vee\boldsymbol{A}^{(4)}=\begin{pmatrix}0&1&1&1\\0&1&1&1\\0&1&1&1\\0&1&1&1\end{pmatrix}.$$

10.

$\boldsymbol{A}=\begin{pmatrix}0&1&0&0&0\\0&0&0&1&0\\1&0&0&0&0\\0&0&0&0&1\\0&1&0&0&0\end{pmatrix}$, $\boldsymbol{A}^{(2)}=\begin{pmatrix}0&0&0&1&0\\0&0&0&0&1\\0&1&0&0&0\\0&1&0&0&0\\0&0&0&1&0\end{pmatrix}$, $\boldsymbol{A}^{(3)}=\begin{pmatrix}0&0&0&0&1\\0&1&0&0&0\\0&0&0&1&0\\0&0&0&1&1\\0&0&0&0&1\end{pmatrix}$,

$$A^{(4)}=\begin{pmatrix}0&1&0&0&0\\0&0&0&1&0\\0&0&0&0&1\\0&0&0&0&1\\0&1&0&0&0\end{pmatrix},\ A^{(5)}=\begin{pmatrix}0&0&0&1&0\\0&0&0&0&1\\0&1&0&0&0\\0&1&0&0&0\\0&0&0&0&1\end{pmatrix},$$

$$P=A\vee A^{(2)}\vee A^{(3)}\vee A^{(4)}\vee A^{(5)}=\begin{pmatrix}0&1&0&1&1\\0&1&0&1&1\\1&1&0&1&1\\0&1&0&1&1\\0&1&0&1&1\end{pmatrix}.$$

11. 解此题只要求出 G 的邻接矩阵的前 4 次幂即可.

$$A=\begin{pmatrix}0&1&1&0\\1&0&0&0\\0&1&0&1\\0&0&0&1\end{pmatrix},\ A^2=\begin{pmatrix}1&1&0&1\\0&1&1&0\\1&0&0&1\\0&0&0&1\end{pmatrix},\ A^3=\begin{pmatrix}1&1&1&1\\1&1&0&1\\0&1&1&1\\0&0&0&1\end{pmatrix},$$

$$A^4=\begin{pmatrix}1&2&1&2\\1&1&1&1\\1&1&0&2\\0&0&0&1\end{pmatrix}$$，G 中 v_3 到 v_4 的通路数等于 $a_{34}^{(4)}=2$.

12. 如图 C-26 所示.

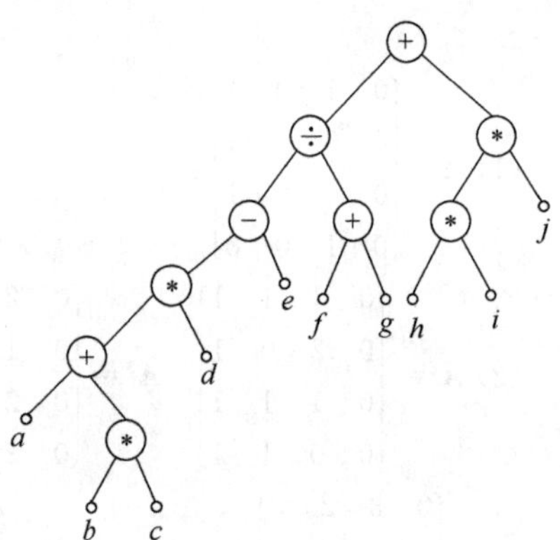

图　C-26

13. 设 T 的边数为 e，有 i 个分支点，由于 T 是完全二叉树，所以 e=2i. 由树的性质可知

$$n=e+1=2i+1$$

故 n 为奇数.

14. 由握手定理图 G 的度数之和为：2×10=20，3 度与 4 度顶点各 2 个，这 4 个顶点的度数之和为 14 度．其余顶点的度数共有 6 度.

其余顶点的度数均小于 3，欲使 G 的顶点最少，其余顶点的度数应都取 2，

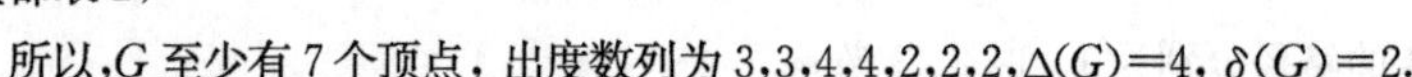

所以，G 至少有 7 个顶点，出度数列为 3,3,4,4,2,2,2，$\Delta(G)=4$，$\delta(G)=2$.

15. 有向图 D 的邻接矩阵为：

$$A=\begin{pmatrix}0&0&0&0&1\\1&0&1&0&0\\0&0&0&0&1\\1&0&1&0&0\\0&1&0&1&0\end{pmatrix},\ A^2=\begin{pmatrix}0&1&0&1&0\\0&0&0&0&2\\0&1&0&1&0\\0&0&0&0&2\\2&0&2&0&0\end{pmatrix},\ A^3=\begin{pmatrix}2&0&2&0&0\\0&2&0&2&0\\2&0&2&0&0\\0&2&0&2&0\\0&0&0&0&4\end{pmatrix},$$

$$A^4=\begin{pmatrix}0&0&0&0&4\\4&0&4&0&0\\0&0&0&0&4\\4&0&4&0&0\\0&4&0&4&0\end{pmatrix},\ A+A^2+A^3+A^4=\begin{pmatrix}0&1&2&1&5\\5&2&5&2&2\\2&1&2&1&5\\4&2&5&2&2\\2&5&2&5&4\end{pmatrix}$$

(1) v_2 到 v_5 长度为 1、2、3、4 的通路数为 0,2,0,0；

(2) v_5 到 v_5 长度为 1、2、3、4 的回路数为 0,0,4,0；

(3) D 中长度为 4 的通路数为 32；

(4) D 中长度小于或等于 4 的回路数 10；

(5) 出 D 的可达矩阵 $P=\begin{pmatrix}1&1&1&1&1\\1&1&1&1&1\\1&1&1&1&1\\1&1&1&1&1\\1&1&1&1&1\end{pmatrix}$.

16. 如图 C-27 所示.

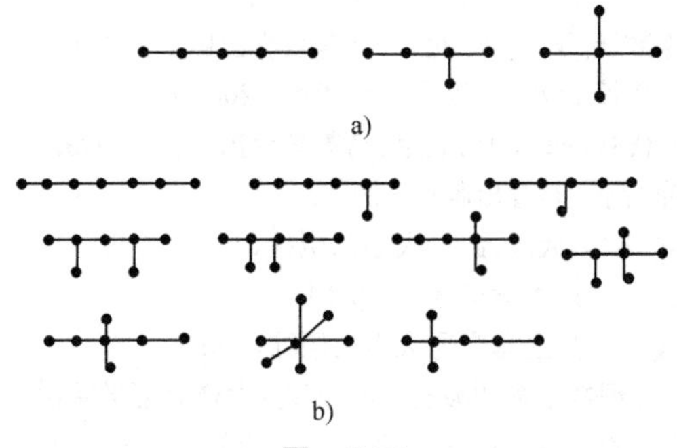

图　C-27

a) 5 阶非同构的无向树　b) 7 阶非同构的无向树

17. 设 3 度分支点 x 个,则 $5\times1+3\times2+3x=2\times(5+3+x-1)$,
解得 $x=3$,所以 T 有 11 个顶点.

18. 如图 C-28 所示.

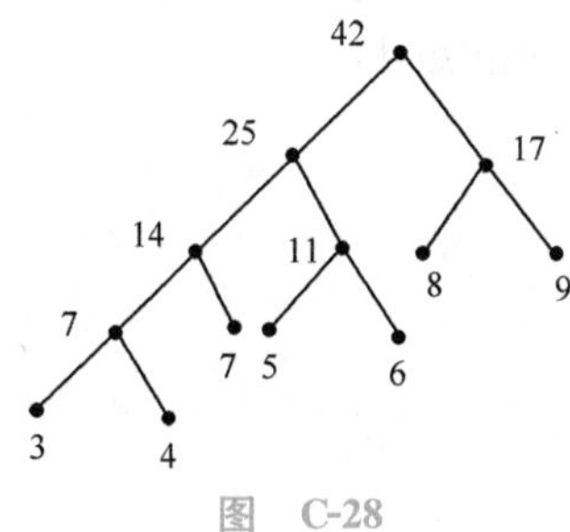

图　C-28

参 考 文 献

[1] 侯风波.高等数学[M].北京:高等教育出版社，2000.

[2] 钱椿林.高等数学[M].北京:电子工业出版社，2002.

[3] 教育部高等教育司编写组.高等数学[M].北京:高等教育出版社，1999.

[4] 盛祥耀.高等数学[M].2 版.北京:高等教育出版社，1997.

[5] 曾文斗.应用数学基础[M].北京:高等教育出版社，1999.

[6] 同济大学数学教研室.高等数学[M].4 版.北京:高等教育出版社，1996.

[7] 高汝熹.高等数学(一)[M].2 版.武汉:武汉大学出版社，2000.

[8] 同济大学数学教研室.线性代数[M].3 版.北京:高等教育出版社，1999.

[9] 钱椿林.线性代数[M].北京:高等教育出版社，2000.

[10] 姚慕生.高等数学(二)[M].2 版.武汉:武汉大学出版社，2000.

[11] 刘书田.概率统计[M].北京:北京大学出版社，2001.

[12] 赵焕宗.应用高等数学[M].上海:上海交通大学出版社，1999.

[13] 马续援，张义侠，李桂琴.管理数学简明教程[M].大连:大连海运学院出版社，1988.

[14] 工科中专数学教材编写组.数学[M].北京:高等教育出版社，1986.

[15] 屈宏香.应用数学[M].北京:中国铁道出版社，2001.

[16] 张忠志.离散数学[M].北京:高等教育出版社，2002.

[17] 马叔良，田立炎，周良英.离散数学[M].北京:电子工业出版社，2001.

[18] 屈婉玲，耿素云，张立昂.离散数学题解[M].北京:清华大学出版社，2001.

[19] 李大友.离散数学[M].北京:清华大学出版社，2001.

[20] 孙学红，秦伟良.离散数学习题解答[M].西安:西安电子科技大学出版社，1999.

[21] 刘贵龙.离散数学[M].北京:人民邮电出版社，2001.